Vol. 8
第八卷

现代有机反应

碳-杂原子键参与的反应 II
C-X Bond Involved Reaction

胡跃飞　林国强　主编

·北京·

内容提要

本书是《现代有机反应》第三卷《碳-杂原子键参与的反应》的补充与延伸，书中精选了第三卷之外的一些重要的碳-杂原子键参与的有机反应。对每一种反应都详细介绍了其历史背景、反应机理、应用范围和限制，着重引入了近年的研究新进展，并精选了在天然产物全合成中的应用以及 5 个以上代表性反应实例，参考文献涵盖了较权威的和新的文献。本书可作为有机化学及相关专业的本科生、研究生，以及相关领域工作人员的学习与参考用书。

图书在版编目 (CIP) 数据

碳-杂原子键参与的反应 II/胡跃飞，林国强主编.
北京：化学工业出版社，2012.9（2020.8 重印）
（现代有机反应：第八卷）
ISBN 978-7-122-14599-4

Ⅰ.①碳⋯ Ⅱ.①胡⋯②林⋯ Ⅲ.①有机化学-化学反应②碳-化学键-化学反应 Ⅳ.①O621.25②O613.71

中国版本图书馆 CIP 数据核字（2012）第 131618 号

责任编辑：李晓红　　　　　　　　　　　装帧设计：尹琳琳
责任校对：吴　静

出版发行：化学工业出版社（北京市东城区青年湖南街 13 号　邮政编码 100011）
印　　装：北京虎彩文化传播有限公司
710mm×1000mm　1/16　印张 25¼　字数 450 千字　2020 年 8 月北京第 1 版第 2 次印刷

购书咨询：010-64518888　　　　　　　　售后服务：010-64518899
网　　址：http://www.cip.com.cn
凡购买本书，如有缺损质量问题，本社销售中心负责调换。

定　　价：138.00 元　　　　　　　　　　　　　　　　版权所有　违者必究

序 一

翻开手中的《现代有机反应》，就很自然地联想到 John Wiley & Sons 出版的著名丛书 "Organic Reactions"。它是我们那个时代经常翻阅的一套著作，是极有用的有机反应工具书。而手中的这套书仿佛是中文版的 "Organic Reactions"，让我感到亲切和欣慰，像遇见了一位久违的老友。

《现代有机反应》第 1~5 卷，每卷收集 10 个反应，除了着重介绍各种反应的历史背景、适用范围和应用实例，还凸显了它们在天然产物合成中发挥的重要作用。有几个命名反应虽然经典，但增加了新的内容，因此赋予了新的生命。每一个反应的介绍虽然只有短短数十页，却管中窥豹，可谓是该书的特色。

《现代有机反应》是在中国首次出版的关于有机反应的大型丛书。可以这么说，该书的编撰者是将他们在有机化学科研与教学中的心得进行了回顾与展望。第 1~5 卷收录了 5000 多个反应式和 8000 余篇文献，为读者提供了直观的、大量的和准确的科学信息。

《现代有机反应》是生命、材料、制药、食品以及石油等相关领域工作者的良师益友，我愿意推荐它。同时，我还希望编撰者继续努力，早日完成其余反应的编撰工作，以飨读者。

此致

周维善

中国科学院院士
中国科学院上海有机化学研究所
2008 年 11 月 26 日

序 二

美国的"*Organic Reactions*"丛书自 1942 年以来已经出版了七十多卷，现在已经成为有机合成工作者不可缺少的参考书。十多年后，前苏联也开始出版类似的丛书。我国自上世纪 80 年代后，研究生教育发展很快，从事有机合成工作的研究人员越来越多，为了他们工作的方便，迫切需要编写我们自己的"有机反应"工具书。因此，《现代有机反应》丛书的出版是非常及时的。

本丛书根据最新的文献资料从制备的观点来讨论有机反应，使读者对反应的历史背景、反应机理、应用范围和限制、实验条件的选择等有较全面的了解，能够更好地利用文献资料解决自己遇到的问题。在"*Organic Reactions*"丛书中，有些常用的反应是几十年前编写的，缺少最新的资料。因此，本书在一定程度上可以弥补其不足。

本丛书对反应的选择非常讲究，每章的篇幅恰到好处。因此，除了在科研工作中有需要时查阅外，还可以作为研究生用的有机合成教材。例如：从"科里氧化反应"一章中，读者可以了解到有机化学家如何从常用的无机试剂三氧化铬创造出多种多样的、能满足特殊有机合成要求的新试剂。并从中学习他们的思想和方法，培养自己的创新能力。因此，我特别希望本丛书能够在有机专业研究生的学习和研究中发挥自己的作用。

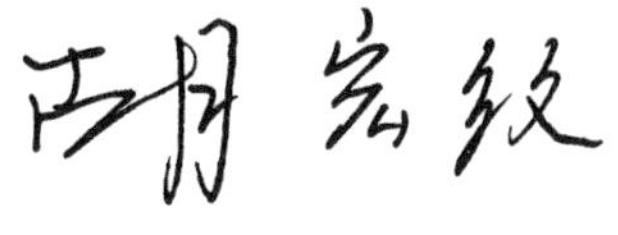

中国科学院院士
南京大学
2008 年 11 月 16 日

前　言

许多重要的有机反应被赞誉为有机化学学科发展路途上的里程碑，因为它们的发现、建立、拓展和完善带动着有机化学概念上的飞跃、理论上的建树、方法上的创新和应用上的突破。正如我们所熟知的 Grignard 反应 (1912)、Diels-Alder 反应 (1950)、Wittig 反应 (1979)、不对称催化氢化和氧化反应 (2001)、烯烃复分解反应 (2005) 和钯催化的交叉偶联反应 (2010) 等等，就是因为对有机化学的突出贡献而先后获得了诺贝尔化学奖的殊荣。

与有机反应相关的专著和工具书很多，从简洁的人名反应到系统而详细的大全巨著。其中，"*Organic Reactions*" (John Wiley & Sons, Inc.) 堪称是经典之作。它自 1942 年出版以来，至今已经有 76 卷问世。而 1991 年由 B. M. Trost 主编的 "*Comprehensive Organic Synthesis*" 是一套九卷的大型工具书，以 10400 页的版面几乎将当代已知的重要有机反应类型涵盖殆尽。此外，还有一些重要的国际期刊及时地对各种有机反应的最新研究进展进行综述。这些文献资料浩如烟海，是一笔非常宝贵的财富。在国内，随着有机化学研究的深入及相关化学工业的飞速发展，全面了解和掌握有机反应的需求与日俱增。在此契机下，编写一套有特色的《现代有机反应》丛书，对各种有机反应进行系统地介绍是一种适时而出的举措。本丛书的第 1~5 卷已于 2008 年底出版发行，周维善院士和胡宏纹院士欣然为之作序。在广大热心读者的鼓励下，我们又完成了丛书第 6~10 卷的编撰，适时地奉献给热爱本丛书的读者。

丛书第 6~10 卷传承了前五卷的写作特点与特色。在编著方式上注重完整性和系统性，以有限的篇幅概述了每种反应的历史背景、反应机理和应用范围。在撰写风格上强调各反应的最新进展和它们在有机合成中的应用，提供了多个代表性的操作实例并介绍了它们在天然产物合成中的巧妙应用。丛书第 6~10 卷共有 1954 页和 226 万字，涵盖了 45 个重要的有机反应、4760 个精心制作的图片和反应式、以及 6853 条权威和新颖的参考文献。作者衷心地希望能够帮助读者快捷而准确地对各个反应产生全方位的认识，力求满足读者在不同层次上的特别需求。我们很高兴地接受了几位研究生的建议，选择了一组"路"的图片作为第 6~10 卷的封面。祈望本丛书就像是一条条便捷的路径，引导读者进入感兴趣的领域去探索。

丛书第 6~10 卷的编撰工作汇聚了来自国内外 23 所高校和企业的 45 位专家学者的热情和智慧。在此我们由衷地感谢所有的作者，正是大家的辛勤工作才保证了本丛书的顺利出版，更得益于各位的渊博知识才使得本丛书丰富而多彩。尤其需要感谢王歆燕副教授，她身兼本丛书的作者和主编秘书双重角色，不仅完成了繁重的写作和烦琐的联络事务，还完成了书中全部图片和反应式的制作工作。这些看似平凡简单的工作，却是丛书如期出版不可或缺的一个重要环节。本丛书的编撰工作被列为"北京市有机化学重点学科"建设项目，并获得学科建设经费 (XK100030514) 的资助，在此一并表示感谢。

非常遗憾的是，在本丛书即将交稿之际周维善先生仙逝了，给我们留下了永远的怀念。时间一去不返，我们后辈应该更加勤勉和努力。最后，值此机会谨祝胡宏纹先生身体健康！

胡跃飞
清华大学化学系教授

林国强
中国科学院院士
中国科学院上海有机化学研究所研究员

2012 年 10 月

物理量单位与符号说明

在本书所涉及的所有反应式中，为了能够真实反映文献发表时具体实验操作所用的实验条件，反应式中实验条件尊重原始文献，按作者发表的数据呈现给读者。对于在原文献中采用的非法定计量单位，下面给出相应的换算关系，读者在使用时可以自己换算成相应的法定计量单位。

另外，考虑到这套书的读者对象大多为研究生或科研工作者，英文阅读水平相对较高，而且日常在查阅文献或发表文章时大都用的是英文，所以书中反应式以英文表达为主，有益于读者熟悉与巩固日常专业词汇。

压力单位 atm, Torr, mmHg 为非法定计量单位；使用中应换算为法定计量单位 Pa。换算关系如下：

$$1 \text{ atm} = 101325 \text{ Pa}$$

$$1 \text{ Torr} = 133.322 \text{ Pa}$$

$$1 \text{ mmHg} = 133.322 \text{ Pa}$$

摩尔分数 催化剂的用量国际上多采用 mol% 表示，这种表达方式不规范。正确的方式应该使用符号 x_B 表示。x_B 表示 B 的摩尔分数，单位 %。如：

1 mol% 表示该物质的摩尔分数是 1%。

eq. (equiv) 代表一个量而非物理量单位。国际上通常采用符号 eq (eq.) 表示当量、等价量、等效量。本书中采用符号 eq. 表示化学反应中不同物质之间物质的量的倍数关系。

目 录

费里尔重排反应 ················· 1
　(Ferrier Rearrangement)
　陈沛然
　东华大学化学化工与生物工程学院
　上海　201620
　prchen@dhu.edu.cn

亲电氟化反应：N-F 试剂在 C-F 键形
成中的应用 ···················· 51
　(Formation of C-F Bonds by N-F Reagents)
　卿凤翎* 郑峰
　上海有机化学研究所，上海　200032
　flq@mail.sioc.ac.cn

霍夫曼重排反应 ················ 104
　(Hofmann Rearrangement)
　丛欣
　江苏先声药业(集团)有限公司
　南京　210042
　congxin@simcere.com

宫浦硼化反应 ·················· 129
　(Miyaura Borylation)
　马明
　Department of Chemistry, Virginia Tech
　USA
　mma@vt.edu

腈氧化物环加成反应 ············ 159
　(Nitrile Oxides Cycloaddition Reaction)
　王歆燕
　清华大学化学系
　北京　100084
　wangxinyan@mail.tsinghua.edu.cn

拉姆贝格-巴克卢德反应 ········· 199
　(Ramberg-Bäcklund Reaction)
　巨勇* 李若凡
　清华大学化学系
　北京　100084
　juyong@tsinghua.edu.cn

斯迈尔重排反应 ················ 236
　(Smiles Rearrangement)
　李婧
　Department of Chemistry, University of Alberta
　Canada
　lijingroea@yahoo.com.cn

玉尾-熊田-弗莱明立体选择性羟基化
反应 ·························· 277
　(Tamao-Kumada-Fleming Stereoselective
　Hydroxylation)
　龚军芳* 宋毛平
　郑州大学化学系，郑州　450052
　gongjf@zzu.edu.cn

二氧化碳在有机合成中的转化反应 ···· 341
　(Transformation of CO_2 in Organic Synthesis)
　华瑞茂
　清华大学化学系
　北京　100084
　ruimao@mail.tsinghua.edu.cn

索引 ·························· 391

费里尔重排反应

(Ferrier Rearrangement)

陈沛然

1 历史背景简述 ·· 1
2 I 型 Ferrier 重排反应的定义和机理 ··· 3
   2.1 I 型 Ferrier 重排反应的定义 ·· 3
   2.2 I 型 Ferrier 重排反应的机理 ·· 3
   2.3 I 型 Ferrier 重排反应的立体化学 ··· 4
3 I 型 Ferrier 重排反应综述 ··· 4
   3.1 2,3-不饱和 O-糖苷和其它 1-O-连接产物的制备 ··· 6
   3.2 2,3-不饱和 C-糖苷的制备 ··· 13
   3.3 其它 2,3-不饱和糖苷化合物的制备 ··· 19
   3.4 I 型 Ferrier 重排反应应用的扩展 ··· 23
4 其它类型的 Ferrier 重排反应 ··· 27
   4.1 II 型 Ferrier 重排反应 ·· 27
   4.2 Petasis-Ferrier 重排反应 ·· 37
5 Ferrier 重排反应在天然产物合成中的应用 ··· 40
   5.1 I 型 Ferrier 重排反应在天然产物合成中的应用 ·· 40
   5.2 II 型 Ferrier 重排反应在天然产物合成中的应用 ··· 41
   5.3 Petasis-Ferrier 重排反应在天然产物合成中的应用 ·· 42
6 Ferrier 重排反应实例 ·· 44
7 参考文献 ··· 45

1 历史背景简述

在糖化学中，2,3-不饱和糖苷 (**1**, 式 1) 是一类重要的化合物。它可以作为关键的合成中间体用于各种天然产物的合成，例如：生物活性化合物如雪卡毒素、糖肽等[1~3]、修饰糖衍生物[4]、核苷以及低聚糖[5]等。而从 2,3-不饱和糖苷衍生得到的 2,3-双脱氧糖或 2-脱氧糖也是许多生物活性分子的合成中间体[6]。因此，对 2,3-不饱和糖苷的合成方法学研究在有机化学中占有重要的地位。

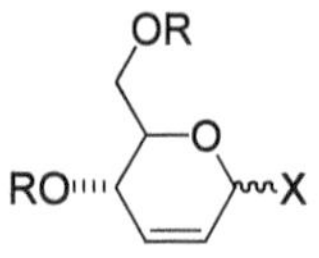

$$\underset{\mathbf{1}}{\text{结构式}} \qquad (1)$$

早在 1914 年，Emil Fisher 就首次报道了烯糖类化合物在水参与下经过烯丙基型重排得到 2,3-不饱和糖苷的反应[7]。在使用四-O-乙酰基-α-D-吡喃葡萄糖基溴与锌和乙酸反应制备化合物 **2** 的过程中，由于在水中加热导致 **2** 发生水解失去了一个乙酰基，最终得到的产物为烯丙基型重排的半缩醛 **3** (X = OH)[8](式 2)。

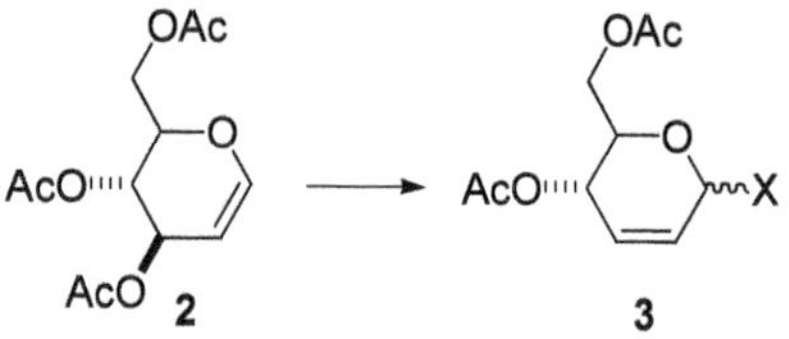

$$\underset{\mathbf{2}}{\text{结构式}} \longrightarrow \underset{\mathbf{3}}{\text{结构式}} \qquad (2)$$

但是，该反应的合成潜力直到 50 年后的 20 世纪 60 年代早期才被认识。当时，英国伦敦大学伯克贝克学院 (Birkbeck College, The University of London) 的学生 Ann Ryan 在实验中偶然发现：烯糖化合物 **2** 能够与对硝基苯酚发生同样的重排反应，并引起了指导老师 Robert J. Ferrier 的注意。通过对反应的深入和广泛研究，他们使用化合物 **2** 分别与对硝基苯酚、硫代乙酸和茶碱 (theophylline) 反应，得到了相应的 O-、S-、N-连接的不饱和糖基化合物 **3** (其中，X = p-NO$_2$PhO-、AcS-、theophyllyl) (式 2)。

自此，Ferrier 发展出了一种烯糖类化合物经烯丙基型重排反应制备 2,3-不饱和糖苷的通用合成方法。现在，该反应已经成为制备 2,3-不饱和糖的衍生物的重要方法，特别适合于非碳水化合物类天然产物的合成。该反应被称为经典的 Ferrier 重排反应，或 I 型 Ferrier 重排反应。

Robert J. Ferrier (罗伯特 J. 费里尔) 出生于英国爱丁堡，1957 年获得爱丁堡大学博士学位。同年，他加入了 Hirst 和 Aspinall 的多聚糖研究小组。随后，他转入伦敦大学伯克贝克学院 W. G. Overend 教授的单糖研究小组，并在那里得到了他的第一个教学职位。在此期间，他主要从事简单糖类化合物，尤其是以前很少被开发利用的不饱和糖类化合物的研究。I 型 Ferrier 重排反应就是在这期间发表的。1970 年，他成为新西兰威灵顿维多利亚大学有机化学教授。在那里，他一直从事以糖为原料来合成具有药理学活性的化合物（如前列腺素类和氨基糖苷类抗生素化合物）的研究。他现在是新西兰下赫特（Lower Hutt, New Zealand）的工业研究有限公司（Industrial Research Ltd.）的顾问。

1977 年，Ferrier 在以简单易得的单糖衍生物为原料，直接合成前列腺素前体化合物中的官能团化环戊烷结构的研究中，意外地得到了取代环己酮化合物，并在 1979 年首次报道了该反应，即 II 型 Ferrier 重排反应。

1995 年，N. A. Petasis 报道了五元环烯醇缩醛在路易斯酸催化下重排得到取代四氢呋喃的反应。1996 年，他又报道了六元环烯醇缩醛经类似的重排反应得到取代四氢吡喃的反应。这两个重排反应都经历了类似 II 型 Ferrier 重排反应所包含的氧正离子中间体，因此被称为 Petasis-Ferrier 重排反应。

2 I 型 Ferrier 重排反应的定义和机理

2.1 I 型 Ferrier 重排反应的定义

I 型 Ferrier 重排反应是指 1,2-不饱和碳水化合物（烯糖）在路易斯酸作用下发生的烯丙基型重排反应。如式 3 所示：该反应以烯糖为原料，可以用于制备连接有 O-、S-、N- 等杂原子取代的不饱和糖基化合物。其中：R^1, R^2 = 酰氧基；LG = 酰氧基、OTs 等；X = OR、SR、NR_2、CR_3 等；Lewis acid = $BF_3 \cdot Et_2O$、$SnCl_4$、I_2、TMSOTf、H_3O^+、$FeCl_3$ 等。

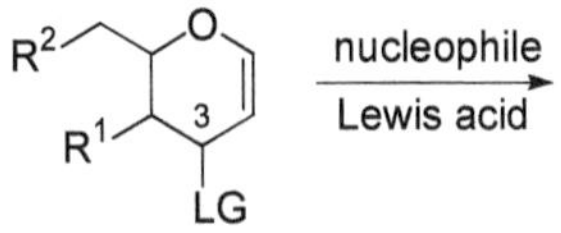

$$\underset{\underset{LG}{|}}{\overset{R^2}{\diagdown}}\!\!\!\diagup\!\!\!\overset{O}{\diagdown}\!\!\!\diagup\xrightarrow[\text{Lewis acid}]{\text{nucleophile}}\underset{R^1}{\overset{R^2}{\diagdown}}\!\!\!\diagup\!\!\!\overset{O}{\diagdown}\!\!\!\diagup X \tag{3}$$

2.2 I 型 Ferrier 重排反应的机理

I 型 Ferrier 重排反应的反应步骤如式 4 所示：反应的第一步是在路易斯酸作用下，离去基团（LG）从烯糖的 C-3 位上断裂离去。然后，生成的烯丙氧基碳正离子被亲核试剂捕获生成相应的糖苷。

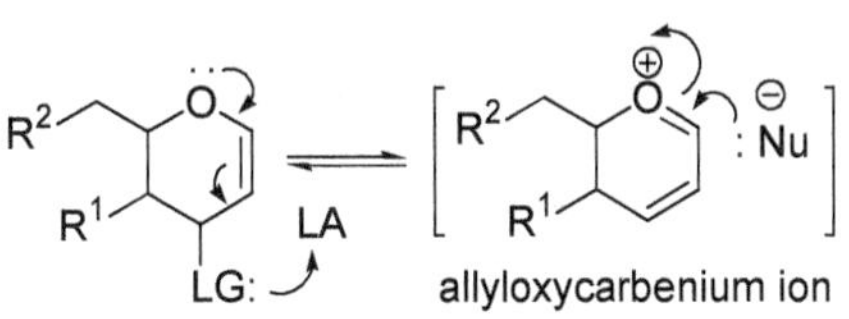

$$(4)$$

2.3　I 型 Ferrier 重排反应的立体化学

2.3.1　产物端基碳的构型

在烯糖的烯丙基型重排反应中，产物的异头碳中心具有显著的立体选择性，有时是几乎单一的立体选择性。例如：在路易斯酸催化下，三-O-乙酰-D-葡萄烯糖与醇反应生成 2,3-不饱和-O-糖苷，其中 α/β 的比例范围是 $(7\pm2)/1$。而在由三-O-乙酰-D-半乳烯糖生成的产物中，此比例则更高[9]。该现象提示：可能存在一种对具有双假直立键的电负性烯丙基的二氢 [2H] 吡喃有利的立体电子因素。

使用 N- 或 S-亲核试剂产生的 2,3-不饱和化合物的端基异构体混合物通常也主要含 α-异构体，使用 C-亲核试剂的产物亦具有同样的结果。C-亲核试剂反应产物的异头碳中心所具有的醚特性要强于缩醛特性，因此它们并不像 O-糖苷类似物那样容易发生酸催化的端基异构化。C-亲核试剂反应通常生成动力学控制的产物，这是 C-糖苷有别于 O-、N-、S-糖苷之处[10b]。

2.3.2　C3-离去基团与 C4-酯基相对取向的影响

酰基化烯糖中 C-3 位离去基团和 C-4 位上酯基的相对取向对烯丙基型重排反应的效果具有重要的影响。例如：在三氟化硼催化剂存在下，三-O-乙酰-D-葡萄烯糖 (**2**) 和它的 C4-差向异构体三-O-乙酰-D-半乳烯糖 (**4**) 与醇反应都生成 2,3-不饱和-O-糖苷 (**3**)。但前者的反应远比后者有效 (式 5)[10]。

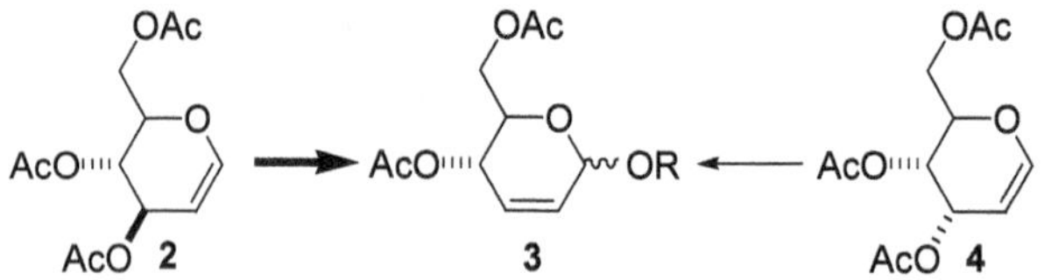

如式 6 所示[11]：这可能是由于 C-3 位上 C-O 键的断裂可以得到 C-4 位上反式取向的酯基协助的缘故。

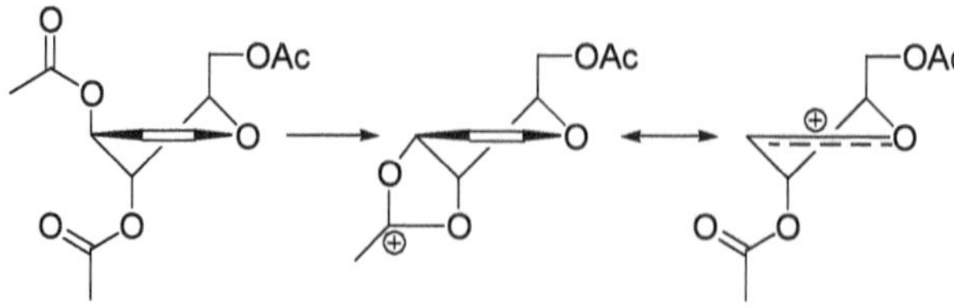

3　I 型 Ferrier 重排反应综述

烯丙位带有潜在离去基团的烯醇醚 (例如：具有结构 **5** 的化合物) 可发生

酸催化的加成反应或亲核取代反应。质子酸催化通常得到产物 **7**，而路易斯酸催化则倾向形成不饱和产物 (**9** 和 **10**)。如式 7 所示：两种反应生成的过渡态分别为 **6** 和 **8**。

$$\text{(7)}$$

一些生成不饱和产物的反应会发生加成/消除过程。在某些情况下，亲核试剂进攻一个反应中心首先得到动力学控制的产物。然后，再通过反转过程或 σ-移位重排而异构化，得到具有不同烯丙基结构的产物。通常，*O-* 和 *C-*亲核试剂发生的反应主要得到化合物 **9** 类型的 2,3-不饱和 *O-* 和 *C-*糖苷。但是，*N-* 和 *S-*亲核试剂则可能得到化合物 **10** 类型的 3-*N-* 和 3-*S-*取代的烯糖。

在 I 型 Ferrier 重排反应中，通常用 *O-*酰化烯糖作为起始原料。在高温的情况下，烯丙位酰氧基具有足够好的离去性能。即使在不添加催化剂的情况下，烯糖类化合物与亲核试剂 (例如：醇或酚等) 的反应也能够顺利进行。例如：三-*O-*乙酰基-D-葡萄烯糖 (**2**) 与乙醇[12]和苯酚[13]分别在 180 ℃ 和 140 ℃ 下反应，以良好的产率得到相应的化合物 **3** (X = OEt 和 PhO)。通过选择使用离去特性更好的离去基团，反应会变得更加容易。例如：在不加催化剂的条件下，双-*O-*(对硝基苯甲酰基)-木烯糖和 4,6-*O-*亚苄基-3-*O-*甲磺酰基-D-阿罗烯糖分别与嘌呤或嘧啶碱[14]和格氏试剂[15]反应，可以得到相应的 *N-* 和 *C-*连接的 2,3-不饱和糖苷。

在 I 型 Ferrier 重排反应中，路易斯酸是非常有效的催化剂。可用来催化 I 型 Ferrier 重排反应的催化剂很多。已见诸文献报道的大致有：$BF_3 \cdot Et_2O$、$SnCl_4$、TMSOTf、$FeCl_3$、$InCl_3$、$(NH_4)_2Ce(NO_3)_6$、$BiCl_3$、$CeCl_3$、蒙脱土 K10、$ZnCl_2$、$HClO_4$-SiO_2、$Pd(OAc)_2$、$ZrCl_4$，杂多酸 $K_5CoW_{12}O_{40} \cdot 3H_2O$、$Bi(OTf)_3$、$SiO_2$-$Bi(OTf)_3$、酸性沸石、$Er(OTf)_3$、Amberlyst 15、$TiCl_4$、六氟异丙醇、$H_3PO_4$、$AuCl_3$、$HBF_4$-$SiO_2$、$ZnCl_2/Al_2O_3$、$H_2SO_4$/4A 分子筛等。有的研究者还报道了微波、路易斯酸/微波、或者路易斯酸/离子液体来提高反应的效率，前者如 $NbCl_5$/微波、蒙脱土/微波、水合硫酸铁/微波，后者如 $Dy(OTf)_3$/[bmim]PF_6、$FeCl_3$/[bmim]Cl、

Bi(NO$_3$)$_3$/[bmim]PF$_6$ 等。此外，还可以用 I$_2$、DDQ 以及 Mitsunobu 条件来促进反应。

3.1 2,3-不饱和 *O*-糖苷和其它 1-*O*-连接产物的制备

2,3-不饱和 *O*-糖苷是最早通过 I 型 Ferrier 重排反应制备得到的产物，同时也是 I 型 Ferrier 重排反应方法学中研究得最多的产物。

酚参与的重排过程可以不需要催化剂，但需要在较高的反应温度下进行。例如：将苯酚和三-*O*-乙酰-D-葡萄烯糖在 140 ℃ 下加热 3 h，可以 80% 的产率和 6:1 的比例得到 *α*- 和 *β*-糖苷的混合物[14]。三-*O*-乙酰-D-葡萄烯糖或二-*O*-乙酰-L-鼠李烯糖与各种取代苯酚反应，可以约 40% 的产率直接分离得到纯的 *α*-异头物[16]。

在酸催化下，含有活化取代基的烯糖与酚反应生成的初始产物可能会进一步发生重排，产生 *C*-糖苷。例如：在含有少量 BF$_3$·Et$_2$O 的甲苯中，三-*O*-乙酰-D-葡萄烯糖与对甲氧基苯酚反应可以 92% 的产率得到预期的 *O*-连接动力学产物 **11** (式 8)。但是，**11** 可以进一步被转化成为热力学稳定的产物 **12** (产率 72%)。用二氯甲烷为溶剂并使用更高比例的路易斯酸催化剂，则可以从起始原料直接合成 **12**[17](式 8)。

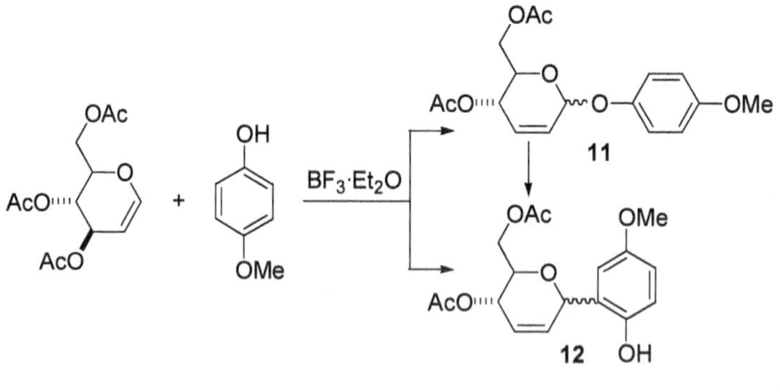

将乙酰化烯糖与活化的酚共热可以得到 2,3-不饱和的 *C*-芳香基糖苷[16]，反应的产率与所用酚的酸性相关[18]。在超声波的促进下，乙酰化烯糖可以在室温与酚的溴化镁盐反应得到 2,3-不饱和的 *C*-芳香基糖苷。使用三-*O*-乙酰-D-葡萄烯糖衍生物为底物时，产物中的 *α/β* 比例大于 20/1[19]。

烯糖与糖醇的偶联是合成二糖和多糖的重要反应。通过 Ferrier 重排可制备化合物 **13** (R^1 = AcO, R^2 = H)[10]和 **14** (R^1 = H, R^2 = AcO)[20] (产率皆为 56%)，前者因含有三-*O*-乙酰-D-半乳烯糖而需要使用 SnCl$_4$ 作为催化剂 (式 9)。

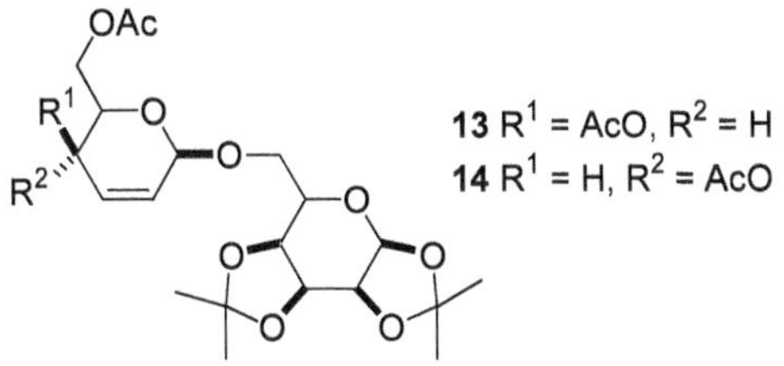

含有双羟基底物的 Ferrier 重排反应的运用比较罕见,但二醇 **15**[21]和 **16**[22] 是成功进行双糖苷化的范例 (式 10)。

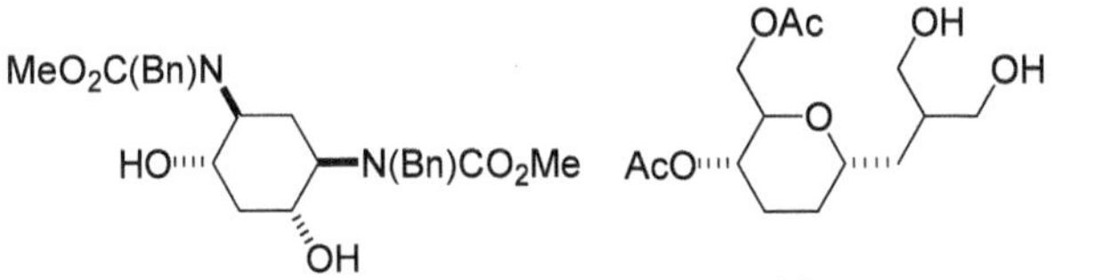

经连续两次运用此反应得到的化合物 **17**,可被进一步转化成为具有氨基糖苷抗生素性质的饱和化合物 **18**[23](式 11)。

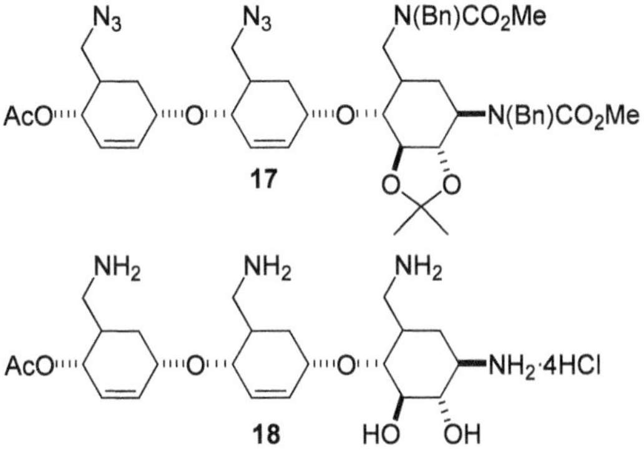

以三-O-乙酰-D-半乳烯糖为原料时,三氟化硼的催化效果不好,需用使用 $SnCl_4$ 来代替。使用简单的伯醇为亲核试剂时,反应的产率通常高于 80%。但是,使用仲醇和叔醇时则有所降低。以 $SnCl_4$ 为催化剂[24],从二-O-乙酰-L-鼠李烯糖可以分别得到 73% 和 50% 的仲丁基糖苷和叔丁基糖苷。在含硫酸的 1,4-二噁烷或含三氧化钼的水溶液中[25],过氧化氢与三-O-乙酰-D-葡萄烯糖反应以 50%~70% 的产率得到晶体状的过氧化物 **19** (式 12)。

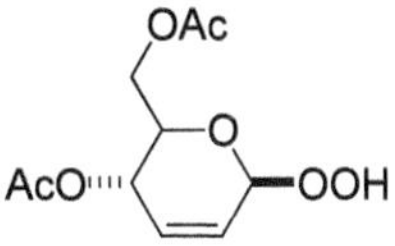

在含三氟化硼的苯中[26]或含二氯化镍的乙酸酐中,三-O-乙酰-D-葡萄烯糖可以发生简单的热重排反应[27]。这两个反应都以平衡的方式得到预期的 2,3-不饱和糖苷乙酸酯 **20** (产率 65%),产物的混合物中还含有部分起始原料 (15%) 和 C3-端基异构体三-O-乙酰-D-阿罗烯糖 **21** (20%)(式 13)。与式 12 所示的反应机理相似,该热重排反应也可能首先发生了 σ-移位,接着所产生的 2,3-不饱和 β-乙酸酯再发生异构化得到 α-化合物。

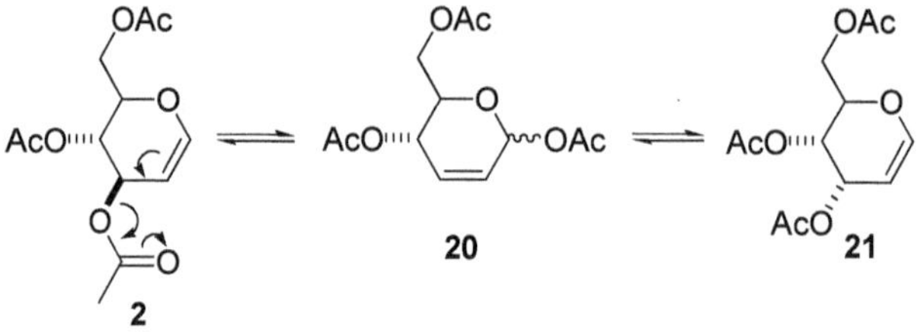

$$\text{(13)}$$

许多钯试剂作为弱酸性路易斯酸催化剂也广泛应用于 O-糖苷的制备。该反应的局限性是需要使用过量的醇,但现在已经有了克服的方法[28]。在配体 (4,4′,6,6′-四叔丁基-2,2′-二苯基) 酸式磷酸酯二乙胺 (DTBBP) 或 P(OMe)$_3$ 的存在下,以 Et$_2$Zn 作为辅助剂,Pd(OAc)$_2$ 可以高效地催化合成一系列二糖化合物 (式 14)[29]。

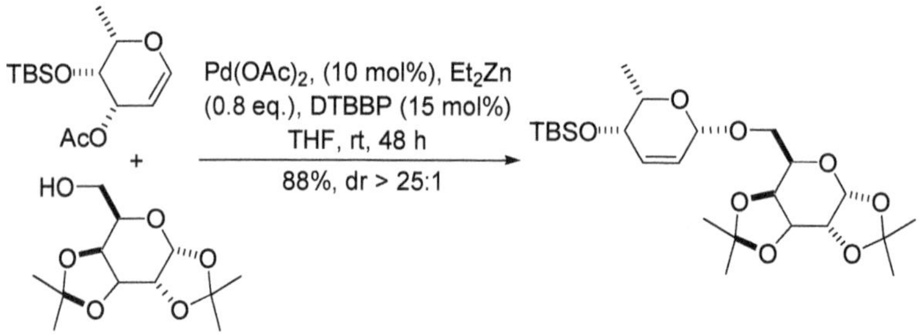

$$\text{(14)}$$

近年来,铟催化剂在立体选择性合成 O-糖苷反应中的应用越来越多。在 InCl$_3$ 催化下,使用原甲酸三烷基酯可以高立体选择性地制备一系列 α-O-糖苷[30](式 15)。

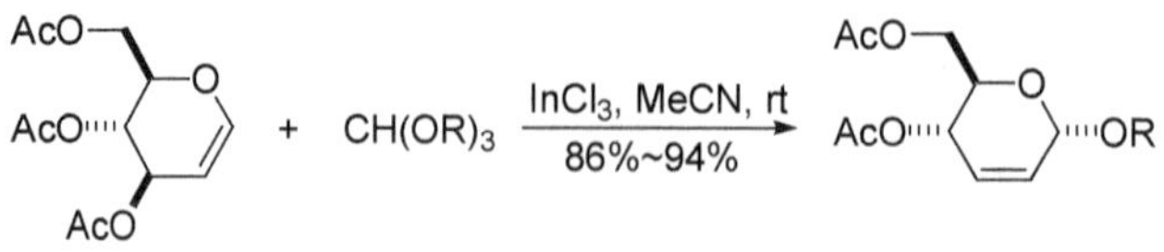

$$\text{(15)}$$

通过调节反应体系, InCl$_3$ 还能催化未活化的烯糖底物的 I 型 Ferrier 重排反应[31a]和环外 Ferrier 重排[31b](式 16 和式 17)。

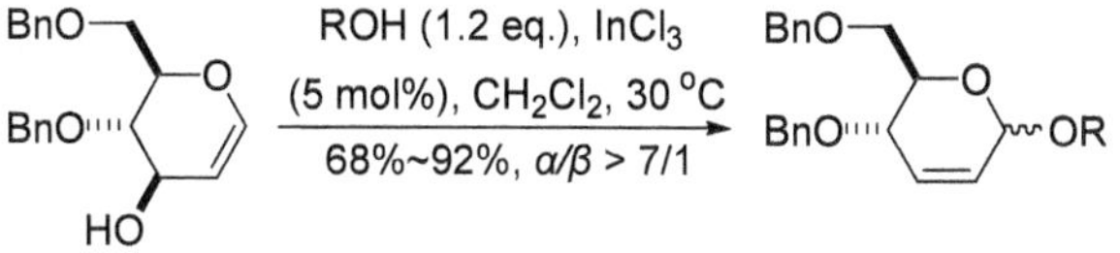

(16)

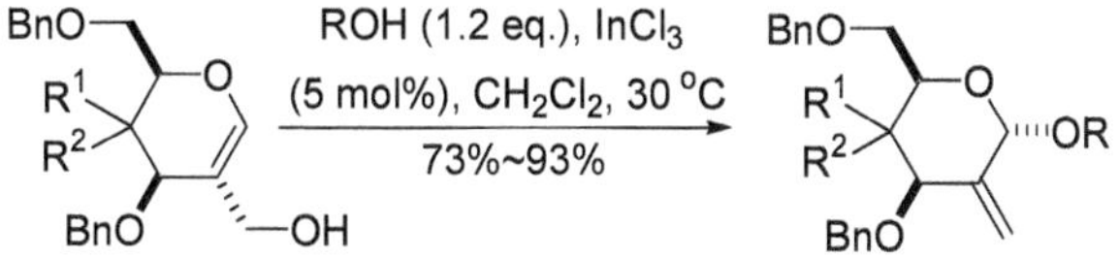

(17)

NbCl$_5$ 具有对湿汽稳定和催化寿命长的优点，能够催化生成单一立体选择性的 α-O-糖苷产物，其可能的机理如式 18 所示[32]。

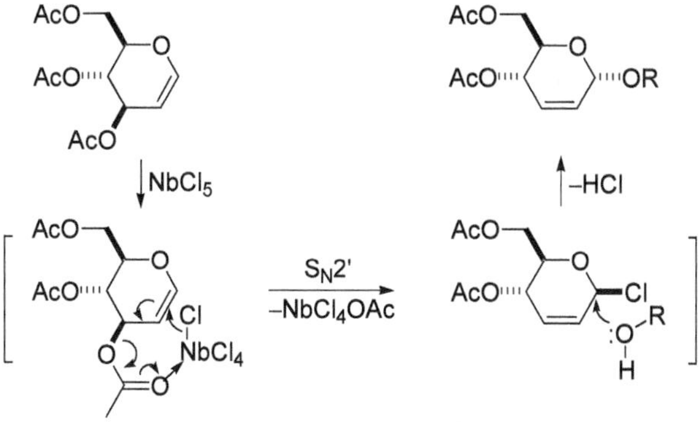

(18)

在氧化铝负载的 ZnCl$_2$ 催化下，烯糖酯化合物可以生成高度立体选择性的 α-O-糖苷产物[33](式 19)。

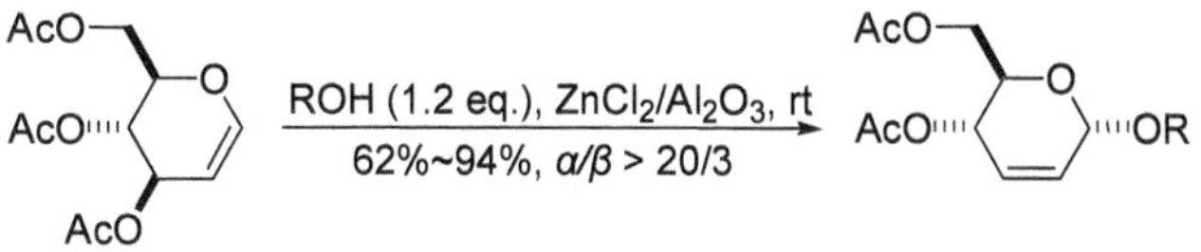

(19)

在该反应中应用较多的其它金属无机盐催化剂还包括：Bi(OTf)$_3$[34]、Yb(OTf)$_3$[35]、Sc(OTf)$_3$[36]、Fe(NO$_3$)$_3$·9H$_2$O[37]、ZrCl$_4$[38]、Dy(OTf)$_3$[39]、CeCl$_3$·9H$_2$O[40]、Fe$_2$(SO$_4$)$_3$·9H$_2$O[41]、LiBF$_4$[42]、LiClO$_4$[43]和 AuCl$_3$[44]等。

在对甲苯磺酸的存在下，C4-位含有未被取代的羟基烯糖可以发生烯丙型重排。例如：在对甲苯磺酸的存在下，D-葡萄烯糖 **22** 与苯甲醛二甲基缩醛反应可以高产率地得到甲基 4,6-O-亚苄基-2,3-双脱氧-α-D-赤-己-2-烯-吡喃糖苷 **23**[45](式 20)。

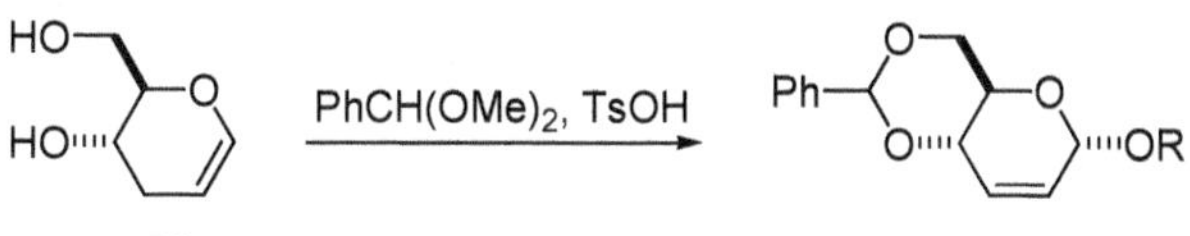

(20)

Amberlyst 15 是一种廉价的环境友好型酸性催化剂,可在温和条件下催化烯糖的重排反应[46](式 21)。

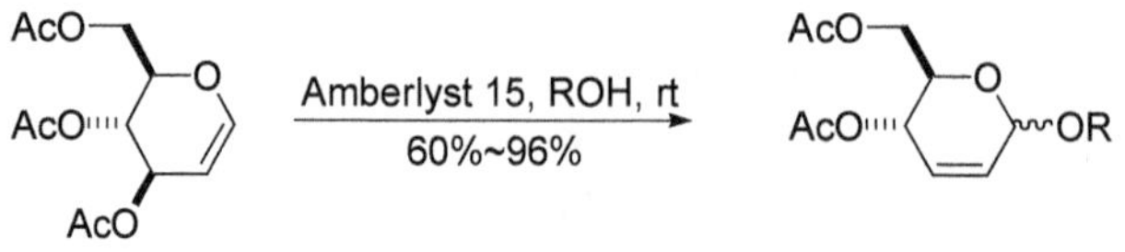

$$\text{三乙酰基葡萄烯糖} \xrightarrow[60\%\sim96\%]{\text{Amberlyst 15, ROH, rt}} \text{产物-OR} \quad (21)$$

SiO$_2$ 负载的 HBF$_4$ 可以催化 D-烯糖的重排反应,以高产率和高立体选择性得到 α-产物[47](式 22)。

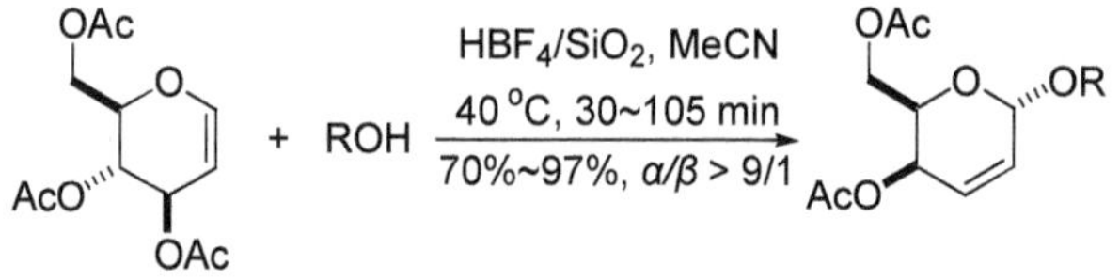

$$\text{烯糖} + \text{ROH} \xrightarrow[70\%\sim97\%, \alpha/\beta > 9/1]{\text{HBF}_4/\text{SiO}_2, \text{MeCN}, 40\ ^\circ\text{C}, 30\sim105\ \text{min}} \text{产物-OR} \quad (22)$$

最近发现,H$_3$PO$_4$ 也可以作为催化剂用于一系列 α-O-糖苷的合成。这可能是迄今为止最为简单和环保的酸催化剂[48](式 23)。

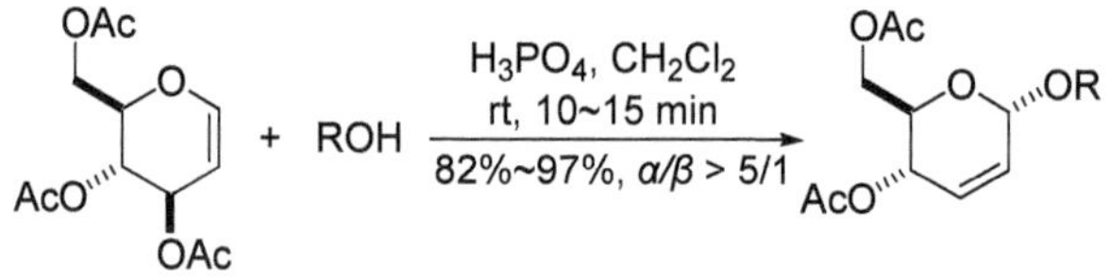

$$\text{烯糖} + \text{ROH} \xrightarrow[82\%\sim97\%, \alpha/\beta > 5/1]{\text{H}_3\text{PO}_4, \text{CH}_2\text{Cl}_2, \text{rt}, 10\sim15\ \text{min}} \text{产物-OR} \quad (23)$$

此外,MeOH/HCl[49]和 PPh$_3$/HBr[50]等酸催化剂也可用于催化烯糖的重排反应。

碘作为催化剂相对比较温和,因此可用于一些在酸催化下可能发生分解的亲核试剂的反应[51](式 24)。

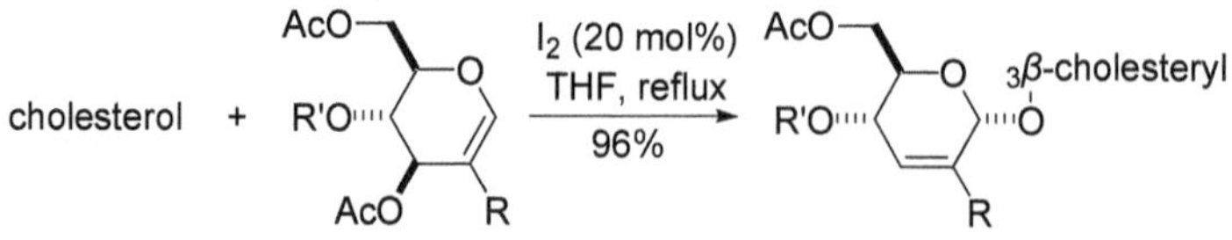

$$\text{cholesterol} + \text{烯糖} \xrightarrow[96\%]{\text{I}_2\ (20\ \text{mol\%}), \text{THF, reflux}} \text{3β-cholesteryl 糖苷} \quad (24)$$

通过对烯糖的烯丙位进行活化,可以使反应不通过酸催化的途径来进行。例如:C3-羟基可通过 Mitsunobu 步骤活化而产生苯基 O-糖苷[52]。在此条件下,烯糖与酚反应可以得到芳基-2,3-不饱和-O-糖苷。在许多反应中,糖苷配基的引入具有高产率和高立体选择性的特点。例如:以二氯甲烷为溶剂,可以 80% 的产率将 L-鼠李烯糖转化成为对甲氧基苯基-2,3-不饱和的 α-糖苷[52](式 25)。

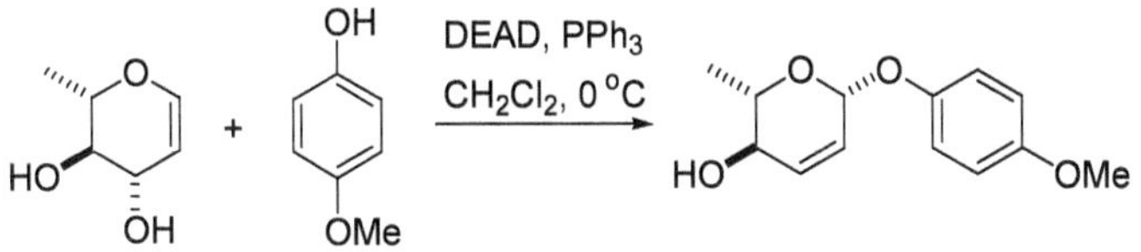

类似的途径包括使用带有作为离去基团的戊-4-烯酰氧基烯糖衍生物（例如：**24**），其 C3 上的离去基团通过使用亲电试剂双(2,4,6-三甲基吡啶)高氯酸碘盐 (idionium dicollidine perchlorate, IDCP) 进行活化脱除（式 20）。通过此途径可制备用路易斯酸催化的传统方法无法得到的二糖 **26** (R = Me₃C, α-异头物, 65%)[51]。同样，3-苯硫基-D-烯糖衍生物 **25** 经亲硫的 N-碘代琥珀酰亚胺 (NIS) 活化，以 70% 的产率得到二糖 **26** (R = Ac, α-异头物)[53](式 26)。

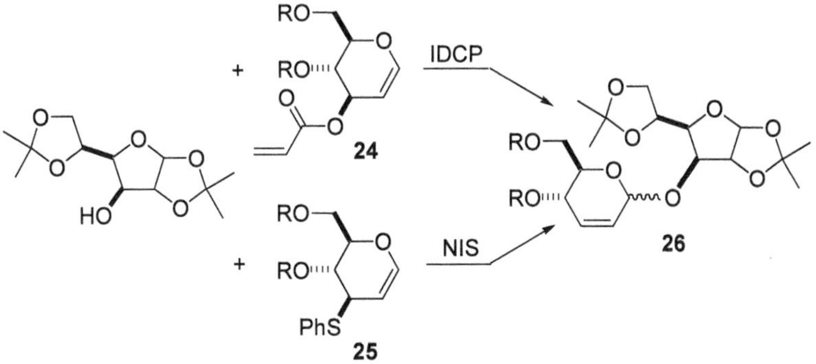

如式 27 所示：通过 NIS 催化的分子内 Ferrier 重排反应可以制备螺环化合物[53]。

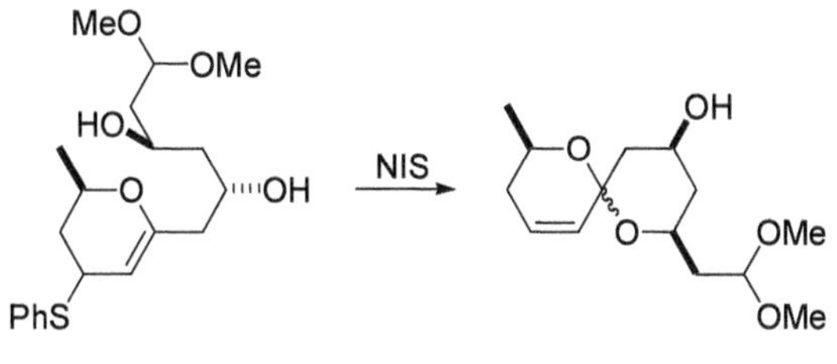

利用 DDQ 在中性条件下可以催化烯丙氧基[54]或酰氧基[55]的断裂，这是制备 2,3-不饱和糖苷的另一种途径[55](式 28)。

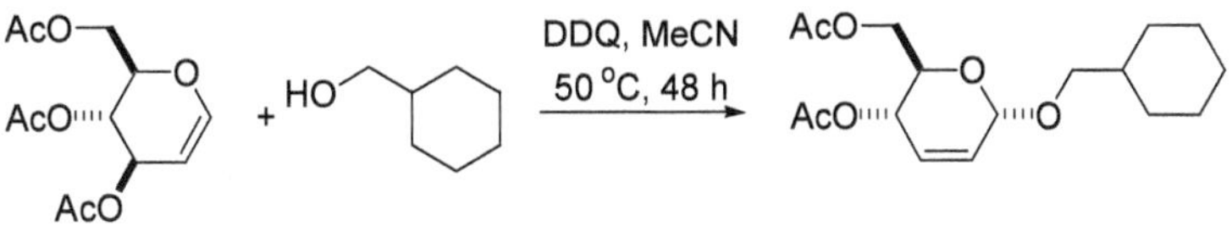

其反应机理如式 29 所示[55]。

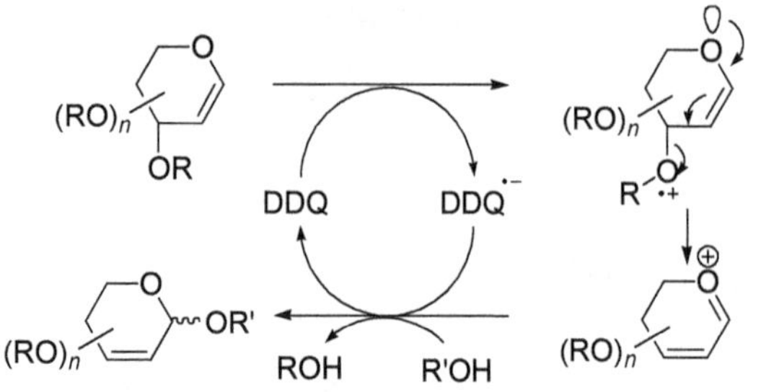

$$\tag{29}$$

在硝酸铈铵的作用下，未活化的烯糖能够与多种醇反应得到各类糖苷产物[56] (式 30)。

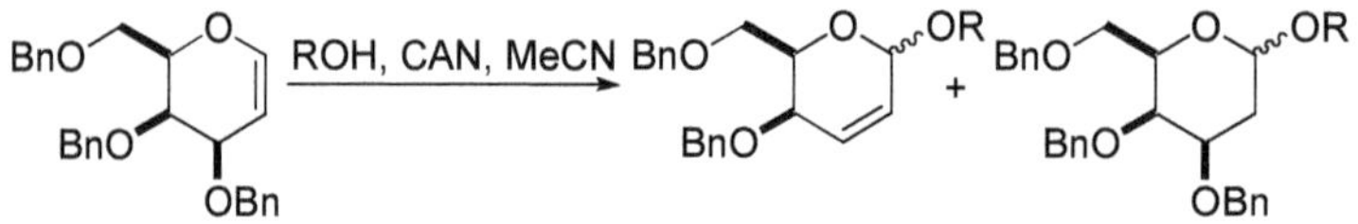

$$\tag{30}$$

用硅胶负载的 $HClO_4$ 作为催化剂，其催化的反应具有条件温和、时间短和产率高的优点[57,58](式 31)。

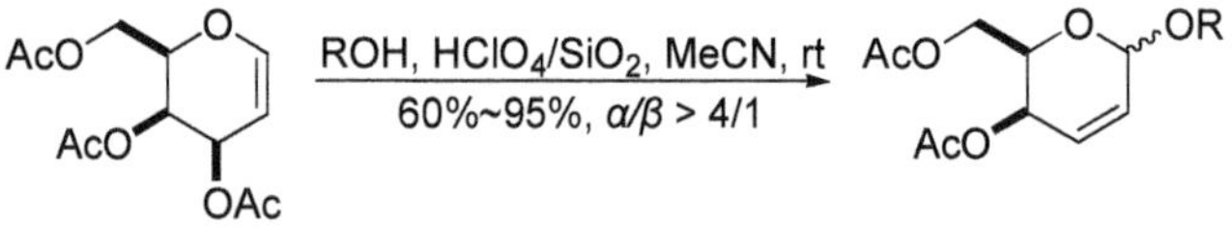

$$\tag{31}$$

相同的底物和亲核试剂在不同的钯催化剂作用下，产物的构型发生改变[59](式 32)。

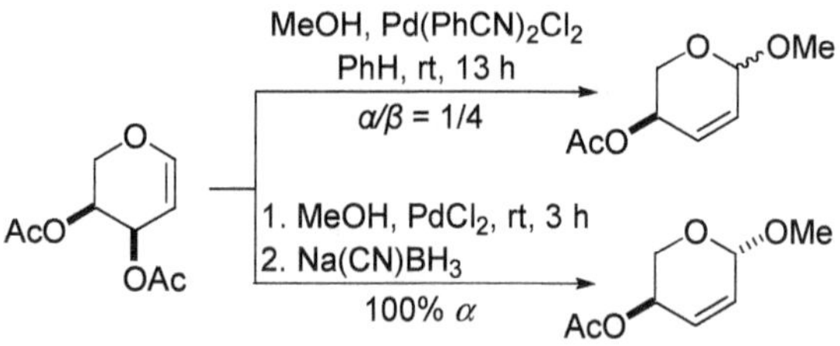

$$\tag{32}$$

除了传统的催化方法外，一些新反应体系也得到了发展。例如：在含氟相 (六氟异丙醇，HFIP) 中发生的反应不需要添加任何催化剂[60](式 33)。

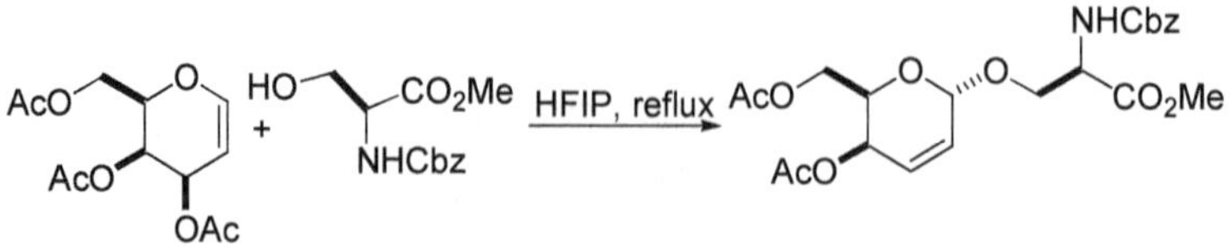

$$\tag{33}$$

在微波的促进下，以蒙脱土 K10 为催化剂在氯苯溶剂[61]或无溶剂条件下[62,63]反应。更有趣的是，微波可促进环外的 Ferrier 重排反应[64](式 34)。

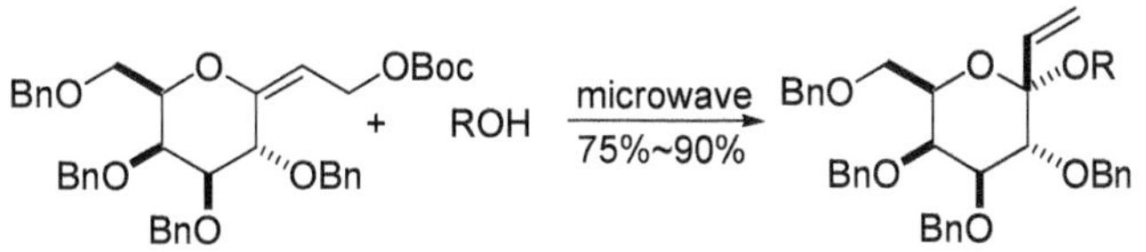

$$\text{(34)}$$

3.2 2,3-不饱和 C-糖苷的制备

在合成 C-糖苷的烯丙位重排反应中,首先需要选择和使用那些能够在正常反应条件下 (通常是酸性的) 生成 C-糖苷的亲核试剂。常用的亲核试剂包括:金属有机试剂、氰化物、C-甲硅烷基化的化合物、烯烃 (特别是那些能与亲电试剂反应得到稳定碳正离子中间体的烯烃,烯醇醚和酯是典型的例子)、活化的芳香族和 β-二羰基化合物。几乎所有这些 C-亲核试剂都能与烯糖在其异头碳中心反应。

从烯糖衍生物制备 2,3-不饱和的 C-糖苷的重要方法之一是使用钯催化的反应[65]。在该类反应中,可能首先发生烯糖、钯物种和亲核试剂的加成反应生成加合物中间体。然后,含钯部分与 C-3 上的 O-连接的取代基发生共同参与的消除反应,而亲核试剂则连接到 C-1 上。在产物为 C-糖苷的情况中,加合物中间体的形成和断裂过程受到多种因素的影响。其结果决定了生成 α-中间体或 β-中间体的选择性,以及是否由 H-3 代替 C-3 位的含氧取代基参与钯物种的消除。如果是 H-3 参与消除,产物在其双键上保留了 O-取代基。例如:在氩气氛下,C-5 上连有 H、Me 或 CN 的 3,4-二-O-酰基烯糖与醇和氯化钯反应会发生烷氧基钯化反应。生成的加合物通过用氰基硼氢化钠还原,则发生消除反应得到具有 α-构型的 2,3-O-不饱和糖苷[66]。然而,当烯糖的 C-5 位有含氧的碳基团时,最终产物为 C-2 位带有酰氧基的 3,4-不饱和糖苷。这些结果证明:含钯中间体发生重排反应的倾向优于离解反应。

在制备 C-糖苷的反应中,可以使用从相应的有机汞试剂或钯(II) 试剂作为催化剂,或者将碘代芳烃与催化量的钯盐一起使用[67](式 35)。

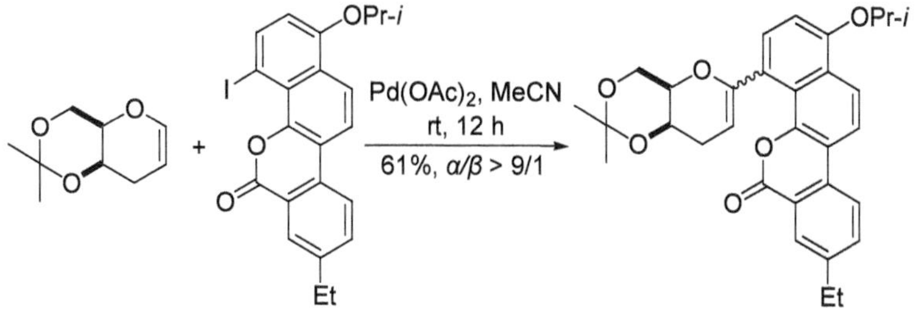

$$\text{(35)}$$

将加合物 **27** 与三苯基膦反应所得的化合物 **28** 再与碳酸氢钠水溶液反应,可以几乎定量的产率得到 **29**。但是,将其在甲苯中短暂加热则发生消除反应,生成乙酰氧基化合物 **30**[68](式 36)。

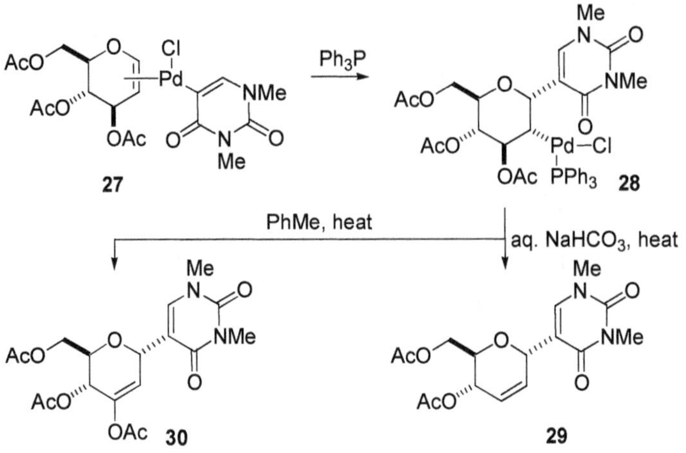

选用适当的钯催化剂,在碱性反应条件下也可以发生 I 型 Ferrier 重排反应 (式 37)[69]。

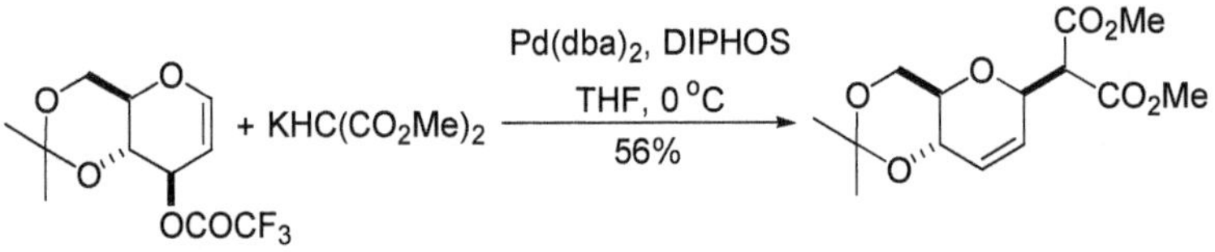

在乙酸钯催化下,有机汞或有机锌亲核试剂可与不含离去基团的二氢呋喃类化合物发生 I 型 Ferrier 重排[65a](式 38)。

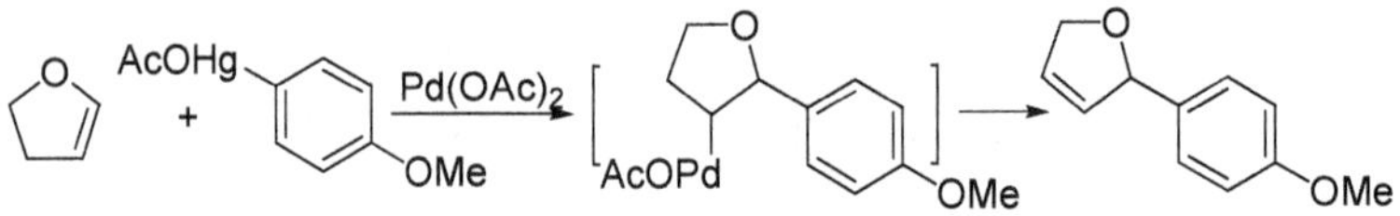

在呋喃型烯糖系列中,起始原料的 O-取代情况部分决定了所得产物的立体化学。当使用 C3- 和 C5-羟基都被保护的化合物 31 ($R^1 = R^2 = CH_2OMe$) 作为底物时,反应主要生成 C3-取代基被保留的 β-核糖衍生物 32。而当 C3-羟基未被保护 ($R^1 = CH_2OMe, R^2 = H$) 时,则生成 C3-无取代基的 α-化合物 33[65a](式 39)。

类似的方法也可以用于 2,3-不饱和芳基 C-糖苷的制备中。例如:在含有乙酸钯的乙酸酐溶液中,三-O-乙酰基-D-葡萄烯糖与芳烃化合物反应得到 C-3 位是 H 或 OAc 的混合物[70]。当使用苯时,两种产物的产率分别为 10% 和 54%,但都具有 α-构型。

通过使用三烃基铝可在烯糖的 C-1 位引入一系列烷基和烯基。在含有四氯化钛的二氯甲烷溶液中,二-O-乙酰-6-脱氧-D-半乳烯糖与三甲基铝可以在 –78 °C 发生反应生成 72% 的化合物 34[71](式 40)。

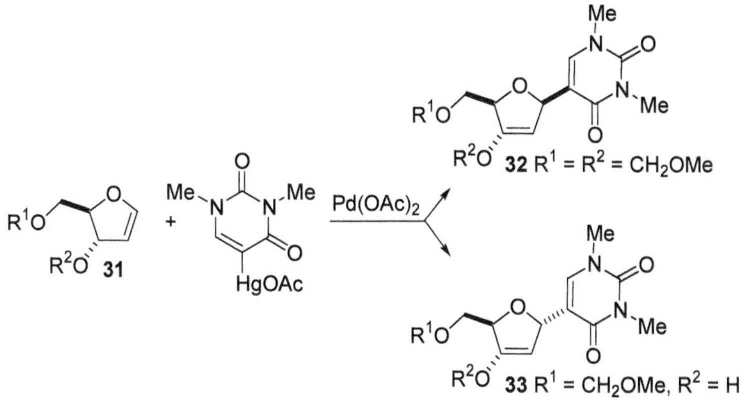

使用类似的甲基化过程，可以立体专一性地从三-O-乙酰-1-C-烯丙基-D-葡萄烯糖 (**35**) 得到天然产物合成中所需的 C-1 双取代化合物 **36**[72](式 41)。

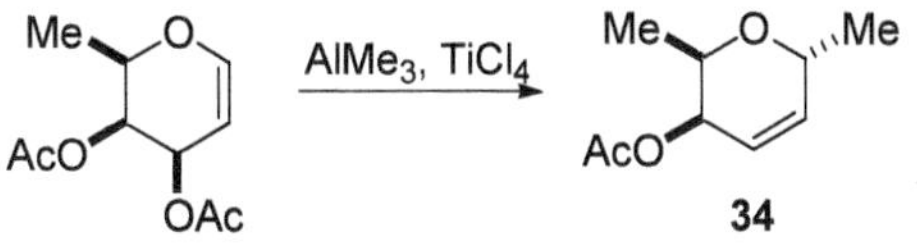

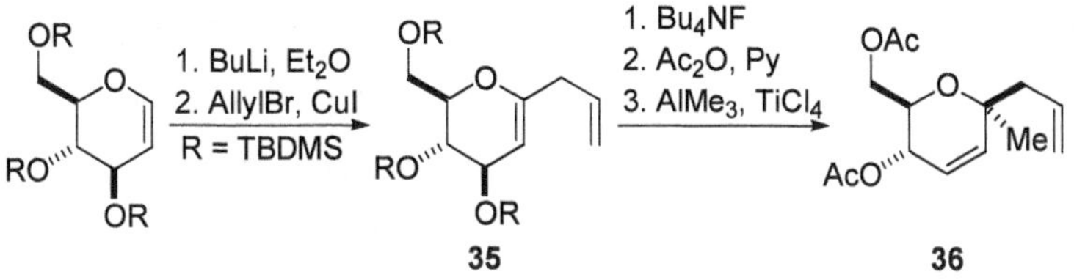

在使用 I 型 Ferrier 重排反应制备 C-糖苷[73]的方法中，也经常使用有机锌试剂 (式 42) 或有机铜锌试剂 (式 43)。

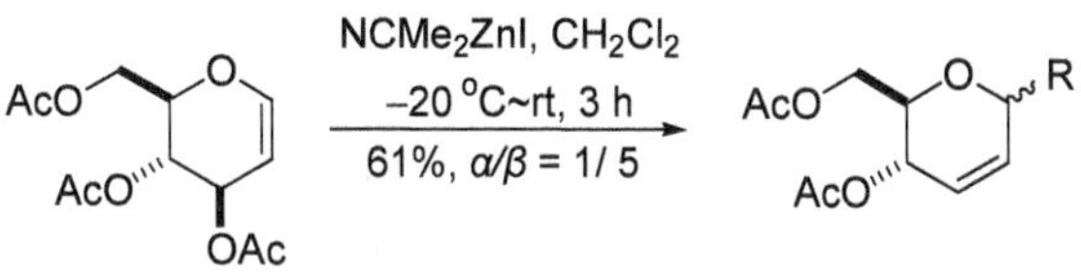

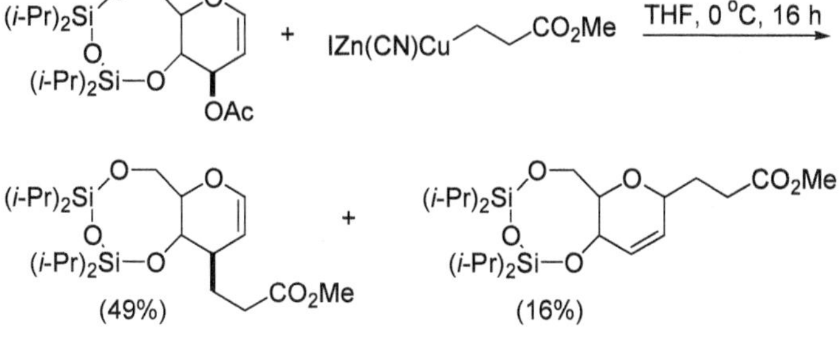

三甲基硅基三氟甲磺酸酯常用于催化 2,3-不饱和 *C*-糖苷的制备反应。在二氯甲烷/乙腈中以三甲基硅基三氟甲酸酯为催化剂时,未保护的烯糖可以在很低的温度下高产率和高度立体选择性地得到烯丙基 *C*-糖苷[74]。如式 44 所示:在此条件下,D-葡萄烯糖 **37** 生成 2,3-不饱和 *α*-化合物 **38** 的产率高达 99%。

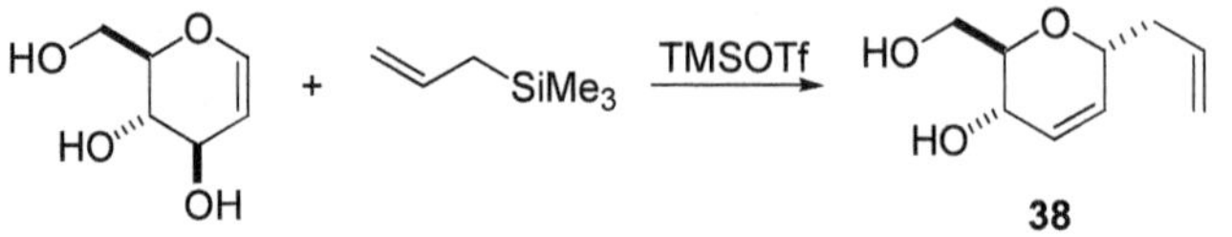

$$\text{(44)}$$

使用 $BF_3 \cdot EtO_2$ 为催化剂,三甲基氰化硅和烯糖衍生物在硝基甲烷中反应可以得到 2,3-不饱和氰基糖产物[75]。在此条件下,从三-*O*-乙酰-D-葡萄烯糖得到的是氰化物的 *α*- 和 *β*-混合物 (1.4:1)。但是,以二氯甲烷为溶剂则只生成单一的 *α*-异构体[76]。使用二乙基氰化铝为路易斯酸催化剂时得到类似的结果:在室温的苯溶液中,从三-*O*-乙酰-D-葡萄烯糖可以得到 *α*:*β* = 3:2 的 2,3-不饱和氰基糖;当该反应在回流条件下进行时,异构体的比例可以提高到 9:1。该结果与早先得到的 *β*-异构体 (**39**) 经端基异构化的现象一致[77],并且提示:生成 *α*-氰化物在动力学上具有某种程度的优势,而在热力学上则具有强烈优势。然而,该情况并不适用于所有 *C*-糖苷。例如:在碱性条件下,化合物 **40** 保持平衡并主要得到 *β*-D-赤-*C*-己糖。这可能是因为反应经过一个可开环的稳定碳负离子中间体,并进而发生端基异构化后完成[78](式 45)。

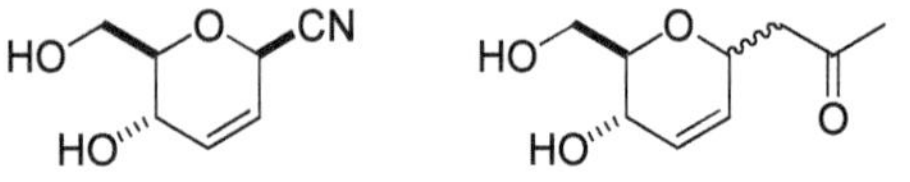

$$\text{(45)}$$

与之相类似,路易斯酸催化的活化芳香化合物与三-*O*-乙酰-D-葡萄烯糖的反应主要得到 *β*-连接的芳香基 *C*-糖苷[79](式 46)。

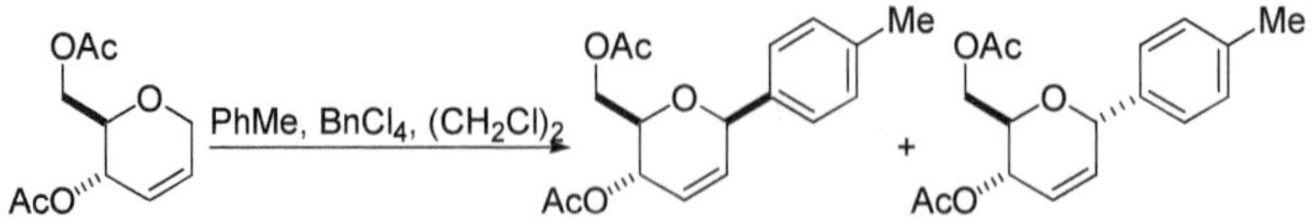

$$\text{(46)}$$

也可以直接使用芳基格氏试剂与烯糖发生反应[19b](式 47)。在 Ni(0) 作用下,格氏试剂可以与呋喃烯糖发生 Ferrier 重排,生成相应的 *C*-糖苷[80](式 48)。

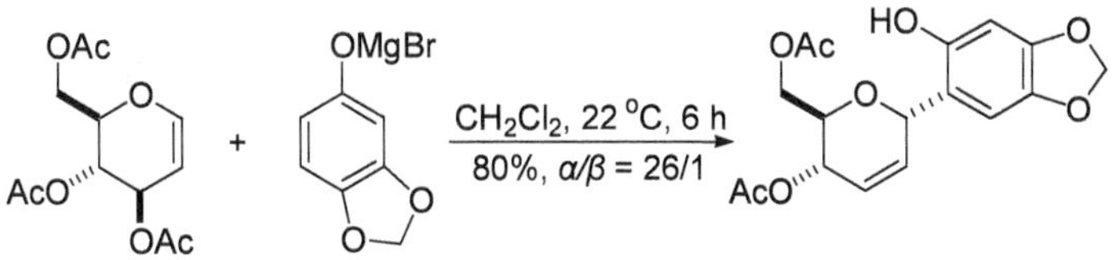

(47)

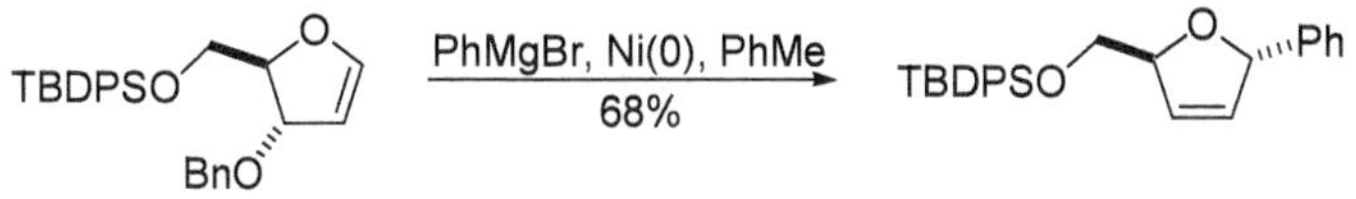

(48)

在无催化剂的苯溶液中，使用二乙基氰化铝可在 C-1 位引入氰基。该反应生成 α/β-端基异构体混合物，二者的比例取决于反应温度[78]。在 $BF_3 \cdot EtO_2$[75,76] 或 $ZrCl_4$[38]催化下，亦可用三甲基氰基硅来引入氰基。在路易斯酸催化下[73]，Reformatski 型有机锌衍生物（例如：氰乙基碘化锌）也可用于该目的。但例外的是，锌/铜偶有利于形成 3-取代的烯糖[81]。在四氯化钛催化下，三-O-乙酰-D-葡萄烯糖与烯丙基三甲基硅烷在 $-78\ ^\circ C$ 的二氯甲烷中反应生成 C-烯丙基产物 (85%, $\alpha/\beta = 16/1$)[82](式 49)。

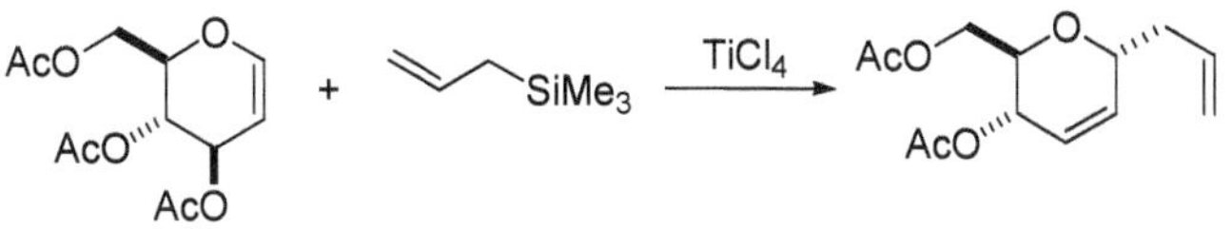

(49)

有人通过亲核试剂上离去基团的立体结构来控制产物的立体化学（式 50)[83]。

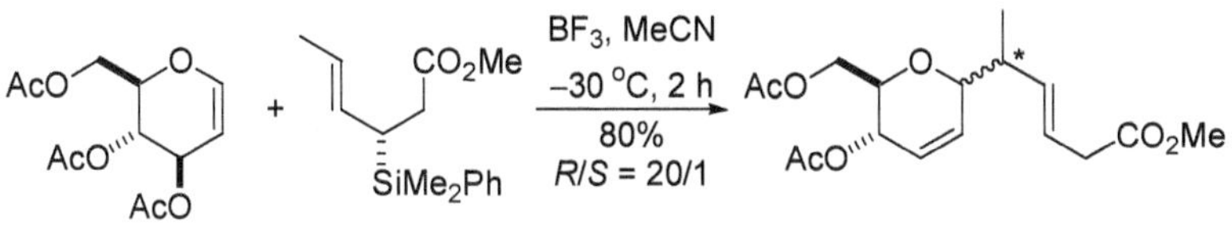

(50)

低温下在二氯甲烷/乙腈中，在三氟甲磺酸酯催化下，O-未保护的烯糖可以得到烯丙基 2,3-不饱和 C-糖苷。该反应具有高效和高度立体选择性，使用常用的烯糖原料可以使产物的 α/β 大于 99/1[75](式 51)。

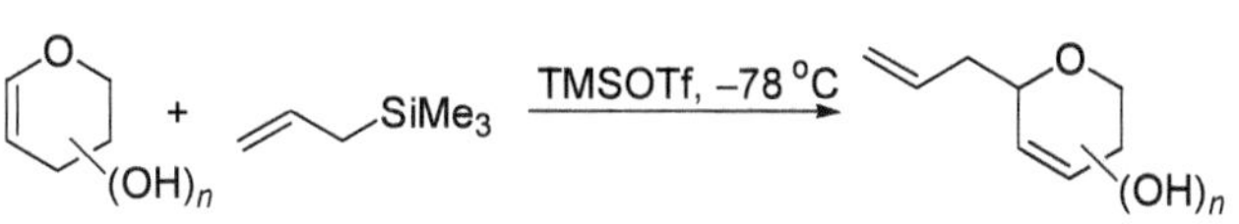

(51)

如式 52 所示：使用取代的烯丙基硅烷可以制备 C-连接的二糖类似物，该反应颇具独创性[84]。

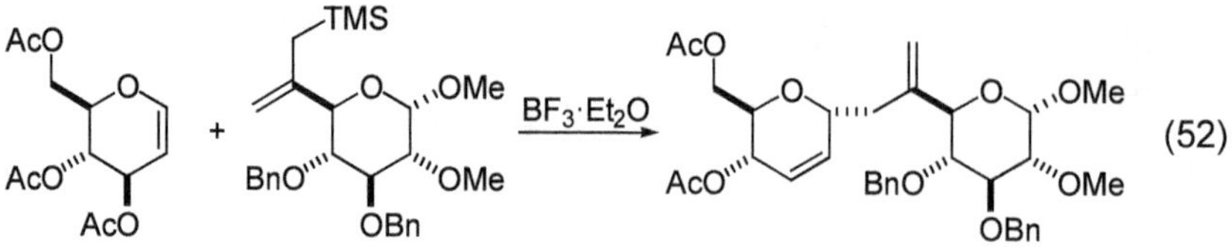

蒙脱土 K10[85]或磷钼酸-SiO$_2$[86]催化剂也能有效地促进烯丙基硅烷参与的 Ferrier 重排。在路易斯酸催化下，使用烯丙基硅基醚可以合成 C1-取代的 C3′-位具有羰基的 2,3-不饱和 C-糖苷[87](式 53)。

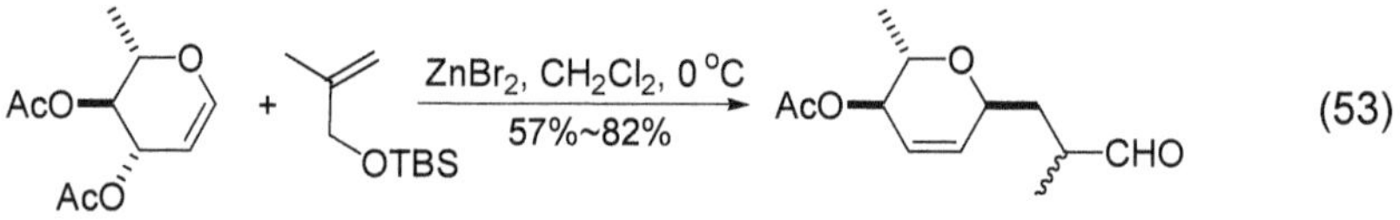

在路易斯酸催化下，使炔基硅烷试剂与烯糖反应可以生成一系列 C-糖苷化合物 41 (R = SiMe$_3$、C≡CSiMe$_3$、CH=CHCl、CH=CHC≡CSiMe$_3$ 等)[88]。在标准的重排条件下，乙烯基醚或酯与烯糖反应可以生成 2,3-不饱和 C-糖苷。例如：三-O-乙酰-D-葡萄烯糖与乙酸乙烯酯[89]或乙醛、丙酮和苯乙酮的乙烯基硅醚[90]反应，得到相应的羰基化合物 42 (R = H, Me, Ph) (式 54)。

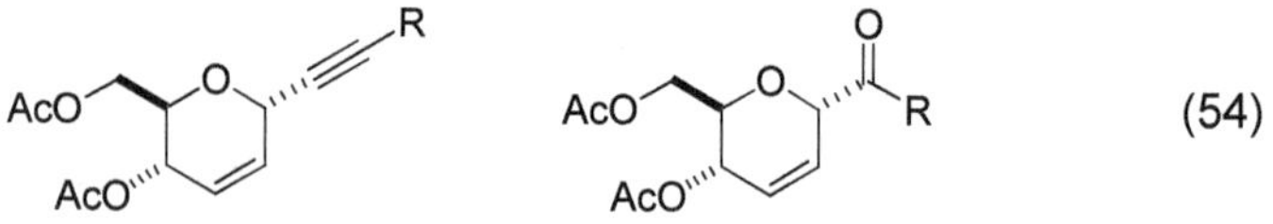

最近的研究表明：以 FeCl$_3$ 为催化剂，通过异腈与烯糖反应可以得到主要为 α-构型的 C-糖苷酰胺产物[91](式 55)。

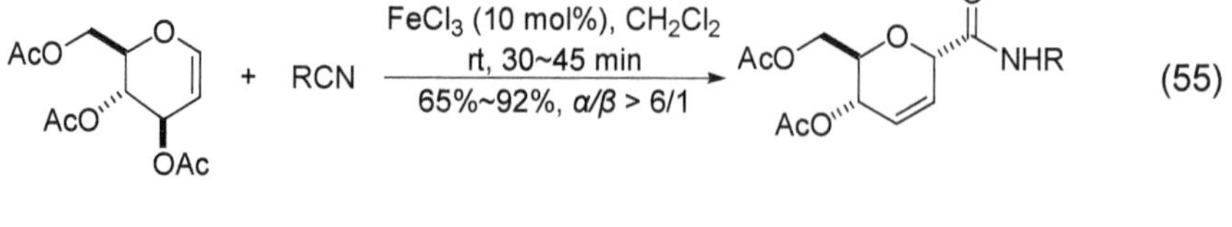

在 SnBr$_4$ 催化下，能够生成叔碳正离子的烯烃可以与烯糖产生的离域离子反应，高度选择性地生成 α-化合物[92](式 56)。

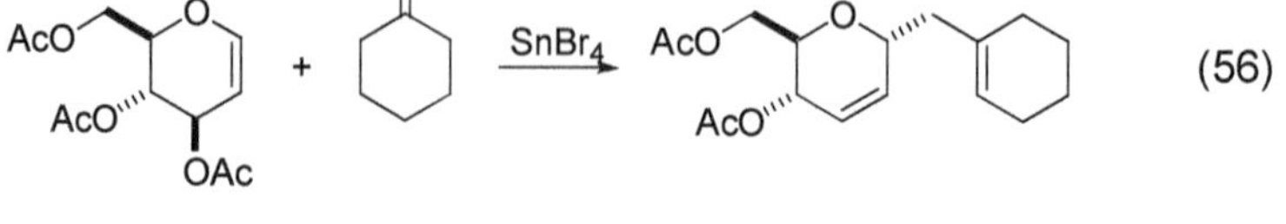

烯糖本身作为乙烯基醚,在路易斯酸存在下可以发生分子间反应。如式 57 所示[27]:在三-O-乙酰-D-葡萄烯糖与醇的反应过程中就曾发现有二聚反应发生。在最初的反应条件下,只能以 10% 的产率分离得到产物 **43**。但是,通过使用乙酰高氯酸催化剂在 $-78\ ^\circ$C 下反应,可以将产物 **43** 的产率提高到 61% (在 1-OAc 中心 α/β 的比例为 1.5/1)。

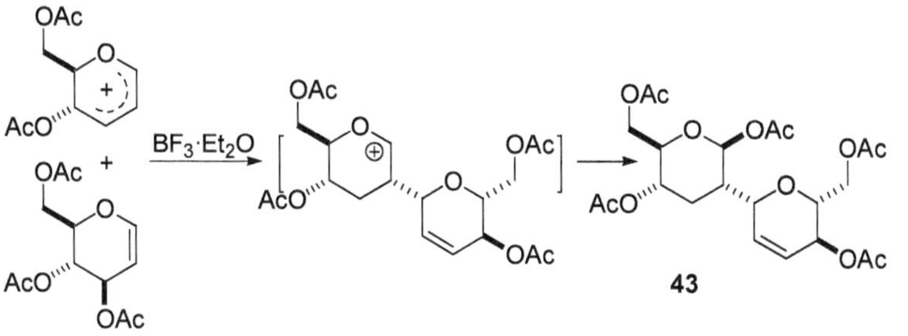

3.3 其它 2,3-不饱和糖苷化合物的制备

烯糖的烯丙位重排还提供了在烯糖的 C-1 位导入 S-、N- 和 P-连接的基团以及氢 (在某种程度上还有卤素) 的方法。

3.3.1 2,3-不饱和 S-糖苷化合物的制备

由于醇和酚参加的反应能够单一地得到 2,3-不饱和产物,可预测硫醇也会发生类似反应。例如:在温和的反应条件下,三-O-乙酰-D-葡萄烯糖和三-O-乙酰-D-半乳烯糖与简单的硫醇反应可以得到以预期产物为主的产物。但是,也得到少量的 3-硫基烯糖异构体。当反应达到热力学平衡后,3-硫基烯糖可以达到高于 10:1 的优势 (式 58)。此差异可归因于亲核试剂与烯糖分子中 C-1 和 C-3 中心的相对软/硬性质[93]。

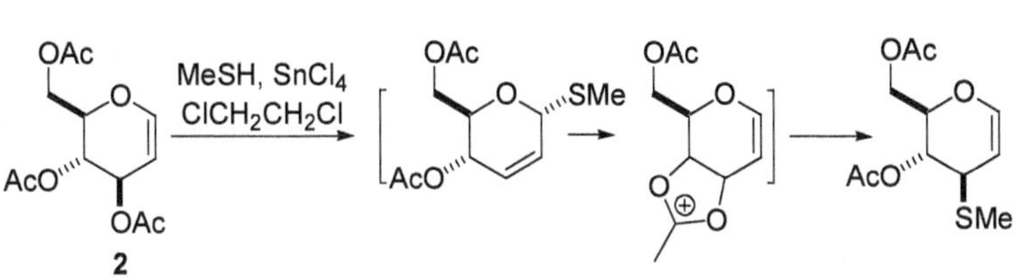

在适当的路易斯酸催化剂存在下,三-O-乙酰-D-葡萄烯糖和 D-半乳烯糖与苯硫酚反应最容易分离得到的产物是苯硫基取代的 2,3-不饱和的 α-糖苷[94]。其它类型的芳基硫酚也能发生这类反应,使用不同的含硫亲核试剂可以选择性地得到 C1-取代的 S-糖苷和 C3-取代的 S-糖苷[95](式 59 和式 60)。当使用三甲基硅基硫醚作亲核试剂时,硫基糖苷是唯一的反应产物[95]。

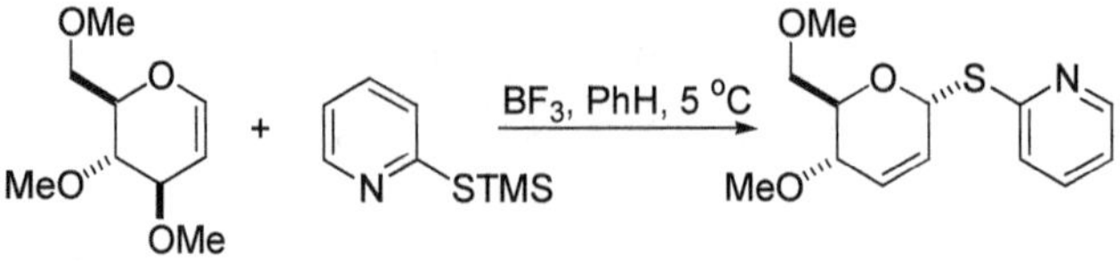

(59)

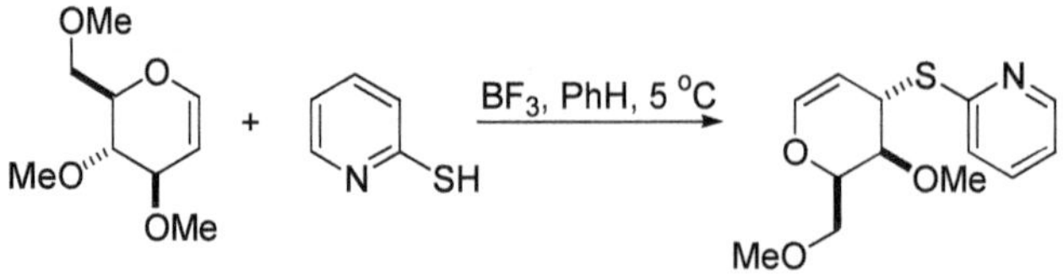

(60)

在三氟化硼催化下,硫羰基乙酸酯也可以作为亲核试剂用于 I 型 Ferrier 重排反应[95](式 61 和式 62)。

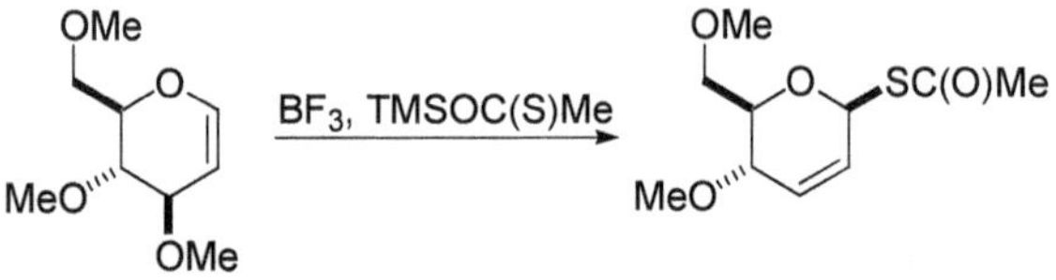

(61)

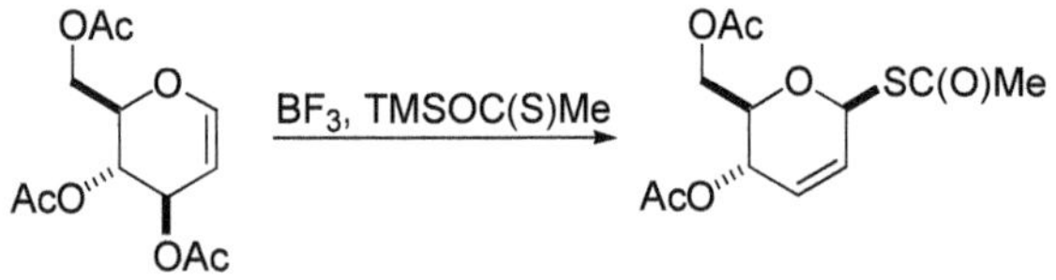

(62)

在三氟化硼存在下,三-*O*-乙酰-D-葡萄烯糖与苯磺酸在 –78 ℃ 下反应为制备 2,3-不饱和糖基砜提供了新的方法[96]。近年来,文献中报道的可用于硫酚类亲核试剂的催化剂包括:Yb(OTf)$_3$[35]、BiCl$_3$[57]、HClO$_4$-SiO$_2$[58]、PMA-SiO$_2$[86] 和 ZrCl$_4$[38b]。在微波条件下,NbCl$_5$[32b]或硅胶[63]也可用于催化该反应。

3.3.2 2,3-不饱和 *N*-糖苷化合物的制备

在三氟化硼存在下,将软亲核试剂叠氮化钠与各种烯糖衍生物共热可以快速地生成 2,3-不饱和糖基叠氮化合物。但是,该反应一般伴随着较高比例的 3-叠氮-3-脱氧烯糖衍生物。很明显,该反应是一个动力学控制的过程,生成的产物经重排得到后者。但是,尚不知道该反应是否包含再次电离或 [3,3]-σ 转移热力学重排。如式 63 所示:在三-*O*-乙酰-D-葡萄烯糖反应的平衡产物中,主要产物是 3-叠氮阿罗烯糖异构体 44[97]。

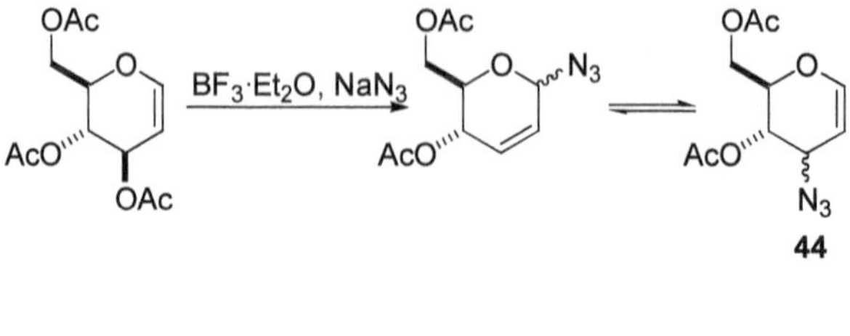

(63)

在 ZrCl₄ 催化下，以三甲基硅基叠氮为叠氮供体也可以得到 2,3-不饱和糖基叠氮化合物[38b](式 64)。

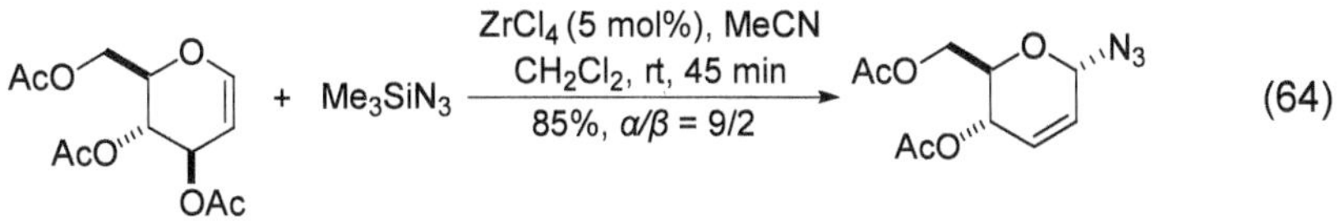

$$\text{AcO-}\underset{\text{OAc}}{\underset{|}{\text{AcO}}}\text{-}\bigcirc\!\!=\!\!\bigcirc + \text{Me}_3\text{SiN}_3 \xrightarrow[85\%,\ \alpha/\beta = 9/2]{\text{ZrCl}_4\ (5\ \text{mol}\%),\ \text{MeCN} \atop \text{CH}_2\text{Cl}_2,\ \text{rt},\ 45\ \text{min}} \text{AcO-}\underset{\text{AcO}}{\underset{|}{}}\text{-}\bigcirc\!\!-\!\!\text{N}_3 \quad (64)$$

在 N-亲核试剂中，嘌呤和嘧啶因为具有制备核苷类似物的潜力而最受关注。如式 65 所示：在催化量的对甲苯磺酸的存在下，将三-O-乙酰-D-葡萄烯糖和 2,6-二氯嘌呤在沸腾的硝基甲烷中反应可以得到相应的产物。从中我们再一次看到：生成的动力学产物 2,3-不饱和糖基化合物可以在反应中转化为更稳定的 3-取代烯糖异构体[98]。由于后一步反应需要酸催化[99]，这表明反应平衡中包含有生成碳正离子的过程。为阻止 3-取代不饱和烯糖的形成，可以使用离去性能较强的烯丙基型取代基为起始原料[100]，或者将 N-三甲基硅基碱与催化剂（例如：三苯甲基高氯酸锂）一起使用[101]。

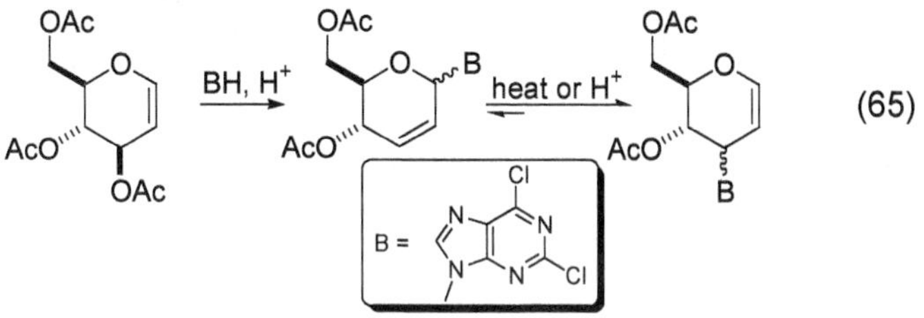

$$\text{(65)}$$

在上述这些反应中，嘧啶碱的反应活性一般小于嘌呤碱。但是，使用 SbCl₅ 作为催化剂在乙酸乙酯中进行反应，可以从双-O-三甲基硅基尿嘧啶制备三-O-乙酰-D-半乳烯糖衍生物 **45** (α, 40%; β, 24%)，其 β-异头物可以用作抗生素合成的中间体[102]。虽然在该反应的产物中存在有痕量的 3-取代烯糖，但从 2,3-不饱和化合物形成 3-取代烯糖显然比在嘌呤类似物的反应中困难（式 66）。

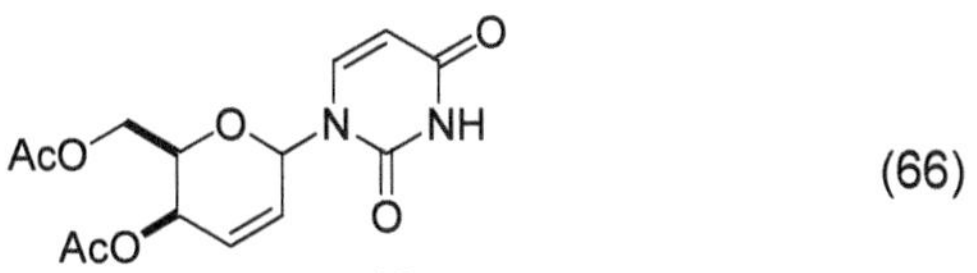

$$\text{(66)}$$
45

近期的研究表明：用 Er(OTf)₃ 为催化剂，通过 Ferrier 重排可以制备 2′,3′-双脱氧吡喃糖核苷[103](式 67)。

用 PdCl₂ 催化可进行分子内 N-亲核体进攻的 Ferrier 重排[104](式 68)。

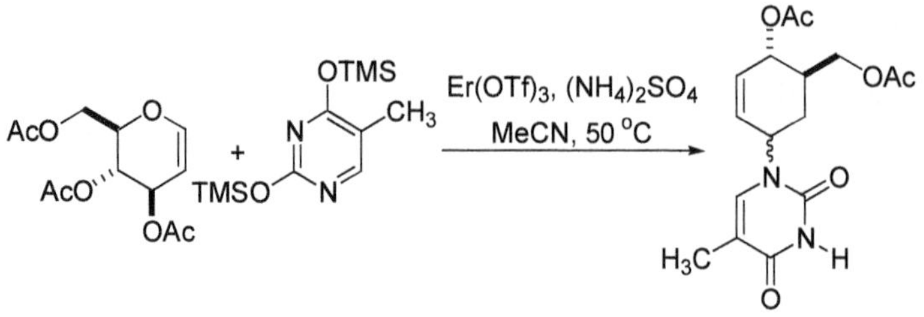

3.3.3 2,3-不饱和 X-，P- 或 H-糖苷化合物的制备

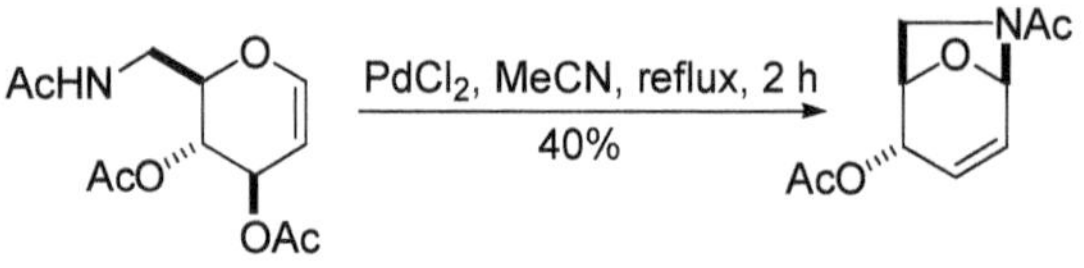

虽然 2,3-不饱和糖基氯化物和溴化物并不为人熟知 (但在 C-2 位有酰氧基的此类氯化物已有报道[105])，但在苯[106]或吡啶[107]溶液中使用氟化氢可以制备氟化物 (例如：化合物 **46**) (式 69)。

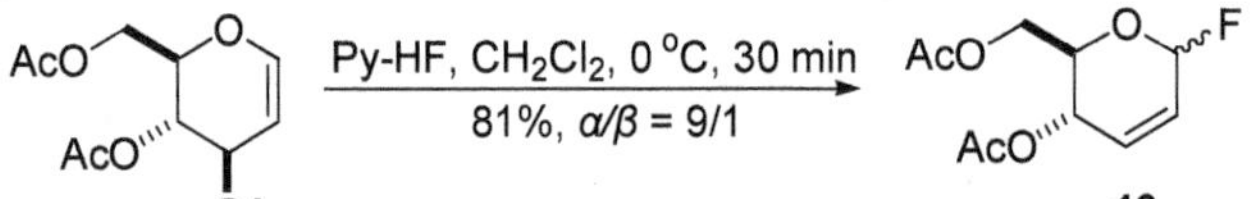

如式 70 和式 71 所示[108]：这种含氟烯糖可作为合成中间体用于各种糖类化合物的研究。

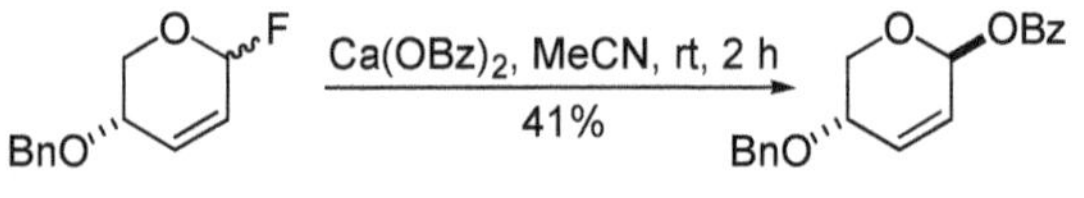

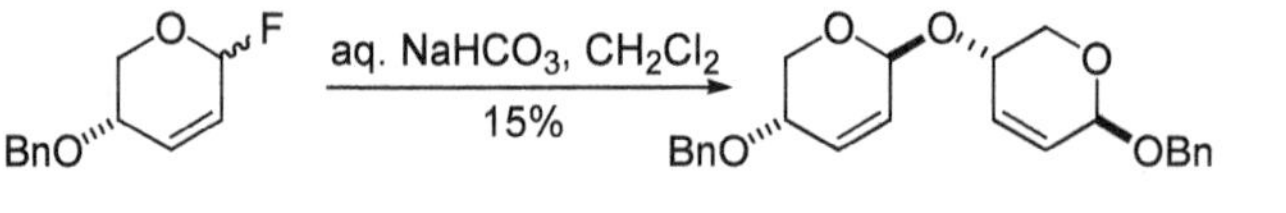

2-羟基烯糖酯与 HCl 反应也能够得到相应的 2,3-不饱和氯糖苷[105]。使用二烷基[109]或三烷基[110]亚磷酸酯，可以制备具有类似结构的膦酸酯 **47** (式 72)。

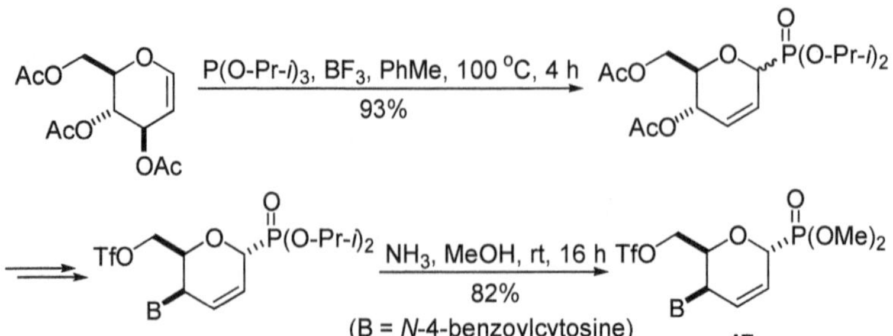

在含有三氟化硼的惰性溶液中，O-酰化烯糖与三乙基硅烷反应可以将氢原子引入到 C-1 位得到 2,3-不饱和-1-脱氧糖[111](式 73)。

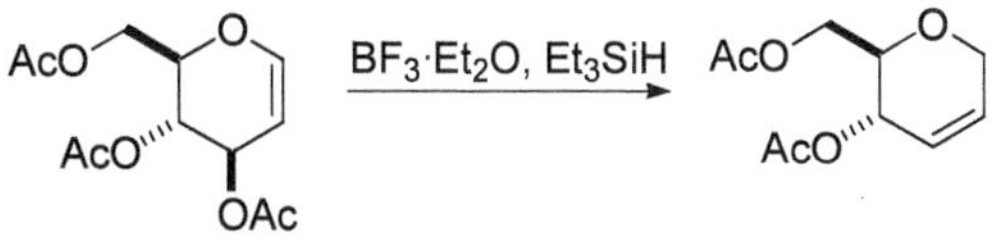

$$\text{AcO-吡喃-OAc (三OAc)} \xrightarrow{\text{BF}_3 \cdot \text{Et}_2\text{O, Et}_3\text{SiH}} \text{AcO-吡喃 (二OAc)} \quad (73)$$

3.4　I 型 Ferrier 重排反应应用的扩展

虽然 I 型 Ferrier 重排反应作为分子间过程主要用于制备简单的吡喃类化合物，但可以通过改变实验条件使反应范围得到扩展。例如：从酰化的糖基氯化物中除去氯化氢可方便地制备一系列 C-2 位含有酰氧基的烯糖衍生物，它们可以发生烯糖能够进行的绝大多数烯丙型重排反应。例如：在含有三氟化硼的惰性溶剂中，化合物 **48** 可以发生分子内烯丙型重排和端基异构化反应主要生成化合物 **49** (60%，R = Ac, X = H, α-异头物)[112]。如果延长反应时间，则可以进一步发生烯丙型重排脱去乙酸酐，以 70% 的产率得到烯酮 **50** 及其 β-异头物 (α/β = 3/1)。通过类似的反应，可以从 **48** 的 C4-差向异构体以 83% 的产率得到相同的产物 (α/β = 6/1)[113](式 74)。

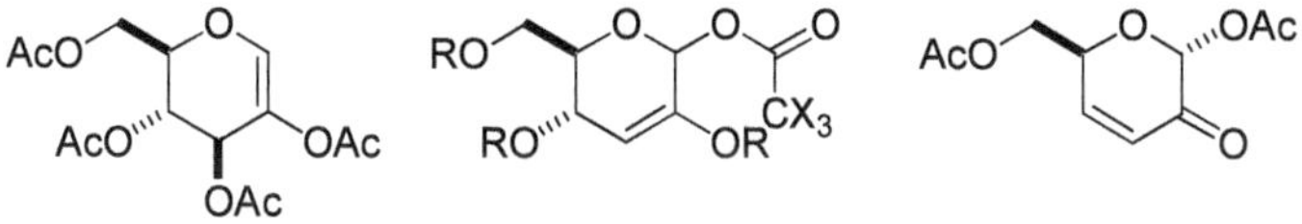

$$\underset{\textbf{48}}{\text{结构式}} \quad \underset{\textbf{49}}{\text{结构式}} \quad \underset{\textbf{50}}{\text{结构式}} \quad (74)$$

另一方面，化合物 **48** 经过简单的热重排会特异性地产生乙酸酯 **49** (75%, R = Ac, X = H, β-异头物)[112]。但是，在上述重排热条件下，从四-O-乙酰-α-D-半乳糖基溴衍生的化合物 **48** 的 C4-差向异构体则不发生类似的分子内 1,3-重排反应。该结果表明：化合物 **48** 的反应活性取决于 C4-位酯基参与的烯丙位基团的离去能力 (参照差向异构体 **2** 和 **4** 的类似表现，式 4)。

在路易斯酸存在下，化合物 **48** 与醇发生偶联反应，以 59% 的产率得到二糖 **51** (α/β = 4/1)[114](式 75)。

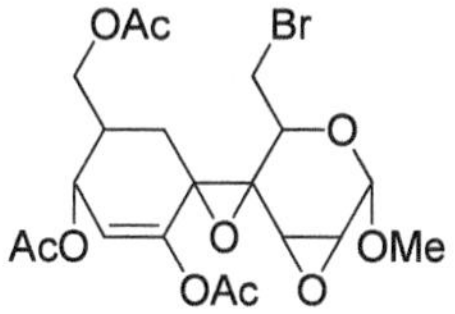

$$\underset{\textbf{51}}{\text{结构式}} \quad (75)$$

从 **48** 的苯甲酰衍生物可以得到 *α*-三氯乙酰酯 **49** (R = Bz, X = Cl)，**49** 再经过 C-1 位非催化取代可得到 *β*-糖苷[115]。在有机碱的存在下，这些烯糖的 2-酰氧基衍生物可以与 *C*-亲核试剂反应得到产物 **52**[115]。在文献中，具有相似结构的糖基氯化物和氟化物 (**53**) 也已经有所报道[105,116](式 76)。

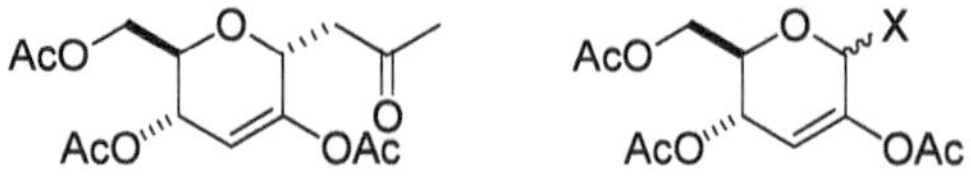

52 **53** X = F, Cl (76)

在三氟化硼存在下，2-甲酰烯糖 **54** 可以与对甲苯酚发生不寻常的反应。如式 77 所示：其结果很像是通过直接取代得到 3-取代化合物 **55**[117]。

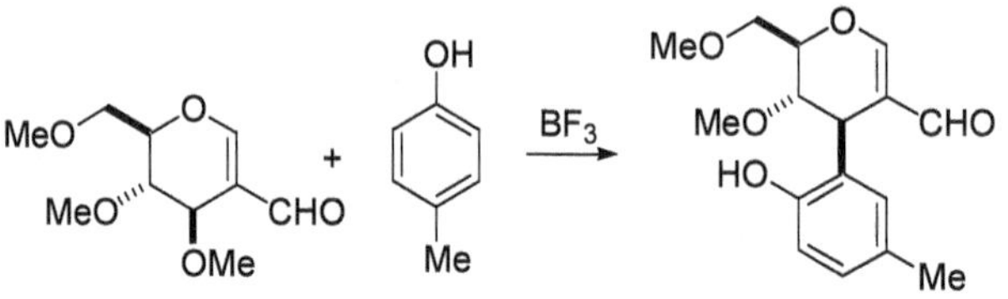

54 **55** (77)

相对于吡喃类化合物而言，呋喃烯糖及其 2-酰氧基衍生物以及它们通过烯丙型重排得到的取代产物不太稳定。它们具有容易发生消除反应生成呋喃的缺点，但具有重要的合成价值。例如：烷氧基钠盐衍生物 **56** 与 2-氯嘧啶反应首先生成中间体 3-*O*-(2-嘧啶)-烯糖 **57**。然后，**57** 发生重排以 62% 的产率得到 *N*-(2,3-不饱和乙二醇呋喃糖基)嘧啶酮 **58** (式 78)[118]。

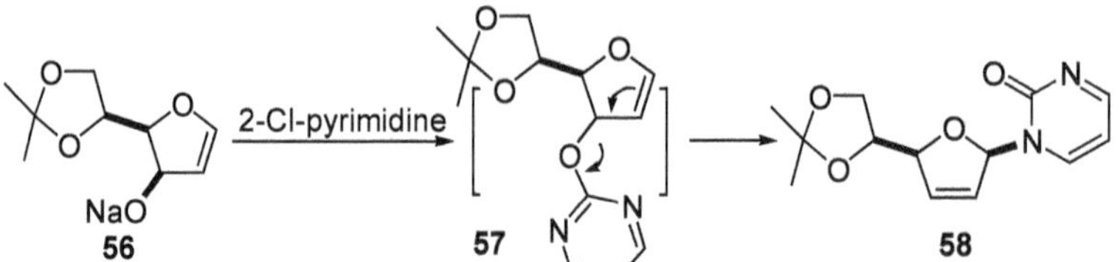

56 **57** **58** (78)

以上所讨论的主要是分子间的烯糖反应，但分子内烯糖反应的例子也已得到较深入的研究。许多反应已经被证明是非常有用的，简单的例子包括 O-6 对 C-1 的进攻。例如：当 D-葡萄烯糖自身脱水，或 3,4-二-*O*-取代衍生物或 O-6 被硅烷基保护的化合物用路易斯酸处理时，它们通常以较高的产率生成具有化合物 **59** 结构类型的 2,3-不饱和-1,6-脱水化合物[119](式 79)。

59 (79)

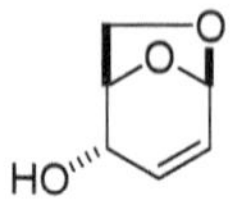

在大多数烯糖的分子内烯丙型重排反应中，涉及 C-3 位连接的亲核试剂的参与过程。例如：C-3 位酯发生的分子内 1,3-重排，或者如式 80 所示的反应中不稳定的嘧啶氧基中间体的分子内重排。含有 3-叠氮基或 3-乙烯基醚的烯糖进行相关的 [3,3]-σ 迁移重排，可以得到相应的立体构型保持的 2,3-不饱和糖基叠氮化物[120]和 C-甲酰基甲基糖苷（例如：**60**）[77]（式 80）。

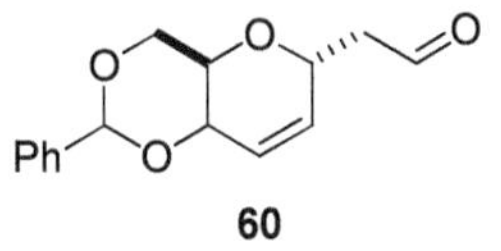

$$\tag{80}$$

后一个反应的扩展在相关天然产物的合成中对于制备 C-糖苷是有用的。例如：将化合物 **61** 加热发生分子内反应，可以生成用于制备 Prelog-Djerassi 内酯的化合物 **62**[121]（式 81）。

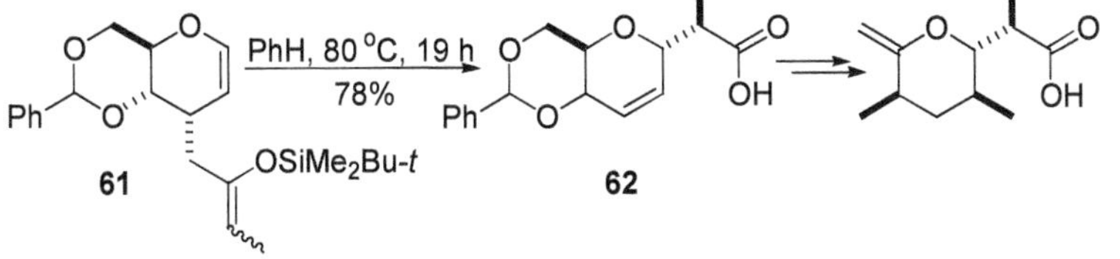

$$\tag{81}$$

另一方面，阴离子 **63** 自发的 [2,3]-Wittig 重排可以得到异构体 **64**[122]（式 82）。该结果表明：通过此反应途径或相关反应可以获得在杂环氧原子的任何一侧的碳原子上含有 C-取代基的 2,5-二氢呋喃。

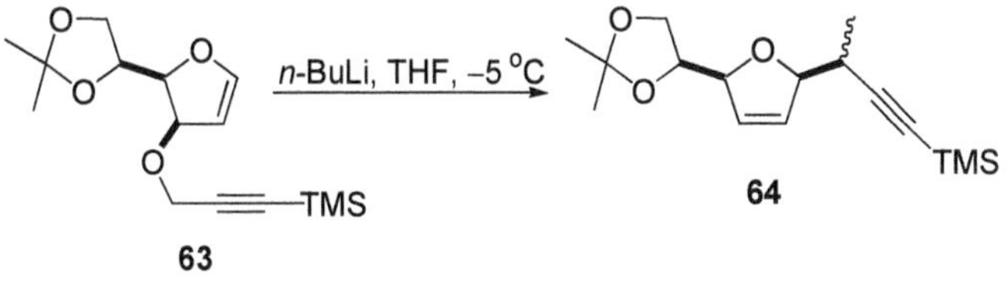

$$\tag{82}$$

在酸性条件下，化合物 **65** 的重排反应显示此反应也可以用于制备螺环化合物。如式 83 示：从化合物 **65** 可以得到 53% 的螺环产物 **66**[123]。

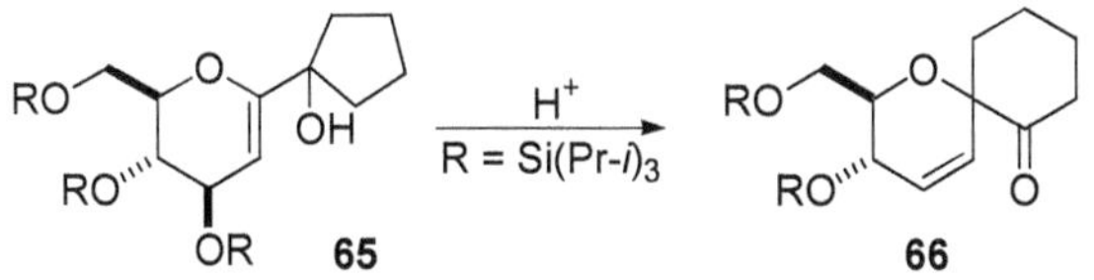

$$\tag{83}$$

类似的反应也可用于制备稠环类化合物[124]（式 84）。

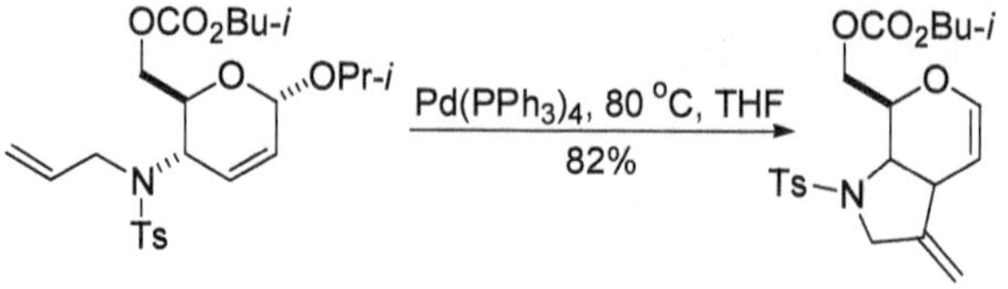

$$\text{(84)}$$

烯丙型重排反应可被进一步扩展用于在分支点的碳原子上具有烯丙型离去基团的情况。例如：在正常的反应条件下，化合物 **67** 先生成 *exo*-亚甲基糖苷 **68**，后者可进一步反应得到吡喃并苯并吡喃 **69**[125](式 85)。

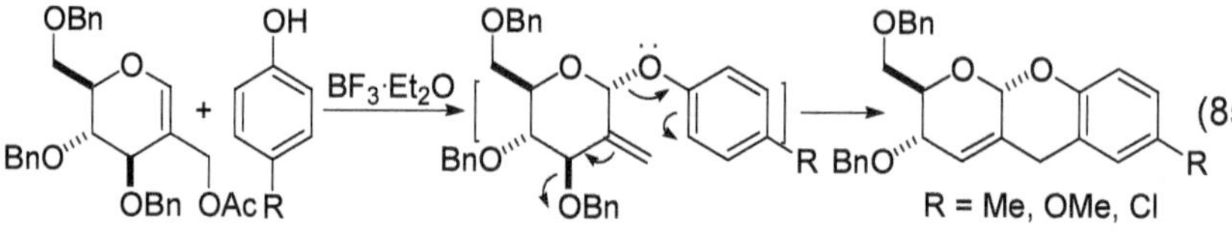

$$\text{(85)}$$

$InCl_3$ 能够催化分子间 I 型 Ferrier 重排，生成 2-*C*-亚甲基糖苷[126](式 86)。

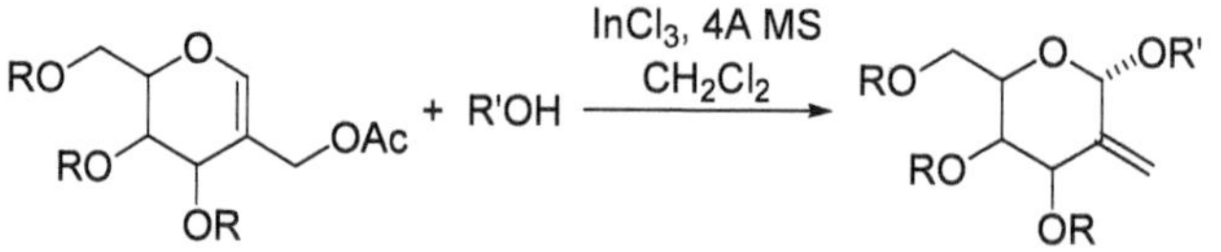

$$\text{(86)}$$

用酚作为亲核试剂，此方法亦可用于吡喃[2,3-*b*]苯并吡喃的合成[126](式 87)。

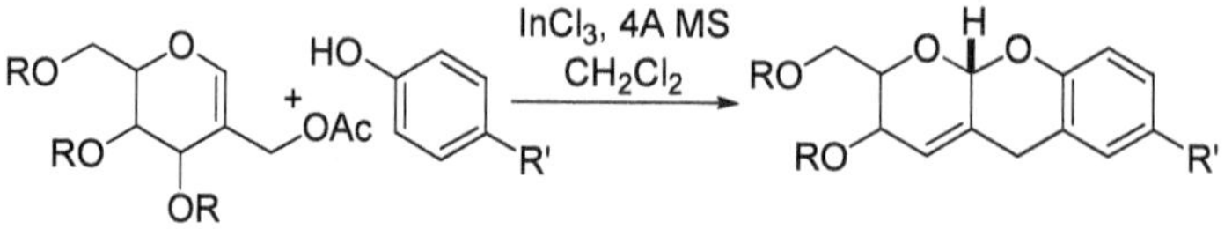

$$\text{(87)}$$

除此之外，底物烯糖分子的离去基团还可以位于烯糖本身或分支点碳原子的高烯丙位。在这两种情况下，烯糖双键的电子与高烯丙位碳原子连接生成了相应的环丙烷环与呋喃糖环或者吡喃糖环相稠合的产物。如式 88 和式 89 所示：用这种方法可以将化合物 **70**[127]和 **72**[128]转化成为环丙烷并呋喃糖核苷 **71** 和环丙烷并吡喃糖核苷 **73**。

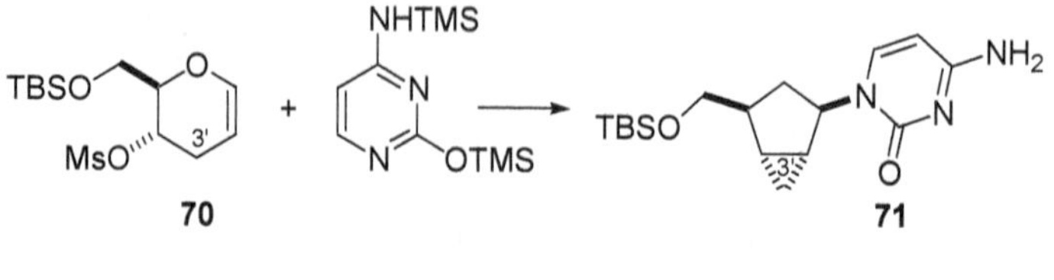

$$\text{(88)}$$

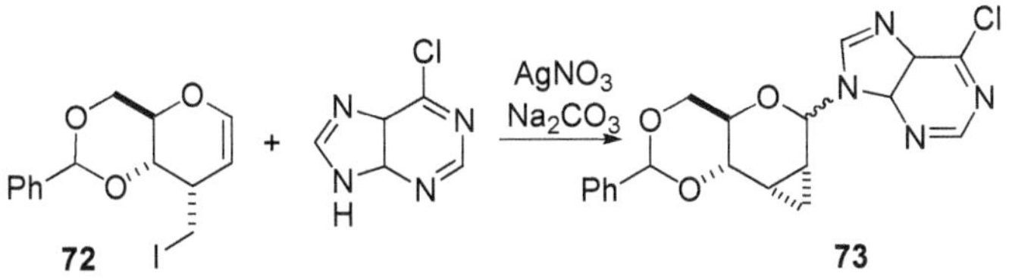

另外，一些含有其它杂原子的烯糖化合物也可以作为 I 型 Ferrier 重排的起始物[129](式 90 和式 91)。

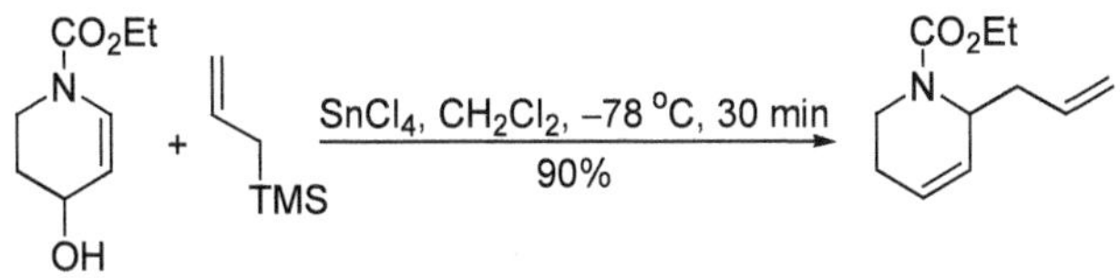

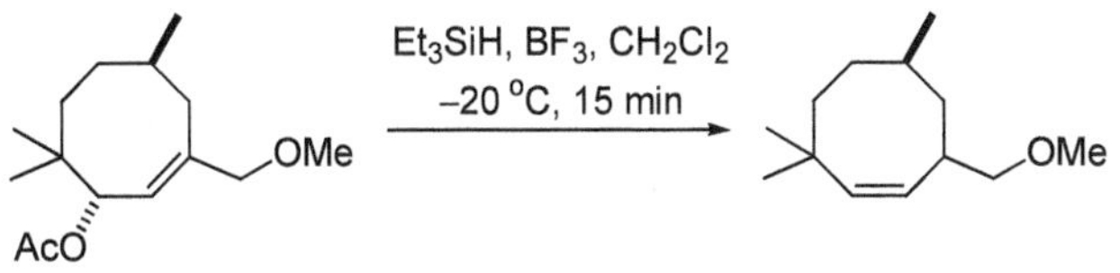

4 其它类型的 Ferrier 重排反应

4.1 II 型 Ferrier 重排反应

4.1.1 II 型 Ferrier 重排反应的定义和机理

1977 年，Ferrier 在以简单易得的单糖衍生物为原料直接合成前列腺素前体化合物中的官能团化环戊烷结构的研究中，意外地得到了取代环己酮类化合物，如式 92 所示。他在 1979 年首次报道了该反应[130]，现在人们称之为 II 型 Ferrier 重排反应。

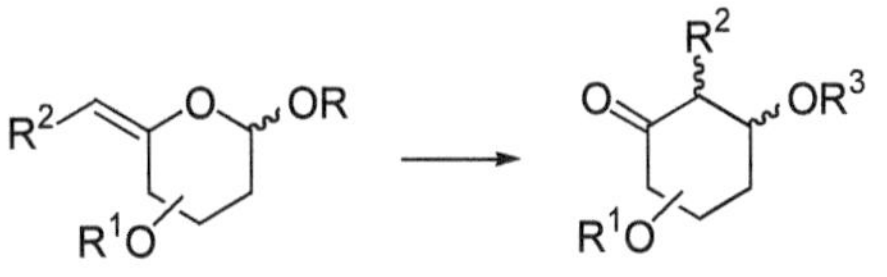

在 II 型 Ferrier 重排反应中，环外烯醇醚经路易斯酸处理被转化成为取代环己酮类化合物（式 93）。其中：R^3 = 烷基，R^4、R^5、R^6 = 烷氧基或酰氧基，用于该反应的路易斯酸酸包括：$HgCl_2$、$HgSO_4$、$Hg(OCOCF_3)_2$、$PdCl_2$ 和 $Pd(OAc)_2$ 等。

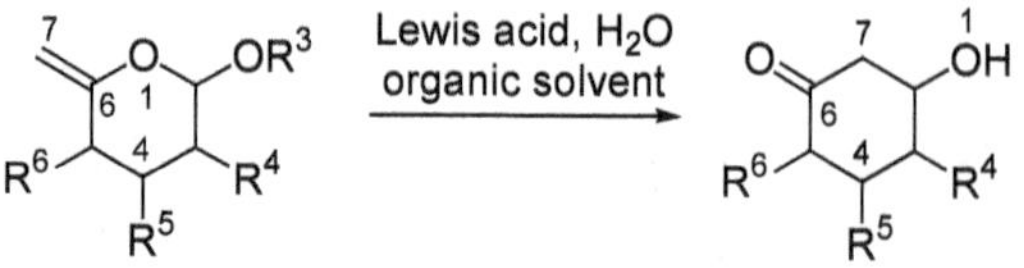

II 型 Ferrier 重排反应在有机合成中具有重要的价值,其原因在于:(1) 反应前体可以方便地从碳水化合物得到,从而使合成高度取代的手性环己酮衍生物成为可能;(2) 在许多反应中,可以高产率地分离得到单一的非对映异构体;(3) 路易斯酸可催化量地使用,从而可以制备含有酸敏官能团的复杂目标化合物。

在该反应发现后的 20 年中,人们一直保持使用其最初的形式。现在,该反应的应用范围得到了扩展。以 5,6-不饱和吡喃糖基化合物为原料,已成功地合成了吡喃糖的碳环类似物卡巴糖、肌醇及相关化合物,例如:五羟基环己酮、肌醇胺(五羟基环己基胺)和牛弥菜醇(四羟基环己烯)等化合物。通过该反应,人们还合成了一系列结构中含有氧合环己烷单元的对映纯天然产物和具有药理学重要性的化合物。

在对 II 型 Ferrier 重排反应的机理研究中发现:从 6-脱氧-己-5-烯糖苷衍生物 **74**(式 94)出发,可以方便地得到甲氧基汞加合物 **75**。但是,烷基氯化汞却不能取代 C-2 位的对甲苯磺酰基离去基团得到相应的 2-氧杂-双环[2.2.1]庚烷衍生物 **76**。在丙酮水溶液中,化合物 **74** 与二氯化汞一起加热,经羟汞化反应首先得到半缩醛 **77**。然后,再经开环脱去甲醇得到开环化合物 **78**。此时,**78** 中 C-6 位作为亲核体受到金属原子和 C-5 位羰基的双重活化。但是,中间体 **78** 未能形成环戊烷衍生物 **79**。取而代之的是,将反应溶液冷却至室温后却高产率地得到了环己酮 **80** 的晶体[120]。因此,**78** 的 C-6 位不是连接到弱亲电性的 C-2 位[131],而是与 C-1 位上释出的醛基发生了类似羟醛缩合的反应(式 94)。

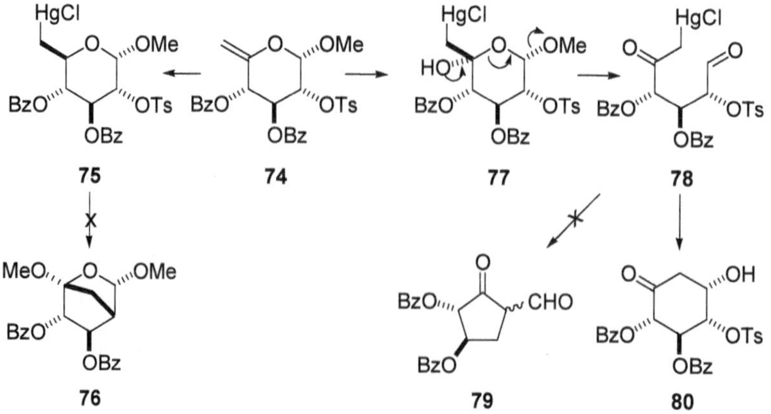

含汞中间体 **78** 的结构可以通过分离直接确定[132]，或者用硫化物[132a]或硫脲[132b]处理转化成为环己酮后确定。在酸催化水解条件下，甲氧基汞化物 **75** 也能够被转化成为羟基环己酮[133]。由于起始烯烃 **74** 通过酸水解得到的是 6-脱氧-5-己酮糖，因此汞盐在发生环合反应中是必需的。II 型 Ferrier 重排反应的机理总结如式 **95** 所示：首先，烯醇醚进行区域专一性地羟汞化反应得到酮醛。然后，酮醛中间体发生类 aldol 分子内成环反应得到环己酮类产物。

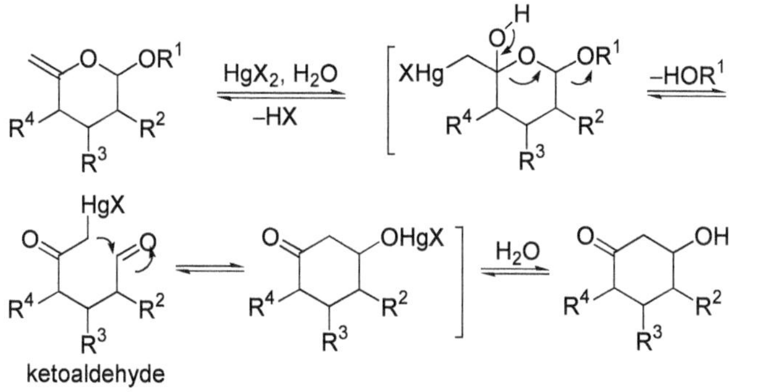

(95)

在 II 型 Ferrier 重排反应中，C-3 位基团的立体化学与处于其 β 位的基团的立体化学有紧密的联系。在生成的产物中，新产生的羟基与 C-3 位的取代基通常处于反式位置，而 C-2 位或 C-4 位的结构差异则不影响立体化学结果。

有关 II 型 Ferrier 重排反应立体化学的早期研究认为，产物的构型与起始烯烃的形成有关联[134]。当认识到 C-3 位的取代基构型的重要性后，有人提出了分子内汞原子配位的假设 (式 **96**)[132b,135,136]。其中一种假设认为：离域的汞烯醇化物和醛基以两种旋转异构体中的任意一种相配位，中间体 **74** 导致生成烯醇 **81** 和 **81'** 并接着形成过渡态 **82** 和 **82'**。由于 **82** 的椅式结构更为有利，从而使异构体 **80α** 成为关环反应的主要产物。如果在 C-3 位连接上巨大的轴向取代基，将会使 **82** 不稳定并使 β-产物变得相对优选。

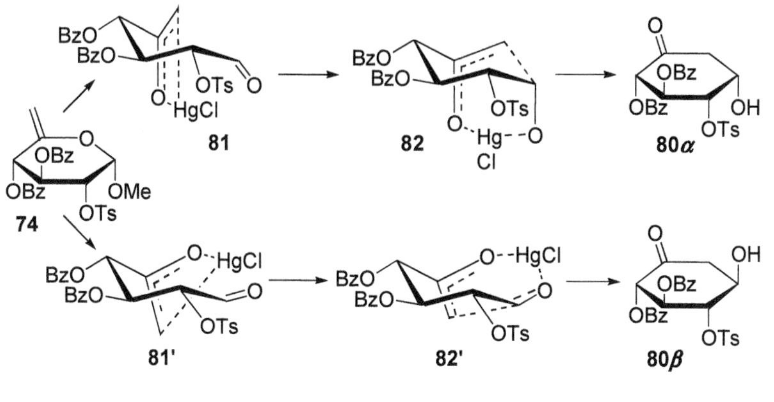

(96)

另一种配位假设认为：C-6 进攻 C-1 的方向受控于汞原子与 C-3 位的电负性原子的连接，并形成 C-1 位和 C-3 位的取代基反式关联的产物[137]。如式 97 和式 98 所示：在具有 *C*-甲基和 C-3 位乙酰氧基的端基异构体 5-烯烃 **83** 和 **84** 的关环反应中，O-3 配位起到了决定性的影响[138]。这两例反应都以良好产率得到了相应的单一产物，产物中新形成的羟基与 C-3 位的乙酰氧基都处于反式。这些结果表明：包含有式 96 所示的过渡态的反应机理是优选的。

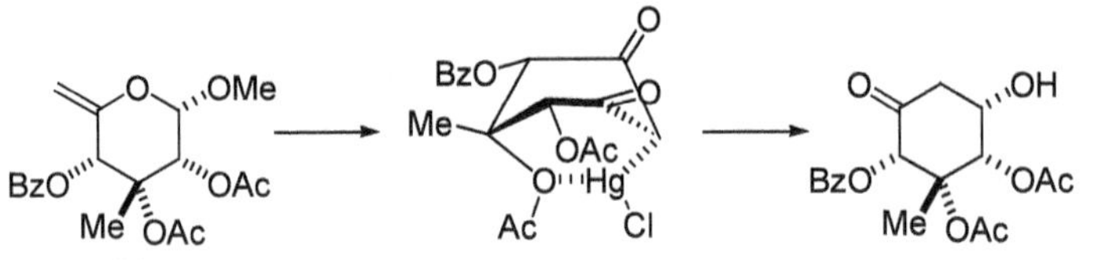

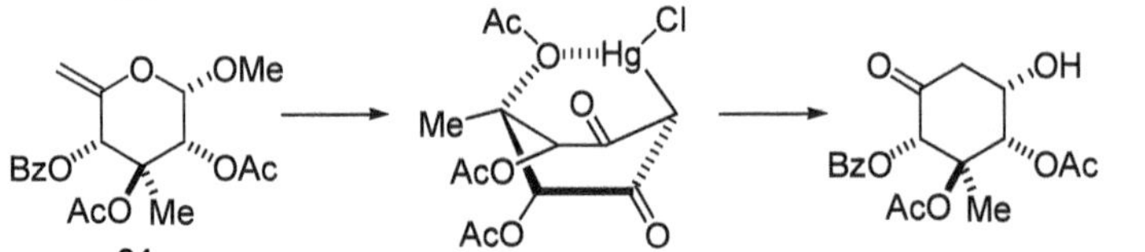

反应条件、试剂比例和 5-烯烃上的 *O*-取代基等都可能影响产物的 α/β 比例[132b]，但通常不能达到 C-3 位构型的影响程度。

4.1.2 II 型 Ferrier 重排反应综述

现在，II 型 Ferrier 重排反应已经成为从碳水化合物制备手性环己烷衍生物的重要反应。在很多情况下，它们被用于制备环氧原子被亚甲基取代的糖（卡巴糖）或肌醇及其衍生物。有时，该反应也被用于合成与上述化合物没有性质关联的天然产物[135]。

直接使用该反应得到的 2-脱氧肌醇单酮 **80** 是一个具有多种用途的合成中间体。它常常应用于天然产物或具有生物活性的化合物的合成，特别是用于特异性酶抑制剂和生物活性肌醇磷酸酯的制备。例如：烯酮化合物 **85** 和 **86** 可以方便地从化合物 **80** 制备。通过对其中的羰基进行还原和对双键进行羟基化，可以用于制备肌醇衍生物（式 99）。

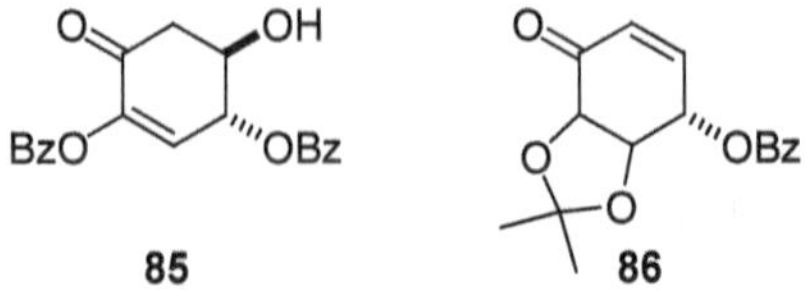

使用乳糖为起始原料，通过生成具有 6-脱氧-5-烯结构的中间体可以得到乳

糖化的环己酮。然后，再经过自然的异构化生成 β-D-乳糖基-肌醇衍生物 **87** 和 **88**[139]。使用类似的方法，也可以合成具有部分取代的肌醇化合物 2,3,6-三-O-苄基-D-肌醇。该化合物可以用于制备重要的肌醇磷酸酯，特别是胞内钙离子活动的二级信使 D-肌醇 1,4,5-三磷酸酯 (**89**)[140](式 100)。

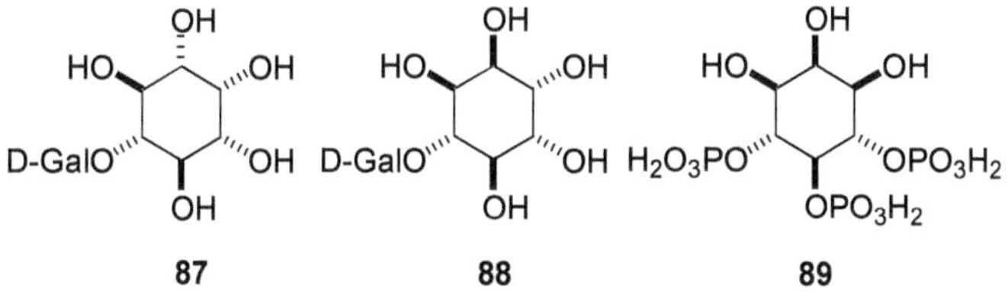

$$\text{(100)}$$

87　　**88**　　**89**

II 型 Ferrier 重排反应也可以用来制备环氧原子被亚甲基取代的卡巴糖。例如：尿嘧啶核苷 5′-(卡巴-α-半乳糖吡喃糖苷)二磷酸酯 (**90**) 是一个卡巴糖核苷酸，具有对半乳糖苷转移酶竞争性抑制的活性。使用甲基 α-D-半乳吡喃糖苷为原料，首先经由正常的脱氧肌醇单酮合成碳环部分。然后，羰基经过次甲基化得到 exo-烯烃。最后，经硼氢化反应得到卡巴-α-半乳糖[141](式 101)。

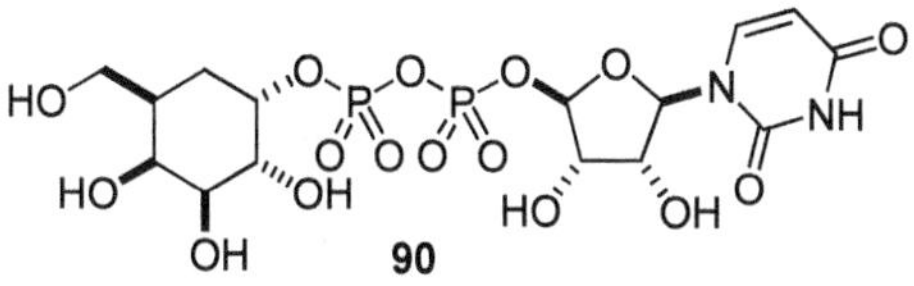

$$\text{(101)}$$

90

在制备 β-糖苷酶抑制剂 cyclophellitol (**91**)[142]的途径中，甲基糖苷衍生物的环外碳原子首先通过 II 型 Ferrier 重排反应被引入到新生成的六元环的 C-2 位。然后，制备出 C-5 位的烯烃并发生汞诱导成环反应。使用类似的途径，从 4-C-甲基糖苷出发可以得到在藻类中发现的具有抗真菌活性的 C-甲基-肌醇昆布醇 **92**[140]。从己糖能够容易地得到的烯酮衍生物 **86**，经进一步反应可制备具有特殊的环己烯四醇结构的 (+)-牛弥莱醇 C (**93**)[143](式 102)。

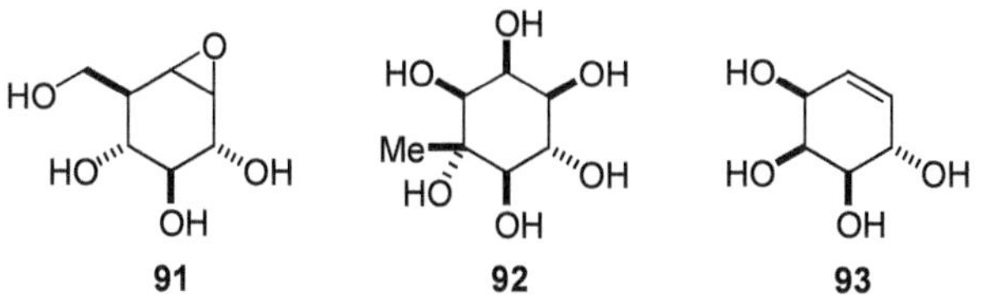

$$\text{(102)}$$

91　　**92**　　**93**

氨基环己醇衍生物可能是汞诱导反应所得到的最重要的化合物，因为它们在天然产物，尤其是氨基糖苷类抗生素的合成中具有突出的特性。化合物 **94** (链霉胍) 和 **95** (2-脱氧链霉胺) 是两个典型的化合物，它们可以通过汞促进的环化步骤来制备。通过使用氨基脱氧己-5-烯糖为起始原料或者对己糖衍生的环己酮进行氨基化,或是两种途径并用,均可在产物分子中导入氨基官能团[135](式 103)。

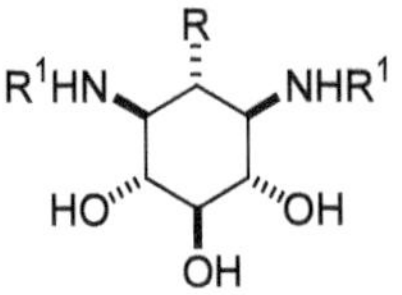

$$94\ R = OH,\ R^1 = NH(C=NH)NH_2 \qquad (103)$$
$$95\ R = R^1 = H$$

使用该方法制备的具有重要生物学活性的氨基环己醇还包括：潜在的 N-乙酰己糖胺酶抑制剂 **96**[144],强杀虫性壳多糖酶抑制剂阿洛氨菌素的关键组分的类似物 **97**,用作产生能促进特定糖基化的催化性抗体半抗原的糖苷酶过渡态类似物 **98**[145](式 104)。

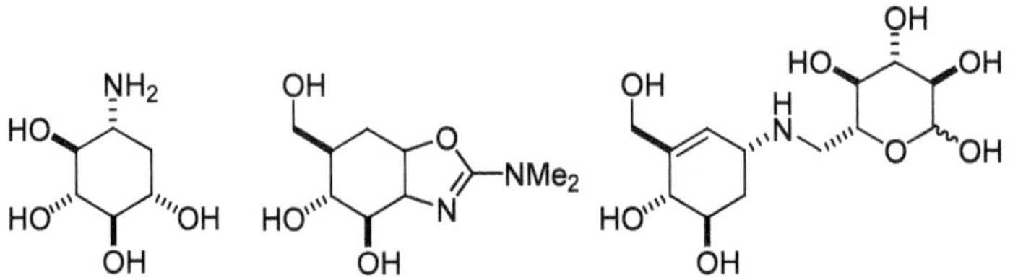

$$(104)$$

通过使用汞促进的 II 型 Ferrier 重排反应作为关键步骤,还可以合成碳水化合物领域以外的一些天然产物,特别是合成那些具有高度羟基化环己烷结构的天然产物。例如：生物碱 (+)-石蒜西定 (**99**)[146]和可促进固氮根瘤菌 (*Rhizobia*) 生长的 (+)-calystegine B$_2$ (**100**) 的合成。又例如：蒽环类抗肿瘤化合物 **101**[147]和用于 HMG-CoA 还原酶抑制剂康帕定合成的关键中间体 **102** 的合成[148](式 105)。

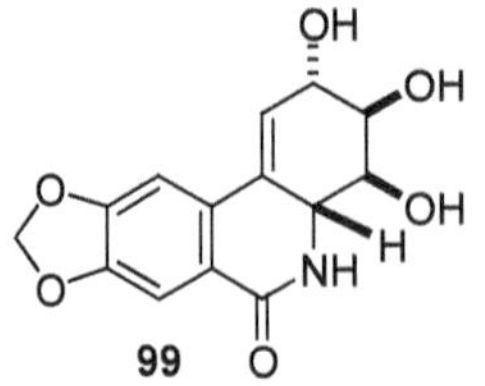

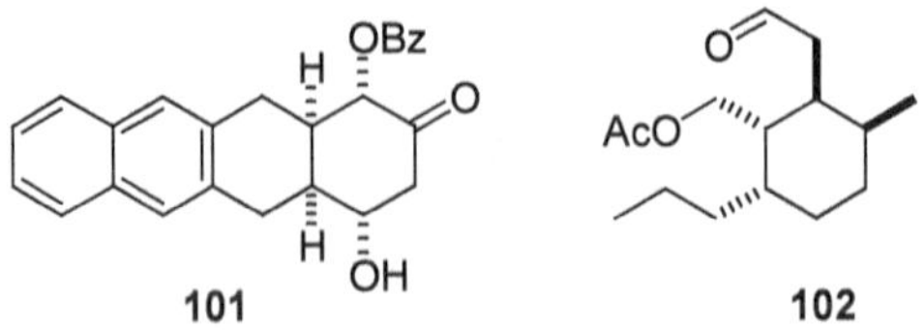

$$(105)$$

在 II 型 Ferrier 重排反应中,最为常用的原料有两类,分别为 6-脱氧己-5-烯糖和 6-取代己-5-烯糖。

4.1.2.1 使用 6-脱氧己-5-烯糖及其衍生物为原料的反应

6-脱氧己-5-烯糖类化合物是 II 型 Ferrier 重排反应最早使用的原料。在该反应的首次报道中，将化合物 **74** 和氯化汞 (1 eq.) 在水/丙酮溶液中回流 4.5 h，以 83% 的产率得到了化合物 **80** (式 106)。使用硫酸汞代替氯化汞时，产率可以提高至 89%。

74 **103** **80**

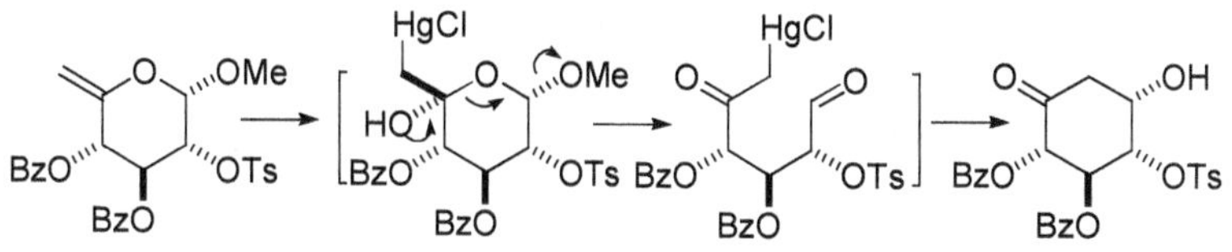

(106)

在某些 6-脱氧己-5-烯糖类化合物的反应中，需要使用酸性较小的汞盐。例如：在氯化汞的存在下，四-*O*-苯甲酰-6-脱氧-己-5-烯糖 **104** 以 55% 的产率得到 **105** (式 107)。但是，产物中还分离得到副产物 **106**[132a]，这可能是由于类似 **103** 的中间体在酸性条件下水解所致。使用乙酸汞可改进该反应的结果，以 93% 的产率得到 **105**。

104 **105** **106**

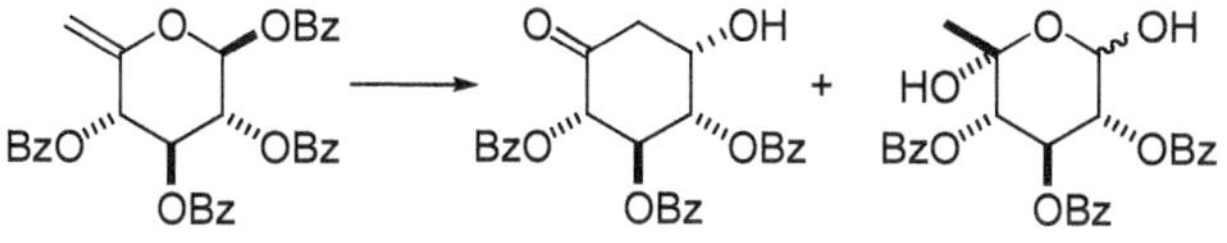

(107)

使用催化比例的汞盐时，该反应在室温下也能有效地进行。汞盐的催化活性以下列顺序递减：三氟乙酸盐 > 氯化物和乙酸盐 > 氰化物，其中三氟乙酸盐在 1 mol% 时依然表现出高效的催化活性[146]。

对含有叠氮基团的原料而言，提高汞盐的酸性更利于反应。在化合物 **107** 的相关反应中，使用三氟乙酸汞能使反应在室温下进行 (式 108)。对反应条件的改进还包括使用硫酸汞和以二氧六环/硫酸水溶液为溶剂在 60~80 °C 下反应[150]。

107 **108**

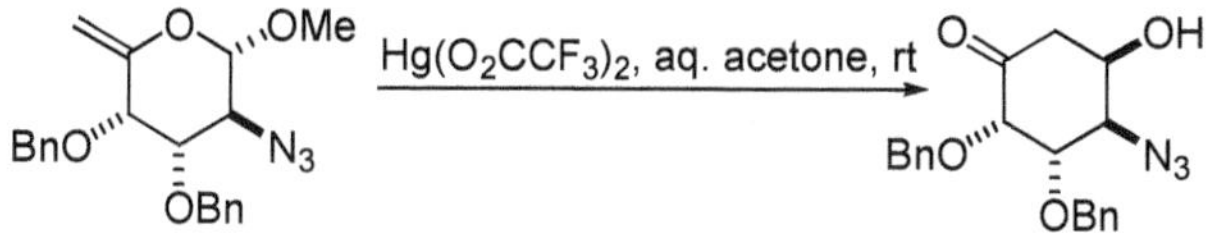

(108)

使用上述的反应体系，C-3 位带有对甲苯磺酸酯基团的化合物 **109** 以 72%

的产率得到预计产物 **110**。但是，使用氯化汞则只能以低产率得到单一的烯酮产物 **111** (式 109)[150,151]。

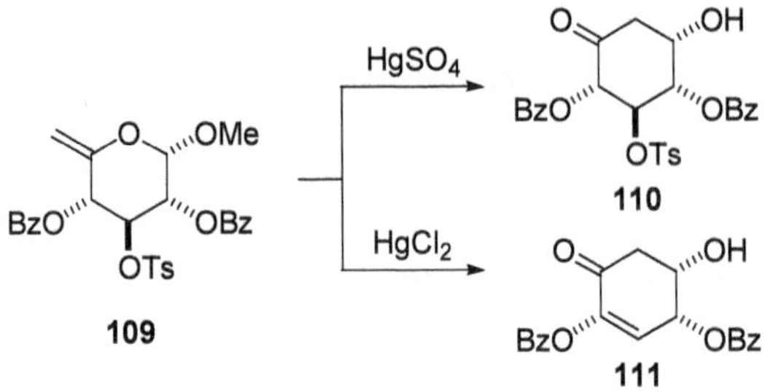

$$\text{109} \xrightarrow[\text{HgCl}_2]{\text{HgSO}_4} \text{110} + \text{111} \quad (109)$$

在氯化钯 (0.2 eq.) 催化下，将化合物 **112** 在 1,4-二氧六环/硫酸水溶液中 80 °C 加热 45 min，可以 70% 的产率得到化合物 **113** 和 **114**，二者比例为 3:2[152](式 110)。但是，同样的反应在硫酸汞催化下不仅可以将总产率提高到 75%，而且两种产物的选择性也可以提高至 7:1。

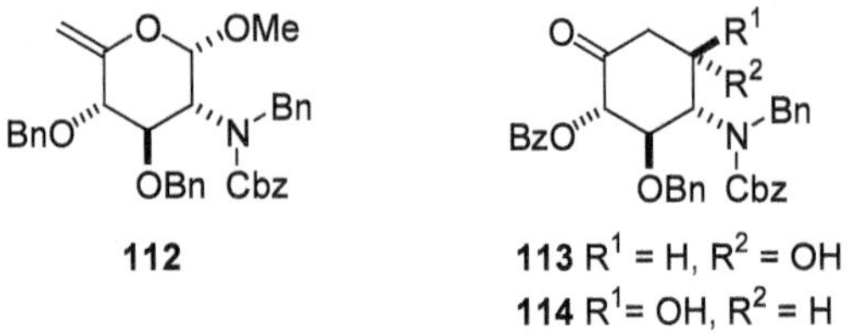

112 → **113** R^1 = H, R^2 = OH
114 R^1 = OH, R^2 = H   (110)

1988 年首次报道了可用钯盐催化 II 型 Ferrier 重排反应[153]。使用 5% 氯化钯可有效地制备环己酮，并用该方法得到了 cyclophellitol (**91**)[149]。与二价汞盐相比较，钯盐催化的碳环产物的产率比较低，其立体选择性更低[152b]或甚至相反[154]。但是，当催化量的氯化钯在 60 °C 的二氧六环水溶液中使用时，可以从甲基-2,3,4-三-O-苄基- 或苯甲酰基-α-D-葡萄糖苷、D-半乳糖苷或 D-甘露糖苷衍生的 5-烯衍生物得到优异产率的 α-产物[155]。

如式 111 所示：6-脱氧-己-5-烯糖苷衍生物经三异丁基铝处理可以获得一条用于制备取代环己烷衍生物的改良路线[156]。使用该方法，可以将化合物 **115** 以 79% 的产率转化成为脱氧肌醇 **116**。与 Hg(II) 催化的关环反应相比较，该方法有两个重要的不同点：异头碳中心的取代基被保留，且特异性还原作用于羰基中心。例如：从化合物 **115** 的 β-端基异构体可以 70% 的产率得到化合物 **116** 的 C1-端基异构体 (碳水化合物编号)，同时伴有 10% 的全平伏键化合物及 6% 的 **116**。这些次要产物的生成说明羰基的还原并非完全特异性。

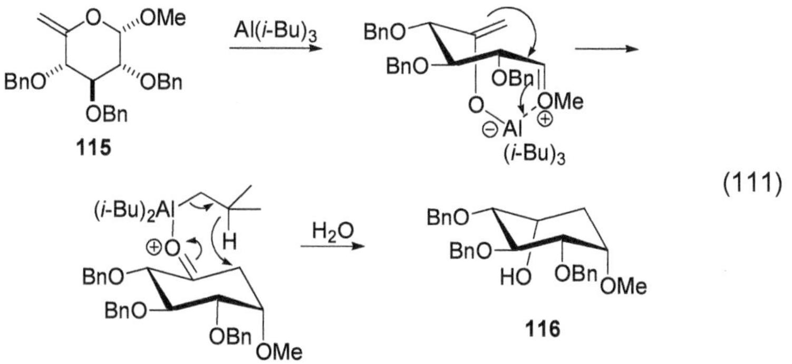

将此方法用于麦芽糖和异麦芽糖系列时，分别以 54% 和 65% 的产率得到假性二糖 **117** 和 **118**[157](式 112)。

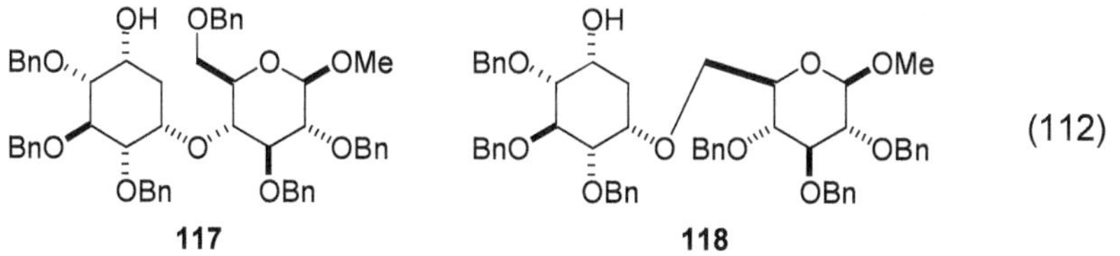

通过使用温和路易斯酸三氯化异丙氧基钛，可以进行带有糖苷配基的环己酮的环重排反应。如式 113 所示：以 5-烯糖苷 **115** 进行的反应不仅可以得到几乎定量产率的酮衍生物 **119**，而且在甲氧基化的碳原子上的立体化学也完全得到保留。

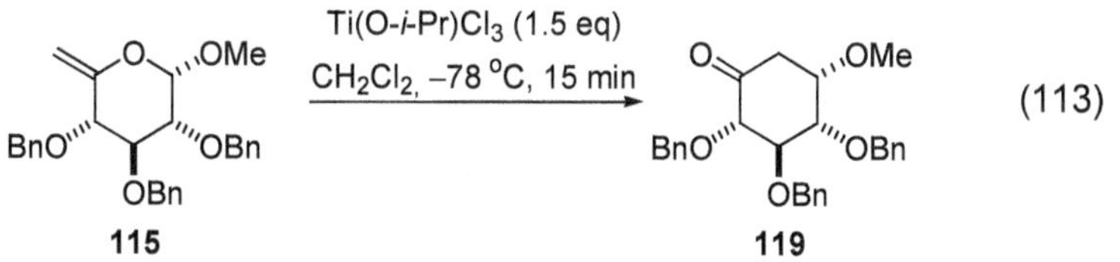

使用类似的方法，从甲基 α-D-半乳吡喃糖苷和 α-D-甘露吡喃糖苷得到的 5-烯衍生物也能取得类似的结果。但是，从相应的 β-糖苷则得到混合产物[158]。

在四氯化钛的催化下，烯糖原酸酯 **120** 以 88% 的产率转化成为预期的环己酮 **121**。格氏试剂也可以促进该碳环化反应，但生成产物中的羰基随即与格氏试剂发生进一步的反应生成二苯基产物 **122**[159]。如式 114 所示，新引入的两个苯基都处于平伏键的位置。

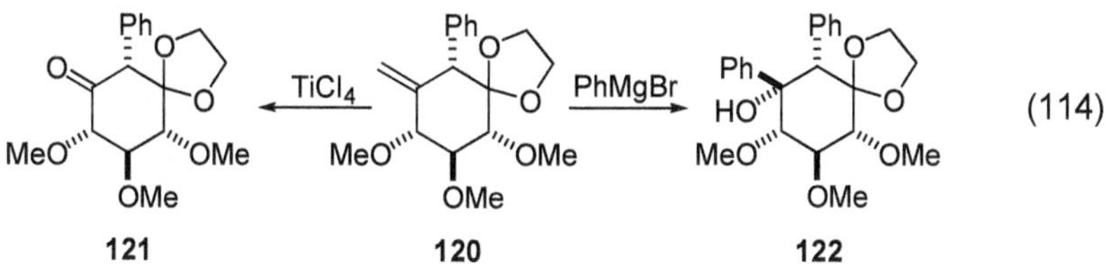

4.1.2.2 使用 6-取代己-5-烯糖为起始原料的反应

金属离子催化的 C-6 位带有氧取代基的 5-烯糖的高效环化反应的是一个很重要的进展。对肌醇及其具有生物学重要性的衍生物合成方法学而言尤其如此。在汞盐催化下，由 C-5 位甲酰基取代的糖苷生成的烯醇乙酸酯是该类反应最典型的例子。如式 115 所示：在丙酮水溶液中用三氟乙酸汞处理化合物 **124** 可以得到 57% 的肌醇酮 **125**。然后，用三乙酰基硼氢化钠还原 **125**，得到立体专一性的肌醇衍生物 **126**[160]。

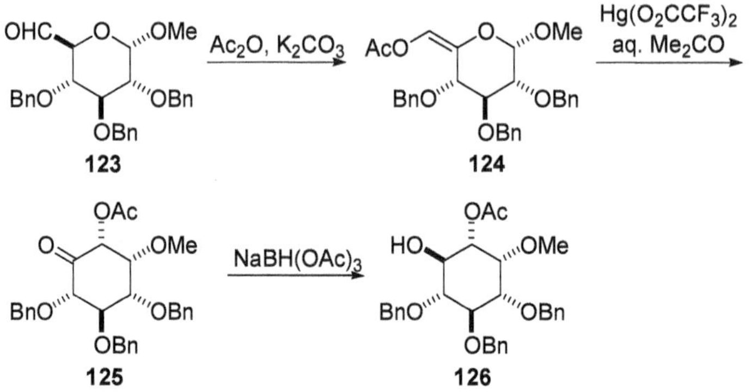

$$\text{(115)}$$

更多的研究显示：酮 **125** 及其非对映异构体的还原反应有时表现出显著的立体选择性[161]。例如：使用还原剂三乙酰氧基硼氢化四甲基铵盐，能够以大于 99% 的选择性生成肌醇 **126**。但是，使用硼氢化钠进行的还原反应却生成了差向异构体别肌醇。该方法在制备多取代肌醇衍生物时具有很高的价值，例如：可以通过还原相关的化合物并随之进行保护基处理和磷酸化反应来制备天然产物膜磷酸肌醇[162]。

对照反应还表明：钯盐催化的反应在得到反式环己烷产物的同时能够以较高产率产生顺式产物[163]。例如：钯盐催化的化合物 **124** 的反应总产率为 77%，其中包括 49% 的 **125**、24% 的顺式产物和一些反式异构体。虽然用三氟乙酸汞催化的反应主要生成顺式产物，但总产率很低。在化合物 **124** 中的烯烃的立体化学不影响产物的比例。

通过对 6-乙酰氧基-5-烯糖反应的扩展研究发现：C-6 位具有不同取代基的烯糖也可以被用作合适的底物。例如：在乙腈水溶液中用氯化汞处理 **127**，可以 75% 的产率得到预期的醇。然后，经官能团修饰得到烯酮 **128** (产率 70%)，该化合物是合成具有抗癌活性的胰抑制素 **129** 的中间体[164] (式 116)。

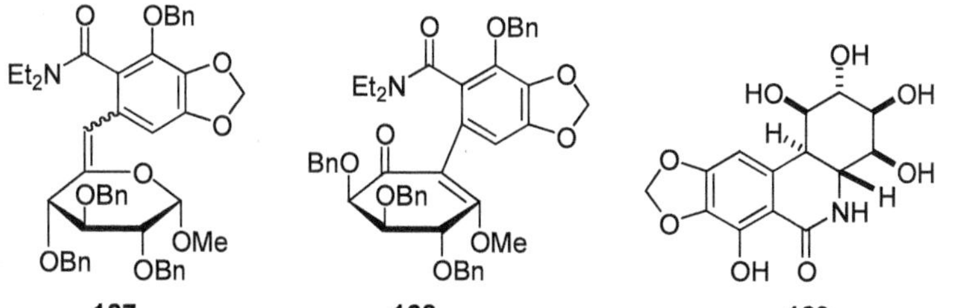

4.2 Petasis-Ferrier 重排反应

4.2.1 Petasis-Ferrier 重排反应的定义和机理

1995 年，N. A. Petasis 报道了五元环烯醇缩醛在路易斯酸催化下重排得到取代四氢呋喃的反应[165](式 117)。

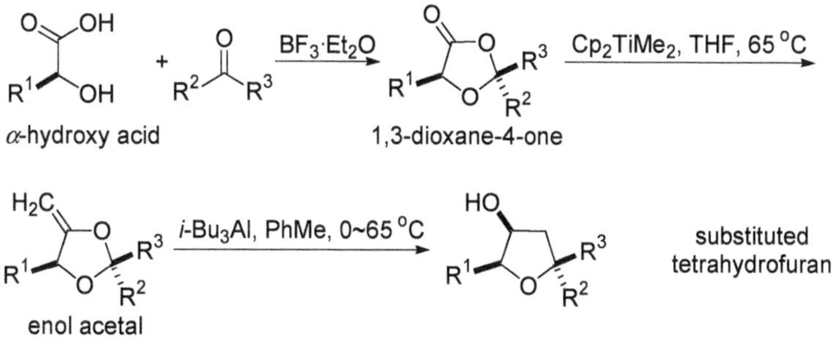

在 1996 年，他又报道了六元环烯醇缩醛经类似的重排反应得到取代四氢吡喃的反应 (式 118)[166]。

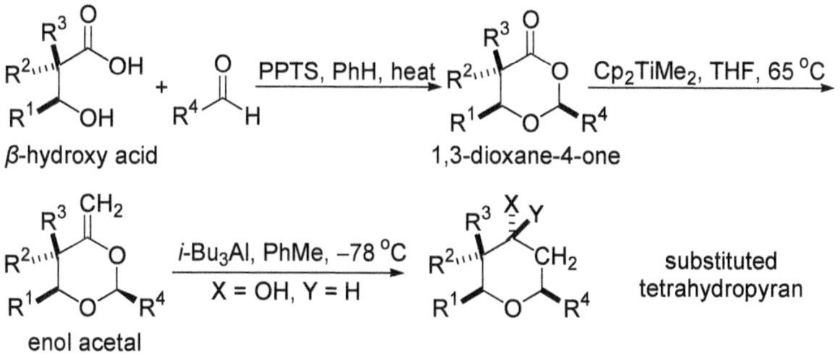

在上述两个重排过程中，反应经历了类似 II 型 Ferrier 重排反应所包含的氧正离子中间体。因此，在路易斯酸催化下，环状烯醇缩醛经立体控制的重排反应得到相应的取代四氢呋喃或取代四氢吡喃的反应被称为 Petasis-Ferrier 重排反应。

Petasis-Ferrier 重排反应经历了三个步骤：(1) 从 α- 或 β-羟基酸和醛高度立体选择性地生成相应的 1,3-二氧五环-4-酮或 1,3-二氧六环-4-酮；(2) 用二甲基钛茂 (Cp$_2$TiMe$_2$) 对羰基进行亚甲基化，得到烯醇缩醛；(3) 用含铝路易斯酸处理烯醇缩醛导致环上的 O-原子被 C-原子代替。

Petasis-Ferrier 重排反应的一般特征如下：(1) 在多步立体选择性反应中，底物烯醇缩醛的构造具有关键的作用；(2) 在重排过程中，缩醛碳的立体构型得到保持；(3) 五元烯醇缩醛发生重排所需的反应温度远高于六元烯醇缩醛；(4) 烷基铝是催化该反应最有效的试剂 (最常用的烷基铝试剂有 i-Bu$_3$Al、Me$_3$Al 和 Me$_2$AlCl)；(5) 当使用 i-Bu$_3$Al 作为催化剂时，所发生的羰基还原反应 (最后一步反应) 的立体选择性取决于取代的模式；(6) 反应的缺点在于当使用二甲基钛茂以外的钛茂试剂时，烯烃化步骤会得到立体异构体的混合物。Petasis-Ferrier 重排反应的机理如式 119 所示[165,166]。

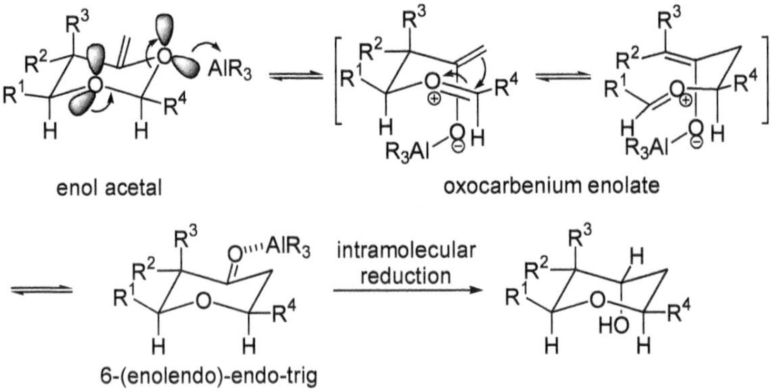

铝试剂催化的 Petasis-Ferrier 重排反应是一个分步进行 1,3-σ 重排过程。第一步为路易斯酸与烯醇的 O-原子结合，而与醚的氧原子的结合是可逆的，且不能得到产物。在醚氧原子的反叠孤电子对的参与下，相邻 C-O 键的断裂可以立体选择性地产生氧正离子烯醇化物，然后环化得到所需的氧杂环。五元环和六元环重排的速度差异可归因于 6-(enolendo)-endo-trig 环化反应更为容易。

4.2.2 Petasis-Ferrier 重排反应综述

Petasis-Ferrier 重排反应在天然产物合成上具有很高的实用性[167]，对它的研究也不断取得新的进展。如式 120 和式 121 所示：烯酮-N,O-缩醛的 1,3-Petasis-Ferrier 重排[168]和 1,5-Petasis-Ferrier 重排[169]将该反应的原料范围拓展至链状缩醛，产物的立体构型可以通过 Evans 试剂得到控制。

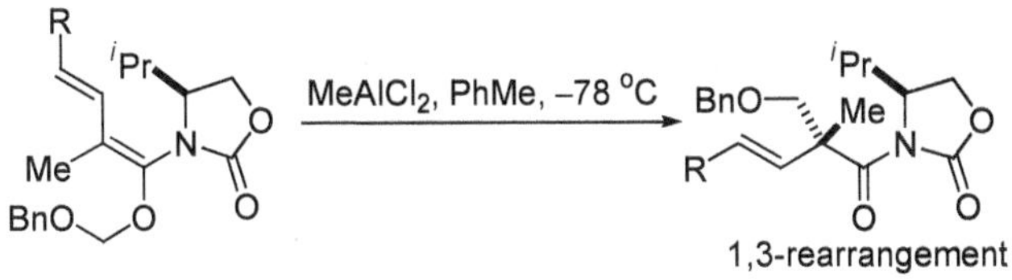

通过使用催化剂 MAD, 可以较好的 α-立体选择性实现化合物 **130** 的 1,3-重排[170](式 122)。

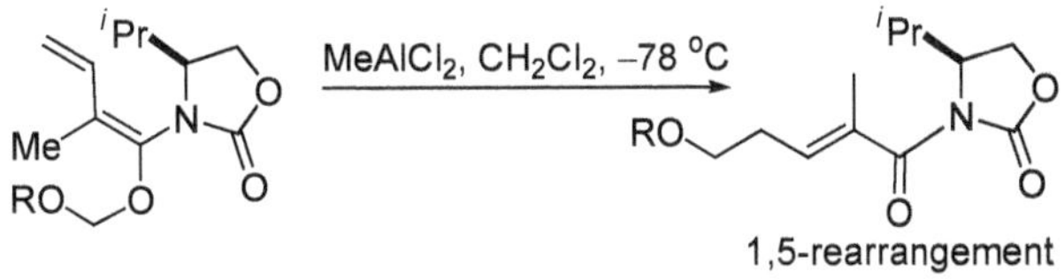

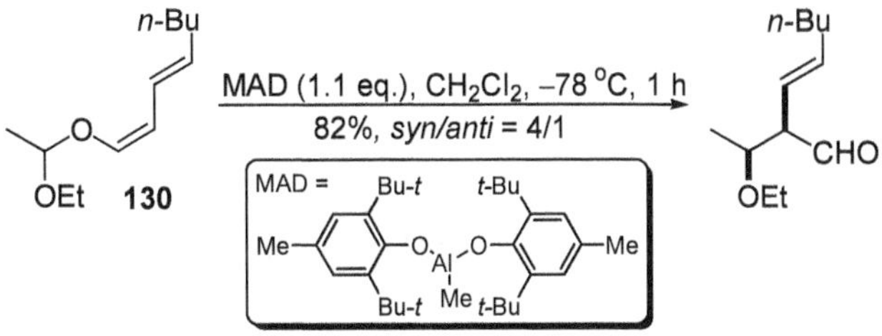

在 Brønsted 酸对甲苯磺酸吡啶盐 (PPTS) 的催化下, Petasis-Ferrier 重排反应成为制备 α-(N-Boc-2-吡咯烷基)醛的有效方法[171](式 123)。

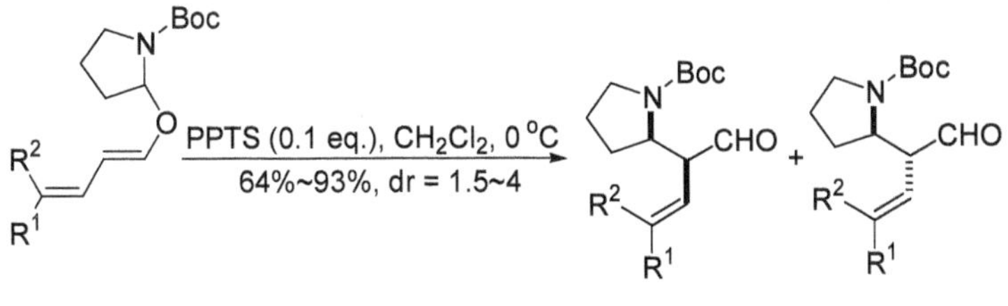

在催化剂 **131** 的作用下, 化合物经重排得到重要的手性合成砌块 β-氨基醇[172](式 124)。

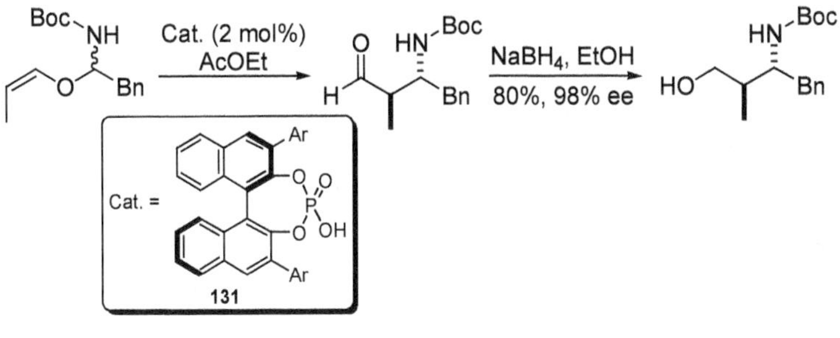

5 Ferrier 重排反应在天然产物合成中的应用

5.1 I 型 Ferrier 重排反应在天然产物合成中的应用

5.1.1 (+)-4,5-Deoxyneodolabelline 的合成

从海兔 (*Dolabella californica*) 中得到的海洋生物提取物 (+)-4,5-Deoxyneodolabelline 具有多种生物活性,包括显著的抗菌活性和抗病毒活性。如式 125 所示:该化合物具有独特的化学结构。在该化合物的首次全合成中,烯丙基硅烷的 Ferrier 重排被用于构筑中间体 **132**[173]。

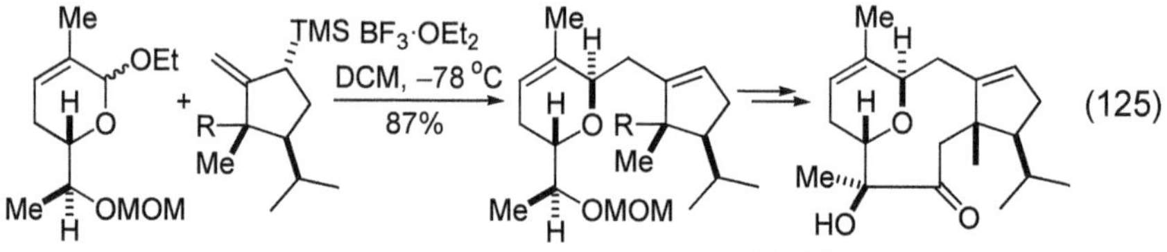

5.1.2 雪卡毒素 (Ciguatoxin) CTX3C 的合成

从剧毒甘比甲藻 (*Gambierdiscus toxicus*) 中分离的雪卡毒素 CTX3C 是极强的神经毒素,具有复杂的聚环醚结构。通过 Ferrier 重排可以构筑其 C42-C52 的结构片段 **133**[1](式 126)。

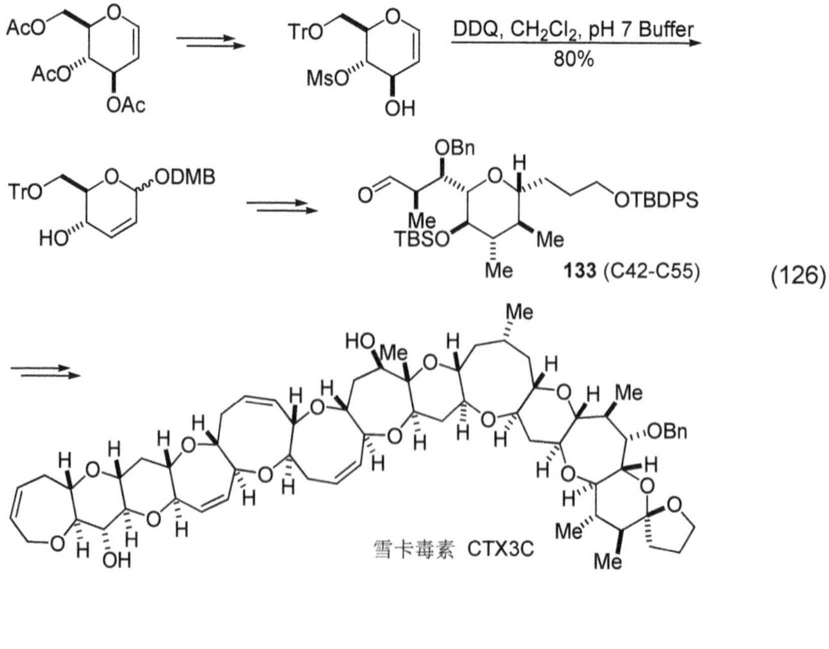

5.1.3 制备具有自组装特性的烯糖型双头双亲分子

在分子自组装的研究中,烯糖型双头双亲 (bolaform) 分子 **134** 因具有高度的合成可塑性而受到重视。在此类单体分子的合成中,Ferrier 重排反应起着重要的作用[174](式 127)。

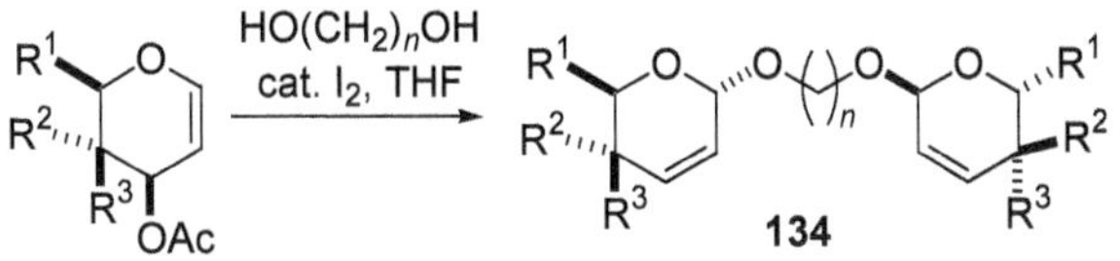

5.2 II 型 Ferrier 重排反应在天然产物合成中的应用

5.2.1 穿心莲组培内酯 A 的合成

穿心莲组培内酯 A (Paniculide A) 是一类高度氧化的倍半萜烯类化合物。它具有抗菌消炎作用,可用于治疗上呼吸道感染、细菌性痢疾等疾病。其最初的合成路线较长,且不适于制备端基异构体[175]。运用 II 类 Ferrier 反应作为构筑六元环结构的关节步骤,以易得的 D-葡萄糖衍生物为原料可高效地得到该化合物及其端基异构体[176](式 128)。

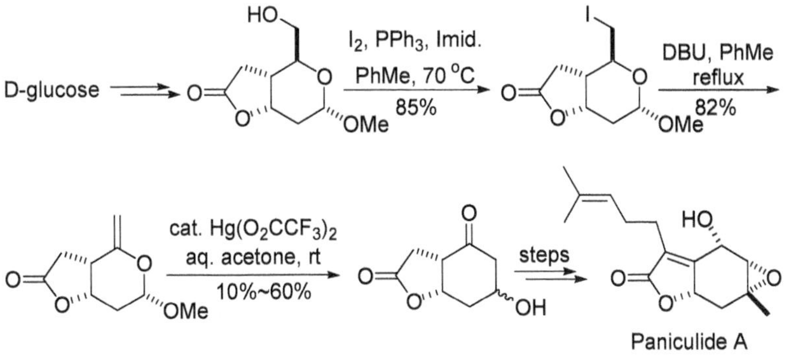

5.2.2 (+)-石蒜西定的合成

石蒜西定 (Lycoricidine) 类化合物具有多种生物活性,因此受到广泛的关注。其骨架结构以及所含的多个不对称中心具有相当的挑战性。在构筑其稠环骨架的过程中,II 型 Ferrier 反应起了重要的作用[146](式 129)。

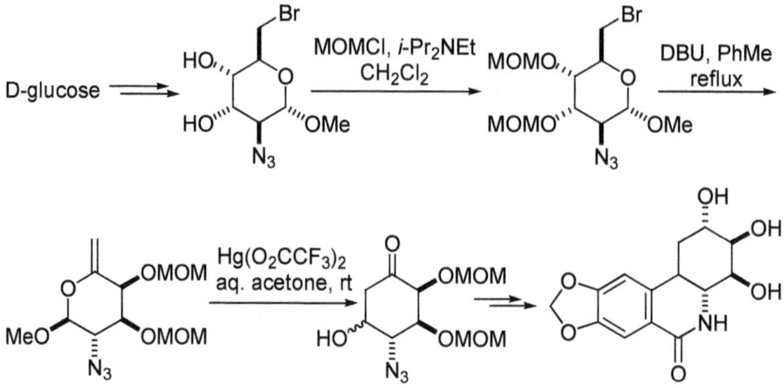
D-glucose
Br
HO
HO
O
OMe
N3
MOMCl, i-Pr2NEt
CH2Cl2
MOMO
MOMO
DBU, PhMe
reflux
OMOM
MeO
Hg(O2CCF3)2
aq. acetone, rt
HO
OH
NH

(129)

(+)-石蒜西定

5.3 Petasis-Ferrier 重排反应在天然产物合成中的应用

5.3.1 (+)-Phorboxazoler 的合成

Petasis-Ferrier 重排反应在天然产物合成中的范例之一是 (+)-Phorboxazoler 的合成。该天然产物来自海绵 *Phorbas. Sp* 的提取物，具有很高的抗真菌活性和抗肿瘤活性。Smith III[177]巧妙地运用 Petasis-Ferrier 重排反应完成了 (+)-Phorboxazoler 的 C3-C19) 片段 (式 130) 和 C20-C28) 片段的合成 (式 131)。

5.3.2 (+)-Dactylolide 的合成

另一个在天然产物全合成中成功运用 Petasis-Ferrier 重排反应的例子是 (+)-Dactylolide 的合成[167b,178]。该天然产物来自海绵 *Fasciospongia rimosa* 的提取物，具有很高的细胞毒性。通过 Petasis-Ferrier 重排反应可以制备其骨架中的六元环结构 (式 132)。

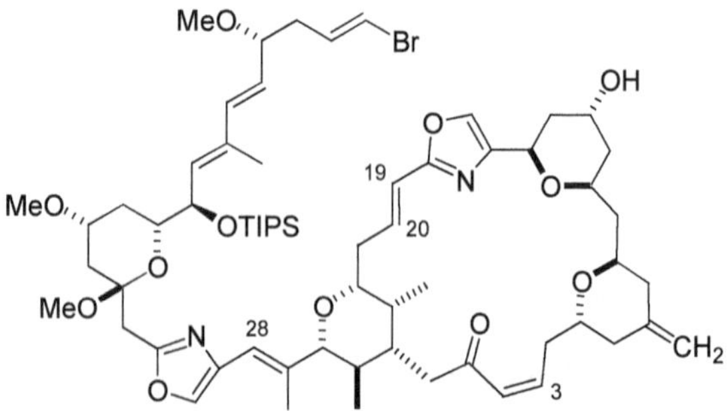
MeO
Br
OH
OTIPS
19
20
28
3
CH2

(+)-Phorboxazoler

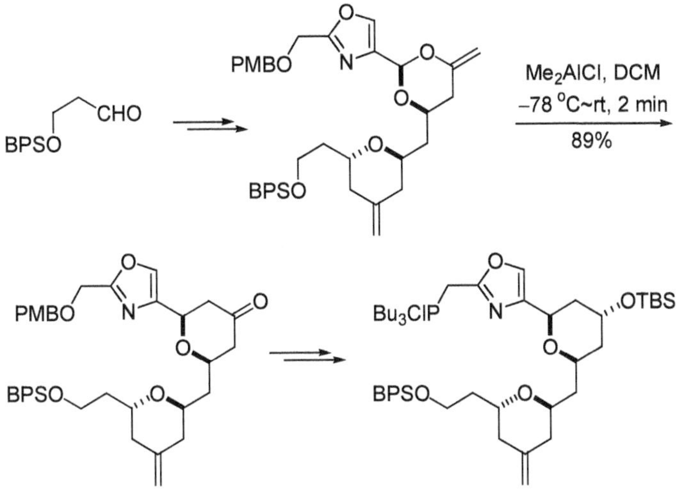

C3-C19 Subtarget of (+)-Phorboxazole

135

(130)

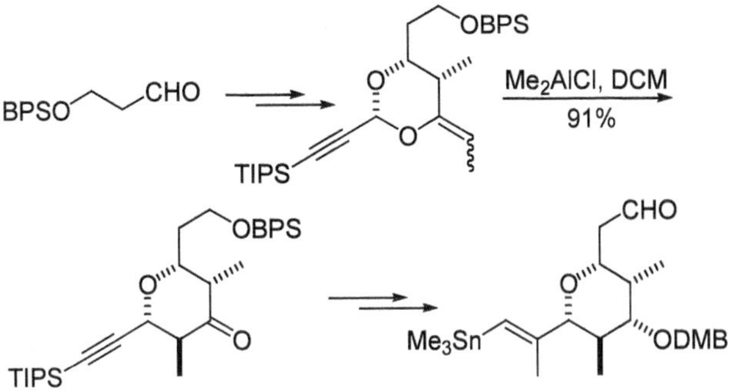

C22-C26 Subtarget of (+)-Phorboxazole

136

(131)

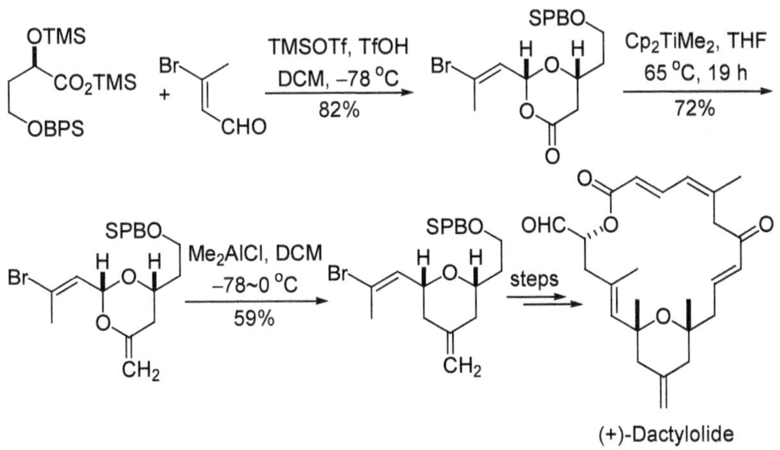

(+)-Dactylolide

(132)

6 Ferrier 重排反应实例

例 一

FeCl$_3$ 催化的 I 型 Ferrier 重排反应[92]

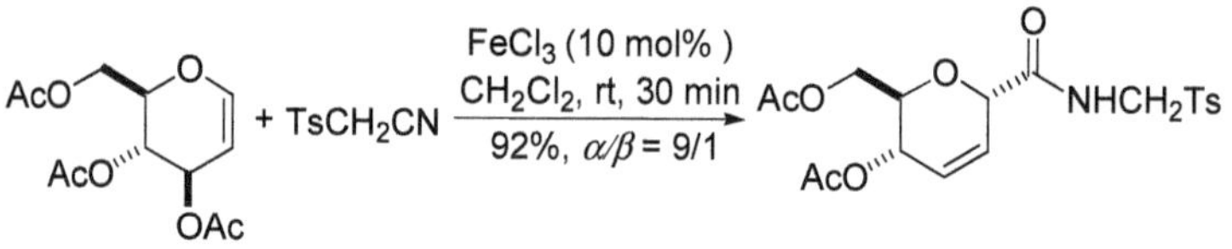

$$\text{AcO-glycal} + \text{TsCH}_2\text{CN} \xrightarrow[\text{92\%, }\alpha/\beta = 9/1]{\substack{\text{FeCl}_3 \text{ (10 mol\%)} \\ \text{CH}_2\text{Cl}_2, \text{ rt, 30 min}}} \text{product} \quad (133)$$

搅拌下，向 2,4,6-三-O-乙酰-D-葡萄烯糖 (136 mg, 0.5 mmol) 的 CH$_2$Cl$_2$ (2 mL) 溶液中加入 TsCH$_2$CN (117 mg, 0.6 mmol) 和 FeCl$_3$ (8 mg, 10 mol%)。生成的混合物在室温下搅拌 30 min 后 (TLC 跟踪)，将反应混合物用水稀释。然后，用 CH$_2$Cl$_2$ (3 × 10 mL) 提取，合并的有机相用无水硫酸钠干燥。减压浓缩后得到的粗产物经过快速硅胶柱色谱 [淋洗剂为己烷-乙酸乙酯 (3:1)] 纯化，得到 C-糖基酰胺产物 (196 mg, 92%, α:β = 9:1)。

例 二

H$_3$PO$_4$ 酸催化的 I 型 Ferrier 重排反应[49]

$$\text{AcO-glycal} + \text{HO-CH(Et)}_2 \xrightarrow[84\%]{\substack{\text{H}_3\text{PO}_4, \text{CH}_2\text{Cl}_2 \\ \text{rt, 15 min}}} \text{product} \quad (134)$$

在室温下，向 2,4,6-三-O-乙酰-D-葡萄烯糖 (100 mg, 0.37 mmol) 和戊-3-醇 (1 eq.) 的 CH$_2$Cl$_2$ (1 mL) 混合液中加入 H$_3$PO$_4$ (0.2 eq.)。生成的混合物在室温下搅拌 15 min 后 (TLC 跟踪)，将反应混合物过滤。所得固体用 CH$_2$Cl$_2$ (20 mL) 淋洗，合并的有机相在减压下浓缩。所得粗产物经过快速硅胶柱色谱 [淋洗剂为己烷-乙酸乙酯 (10:1)] 纯化，得到相应得 2,3-不饱和糖苷产物 (94 mg, 84%, 产物构型为 α)。

例 三

II 型 Ferrier 重排反应[179]

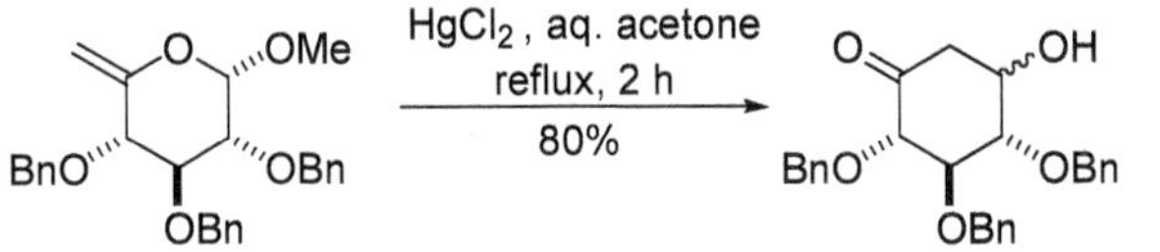

$$\text{(135)}$$

向 2-甲基-3,4,5-苄基-6-脱氧-己-5-烯糖 (5.96 g, 13.36 mmol) 和丙酮-水 (2:1) 的混合溶液中加入 $HgCl_2$ (3.99 g, 14.69 mmol, 1.1 eq.)。生成的混合物回流 2 h, 然后冷却至室温并浓缩。将所得到的白色固体溶解于二氯甲烷, 用水和饱和氯化钠各洗涤两次, 无水硫酸镁干燥。所得粗产物经过快速硅胶柱色谱纯化 [淋洗剂为石油醚-乙酸乙酯 (3:1~3:2)], 得到相应的 2,3,4-三苯甲氧基-5-羟基环己酮产物 (4.64 g, 80%)。

例 四

Petasis-Ferrier 重排反应[168]

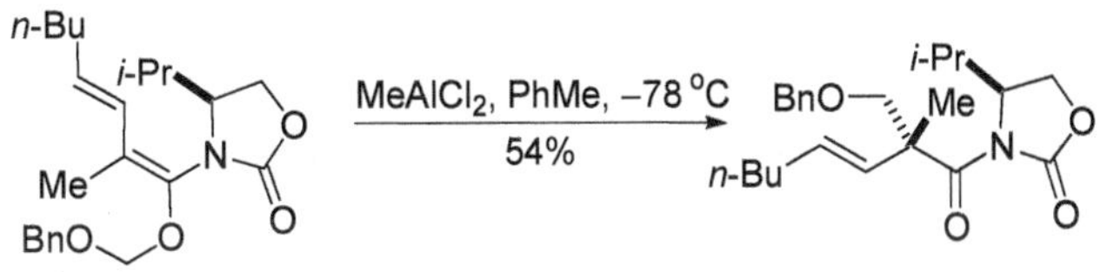

$$\text{(136)}$$

在 –78 ℃ 和氩气保护下, 向烯酮-N,O-缩醛 (114 mg, 0.29 mmol) 的甲苯溶液中滴加 $MeAlCl_2$ 的己烷溶液 (1.0 mol/L, 0.59 mL, 0.59 mmol)。反应液在 –78 ℃ 下搅拌 1 天后, 依次加入吡啶和 $NaHCO_3$ 水溶液淬灭反应。所得混合物用氯仿提取, 合并的有机相用饱和氯化钠溶液洗涤和无水硫酸钠干燥。有机相在减压下浓缩, 所得粗产物经过快速硅胶柱色谱 [淋洗剂为己烷-乙酸乙酯 (10:1)] 纯化, 得到相应的重排产物 (61.6 mg, 54%)。

7 参考文献

[1] Domon, D.; Fujiwara, K.; Ohtaniuchi, Y.; Takezawa, A.; Takeda, S.; Kawasaki, H.; Murai, A.; Kawai, H.; Suzuki, T. *Tetrahedron Lett.* **2005**, *46*, 8279.

[2] (a) Ferrier, R. J. *Adv. Carbohyd. Chem. Biochem.* **1969**, 199. (b) Ramnauth, J.; Poulin, O.; Rakhit, S. P.; Maddaford, S. P. *Org. Lett.* **2001**, *3*, 2013.

[3]   Fraser-Reid, B. *Acc. Chem. Res.* **1985**, *18*, 347.
[4]   Schmidt, R. R.; Angerbauer, R. *Angew. Chem., Int. Ed. Engl.* **1977**, *16*, 783.
[5]   (a) Bracherro, M. P.; Cabrera, E. F.; Gomez, G. M.; Peredes, L. M. R. *Carbohydr. Res.* **1998**, *308*, 181. (b) Schmidt, R. R.; Angerbauer, R. *Carbohydr. Res.* **1979**, *72*, 272. (c) Seeberger, P. H.; Bilodeau, M. T.; Danishefsky, S. J. *Aldrichim. Acta* **1997**, *30*, 75. (d) Danishefsky, S. J.; Bilodeau, M. T. *Angew. Chem., Int. Ed. Engl.* **1996**, *120*, 13515.
[6]   Williams, N. R.; Wander, J. D. *The Carbohydrates in Chemistry and Biochemistry*, New York: Academic Press, **1980**, p.761.
[7]   Fischer, E. *Chem. Ber.* **1914**, *47*, 196.
[8]   Bergmann, M. *Liebigs. Ann. Chem.* **1925**, *443*, 223.
[9]   Curran, D. P.; Suh, Y.-G. *Carbohydr. Res.* **1987**, *171*, 161
[10] (a) Grynkiewicz, G.; Priebe, W.; Zamojski, A. *Carbohydr. Res.* **1979**, *68*, 33. (b) Ferrier, R. J. *Topics in Current Chem.* **2001**, *215*, 153.
[11] Ferrier, R. J. *Organic Reaction* **2003**, *62*, 174.
[12] Ferrier, R. J. *J. Chem. Soc.* **1964**, 5443.
[13] Brakta, M.; Lhoste, P.; Sinou, D. *J. Org. Chem.* **1989**, *54*, 1890.
[14] Doboszewski, B.; Blaton, N.; Herdewijn, P. *J. Org. Chem.* **1995**, *60*, 7909.
[15] Ogihara, T.; Mitsunobu, O. *Tetrahedron Lett.* **1983**, *24*, 3505.
[16] Frappa, I.; Sinou, D. *Synth. Commun.* **1995**, *25*, 2941.
[17] Noshita, T.; Sugiyama, T.; Kitazumi, Y.; Oritani, T. *Biosci. Biotech. Biochem.* **1995**, *59*, 2052.
[18] Ramesh, N. G.; Balasubramanian, K. K. *Tetrahedron Lett.* **1992**, *33*, 3061.
[19] (a) Casiraghi, G.; Cornia, M.; Rassu, G.; Zetta, L.; Fava, G. G.; Belicchi, M. F. *Tetrahedron Lett.* **1988**, *29*, 3323. (b) Casiraghi, G.; Cornia, M.; Rassu, G.; Zetta, L.; Fava, G. G.; Belicchi, M. F. *Carbohydr. Res.* **1989**, *191*, 243.
[20] Ferrier, R. J.; Prasad, N. *J. Chem. Soc. (C)* **1969**, 570.
[21] Canas-Rodriguez, A.; Martinez-Tobed, A. *Carbohydr. Res.* **1979**, *68*, 43.
[22] Wieczorek, E.; Thiem, J. *Carbohydr. Res.* **1998**, *307*, 263.
[23] Canas-Rodriguez, A.; Ruiz-Poveda, S. G.; Coronel-Borges, L. A. *Carbohydr. Res.* **1987**, *159*, 217.
[24] Bhaté, P.; Horton, D.; Priebe, W. *Carbohydr. Res.* **1985**, *144*, 331.
[25] Mostowicz, D.; Jurczak, M.; Hamann, H.-J.; Hoft, E.; Chmielewski, M. *Eur. J. Org. Chem.* **1998**, 2617.
[26] Ferrier, R. J.; Prasad, N. *J. Chem. Soc. (C)* **1969**, 581.
[27] Inaba, K.; Matsumura, S.; Yoshikawa, S. *Chem. Lett.* **1991**, 485.
[28] Yougai, S.; Miwa, T. *J. Chem. Soc., Chem. Commun.* **1983**, 68.
[29] Kim, H.; Men, H.; Lee, C. *J. Am. Chem. Soc.* **2004**, *126*, 1336.
[30] Mukherjee, D.; Yousuf, S. K.; Taneja, S. C. *Tetrahedron Lett.* **2008**, *49*, 4944.
[31] (a) Nagaraj, P.; Ramesh, N. G. *Tetrahedron Lett.* **2009**, *50*, 3970. (b) Nagaraj, P.; Ramesh, N. G. *Tetrahedron* **2010**, *66*, 591.
[32] (a) De Oliveira, R. N.; De Melo, A. C. N.; Srivastava, R. M.; Sinou, D. *Heterocycles* **2006**, *68*, 2607. (b) Hotha, S.; Tripathi, A. *Tetrahedron Lett.* **2005**, *46*, 4555.
[33] Gorityala, B. K.; Lorpitthaya, R.; Bai, Y.; Liu, X.-W. *Tetrahedron* **2009**, *65*, 5844.
[34] Babu, J. L.; Khare, A.; Vankar, Y. D. *Molecule* **2005**, *10*, 884.
[35] Takhi, M.; Rahman, A.; Schmidt, R. R. *Tetrahedron Lett.* **2001**, *42*, 4053.
[36] Yadav, J. S.; Reddy, B. V. S; Murthy, C. V. S. R.; Kumar, G. M. *Synlett* **2000**, 1450.
[37] Naik, P. U.; Nara, J. S.; Harjani, J. R.; Salunkhe, M. M. *J. Mol. Catal. A: Chem.* **2005**, *234*, 35.
[38] (a) Reddy, S. G.; Sanjeeva, Ch. *Synthesis* **2004**, 834. (b) Swamy, N. R.; Srinivasulu, M.; Reddy, T. S.; Goud, T. V.; Venkateswarlu, Y. *J. Carbohydr. Chem.* **2004**, *23*, 435.
[39] Yadav, J. S.; Reddy, B.V. S.; Reddy, J. S. S. *J. Chem. Soc., Perkin Trans. 1* **2002**, 2390.

[40] Yadav, J. S.; Reddy, B. V. S.; Reddy, K. B.; Satyanarayana, M. *Tetrahedron Lett.* **2002**, *43*, 7009.
[41] Zhang, G.; Liu, Q. *Synth. Commun.* **2007**, *37*, 3485.
[42] Babu; B. S.; Balasubramanian, K. K. *Synth. Commun.* **1998**, *28*, 4299
[43] Babu, B. S.; Balasubramanian, K. K. *Tetrahedron Lett.* **1998**, *39*, 9287.
[44] Kashyap, S.; Hotha, S. *Tetrahedron Lett.* **2006**, *47*, 2021.
[45] Florent, J.-C.; Monneret, C. *Synthesis* **1982**, 29.
[46] Tian, Q.; Zhu, X.-M.; Yang, J.-S. *Synth. Commun.* **2007**, *37*, 691.
[47] Rodriguez, O. M.; Colinas, P. A.; Bravo, R. D. *Synlett* **2009**, 1154.
[48] Gorityala, B. K.; Cai, S.; Lorpitthaya, R.; Ma, J.; Pasunooti, K. K.; Liu, X.-W. *Tetrahedron Lett.* **2009**, *50*, 676.
[49] Hadfield, A. F.; Sartorelli, A. C. *Carbohydr. Res.* **1982**, *101*, 197.
[50] Engler, T. A.; Letavic, M. A.; Combrink, K. D.; Takusagawa, F. *J. Org. Chem.* **1990**, *55*, 5812.
[51] Koreeda, M.; Houston, T. A.; Shull, B. K.; Klemke, E.; Tuinman, R. J. *Synlett* **1995**, 90.
[52] Sobti, A.; Sulikowski, G. A. *Tetrahedron Lett.* **1994**, *35*, 3661.
[53] López, J. C.; Gómez, A. M.; Valverde, S.; Fraser-Reid, B. *J. Org. Chem.* **1995**, *60*, 3851.
[54] Kjølberg, O.; Neumann, K. *Acta Chem. Scand.* **1993**, *47*, 843.
[55] Toshima, K.; Ishizuka, T.; Matsuo. G.; Nakata, M.; Kinoshita, M. *J. Chem. Soc. Chem. Commun.* **1993**, 704.
[56] Pachamuthu, K.; Vankar, Y. D. *J. Org. Chem.* **2001**, *66*, 7511.
[57] Agarwal, A.; Rani, S.; Vankar, Y. D. *J. Org. Chem.* **2004**, *69*, 6137.
[58] Misra, A. K.; Tiwari, P.; Agnihotri, G. *Synthesis* **2005**, 260.
[59] Dunkerton, L. V.; Brady, K. T.; Mohamed, F.; McKillican, B. P. *J. Carbohydr. Chem.* **1988**, *7*, 49.
[60] De, K.; Legros, J; Crousse, B.; Bonnet-Delpon, D. *Tetrahedron* **2008**, *64*, 10497.
[61] Shanmugasundaram, B.; Bose, A. K.; Balasubramanian, K. K. *Tetrahedron Lett.* **2002**, *43*, 6795.
[62] De Oliveira, R. N.; De Freitas Filho, J. R.; Srivastava, R. M. *Tetrahedron Lett.* **2002**, *43*, 2141.
[63] Du, W.; Hu, Y. *Synth. Commun.* **2006**, *36*, 2035.
[64] Lin, H.-C.; Chang, C.-C.; Chen, J.-Y.; Lin, C.-H. *Tetrahedron: Asymmetry* **2005**, *16*, 297.
[65] (a) Daves, G. D. *Acc. Chem. Res.* **1990**, *23*, 201. (b) Daves, G. D.; Hallberg, A. *Chem. Rev.* **1989**, *89*, 1433.
[66] Dunkerton, L. V.; Brady, K. T.; Mohamed, F.; McKillican, B. P. *J. Carbohydr. Chem.* **1998**, *7*, 49.
[67] Kwok, D.-I.; Farr, R. N.; Daves, G. D. Jr. *J. Org. Chem.* **1991**, *56*, 3711.
[68] Arai, I.; Daves, G. D. *J. Am. Chem. Soc.* **1981**, *103*, 7683.
[69] Rajanbabu, T. V. *J. Org. Chem.* **1985**, *50*, 3642.
[70] (a) Czernecki, S.; Dechavanne, V. *Can. J. Chem.* **1983**, *61*, 533. (b) Bellosta, V.; Czernecki, S.; Avenel, D.; Bahij, S. E.; Gillier-Pandraud, H. *Can. J. Chem.* **1990**, *68*, 1364.
[71] Deshpande, P. P.; Price, K. N.; Baker, D. C. *J. Org. Chem.* **1996**, *61*, 455.
[72] Nicolaou, K. C.; Hwang, C.-K.; Duggan, M. E. *J. Chem. Soc., Chem. Commun.* **1986**, 925.
[73] (a) Dorgan, B. J.; Jackson, R. F. W. *Synlett* **1996**, 859. (b) Pearce, A. J.; Ramaya, S.; Thorn, S. N.; Bloomberg, G. B.; Walter, D. S.; Gallagher, T. *J. Org. Chem.* **1999**, *64*, 5453. (c) Steinhuebel, D. P.; Fleming, J. J.; Du Bois, J. *Org. Lett.* **2002**, *4*, 293.
[74] Toshima, K.; Matsua, G.; Ishizuka, T.; Ushiki, Y.; Nakata, M.; Matsumura, S. *J. Org. Chem.* **1998**, *63*, 2307.
[75] De las Heras, F. G.; San Felix, A.; Fernández-Resa, P. *Tetrahedron* **1983**, *39*, 1617.
[76] Grynkiewicz, G.; BeMiller, J. N. *Carbohydr. Res.* **1982**, *108*, 229.
[77] Tulshian, D. B.; Fraser-Reid, B. *J. Org. Chem.* **1984**, *49*, 518.
[78] Dawe, R. D.; Fraser-Reid, B. *J. Chem. Soc., Chem. Commun.* **1981**, 1180.
[79] Casiraghi, G.; Cornia, M.; Colombo, L.; Rassu, G.; Fava, G. G.; Belicchi, M. F.; Zetta, L. *Tetrahedron*

Lett. **1988**, *29*, 5549.
[80] Tingoli, M.; Panunzi, B.; Santacroce, F. *Tetrahedron Lett.* **1999**, *40*, 9329.
[81] Thorn, S. N.; Gallagher, T. *Synlett* **1996**, 856.
[82] Danishefsky, S. J.; Kerwin, J. F. *J. Org. Chem.* **1982**, *47*, 3803.
[83] (a) Danishefsky, S. J.; DeNinno, S.; Lartey, P. J. *J. Am. Chem. Soc.* **1987**, *109*, 2082. (b) Panek, Schaus, J. V. *Tetrahedron* **1997**, *53*, 10971.
[84] De Raadt, A.; Stütz, A. E. *Carbohydr. Res.* **1991**, *220*, 101.
[85] Toshima, K.; Miyamoto, N.; Matsuo, G.; Nakata M.; Matsumura, S. *Chem. Commun.* **1996**, 1379.
[86] Yadav, J. S.; Satyanarayana, M.; Balanarsaiah, E.; Raghavendra, S. *Tetrahedron Lett.* **2006**, *47*, 6095.
[87] Herscovici, J.; Delatre, S.; Antonakis, K. *J. Org. Chem.* **1987**, *52*, 5691.
[88] Tsukiyama, T.; Peters, S. C.; Isobe, M. *Synlett* **1993**, 413.
[89] Grynkiewicz, G.; BeMiller, J. N. *J. Carbohydr. Chem.* **1982**, *1*, 121.
[90] Dawe, R. D.; Fraser-Reid, B. *J. Org. Chem.* **1984**, *49*, 522.
[91] Yadav, J. S.; Reddy, B. V. S.; Narasimha C., D.; Madavi, C.; Kunwar, A. C. *Tetrahedron Lett.* **2009**, *50*, 81.
[92] Herscovici, J.; Muleka, K.; Boumaîza, L.; Antonakis, K. *J. Chem. Soc., Perkin Trans. 1* **1990**, 1995.
[93] Priebe, W.; Zamojski, A. *Tetrahedron* **1980**, *36*, 287.
[94] (a) Wittman, M. D.; Halcomb, R. L.; Danishefsky, S. J.; Golik, J.; Vyas, D. *J. Org. Chem.* **1990**, *55*, 1979. (b) De Raadt, A.; Ferrier, R. J. *Carbohydr. Res.* **1991**, *216*, 93.
[95] Dunkerton, L. V.; Adair, N. K.; Euske, J. M.; Brady, K. T.; Robinson, P. D. *J. Org. Chem.* **1988**, *53*, 845.
[96] Brown, D. S.; Bruno, M.; Davenport, R. J.; Ley, S. V. *Tetrahedron* **1989**, *45*, 4293.
[97] Guthrie, R. D.; Irvine, R. W. *Carbohydr. Res.* **1980**, *82*, 207.
[98] Ferrier, R. J.; Ponpipom, M. M. *J. Chem. Soc. (C)* **1971**, 553.
[99] De las Heras, F. G.; Stud, M. *Tetrahedron* **1977**, *33*, 1513.
[100] Doboszewski, B.; Blaton, R.; Herdewijn, P. *Tetrahedron Lett.* **1995**, *36*, 1321.
[101] Bessodes, M.; Egron, M.-J.; Filippi, J.; Antonakis, K. *J. Chem. Soc., Perkin Trans. 1* **1990**, 3035.
[102] Kondo, T.; Nakai, H.; Goto, T. *Tetrahedron* **1973**, *29*, 1801.
[103] Procopio, A.; Dalpozzo, R.; De Nino, A.; Nardi, M.; Oliverio, M.; Russo, B. *Synthesis* **2006**, 2608.
[104] Mathews, W. B.; Zajac, W. W. *J. Carbohydr. Chem.* **1995**, *14*, 287.
[105] Bock, K.; Pedersen, C. *Acta Chem. Scand.* **1970**, *24*, 2465.
[106] Bock, K.; Pedersen, C. *Tetrahedron Lett.* **1969**, *10*, 2983.
[107] Macdonald, S. J. F.; McKenzie, T. C. *Tetrahedron Lett.* **1988**, *29*, 1363.
[108] Bock, K.; Pedersen, C. *Acta Chem. Scand.* **1971**, *25*, 2757.
[109] Paulsen, H.; Thiem, J. *Chem. Ber.* **1973**, *106*, 3850.
[110] Alexander, P.; Krishnamurthy, V. V.; Prisbe, E. J. *J. Med. Chem.* **1996**, *39*, 1321.
[111] Grynkiewicz, G. *Carbohydr. Res.* **1984**, *128*, 9.
[112] Ferrier, R. J.; Prasad, N.; Sankey, G. H. *J. Chem. Soc. (C)* **1968**, 974.
[113] Köll, P.; Klenke, K.; Eiserman, D. *J. Carbohydr. Chem.* **1984**, *3*, 403.
[114] Thiem, J.; Schwentner, J.; Schüttpelz, E.; Kopf, J. *Chem. Ber.* **1979**, *112*, 1023.
[115] Ferrier, R. J.; Prasad, N.; Sankey, G. H. *J. Chem. Soc. (C)* **1969**, 587.
[116] Bock, K.; Pedersen, C. *Acta Chem. Scand.* **1971**, *25*, 1021.
[117] Booma, C.; Balasubramanian, K. K. *Tetrahedron Lett.* **1992**, *33*, 3049.
[118] Armstrong, P. L.; Coull, I. C.; Hewson, A. T.; Slater, M. J. *Tetrahedron Lett.* **1995**, *36*, 4311.
[119] (a) Mereyala, H. B.; Venkataramanaiah, K. C.; Dalvoy, V. S. *Carbohydr. Res.* **1992**, *225*, 151. (b) Lauer, G.; Oberdorfer, F. *Angew. Chem., Int. Ed. Engl.* **1993**, *32*, 272. (c) Sharma, G. V. M.; Ramanaiah, K. C. V.; Krishnudu, K. *Tetrahedron: Asymmetry* **1994**, *5*, 1905.

[120] Guthrie, R. D.; Irvine, R. W. *Carbohydr. Res.* **1980**, *82*, 225.
[121] Ireland, R. E.; Daub, J. P. *J. Org. Chem.* **1981**, *46*, 479.
[122] Bertrand, P.; Gesson, J.-P.; Renoux, B.; Tranoy, I. *Tetrahedron Lett.* **1995**, *36*, 4073.
[123] Paquette, L. A.; Kinney, M. J.; Dullweber, U. *J. Org. Chem.* **1997**, *62*, 1713.
[124] Basson, M. M.; Holzapfel, C. W.; Verdoorn, G. H. *Heterocycles* **1998**, *29*, 2261.
[125] Booma, C.; Balasubramanian, K. K. *Tetrahedron Lett.* **1993**, *34*, 6757.
[126] Ghosh, R.; Chakraborty, A.; Maiti, D. K.; Puranik, V. G. *Tetrahedron Lett.* **2005**, *46*, 8047.
[127] Okabe, M.; Sun, R.-C. *Tetrahedron Lett.* **1989**, *30*, 2203.
[128] Tam, S. Y.-K.; Fraser-Reid, B. *Can. J. Chem.* **1977**, *55*, 3996.
[129] (a) Schreiber, S. L.; Kelly, S. E. *Tetrahedron Lett.* **1984**, *25*, 1757. (b) Kozikowski, A. P.; Park, P.-U. *J. Org. Chem.* **1990**, *55*, 4668.
[130] Ferrier, R. J. *J. Chem. Soc., Perkin Trans. 1* **1979**, 1455.
[131] Ferrier, R. J.; Prasit, P. *Carbohydr. Res.* **1980**, *82*, 263.
[132] (a) Blattner, R.; Ferrier, R. J.; Haines, S. R. *J. Chem. Soc., Perkin Trans. 1* **1985**, 2413. (b) Dubreuil, D.; Cleophax, J.; De Almeida, M. V.; Verre-Sebrié, C.; Liaigre, J.; Vass, G.; Gero, S. D. *Tetrahedron* **1997**, *53*, 16747. (c) Yamauchi, N.; Terachi, T.; Eguchi, T.; Kakinuma, K. *Tetrahedron* **1994**, *50*, 4125.
[133] Mádi-Puskás, M.; Pelyvás, I.; Bognár, R. *J. Carbohydr. Chem.* **1985**, *4*, 323.
[134] Machado, A. S.; Olesker, A.; Lukacs, G. *Carbohydr. Res.* **1985**, *135*, 231.
[135] Ferrier, R. J.; Middleton, S. *Chem. Rev.* **1993**, *93*, 2779.
[136] Machado, A. S.; Dubreuil, D.; Cleophax, J.; Gero, S. D.; Thomas, N. F. *Carbohydr. Res.* **1992**, *233*, C5.
[137] Laszlo, P.; Pelyvas, I. F.; Sztaricskai, F.; Szilagyi, L.; Somogyi, A. *Carbohydr. Res.* **1988**, *175*, 227.
[138] Sato, K.-I.; Sakuma, S.; Nakamura, Y.; Yoshimura, J.; Hashimoto, H. *Chem. Lett.* **1991**, 17.
[139] Mereyala, H. B. V.; Guntha, S. *J. Chem. Soc., Perkin Trans. 1* **1993**, 841.
[140] Sato, K.-I.; Bokura, M.; Taniguchi, M. *Bull. Chem. Soc. Jpn.* **1994**, *67*, 1633.
[141] Yuasa, H.; Palcic, M. M.; Hindsgaul, O. *Can. J. Chem.* **1995**, *73*, 2190.
[142] Sato, K.-I.; Bokura, M; Moriyama, H.; Igarashi, T. *Chem. Lett.* **1994**, 37.
[143] Mereyala, H. B.; Gaddam, B. R. *J. Chem. Soc., Perkin Trans. 1* **1994**, 2187.
[144] Wang, L.-X.; Sakairi, N.; Kuzuhara, H. *Carbohydr. Res.* **1995**, *275*, 33.
[145] Tagmose, T. M.; Bols, M. *Chem. Eur. J.* **1997**, *3*, 453.
[146] (a) Chida, N.; Ohtsuka, M.; Ogawa, S. *Tetrahedron Lett.* **1991**, *32*, 4525. (b) Chida, N.; Ohtauka, M.; Ogawa, S. *J. Org. Chem.* **1993**, *58*, 4441.
[147] Chew, S.; Ferrier, R. J. *J. Chem. Soc., Chem. Commun.* **1984**, 911.
[148] Ermolenko, M. S.; Olesker, A.; Lukacs, G. *Tetrahedron Lett.* **1994**, *35*, 711.
[149] Takahashi, H.; Iimori, T.; Ikegami, S. *Tetrahedron Lett.* **1998**, *39*, 6939.
[150] Chretien, F.; Chapleur, Y. *J. Chem. Soc., Chem. Commun.* **1984**, 1268.
[151] Machado, A. S.; Olesker, A.; Castillon, S.; Lukacs, G. *J. Chem. Soc., Chem. Commun.* **1985**, 330. (b) Chida, N.; Ohtauka, M.; Ogura, K.; Ogawa, S. *Bull. Chem. Soc. Jpn.* **1991**, *64*, 2118.
[152] (a) Barton, D. H. R.; Camara, J.; Dalko, P.; GBro, S. D.; Quiclet-Sire, B.; Stiitz, P. *J. Org. Chem.* **1989**, *54*, 3764. (b) Barton, D. H. R.; Augy-Dorey, S.; Camara, J.; Dalko, P.; DelaumBny, J. M.; GBro, S. D.; Quiclet-Sire, B.; Stiitz, P. *Tetrahedron* **1990**, *46*, 215. (c) Lbezlo, P.; Dudon, A. *J. Carbohydr. Chem.* **1992**, *11*, 587.
[153] Adam, S. *Tetrahedron Lett.* **1988**, *29*, 6589.
[154] Miyamoto, M.; Baker, M. L.; Lewis, M. D. *Tetrahedron Lett.* **1992**, *33*, 3725.
[155] Iimori, T.; Takahashi, H.; Ikegami, S. *Tetrahedron Lett.* **1996**, *37*, 649.
[156] Das, S. K.; Mallet, J.-M.; Sinaÿ P. *Angew. Chem., Int. Ed. Engl.* **1997**, *36*, 493.

[157] Pearce, A. J.; Sollogoub, M.; Mallet, J.-M.; Sinaÿ P. *Eur. J. Org. Chem.* **1999**, 2103.
[158] Sollogoub, M.; Mallet, J.-M.; Sinaÿ P. *Tetrahedron Lett.* **1998**, *39*, 3471.
[159] Collins, D. J.; Hibberd, A. I.; Skelton, B. W.; White, A. H. *Aust. J. Chem.* **1998**, *51*, 681.
[160] Bender, S. L.; Budhu, R. J. *J. Am. Chem. Soc.* **1991**, *113*, 9883.
[161] Takahashi, H.; Kittaka, H.; Ikegami, S. *Tetrahedron Lett.* **1998**, *39*, 9707.
[162] Peng, J.; Prestwich, G. D. *Tetrahedron Lett.* **1998**, *39*, 3965.
[163] Takahashi, H.; Kittaka, H.; Ikegami, S. *Tetrahedron Lett.* **1998**, *39*, 9703.
[164] Park, T. K.; Danishefsky, S. J. *Tetrahedron Lett.* **1995**, *36*,195.
[165] Petasis, N. A.; Lu, S.-P. *J. Am. Chem. Soc.* **1995**, *117*, 6394.
[166] Petasis, N. A.; Lu, S.-P. *Tetrahedron Lett.* **1996**, *37*, 141.
[167] (a) Smith III, A. B.; Minbiole, K. P.; Verhoest, P. R.; Schelhaas, M. *J. Am. Chem. Soc.* **2001**, *123*, 10942. (b) Smith III, A. B; Safonov, I. G.; Corbett, R. M. *J. Am. Chem. Soc.* **2002**, *124*, 11102.
[168] Suzuki, T.; Inui, M.; Hosokawaa, S.; Kobayashi, S. *Tetrahedron Lett.* **2003**, *44*, 3713.
[169] Inui, M.; Hosokawa, S.; Nakazaki, A.; Kobayashi, S. *Tetrahedron Lett.* **2005**, *46*, 3245.
[170] (a) Tayama, E; Isaka, W. *Org. Lett.* **2006**, *8*, 5437. (b) Tayama, E.; Hashimoto, R. *Tetrahedron Lett.* **2007**, *48*, 7950.
[171] Tayama, E.; Otoyama, S.; Isaka, W. *Chem. Commun.* **2008**, 4216.
[172] Terada, M.; Toda, Y. *J. Am. Chem. Soc.* **2009**, *131*, 6354.
[173] Williams, D. R.; Heidebrecht Jr., R. W. *J. Am. Chem. Soc.* **2003**, *125*, 1843.
[174] Bozell, J. J.; Tice, N. C.; Sanyal, N.; Thompson, D.; Kim, J.-M.; Vidal, S. *J. Org. Chem.* **2008**, *73*, 8763.
[175] Danishefsky, S.; Lee, J. Y. *J. Am. Chem. Soc.* **1989**, *111*, 4829.
[176] Amano, S.; Takemura, N.; Ohtsuka, M.; Ogawa, S.; Chida, N. *Tetrahedron* **1999**, *55*, 3855.
[177] (a) Smith III, A. B.; Verhoest, P. R.; Minbiole, K.P.; J. Lim, J. J. *Org. Lett.* **1999**, *1*, 909. (b) Smith III, A.B.; P. R.; Minbiole, K. P.; Verhoest, P. R.; Beauchamp, T. J. *Org. Lett.* **1999**, *1*, 913.
[178] Smith III, A. B; Safonov, I. G.; Corbett, R. M. *J. Am. Chem. Soc.* **2001**, *123*, 12426.
[179] Bas Lastdrager, B.; Timmer, M. S. M.; van der Marel, G. A.; Overkleeft, H. S.; Overhand, M. *J. Carbohydr. Chem.* **2007**, *26*, 41.

亲电氟化反应：N-F 试剂在 C-F 键形成中的应用
(Formation of C-F Bonds by N-F Reagents)

卿凤翎[*]　郑　峰

1　背景简介 ··· 51
2　N-F 亲电氟化试剂的制备 ··· 52
　2.1　F_2、F_2/N_2 和 F_2/He 直接氟化制备 N-F 试剂 ······················· 53
　2.2　电化学氟化和高价金属氟化物氟化制备 N-F 试剂 ······················· 54
　2.3　氟转移氟化方法 ··· 55
3　N-F 试剂的亲电氟化反应 ·· 55
　3.1　脂肪族饱和烷烃 C-H 键的亲电氟化 ··· 55
　3.2　不饱和烯烃与炔烃的亲电氟化 ·· 56
　3.3　芳香化合物的亲电氟化 ··· 58
　3.4　羰基化合物的亲电氟化 ··· 60
　3.5　金属试剂的亲电氟化 ·· 70
　3.6　硝基、氰基、四氮唑、含硫基团和膦酸基等基团 α-位亲电氟化反应 ············· 74
　3.7　其它有机化合物的亲电氟化反应 ··· 78
　3.8　非对映选择性不对称亲电氟化反应 ·· 79
　3.9　对映选择性不对称亲电氟化反应 ··· 81
　3.10　金属催化的氧化氟化反应 ··· 90
4　亲电氟化反应机理：经典 S_N2 亲核取代或单电子转移历程？ ··········· 91
5　N-F 试剂亲电氟化反应实例 ··· 95
6　参考文献 ··· 97

1　背景简介

　　由于氟原子的相对小体积、强电负性，以及 C-F 键的强偶极性与高度稳定性等特点，含氟有机化合物往往具有非常特殊的物理和化学性质[1]，因此，含氟有机化合物被广泛应用于材料、医药和农药等领域[2]。对含氟有机化合物的需求促进了各种氟化方法的发展与研究。将氟原子直接引入到有机化合物中的方法，按照反应类型可以分为三类：亲核氟化、自由基氟化和亲电氟化。亲核氟化可以简单地理解为 F⁻ 离子与电正性活性中心的反应，主要的亲核氟化试剂有：Py·HF、Bu$_4$N$^+$HF$_2^-$、碱金属氟化物以及 SF$_4$、DAST、DFI 和 Deoxoflour 等（式 1）[3]。而对于富电子反应中心的氟化则需要亲电氟化或自由基氟化反应来完成。虽然活性极高的 F$_2$ 可以作为自由基氟化或亲电氟化试剂用于含氟有机化合物的合成，但由于其反应的选择性和可控性差且毒性很大，使其在合成领域的应用受到很大的限制[4]。因此，发展安全可靠和选择性好的亲电氟化试剂成为氟化学研究的重要内容之一。第一代亲电氟化试剂主要是一些含有 F-O 官能团的化合物，例如：CF$_3$OF、R$_f$OF、R$_f$CO$_2$F、CF$_3$SO$_2$OF、RCO$_2$F 和 SF$_5$OF 等以及 XeF$_2$ 和 FClO$_3$ 等。它们具有比 F$_2$ 更好的反应选择性，能够亲电氟化碳负离子、烯醇负离子以及芳香化合物等。但是，由于它们的强氧化性和不稳定性，它们的反应一般具有操作性差和危险性大的缺点，严重地限制了它们在该领域的应用[5]。

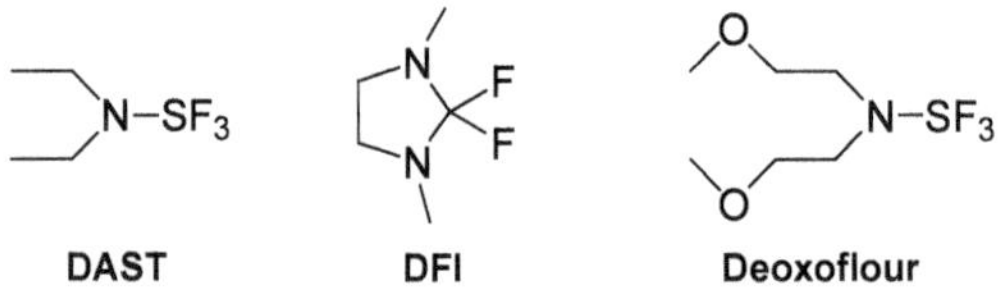

$$\text{DAST} \qquad \text{DFI} \qquad \text{Deoxoflour} \tag{1}$$

最近，N-F 试剂作为一种安全、可操作性强的亲电氟化试剂得到了很快的发展[6]。N-F 试剂主要分为两类：电中性的 R$_2$N-F 类与电正性的 R$_3$NF$^+$A$^-$ 盐类，后一类试剂的氟化能力一般要强于前一类试剂。随着氮原子上连接基团吸电子能力的增加，N-F 试剂的亲电氟化能力也相应得到加强。例如：磺酸酰胺类 N-F 试剂 [(RSO$_2$)$_2$NF] 的氟化能力就强于羰基酰胺类 N-F 试剂 [(RCO)$_2$NF]。N-氟-二(三氟磺酸酰基)胺 [(CF$_3$SO$_2$)$_2$NF] 是已知最强的 N-F 亲电氟化试剂，甚至比电正性的 R$_3$NF$^+$A$^-$ 盐类的氟化能力都要强。

N-F 亲电氟化试剂由于其安全性、可调控的亲电氟化能力以及反应操作简便和易于储存等诸多优点，已经被广泛应用于有机化合物的氟化反应。部分 N-F 试剂已经商品化，更促进了它们在亲电氟化反应中的应用。

2　N-F 亲电氟化试剂的制备

绝大部分 N-F 亲电氟化试剂都是通过含氮底物与纯 F$_2$ 或经惰性气体稀释 (F$_2$/N$_2$ 或 F$_2$/He) 后的反应来制备。还有一小部分是通过电化学氟化、高价金属氟化物氟化以及氟转移氟化等方法合成。

2.1 F_2、F_2/N_2 和 F_2/He 直接氟化制备 N-F 试剂

2.1.1 氟气与 R_2N-H 类底物反应制备

在 –40 ℃ 的乙腈溶剂中，二(苯基砜酰)胺与 10% 的 F_2/N_2 反应便可以得到商品化亲电氟化试剂 NFSI (式 2)。反应体系中添加 NaF 是用来吸收反应产生的 HF[7]。

$$PhSO_2\text{-NH-}PhSO_2 \xrightarrow[\text{MeCN}, -40\ ^\circ C]{10\%\ F_2/N_2,\ NaF} PhSO_2\text{-N(F)-}PhSO_2 \quad (2)$$
$$\text{NFSI}$$
70%

2.1.2 氟气与 $R_2N^-M^+$ (M 一般为 Na 或 K 等碱金属) 盐类底物反应制备

1990 年，Banks 等报道了用 F_2 对三氟甲磺酰胺的碱金属钠盐氟化来制备 [N-F] 亲电氟化试剂 (式 3)[8]。

$$\text{(Py)N(Na}^+\text{)O}_2\text{SCF}_3 \xrightarrow[\text{89\%}]{F_2, 10\sim15\ Torr,\ CH_3CN, -35\ ^\circ C} \text{(Py)N(F)O}_2\text{SCF}_3 \quad (3)$$

2.1.3 氟气与 R_3N 类底物反应制备

这一方法最成功的应用是氟化试剂 Selectfluor (F-TEDA) 的工业化生产。如式 4 所示[9]：首先，三亚乙基二胺 (TEDA) 在二氯甲烷中回流进行氯甲基化反应；接着，在乙腈中进行阴离子交换；最后，用氟气进行氟化得到对水和空气稳定的高熔点白色固体 Selectfluor。

$$\text{TEDA} \xrightarrow[\text{2. NaBF}_4,\ \text{MeCN}]{\text{1. CH}_2\text{Cl}_2,\ \text{reflux}} [\text{N}^+\text{CH}_2\text{Cl}]\text{BF}_4^- \xrightarrow[\text{NaBF}_4, \text{MeCN}, -35\ ^\circ C]{F_2, 10\sim20\ mmHg} \text{Selectfluor} \quad (4)$$
85%

2.1.4 氟气与芳香吡啶类化合物反应制备

这类亲电氟化试剂可以通过改变芳香环上的取代基来改变氟化能力。此类试剂合成的关键在于必须在低温下操作，将氟化产生的氟化吡啶盐的氟负离子用其它亲核能力弱并且稳定的阴离子 (例如：BF_4^-、OTf^-、SbF_6^-、$B_2F_7^-$ 等) 进行离子交换

(式 5)[10]。必须指出的是：氟化 N-F 吡啶鎓盐在 −2 °C 以上时极易发生爆炸反应，生成 HF 与 2-氟吡啶[11]。这类试剂也可以通过先将吡啶底物与 Lewis 酸、Brønsted 酸或硅酯试剂 (例如：TMSOTf) 反应成盐，然后再进行氟化来制备 (式 6)[10]。

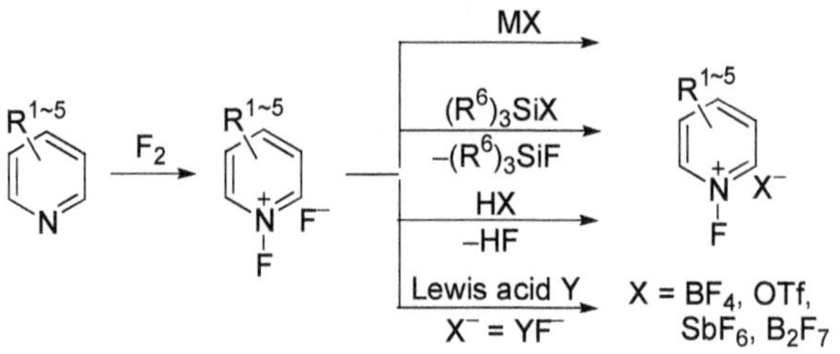

2.1.5 其它的制备方法

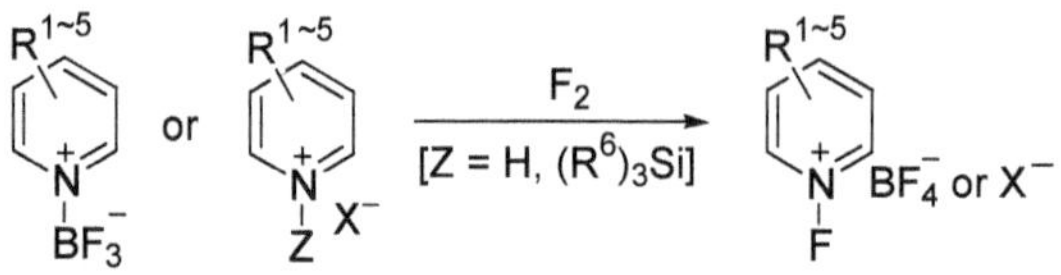

利用 F_2 制备 N-F 试剂的方法还包括硅醚基团促进的氟化合成 Purrington 试剂的方法。如式 7 所示[12]：反应体系中生成的氟负离子进攻硅醚基团，原位产生高活性的亚胺烯醇负离子可以有效地促进氟化反应的进行。Purrington 试剂可以氟化 β-二羰基负离子、烯胺和格氏试剂等，反应的重要驱动力在于亲电氟化反应后分子的重新芳构化。

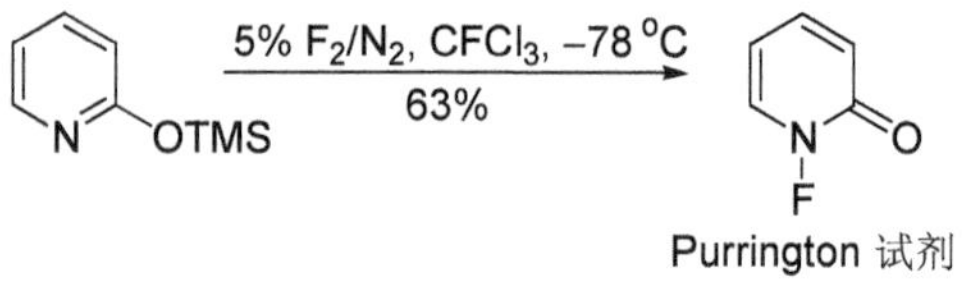

2.2 电化学氟化和高价金属氟化物氟化制备 N-F 试剂[13]

在无水 HF (AHF) 中，Simmons 电化学氟化法可以将吡啶类化合物氟化成为 N-F 全氟哌啶 (式 8)。但是，由于产物的产率低和难以纯化等原因，目前这一方法已经基本上不用于 N-F 试剂的合成。Simmons 电化学氟化法的机理目前还不是很清楚，但很有可能涉及到高价金属氟化物的生成以及高价金属氟化物对 C-H 底物的氟化过程。

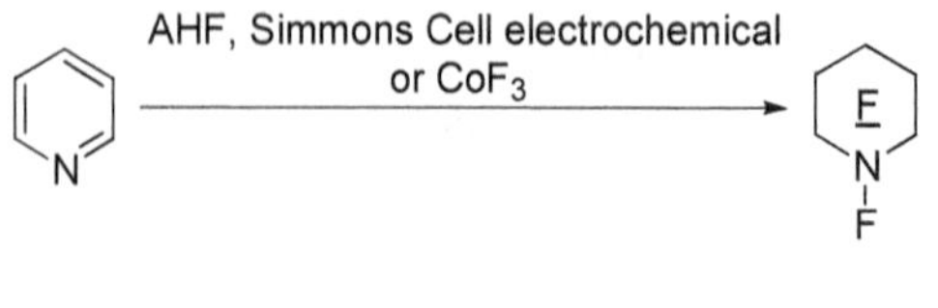

2.3 氟转移氟化方法

强亲电氟化试剂与含氮底物反应可以制备活性相对较弱的 N-F 亲电氟化试剂。例如：奎宁碱与 Selectfluor 反应可以生成 N-F 奎宁环四氟硼酸盐 (式 9)[14]。

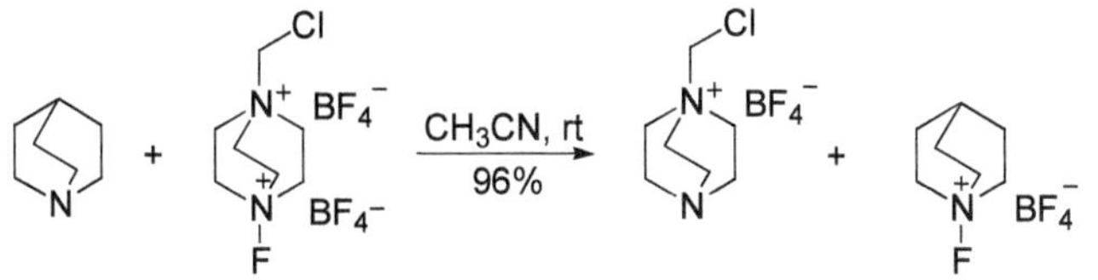

$$\text{(9)}$$

目前，广泛应用的 N-F 试剂主要有三种类型：(1) N-F 三亚乙基二铵盐类 (F-TEDA)，例如：Selectfluor 和 NFTh 等；(2) N-F 磺酰胺类，例如：NFSI 和 NFOBS 等；(3) N-F 吡啶盐类 (FP-X)，例如：FP-OTf 和 2-SO_3FP 等 (式 10)。

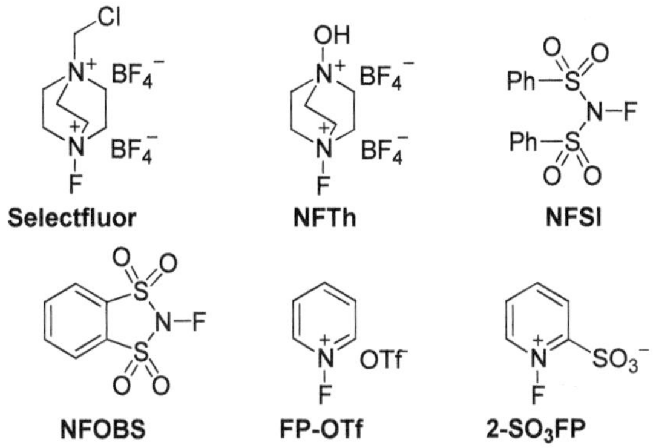

$$\text{(10)}$$

3 N-F 试剂的亲电氟化反应

3.1 脂肪族饱和烷烃 C-H 键的亲电氟化

一直以来，使用氟气直接氟化是 $C_{(sp^3)}$-H 键亲电氟化的主要方法，而 N-F 亲电氟化试剂对此类键的氟化却非常困难。最近，Chambers 小组使用 Selectfluor 对一系列的饱和烷烃化合物 (例如：环己烷、正癸烷、金刚烷和十氢萘烷等) 成功进行了氟化反应[15]。如式 11 所示：十氢萘烷与 Selectfluor 在乙腈中回流反应 16 h，以 30% 的总产率生成了位阻效应控制的仲碳单氟产物。这一结果与 F_2 亲电氟化十氢萘烷生成电子效应控制的叔碳单氟产物完全不同 (式 12)。

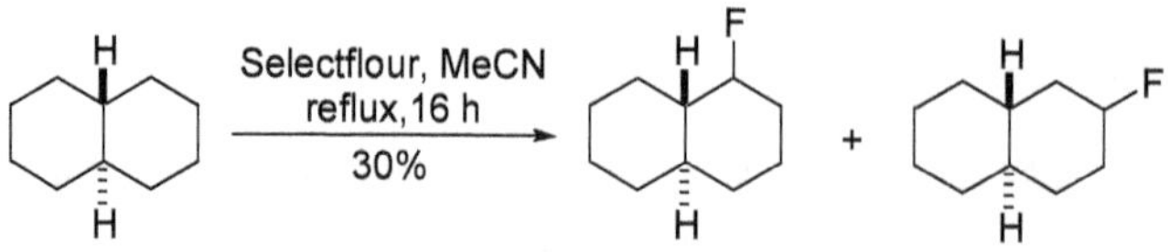

上述反应的研究表明：饱和 $C_{(sp^3)}$-H 键的亲电氟化可能是经过三中心二电子的中间过渡态来实现亲电 S_E2 取代反应 (式 13)[15]。

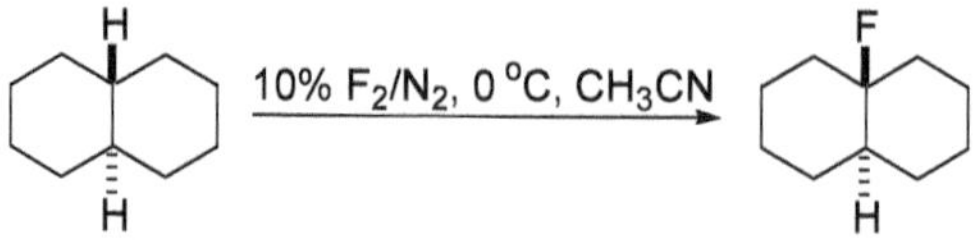

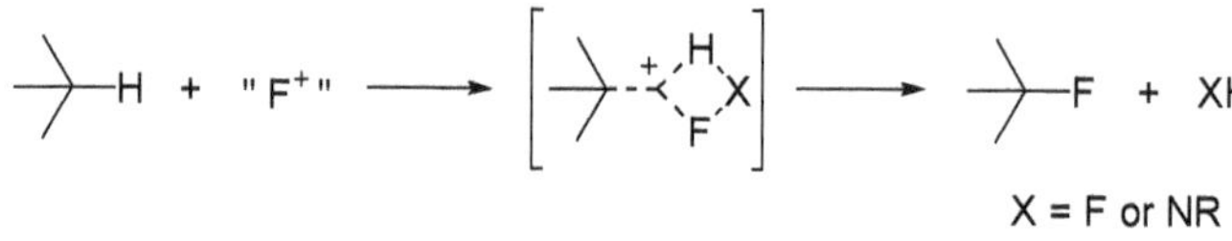

Selectfluor 对 $C_{(sp^3)}$-H 键的亲电氟化一般都是在乙腈中进行的。最初生成的氟化产物在体系强酸性铵盐的长时间作用下，还会进一步与乙腈发生反应生成乙酰胺产物 (式 14)[15a]。

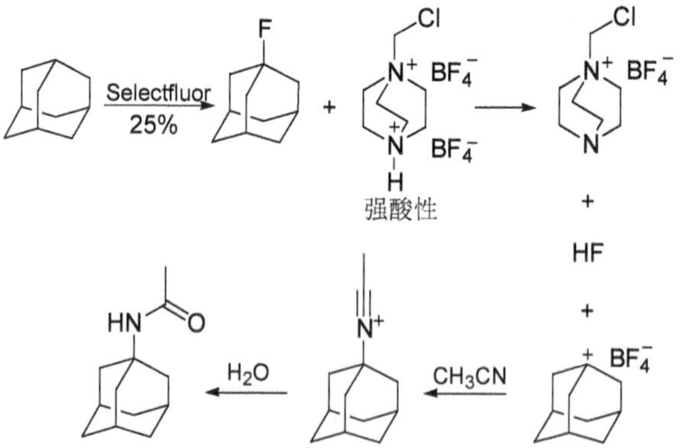

3.2 不饱和烯烃与炔烃的亲电氟化

在弱亲核试剂 (一般为溶剂，例如：H_2O、MeOH、C_2H_5OH 或 AcOH 等) 的存在下，相对活性较低的烯烃与氟化能力强的 N-F 试剂 (例如：Selectfluor、$(CF_3SO_2)_2NF$、1-氟-2,3,4,5,6-五氯吡啶三氟甲磺酸盐等) 能顺利进行反应。这类反应属于亲电氟化加成反应，其区域选择性遵守马尔科夫尼科夫规则。烯烃与 N-F 试剂的反应首先形成碳正离子中间体，然后经多种途径生成相应不同的产物。例如：在不同的溶剂和温度条件下，苯乙烯类烯烃与 $(CF_3SO_2)_2NF$ 发生氟化反应产生的碳正离子中间体可以被亲核溶剂捕获生成氟化加成产物, 或者脱除一个质子形成氟代烯烃产物。氟代烯烃还可以继续与 N-F 试剂反应生成二氟代产物 (式 15)[16]。最近, Liu 小组报道: 在金属钯试剂的催化下, 相对氟化活性较低的 NFSI 也能够与苯乙烯类化合物反应生成相应的氟氨化产物。该反应可能是通过 NFSI 将钯氧化成四价钯关键中间体, 然后再进行还原消除得到最终的氟化加成产物 (式 16)[17]。

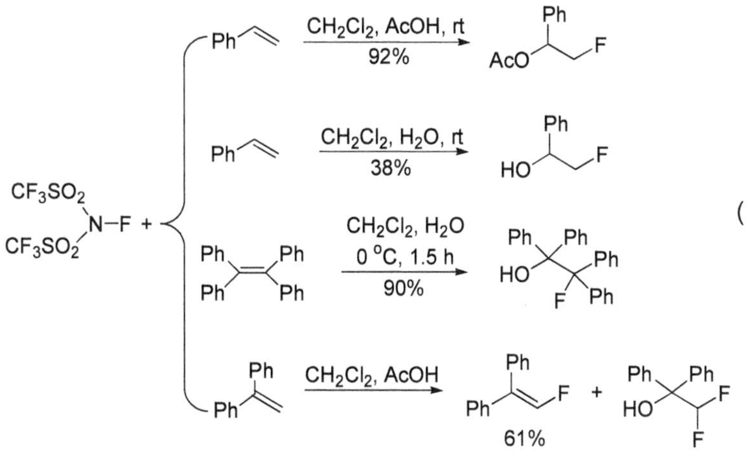

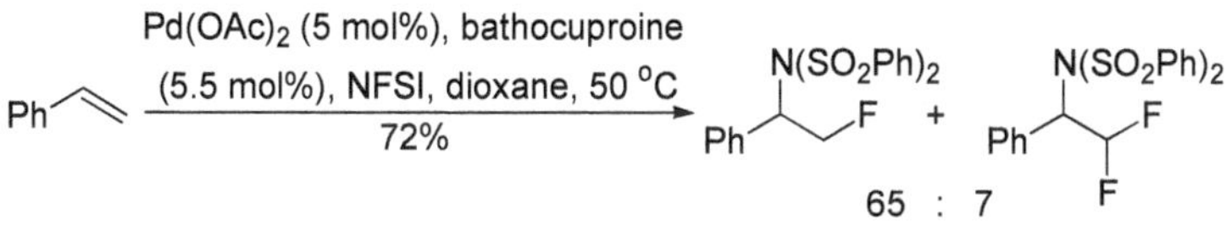

联烯类化合物的亲电氟化反应规律与烯烃类似。反应首先生成相对较稳定的碳正离子, 然后再被亲核试剂捕获生成相应的氟化产物[18]。当使用 H_2O 作为亲核试剂时, 最初生成的具有 α-氢的烯丙醇产物可以进一步被 N-F 试剂氧化而得到 α,β-不饱和酮结构 (式 17)[18a]。

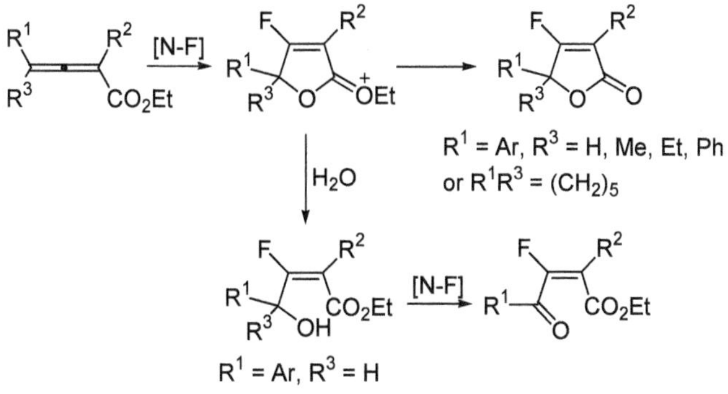

结构和电性与联烯类似的烯基环丙烷类化合物也可以进行亲电氟化反应，生成单一的环丙烷开环的高烯丙类化合物。该类反应的溶剂效应非常显著：以 THF 为溶剂时，主要得到 N-F 试剂与底物加成的氟氨化 γ-氟高烯丙磺酰胺类化合物；而使用腈类溶剂时，则高产率地得到腈类溶剂亲核进攻产生的 γ-氟高烯丙羰基酰胺类化合物 (式 18)[19]。

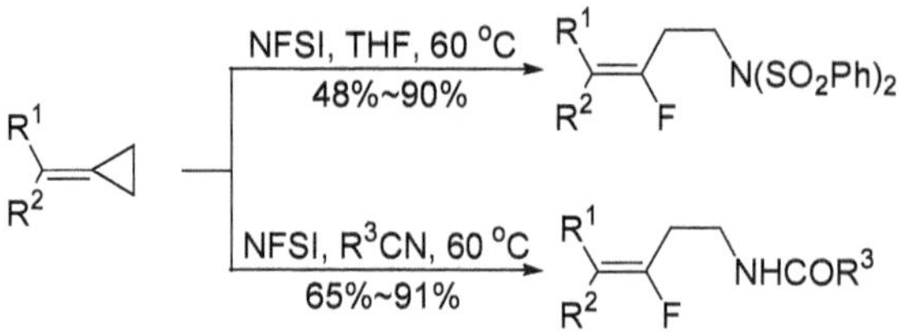

$$\text{(18)}$$

目前，只有少数几例关于炔烃与 N-F 试剂发生亲电氟化反应的报道[20]。将相对活性较高的苯乙炔类底物与 Selectfluor 或 NFTh 在 CH_3CN/H_2O 中回流，可以生成 α,α-二氟酮类化合物 (式 19)。而在类似的反应条件下，1-癸炔不会与 N-F 试剂发生反应[20b]。

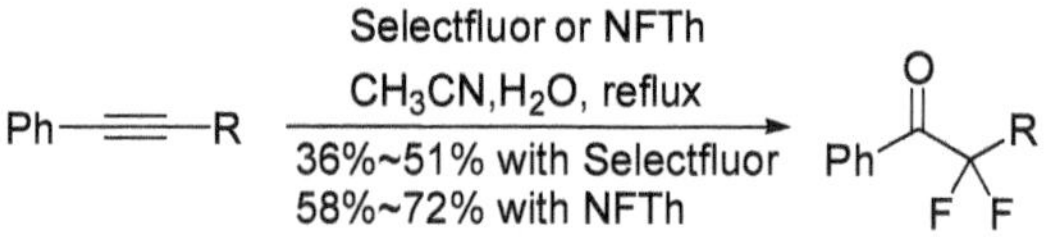

$$\text{(19)}$$

3.3 芳香化合物的亲电氟化

氟代芳环类化合物是一类很重要的医药中间体。将氟原子引入芳环的经典方法是用氟负离子亲核取代芳环重氮基团的 Balz-Schiemann 反应。苯环的亲电氟化反应作为上述方法的重要补充，最近发展十分迅速。与烯炔相比较，芳香化合物可以在相对温和的条件下与 N-F 试剂发生亲电氟化反应。但是，取代芳环反应的区域选择性一般不好。例如：1-甲基-4-氟-1,4-二氮二环[2.2.2]辛烷三氟甲磺酸盐 (N-Me-F-TEDA-OTf) 与供电子基单取代的苯环反应，能够以优良的产率得到邻位和对位单氟取代苯的混合物 (式 20)[9b]。

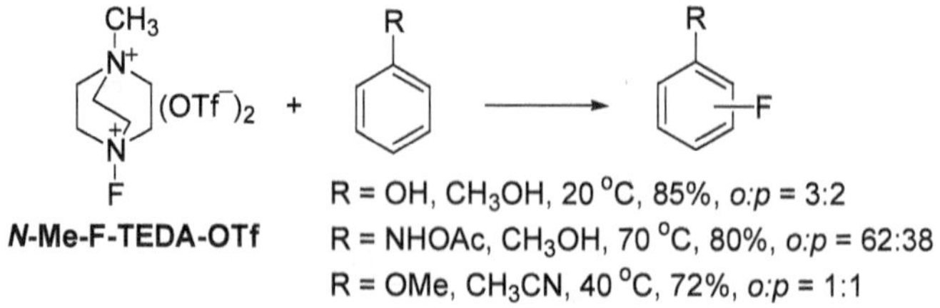

$$\text{(20)}$$

R = OH, CH_3OH, 20 °C, 85%, o:p = 3:2
R = NHOAc, CH_3OH, 70 °C, 80%, o:p = 62:38
R = OMe, CH_3CN, 40 °C, 72%, o:p = 1:1

具有导向基团的芳基底物与氟化试剂之间的反应能够高度区域选择性地进

行。例如：在低极性溶剂 1,1,2-三氯乙烷中，苯酚与 N-F 吡啶磺酸内盐反应生成单一的邻位氟代产物 (式 21)[21]。苯酚与 N-F 吡啶磺酸内盐之间能够形成相对稳定的电荷转移自由基离子二聚体 (charge-transfer complex)，酚羟基通过与磺酸根负离子形成氢键，将氟原子定向诱导引入到邻位反应位点[22]。当此反应在极性溶剂 (例如：CH_3CN、H_2O 或 AcOH 等) 中进行时，分子间氢键遭到破坏而使得邻位选择性不复存在。类似的原因，甲氧基苯与 N-F 吡啶磺酸内盐反应时生成对位和邻位氟代产物的混合物 (式 22)[21]。

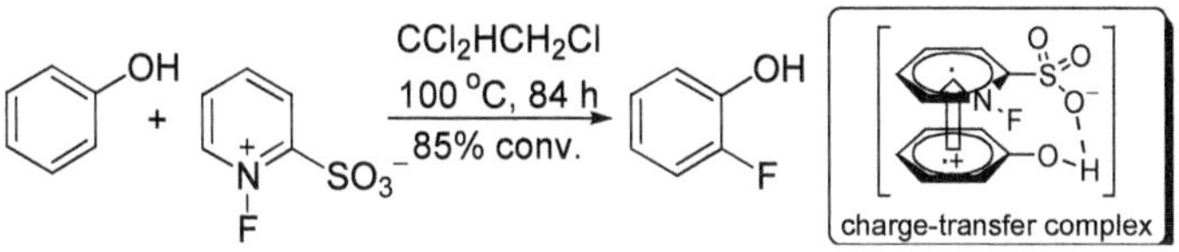

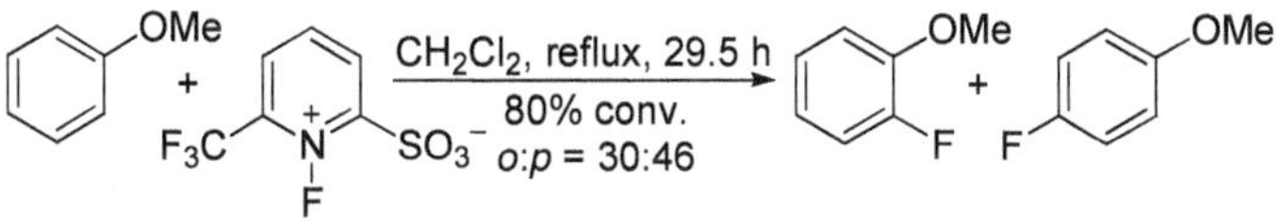

还原性相对较强的酚类化合物进行亲电氟化反应时，需要对氟化试剂进行合理的选择。一些氟化与氧化能力强的 N-F 试剂 (例如：Selecfluor) 可以将酚类氧化成为氟化烯基酮产物。如式 23 所示：在 Selecfluor 或 NFTh 作用下，雌激素甾体酚环发生氧化氟化反应高产率地生成对氟二烯基酮。而活性相对较弱的 N-F 吡啶盐类试剂 FP-OTf 则可以在保留芳环的同时，高度选择性地将氟原子引入到此类甾体酚羟基的邻位 (式 24)[23]。

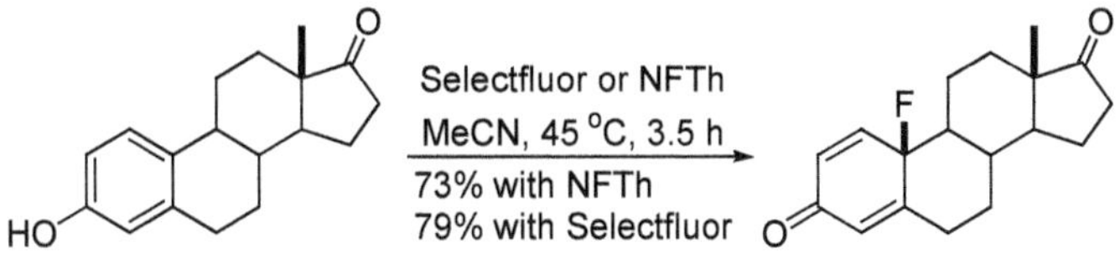

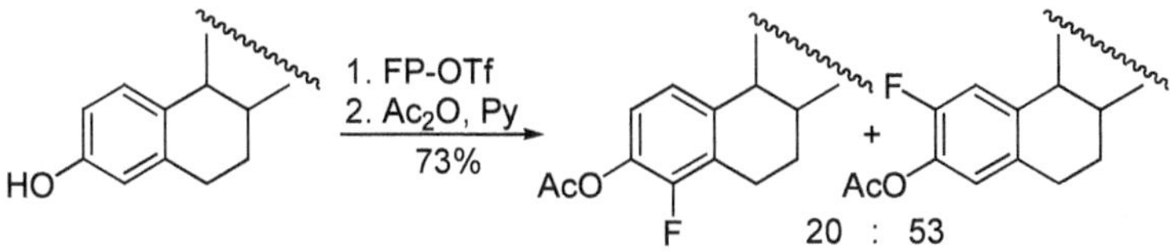

在芳香杂环化合物的亲电氟化反应研究中，具有潜在生物活性的氮杂吲哚类化合物是常用的底物。使用 Selecfluor 对 N-(对甲基苯磺酰)吲哚进行氟化，可以得到与烯烃亲电氟化类似的结果，生成 3-氟-2-甲氧基氟化加成产物 (式 25)[24]。

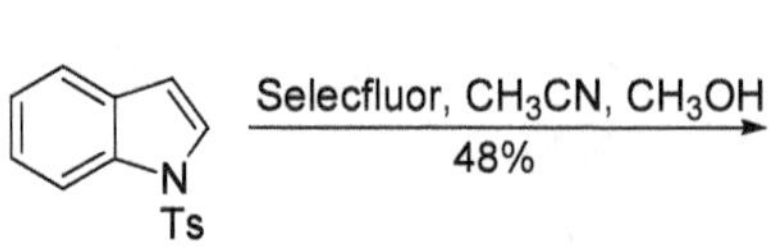

$$\text{(25)}$$

3-位取代吲哚衍生物的亲电氟化反应研究相对较多，一般得到 3-氟-2-吲哚酮产物[25]。其可能的反应机理为：吲哚首先与 N-F 试剂形成不稳定的 3-氟亚胺，接着在 H$_2$O 亲核进攻下脱去氟原子生成 2-羟基吲哚，最后再与 N-F 试剂反应生成 3-氟-2-吲哚酮。在离子液体中进行这类反应可以有效抑制副产物的生成，大幅提高反应产率 (式 26)。

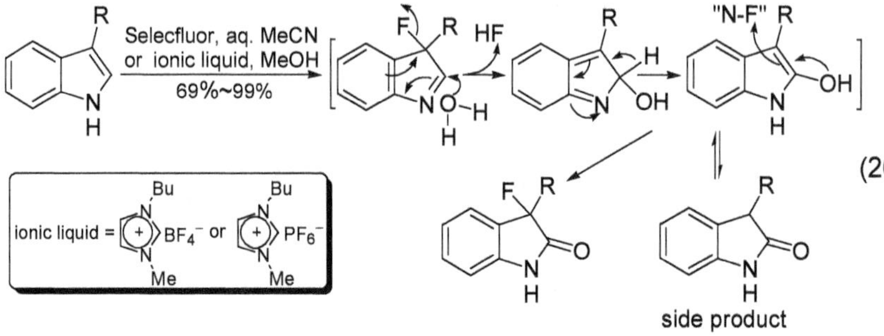

$$\text{(26)}$$

通过对吲哚母体结构进行适当的设计与构建，Shibata 小组成功地实现了吲哚衍生物的亲电氟化分子内关环串联反应，并将这一策略运用于天然产物 Gypsetin 和 Brevianamide 的含氟类似物的合成 (式 27)[26]。

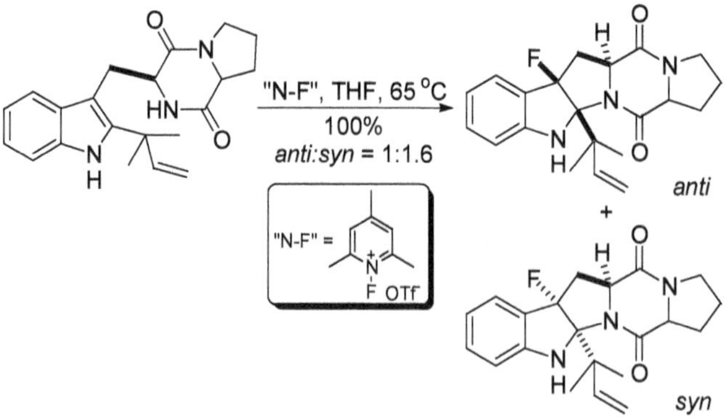

$$\text{(27)}$$

3.4 羰基化合物的亲电氟化

羰基化合物及其衍生物，例如：烯醇盐、烯醇醚、烯醇硅醚、烯醇酯以及相关的烯胺和亚胺类化合物是亲电氟化反应的一大类重要底物。它们的反应产物 α-氟羰基或 α,α-二氟羰基化合物在医药和农药等领域有着广泛的应用。

3.4.1 烯醇盐的亲电氟化

单羰基烯醇盐的选择性亲电单氟化或二氟化的研究已经比较全面。与其它亲电氟化试剂相比较，磺酰 N-F 试剂对烯醇盐的氟化效果较好[27]。单氟/二氟选择性与烯醇盐金属阳离子、羰基的 α-氢酸性以及反应温度等因素密切相关。单氟化选择性随着烯醇盐金属阳离子半径的增大而下降 (Li^+ > Na^+ > K^+)。弱酸性的羰基 α-氢 (α-氢酸性：酰胺 < 酯 < 酮) 和低温则可以提高单氟化选择性。值得注意的是：体系中的碱与 N-F 试剂进行的副反应会降低所需氟化产物的产率。

磺酰 N-F 试剂 NFSI 与 NFOBS 是应用最为广泛的高选择性的烯醇盐亲电氟化试剂[7,28]。它们与酮烯醇盐反应生成 α-单氟羰基产物的产率很高，可以达到 80%~95% (式 28)；而与酯烯醇盐反应生成单氟产物的产率相对较低，约为 53%~70% (式 29)。使用结构类似但氟化能力更强的 $(CF_3SO_2)_2NF$ 试剂与酮、酯和酰胺烯醇锂盐反应，也能够以优良的产率得到 α-单氟产物 (式 30)[29]。但是，具有 α-氢的烷基 N-F 试剂 (例如：Selecfluor 和 NFTh 等) 并不适合烯醇盐的亲电氟化反应。因为在强碱环境中，此类 N-F 试剂季铵盐易发生 Hofmann 消除反应。

$$\text{PhCOCH}_2\text{CH}_3 \xrightarrow{\text{Conditions}} \text{PhCOCHFCH}_3 \quad (28)$$

LDA, NFSI, THF, –78 °C~rt, 85%
NaHMDS, NFOBS, THF, –78 °C~rt, 87%

$$\text{PhCH}_2\text{CO}_2\text{Et} \xrightarrow[\text{NFOBS, 64\%}]{\text{NaHMDS, [N-F]}} \text{PhCHFCO}_2\text{Et} \quad (29)$$
NFSI, 36%

$$\text{PhCH}_2\text{CON}^i\text{Pr}_2 \xrightarrow[\text{87\%}]{\text{LDA, (CF}_3\text{SO}_2)_2\text{NF}} \text{PhCHFCON}^i\text{Pr}_2 \quad (30)$$
THF, –80 °C~rt

目前，烯醇盐的亲电氟化反应已经作为一种较为成熟的方法应用于生物活性分子氟化衍生物以及重要单氟砌块的制备。例如：NFOBS 与 Evans 酰胺烯醇锂盐反应，能以高产率和优秀的非对映选择性得到 α-单氟酰胺 (式 31)[30]。

$$\quad (31)$$

1. LDA, –78 °C
2. NFOBS
84%~88%
86%~95% de

2′-脱氧-2′-氟(2′,2′-二氟)代核苷是一类具有潜在抗癌抗病毒活性的生物活性小分子，其合成方法颇多。利用亲电氟化反应将氟原子引入到五元环内酯羰基邻位来合成氟糖前体，则是经典的合成方法之一[28b,31]。如式 32 所示：将羟基保护的 D-2′-脱氧核糖酸-1,4-内酯和 NFSI 溶解于 THF 中，在 −78 °C 下缓慢滴入 LiHMDS 进行反应即可以 72% 的产率得到 β-构型的 2-氟代内酯。如果预先将内酯 α-位硅基化后再进行亲电氟化反应，则可以得到 α-构型的 2-氟代内酯。单氟内酯可以进一步氟化生成 2,2-二氟代内酯化合物[31]。

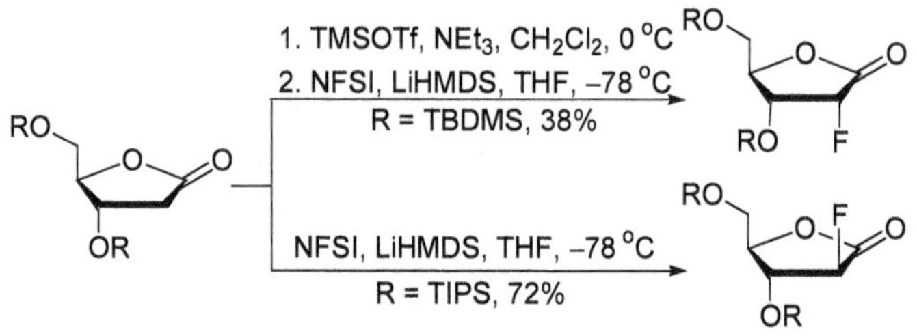

$$
\text{(32)}
$$

在 KH 作用下，α,β-不饱和酮类化合物 (例如：4-胆甾烯-3-酮) 生成的 γ-烯醇钾盐不能够直接与 NFSI 发生反应。但是，将其转换成相应的烯醇硼酸钾盐后即可与 NFSI 发生反应，以良好的产率得到 γ-单氟取代的 α,β-不饱和酮 (式 33)[32]。

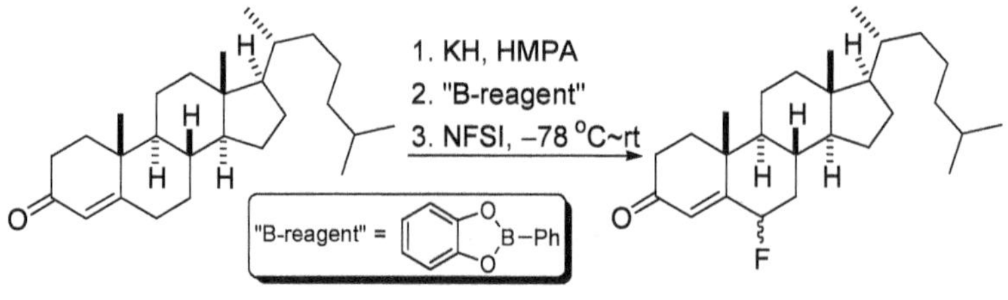

$$
\text{(33)}
$$

在强碱 LDA 作用下，α,β,γ-不饱和联烯酯生成的共轭炔基烯醇盐能够直接与 NFSI 反应，高度区域选择性地生成 α-炔基-α-氟代酯产物 (式 34)[33]。

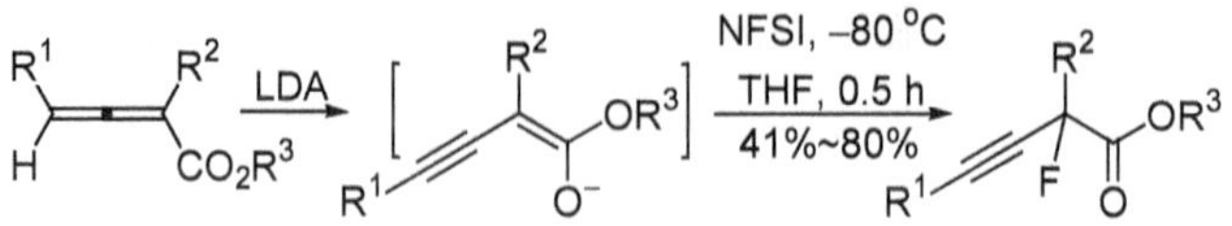

$$
\text{(34)}
$$

β-二羰基类化合物 (β-二酮、β-二酯、β-酮酯和 β-氰基酯等) 的 α-氢酸性相对较强，它们的 α-单取代类底物烯醇盐可以发生高效的氟化反应生成单氟产物。

如式 35 所示[34]：在天然产物氟代模拟物 9α-F-drimenin 的合成中，利用 NFSI 与 β-酮酯烯醇盐反应成功地制备了关键的单氟中间体。但是，α-未取代的 β-二羰基底物烯醇盐的单氟/二氟反应选择性较差[35]。一种简单的提高单氟取代产物产率的方法是：在低温条件下将烯醇盐缓慢滴加至氟化试剂中。另一种更高效的单氟化方法是使用 β-二羰基类化合物作为底物直接进行亲电氟化反应（见 3.4.3 节）而非它们的烯醇盐。但是，活性不高和烯醇化程度较低的 β-二酯类化合物是不能够发生直接亲电氟化反应的[36]。

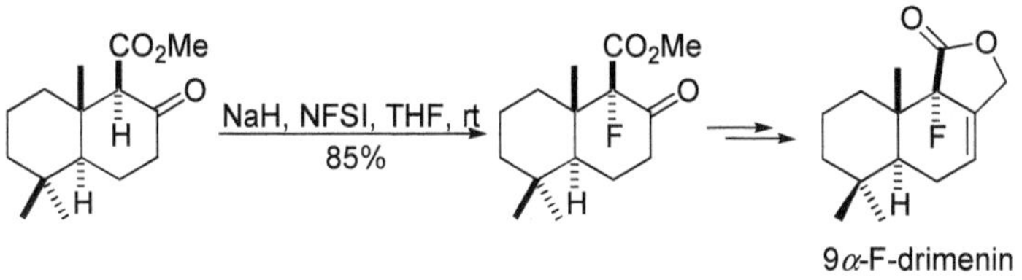

$$\text{(35)}$$

3.4.2 烯醇衍生物（烯醇醚、烯醇硅醚、烯醇酯）及烯胺和亚胺的亲电氟化

将羰基化合物首先转化成烯醇醚、烯醇硅醚、烯醇酯以及相应的烯胺和亚胺，然后再与亲电氟化试剂反应，这是制备 α-氟代羰基化合物和相关氟代衍生物的一种重要策略（式 36）。

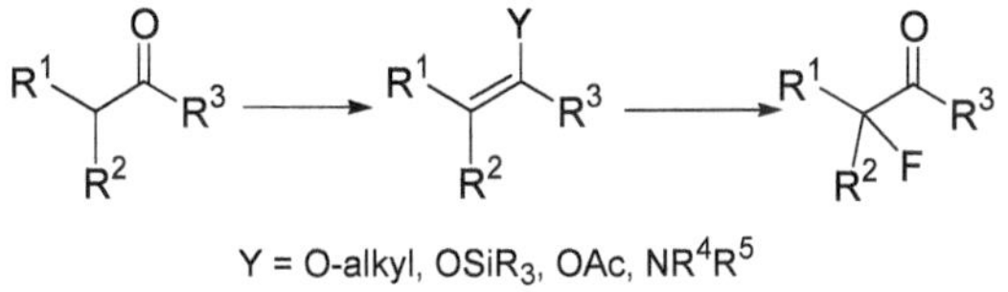

$$\text{(36)}$$

Y = O-alkyl, OSiR$_3$, OAc, NR^{4}R^5

当羰基化合物活性不够而不能进行直接亲电氟化反应、或者羰基底物具有其它敏感官能团、或者羰基底物烯醇盐活性太高而导致氟化效果不好时，可以将羰基底物转化成相应的烯醇硅醚后再进行亲电氟化往往能够得到满意的结果[37]。例如：在硅基活化剂 TABF 的作用下，γ-酮酯烯醇硅醚与 Selecfluor 反应可以顺利合成 α-氟代酮二肽模拟物（式 37）[37b]。

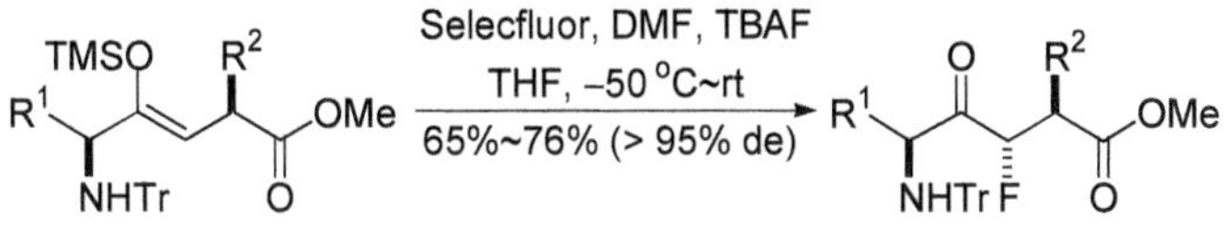

$$\text{(37)}$$

一般情况下，通过控制烯醇硅醚的立体结构可以实现羰基化合物的区域选择性 α-氟化反应。但是在少数情况下，烯醇硅醚的区域选择结构在氟化后并没有得到保留。例如：Grundmann 酮的动力学烯醇硅醚与 FP-OTf 反应，生成 2-

氟酮和 6-氟酮的区域异构体混合物 (式 38)[38]。

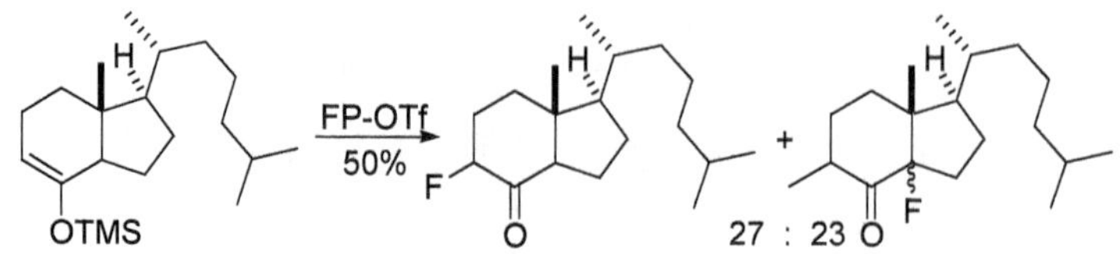

$$(38)$$

α,β-不饱和甾酮烯醇硅醚与不同 N-F 试剂的反应研究表明：它们与中等活性的氟化试剂 4-Me-2-SO₃FP 反应时，氟原子高度区域选择性地被引入到甾酮的 6-位，其选择性随着硅基体积的增大而得到相应的提高 (式 39)[21]。结构类似的 α,β-不饱和甾酮烯醇甲醚和乙酸酯在乙腈中与 NFTh 室温反应，也能够分别以 72% 和 89% 的产率生成单一的 6-位氟代产物[39]。

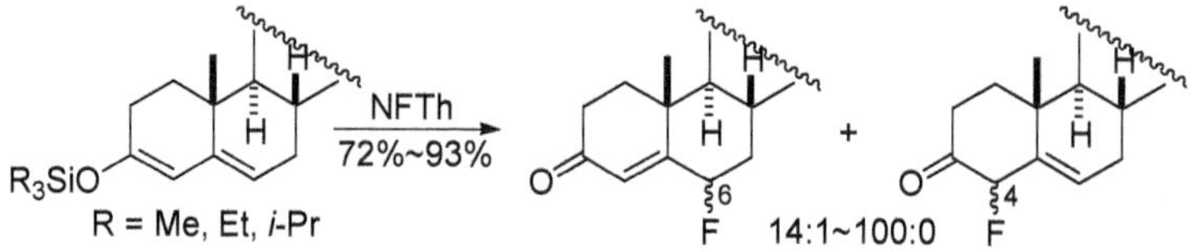

$$(39)$$

当体系中同时存在 α,β-不饱和共轭烯醇乙酸酯和烯醇乙酸酯官能团时，FP-OTf 能够选择性地与 α,β-不饱和乙酸酯基团发生反应 (式 40)。而当 α,β-不饱和共轭烯醇乙酸酯和烯醇硅醚基团同时存在时，FP-OTf 则首先氟化烯醇硅醚基团 (式 41)[40]。

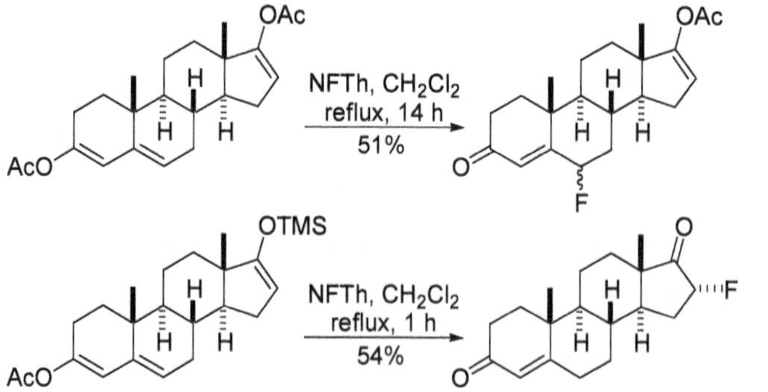

$$(40)$$

$$(41)$$

使用烯醇醚作为潜在的羰基底物进行亲电氟化反应可以用来制备 α-氟代羰基化合物，但反应效果一般都不好。例如：在室温下，1-甲氧基-1-环己烯与 FP-OTf 反应主要生成双键加成产物，并伴有一定量的加成消除产物；而在更高温度下反应则可以生成单一的加成消除产物，将其醚键在酸性条件下水解即可转化为 α-氟代环己酮 (式 42)[22]。

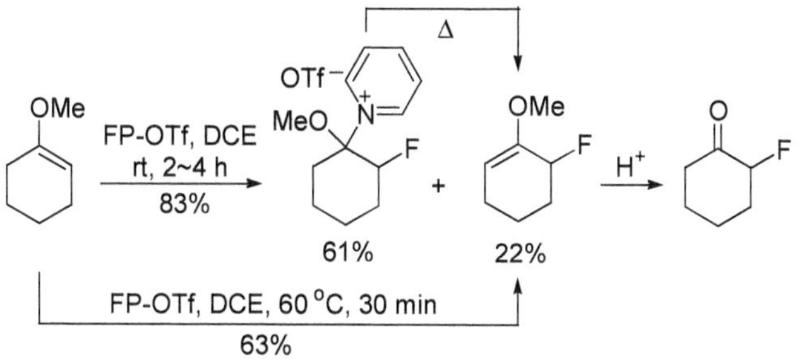

Formation of C-F Bonds by N-F Reagents

在亲电氟化反应中，烯醇醚主要是作为富电子烯烃参与反应的。烯糖化合物作为一类环烯醇醚，其亲电氟化反应已经在 2-脱氧-2-氟(2,2-二氟)糖类化合物的合成中得到应用[41]。如式 43 所示[41d]：首先，F-TEDA 盐顺式加成到烯糖双键上生成 2-氟-1-季铵盐中间体（加成产物在体系中缓慢异构化为热力学稳定的反式结构）。然后，亲核试剂进攻异头碳并脱除 TEDA 季铵盐生成 2-氟代糖衍生物。

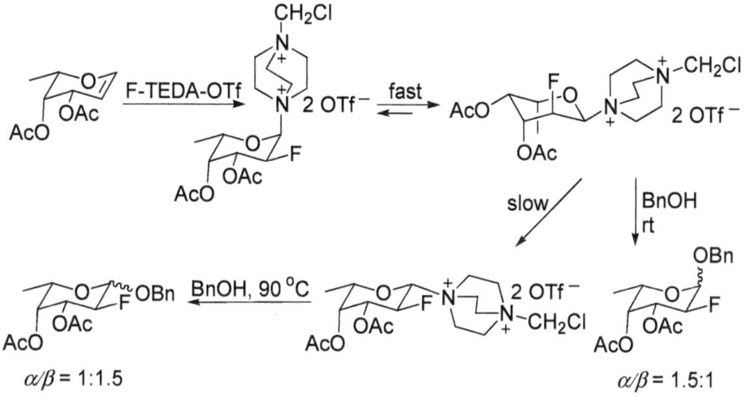

2-氟-1-季铵盐中间体可以根据反应的具体要求，利用"一锅法"直接与亲核试剂反应[41a, 41d]，或者经分离提纯后再与亲核试剂进行反应 (式 44)[41b]。

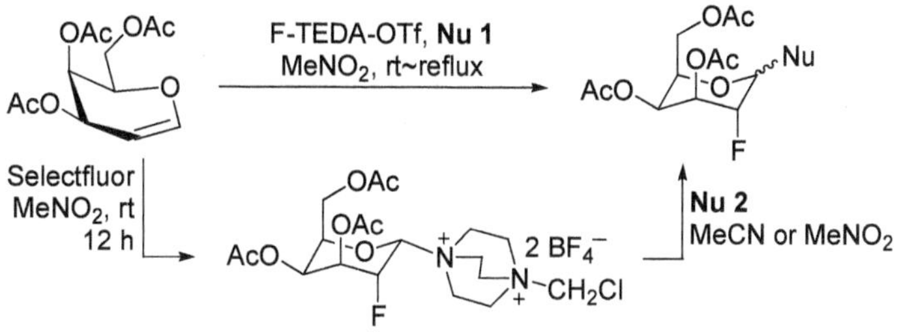

Nu 1 = H$_2$O, ROH, phenols, protected sugars, amines, organophosphates
Nu 2 = NaN$_3$, MgBr$_2$, potassium (2,4)-nitrophenolate, 2,4-bis(trimethylsily)thymine

烯糖化合物同样可以用来制备 2,2-二氟代糖衍生物。如式 45 所示[41e]：首先，以 MgBr$_2$ 作为亲核试剂，利用烯糖化合物的亲电氟化亲核取代反应制备 1-溴-2-氟糖。接着，在 NEt$_3$ 的作用下脱除 HBr，生成 2-氟-1,2-烯糖。然后，再与 N-F 试剂在 MeCN/H$_2$O 溶液中回流反应，生成 2,2-二氟代糖衍生物。

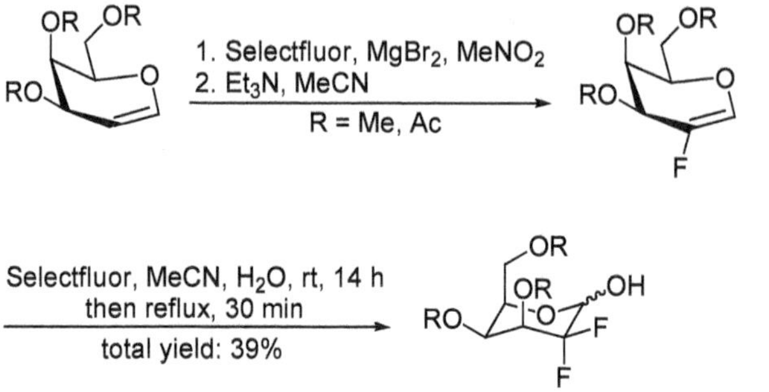

$$(45)$$

当 Selectfluor 作为烯糖化合物的亲电氟化试剂时，BF$_4^-$ 解离出的 F$^-$ 离子可以对反应中间体进行亲核进攻。因此，1,2-二氟代糖衍生物可能会作为副产物出现在某些反应中，而利用 F-TEDA 的三氟磺酸盐进行该反应则可以避免该问题（式 46）[41d]。反应溶剂的选择对反应的顺利进行也相当重要，例如：乙腈溶剂可以作为亲核试剂与亲电氟化反应中间体发生反应，生成乙酰亚胺类副产物（式 47）[41d]。

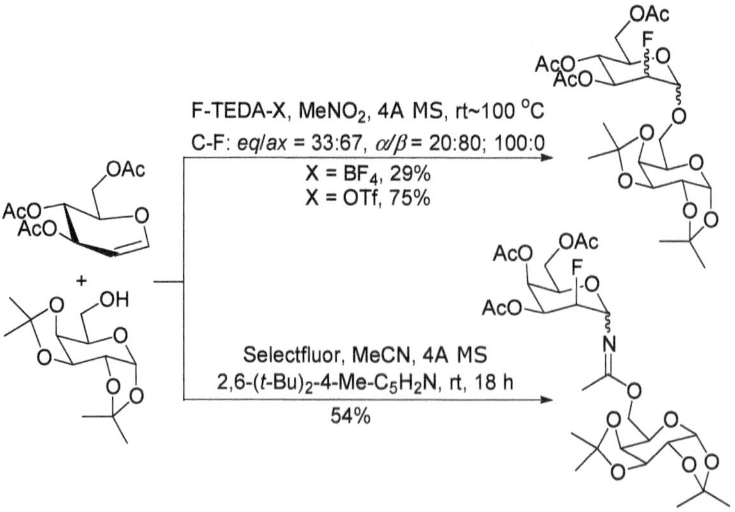

$$(46)$$

$$(47)$$

尿嘧啶与 Selectfluor 在水相中反应也能得到氟化加成产物，接着经加热脱水就可以制得抗癌药物 5-氟尿嘧啶（式 48）[42]。

(48)

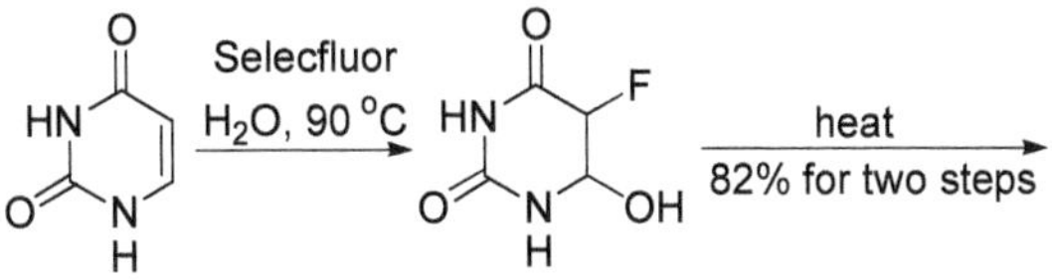

烯胺是通过亲电氟化反应制备 α-氟羰基化合物的良好底物。由于氮原子的供电子效应，烯胺在亲电氟化反应中表现出更高的活性。乙酰羰基烯胺、烷基氨基烯胺和吗啉烯胺（式 49）等都是亲电氟化反应的良好底物[22,43]。

(49)

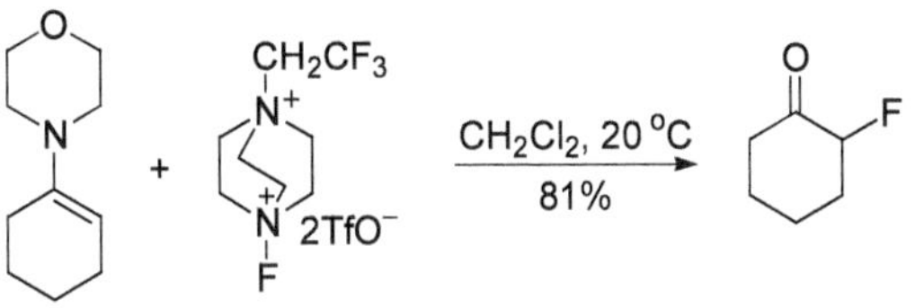

单羰基化合物的 α-位直接亲电二氟化反应是很困难的，而其活性更好的烯胺则可以与氟化能力强的 N-F 试剂 [例如：$(CF_3SO_2)_2N$-F[44]或者 Selectfluor[45]等] 反应，生成 α-二氟羰基产物。芳基乙酮的吗啉烯胺衍生物与 Selectfluor 反应，二氟代产物随着芳基缺电子性的增强而增加。当芳基对位有强吸电子基团时，生成单一的二氟代产物。此类反应的关键在于单氟取代产物如何有效地再次转化成为烯胺进行二次氟化，而在体系中加入分子筛可以有效地促进这一过程（式 50）。但是，这一反应体系对于苯丙酮类底物的烯胺衍生物并不适用。即使在 2 倍（物质的量）Selectfluor 的作用下，也只是高产率地得到单氟取代产物。这可能是由于新增的碳链降低了 α-氢的酸性，从而抑制了单氟产物的再一次烯胺化[45]。

(50)

R = MeO	64%	2.8 : 1	
R = H	74%	11 : 1	
R = CO_2Et	72%	100 : 0	
R = NO_2	95%	100 : 0	

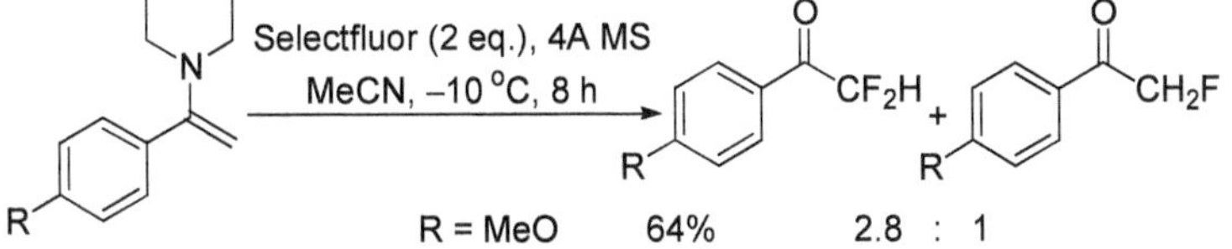

对于相对惰性苯丙酮类底物而言，利用其亚胺衍生物进行亲电二氟化反应是一个很好的选择。这类亚胺底物与 Selectfluor 反应后再进行酸性水解，能够高产率地生成 α-二氟酮[46]。通过对反应温度、试剂用量和溶剂等条件的调控，亚胺底物可以实现选择性的 α-单氟或二氟化反应（式 51）[47]。最近，有人通过环状亚胺的亲电氟化反应成功地将氟原子引入到氮杂五元环中。然后，再经过碱性

脱氢、脱溴和芳构化，高效简洁地合成了重要药物中间体砌块 3-氟吡咯类化合物 (式 52)[48]。

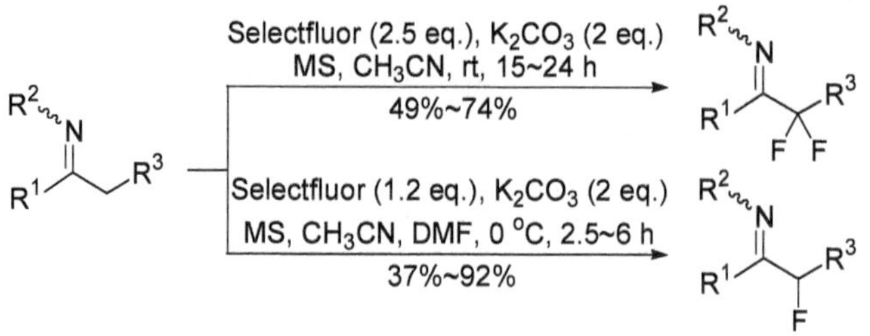

(51)

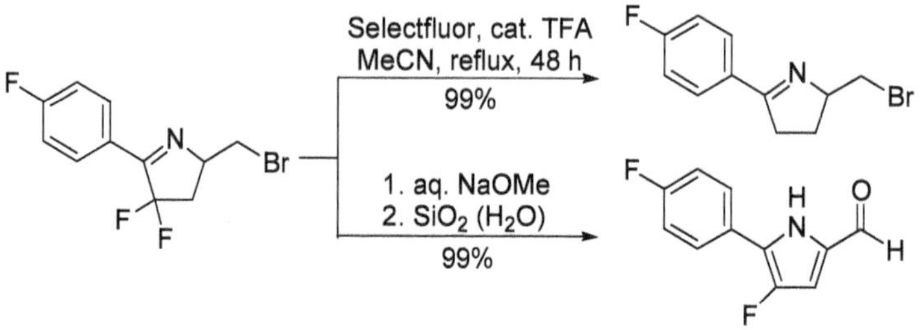

(52)

β-二羰基类底物的亲电二氟化反应也可以通过其烯胺衍生物来顺利完成。如式 53 所示[45]：在 NEt$_3$ (1 eq.) 和 Selectfluor (2 eq.) 的作用下，反应能够以中等到优秀的收率得到 α-二氟代产物。

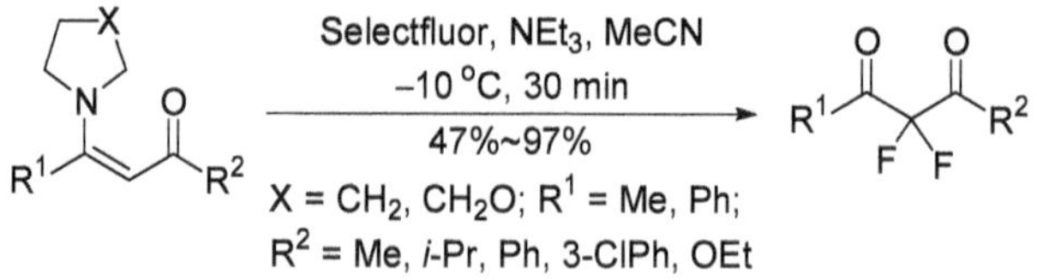

(53)

3.4.3 羰基化合物的直接亲电氟化

羰基化合物的直接亲电氟化无疑是制备 α-氟代羰基化合物的最有效的方法。单羰基化合物由于其 α-氢的活性相对较低，一般难以进行直接亲电氟化。经过大量的反应条件筛选，单羰基底物与 NFTh 在甲醇中回流反应可以得到最佳的单氟化反应效果。当然，其它的 N-F 试剂也可以用于单羰基化合物的直接亲电氟化反应，例如：Selectfluor、NFSI 和 2,6-Cl$_2$FP-OTf 等[49]。溶剂效应在这类反应中比较明显：以乙腈为溶剂时，含有活性芳基的底物的亲电氟化反应能够单一地发生在芳环上；而以甲醇为溶剂时，同样底物的亲电氟化反应则发生在羰基的 α-位 (式 54)[49a]。

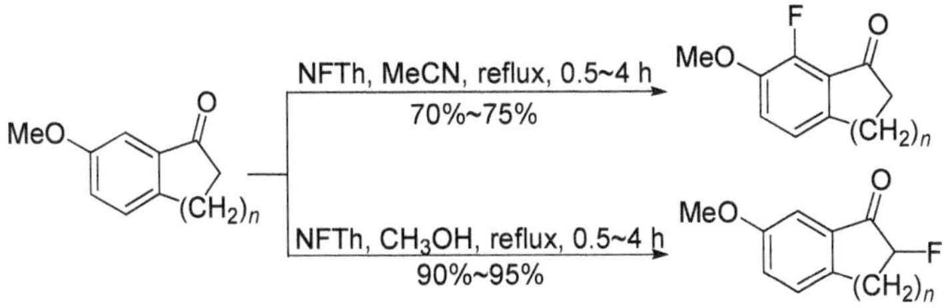

$$\text{(54)}$$

β-二羰基类化合物的 α-氢活性高，在溶液中存在着明显的烯醇化过程，因此它们的直接亲电氟化反应也相对容易。一系列的 N-F 试剂，例如：NFOBS、NFSI、$(CF_3SO_2)NF$ 和 Selectfluor 等都可以与各种具有不同活性的 β-二羰基类化合物（β-二酮 > β-酮酯 >> β-二酯）进行反应。在室温下，强氟化试剂 $(CF_3SO_2)NF$ 就能够与 α-单取代（Cl、$OCOCH_3$、NO_2）的 β-二羰基类化合物发生亲电氟化反应，生成相应的 α-双取代 α-单氟产物（式 55）[29]。在某些特定的反应体系中，需要加入碳酸钠来中和氟化过程中产生的强酸性 $(CF_3SO_2)NH$[29]。

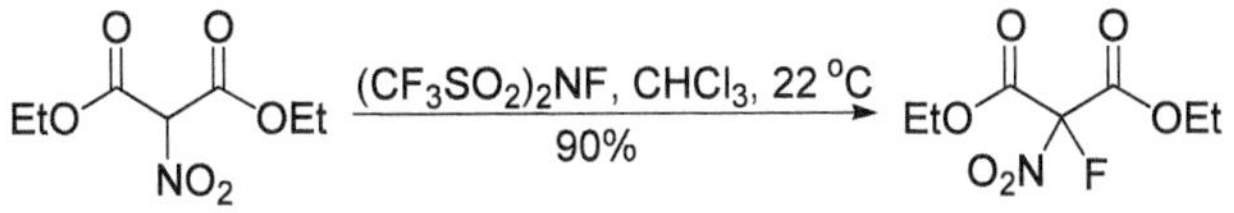

$$\text{(55)}$$

使用 α-未取代的 β-二羰基类化合物作为底物时，可以通过控制反应条件来实现高度选择性的单氟或二氟化反应。DesMarteau 小组巧妙地利用 $(CF_3SO_2)NF$ 和 $(CF_3SO_2)NH$ 在水相中溶解度的不同，以 CH_2Cl_2/H_2O 为混合溶剂进行两相反应。氟化反应中产生的强酸性的 $(CF_3SO_2)NH$ 易溶于水，因此可以从有机相中除去，从而避免了单氟产物在强酸性条件下的再次烯醇化，实现了高选择性和高产率的单氟化反应（式 56）[50]。同样的策略也运用于 NFOBS 对 β-二羰基类化合物的选择性单氟化反应。但是，对于 NFSI 而言，即使用水作为共溶剂进行反应也主要生成二氟代产物，这主要是因为 NFSI 在氟化反应后产生的酰胺在水相的溶解性也较差的原因[28a]。利用氟化能力中等的 N-F 吡啶盐类氟化试剂与 α-未取代的 β-二羰基类化合物反应，也可以高选择性地得到单一的单氟取代产物[12,40,51]。

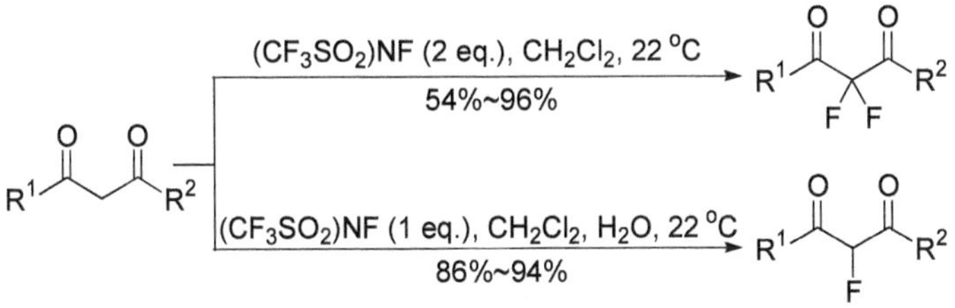

$$\text{(56)}$$

常用氟化试剂 Selectfluor 在室温下就能与 β-酮酯[36,52]、β-酮酰胺[36,53]、β-二酮[36]等底物反应，但反应时间较长。特别是二氟化反应的速率很慢，所以一般都是采用 α-单氟取代二酮化合物的烯醇盐来进行二氟化反应。微波技术的运用则可以解决直接氟化反应效率不高的问题。在微波和四丁基氢氧化铵 (TBAH) 的参与下，即使在正常条件下反应速率极慢的二氟化反应也可以在 10 min 内完成 (式 57)[54]。

$$R^1 \text{COCH}_2\text{COR}^2 \xrightarrow{\text{Selectfluor, MeCN, MW}} R^1\text{CO-CHF-COR}^2 \text{ 或 } R^1\text{CO-CF}_2\text{-COR}^2 \tag{57}$$

R^1 = Ph, Me, OMe
R^2 = Ph, OMe, OEt, NMe$_2$

上方条件: Selectfluor (1 eq.), MeCN, MW, 82 ℃, 10 min, 70%~86%
下方条件: Selectfluor (3 eq.), TBAH, MeOH, MeCN, MW, 82 ℃, 10 min, 77%~88%

羰基化合物的直接亲电氟化反应主要是经过其烯醇异构体来进行的。低活性的 β-二酯由于烯醇化程度较低，一般不能发生直接亲电氟化反应。但是，当体系中加入能够促进烯醇化进程的 Lewis 酸时，直接亲电氟化反应也能缓慢地进行。例如：$ZnCl_2$ 催化的 1,3-丙二酸二乙酯与 N-F 试剂 2,4,6-三甲基吡啶三氟磺酸盐 (2,4,6-Me$_3$FP-OTs) 反应两天，能以 80% 的产率得到单氟取代产物。使用更强的 Lewis 酸 $AlCl_3$ 催化反应，甚至可以高产率地得到二氟代产物。但遗憾的是，还是会有一定量的单氟产品不能完全转化成为二氟产物 (式 58)[22]。

$$CH_2(CO_2Et)_2 \xrightarrow{\text{2,4,6-Me}_3\text{FP-OTf (} x \text{ eq.), LA (0.4 eq.), DCE, 60 ℃}} CHF(CO_2Et)_2 + CF_2(CO_2Et)_2 \tag{58}$$

x = 1, ZnCl$_2$, 1 d, 38%　　100 : 0
x = 2, ZnCl$_2$, 2 d, 80%　　100 : 0
x = 2, AlCl$_3$, 1 d, 95%　　1 : 4

3.5　金属试剂的亲电氟化

区域选择性一直是亲电氟化反应中存在的关键问题之一。运用高度区域选择性的金属试剂与亲电氟化试剂反应则是一种很好的解决途径。例如：具有杂原子诱导基团 (一般为含氧、氮或硫的基团) 的芳香化合物首先与烷基锂试剂反应，高度区域选择性地生成芳基金属锂试剂。然后，再与 NFSI 或 NFOBS 进行反应即可单一地得到杂原子基团邻位取代的氟代产物 (式 59)[28a,55]。

$$R\underset{\text{DMG}}{\overset{}{\bigcirc}} \xrightarrow[\text{2. NFSI or NFOBS}]{\text{1. BuLi, THF}} R\underset{\text{F}}{\overset{\text{DMG}}{\bigcirc}} \qquad (59)$$

DMG (directed metalation group):
$CONR_2$, OMe, $O(C=S)NR_2$, SOR, SO_2R, ect.

一般在 0 ℃ 条件下，芳基和烷基格氏试剂 (RMgX) 就可以与吡啶盐类 N-F 试剂发生反应。但是，金属锂试剂需要在 –78 ℃ 条件下才能与亲电氟化试剂顺利反应[7,8,10a,27a,40,43a,56]。由于金属镁和金属锂试剂都是强碱性试剂，具有活性 β-氢的氟化产物往往会发生 β-氟化氢消除而导致氟化反应失败。

目前，烯基和芳基金属试剂的亲电氟化反应研究较多，锂试剂、锡试剂和硼试剂等都能与 N-F 试剂发生反应得到氟代产物。在低温条件下，烯基碘与叔丁基锂反应原位生成烯基锂试剂。接着，加入 N-F 试剂后缓慢将温度升至室温进行反应，即可高产率地得到构型保持的烯基氟产物。但是，该反应总是伴有少量的质子化烯烃副产物 (式 60)[57]。

$$\underset{R^2}{\overset{R^1}{\diagup}}\!=\!\underset{I}{\overset{R^3}{\diagdown}} \xrightarrow[\text{2. } t\text{-Bu(PhSO}_2)\text{NF}]{\text{1. } t\text{-BuLi, THF, Et}_2\text{O, C}_5\text{H}_{10}, -120\ ^\circ\text{C}} \underset{R^2}{\overset{R^1}{\diagup}}\!=\!\underset{F}{\overset{R^3}{\diagdown}} + \underset{R^2}{\overset{R^1}{\diagup}}\!=\!\underset{H}{\overset{R^3}{\diagdown}} \qquad (60)$$
71%~88%

烯基锡金属试剂的亲电氟化反应具有条件相对温和和官能团兼容性好的优点，是常用的一种选择性合成含氟烯烃的方法 (式 61)[58]。

$$\underset{R^2}{\overset{R^1}{\diagup}}\!=\!\underset{\text{SnBu}_3}{\overset{R^3}{\diagdown}} \xrightarrow[35\%\sim74\%]{\text{Selecfluor, MeCN, 80 }^\circ\text{C, 30 min}} \underset{R^2}{\overset{R^1}{\diagup}}\!=\!\underset{F}{\overset{R^3}{\diagdown}} \qquad (61)$$

R^1, R^2 = alkyl, aryl; R^3 = H, F

烯基硼试剂虽然也能与 N-F 试剂反应生成相应的氟代烯烃，但反应过程中会完全失去立体选择性。当亲电氟化试剂的用量进一步增加时，单氟烯烃产物将继续进行氟化加成反应而生成二氟代产物 (式 62)[59]。芳基硼试剂也可以直接与 Selecfluor 反应，以中等至优秀的产率得到氟代芳烃化合物 (式 63)[60]。

$$\underset{R^2}{\overset{R^3}{\diagdown}}\!=\!\underset{BF_3^-K^+}{\overset{R^1}{\diagup}} \begin{array}{c} \xrightarrow[E/Z=1:1\sim17:3]{\text{Selecfluor (1.0 eq.), MeCN, rt, 24 h}} \underset{R^2}{\overset{R^3}{\diagdown}}\!=\!\underset{F}{\overset{R^1}{\diagup}} \\ 58\%\sim89\% \\ \\ \xrightarrow[58\%\sim82\%]{\text{Selecfluor (2.5 eq.), solvent, rt, 48 h}} \underset{Nu}{\overset{R^3}{\diagdown}}\underset{F}{\overset{R^1}{\diagup}}F \end{array} \qquad (62)$$

solvent: H_2O, MeCN, EtCN
Nu: OH, MeCONH, EtCONH

$$\text{1-naphthyl-B(OH)}_2 \xrightarrow[90\%]{\text{Selecfluor, MeCN, rt, 24 h}} \text{1-fluoronaphthalene} \qquad (63)$$

在 Pt 催化下，炔烃与硼试剂反应可以原位生成烯烃的二硼基试剂。它们与等量的 N-F 试剂反应生成 α-单氟/二氟酮混合物。当亲电氟化试剂用量增加至两倍以上时，二氟代产物的产率可以高达 95% (式 64)[61]。

$$R^1{-}{\equiv}{-}R^2 + \text{(pin)B-B(pin)} \xrightarrow{\text{Pt(norbornene)}_3, \text{PPh}_3, \text{PhMe, rt}} [\text{(pin)B-B(pin) vinyl}] \xrightarrow{\text{Selectfluor, MeCN, rt, 15 h}} R^1\text{COCHFR}^2 + R^1\text{COCF}_2R^2$$

$R^1 = \text{Ph, }t\text{-Bu; } R^2 = \text{H, Ph} \qquad (64)$

各种硅试剂 (包括芳基、烯基、联烯基、烯丙基和炔丙基硅试剂等) 都可以和 N-F 亲电氟化试剂进行反应，用于制备含氟有机化合物[62]。该类反应主要是通过亲电氟化加成后再消除硅基完成的，硅基可以很好地稳定最初生成的 β-位碳正离子。芳基硅试剂的亲电氟化反应的产率一般较低 (式 65)[43,63]。烯基硅试剂的反应现象与烯基硼试剂类似，反应过程中会失去立体选择性；当氟化试剂用量大于 2 倍物质的量时，主要生成二氟代产物[64]。联烯基硅试剂进行的亲电氟化反应则生成炔丙基氟化合物 (式 66)[62c]。

$$\text{PhSiCl}_3 + \text{N-F reagent} \xrightarrow[22\%]{\text{THF, }-50{\sim}20\ ^{\circ}\text{C}} \text{PhF} \qquad (65)$$

$$\text{(Cy)(F)C=C(SiMe}_3\text{)(Bu)} \xrightarrow[70\%]{\text{Selectfluor, MeCN, rt, 6 h}} \text{Cy-CHF-C}{\equiv}\text{C-Bu} \qquad (66)$$

相对富电子的烯丙基硅试剂与亲电氟化试剂可以很方便地发生 S_E2' 反应，生成烯丙基氟化合物 (α,β-不饱和-γ-硅基羰基化合物不发生此类亲电氟化反应)[65]。当分子内存在合适的亲核基团 (OH 等) 时，最初氟化产生的碳正中心可以被捕获而硅基得以保留，生成环状氟化加成产物 (式 67)[66]。类似的联烯丙基硅试剂的亲电氟化反应也能顺利进行，生成 2-氟共轭二烯产物[67]。

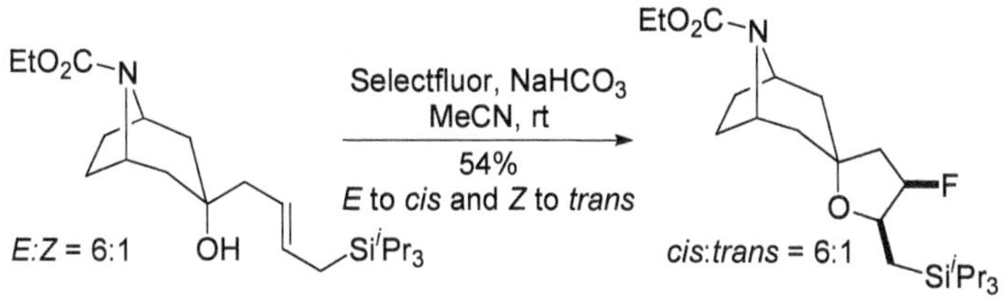

使用光学活性的烯丙基硅底物进行亲电氟化反应时,底物诱导的非对映选择性一般较差,得到的是非对映异构体的混合物[68]。如式 68 所示[68b]:在氟代维生素 D3 的合成中,对映体纯的烯丙基硅二烯与 Selectfluor 在室温下反应得到一对可以分离的非对映异构体 (dr = 1:3)。而使用相对刚性的手性环烯丙基硅作为底物时,则可以实现底物诱导的高度不对称选择性亲电氟化反应 (式 69)[69]。

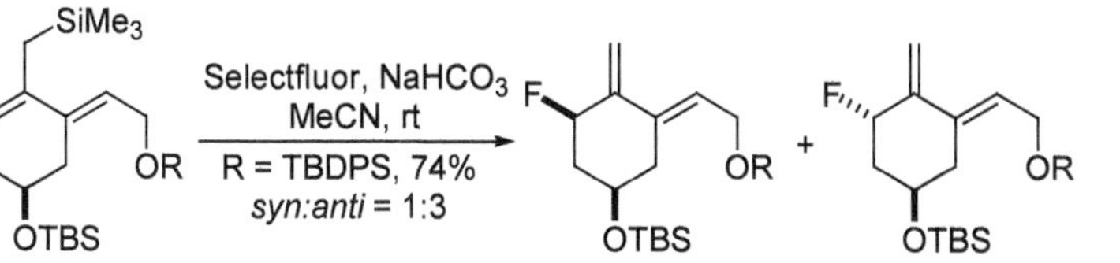

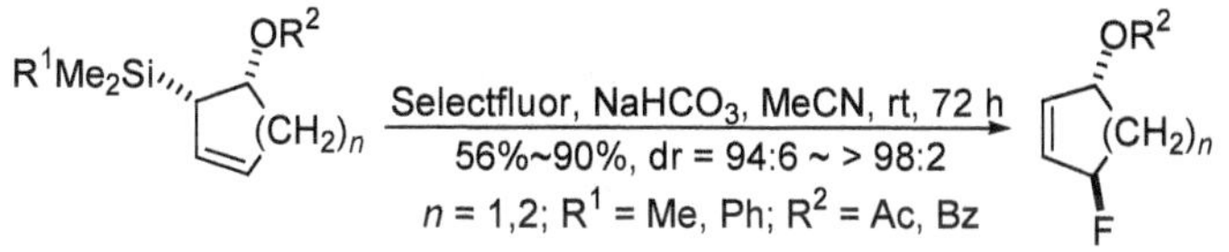

在天然产物 Retanals 氟代类似物的合成中,烯丙基硅试剂的亲电氟化反应被用作关键步骤高度选择性地将氟原子引入到了硅基烯丙位。如式 70 所示[70]:该反应得到几乎定量的收率,而分子内的其它双键却没有受到影响。

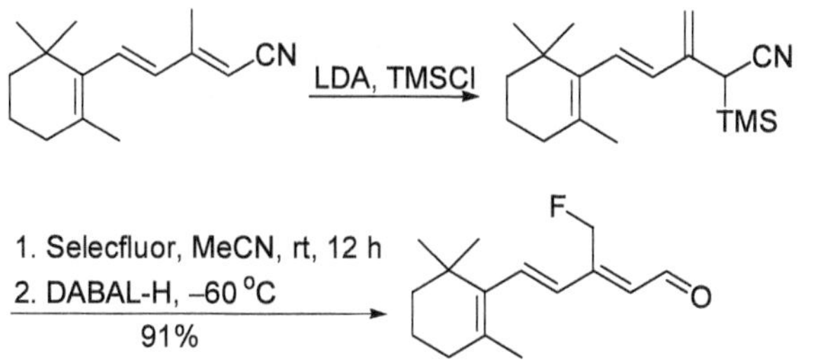

环戊二烯铊金属试剂与 Selectfluor 反应生成的 5-氟环戊二烯可以用亲双烯体缺电子炔烃捕获,高度专一地生成顺式 Diels-Alder 环化产物 (式 71)[71]。

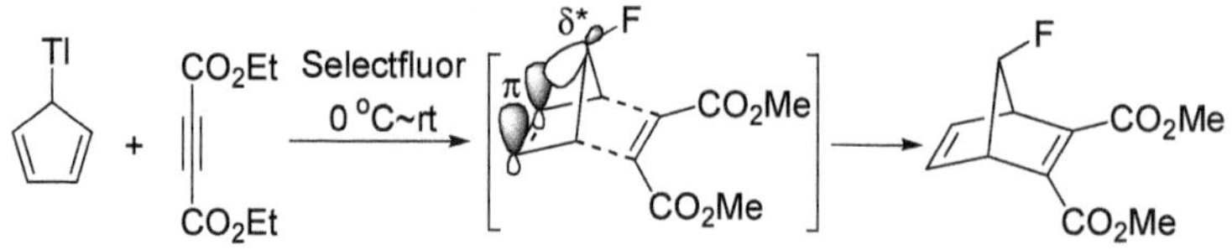

$$\text{(71)}$$

3.6 硝基、氰基、四氮唑、含硫基团和膦酸基等基团 α-位亲电氟化反应

吸电子基团 α-位的亲电氟化反应一般分两步进行：首先用碱性试剂攫取 α-位的酸性氢，然后再与 N-F 试剂反应。许多反应都可以选择性地生成单氟或二氟代产物。在碱性试剂 (KOH、NaH 或 TBAH 等) 的作用下，硝基化合物被攫取一个酸性氢原子生成相应的烷基碳负离子中间体。然后，再与等当量的 Selectfluor 室温反应即可高产率地得到单氟取代产物。有时，可能会伴有少量二氟取代产物和质子化回复的硝基底物 (式 72)。重复上述反应过程，能够以中等产率得到 α-二氟代硝基化合物[72]。

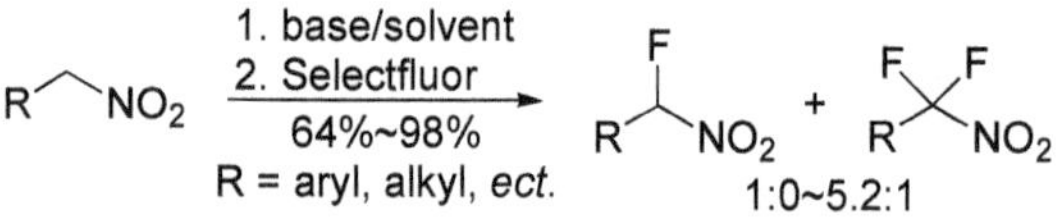

$$\text{(72)}$$

类似的氰基和四氮唑类化合物则需要更强的碱性试剂 (BuLi、t-BuLi、LDA、NaHMDS 等) 来攫取氢原子，生成的烷基金属盐与 NFSI、NFOBS 或 Selectfluor 等反应同样能够得到 α-单氟代或二氟代产物[28a,72,73]。

亚砜类化合物的 α-亲电氟化反应报道比较少，但使用碱性试剂攫取亚砜 α-氢的步骤是必须的。即使是活性相对较高的 β-羰基亚砜，如果不预先攫取氢原子而直接进行亲电氟化反应，得到的只是 N-F 试剂将亚砜氧化成砜的产物[74]。由于氟原子相对较小的体积，企图通过手性亚砜底物控制的立体选择性的 α-单氟化反应没有取得成功 (式 73)[74b]。

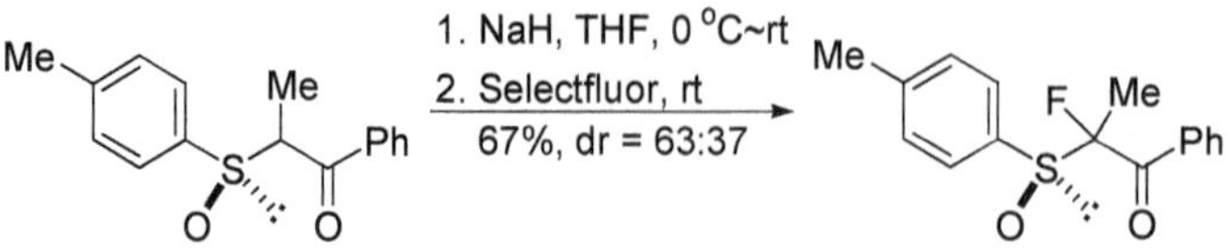

$$\text{(73)}$$

砜基作为一个很好的吸电子活化基团在亲电氟化反应中应用很广。例如：在 α-氟代酯的合成中，α-吡啶-2-砜基可以活化酯基的 α-氢和稳定氢被攫取后生成的碳负离子。在氟化反应完成后，砜基可以通过自由基反应脱除 (式 74)[75]。如式 75 所示[76]：同样的策略也成功地应用于膦酸基团 α-位的单氟取代反应。在底物分子中成功地引入氟原子后，砜基经自由基反应除去。

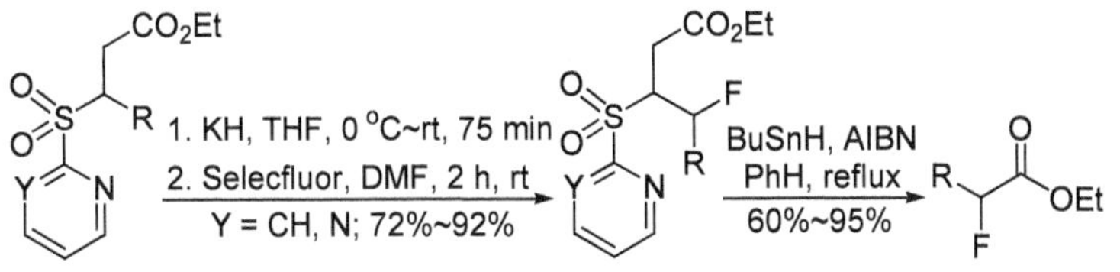

磺酸酯和磺酸酰胺等的 α-亲电氟化反应也可以顺利地进行。在强碱 NaHMDS 或 BuLi 作用下生成的 α-碳负离子与 NFSI 反应,能够高产率地得到 α-单氟或 α,α-二氟取代产物[77]。例如:在新型雌激素硫酸酯酶抑制剂的合成中,磺酰胺与 NFSI 反应可以方便地得到关键中间体 α-二氟磺酸酰胺 (式 76)[77a]。

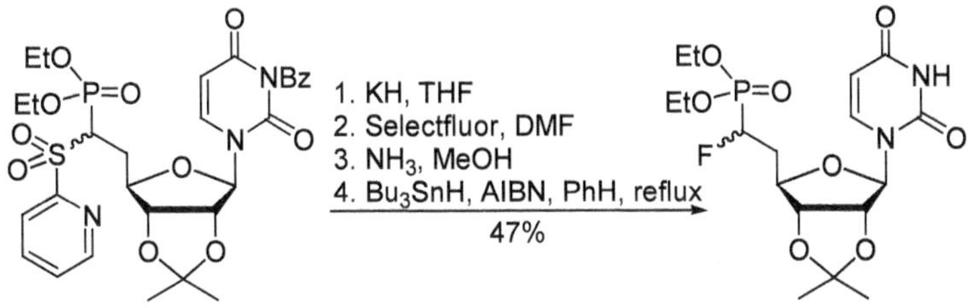

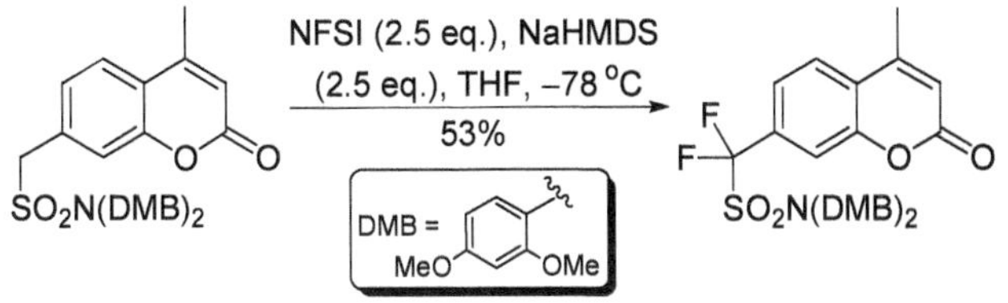

硫醚 α-位的亲电氟化反应主要生成 α-氟代硫醚,它是氟负离子对硫鎓碳正中心亲核进攻的产物。首先,硫醚与 N-F 试剂在室温下快速反应生成 F-S 鎓盐。然后,在碱 (NEt$_3$ 或 DBU) 作用下攫取 α-氢原子并发生类似 Pummerer 重排反应脱除 HNR$_3$F。最后,氟负离子进攻硫鎓碳正离子生成 α-氟代硫醚 (式 77)[78]。当体系中存在水分子时,氧原子通过类似的反应途径进攻 F-S 鎓盐。在此情况下,N-F 试剂把硫醚氧化成亚砜而不是生成氟代产物[41a]。

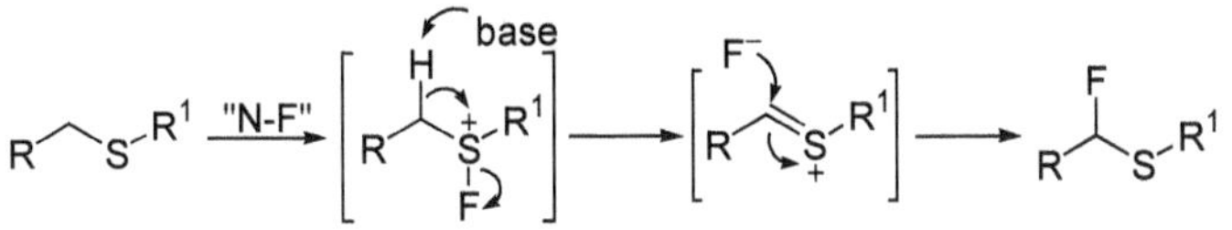

硫醚 α-位的亲电氟化反应已经成功运用于氟代核苷的合成,可以将氟原子选择性地引入到糖环的 C-2′、C-3′ 或 C-5′ 位 (式 78)[79]。

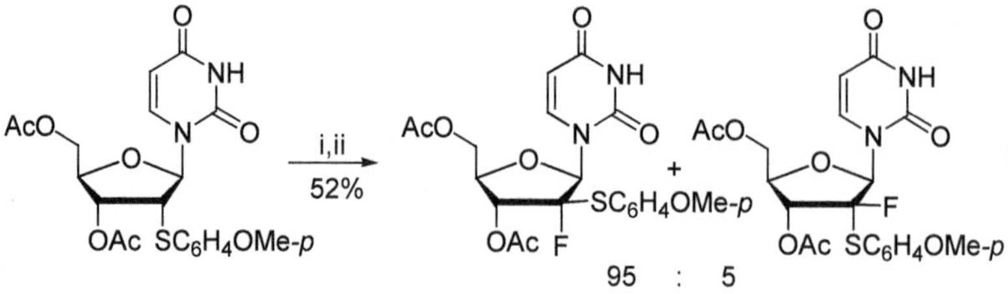

反应条件: i. Selectfluor, MeCN, rt, 15 min; ii. NEt$_3$, rt, 10 min.

巧妙地利用二甲硫醚与 Selectfluor 发生亲电氟化反应, 可以原位生成高活性的硫鎓离子。接着再原位与糖环的 1-位羟基发生反应, 可以高效地生成 1-位氟代糖 (式 79)[41a]。和一般的用亲核氟化试剂 DAST 与糖环 1-位羟基亲核氟化反应相比, 二甲硫醚与 Selectfluor 的亲电氟化法反应具有条件温和和副反应少的优点。与 DAST 相比较, Selectfluor 是一种更加稳定和便宜的氟化试剂。

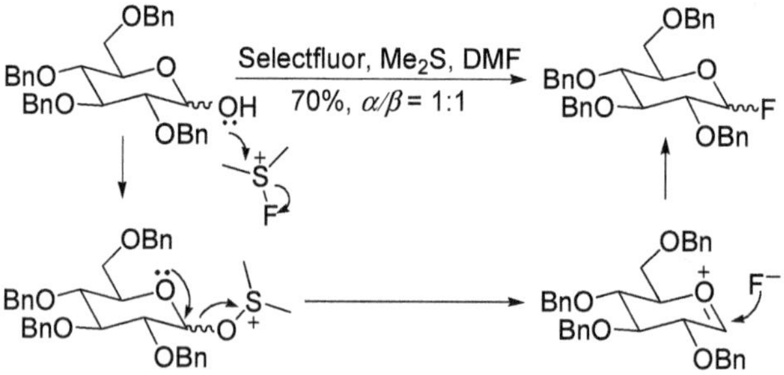

在不需要额外碱试剂的情况下, 硫醚与 N-F 吡啶盐类试剂的亲电氟化反应就能够顺利地进行。如式 80 所示[80]: 氟化反应中释放的吡啶衍生物可以作为碱有效地促进硫鎓中间体的重排反应。

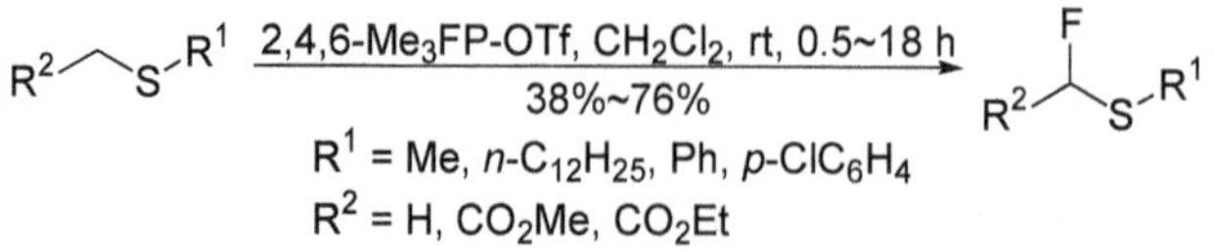

α-单氟或 α,α-二氟膦酸酯是天然生物体磷酸酯良好的模拟物。在酸性方面, α-单氟膦酸酯与天然磷酸酯更接近。而在含磷基团的空间构型方面, α,α-二氟膦酸酯则具有更好的模拟性[81]。人们通过各种方法合成出大量的 α-氟代膦酸酯, 它们在生物学测试和研究中显示出良好的生物代谢稳定性和生物体识别性[81,82]。膦酸酯 α-位的亲电氟化反应也是首先使用碱在低温下攫取 α-氢原子, 然后再与 N-F 试剂反应。烷基膦酸酯经强碱 (LDA 或 BuLi) 处理后生成的碳负离子不太稳定, 它们与 NFSI 反应可以得到中等到优秀产率的 α-单氟和 α,α-二氟膦酸酯

混合物[83]。如式 81 所示[83b]：这一方法已经成功地应用于合成具有良好生物活性的 6'-氟代核苷酸。如果利用 LDA/t-BuOK 作为碱性试剂，则能够以中等偏下的产率比较单一地得到 α-单氟烷基膦酸酯。重复相同的氟化过程，则可以得到 α,α-二氟代产物[84]。

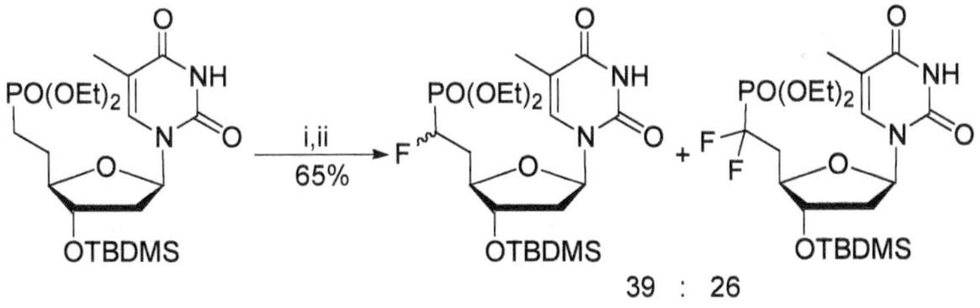

$$\text{(81)}$$

反应条件：i. s-BuLi, THF, −70 °C; ii. NFSI, −70 °C~rt.

当膦酸基团的 α-碳原子上连接有芳基[85]、磺酸基[76,78a]或烷基硅[86]等可以稳定 α-碳负离子的基团时，其亲电氟化反应就能够更加高效地进行。在 NaHMDS (2.2 eq.) 的作用下，具有不同取代基的苄基膦酸酯均可以与 NFSI (2.5 eq.) 反应得到较高产率的 α-二氟磷酸酯 (式 82)[85a]。在类似条件下，带有复杂官能团的苄基膦酸酯也能够发生 α-亲电氟化反应。如式 83 所示[85c]：在 α,α-二氟膦酸酯半抗原的合成中，苄基膦酸酯底物苄位活性中心经过两次亲电氟化反应可以得到 56% 的 α,α-二氟膦酸酯产物。

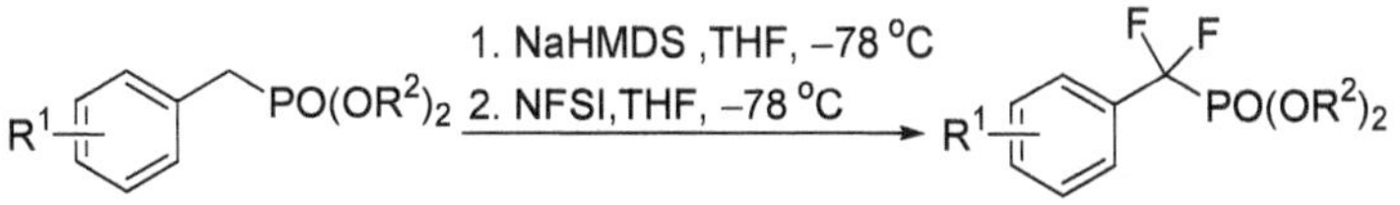

$$\text{(82)}$$

R^1 = H, 4-NO$_2$, 4-Br, 4-CO$_2$Bn, 4-OMe, 4-Bz, 4-Ph, 3-Ph, 2-Ph, 3-CH$_2$O(CH$_2$)$_2$, TMS; R^2 = Me, Et

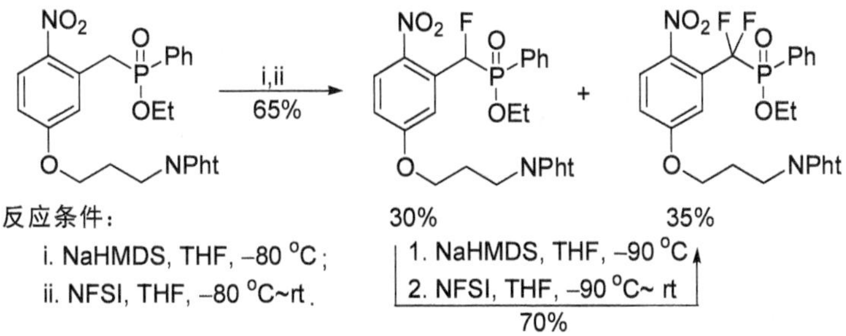

$$\text{(83)}$$

反应条件：
i. NaHMDS, THF, −80 °C;
ii. NFSI, THF, −80 °C~rt.

1. NaHMDS, THF, −90 °C;
2. NFSI, THF, −90 °C~rt
70%

通过在苄基膦酸酯苄甲基位引入硅基作为稳定碳负离子的临时基团，可以实现高选择性和高产率的苄基膦酸酯 α-单氟化反应。如式 84 所示[86]：当氟化反应完成后，硅基可以通过碱性水解除去。

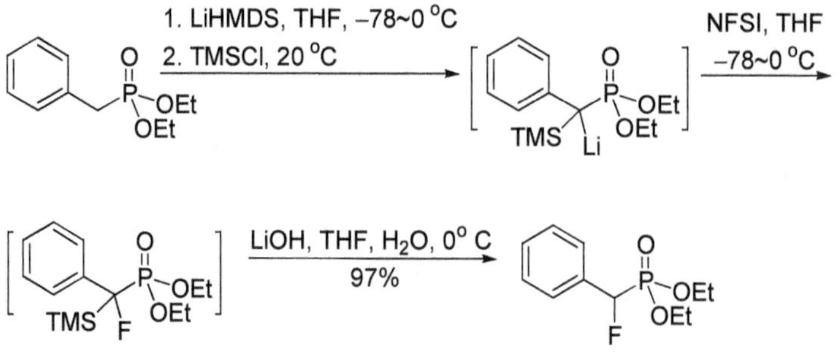

[式 (84) 反应图]

β-酯基磷酸酯的 α-位亲电氟化反应相对较易进行。通过对碱与氟化试剂用量的控制，可以选择性地实现单氟取代或二氟取代反应 (式 85)[28a,87]。

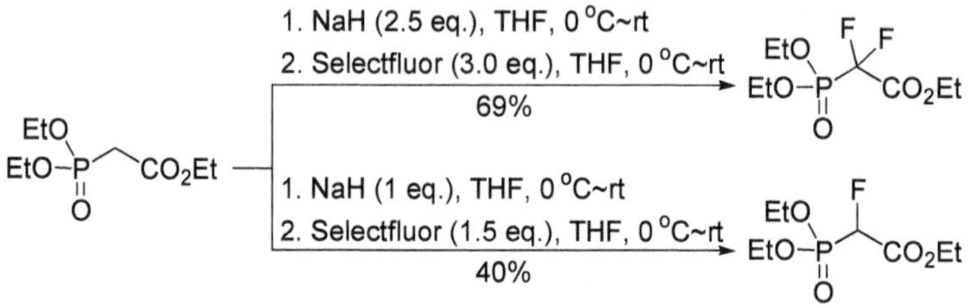

[式 (85) 反应图]

3.7 其它有机化合物的亲电氟化反应

除上述各大类化合物外，还有一些有机化合物也能进行亲电氟化反应。例如：在二氯甲烷中，甲基取代吡啶能够与强氟化试剂 $(CF_3SO_2)_2NF$ 直接发生反应生成甲基单氟代产物。在该反应中需要添加碳酸钠中和氟化反应中产生的强酸，否则吡啶底物将形成质子盐而失去活性 (式 86)[44]。该反应可能是首先通过甲基吡啶异构化为烯胺，然后氟化试剂进攻烯胺环外碳-碳双键来完成的。在一些反应中，还能够观察到氟代吡啶产物的生成。

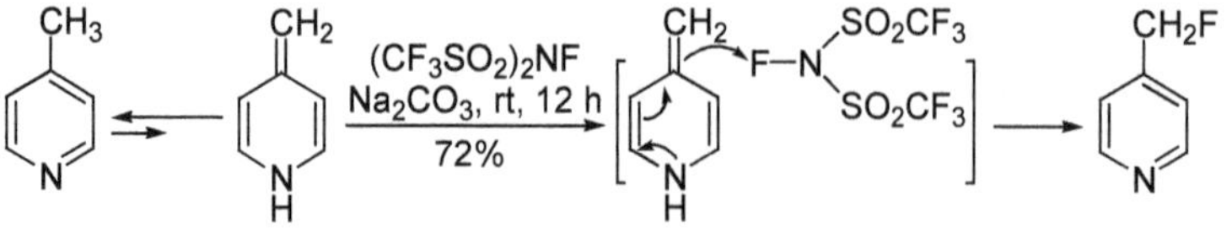

[式 (86) 反应图]

在叔苄醇的亲电氟化反应中，氟原子并没有像预期的那样取代在苯环上，而是高产率地得到了 β-氟叔苄醇。当叔苄醇 α-碳原子上连接有不同烷基基团时，反应非选择性地生成区域异构体混合物 (式 87)[88]。在该反应中，Selectfluor 可能首先将叔苄醇氧化成苯乙烯类中间体，然后再进行亲电氟化加成反应而得到最终的产物 β-氟叔苄醇。

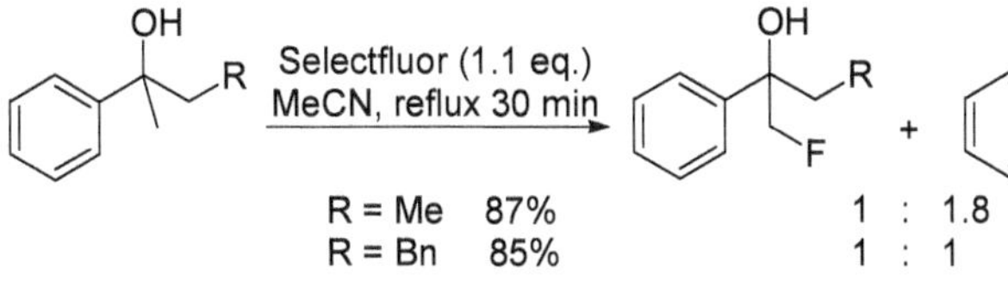

$$\text{PhC(OH)(Me)CH}_2\text{R} \xrightarrow[\text{MeCN, reflux 30 min}]{\text{Selectfluor (1.1 eq.)}} \text{产物} \quad (87)$$

R = Me 87%   1 : 1.8
R = Bn 85%   1 : 1

氟代呋喃或吡咯是一类具有潜在抗菌活性的化合物,传统的合成方法一般比较繁杂。由于呋喃和吡咯本身的高反应活性,应用直接亲核或亲电氟化反应引入氟原子也难以成功。但是,使用最近发展起来的呋喃或吡咯-2-甲酸类化合物的亲电脱羧氟化反应,则可以方便地合成 2-氟呋喃[89]和 2-氟吡咯[90]。遗憾的是这一反应的底物适用性较窄且产率偏低。例如:在胆色素原脱氨酶抑制剂 PBG 含氟类似物的合成中,全取代吡咯-2-甲酸与 Selectfluor 的反应可以得到 37% 的 2-氟吡咯产物 (式 88)[90]。

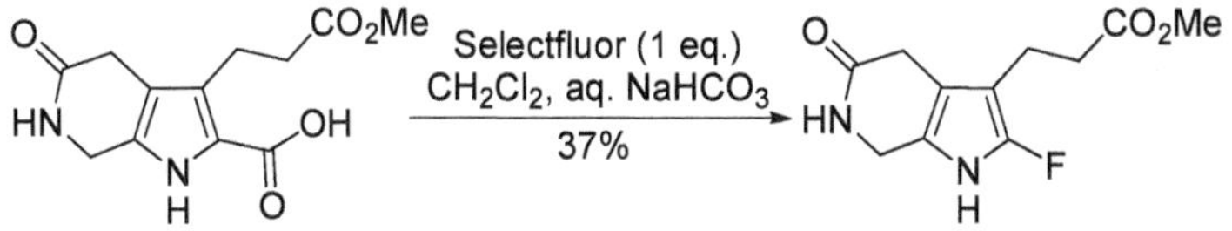

$$\xrightarrow[\text{37\%}]{\text{Selectfluor (1 eq.)} \atop \text{CH}_2\text{Cl}_2,\ \text{aq. NaHCO}_3} \quad (88)$$

3.8 非对映选择性不对称亲电氟化反应

非对映选择性亲电氟化反应主要是采用成熟的手性辅基来诱导实现氟原子的立体选择性引入。例如:在强碱的作用下,Evans 酰胺可以形成具有较刚性的烯醇锂盐络合中间体,其亲电氟化反应的非对映选择性高[30,91]。在 α,β-不饱和 Evans 辅基酰胺参与的亲电氟化反应中,大位阻亲电氟化试剂 (例如:NFSI) 比小位阻氟化试剂 (如 NFOBS) 具有更好的非对映选择性 (式 89)[30a,92]。Evans 辅基诱导的非对映选择性亲电氟化反应已经广泛应用于手性氟代糖[92]、氟代核苷[91d]和氟代膦酯酪氨酸[93]等的合成。

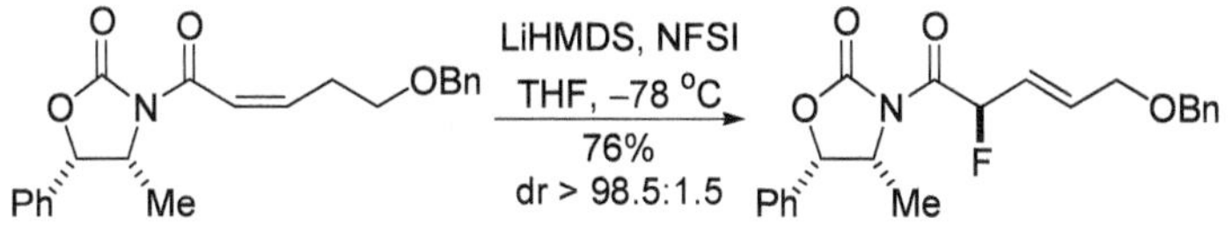

$$\xrightarrow[\text{76\%} \atop \text{dr > 98.5:1.5}]{\text{LiHMDS, NFSI} \atop \text{THF, }-78\ ^\circ\text{C}} \quad (89)$$

8-苯基薄荷醇 (8-phenylmenthol) 是另一个常用的手性辅基,其衍生的羰基 α-单取代手性酯的亲电氟化反应具有中等的非对映选择性。当羰基 α-位单取代基团为小位阻的甲基时,反应的非对映选择性与其它取代基团 (Et、Bn、n-Pr) 相反 (式 90)[94]。

手性氨基醇的环膦酸酰胺是另一类比较重要的非对映选择性亲电氟化反应底物 (式 91)[95]。反应的非对映选择性与所采用的碱试剂以及形成的 α-碳负离子金属盐阳离子关系密切，但它们的立体选择性一般不高 (dr = 51:49 ~ 86:14)。

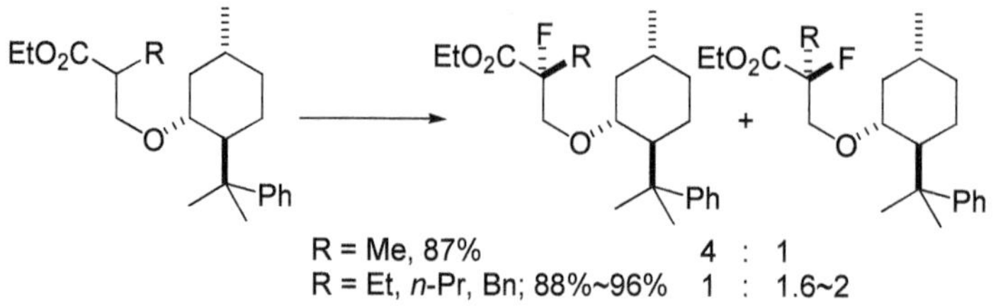

$$\text{(90)}$$

R = Me, 87%　　　　　4 : 1
R = Et, n-Pr, Bn; 88%~96%　　1 : 1.6~2

反应条件：2,4,6-Me$_3$FP-OTf, LIHMDS, THF, −78 ℃.

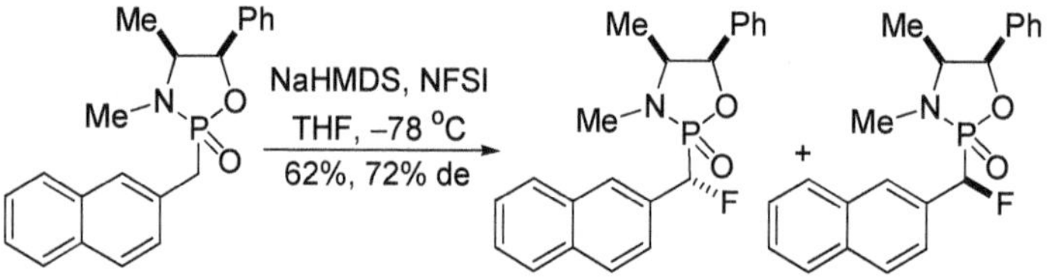

$$\text{(91)}$$

用手性试剂原位生成的手性反应底物进行亲电氟化反应也是非对映选择性引入氟原子的一种策略。例如：在 α-氟-β-胺基酸酯的非对映选择性合成中，手性胺基锂盐首先与 α,β-不饱和叔丁酯 Michael 加成原位生成手性烯醇锂盐。然后再与 NFSI 反应，以定量的产率得到非对映选择性良好的 α-氟代产物 (式 92)[96]。

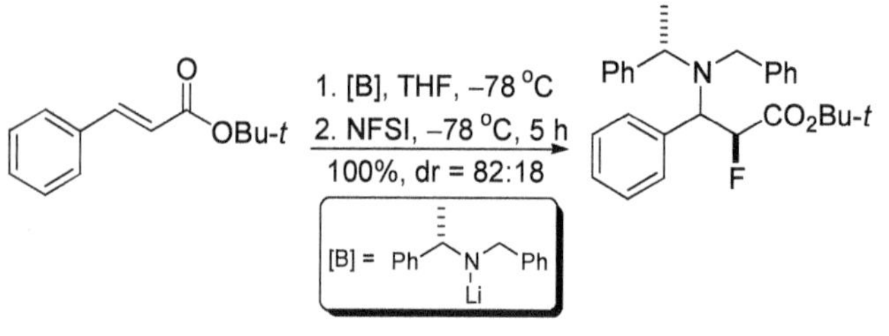

$$\text{(92)}$$

对手性 α-硅基酮进行亲电氟化反应，可以高度非对映选择性地将氟原子引入到分子的 α'-位[97]。α-硅基环酮亲电氟化的非对映选择性非常高 (de > 98%)，而链状 α-硅基酮的反应选择性则相对差一些 (de = 67%~89%)。使用 LDA 作为碱性试剂一般生成 E-烯醇盐，它们与 NFSI 作用后主要得到顺式产物。而使用 LiHMDS 作为碱性试剂则得到 Z-烯醇盐，它们与 NFSI 反应主要得到反式产物 (式 93)。带有不饱和双键的酮底物不适合这一反应，因为在制备手性 α-硅基酮时需要用臭氧除去手性辅基。在类似的条件下，α-硅基酮衍生的 α-硅基烯醇硅醚的反应效果也不理想。主要原因在于反应中会产生氟原子与硅基处于同一碳原子的 α-硅基-α-氟代酮区域选择异构体[97a]。

(93)

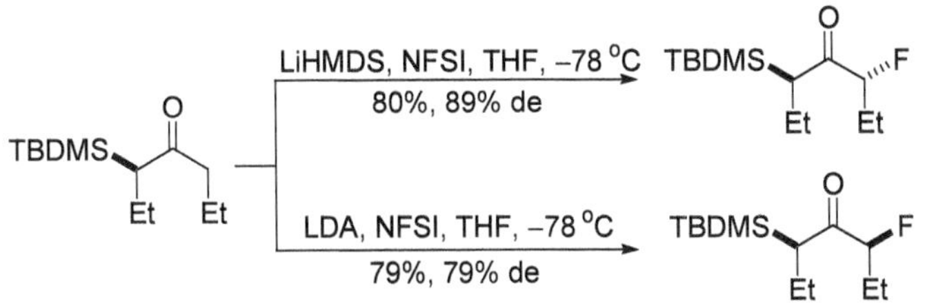

3.9 对映选择性不对称亲电氟化反应

1988 年，首例用手性樟脑磺酰胺生成的 N-F 试剂进行的不对称亲电氟化反应获得成功[98]。但之后该类反应的进展十分缓慢，直到 2000 年才有了真正意义上的突破[99]。对映选择性不对称亲电氟化反应主要分为三类：(1) 手性 N-F 试剂对前手性底物的不对称氟化；(2) 手性过渡金属试剂催化的不对称亲电氟化；(3) 有机小分子催化的不对称亲电氟化。

3.9.1 手性 N-F 试剂对前手性底物的不对称氟化

手性 N-F 试剂对前手性底物的不对称氟化反应发展得最早。比较成熟和常用的几类手性亲电氟化试剂包括：樟脑磺酰胺类 N-F 试剂 **1a~1d**, 手性链状或环状磺酰胺类 N-F 试剂 **2a~3c**, 以及金鸡纳碱衍生物类 N-F 试剂 **CN-QD** 等 (式 94)。

(94)

Cinchonine (**CN**) and Quinidine (**QD**) derivatives

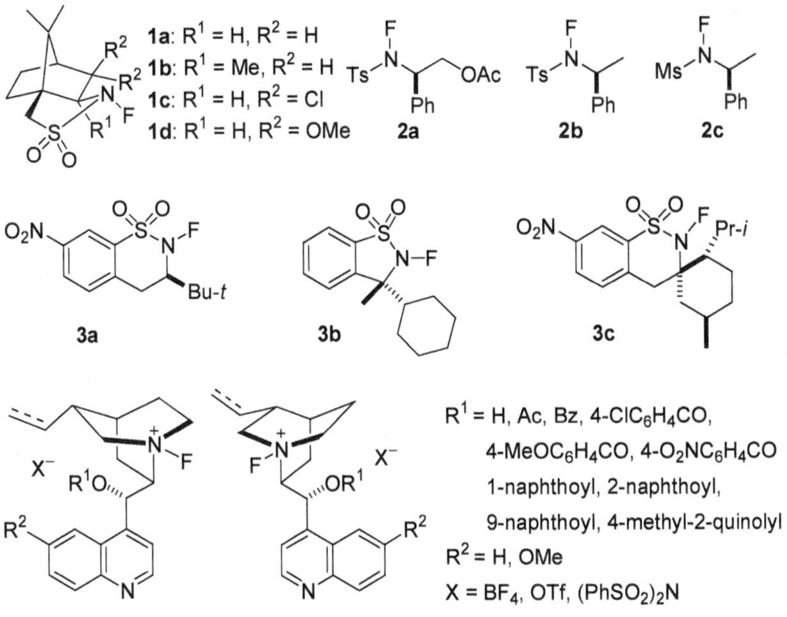

第一例亲电不对称氟化反应是用手性樟脑磺酰胺生成的 N-F 试剂实现的。它与酮、酯或 β-酮酯等前手性底物的烯醇盐反应得到中等产率的 α-单氟产物，

对映选择性最高可达 75% ee。但是，大多数底物在该反应中的对映选择性仅为 10%~40% ee (式 95)[98,100]。

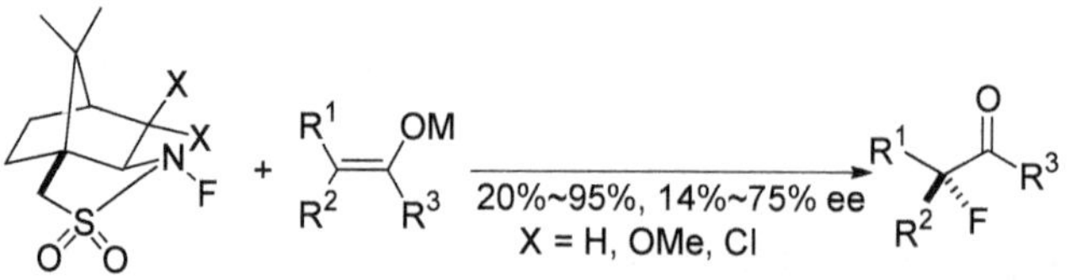

$$\text{(95)}$$

手性链状磺酸酰胺类 N-F 试剂的亲电氟化活性较弱，与烯醇盐反应的产率和对映选择性均不高[101]。使用对映体纯的环状苯基磺酸酰胺亲电氟化试剂与苯基环酮烯醇盐反应可以取得较好的结果。其中以 **3b** 作为氟化试剂时，产物的对映选择性最高可达 88% ee (式 96)[102]。

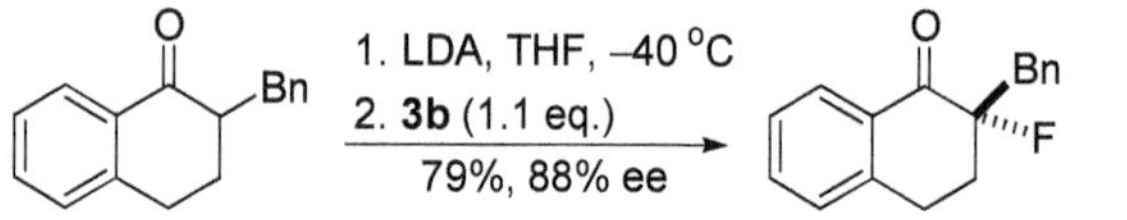

$$\text{(96)}$$

最初发展的这两类手性磺酸酰胺类 N-F 试剂在使用中存在有很大的局限性。例如：酰胺前体需要经过多步复杂反应来合成，在前体的氟化过程中需要使用危险性很大的 F_2 或 $FClO_3$。但是，后来发展起来的金鸡纳碱类 N-F 盐试剂 **CN-QD** 则很好地解决了这些问题。使用商品化的手性金鸡纳碱或者经过简单修饰的金鸡纳碱衍生物与 Selectfluor 发生氟转移反应就可以制备手性 N-F 试剂，然后直接用于不对称亲电氟化反应[103]。其它常用的亲电氟化试剂也都可以作为氟转移试剂来制备金鸡纳碱 N-F 盐[104]，例如：NFTh、NFSI 和 2,6-Cl_2FP-BF_4 等。

与中性磺酸酰胺 N-F 试剂相比较，金鸡纳碱铵盐氟化试剂具有更强的氟化能力和更广的底物适用性。在金鸡纳碱 [N-F]$^+$ 试剂作用下，酮、β-酮酯、α-氰基酯、烯醇硅醚、吲哚-2-酮以及其它一些化合物都能够发生不对称亲电氟化反应。在 AcDHDQ/Selectfluor 作用下，α-芳基-α-氰基酯以中等至优秀的产率和良好的对映选择性生成 α-芳基-α-氟-α-氰基酯 (式 97)。这类化合物可以作为确定手性醇绝对构型的定型试剂，因此具有一定的应用前景[103d]。

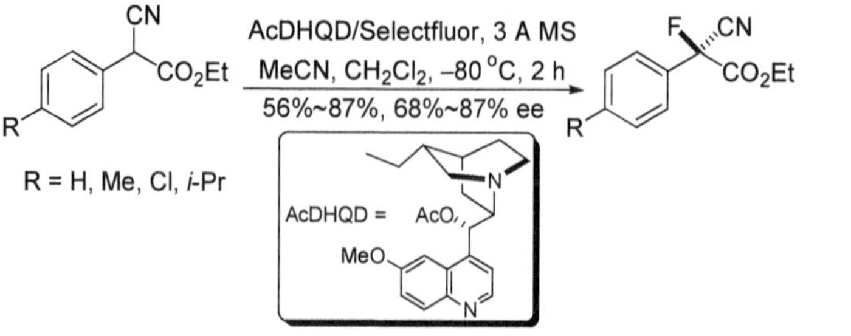

$$\text{(97)}$$

在 maxi-K 离子通道激活开启剂 BMS-204352 的合成中，手性 $[N\text{-}F]^+$ 试剂对吲哚-2-酮类化合物的不对称亲电氟化反应被用作关键步骤成功地制备了所需的手性氟代中间体 (式 98)[105]。

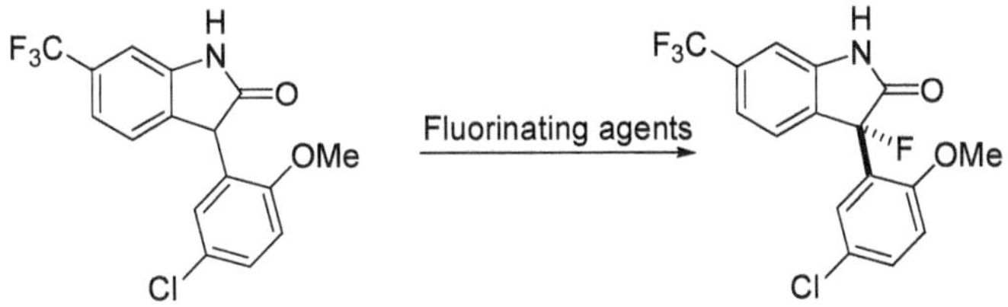
Fluorinating agents

(98)

$(DHQN)_2AQN$/Selectfluor, $MeCN/CH_2Cl_2$, $-80\ ^{o}C$, 12 h, 94%, 84% ee
F-(2-naphthoyl)QN-BF_4, DABCO, $THF/MeCN/CH_2Cl_2$, $-78\ ^{o}C$, 12 h, 96%, 88% ee

具有潜在抗癌活性分子 20-Deoxy-20-fluorocamptothecin 的对映选择性合成为手性 $[N\text{-}F]^+$ 试剂参与的不对称亲电氟化反应提供了另一应用实例 (式 99)[106]。在许多手性 α-氟-α-氨基酸衍生物 (式 100)[107]和氟代寡肽[108]的合成中，手性金鸡纳碱 $[N\text{-}F]^+$ 试剂的不对称亲电氟化反应都被用作关键步骤而得到广泛的应用。

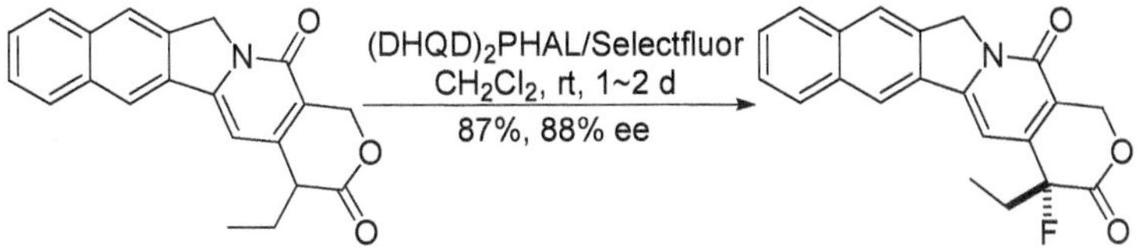
(DHQD)2PHAL/Selectfluor
CH2Cl2, rt, 1~2 d
87%, 88% ee

(99)

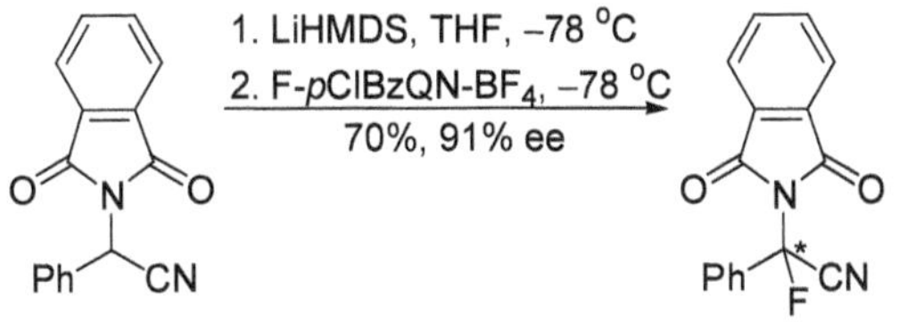
1. LiHMDS, THF, –78 °C
2. F-pClBzQN-BF4, –78 °C
70%, 91% ee

(100)

手性金鸡纳碱 $[N\text{-}F]^+$ 试剂具有相对较强的氟化能力。它们不仅可以对羰基化合物及其衍生物进行不对称亲电氟化反应，而且还能够亲电氟化烯丙基硅底物来制备手性烯丙基氟化合物 (式 101)[62b,109]。

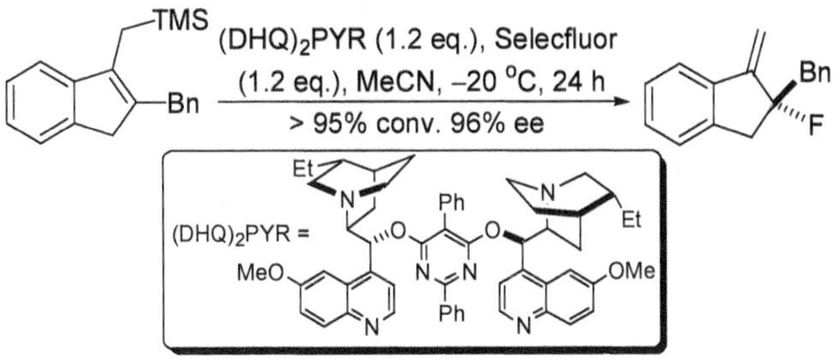
(DHQ)2PYR (1.2 eq.), Selecfluor
(1.2 eq.), MeCN, –20 °C, 24 h
> 95% conv. 96% ee
(DHQ)2PYR =

(101)

在奎宁 (Quinine)/Selectfluor 的作用下，芳基烯丙醇类化合物首先发生 $[N\text{-}F]^+$ 试剂在双键上的不对称加成反应，然后再发生半频哪醇重排反应。如式 102 所示[110]：该反应以中等的产率和良好的对映选择性生成 *β*-氟代醛产物。

OH
OMe
Qinine/Selectflour (1:1, 1.4 eq.)
K2CO3(0.6 eq.), MeCN, rt, 6 d
50%, 71% ee
MeO
CHO
F

(102)

手性金鸡纳碱 $[N\text{-}F]^+$ 试剂不仅氟化效果好，而且还能够以离子液体为反应溶剂[111]或是将其负载在聚乙烯载体上进行反应[112]。这样，反应完成后就能够方便地回收金鸡纳碱。一直以来，这类试剂最大的不足在于很难实现催化亲电氟化反应，其主要原因在于非手性强氟化试剂与底物的反应速率要远大于其与金鸡纳碱的氟转移反应速率，从而导致生成消旋产物。最近，在金鸡纳碱催化的亲电氟化方面已经有所突破[113]。采用活性相对较低的 NFSI 作为氟转移试剂、K_2CO_3 作为加速氟转移反应的促进试剂、金鸡纳碱二聚体 $(DHQ)_2PYR$ 等作为催化试剂，环状烯丙基硅底物、烯醇硅醚以及吲哚-2-酮的不对称亲电氟化反应均可以顺利进行 (式 103)[113b]。

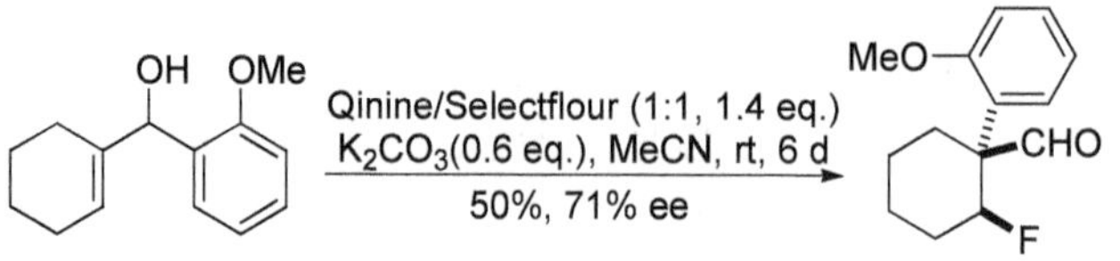

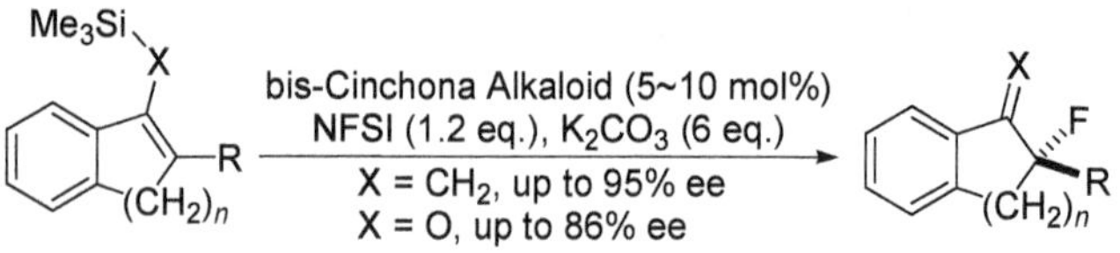

Me3Si
X
R
(CH2)n
bis-Cinchona Alkaloid (5~10 mol%)
NFSI (1.2 eq.), K2CO3 (6 eq.)
X = CH2, up to 95% ee
X = O, up to 86% ee
X
F
R
(CH2)n

(103)

另一方面，利用手性金鸡纳碱盐作为相转移催化剂，也顺利地实现了 *β*-酮酯[114]和 *β*-氰基酯[115]的不对称亲电氟化反应，以良好的对映选择性得到相应的 *α*-氟代产物 (式 104)。

CN
CO2R
R = 4-NO2-PhCH2-
PTC (10 mol%), NFSI (1 eq.)
Cs2CO3, PhMe, rt
71%, 76% ee
CN
*
CO2R
F
PTC =
OMe
N+
Br−
O
N

(104)

以手性联萘吗啉季铵盐作为相转移催化剂，环状 *β*-酮酯与 NFSI 反应能够以几乎定量的产率和高度对映选择性得到环状 *α*-氟-*β*-酮酯 (式 105)[116]。

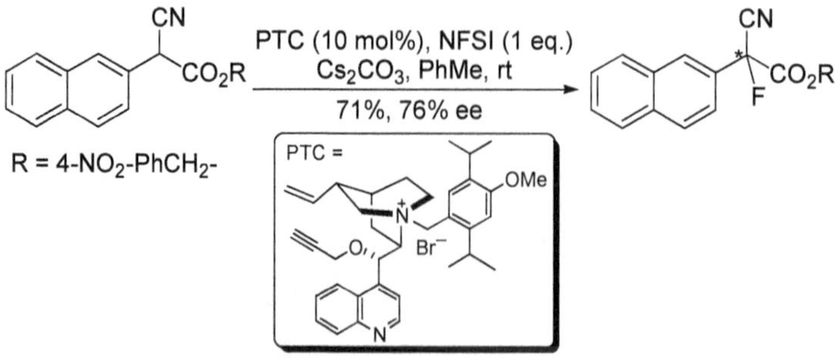

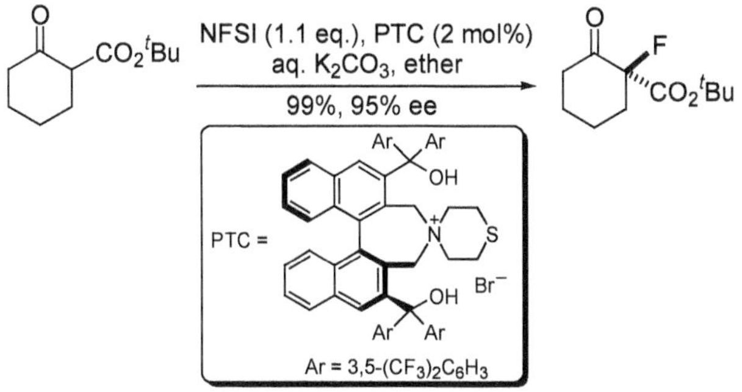

Formation of C-F Bonds by N-F Reagents

$$\text{(105)}$$

3.9.2 手性过渡金属试剂催化的不对称亲电氟化反应

羰基化合物 α-位的直接亲电氟化反应是通过烯醇异构体来进行的, 而过渡金属盐作为 Lewis 酸与羰基底物络合可以很好地促进羰基化合物的烯醇化反应。因此, 通过手性过渡金属试剂可以实现羰基化合物 α-位的催化不对称亲电氟化反应 (式 106)。

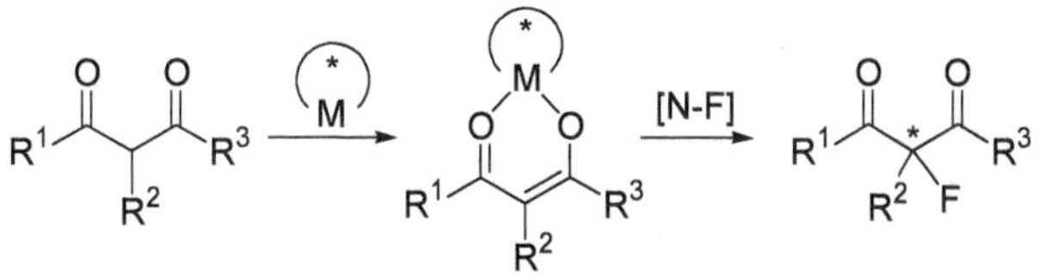

$$\text{(106)}$$

目前, 手性金属催化剂主要包括基于手性酒石酸骨架的钛催化剂 **4a~4b**[117]、基于手性联苯或联萘骨架的钯催化剂 **5a~6c**[118]和基于手性噁唑啉骨架的过渡金属 (铜、镍、锌等) 催化剂 **7a~7b**[119]等 (式 107)。

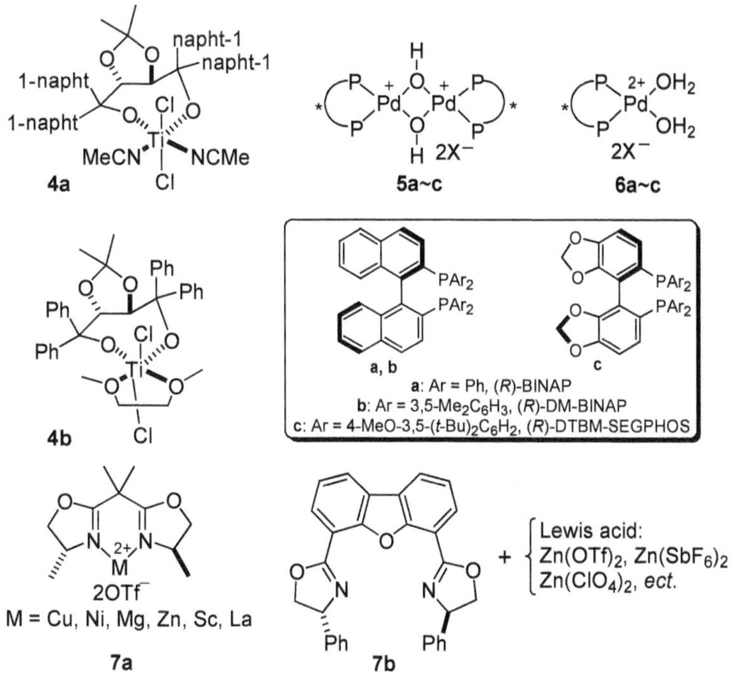

$$\text{(107)}$$

a: Ar = Ph, (R)-BINAP
b: Ar = 3,5-Me$_2$C$_6$H$_3$, (R)-DM-BINAP
c: Ar = 4-MeO-3,5-(t-Bu)$_2$C$_6$H$_2$, (R)-DTBM-SEGPHOS

Lewis acid:
Zn(OTf)$_2$, Zn(SbF$_6$)$_2$
Zn(ClO$_4$)$_2$, ect.

M = Cu, Ni, Mg, Zn, Sc, La

在钛金属催化的 β-酮酯的不对称亲电氟化反应中,大位阻的手性配合物 **4a** 的催化效果要明显好于小位阻的 **4b**。如式 108 所示:**4a** 催化得到的 α-单氟产物的对映选择性最高可达 90%。

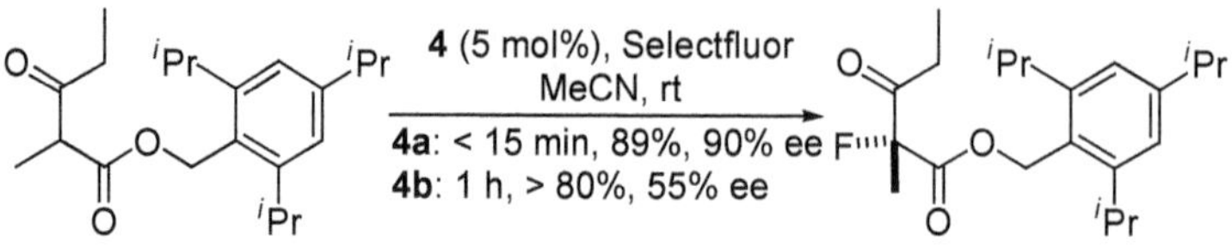

$$\text{(108)}$$

使用手性钯配合物催化 β-酮叔丁酯的 α-位不对称亲电氟化反应,不但具有产率高和对映选择性好的优点,而且该反应还可以在离子液体中进行。这样,反应完成后通过简单的萃取分离,离子液体相中手性钯催化剂 (**5, 6**) 即可直接循环使用[118d]。例如:以离子液体 [Hmim][BF$_4$] 为溶剂,催化剂 **5b** (X = OTf) 在 β-苯基酮-α-甲基叔丁酯的不对称亲电氟化反应中可以多次循环利用。即使循环利用 10 次,仍可以 67% 的产率和 91% ee 值得到手性氟化产物 (式 109)。在手性钯试剂的催化下,β-酯基取代的五元或六元内酯、β-酯酯基取代的五元或六元内酰胺和 β-酮膦酸酯的不对称亲电氟化反应也可以高效进行,其对映选择性最高可达 99%[118g,120]。

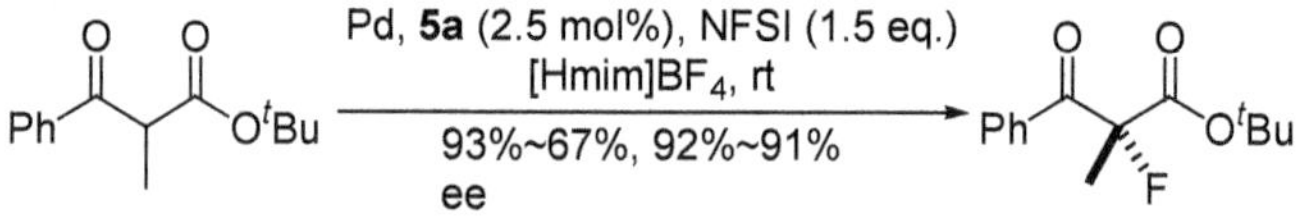

$$\text{(109)}$$

手性双噁唑啉过渡金属试剂同样可以高效催化 β-酮酯、β-二酯以及吲哚-2-酮类化合物 α-位的不对称亲电氟化反应。在双噁唑啉配体 **7b** 与过渡金属盐形成的催化体系 (**7b**/M) 作用下,β-二酯、β-酮酯或 β-酮膦酯类底物与 N-F 试剂反应生成的氟化产物的对映选择性最高可达 99%[119a,119b,119e]。而一般而言,双噁唑啉配体 **7a** 与过渡金属盐形成的催化体系 (**7a**/M) 具有比手性钛、手性钯以及 **7b**/M 催化体系较低的立体选择性。但是,可以通过改变与 **7a** 配位的过渡金属盐和反应溶剂,该催化体系就可以选择性地催化得到两种对映异构体中的任意一种 (式 110)[119c]。

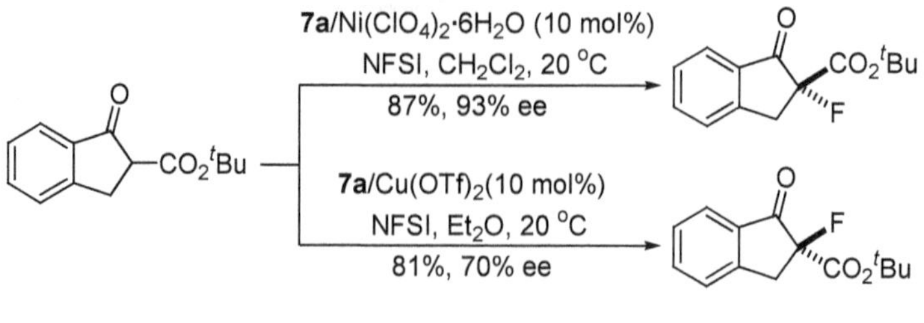

$$\text{(110)}$$

β-二羰基类化合物的 α-不对称亲电氟化反应仅限于 α-单取代的底物。α,α-二氢类底物在不对称氟化后极易消旋，而且还可能产生二氟化副产物。在手性金属配合物的催化下，与 β-二羰基类化合物结构类似的噁唑烷酮或噻唑烷酮的酰胺衍生物同样可以进行不对称亲电氟化反应。虽然在此类反应中没有观察到消旋现象和二氟化副产物，但仅限于 α-芳基酰胺类底物才能取得满意的产率和对映选择性 (式 111)[121]。

(111)

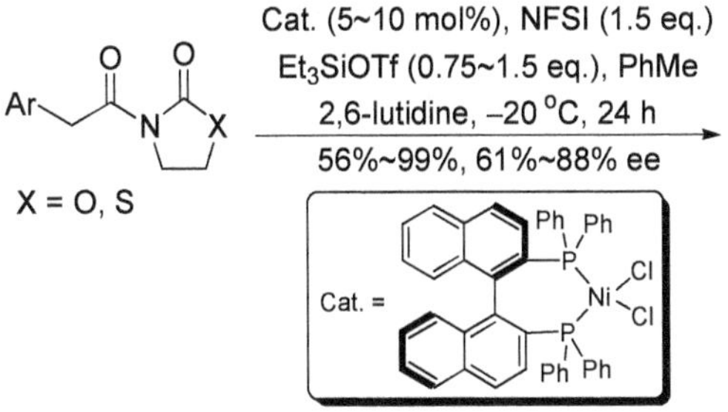

除了羰基底物外，手性配体金属配合物参与的其它类型化合物的不对称亲电氟化反应研究的相对较少。最近有文献报道：在低温下，用 *n*BuLi 处理苄基砜类化合物后再与双噁唑啉配体 **7a** 配合可以形成手性锂盐配合物中间体。使用该中间体与 NFSI 反应，能够以 99% ee 得到相应的 α-氟苄基砜。但是，该反应不是以催化方式进行的 (式 112)[122]。

(112)

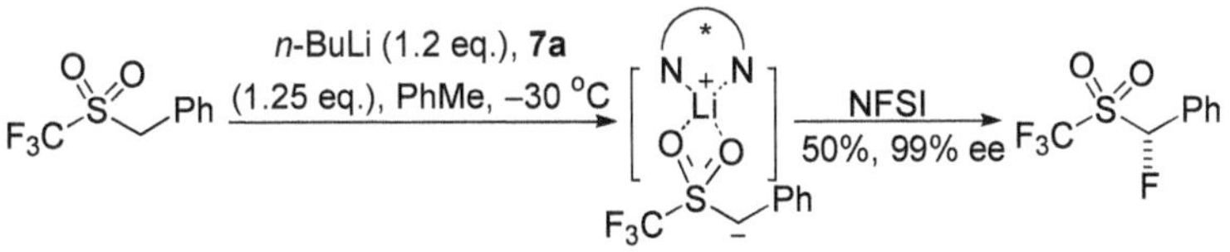

3.9.3 有机小分子催化的不对称亲电氟化反应

有机小分子催化的不对称亲电氟化反应目前是有机氟化学研究的热点。如式 113 所示：基于脯氨酸或咪唑啉酮结构衍生的手性环状仲胺分子，是一类比较成熟的高效催化醛酮不对称亲电氟化反应的有机小分子催化剂。

8 Jogensen group　**9** Barbas group　**10** MacMillan group

(113)

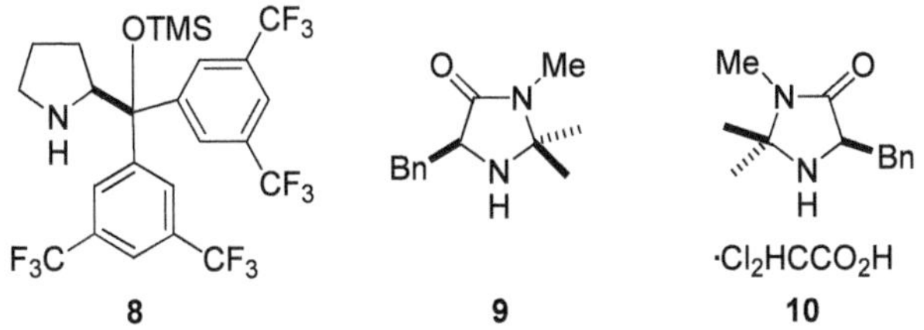

Ender 小组首先发展了手性脯氨酸及其衍生物催化的醛酮的不对称亲电氟化反应，但反应效果不佳。如式 114 所示[123]：在 (3R)-3-羟基脯氨酸的催化下，环己酮与 Selectfluor 的反应仅有 56% 的转化率和 34% ee。

$$\text{环己酮} \xrightarrow[\text{56\% conv. 34\% ee}]{\text{Cat. (30 mol\%), Selectfluor}} \alpha\text{-F-环己酮} \qquad (114)$$

Cat. = (3R)-3-羟基脯氨酸

Barbas、Jørgensen 和 MacMillan 三个小组几乎同时报道了有机小分子参与催化的醛的高效不对称氟化反应。Barbas 小组对氟化试剂进行了筛选，发现 NFSI 在不对称氟化反应中效果最佳。他们合成了一系列基于脯氨酸和咪唑啉酮结构的手性环状仲胺分子，用于催化醛底物的不对称亲电氟化，其中以催化剂 9 的催化效果最好。使用链状醛作为底物时，能够以中等至优秀的产率 (40%~97%) 和很高的对映选择性 (86%~96% ee) 得到 α-氟代醛。但是，该反应一般需要使用等当量手性胺分子 (式 115)[124]。

$$\text{己醛} \xrightarrow[\text{94\%, 86\% ee}]{\text{NFSI, 9 (1.0 eq.), DMF, 0 °C}} \alpha\text{-F-己醛} \qquad (115)$$

Jørgensen 小组发展了以 α,α-二芳基脯氨醇硅醚 8 为代表的一系列手性小分子催化剂，实现了醛的催化不对称亲电氟化反应 (式 116)[125]。在此基础之上，Jørgensen 小组运用"一锅法"反应高度对映选择性地合成了手性烯丙基氟和手性炔丙基氟类化合物 (式 117)[126]。

$$\text{PrCH}_2\text{CHO} \xrightarrow[\text{95\%, 96\% ee}]{\text{NFSI, 8 (1 mol\%), MTBE, rt}} \text{Pr-CHF-CHO} \qquad (116)$$

$$\text{RCH}_2\text{CHO} \begin{array}{c} \xrightarrow[\text{45\%~69\%, 91\%~99\% ee}]{\text{(MeO)}_2\text{P(O)C(N}_2\text{)COCH}_3\text{, NFSI, 8 (1 mol\%), MeOH, K}_2\text{CO}_3} \text{HC≡C-CHF-R} \\ \xrightarrow[\text{43\%~47\%, 93\%~96\% ee}]{\text{Ph}_3\text{P=CHCO}_2\text{Et, NFSI, 8 (1 mol\%)}} \text{EtO}_2\text{C-CH=CH-CHF-R} \end{array} \qquad (117)$$

MacMillan 小组主要是利用手性咪唑啉酮铵盐作为催化剂进行醛的亲电不

对称氟化反应。如式 118 所示[127]：在 5 mol% 的催化剂 **10** 的作用下，2-环己基乙醛与 NFSI 反应 25 h 后能够以 95% 的转化率和 98% ee 得到 (R)-2-氟-2-环己基乙醛。接着，MacMillan 小组将手性咪唑啉酮铵盐推广应用到催化 α,β-不饱和醛的亲核 Michael 加成（与 Hantzsch 酯反应亲核加氢）和亲电氟化串联反应。如式 119 所示[128]：在不同的催化剂组合条件下，可以分别得到 H、F 为顺式或反式的加成产物。

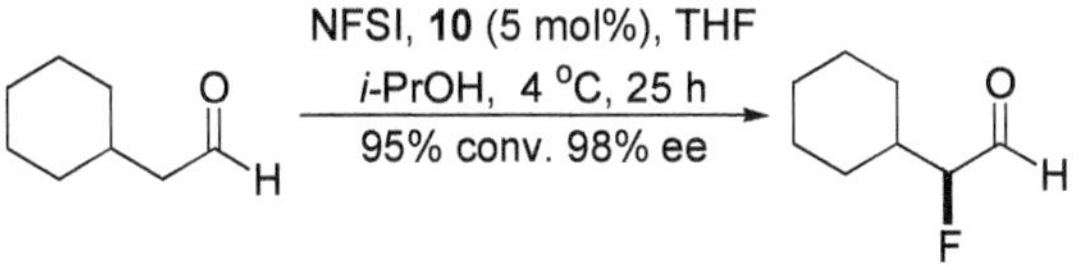

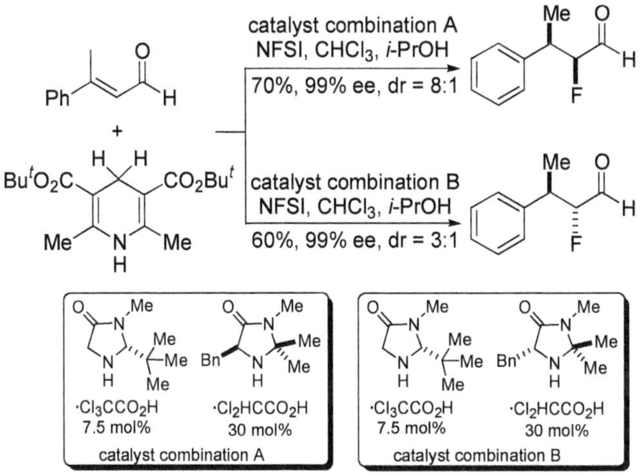

手性环状仲胺分子催化的亲电不对称氟化反应已经取得了巨大的成功。但是，具有 α-取代基团的醛底物具有明显的位阻效应，它们的不对称催化氟化效果却不是很理想（式 120）[124,125]。因此，Jørgensen 小组又发展了一类新型的手性 8-氨基-2-羟基-1-萘肼类化合物，用于催化支链醛的亲电不对称氟化反应。此类催化剂对于 α-芳基支链醛的催化效果较好，而对于其它的 α,α-二烷基类醛底物的催化效果却依旧较差（式 121）[129]。

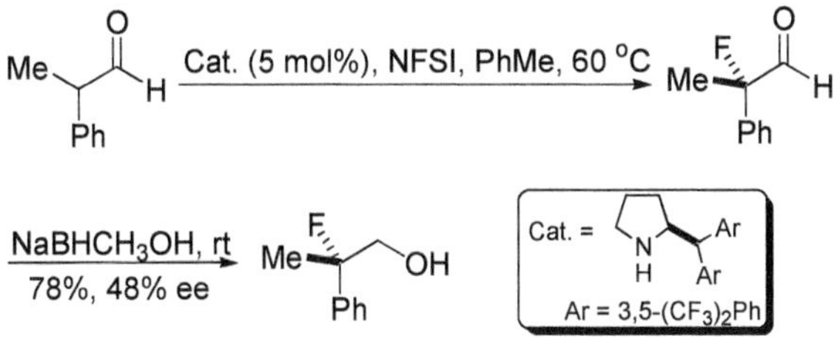

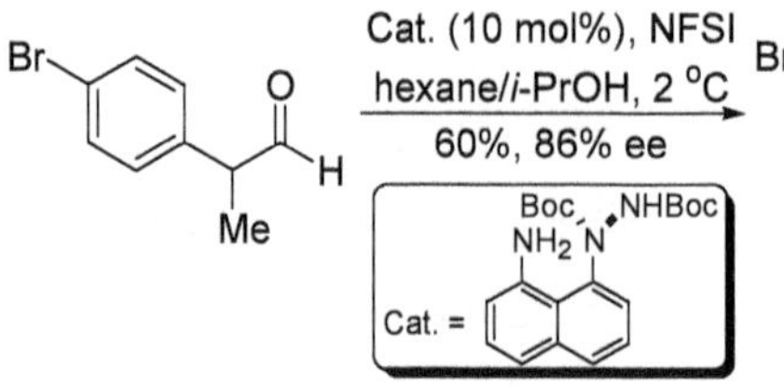

最近，金属与有机小分子双重催化体系催化的酰氯 α-位的亲电不对称氟化反应也取得了成功。酰氯完成氟化反应后生成的手性中间体可以用各种亲核试剂进行捕获，高产率和高度对映选择性地生成 α-氟代羧酰类衍生物 (式 122)[130]。

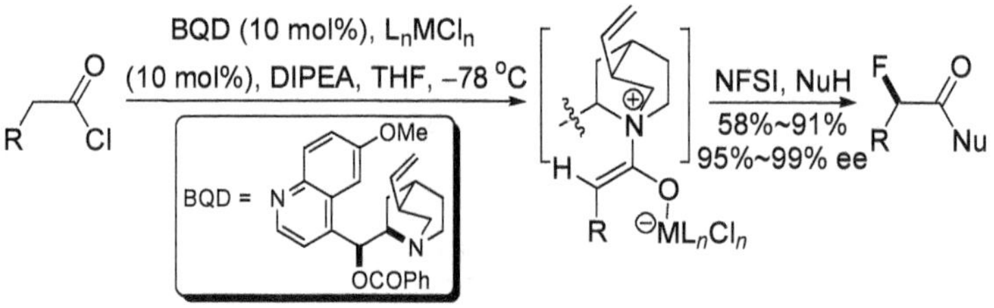

3.10 金属催化的氧化氟化反应

金属催化的氧化氟化反应是最近发展起来的一类合成含氟有机化合物的方法，目前主要包括金属 Pd-催化的基团诱导的芳环 C-H 键的活化氟化 (式 123)[131]、芳基硼试剂的交换取代氟化 (式 124)[132]以及苯乙烯类双键的氟化加成等 (式 16)[17]。一般认为：这类反应是经过四价钯关键中间体进行的[133]。金属银盐促进的芳基锡试剂的氟化反应具有条件温和官能团兼容性好的优点，是向复杂分子中的芳环上引入氟原子的好方法 (式 125)[58b]。

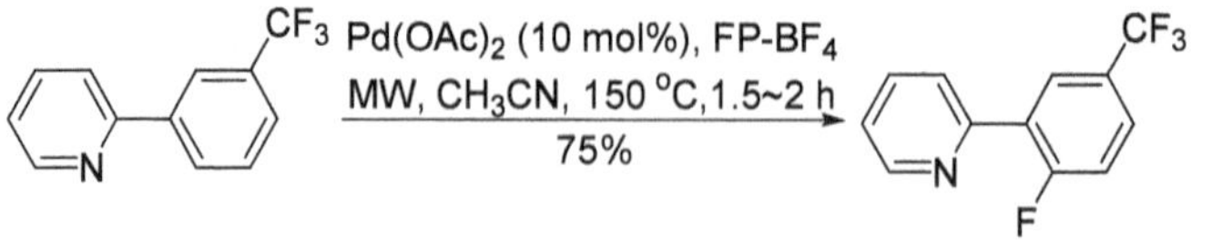

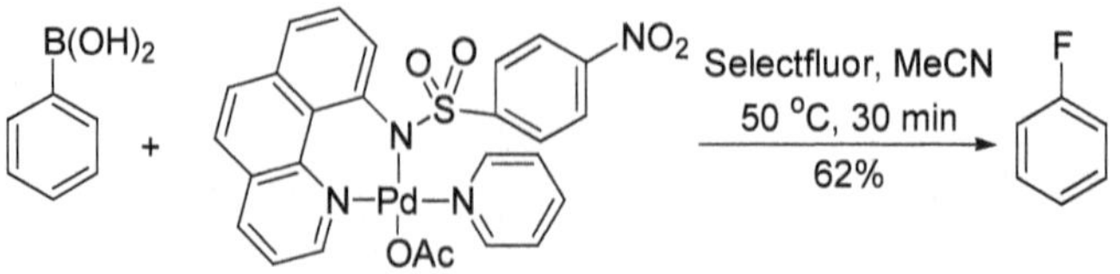

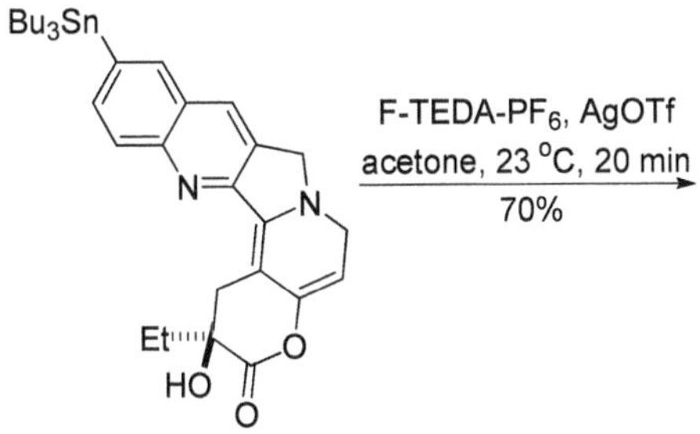

$$\text{(125)}$$

4 亲电氟化反应机理：经典 S_N2 亲核取代或单电子转移历程？

N-F 试剂在反应中表现出两个非常重要的特性：亲电性与氧化性。N-F 试剂的亲电性能研究比较全面，但对其氧化性的探究却还没有深入展开。最简单明了的体现 N-F 试剂氧化性能的反应，就是它们在酸性水溶液中对碘负离子的定量氧化 (式 126)。

$$[\text{N-F}] + 2\text{I}^- \xrightarrow{\text{H}_2\text{O, H}^+} [\text{N-H}] + \text{I}_2 + \text{F}^- \quad (126)$$

基于 N-F 试剂的亲电性能与氧化性能，目前有关亲电氟化反应的机理主要有两种：(1) 经典的 S_N2 亲核取代：亲核试剂直接进攻亲电氟化试剂的氟原子，同时 X^- 离去 (式 127, A)；(2) 单电子转移历程 (single-electron transfer, SET)：在溶剂笼中，亲核试剂首先将一个电子转移至亲电氟化试剂形成自由基离子紧密离子对，紧接着亲核试剂自由基与氟原子自由基快速结合，X^- 离去 (式 127, B)。这两种机理在实际反应中表现出来的差异不大，由于缺乏研究高速反应的有效手段，目前还不可能准确定义具体反应的内在机理。但是，仍可以通过一些特定反应和实验现象来验证和说明反应历程与机理。

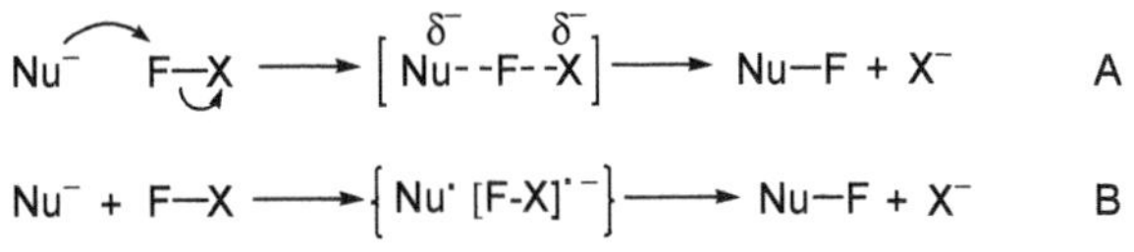

$$\text{(127)}$$

Umemoto 小组对 N-F 吡啶盐类试剂进行了系统的研究。他们首先提出了 N-F 吡啶盐类通过单电子转移发生亲电氟化反应的证据[22]。苯基丙二酸二乙酯钠盐与一系列的 N-F 吡啶三氟磺酸盐类试剂反应，除了得到氟化产物外还有吡啶基苯基丙二酸二乙酯的生成，这一反应结果可以通过单电子转移机理很好地进行解释 (式 128)。接着他们根据反应事实又提出了 π-π 堆积体反应中间体 (π-π complex)，用于解释中性烯醇类化合物与 N-F 吡啶盐类的反应机理 (式 129)。

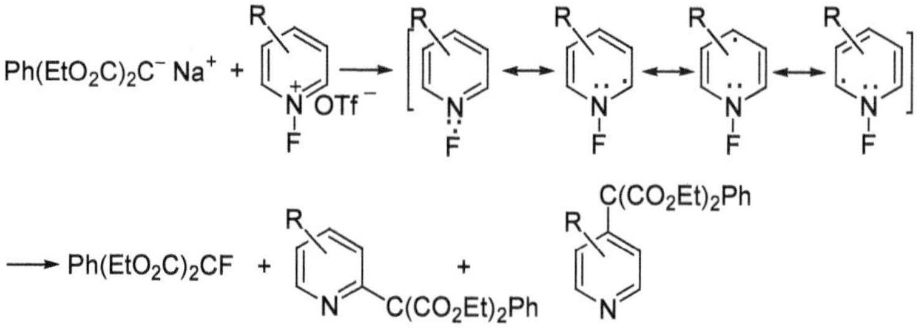

在 Umemoto 小组的工作基础之上，Kochi 小组进一步提出了电荷转移自由基离子堆积体 (charge-transfer complex，CT complex) 中间体来阐明 N-F 吡啶盐类试剂与芳香化合物亲电氟化反应的单电子转移反应历程[134]。N-F 吡啶试剂在反应中得到一个电子形成氟自由基吡啶配合物，并被芳环自由基离子的 π-电子所稳定，生成有色的电子转移自由基离子堆积体。随着反应的进行，体系颜色逐渐退去并完全生成氟代产物。为了进一步证明反应的单电子历程，他们又进行了光化学对照反应：用电荷转移吸收波段 (CT band) 的光波对反应体系进行光化学激发，促进电荷转移自由基离子堆积体的产生。如式 130 所示：结果不仅使亲电氟化反应速率大大加快，产率也有所提高。

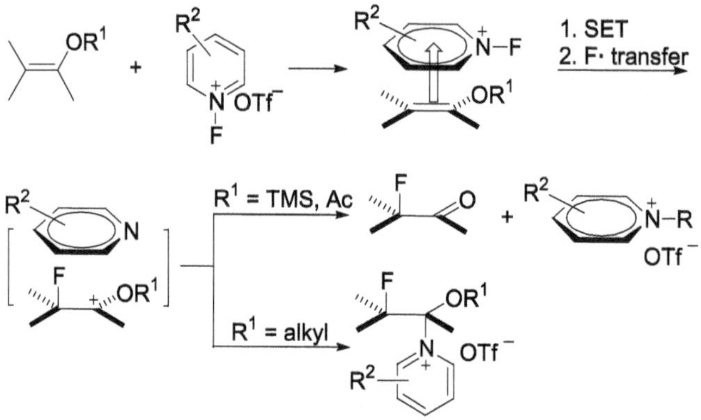

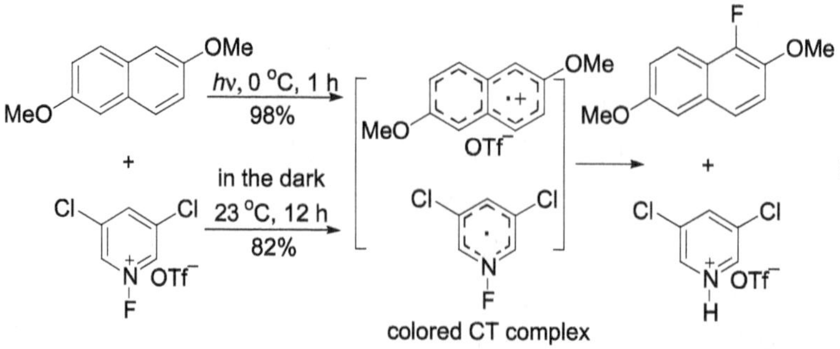

Umemoto 小组还仔细研究了吡啶盐类 N-F 试剂与格氏试剂以及金属锂试剂的反应,发现格氏试剂可以发生亲电氟化反应生成相应的烷基氟化合物,而金属锂试剂与 N-F 试剂反应后却没有得到氟化产物。由于格氏试剂与缺电子化合物反应主要是通过自由基协同过程进行的,因此,根据吡啶盐类 N-F 试剂与格氏试剂之间良好的反应性能,Umemoto 小组再一次得出了吡啶盐类 N-F 试剂是通过单电子转移机理进行亲电氟化反应的结论[22]。但是,Holm 与 Crossland 等人的工作却表明格氏试剂也可以进行 S_N2 反应[135],而 Yamataka 小组则发现单电子转移在金属锂试剂的反应中也十分普遍[136]。Yamataka 小组进一步分析认为:金属镁试剂发生亲核反应时,单电子转移后的自由基结合是反应的决速步;而金属锂试剂进行亲核反应时,单电子转移为反应的决速步[136]。综合上述研究结果,对于金属锂试剂与 N-F 试剂反应后没有得到氟化产物可以得出一个相对合理的解释:在金属锂试剂的亲电氟化反应中,单电子转移发生在反应过渡态前期(主要特征为反应物状态),产生的氟原子自由基与周围溶剂的反应速率要远大于其与锂试剂的反应速率,因此就没有所期待的氟代产物的生成[134a,137]。

在亲核 S_N2 取代机理的研究方面,Differding 研究小组的工作很具有代表性[138]。他们希望通过分子内双键对单电子转移产生的自由基进行捕获来验证反应机理,因此设计合成了 6-烯基烯醇钾盐作为底物与一系列 N-F 亲电试剂进行反应。如式 131 所示:这些反应只生成了单氟和二氟代产物,并没有观察到双键自由基关环产物。据此他们认为:这类反应是以 S_N2 取代机理进行的。

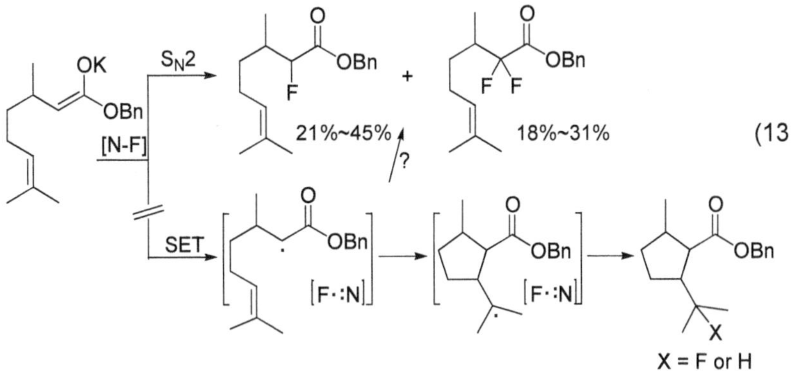

Wong 小组设计合成了更为敏感的自由基捕获剂苯基烯醇醚基环丙烷用于亲电氟化反应机理的研究[41d],其自由基开环速率高达 $2 \times 10^{11} s^{-1}$。在 NFSI 与自由基捕获剂的反应产物中,如预期那样观测到了少量开环重排产物,这说明反应中确实存在着 SET 反应历程。而 Selectfluor 与自由基捕获剂的反应则单一地生成亲电氟化产物,并没有得到开环重排产物(式 132)。这一实验现象是否

可以说明 Selectfluor 是以 S_N2 取代机理来进行亲电氟化反应的？

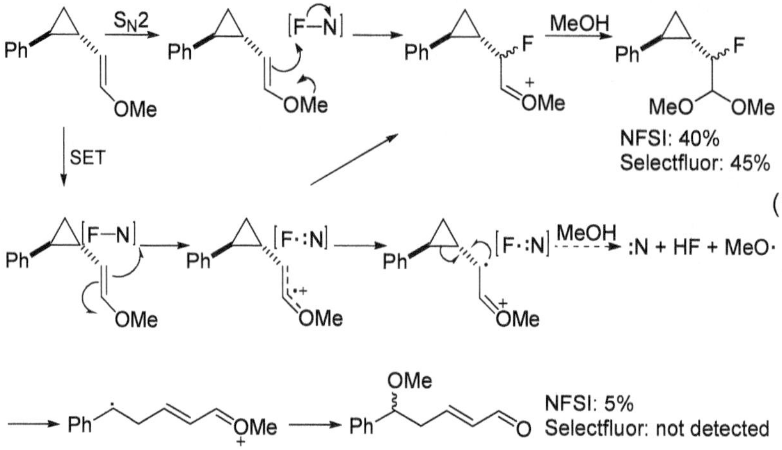

$$\text{(132)}$$

大量实验事实表明：Selecfluor 在亲电氟化反应中存在着明显的 SET 历程。2,2,6,6-四甲基哌啶氧自由基能够完全抑制 Selecfluor 与三乙酰基葡萄糖烯的亲电氟化反应，而且还可以非常迅速地直接与 Selecfluor 进行反应[41d]。利用电喷雾离子质谱技术 (ESI-MS) 对 Selectfluor 与三苯基乙烯或四苯基乙烯的反应进行跟踪监测，可以明显观察到三(四)苯基乙烯自由基阳离子以及其与氟自由基结合后生成的氟代苯基乙烷阳离子的存在 (式 133)[139]。

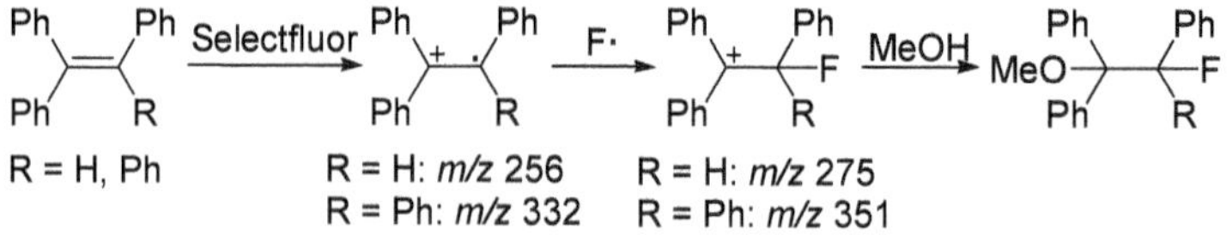

$$\text{(133)}$$

综合上述研究结果可以认为：Selectfluor 其实主要还是通过单电子转移机理来进行亲电氟化反应的。与 N-F 吡啶盐类和磺酸酰 N-F 试剂不同，Selectfluor 分子中没有可以稳定氟原子自由基的 π-电子。因此，单电子转移生成的高度活泼的氟原子自由基马上与亲核试剂自由基结合，以至于很难被探测到。分子动力学计算表明：Selectfluor 亲电氟化反应中产生的自由基中间体的寿命仅为 3×10^{-15} s[117a]，比苯基烯醇醚基环丙烷开环所需时间要整整短 1000 倍左右。因此，观察不到环丙烷开环重排产物[137]。

由于缺乏对急速反应 (反应速率大于分子扩散速率) 的研究检测手段，目前对于亲电氟化反应具体机理还不是很清楚。考虑到氟原子的强电负性以及 N-F 试剂的强氧化性，单电子转移机理可能是一种比较合理的解释。但是，也不能完全排除 S_N2 亲核机理或者是两者兼有。在绝大多数的反应中，体系发生单电子转移后，氟原子自由基与电子给体自由基结合速率非常快，远快于经典自由基反应中的底物翻转消旋或重排反应速率。因此，N-F 亲电氟化试剂在表观上是可以通过亲核 S_N2 机理进行反应的。正是由于同样的原因，不对称亲电氟化反应才能够顺利进行。

5　N-F 试剂亲电氟化反应实例

例　一

2-脱氧-2-氟-3,5-二-O-(三异丙基硅基)-D-核糖酸-1,4-内酯的合成[31]

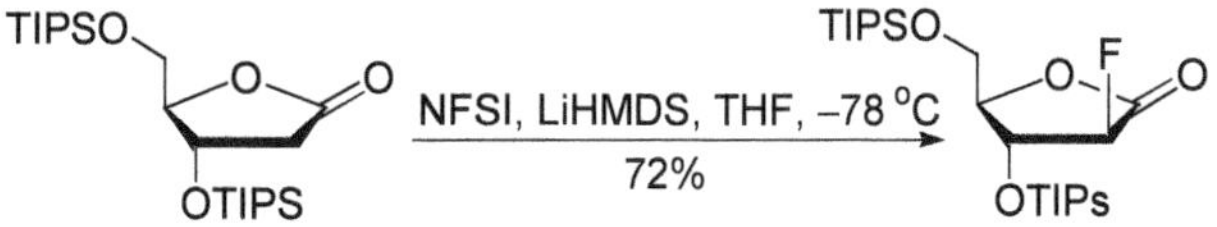

$$\text{TIPSO-} \underset{\text{OTIPS}}{\text{lactone}} \xrightarrow[72\%]{\text{NFSI, LiHMDS, THF, } -78\,^\circ\text{C}} \text{TIPSO-} \underset{\text{OTIPS}}{\text{lactone-F}} \quad (134)$$

将 2-脱氧-3,5-二-O-(三异丙基硅基)-D-核糖酸-1,4-内酯 (2.00 g, 4.50 mmol) 和 NFSI (2.13 g, 6.75 mmol) 的干燥 THF 溶液 (20 mL) 加入到 100 mL 烤干的圆底反应瓶中。冷却至 –78 °C 后，缓慢滴加 LiHMDS (1.0 mol/L, 5.8 mL, 5.80 mmol)，10 min 滴加完毕。保持 –78 °C 反应 1 h，加入饱和 NH_4Cl 水溶液淬灭反应。体系自然升至室温后分液，水相用乙酸乙酯 (3 × 10 mL) 萃取。合并的有机相依次用 $NaHCO_3$ 水溶液、水和盐水洗涤。在 Na_2SO_4 干燥后蒸去溶剂，残留物经硅胶柱色谱纯化 (正己烷-乙酸乙酯，20:1) 得到白色固体产物 (1.5 g, 72%)，熔点 38~39 °C。

例　二

2,3,4,6-四-O-苄基-D-氟代葡萄糖[41a]

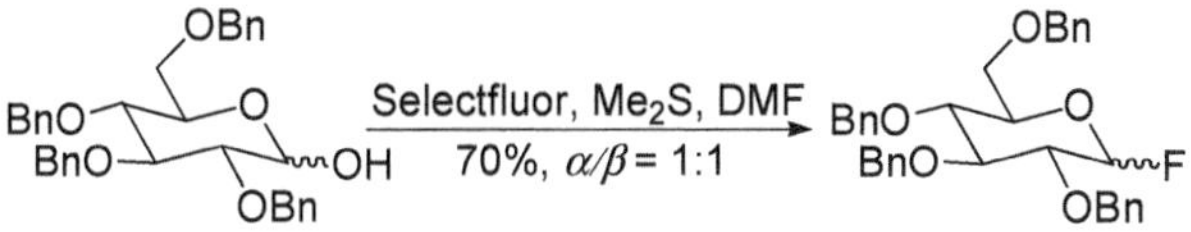

$$\underset{\text{OBn}}{\text{BnO-sugar-OH}} \xrightarrow[70\%,\ \alpha/\beta=1:1]{\text{Selectfluor, Me}_2\text{S, DMF}} \underset{\text{OBn}}{\text{BnO-sugar-F}} \quad (135)$$

将 2,3,4,6-四-O-苄基-D-葡萄糖 (37 mg, 0.07 mmol) 溶于干燥的 DMF/Me_2S 混合溶剂 (1:1, 3 mL) 中，加入 Selectfluor (73 mg, 0.21 mmol)。反应 5 min 后，体系用乙酸乙酯稀释 (50 mL)，所得溶液依次用水和食盐水洗。溶液经 $MgSO_4$

干燥后蒸去溶剂，得到的残留物经硅胶柱色谱纯化 (正己烷-乙酸乙酯，10:1) 得到产品 (26 mg, 70%)，并回收部分原料。

例 三

(4R,5S)-(+)-(5-苄氧基-(2R)-氟-3-(E)-戊烯酸酰基)-4-甲基-5-苯基-2-噁唑啉酮的合成[92a]

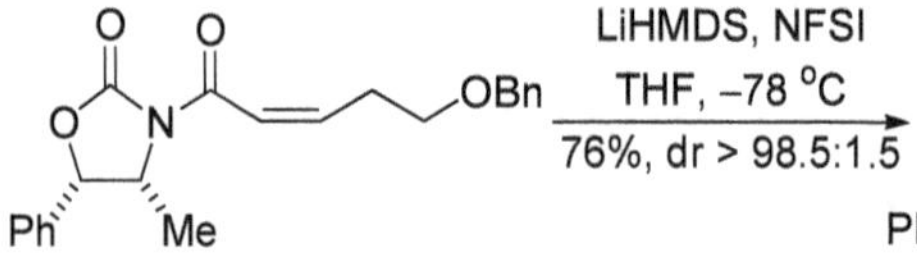

$$\text{(136)}$$

在 −78 ℃ 条件下，将 LiHMDS (3.1 mL, 3.1 mmol, 1.0 mol/L 己烷溶液) 加入到噁唑啉酮 (0.92 g, 2.6 mmol) 的 THF (15 mL) 溶液中。保持在 −78 ℃ 反应 1 h 后，滴加 NFSI (1.99 g, 2.6 mmol) 的 THF (5 mL) 溶液。滴加完毕后，保持体系在 −78 ℃ 再反应 2 h。然后，在低温条件下，加入饱和 NH_4Cl 水溶液淬灭反应。体系自然升至室温后分液，水相用 Et_2O (2 × 20 mL) 萃取。合并的有机相依次用饱和 KI 水溶液 (10 mL)、$Na_2S_2O_3$ 水溶液 (10 mL) 和食盐水洗。溶液经 $MgSO_4$ 干燥后蒸去溶剂，得到的残留物经硅胶柱色谱纯化 (正己烷-乙酸乙酯，9:1) 得到黄色油状产品 (0.732 g, 76%)，$[\alpha]_D^{20}$ = 4.3 (c 0.01, $CHCl_3$)。

例 四

(R)-3-(2-氟-2-苯基乙酰基)-2-噻唑烷酮的合成[121]

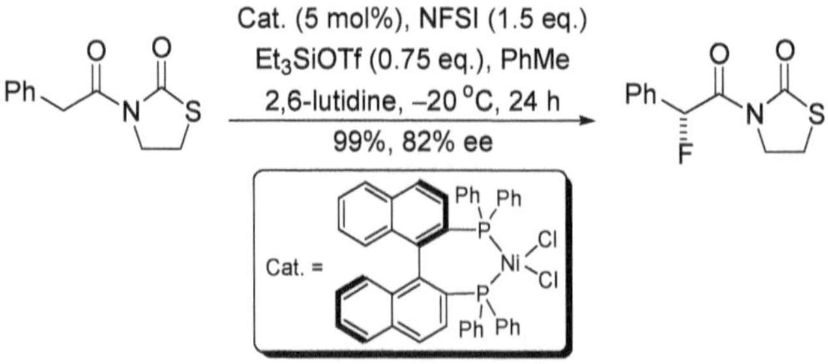

$$\text{(137)}$$

在 −20 ℃ 和干燥氮气保护下，向装有 3-(2-苯基乙酰基)-2-噻唑烷酮 (22 mg, 0.1 mmol)、镍催化剂 (3.8 mg, 0.005 mmol, 5 mol%) 和 NFSI (47.4 mg, 0.15 mmol) 的干燥反应管中依次加入甲苯 (0.1 mL) 和 TESOTf (15 μL, 0.75 eq.)。搅拌反应 10 min，之后再滴加入 2,6-二甲基吡啶 (18 μL, 0.15 mmol)。保持在 −20 ℃ 反

应 24 h 后，向体系中加入饱和氯化钠水溶液淬灭反应。分液后的水相用乙酸乙酯萃取 (3 × 5 mL)，合并的有机相用盐水洗。溶液经 $MgSO_4$ 干燥后蒸去溶剂，生成的残留物经硅胶柱色谱纯化 (正己烷-氯仿-乙酸乙酯，5:1:1) 得到白色固体 (23 mg, 99%,)，$[\alpha]_D^{20}$ = –92.1 (c 1.0, $CHCl_3$, 82% ee)。

例　五

(S)-(2-氟-3-丁炔)苯的合成[126]

$$\underset{Bn}{\overset{O}{\underset{H}{\bigvee}}} + \underset{COCH_3}{\overset{MeO}{\underset{MeO}{\bigvee}}}\overset{O}{\underset{N_2}{P}} \xrightarrow[56\%,\ 95\%\ ee]{NFSI,\ Cat.\ (1\ mol\%)\ MeOH,\ K_2CO_3} \underset{Bn}{\overset{F}{\bigvee}} \quad (138)$$

Cat. = (二苯基吡咯烷-OTMS 催化剂结构)

将 3-苯基丙醛 (30 mg, 0.22 mmol) 和催化剂 (1.2 mg, 0.002 mmol) 溶于甲基叔丁基醚 (0.4 mL)。生成的混合物在室温下搅拌反应 10 min 后，加入 NFSI (63 mg, 0.2 mmol)。室温反应 5 h 后，再依次加入 MeOH (4.5 mL)、重氮膦酸酯 (0.26 mmol, 1.32 eq.) 和 K_2CO_3 (0.53 mmol, 2.64 eq)。反应体系在室温下继续反应 18 h 后，继而加入戊烷稀释。生成的混合物经短硅胶柱过滤 (乙醚-戊烷，1:1，100 mL)，滤液经小心除去溶剂后 (产物易挥发)，再次经硅胶柱色谱纯化 [先用戊烷淋洗，再用乙醚-戊烷 (98:2) 淋洗] 得到黄色油状产物 (17 mg, 56%, 95% ee)，$[\alpha]_D^{25}$ = +1.30 (c 0.46, $CHCl_3$)。

6　参考文献

[1] O'Hagan, D. *Chem. Soc. Rev.* **2008**, *37*, 308.
[2] (a) Kirsch, P. *Modern fluoroorganic chemistry: Synthesis, reactivity, applications.* Wiley-VCH Verlag GmbH: 2004. (b) Banks, R.; Smart, B.; Tatlow, J. *Organofluorine chemistry: principles and commercial applications.* Plenum Publishing Corporation: 1994. (c) Chambers, R. *Fluorine in organic chemistry.* Blackwell Publishing: 2004; (d) Uneyama, K. *Organofluorine chemistry.* Wiley-Blackwell: 2006.
[3] (a) Wilkinson, J. A. *Chem. Rev.* **1992**, *92*, 505. (b) Singh, R. P.; Shreeve, J. M. *Synthesis* **2002**, 2561. (c) Singh, R. P.; Meshri, D. T.; Shreeve, J. M. *Advances in Organic Synthesis* **2006**, *2*, 291.
[4] Hutchinson, J.; Sandford, G. *Elemental Fluorine in Organic Chemistry.* 1997, pp 1-43.
[5] Rozen, S. *Chem. Rev.* **1996**, *96*, 1717.
[6] (a) Singh, R. P.; Shreeve, J. M. *Acc. Chem. Res.* **2003**, *37*, 31. (b) Lal, G. S.; Pez, G. P.; Syvret, R. G.

[7] Differding, E.; Ofner, H. *Synlett* **1991**, 187.
[8] Banks, R. E.; Khazaei, A. *J. Fluorine Chem.* **1990**, *46*, 297.
[9] (a) Hart, J. J.; Syvret, R. G. *J. Fluorine Chem.* **1999**, *100*, 157. (b) Banks, R. E.; Besheesh, M. K.; Mohialdin-Khaffaf, S. N.; Sharif, I. *J. Chem. Soc., Perkin Trans. 1* **1996**, 2069. (c) Banks, R. E.; Sharif, I.; Pritchard, R. G. *Acta Crystallogr. Sect. C: Cryst. Struct. Commun.* **1993**, *49*, 492.
[10] (a) Umemoto, T.; Harasawa, K.; Tomizawa, G.; Kawada, K.; Tomita, K. *Bull. Chem. Soc. Jpn.* **1991**, *64*, 1081. (b) Umemoto, T.; Tomita, K. *Tetrahedron Lett.* **1986**, *27*, 3271.
[11] (a) Umemoto, T.; Tomizawa, G. *J. Org. Chem.* **1989**, *54*, 1726. (b) Van Der Puy, M. *Tetrahedron Lett.* **1987**, *28*, 255.
[12] Purrington, S. T.; Jones, W. A. *J. Org. Chem.* **1983**, *48*, 761.
[13] (a) Simmons, T. C.; Hoffmann, F. W.; Beck, R. B.; Holler, H. V.; Katz, T.; Koshar, R. J.; Larsen, E. R.; Mulvaney, J. E.; Paulson, K. E.; Rogers, F. E.; Singleton, B.; Sparks, R. E. *J. Am. Chem. Soc.* **1957**, *79*, 3429. (b) Banks, R. E.; Ginsberg, A. E.; Haszeldine, R. N. *J. Chem. Soc.* **1961**, 1740. (c) Banks, R. E.; Cheng, W. M.; Haszeldine, R. N. *J. Chem. Soc.* **1962**, 3407.
[14] Abdul-Ghani, M.; Banks, E. R.; Besheesh, M. K.; Sharif, I.; Syvret, R. G. *J. Fluorine Chem.* **1995**, *73*, 255.
[15] (a) Chambers, R. D.; Kenwright, A. M.; Parsons, M.; Sandford, G.; Moilliet, J. S. *J. Chem. Soc., Perkin Trans. 1* **2002**, 2190. (b) Chambers, R. D.; Parsons, M.; Sandford, G.; Bowden, R. *Chem. Commun.* **2000**, 959.
[16] DesMarteau, D. D.; Xu, Z. Q.; Witz, M. *J. Org. Chem.* **1992**, *57*, 629.
[17] Qiu, S.; Xu, T.; Zhou, J.; Guo, Y.; Liu, G. *J. Am. Chem. Soc.* **2010**, *132*, 2856.
[18] (a) Lu, B.; Fu, C.; Ma, S. *Org. Biomol. Chem.* **2010**, *8*, 274. (b) He, G.; Fu, C.; Ma, S. *Tetrahedron* **2009**, *65*, 8035; (c) Zhou, C.; Li, J.; Lu, B.; Fu, C.; Ma, S. *Org. Lett.* **2008**, *10*, 581.
[19] Fu, W.; Zou, G.; Zhu, M.; Hong, D.; Deng, D.; Xun, C.; Ji, B. *J. Fluorine Chem.* **2009**, *130*, 996.
[20] (a) Stavber, S.; Zupan, M. *Synlett* **1996**, 693. (b) Zupan, M.; Iskra, J.; Stavber, S. *J. Org. Chem.* **1995**, *60*, 259.
[21] Umemoto, T.; Tomizawa, G. *J. Org. Chem.* **1995**, *60*, 6563.
[22] Umemoto, T.; Fukami, S.; Tomizawa, G.; Harasawa, K.; Kawada, K.; Tomita, K. *J. Am. Chem. Soc.* **1990**, *112*, 8563.
[23] (a) Bulman Page, P. C.; Hussain, F.; Maggs Paul Morgan, J. L.; Kevin Park, B. *Tetrahedron* **1990**, *46*, 2059. (b) Ali, H.; Rousseau, J.; van Lier, J. E. *J. Med. Chem.* **1993**, *36*, 3061.
[24] Hodson, H. F.; Madge, D. J.; Slawin, A. N. Z.; Widdowson, D. A.; Williams, D. J. *Tetrahedron* **1994**, *50*, 1899.
[25] (a) Takeuchi, Y.; Tarui, T.; Shibata, N. *Org. Lett.* **2000**, *2*, 639. (b) Baudoux, J.; Salit, A.-F.; Cahard, D.; Plaquevent, J.-C. *Tetrahedron Lett.* **2002**, *43*, 6573.
[26] Shibata, N.; Tarui, T.; Doi, Y.; Kirk, K. L. *Angew. Chem., Int. Ed.* **2001**, *40*, 4461.
[27] (a) Barnette, W. E. *J. Am. Chem. Soc.* **1984**, *106*, 452. (b) Differding, E.; Lang, R. W. *Helv. Chim. Acta* **1989**, *72*, 1248. (c) Differding, E.; Rüegg, G. M.; Lang, R. W. *Tetrahedron Lett.* **1991**, *32*, 1779. (d) Takeuchi, Y.; Liu, Z.; Satoh, A.; Shiragami, T.; Shibata, N. *Chem. Pharm. Bull.* **1999**, *47*, 1730. (e) Takeuchi, Y.; Liu, Z.; Suzuki, E.; Shibata, N.; Kirk, K. L. *J. Fluorine Chem.* **1999**, *97*, 65.
[28] (a) Davis, F. A.; Han, W.; Murphy, C. K. *J. Org. Chem.* **1995**, *60*, 4730. (b) McAtee, J. J.; Schinazi, R. F.; Liotta, D. C. *J. Org. Chem.* **1998**, *63*, 2161.
[29] Resnati, G.; DesMarteau, D. D. *J. Org. Chem.* **1991**, *56*, 4925.
[30] (a) Davis, F. A.; Han, W. *Tetrahedron Lett.* **1992**, *33*, 1153. (b) Davis, F. A.; Kasu, P. V. N. *Tetrahedron Lett.* **1998**, *39*, 6135.

[31] Cen, Y.; Sauve, A. A. *J. Org. Chem.* **2009**, *74*, 5779.
[32] Poss, A. J.; Shia, G. A. *Tetrahedron Lett.* **1995**, *36*, 4721.
[33] Yang, H.; Xu, B.; Hammond, G. B. *Org. Lett.* **2008**, *10*, 5589.
[34] Abad, A.; Agulló, C.; Cuñat, A. C.; Pardo, D. *Tetrahedron Lett.* **2003**, *44*, 1899.
[35] Tozer, M. J.; Herpin, T. F. *Tetrahedron* **1996**, *52*, 8619.
[36] Banks, R. E.; Lawrence, N. J.; Popplewell, A. L. *J. Chem. Soc., Chem. Commun.* **1994**, 343.
[37] (a) Castro, J. L.; Collins, I.; Russell, M. G. N.; Watt, A. P.; Sohal, B.; Rathbone, D.; Beer, M. S.; Stanton, J. A. *J. Med. Chem.* **1998**, *41*, 2667. (b) Hoffman, R. V.; Tao, J. *J. Org. Chem.* **1998**, *64*, 126. (c) Okonya, J. F.; Johnson, M. C.; Hoffman, R. V. *J. Org. Chem.* **1998**, *63*, 6409. (d) Solladié-Cavallo, A.; Jierry, L.; Norouzi-Arasi, H.; Tahmassebi, D. *J. Fluorine Chem.* **2004**, *125*, 1371. (e) Wachtmeister, J.; Björn, C.; Bertil, S.; Kvarnström, I. *Tetrahedron* **1997**, *53*, 1861.
[38] Dauben, W. G.; Greenfield, L. *J. Org. Chem.* **1992**, *57*, 1597.
[39] Poss, A. J.; Shia, G. A. *Tetrahedron Lett.* **1999**, *40*, 2673.
[40] Umemoto, T.; Kawada, K.; Tomita, K. *Tetrahedron Lett.* **1986**, *27*, 4465.
[41] (a) Burkart, M. D.; Zhang, Z.; Hung, S.-C.; Wong, C.-H. *J. Am. Chem. Soc.* **1997**, *119*, 11743. (b) Albert, M.; Dax, K.; Ortner, J. *Tetrahedron* **1998**, *54*, 4839. (c) Dax, K.; Albert, M.; Ortner, J.; Paul, B. J. *Curr. Org. Chem.* **1999**, *3*, 287. (d) Vincent, S. P.; Burkart, M. D.; Tsai, C.-Y.; Zhang, Z.; Wong, C.-H. *J. Org. Chem.* **1999**, *64*, 5264. (e) Francisco, C. G.; Gonzalez, C. C.; Paz, N. R.; Suarez, E. *Org. Lett.* **2003**, *5*, 4171.
[42] Lal, G. S.; Pastore, W.; Pesaresi, R. *J. Org. Chem.* **1995**, *60*, 7340.
[43] (a) Purrington, S. T.; Jones, W. A. *J. Fluorine Chem.* **1984**, *26*, 43. (b) Poss, A. J.; Van der Puy, M.; Nalewajek, D.; Shia, G. A.; Wagner, W. J.; Frenette, R. L. *J. Org. Chem.* **1991**, *56*, 5962. (c) Banks, R. E.; Boisson, R. A. D.; Morton, W. D.; Tsiliopoulos, E. *J. Chem. Soc., Perkin Trans. 1* **1988**, 2805. (d) Banks, R. E.; Mohialdin-Khaffaf, S. N.; Lal, G. S.; Sharif, I.; Syvret, R. G. *J. Chem. Soc., Chem. Commun.* **1992**, 595.
[44] Ying, W.; DesMarteau, D. D.; Gotoh, Y. *Tetrahedron* **1996**, *52*, 15.
[45] Peng, W.; Shreeve, J. M. *J. Org. Chem.* **2005**, *70*, 5760.
[46] Pravst, I.; Zupan, M.; Stavber, S. *Synthesis* **2005**, 3140.
[47] Verniest, G.; Van Hende, E.; Surmont, R.; De Kimpe, N. *Org. Lett.* **2006**, *8*, 4767.
[48] Surmont, R.; Verniest, G.; Colpaert, F.; Macdonald, G.; Thuring, J. W.; Deroose, F.; De Kimpe, N. *J. Org. Chem.* **2009**, *74*, 1377.
[49] (a) Stavber, S.; Jereb, M.; Zupan, M. *Chem. Commun.* **2000**, 1323. (b) Stavber, S.; Jereb, M.; Zupan, M. *Synthesis* **2002**, 2609.
[50] Xu, Z.-Q.; DesMarteau, D. D.; Gotoh, Y. *J. Chem. Soc., Chem. Commun.* **1991**, 179.
[51] (a) Adachi, K.; Ohira, Y.; Tomizawa, G.; Ishihara, S.; Oishi, S. *J. Fluorine Chem.* **2003**, *120*, 173. (b) Umemoto, T.; Nagayoshi, M.; Adachi, K.; Tomizawa, G. *J. Org. Chem.* **1998**, *63*, 3379.
[52] (a) Baur, M. A.; Riahi, A.; Hénin, F.; Muzart, J. *Tetrahedron: Asymmetry* **2003**, *14*, 2755. (b) Ge, P.; Kirk, K. L. *J. Fluorine Chem.* **1997**, *84*, 45. (c) Ge, P.; Kirk, K. L. *J. Org. Chem.* **1997**, *62*, 3340.
[53] Banks, R. E. *J. Fluorine Chem.* **1998**, *87*, 1.
[54] Xiao, J.-C.; Shreeve, J. M. *J. Fluorine Chem.* **2005**, *126*, 473.
[55] (a) de Silva, S. O.; Reed, J. N.; Billedeau, R. J.; Wang, X.; Norris, D. J.; Snieckus, V. *Tetrahedron* **1992**, *48*, 4863. (b) Snieckus, V.; Beaulieu, F.; Mohri, K.; Han, W.; Murphy, C. K.; Davis, F. A. *Tetrahedron Lett.* **1994**, *35*, 3465. (c) Nie, J.-y.; Kirk, K. L. *J. Fluorine Chem.* **1995**, *74*, 297. (d) Hayakawa, Y.; Singh, M.; Shibata, N.; Takeuchi, Y.; Kirk, K. L. *J. Fluorine Chem.* **1999**, *97*, 161. (e) Boger, D. L.; Brunette, S. R.; Garbaccio, R. M. *J. Org. Chem.* **2001**, *66*, 5163. (f) Hashimoto, H.; Imamura, K.; Haruta, J.-i.; Wakitani, K. *J. Med. Chem.* **2002**, *45*, 1511.
[56] (a) Duerr, B. F.; Chung, Y. S.; Czarnik, A. W. *J. Org. Chem.* **1988**, *53*, 2120. (b) Cabrera, I.; Appel, W.

K. *Tetrahedron* **1995**, *51*, 10205.
[57] (a) Lee, S. H.; Schwartz, J. *J. Am. Chem. Soc.* **1986**, *108*, 2445. (b) Lee, S.-H.; Riediker, M.; Schwartz, J. *Bull. Korean Chem. Soc.* **1998**, *19*, 760. (c) Steenis, J. H. v.; Gen, A. v. d. *J. Chem. Soc., Perkin Trans. 1* **2002**, 2117.
[58] (a) Matthews, D. P.; Miller, S. C.; Jarvi, E. T.; Sabol, J. S.; McCarthy, J. R. *Tetrahedron Lett.* **1993**, *34*, 3057; (b) Furuya, T.; Strom, A. E.; Ritter, T. *J. Am. Chem. Soc.* **2009**, *131*, 1662.
[59] Petasis, N. A.; Yudin, A. K.; Zavialov, I. A.; Prakash, G. K. S.; Olah, G. A. *Synlett* **1997**, 606.
[60] Cazorla, C.; Métay, E.; Andrioletti, B.; Lemaire, M. *Tetrahedron Lett.* **2009**, *50*, 3936.
[61] Ramírez, J.; Fernandez, E. *Synthesis* **2005**, 1698.
[62] (a) Gouverneur, V.; Greedy, B. *Chem. Eur. J.* **2002**, *8*, 766. (b) Tredwell, M.; Gouverneur, V. *Org. Biomol. Chem.* **2006**, *4*, 26. (c) Carroll, L.; McCullough, S.; Rees, T.; Claridge, T. D. W.; Gouverneur, V. *Org. Biomol. Chem.* **2008**, *6*, 1731.
[63] Banks, R. E.; Du Boisson, R. A.; Tsiliopoulos, E. *J. Fluorine Chem.* **1986**, *32*, 461.
[64] Greedy, B.; Gouverneur, V. *Chem. Commun.* **2001**, 233.
[65] Thibaudeau, S.; Gouverneur, V. *Org. Lett.* **2003**, *5*, 4891.
[66] Wilkinson, S. C.; Lozano, O.; Schuler, M.; Pacheco, M. C.; Salmon, R.; Gouverneur, V. *Angew. Chem., Int. Ed.* **2009**, *48*, 7083.
[67] Pacheco, M. C.; Gouverneur, V. *Org. Lett.* **2005**, *7*, 1267.
[68] (a) Tredwell, M.; Tenza, K.; Pacheco, M. C.; Gouverneur, V. *Org. Lett.* **2005**, *7*, 4495. (b) Giuffredi, G.; Bobbio, C.; Gouverneur, V. *J. Org. Chem.* **2006**, *71*, 5361. (c) Giuffredi, G. T.; Purser, S.; Sawicki, M.; Thompson, A. L.; Gouverneur, V. *Tetrahedron: Asymmetry* **2009**, *20*, 910. (d) Lam, Y.-h.; Bobbio, C.; Cooper, Ian R.; Gouverneur, V. *Angew. Chem., Int. Ed.* **2007**, *46*, 5106.
[69] Purser, S.; Wilson, C.; Moore, P. R.; Gouverneur, V. *Synlett* **2007**, 1166.
[70] Wang, Y.; Lugtenburg, J. *Eur. J. Org. Chem.* **2004**, *2004*, 5100.
[71] McClinton, M. A.; Sik, V. *J. Chem. Soc., Perkin Trans. 1* **1992**, 1891-1895.
[72] Peng, W.; Shreeve, J. M. *Tetrahedron Lett.* **2005**, *46*, 4905.
[73] (a) Kotoris, C. C.; Chen, M.-J.; Taylor, S. D. *J. Org. Chem.* **1998**, *63*, 8052. (b) Chen, M.-J.; Taylor, S. D. *Tetrahedron Lett.* **1999**, *40*, 4149.
[74] (a) Caille, J.-C.; Miel, H.; Armstrong, P.; McKervey, M. A. *Tetrahedron Lett.* **2004**, *45*, 863. (b) Arnone, A.; Bravo, P.; Frigerio, M.; Salani, G.; Viani, F.; Zanda, M.; Zappalà, C. *J. Fluorine Chem.* **1997**, *84*, 79.
[75] Wnuk, S. F.; Rios, J. M.; Khan, J.; Hsu, Y.-L. *J. Org. Chem.* **2000**, *65*, 4169.
[76] (a) Wnuk, S. F.; Robins, M. J. *J. Am. Chem. Soc.* **1996**, *118*, 2519. (b) Wnuk, S. F.; Bergolla, L. A.; Garcia, P. I. *J. Org. Chem.* **2002**, *67*, 3065.
[77] (a) Hill, B.; Liu, Y.; Taylor, S. D. *Org. Lett.* **2004**, *6*, 4285. (b) Blackburn, G. M.; Turkmen, H. *Org. Biomol. Chem.* **2005**, *3*, 225. (c) Navidpour, L.; Lu, W.; Taylor, S. D. *Org. Lett.* **2006**, *8*, 5617.
[78] (a) Lal, G. S. *J. Org. Chem.* **1993**, *58*, 2791. (b) Annedi, S. C.; Li, W.; Samson, S.; Kotra, L. P. *J. Org. Chem.* **2003**, *68*, 1043.
[79] Lal, G. S. *Synth. Commun.* **1995**, *25*, 725.
[80] Umemoto, T.; Tomizawa, G. *Bull. Chem. Soc. Jpn.* **1986**, *59*, 3625.
[81] Nieschalk, J.; Batsanov, A. S.; O'Hagan, D.; Howard, J. *Tetrahedron* **1996**, *52*, 165.
[82] (a) Romanenko, V. D.; Kukhar, V. P. *Chem. Rev.* **2006**, *106*, 3868. (b) Berkowitz, D. B.; Bose, M. *J. Fluorine Chem.* **2001**, *112*, 13.
[83] (a) Ruiz, M.; Ojea, V.; Quintela, J. M.; Guillin, J. J. *Chem. Commun.* **2002**, 1600. (b) Garvey, E. P.; Lowen, G. T.; Almond, M. R. *Biochemistry* **1998**, *37*, 9043.
[84] Differding, E.; Duthaler, R. O.; Krieger, A.; Rüegg, G. M.; Schmit, C. *Synlett* **1991**, 395.
[85] (a) Taylor, S. D.; Kotoris, C. C.; Dinaut, A. N.; Chen, M.-J. *Tetrahedron* **1998**, *54*, 1691. (b) Taylor, S. D.; Dinaut, A. N.; Thadani, A. N.; Huang, Z. *Tetrahedron Lett.* **1996**, *37*, 8089. (c) Vayron, P.; Renard,

P.-Y.; Valleix, A.; Mioskowski, C. *Chem. Eur. J.* **2000**, *6*, 1050.
[86] (a) Iorga, B.; Eymery, F.; Savignac, P. *Tetrahedron Lett.* **1998**, *39*, 3693. (b) Iorga, B.; Eymery, F.; Savignac, P. *Tetrahedron* **1999**, *55*, 2671. (c) Iorga, B.; Eymery, F.; Savignac, P. *Synthesis* **2000**, 576.
[87] Marma, M. S.; Khawli, L. A.; Harutunian, V.; Kashemirov, B. A.; McKenna, C. E. *J. Fluorine Chem.* **2005**, *126*, 1467.
[88] Stavber, S.; Zupan, M. *J. Chem. Soc., Chem. Commun.* **1994**, 149.
[89] Forrest, A. K.; O'Hanlon, P. J. *Tetrahedron Lett.* **1995**, *36*, 2117.
[90] Wang, J.; Scott, A. I. *J. Chem. Soc., Chem. Commun.* **1995**, 2399.
[91] (a) Davis, F. A.; Kasu, P. V. N.; Sundarababu, G.; Qi, H. *J. Org. Chem.* **1997**, *62*, 7546. (b) Less, S. L.; Handa, S.; Millburn, K.; Leadlay, P. F.; Dutton, C. J.; Staunton, J. *Tetrahedron Lett.* **1996**, *37*, 3515. (c) Less, S. L.; Leadlay, P. F.; Dutton, C. J.; Staunton, J. *Tetrahedron Lett.* **1996**, *37*, 3519. (d) Siddiqui, M. A.; Marquez, V. E.; Driscoll, J. S.; Barchi, J. J. *Tetrahedron Lett.* **1994**, *35*, 3263. (e) Edmonds, M. K.; Graichen, F. H. M.; Gardiner, J.; Abell, A. D. *Org. Lett.* **2008**, *10*, 885.
[92] (a) Davis, F. A.; Qi, H.; Sundarababu, G. *Tetrahedron* **2000**, *56*, 5303. (b) Davis, F. A.; Qi, H. *Tetrahedron Lett.* **1996**, *37*, 4345.
[93] Shi, Z.-D.; Liu, H.; Zhang, M.; Yang, D.; Burke, T. R. *Synth. Commun.* **2004**, *34*, 3883.
[94] (a) Ihara, M.; Kai, T.; Taniguchi, N.; Fukumoto, K. *J. Chem. Soc., Perkin Trans. 1* **1990**, 2357. (b) Ihara, M.; Taniguchi, N.; Kai, T.; Satoh, K.; Fukumoto, K. *J. Chem. Soc., Perkin Trans. 1* **1992**, 221.
[95] Kotoris, C. C.; Wen, W.; Lough, A.; Taylor, S. D. *J. Chem. Soc., Perkin Trans. 1* **2000**, 1271.
[96] Andrews, P. C.; Bhaskar, V.; Bromfield, K. M.; Dodd, A. M.; Duggan, P. J.; Duggan, S. A. M.; McCarthy, T. D. *Synlett* **2004**, 791.
[97] (a) Enders, D.; Faure, S.; Potthoff, M.; Runsink, J. *Synthesis* **2001**, 2307. (b) Enders, D.; Potthoff, M.; Raabe, G.; Runsink, J. *Angew. Chem., Int. Ed.* **1997**, *36*, 2362.
[98] Differding, E.; Lang, R. W. *Tetrahedron Lett.* **1988**, *29*, 6087.
[99] (a) Bobbio, C.; Gouverneur, V. *Org. Biomol. Chem.* **2006**, *4*, 2065. (b) Brunet, Vincent A.; O'Hagan, D. *Angew. Chem., Int. Ed.* **2008**, *47*, 1179. (c) Pihko, P. M. *Angew. Chem., Int. Ed.* **2006**, *45*, 544. (d) Prakash, G. K. S.; Beier, P. *Angew. Chem., Int. Ed.* **2006**, *45*, 2172. (e) Shibata, N.; Ishimaru, T.; Nakamura, S.; Toru, T. *J. Fluorine Chem.* **2007**, *128*, 469. (f) Ma, J.-A.; Cahard, D. *Chem. Rev.* **2008**, *108*, 1.
[100] (a) Davis, F. A.; Zhou, P.; Murphy, C. K. *Tetrahedron Lett.* **1993**, *34*, 3971. (b) Davis, F. A.; Zhou, P.; Murphy, C. K.; Sundarababu, G.; Qi, H.; Han, W.; Przeslawski, R. M.; Chen, B.-C.; Carroll, P. J. *J. Org. Chem.* **1998**, *63*, 2273.
[101] Takeuchi, Y.; Satoh, A.; Suzuki, T.; Kameda, A.; Dohrin, M.; Satoh, T.; Koizumi, T.; Kirk, K. L. *Chem. Pharm. Bull.* **1997**, *45*, 1085.
[102] Takeuchi, Y.; Suzuki, T.; Satoh, A.; Shiragami, T.; Shibata, N. *J. Org. Chem.* **1999**, *64*, 5708.
[103] (a) Cahard, D.; Audouard, C.; Plaquevent, J.-C.; Roques, N. *Org. Lett.* **2000**, *2*, 3699. (b) Shibata, N.; Suzuki, E.; Takeuchi, Y. *J. Am. Chem. Soc.* **2000**, *122*, 10728. (c) Cahard, D.; Audouard, C.; Plaquevent, J.-C.; Toupet, L.; Roques, N. *Tetrahedron Lett.* **2001**, *42*, 1867. (d) Shibata, N.; Suzuki, E.; Asahi, T.; Shiro, M. *J. Am. Chem. Soc.* **2001**, *123*, 7001.
[104] Baudequin, C.; Loubassou, J.-F.; Plaquevent, J.-C.; Cahard, D. *J. Fluorine Chem.* **2003**, *122*, 189.
[105] (a) Zoute, L.; Audouard, C.; Plaquevent, J.-C.; Cahard, D. *Org. Biomol. Chem.* **2003**, *1*, 1833. (b) Shibata, N.; Ishimaru, T.; Suzuki, E.; Kirk, K. L. *J. Org. Chem.* **2003**, *68*, 2494.
[106] Shibata, N.; Ishimaru, T.; Nakamura, M.; Toru, T. *Synlett* **2004**, 2509.
[107] Mohar, B.; Baudoux, J.; Plaquevent, J.-C.; Cahard, D. *Angew. Chem., Int. Ed.* **2001**, *40*, 4214.
[108] Mohar, B.; Sterk, D.; Ferron, L.; Cahard, D. *Tetrahedron Lett.* **2005**, *46*, 5029.
[109] Greedy, B.; Paris, J.-M.; Vidal, T.; Gouverneur, V. *Angew. Chem., Int. Ed.* **2003**, *42*, 3291.
[110] Wang, M.; Wang, B. M.; Shi, L.; Tu, Y. Q.; Fan, C.-A.; Wang, S. H.; Hu, X. D.; Zhang, S. Y. *Chem.*

Commun. **2005**, 5580.

[111] Baudequin, C.; Plaquevent, J.-C.; Audouard, C.; Cahard, D. *Green Chem.* **2002**, *4*, 584.
[112] Thierry, B.; Audouard, C.; Plaquevent, J.-C.; Cahard, D. *Synlett* **2004**, 856.
[113] (a) Fukuzumi, T.; Shibata, N.; Sugiura, M.; Nakamura, S.; Toru, T. *J. Fluorine Chem.* **2006**, *127*, 548. (b) Ishimaru, T.; Shibata, N.; Horikawa, T.; Yasuda, N.; Nakamura, S.; Toru, T.; Shiro, M. *Angew. Chem., Int. Ed.* **2008**, *47*, 4157.
[114] Kim, D. Y.; Park, E. J. *Org. Lett.* **2002**, *4*, 545.
[115] Park, E. J.; Kim, H. R.; Joung, C. U.; Kim, D. Y. *Bull. Korean Chem. Soc.* **2004**, *25*, 1451.
[116] Wang, X.; Lan, Q.; Shirakawa, S.; Maruoka, K. *Chem. Commun.* **2010**, *46*, 321.
[117] (a) Piana, S.; Devillers, I.; Togni, A.; Rothlisberger, U. *Angew. Chem., Int. Ed.* **2002**, *41*, 979. (b) Hintermann, L.; Togni, A. *Angew. Chem., Int. Ed.* **2000**, *39*, 4359. (c) Ibrahim, H.; Togni, A. *Chem. Commun.* **2004**, 1147. (d) Togni, A.; Mezzetti, A.; Barthazy, P.; Becker, C.; Devillers, I.; Frantz, R.; Hintermann, L.; Perseghini, M.; Sanna, M. *Chimia* **2001**, *55*, 801. (e) Frantz, R.; Hintermann, L.; Perseghini, M.; Broggini, D.; Togni, A. *Org. Lett.* **2003**, *5*, 1709. (f) Perseghini, M.; Massaccesi, M.; Liu, Y.; Togni, A. *Tetrahedron* **2006**, *62*, 7180.
[118] (a) Sodeoka, M.; Hamashima, Y. *Bull. Chem. Soc. Jpn.* **2005**, *78*, 941. (b) Ma, J.-A.; Cahard, D. *J. Fluorine Chem.* **2004**, *125*, 1357. (c) Hamashima, Y.; Yagi, K.; Takano, H.; Tamas, L.; Sodeoka, M. *J. Am. Chem. Soc.* **2002**, *124*, 14530. (d) Hamashima, Y.; Takano, H.; Hotta, D.; Sodeoka, M. *Org. Lett.* **2003**, *5*, 3225. (e) Hamashima, Y.; Sodeoka, M. *Synlett* **2006**, 1467. (f) Kim, H. R.; Kim, D. Y. *Tetrahedron Lett.* **2005**, *46*, 3115. (g) Suzuki, T.; Goto, T.; Hamashima, Y.; Sodeoka, M. *J. Org. Chem.* **2007**, *72*, 246.
[119] (a) Shibata, N.; Kohno, J.; Takai, K.; Ishimaru, T.; Nakamura, S.; Toru, T.; Kanemasa, S. *Angew. Chem., Int. Ed.* **2005**, *44*, 4204. (b) Bernardi, L.; Jorgensen, K. A. *Chem. Commun.* **2005**, 1324. (c) Shibata, N.; Ishimaru, T.; Nagai, T.; Kohno, J.; Toru, T. *Synlett* **2004**, 1703. (d) Ma, J.-A.; Cahard, D. *Tetrahedron: Asymmetry* **2004**, *15*, 1007. (e) Reddy, D, S.; Shibata, N.; Nagai, J.; Nakamura, S.; Toru, T.; Kanemasa, S. *Angew. Chem., Int. Ed.* **2008**, *47*, 164.
[120] (a) Hamashima, Y.; Suzuki, T.; Shimura, Y.; Shimizu, T.; Umebayashi, N.; Tamura, T.; Sasamoto, N.; Sodeoka, M. *Tetrahedron Lett.* **2005**, *46*, 1447. (b) Hamashima, Y.; Suzuki, T.; Takano, H.; Shimura, Y.; Tsuchiya, Y.; Moriya, K.-i.; Goto, T.; Sodeoka, M. *Tetrahedron* **2006**, *62*, 7168. (c) Kim, S. M.; Kim, H. R.; Kim, D. Y. *Org. Lett.* **2005**, *7*, 2309.
[121] Suzuki, T.; Hamashima, Y.; Sodeoka, M. *Angew. Chem., Int. Ed.* **2007**, *46*, 5435.
[122] Nakamura, S.; Hirata, N.; Yamada, R.; Kita, T.; Shibata, N.; Toru, T. *Chem. Eur. J.* **2008**, *14*, 5519.
[123] Enders, D.; Hüttl, M. R. M. *Synlett* **2005**, 991.
[124] Steiner, D. D.; Mase, N.; Barbas III, C. F. *Angew. Chem., Int. Ed.* **2005**, *44*, 3706.
[125] Marigo, M.; Fielenbach, D.; Braunton, A.; Kjærsgaard, A.; Jørgensen, K. A. *Angew. Chem., Int. Ed.* **2005**, *44*, 3703.
[126] Jiang, H.; Falcicchio, A.; Jensen, K. L.; Paixão, M. r. W.; Bertelsen, S.; Jørgensen, K. A. *J. Am. Chem. Soc.* **2009**, *131*, 7153.
[127] Beeson, T. D.; MacMillan, D. W. C. *J. Am. Chem. Soc.* **2005**, *127*, 8826.
[128] Huang, Y.; Walji, A. M.; Larsen, C. H.; MacMillan, D. W. C. *J. Am. Chem. Soc.* **2005**, *127*, 15051.
[129] Brandes, S.; Niess, B.; Bella, M.; Prieto, A.; Overgaard, J.; Jørgensen, K. A. *Chem. Eur. J.* **2006**, *12*, 6039.
[130] Paull, D. H.; Scerba, M. T.; Alden-Danforth, E.; Widger, L. R.; Lectka, T. *J. Am. Chem. Soc.* **2008**, *130*, 17260.
[131] (a) Hull, K. L.; Anani, W. Q.; Sanford, M. S. *J. Am. Chem. Soc.* **2006**, *128*, 7134. (b) Wang, X.; Mei, T.-S.; Yu, J.-Q. *J. Am. Chem. Soc.* **2009**, *131*, 7520.
[132] (a) Furuya, T.; Kaiser, Hanns M.; Ritter, T. *Angew. Chem., Int. Ed.* **2008**, *47*, 5993. (b) Furuya, T.;

Ritter, T. *Org. Lett.* **2009**, *11*, 2860.
[133] (a) Ball, N. D.; Sanford, M. S. *J. Am. Chem. Soc.* **2009**, *131*, 3796. (b) Furuya, T.; Ritter, T. *J. Am. Chem. Soc.* **2008**, *130*, 10060.
[134] (a) Bockman, T. M.; Lee, K. Y.; Kochi, J. K. *J. Chem. Soc., Perkin Trans. 2* **1992**, 1581. (b) Lee, K. Y.; Kochi, J. K. *J. Chem. Soc., Perkin Trans. 2* **1992**, 1011.
[135] Holm, T.; Crossland, I. *Acta Chem. Scand.* **1971**, *25*, 59.
[136] Yamataka, H.; Kawafuji, Y.; Nagareda, K.; Miyano, N.; Hanafusa, T. *J. Org. Chem.* **1989**, *54*, 4706.
[137] Nyffeler, P. T.; Durón, S. G.; Burkart, M. D.; Vincent, S. P.; Wong, C.-H. *Angew. Chem., Int. Ed.* **2005**, *44*, 192.
[138] (a) Differding, E.; Rüegg, G. M. *Tetrahedron Lett.* **1991**, *32*, 3815. (b) Differring, E.; Wehrli, M. *Tetrahedron Lett.* **1991**, *32*, 3819.
[139] (a) Zhang, X.; Liao, Y.; Qian, R.; Wang, H.; Guo, Y. *Org. Lett.* **2005**, *7*, 3877. (b) Zhang, X.; Wang, H.; Guo, Y. *Rapid Commun. Mass Spectrom.* **2006**, *20*, 1877.

霍夫曼重排反应

(Hofmann Rearrangement)

丛 欣

1 历史背景简述 ··· 105
2 Hofmann 重排反应的定义和机理 ·· 105
　2.1 Hofmann 重排反应的定义 ··· 106
　2.2 Hofmann 重排反应的机理 ··· 106
3 Hofmann 重排反应的条件综述 ·· 107
　3.1 碱性条件下的 Hofmann 重排反应 ··· 107
　3.2 酸性条件下的 Hofmann 重排反应 ··· 111
　3.3 中性条件 (电化学条件) 下的 Hofmann 重排反应 ································· 115
4 Hofmann 重排反应的类型综述 ·· 116
　4.1 单酰胺的 Hofmann 重排反应 ··· 116
　4.2 双酰胺的 Hofmann 重排反应 ··· 117
　4.3 酰二亚胺的 Hofmann 重排反应 ··· 118
　4.4 α-羟基酰胺的 Hofmann 重排反应 ·· 118
　4.5 α,β-不饱和酰胺的 Hofmann 重排反应 ·· 119
　4.6 α-羰基酰胺的 Hofmann 重排反应 ·· 120
　4.7 β- 或 γ-羟基酰胺的 Hofmann 重排反应 ·· 120
　4.8 脲衍生物的 Hofmann 重排反应 ··· 120
5 Hofmann 重排反应在天然产物和药物合成中的应用 ······································ 120
　5.1 生物素 (Biotin) 的合成 ·· 120
　5.2 千金藤属生物碱头花千金藤胺 (+)-Cepharamine 的合成 ······················ 121
　5.3 卷曲霉素 Capreomycin IB 的全合成 ·· 122
　5.4 抗菌抑制剂 (+)-Preussin 的全合成 ·· 122
　5.5 箭蛙毒素 (−)-Epibatidine 的全合成 ··· 122
6 Hofmann 重排反应实例 ·· 123
7 参考文献 ·· 125

1 历史背景简述

霍夫曼重排反应 (Hofmann rearrangement reaction) 是有机化学中重要的重排反应之一，它于 1881 年由德国著名化学家奥古斯特·威廉·冯·霍夫曼 (August Wilhelm von Hofmann) 所发现[1] (式 1)。

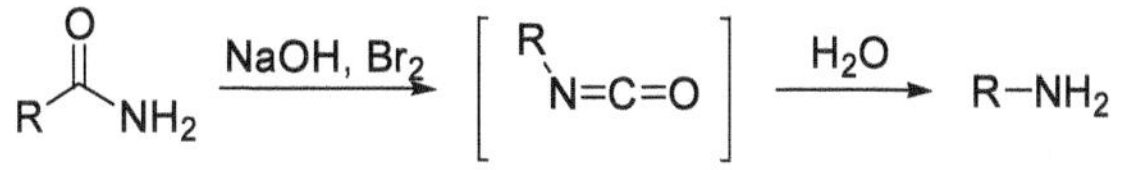

$$\underset{R}{\overset{O}{\underset{}{\parallel}}}-NH_2 \xrightarrow{NaOH, Br_2} \left[\begin{array}{c} R \\ N=C=O \end{array} \right] \xrightarrow{H_2O} R-NH_2 \quad (1)$$

Hofmann (1818-1892) 生于德国的吉森 (Gießen)，18 岁进入吉森大学学习法律。在大学学习期间，他受到化学教授李比希 (Justus von Liebig) 讲学的深深吸引而决心放弃法律专业改学化学，并成为李比希的得意学生。他跟随李比希研究的第一个课题是"煤焦油中的碱性物质"，并在 1841 年 4 月以"关于煤焦油中有机碱的化学研究"的论文获得博士学位。1843 年，霍夫曼被聘为李比希实验室的助理。1845 年，他开始研究苯胺并发现了用苯制取苯胺的方法，为煤焦油的综合利用开辟了道路。同年，他被聘为波恩大学讲师主讲农艺化学。在波恩工作不到一年，霍夫曼就被英国皇家化学学院聘为教授，任职将近 20 年直到 1864 年。在此期间，他于 1858 年在使用四氯化碳处理粗苯胺时发现并制取了碱性品红染料；于 1860 年又制成了苯胺蓝，他合成的紫色染料在当时被称为"霍夫曼紫"。1865 年，霍夫曼回到德国柏林大学化学接替 Mitscherlich 教授逝世后的职位。他在任职后改建了柏林大学的化学实验室，并在实验室里为德国培养了一大批化学新秀。此外，霍夫曼还发现了二苯肼 (1863 年)、二苯胺 (1864 年)、异腈 (1866 年) 和甲醛 (1867 年)，他研究了芥子油和芥子素，并发现了苯基芥子油。

霍夫曼一生著述极多，除研究论文外还著有《现代化学概论》和《柏林的炼金家和化学家》等化学研究和化学史方面的著作。

2 Hofmann 重排反应的定义和机理

Hofmann 重排反应于 1881 年首次被发现，至今已有很多有机化学家对其机理和反应条件进行了彻底深入的研究。通过不断地对经典 Hofmann 重排反应的试剂及条件进行改进和优化，已发展出了一大批温和、高效、绿色的反应条件及试剂，使 Hofmann 重排反应得到了广泛应用[2~4]。

2.1 Hofmann 重排反应的定义

Hofmann 重排反应是指伯酰胺在次卤酸的作用下，经异氰酸中间体转变成为少一个碳原子 (羰基) 伯胺的反应，因此又被称之为 Hofmann 降解反应。这一反应以其发现者霍夫曼 (Hofmann) 命名，也被称之为霍夫曼反应 (Hofmann reaction)。

Hofmann 重排反应的过程如下：将溴和氢氧化钠混合后部分生成次溴酸钠，伯酰胺在次溴酸钠作用下转化为中间产物异氰酸酯。异氰酸酯经水解后放出二氧化碳，同时生成比反应物少一个羰基的伯胺。如式 2 所示：具有光学活性的基团在 Hofmann 重排后构型不变[1]。

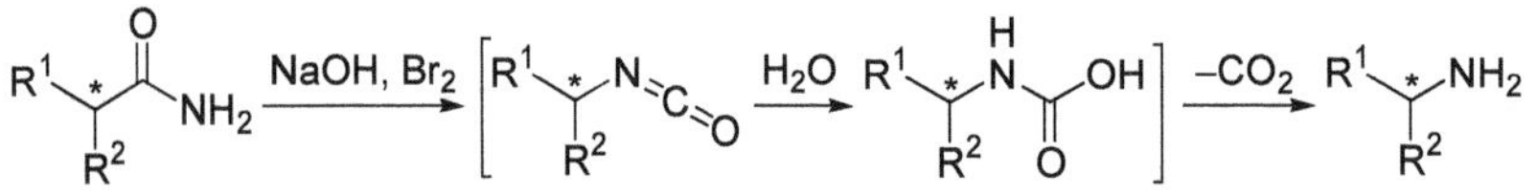

$$\underset{R^2}{\overset{R^1}{\ast}}\!\!\!-\!\!C(=\!O)NH_2 \xrightarrow{NaOH, Br_2} \left[\underset{R^2}{\overset{R^1}{\ast}}\!\!\!-\!\!N\!\!=\!\!C\!\!=\!\!O \xrightarrow{H_2O} \underset{R^2}{\overset{R^1}{\ast}}\!\!\!-\!\!NH\!-\!C(=\!O)OH \right] \xrightarrow{-CO_2} \underset{R^2}{\overset{R^1}{\ast}}\!\!\!-\!\!NH_2 \quad (2)$$

2.2 Hofmann 重排反应的机理

经典的霍夫曼重排反应机理如式 3 所示：首先，酰胺在等摩尔的卤素和碱作用下形成氮-卤取代酰胺。然后，氮-卤取代酰胺在碱的作用下脱去质子，生成非常不稳定的盐。接着，通过鎓阴离子过渡态迅速重排得到中间产物异氰酸酯[5~12]，最后与水或醇反应生成相应的 Hofmann 重排产物。

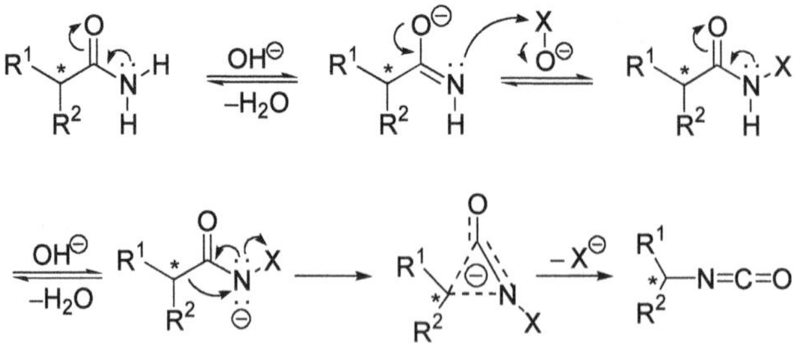

$$(3)$$

如式 4~式 6 所示：Hofmann 重排反应机理非常类似于 Curtius 重排和 Lossen 重排[13,14]。

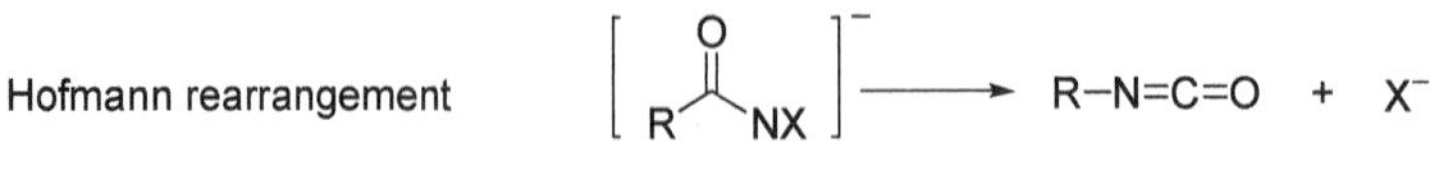

$$\text{Hofmann rearrangement} \quad \left[\underset{R}{\overset{O}{\|}}\!\!\!-\!\!NX \right]^{-} \longrightarrow R\!-\!N\!\!=\!\!C\!\!=\!\!O + X^{-} \quad (4)$$

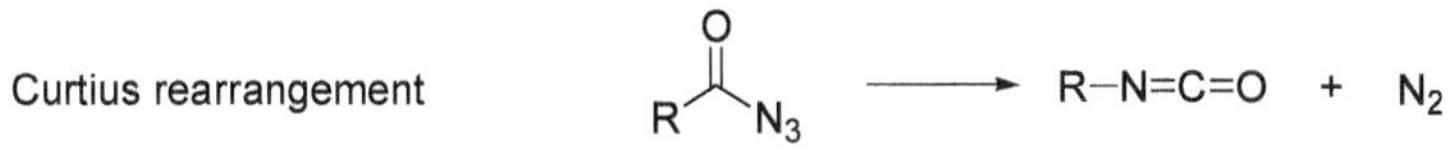

Curtius rearrangement

$$R-\underset{\underset{N_3}{\|}}{\overset{O}{C}} \longrightarrow R-N=C=O + N_2 \quad (5)$$

Lossen rearrangement

$$\left[R-\underset{\underset{NOCOR'}{\|}}{\overset{O}{C}} \right]^- \longrightarrow R-N=C=O + R'CO_2^- \quad (6)$$

中间体 N-卤酰胺盐的 N-原子因形成"氮烯"(或乃春、氮宾)结构, 处于缺电子的不稳定状态, 从而具有从邻近碳原子获得电子的强烈趋势, 推动了重排反应的发生。因此, Hofmann 重排反应的决速步骤是氮-卤取代酰胺上卤原子离去生成中间体异氰酸酯的过程。

由氮-卤取代酰胺形成异氰酸酯的机理曾被广泛深入的研究过。其邻近基团的迁移过程既不是离子型机理也不是自由基历程, 而是类似于周环反应的协同历程。也就是首先形成翁阴离子过渡态, 然后同时伴随新键的形成和旧键的断裂生成异氰酸酯, 从而保证在重排反应完成后迁移基团本身的构型保持不变[15~22]。此外, Hofmann 重排过程中生成的氮-卤取代酰胺也是烯烃不对称羟胺化的重要试剂[23]。

3 Hofmann 重排反应的条件综述

经典的 Hofmann 重排反应自 1881 年发现至今, 人们对其反应机理及反应条件进行了非常深入的研究, 并在此基础上发展了很多温和、高效的改进方法。

3.1 碱性条件下的 Hofmann 重排反应

3.1.1 水介质条件下的 Hofmann 重排反应

经典 Hofmann 重排的标准反应条件是使用次溴酸钠或次溴酸钾 (也可用液溴和氢氧化钠或氢氧化钾) 为反应试剂在水介质中进行[24,25]。次溴酸钠或次溴酸钾也可以用其它次卤酸盐 (例如: 次氯酸钠、次氯酸钙或次溴酸钡) 所代替。当使用催化量的溴化钠[26]或化学计量的苄基三甲基溴化铵时, 液碱条件下也可使用亚溴酸钠 ($NaBrO_2$) 替代[27](式 7)。

通过丙二酸衍生物的 C-N 重排是制备 α-氨基酸的经典方法之一。如式 8 所示: 新戊烷基氨基乙酸可通过新戊烷基丙酸酰胺的 Hofmann 重排反应来合成[28]。

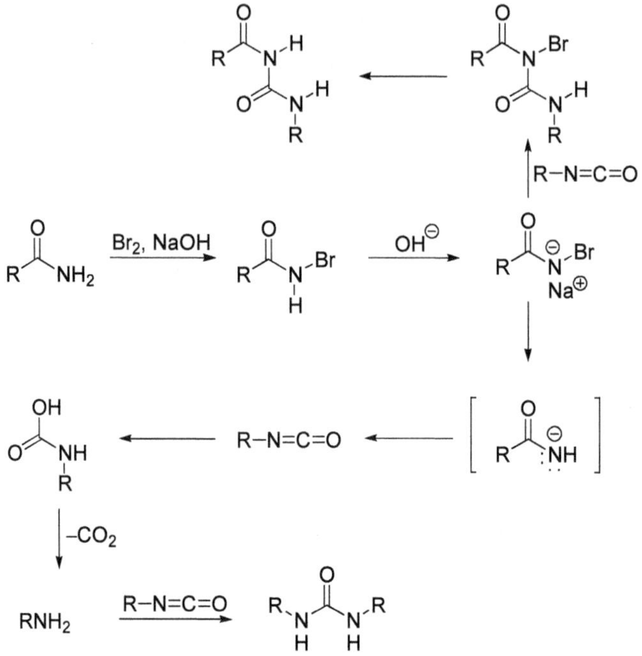

$$\text{(7)}$$

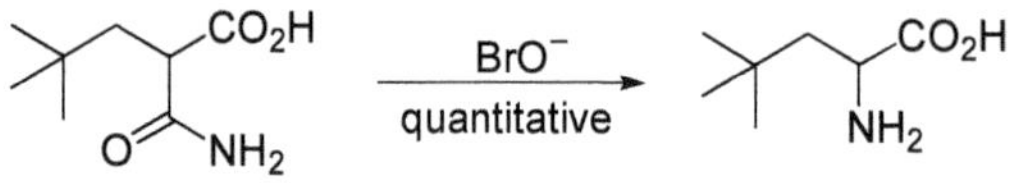

$$\text{(8)}$$

显而易见，碱性条件下的 Hofmann 重排反应适合于对酸敏感化合物的降解。如式 9 所示：含有乙缩醛官能团底物在 Hofmann 重排反应条件下不会受到影响[29]。

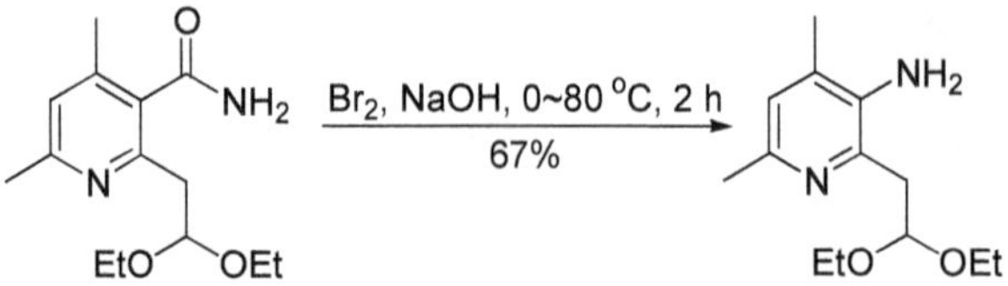

$$\text{(9)}$$

Hofmann 重排反应过程产生的异氰酸酯一般不进行分离，在水介质中直接水解得到少一个羰基的伯胺。当使用相转移催化剂进行两相 Hofmann 重排反应时，高活性的异氰酸酯中间体可被分离。伯和仲异氰酸酯制备必须使用相转移催化剂，合成叔异氰酸酯时可以不用相转移催化剂。在室温条件下，降低反应物浓度或控制反应时间可以有效地减少副产物的生成，一般认为合成异氰酸酯时使用溴的效果优于氯[30](式 10)。

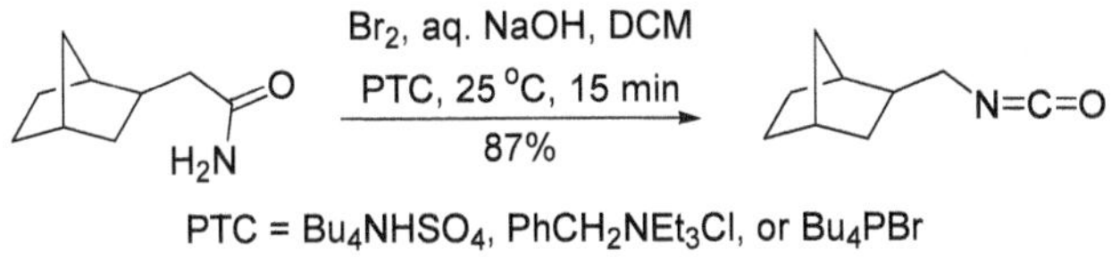

如式 11 所示：在次溴酸钠的碱液条件下，磷酸酯取代的酰胺不一定能够发生 Hofmann 重排反应。当 R-取代基为乙基或苯基并用盐酸处理时，可以得到的是正常的 Hofmann 重排产物；而当 R-取代基为甲基或苄基时，则得到溴代羧酸产物[31]。

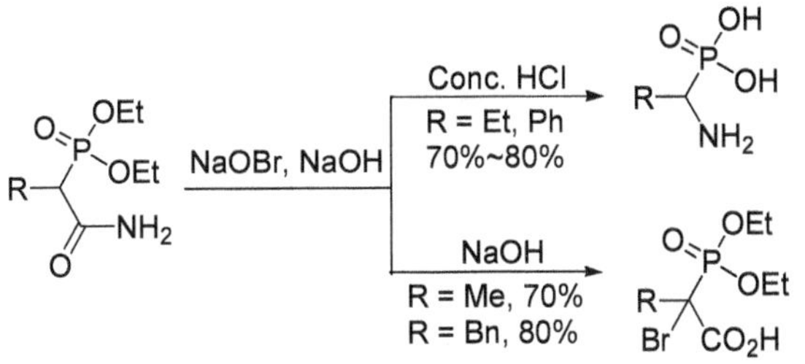

3.1.2 非水介质条件下的 Hofmann 重排反应

非水介质条件下的 Hofmann 重排反应通常采用各种醇类作为反应溶剂，得到 Hofmann 重排产物的氨基碳酸酯类化合物，相应的重排产物胺需要进一步反应脱除碳酸酯保护基。非水介质条件下的 Hofmann 反应可以在多种试剂体系中完成，例如：溴/甲醇钠/甲醇、NBS/MeONa/MeOH、NBS/DBU/MeOH 或 NaOCl/KF/Al$_2$O$_3$/MeOH 等[32]。

3.1.2.1 溴/甲醇钠/甲醇体系

在普通水介质碱液条件下，很多酰胺可以进行 Hofmann 重排反应。但是，疏水性的酰胺 (例如：含有较长碳链的脂肪酰胺) 进行的 Hofmann 重排反应的结果并不理想。如式 12 所示：此时可使用溴/甲醇钠/甲醇体系进行 Hofmann 重排反应。

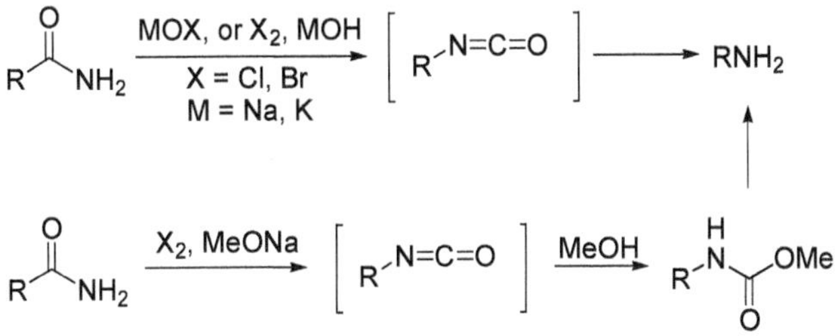

根据溴/甲醇钠/甲醇体系不同的加料顺序，可以分为 Jeffrey 方法、Nagai-Matsuo 方法及 Radlick-Brown 方法[33~39] (式 13~式 16)。Jeffrey 方法的标准操作是先将酰胺溶于甲醇，然后分批加入甲醇钠，最后滴加液溴。Nagai-Matsuo 方法的标准操作是先将酰胺溶于甲醇，然后分批加入甲醇钠，最后滴加液溴的甲醇溶液。而 Radlick-Brown 方法的标准操作是先将溴滴加到甲醇钠的甲醇溶液中产生甲基次溴酸，然后再加入酰胺进行 Hofmann 重排反应。

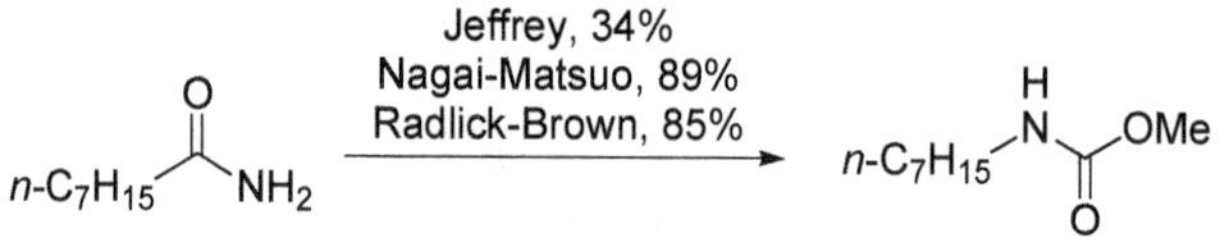

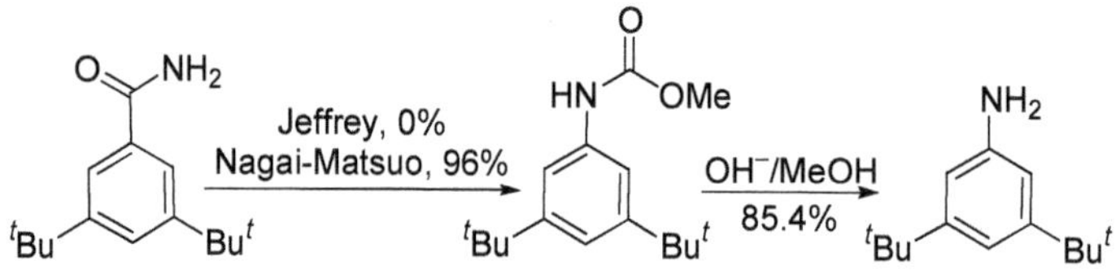

3.1.2.2 NBS/MeONa/MeOH 体系和 NBS/DBU/MeOH 体系

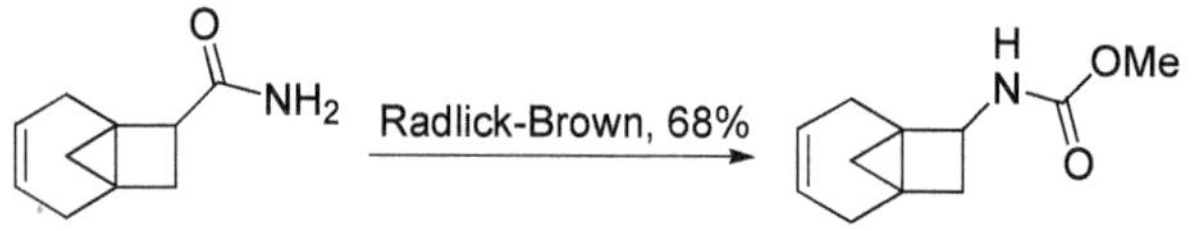

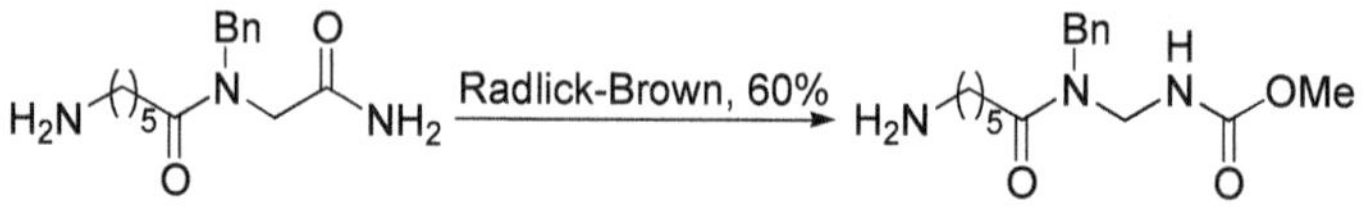

有些反应物可用来代替液溴，例如：N-溴代琥珀酰亚胺 (NBS) 和 1,8-二氮杂二环[5.4.0]十一碳-7-烯 (DBU)。而甲醇钠和甲醇的混合液可用来代替氢氧化钠。这两个体系适用于各类伯酰胺的 Hofmann 重排反应，重排产物为异氰酸酯，而后和甲醇反应生成氨基甲酸甲酯，最后通过进一步的水解反应可得到相应的游离胺化合物。NBS/MeONa/MeOH 体系 (式 17)[40] 或 NBS/DBU/MeOH 体系 (式 18)[41] 尤其适合于那些含有供电子取代基芳胺的 Hofmann 重排反应。与其它方法 (例如：NaOH/Br$_2$[42]、三价碘 (III) 试剂[43]、四醋酸铅 (LTA)[44] 以及 NBS/Hg(AcO)$_2$[45]等) 相比较，该方法更加温和、有效，且不会引起重排产物胺的进一步氧化。

$$\text{R}\underset{\text{NH}_2}{\overset{\text{O}}{\|}}\xrightarrow{\text{NBS, NaOMe, reflux, 10 min}} \text{R}\underset{}{\overset{\text{H}}{\text{N}}}\underset{\text{O}}{\overset{}{\|}}\text{OMe} \quad (17)$$

a. R = p-MeOC$_6$H$_4$, 87%; b. R = p-MeC$_6$H$_4$, 85%
c. R = C$_6$H$_5$-, 95%; d. R = p-ClC$_6$H$_4$, 98%
e. R = C$_6$H$_5$CH$_2$, 100%; f. R = CH$_3$(CH$_2$)$_{14}$, 85%
g. R = CH$_3$(CH$_2$)$_8$, 93%

$$\text{R}\underset{\text{NH}_2}{\overset{\text{O}}{\|}}\xrightarrow{\text{NBS, DBU, reflux, 45 min}} \text{R}\underset{}{\overset{\text{H}}{\text{N}}}\underset{\text{O}}{\overset{}{\|}}\text{OMe} \quad (18)$$

a. R = 3,4-(MeO)$_2$C$_6$H$_3$, 89%; b. R = p-MeC$_6$H$_4$, 84%
c. R = C$_6$H$_5$, 95%; d. R = p-ClC$_6$H$_4$, 94%
e. R = p-NO$_2$C$_6$H$_4$, 70%; f. R = C$_6$H$_5$CH$_2$, 95%
g. R = CH$_3$(CH$_2$)$_8$, 90%; h. R = CH$_3$(CH$_2$)$_{14}$, 73%

对硝基苯甲酰胺在 NBS/MeONa/MeOH 体系下不能发生 Hofmann 重排反应,可能的原因是硝基取代基的强吸电子性质使得对硝基苯甲酰胺在此条件下不利于苯基的迁移重排。正因为硝基的强吸电子性质使得相应的对硝基苯胺很难被氧化降解,对硝基苯甲酰胺可以在更强的氧化试剂 [例如:Pb(OAc)$_4$] 的作用下通过 Hofmann 重排反应合成对硝基苯胺[44]。

3.1.2.3 NaOCl/KF/Al$_2$O$_3$/MeOH 体系

使用负载于 Al$_2$O$_3$ 上的固体碱 KF 作为碱试剂,在次氯酸钠的甲醇溶液中进行 Hofmann 重排反应具有较好的反应活性和化学选择性。如 19 所示:脂肪酰胺和芳香酰胺都能以较高的收率转化成为相应的氨基碳酸甲酯衍生物。

$$\text{R}\underset{\text{NH}_2}{\overset{\text{O}}{\|}}\xrightarrow{\text{NaOCl, KF/Al}_2\text{O}_3\text{, MeOH, reflux, 30 min}} \text{R}\underset{}{\overset{\text{H}}{\text{N}}}\underset{\text{O}}{\overset{}{\|}}\text{OMe} \quad (19)$$

95%   94%   73%   80%

90%   85%   91%   72%

3.2 酸性条件下的 Hofmann 重排反应

在温和的酸性条件下,伯酰胺可以被 Pb(AcO)$_4$、PhI(OCOCF$_3$)$_2$ [或 PhI(OCOCH$_3$)$_2$]、PhI(OH)OTs、PhIO 或 IF$_5$ 氧化发生 Hofmann 重排反应。在

亲核性介质水或醇中，重排反应可以生成少一个羰基的胺或胺的碳酸酯衍生物。在非亲核性介质中，重排反应可以分离得到中间体异氰酸酯。

3.2.1 Pb(AcO)$_4$ 条件下的 Hofmann 重排反应

Pb(AcO)$_4$ 也是酰胺进行氧化 Hofmann 重排反应的有效试剂。以苯作溶剂，Pb(AcO)$_4$ 能够将伯酰胺转换成为相应的酰基胺，同时生成少量副产物二烷基脲。此类反应也可以使用吡啶作为催化剂，乙酸或苯-乙酸 (或其它羧酸代替乙酸) 作为溶剂[46,47](式 20)。

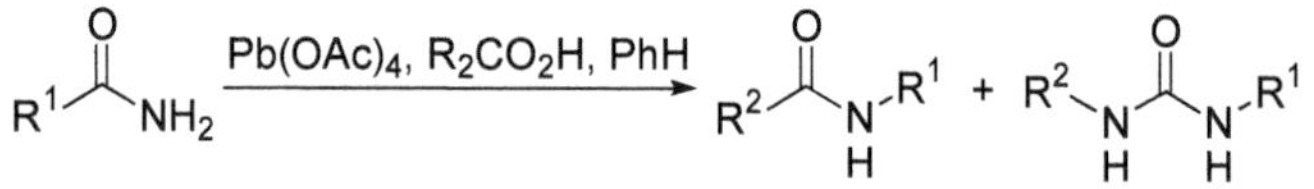

$$R^1CONH_2 \xrightarrow{Pb(OAc)_4, R^2CO_2H, PhH} R^2CONHR^1 + R^2NHCONHR^1 \quad (20)$$

若使用叔丁醇作为溶剂，酰胺在 Pb(AcO)$_4$ 条件下可获得相应 Hofmann 重排胺的 Boc-保护产物[48,49]。三乙胺和四氯化锡等可以有效地催化重排中间体异氰酸酯与叔丁醇的反应。当选择 N,N-二甲基甲酰胺 (DMF) 为反应溶剂时，生成的中间体异氰酸酯可以被分离出来。如式 21~式 23 所示：异氰酸酯与叔丁胺反应可以生成脲衍生物[44]。

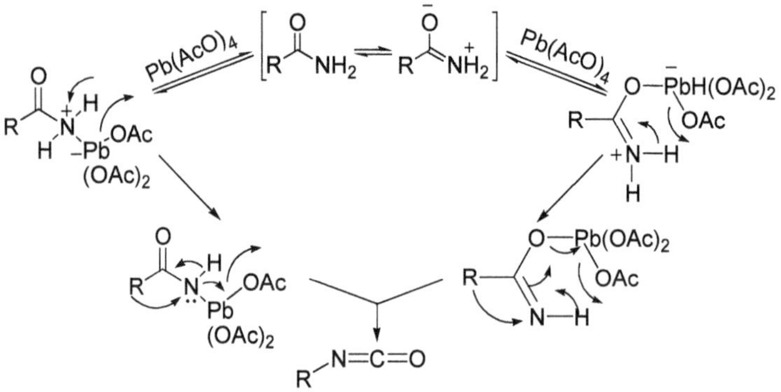

(21)

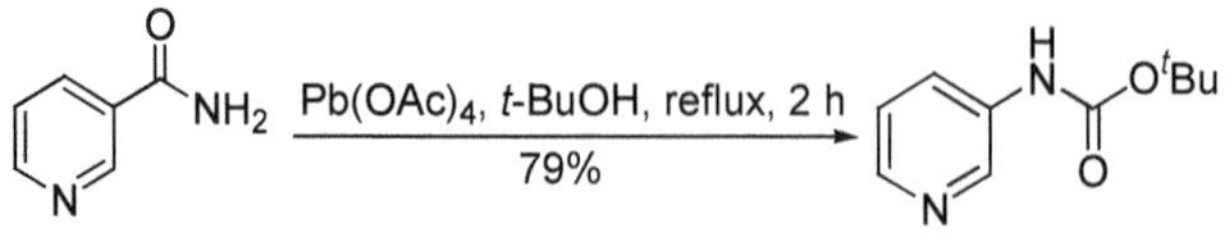

(22)

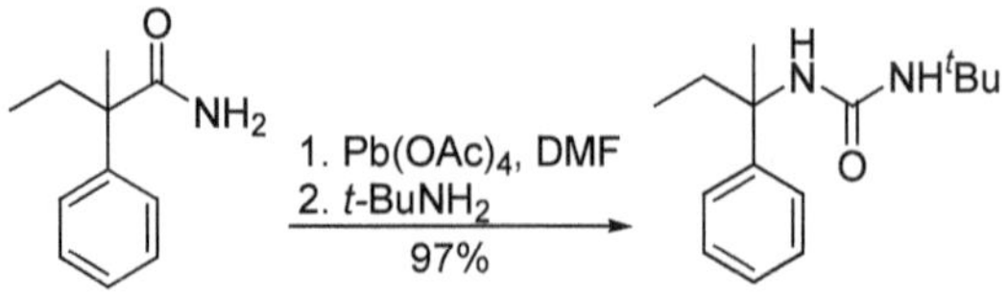

(23)

3.2.2 有机高价碘条件下的 Hofmann 重排反应

有机高价碘试剂在有机合成中被广泛应用 (例如：酮的 α-羟基化[50~52])，其中三价或五价有机碘试剂被成功应用于 Hofmann 重排反应。由于高价碘试剂在适当的条件下能与很多基团 (例如：烯键或炔键等) 发生作用[53]，采用此类试剂时需要考虑底物酰胺结构中其它基团与高价碘试剂的反应性问题。但在有些情况下，Hofmann 重排反应的速率大于高价碘试剂对烯键和炔键等不饱和键的亲电加成，严格控制有机高价碘试剂为酰胺的一摩尔倍量时，可以顺利获得相应的 Hofmann 重排产物[10](式 24)。

$$\text{环己烯基-CONH}_2 \xrightarrow[75\%]{\text{PIFA, MeCN, H}_2\text{O, rt, 6 h}} \text{环己烯基-NH}_2 \qquad (24)$$

3.2.2.1 PhI(OCOCF$_3$)$_2$ 和 PhI(OCOCH$_3$)$_2$ 条件下的 Hofmann 重排反应

近年来，三价碘试剂 PhI(OCOCF$_3$)$_2$ [或 PhI(OCOCH$_3$)$_2$] 条件下的 Hofmann 重排反应研究较为深入和广泛。通常，在较温和的酸性条件下 (pH 1~3)，以乙腈和水或醇作为混合溶剂可以将脂肪酰胺转化成为少一个碳的胺或胺的衍生物[54~63]。需要注意的是，在使用此类试剂进行 Hofmann 重排反应时，必须使用无卤素阴离子的水和酰胺进行反应[10](式 25)。

$$\text{R-CONH}_2 \xrightarrow{\text{PhI(OCOCF}_3)_2, \text{H}_2\text{O}} \text{RNH}_4^+ + \text{CO}_2 + \text{PhI} + 2\text{CF}_3\text{COO}^- + \text{H}^+ \qquad (25)$$

由于高价碘试剂具有氧化性，能将重排生成的富电子芳胺产物进一步氧化。因此，对于一些富电子的芳酰胺不宜采用此类试剂进行氧化 Hofmann 重排反应[64~66]。但是，可以其相应的羧酸形式为原料进行 Curtius 重排反应，制备少一个碳的胺或胺的衍生物[67]。

与碱性条件相比，酸性条件下的 Hofmann 重排反应通常不易产生脲类副产物。其原因在于酸性条件下生成的产物胺可迅速与酸成盐，避免和中间体异氰酸酯进一步反应生成副产物脲。由于三氟醋酸比醋酸更容易使游离胺质子化，PhI(OCOCF$_3$)$_2$ 抑制脲类副产物的效果要优于 PhI(OCOCH$_3$)$_2$[53]。此外，吡啶可以有效地催化三价碘试剂 PhI(OCOCF$_3$)$_2$ [或 PhI(OCOCH$_3$)$_2$] 条件下的 Hofmann 重排反应，而添加酸或三氟醋酸阴离子则抑制 Hofmann 重排反应的进行[10]。

高价碘试剂也被广泛应用于多肽化学领域。由于经典 Hofmann 重排反应条件通常比较剧烈，限制了其在多肽化学中的应用。但是，使用 PhI(OCOCF$_3$)$_2$ 或

PhI(OCOCH$_3$)$_2$ 试剂进行的反应条件比较温和，它们已经成为多肽序列中酰胺键降解反应的重要反应试剂[68~77](式 26)。

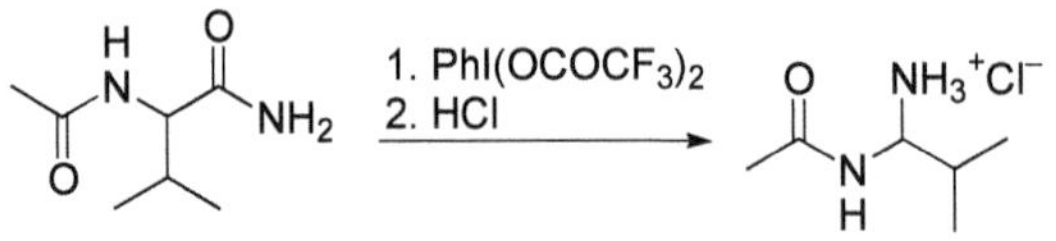

$$\text{AcNH-CH(iPr)-CONH}_2 \xrightarrow[\text{2. HCl}]{\text{1. PhI(OCOCF}_3\text{)}_2} \text{AcNH-CH(iPr)-NH}_3^+\text{Cl}^- \quad (26)$$

3.2.2.2 其它高价碘试剂条件下的 Hofmann 重排反应

PhI(OH)OTs、PhIO 及 IF$_5$ 在适当条件下也可使酰胺发生 Hofmann 重排反应。通常，PhI(OH)OTs 适用于桥头酰胺[78](式 27 和式 28) 及长链脂肪酰胺[79](式 29) 的 Hofmann 降解反应。该反应条件不影响结构中的碳-碳双键(式 30)，但使用丙二酰胺为底物时无法进行 Hofmann 重排反应[80](式 31)。此外，使用高价碘试剂可以有效地促使含有磷酸酯基团的酰胺[81]的重排反应(式 32)。

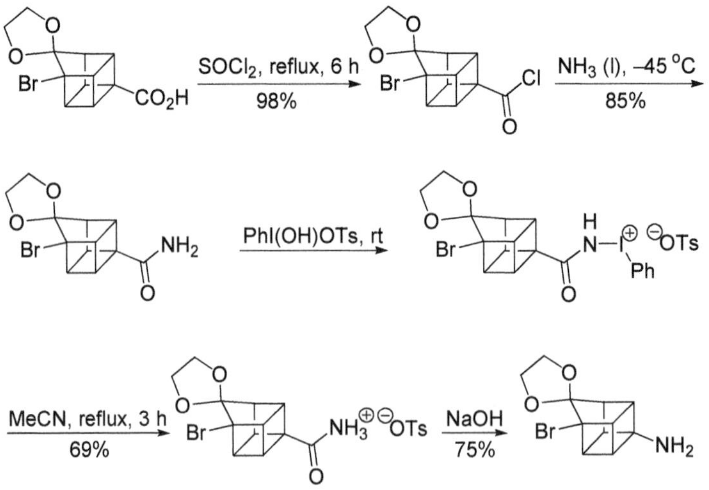

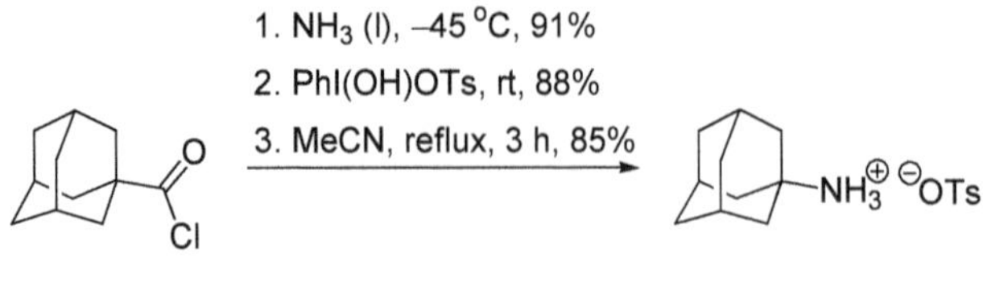

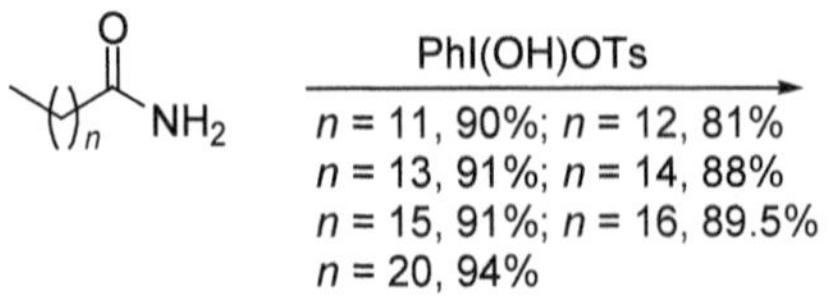

$$\text{CH}_3(\text{CH}_2)_7\text{CH=CH(CH}_2)_7\text{CONH}_2 \xrightarrow[80\%]{\text{PhI(OH)OTs}} \text{CH}_3(\text{CH}_2)_7\text{CH=CH(CH}_2)_7\text{NH}_3^{\oplus} \text{ }^{\ominus}\text{OTs} \quad (30)$$

$$\underset{\text{malonamide}}{\text{H}_2\text{N-CO-CH}_2\text{-CO-NH}_2} \xrightarrow[81\%]{\text{PhI(OH)OTs}} \text{H}_2\text{N-CO-CH(OTs)-CO-NH}_2 \quad (31)$$

$$(\text{EtO})_2\text{P(O)(CH}_2)_3\text{CONH}_2 \xrightarrow[\text{or PhIO, 60\%}]{\text{PhI(OH)OTs, 72\%}} (\text{HO})_2\text{P(O)(CH}_2)_3\text{NH}_2 \quad (32)$$

PhIO 和甲酸同时使用时，在乙腈/水混合溶剂中可以氧化酰胺发生 Hofmann 重排反应[82]。如式 33 所示：其反应机理类似于 $\text{PhI(OCOCF}_3)_2$ 条件下的 Hofmann 重排反应。

$$\text{PhCONH}_2 \xrightarrow[\text{MeCN, H}_2\text{O, rt}]{\text{PhIO, HCO}_2\text{H}} \text{PhNH}_3^{\oplus}\text{HCO}_2^{\ominus} + \text{PhI} \quad (33)$$

在热的吡啶溶剂中，五价有机碘试剂 IF_5 能够将伯脂肪酰胺顺利地转换成为相应的 Hofmann 重排产物[83](式 34)。但是，使用苯甲酰胺作为底物时往往会伴随碘代副反应的发生。

$$\text{RCONH}_2 \xrightarrow{\text{IF}_5, \text{Pyridine}, 110\ ^\circ\text{C}, 2\text{ h}} \text{R-N=C=O} \xrightarrow{t\text{-BuNH}_2} \text{R-NH-CO-NHBu}^t \quad (34)$$

3.3 中性条件（电化学条件）下的 Hofmann 重排反应

中性条件下的 Hofmann 重排反应通常是指在电化学条件下进行 Hofmann 重排反应[84~86](式 35)。

$$\text{RCONH}_2 \xrightarrow[\text{R'OH, MeCN}]{\text{E.I-hofmann rearrangement}} \text{R-NH-CO-O-R'} \quad (35)$$

与经典的 Hofmann 重排反应相比，电化学条件下的 Hofmann 重排反应有如下两个优点：(a) 电化学条件下的 Hofmann 重排反应理论上只需要催化量的溴化钾 (KBr)，而经典的 Hofmann 重排反应需要 1 倍 (物质的量) 的液溴和 2 倍 (物质的量) 的碱。(b) 催化量的溴化钾 (KBr) 在电解条件下产生溴和氢氧化钾后迅速与酰胺作用发生反应，能够确保整个体系基本保持中性，而经典的 Hofmann 重排反应需要在强碱条件下进行。因此，电化学条件下的 Hofmann 重排反应适合于对酸或碱敏感的酰胺底物。

电化学条件下的 Hofmann 重排反应的催化介质除了 KBr 外，也可以使用氯化钾 (KCl) 作为替代物 (式 36)。但是，电化学条件下使用碘化钾 (KI) 无法进行 Hofmann 重排反应[84]。

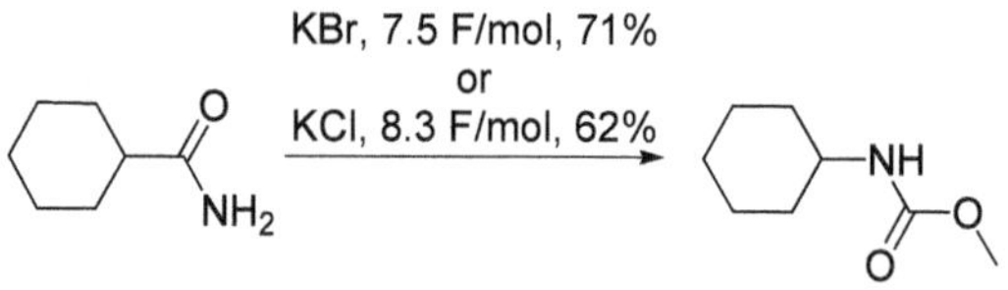

$$\text{(36)}$$

环氧酰胺分子中含有环氧结构，在酸或碱的条件下均容易发生水解。但是，在中性条件下使用 KBr 作为催化剂，它们的电化学 Hofmann 重排反应可以顺利地进行 (式 37)。如式 38 所示：电化学条件下的 Hofmann 重排反应不会改变化合物原有的构型[85,86]。

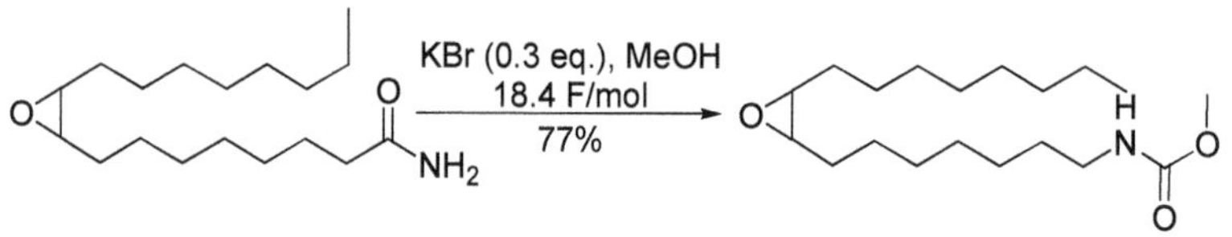

$$\text{(37)}$$

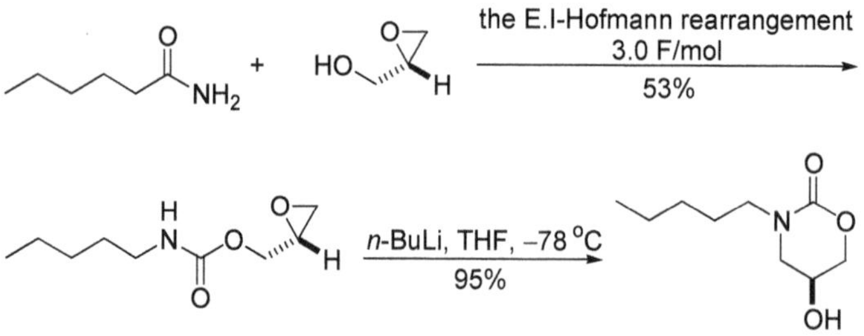

$$\text{(38)}$$

4 Hofmann 重排反应的类型综述

4.1 单酰胺的 Hofmann 重排反应

分子中含有一个酰胺官能团的 Hofmann 重排反应，在水介质中通过 Hofmann 重排可获得少一个羰基的胺[87](式 39)，而在醇溶液中则得到胺的碳酸酯衍生物[88](式 40)，同时 Hofmann 重排产物构型得以保持[47](式 41)。

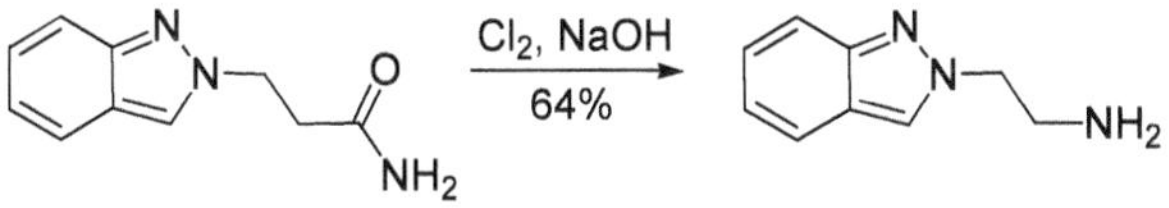

4.2 双酰胺的 Hofmann 重排反应

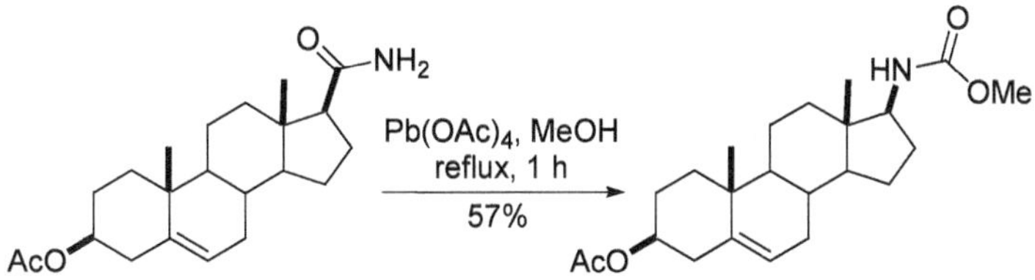

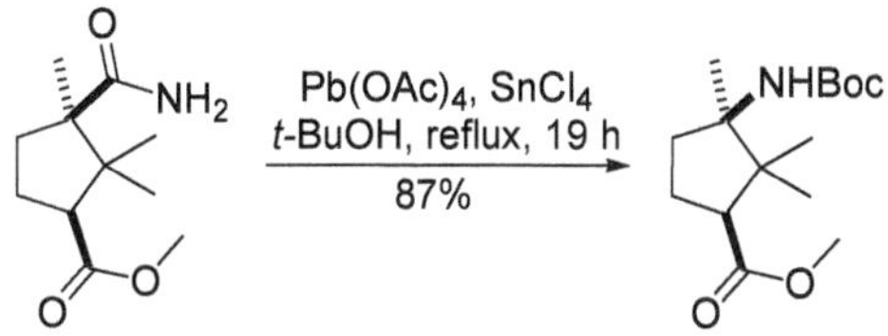

当脂肪双酰胺间的碳原子数 $n \geqslant 6$ 时，通过 Hofmann 重排反应可以合成相应的二胺产物 (式 42)。但是，当碳原子数 $n < 6$ 时，则主要发生分子内环化反应。这主要是因为 Hofmann 重排反应产生的高活性异氰酸酯被邻近活性基团所截获，因此无法获得正常的 Hofmann 重排二胺产物[89~93]。具有丁二酰胺和丁烯二酰胺等结构的化合物均生成分子内成环产物[94,95] (式 43~式 45)，但戊二酰胺的 Hofmann 重排反应至今未见报道。

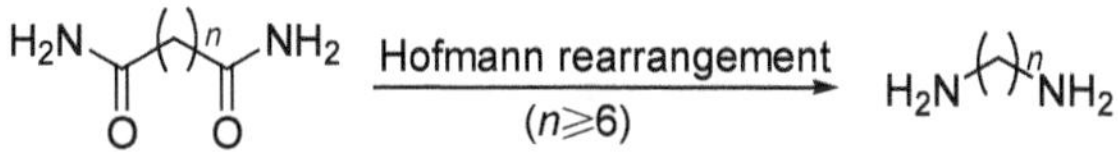

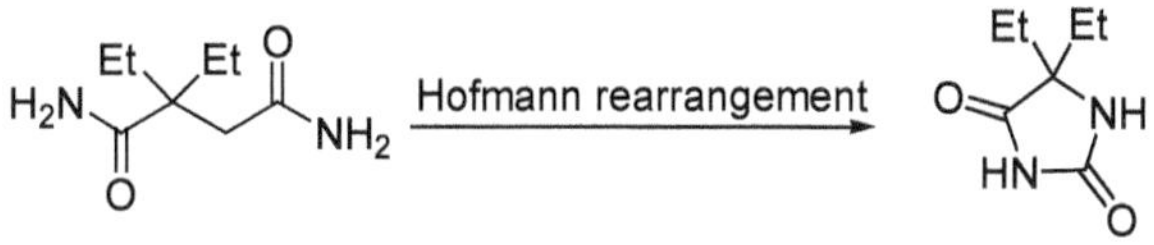

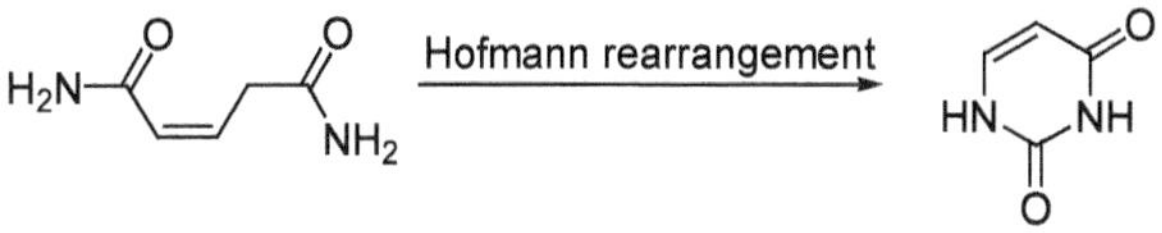

4.3 酰二亚胺的 Hofmann 重排反应

邻苯酰亚胺进行 Hofmann 重排反应时首先发生水解开环，形成氮卤酰胺中间体后再重排生成邻氨基苯甲酸[96]。如式 46 所示：化合物 **1** 在 Hofmann 重排反应中的位点选择性取决于苄位取代基的体积大小[97]。当取代基团较小时生成产物 **2**，取代基较大时则形成产物 **3**。

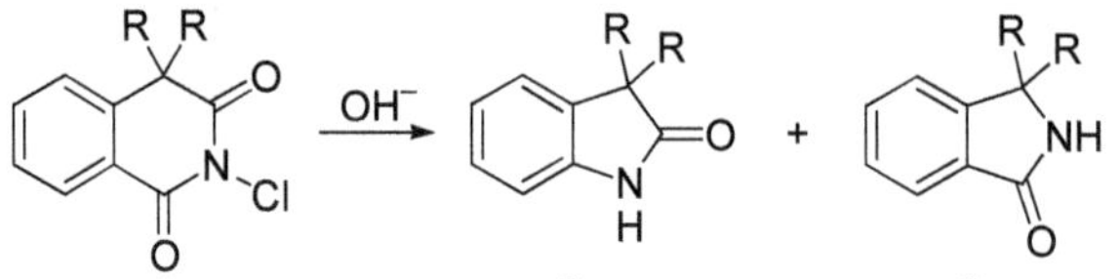

$$
\begin{array}{cccc}
& \mathbf{1} & \mathbf{2} & \mathbf{3} \\
R = CH_3 & & 68\% & 0\% \\
R = CH_3CH_2 & & 0\% & 58\% \\
R = CH_2=CHCH_2 & & 47\% & 31\% \\
R\text{-}R = (CH_2)_4 & & 74\% & 0\% \\
\end{array}
\tag{46}
$$

4.4 α-羟基酰胺的 Hofmann 重排反应

在次氯酸钠的作用下，α-羟基酰胺经 Hofmann 重排反应得到的产物胺极不稳定。如式 47~式 50 所示：它们会很快发生水解生成少一个碳原子的醛[98]。

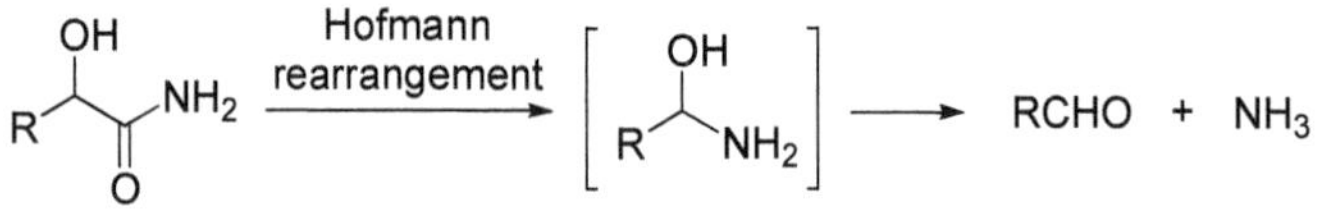

$$\text{(47)}$$

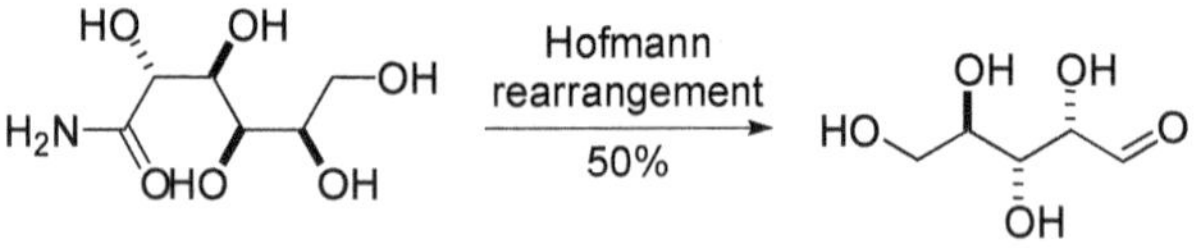

$$\text{(48)}$$

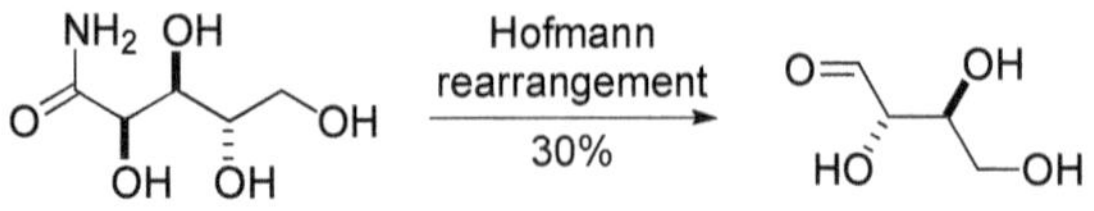

$$\text{(49)}$$

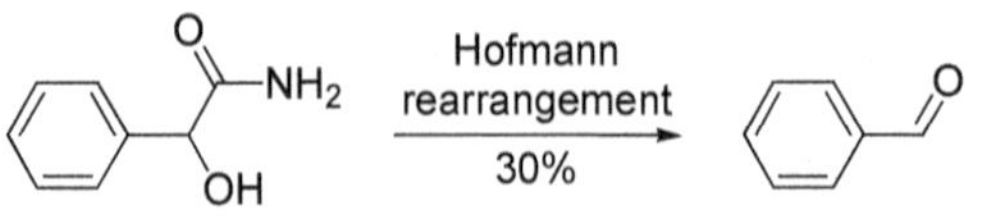

$$\text{(50)}$$

Sang-sup Jew 等对 α-羟基酰胺的 Hofmann 重排反应进行了改进[99]。如式 51 所示：α,α'-二取代羟基酰胺的重排反应可以在中性及温和的条件下进行，生成相应的羰基化合物。

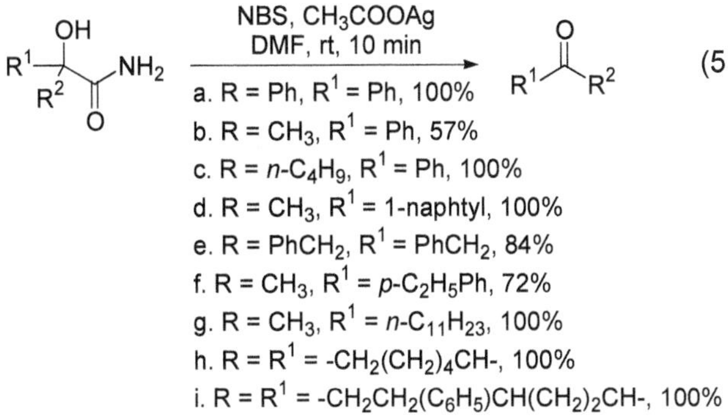

$$\underset{\underset{O}{\overset{OH}{\underset{R^2}{\overset{R^1}{\bigg|}}}}{\bigg|}}{\text{NH}_2} \xrightarrow[\text{DMF, rt, 10 min}]{\text{NBS, CH}_3\text{COOAg}} R^1\underset{O}{\overset{}{\bigg|}}R^2 \quad (51)$$

a. R = Ph, R^1 = Ph, 100%
b. R = CH_3, R^1 = Ph, 57%
c. R = n-C_4H_9, R^1 = Ph, 100%
d. R = CH_3, R^1 = 1-naphtyl, 100%
e. R = $PhCH_2$, R^1 = $PhCH_2$, 84%
f. R = CH_3, R^1 = p-C_2H_5Ph, 72%
g. R = CH_3, R^1 = n-$C_{11}H_{23}$, 100%
h. R = R^1 = -$CH_2(CH_2)_4CH$-, 100%
i. R = R^1 = -$CH_2CH_2(C_6H_5)CH(CH_2)_2CH$-, 100%

4.5 α,β-不饱和酰胺的 Hofmann 重排反应

α,β-不饱和酰胺在次氯酸钠-甲醇体系中能够顺利地生成 Hofmann 重排产物[100,101]。如式 52 所示：苯基烯丙酰胺在该体系下生成约 70% 的甲氧羰基保护的胺基产物。在碱性条件下，胺基化合物可进一步水解成为醛。因此，α,β-不饱和酰胺的 Hofmann 重排反应最好在酸性条件下进行。

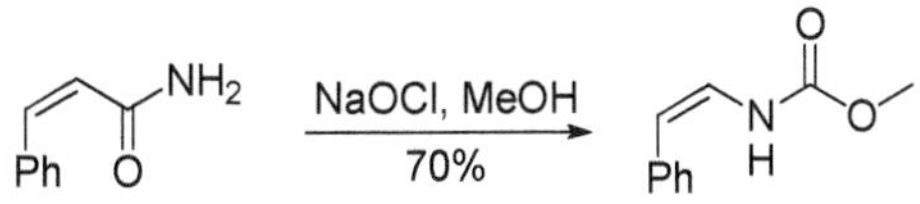

$$\text{(52)}$$

与 α,β-不饱和酰胺相比较，β,γ 和 γ,δ-不饱和酰胺经 Hofmann 重排反应生成产率较低的产物胺[102~104](式 53~式 55)。

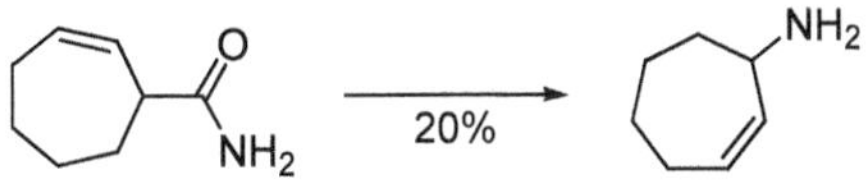

$$\text{(53)}$$

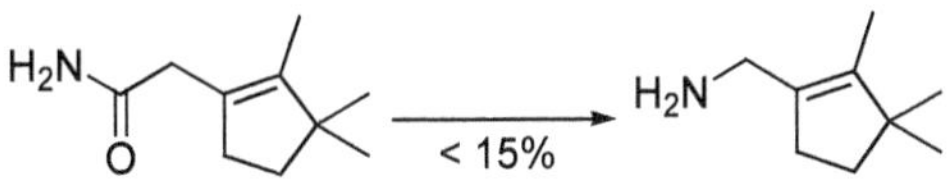

$$\text{(54)}$$

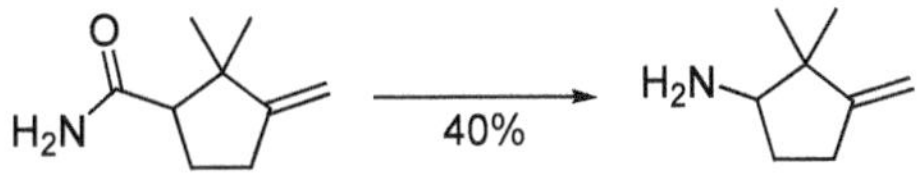

$$\text{(55)}$$

如式 56 所示：α,β-炔酰胺的 Hofmann 重排产物是少一个碳原子的腈化物[105,106]。

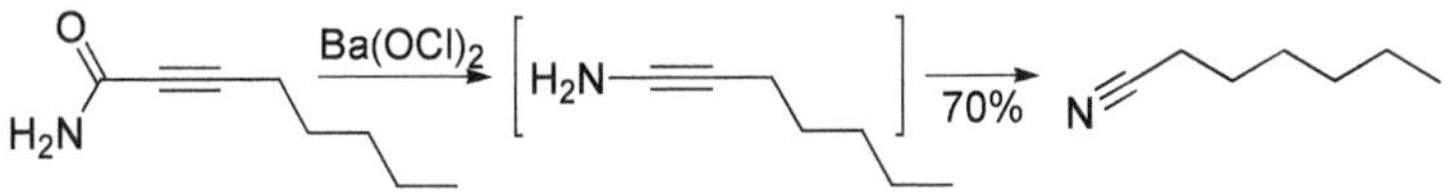

$$\text{(56)}$$

4.6 α-羰基酰胺的 Hofmann 重排反应

α-羰基酰胺经 Hofmann 重排反应得到的最终分离产物不是酰胺，而是少一个碳原子的羧酸或酯[107~109]。如式 57 所示：这主要是因为苯甲酰基酰胺在反应中生成的 Hofmann 重排中间体异氰酸酯更容易发生水解。

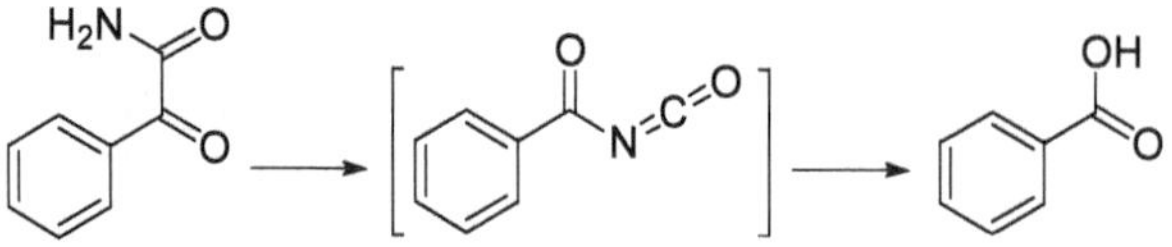

$$\text{(57)}$$

4.7 β 或 γ 羟基酰胺的 Hofmann 重排反应

如式 58 和式 59 所示：β- 或 γ-羟基酰胺的 Hofmann 重排反应可以用于制备唑啉酮类化合物[53,110~114]。

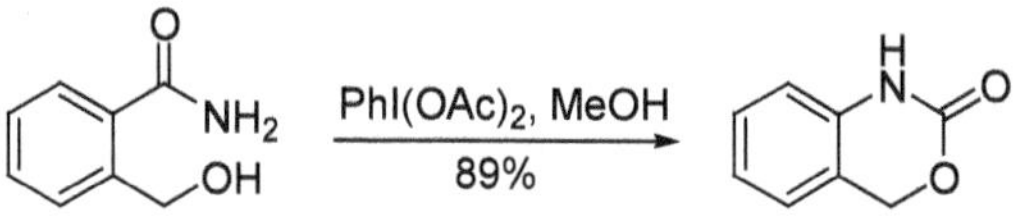

$$\text{(58)}$$

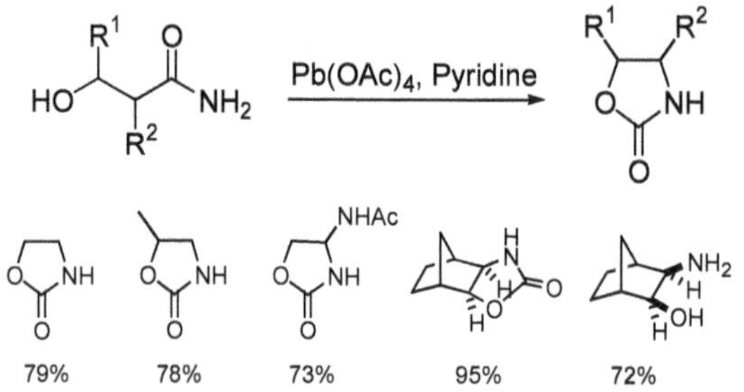

$$\text{(59)}$$

4.8 脲衍生物的 Hofmann 重排反应

脲衍生物在次氯酸钠 (NaOCl) 条件下进行 Hofmann 重排反应，可以得到肼衍生物[115](式 60)。

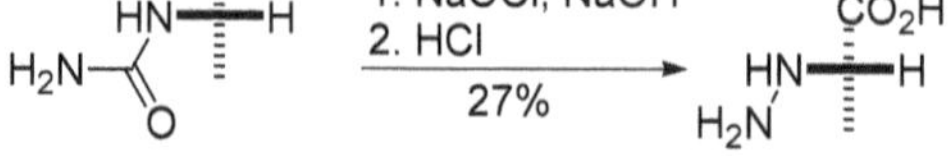

$$\text{(60)}$$

5 Hofmann 重排反应在天然产物和药物合成中的应用

5.1 生物素 (Biotin) 的合成

如式 61 所示[116]：Seki 等由 L-天冬氨酸为起始原料经过 9 步反应，以

11% 的总得率得到合成生物素 (+)-Biotin 的关键中间体。然后，再通过 3 步反应合成生物素了 (+)-Biotin。在其关键中间体的合成中，他们巧妙地利用了 Hofmann 重排反应产生的异氰酸酯与 Cbz-保护的氨基进行分子内关环，最终获得所需构型的环状化合物。

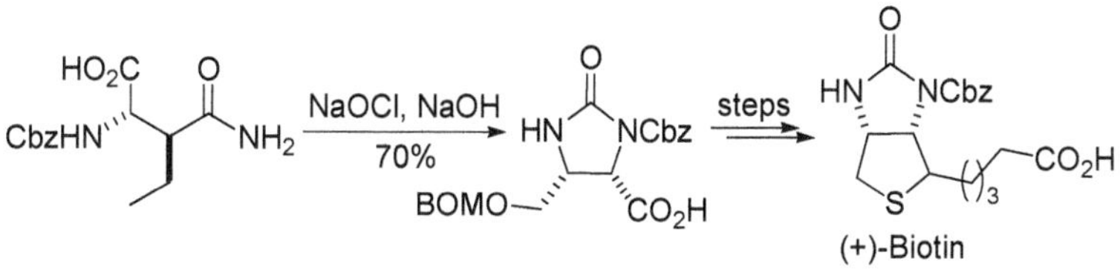

(-)-Dibromophakellstatin 的全合成也利用了 Hofmann 重排反应作为关键步骤，其机理与生物素 (Biotin) 的合成类似[117](式 62)。

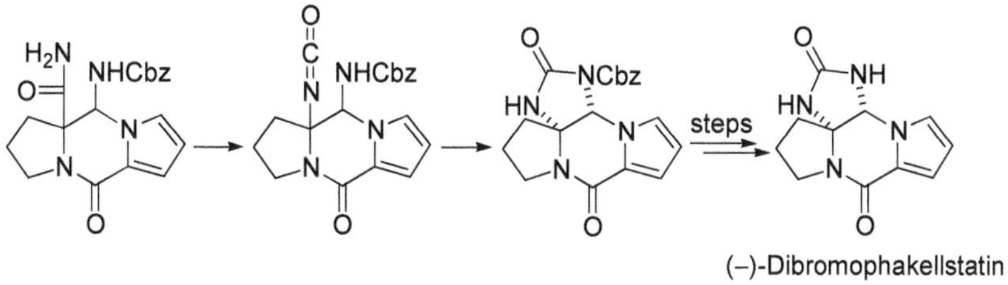

5.2 千金藤属生物碱头花千金藤胺 (+)-Cepharamine 的合成

Schultz 等人于 1998 年首先报道了千金藤属生物碱头花千金藤胺 (+)-cepharamine 的全合成。如式 63 所示[118]：他们从手性酰胺原料出发，经过 16 步反应获得头花千金藤胺 (+)-Cepharamine，总收率为 12%。首先，他们将内酯中间体在 $NaNH_2/NH_3$（液）条件下氨解生成酰胺。然后，在 Br_2/MeONa/MeOH 体系下进行 Hofmann 重排反应得到唑啉酮环状结构产物。最后，再经过一系列转换获得最终化合物头花千金藤胺 (+)-Cepharamine。

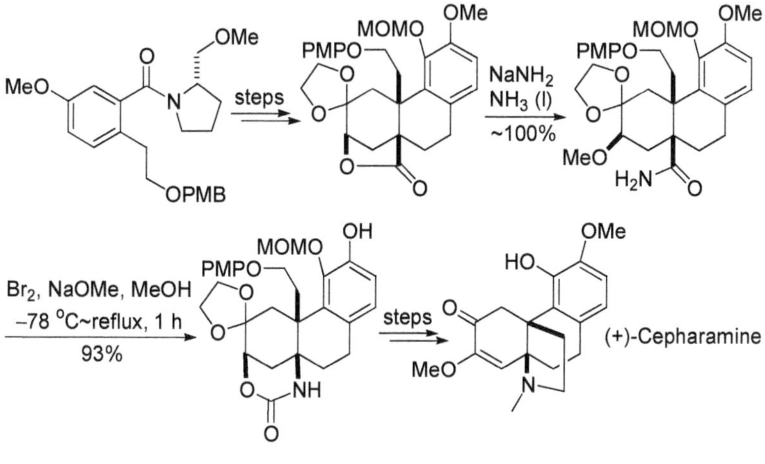

5.3 卷曲霉素 Capreomycin IB 的全合成

2003 年，DeMong 等人[119]完成了大环肽抗生素 Capreomycin IB 的全合成，整个路线经 27 步反应获得 2% 的总收率。如式 64 所示：他们使用 PhI(OCOCF$_3$)$_2$/吡啶作为 Hofmann 重排反应的试剂，选择性地将天冬酰胺残基成功地转化成为二胺丙酸残基，同时避免了对其它官能团的影响。

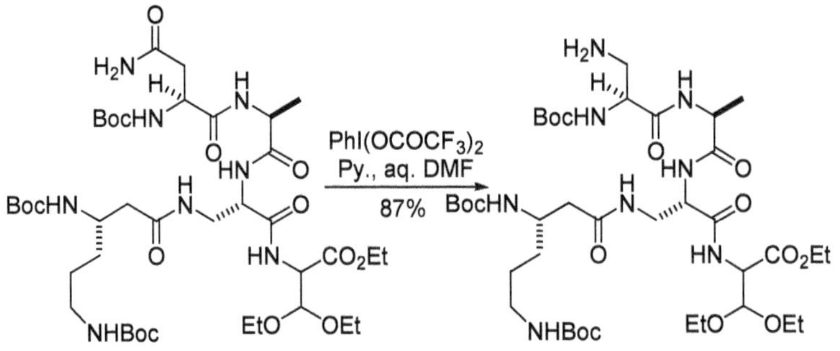

5.4 抗菌抑制剂 (+)-Preussin 的全合成

如式 65 所示：Verma 等人在 1997 年完成了对抗菌抑制剂 (+)-Preussin 的全合成[120]。在他们的合成路线中，四醋酸铅 (LTA)/苄醇条件下的 Hofmann 重排反应是全合成的关键步骤之一。在该条件下，不仅使酰胺官能团顺利地被转化成为相应的苄氧羰基保护胺产物，而且手性中心的构型也得以保持。

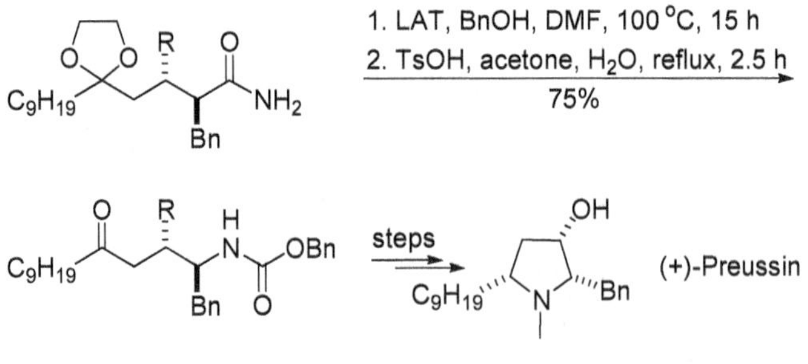

5.5 箭蛙毒素 (−)-Epibatidine 的全合成

2001 年，Evans 等人[121]报道了一条经 13 步反应获得箭蛙毒素的全合成方法，总收率为 13%。该全合成过程中的两个关键步骤分别为杂环的 Diels-Alder 反应和 Hofmann 重排反应。如式 66 所示：在四醋酸铅 (LTA)/叔丁醇条件下，酰胺官能团通过 Hofmann 重排反应顺利地被转化成为叔丁氧羰基保护胺化合物。然后，再经过若干步反应完成了箭蛙毒素 (−)-Epibatidine 的全合成。

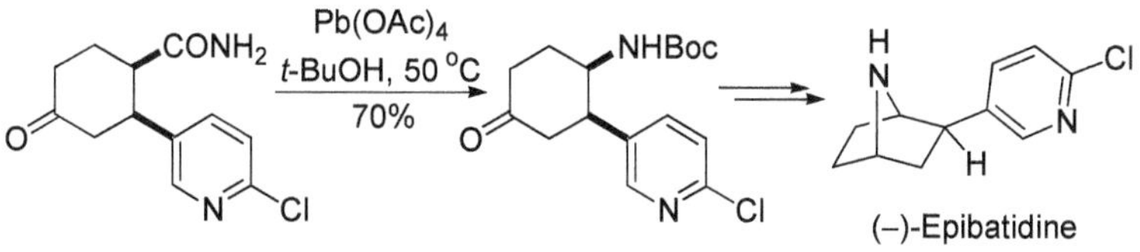

$$\text{(66)}$$

6　Hofmann 重排反应实例

例　一

(R)-3-氨基-2-(4-甲基苯磺氨基)丙酸的合成[122]
(经典的 Br$_2$/NaOH 体系 Hofmann 重排反应)

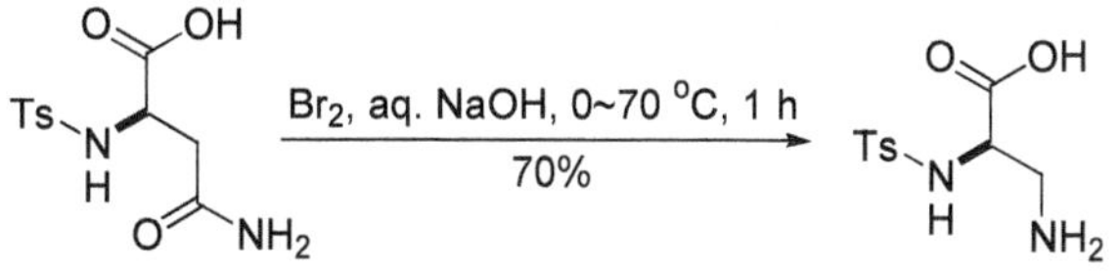

$$\text{(67)}$$

在 0~10 ℃，将液溴 (0.63 L, 11.8 mol) 缓慢滴加到 NaOH (3.48 kg, 87.0 mol) 的水 (22 L) 溶液中。在另外一个容器中，将 (R)-N-Ts-天冬氨酸 (2.86 kg, 9.48 mol) 分批缓慢加入到 NaOH (0.8 kg) 的水 (7.2 L) 溶液中。然后，在 0~10 ℃ 将前一种溶液缓慢滴加到后一种溶液中。滴加完毕后，反应液变为黄色。在 10~15 ℃ 下搅拌 15 min 后，在 30 min 内升温至 40 ℃。由于反应为放热反应，停止加热后温度会继续升高至 50 ℃ 左右。当体系温度降至 45 ℃ 时，在 20 min 内升温至 70 ℃，然后保温 10 min。当 HPLC 监测产物收率达到 90% 时，冷却反应液至 10~15 ℃。在剧烈搅拌的条件下缓慢滴加浓盐酸 (4 L)，将 pH 调至中性时产品开始析出。然后，在 15 ℃ 搅拌 20 min。滤出的固体用水洗涤后，在 20 ℃ 氮气环境下干燥得目标化合物 1.67 kg (70%)。

例　二

4-甲氧基-苯氨基碳酸甲酯的合成[123]
(NBS/DBU/MeOH 条件下的 Hofmann 重排反应)

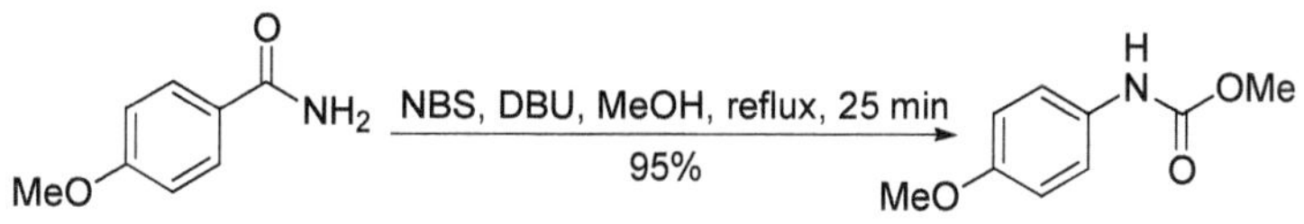

$$\text{(68)}$$

将对甲氧苯甲酰胺 (76mg, 0.5mmol)、N-溴代丁二酰亚胺 (NBS, 90 mg, 0.5 mmol) 和 DBU (230 μL) 溶解于甲醇 (5 mL) 中。生成的混合物回流 15 min 后,补加部分 NBS (90 mg, 0.5 mmol) 并继续反应 10 min。反应完毕后,减压蒸除甲醇。然后,加入乙酸乙酯 (50 mL),依次用稀盐酸 (5%) 和饱和碳酸氢钠溶液洗涤。有机相用无水硫酸镁干燥后,蒸去溶剂得到的粗品通过硅胶柱色谱分离 (流动相:乙酸乙酯-二氯乙烷, 1:20) 后得到白色固体产品 4-甲氧基-苯氨基碳酸甲酯 (86 mg, 95%)。

例 三

环丁胺盐酸盐的合成[124]

[$PhI(OCOCF_3)_2$ 条件下的 Hofmann 重排反应]

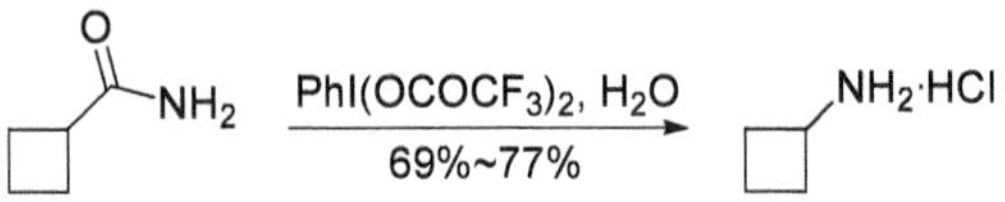

$$\underset{69\% \sim 77\%}{\xrightarrow{PhI(OCOCF_3)_2, H_2O}}$$ (69)

将 $PhI(OCOCF_3)_2$ (16.13 g, 37.5 mmol) 置于圆底烧瓶 (500 mL) 中,加入乙腈 (37.5 mL) 溶解,再加入去离子水 (37.5 mL),然后缓慢分批加入环丁酰胺 (2.48 g, 25 mmol),继续搅拌反应 4 h。反应完全后减压蒸去溶剂乙腈,然后加入乙醚 (250 mL),在搅拌条件下缓慢滴加浓盐酸 (50 mL)。分液后,水相用乙醚萃取 (2×125 mL),有机相合并后用 75 mL 盐酸 (2 mol/L) 洗涤,然后水相合并后减压浓缩,反复加入有机苯溶剂减压蒸馏尽可能除去残留的水分,粗品用硫酸减压干燥过夜。往粗品中加入无水乙醇 (5 mL) 和无水乙醚 (35 mL) 后加热回流,继续缓慢加入无水乙醇至固体恰好溶解,停止加热,溶液冷却至室温,再次缓慢加入无水乙醚直至有固体开始析出,将溶液置于冰箱结晶。过滤晶体,干燥后得到产品环丁胺盐酸盐 1.86~2.06 g (69%~77%)。

例 四

N-[4-(2-氨基-3-氯吡啶-4-氧)-3-氟苯基]-4-乙氧基-1-(4-氟苯基)-2-酮-1,2-二氢吡啶-3-酰胺的合成[125]

[$PhI(OCOCH_3)_2$ 条件下的 Hofmann 重排反应]

将原料 (1.2 g, 2.1 mmol) 溶于乙酸乙酯 (16 mL)、乙腈 (16 mL) 和水 (8 mL) 的混合溶剂中,于 0 ℃ 分批加入 $PhI(OCOCH_3)_2$ (820 mg, 2.6mmol),然后将反应体系升至室温,继续搅拌 2 h。反应物过滤,固体用乙酸乙酯洗涤,有机相用饱和碳酸氢钠洗涤,干燥、浓缩后与之前固体合并,然后柱色谱分离得白色固体产物 (810 mg, 74%)。

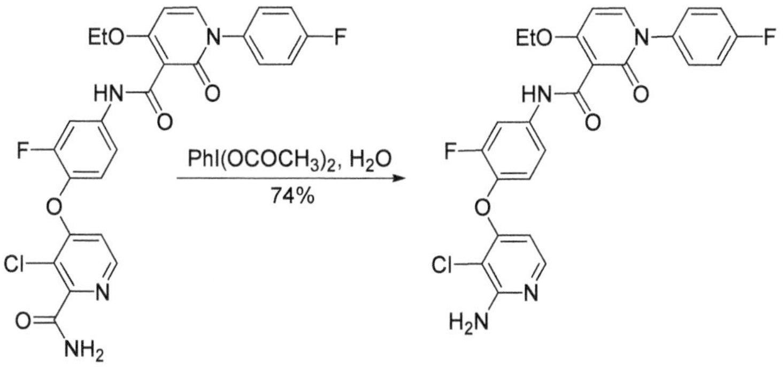

(70)

例 五

戊氨基碳酸甲酯的合成[86]

(电化学条件下的 Hofmann 重排反应)

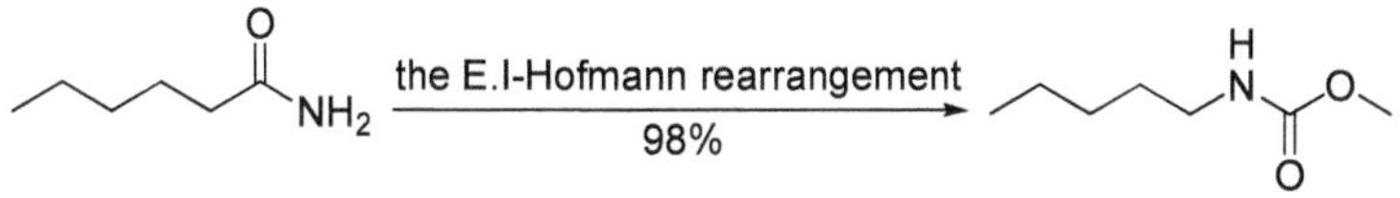

(71)

将戊酰胺 (2.5 mmol) 和四乙基溴化铵 (1.25 mmol) 溶解于乙腈 (10 mL) 和甲醇 (12.5 mmol) 的混合溶剂，然后置于装有铂电极 (1×2 cm) 的电解池中，控温 30~40 ℃，维持电流 100 mA 直至电流达到 2.2 F/mol 时停止反应；反应液浓缩后柱色谱分离 (流动相：正己烷-乙酸乙酯) 得到戊氨基碳酸甲酯 (356 mg, 98%)。

7　参考文献

[1]　Hofmann, A. W. *Ber.* **1881**, *14*, 2725.
[2]　Li, H. T.; Jiao, Y. C.; Xu, M. C.; Shi, Z. Q.; He, B. Q. *Polymer* **2004**, *45*, 181.
[3]　Wirsén, H.; Sun, H.; Albertsson, A. C. *Polymer* **2005**, *46*, 4554.
[4]　Gromov, A.; Dittmer, S.; Svensson, J.; Nerushev, O. A.; Perez-Garcia, S. A.; Licea-Jimenez, L.; Rychwalski, R.; Campbel, E. E. B. *J. Mater. Chem.* **2005**, *15*, 3334.
[5]　Mauguin, C. *Ann. Chim.* **1911**, *22*, 297.
[6]　Imamoto, T.; Tsuno, Y.; Yukawa, Y. *Bull. Chem. Soc. Jpn.* **1971**, *44*, 1632.
[7]　Imamoto, T.; Tsuno, Y.; Yukawa, Y. *Bull. Chem. Soc. Jpn.* **1971**, *44*, 2776.
[8]　Joshi, K. M.; Shah, K. K. *J. Indian Chem. Soc.* **1966**, *43*, 481.
[9]　Judd, W. P.; Swedlund, B. E. *Chem. Commun.* **1966**, 43.
[10]　Loudon, G. M.; Radhakrishna, A. S.; Almond, M. R.; Blodgett, J. K.; Boutin, R. H. *J. Org. Chem.* **1984**, *49*, 4272.

[11] Senanayake, C. H.; Fredenburgh, L. E.; Reamer, R. A.; Larsen, R. D.; Verhoeven, T. R.; Reider, P. J. *J. Am. Chem. Soc.* **1994**, *116*, 7947.
[12] Mandel, S. M.; Platz, M. S. *Org. Lett.* **2005**, *7*, 5385.
[13] Stieglitz, J. *J. Am. Chem. Soc.* **1908**, *30*, 1797.
[14] Tiemann, F. *Ber.* **1891**, *24*, 4162.
[15] Wallis, E. S.; Nagel, S. C. *J. Am. Chem. Soc.* **1931**, *53*, 2787.
[16] Wallis, E. S.; Moyer, W. W. *J. Am. Chem. Soc.* **1933**, *55*, 2598.
[17] Hellerman, L. *J. Am. Chem. Soc.* **1927**, *49*, 1735.
[18] Whitmore, F. C.; Homeyer, A. H. *J. Am. Chem. Soc.* **1932**, *54*, 3435.
[19] Barrett, E. W.; Porter, C. W. *J. Am. Chem. Soc.* **1941**, *63*, 3434.
[20] Noyes, W. A.; Knight, L. *J. Am. Chem. Soc.* **1910**, *32*, 1669.
[21] Noyes, W. A.; Skinner, G. S. *J. Am. Chem. Soc.* **1917**, *39*, 2692.
[22] Bartlett, P. D.; Knox, L. H. *J. Am. Chem. Soc.* **1939**, *61*, 3184.
[23] Demko, Z. P.; Bartsch, M.; Sharpless, K. B. *Org. Lett.*, **2000**, *2*, 2221.
[24] Raitio, K. H.; Savinainen, J. R.; Vepsalainen, J.; Laitinen, J. T.; Poso, A.; Jarvinen, Y.; Nevalainen, T. *J. Med. Chem.* **2006**, *49*, 2022.
[25] Kudzma, L. V. *Synthesis* **2003**, *11*, 1661.
[26] Kajigaeshi, S.; Nakagawa, T.; Fujisaki, S.; Nishida, A.; Noguchi, M.; *Chem. Lett.* **1984**, 713.
[27] Kajigaeshi, S.; Asano, K.; Fujisaki, S.; Okamoto, T. *Chem. Lett.* **1989**, 463.
[28] Pospisek, J.; Blaha, K. in 'Peptides 1982. Proceedings of the 17th European Peptide Symposium, ed. K.Blaha and P. Malon, de Gruyter, Berlin, **1983**, 333.
[29] Sakamoto, T.; Kondo, Y.; Yamanaka, H. *Chem. Pharm. Bull.* **1986**, *34*, 2362.
[30] Sy, A. O.; Raksis, J. W. *Tetrahedron Lett.* **1980**, *21*, 2223.
[31] Soroka, M.; Mastalerz, P. *Tetrahedron Lett.* **1973**, 5201.
[32] Gogoi, P.; Konwar, D. *Tetrahedron Lett.* **2007**, *48*, 531.
[33] Wallis, E. S.; Lane, J. F. *Org. React.* **1946**, *3*, 267.
[34] Matsuo, M.; Synth, J. *Org. Chem. Jpn.* **1968**, *26*, 563.
[35] Jeffreys, E. *J. Am. Chem.* **1899**, *22*, 14.
[36] Nagai, Y.; Matsuo, M.; Matsuda, T. *Kogyo Kagaku Zasshi.* **1964**, *67*, 1248 (*Chem. Abstr.*, **1965**, *62*, 13277).
[37] Nagai, Y.; Sugiura, M.; Ochi, M. *Kogyo Kugaku Zasshi.* **1969**, *72*, 696 (*Chem. Abstr.*, 1969, *71*, 38 2250.)
[38] Radlick, P.; Brown, L. R. *Synthesis* **1974**, 290.
[39] Granados, R.; Alvarez, M.; Salas, M. *Synthesis* **1983**, 329.
[40] Huang, X.; Keilor, J. W. *Tetrahedron Lett.* **1997**, *38*, 313.
[41] Keilor, J. W.; Huang, X. *Org. Synth.* **2004**, Coll. Vol. *10*, 549.
[42] Wallis, E. S.; Lane, J. F. *Org. React.* **1946**, *3*, 267.
[43] Moriarty, R. M.; Chany , C. J.; Vaid, R. K.; Prakash, O.; Tuladhar, S. M. *J. Org. Chem.* **1993**, *58*, 2478.
[44] Baumgarten, H. E.; Smith, H. L.; Staklis, A. *J. Org. Chem.* **1975**, *40*, 3554.
[45] Jew, S. S.; Park, H. G.; Park, H. J.; Park, M. S.; Cho, Y. S. *Tetrahedron Lett.* **1990**, *31*, 1559.
[46] (a) Acott, B.; Beckwith, L. *J. Chem. Commun.* **1965**, 161. (b) Acott, B.; Beckwith, L. J.; Hassanali, A.; Redmond, J. W. *Tetrahedron Lett.* **1965**, 4039. (c) Acott, B.; Beckwith, L. J. Hassanali, A. *Aust. J. Chem.* **1968**, *21*, 185.
[47] Baumgarten, H. E.; Staklis, A. *J. Am. Chem. Soc.* **1965**, *87*, 1141.
[48] Jia, Y. M.; Liang, X. M.; Chang, L.; Wang, D. Q. *Synthesis* **2007**, *5*, 744.
[49] Stoffman, E. J. L.; Clive, D. L. J. *Org. Biomol. Chem.* **2009**, *7*, 4862.
[50] Varvoglis, A. *Chem. Soc. Rev.* **1981**, *10*, 377.

[51] Moriarty, R. M.; Hou, K. C.; Prakash, I.; Arora, S. K. *Org. Synth.* **1990**, *7*, 263.
[52] Moriarty, R. M.; Hu, H. *Tetrahedron Lett.* **1981**, *22*, 2747.
[53] Anastasios, V. *Tetrahedron* **1997**, *53*, 1179.
[54] Radhakrishna, A. S.; Parham, M. E.; Riggs, R. M.; Loudon, G. M. *J. Org. Chem.* **1979**, *44*, 1746.
[55] Loudon, G. M.; Radhakrishna, A. S.; Almond, M. R.; Blodgett, J. K.; Boutin, R. H. *J. Org. Chem.* **1984**, *49*, 4272.
[56] Dobrovinskaya, N. A.; Archer, I.; Hulme, A. N. *Synlett* **2008**, *4*, 513.
[57] Chakraborty, T. K.; Ghosh, A. *Synlett* **2002** , *12*, 2039.
[58] Landsberg, D.; Kalesse, M. *Synlett* **2010**, *7,* 1104.
[59] Okamoto, N.; Miwa,Y.; Minami, H.; Takeda, K.; Yanada, R. *Angew. Chem., Int. Ed.* **2009**, *48*, 9693.
[60] Angelici, G.; Contaldi, S.; Green, S. L.; Tomasini, C. *Org. Biomol. Chem.* **2008**, *6*, 1849.
[61] Satoh, N.; Akiba,T.; Yokoshima, S.; Fukuyama, T. *Tetrahedron* **2009**, *65*, 3239.
[62] Ochiai, M.; Miyamoto, K.; Hayashi, S.; Nakanishi, W. *Chem. Commun.* **2010**, *46*, 511.
[63] Ochiai, M.; Okada, T.; Tada, N.; Yoshimura, A.; Miyamoto, K.; Shiro, M. *J. Am. Chem. Soc.* **2009**, *131*,8392.
[64] Pausacker, K. H. *J. Chem. Soc.* **1953**, 1989.
[65] Swaminanthan, K.; Venkatasubramanian, N. *J. Chem. Soc., Perkin Trans. 2* **1975**, 1161.
[66] Barlin, G. B.; Pausacker, K. H.; Riggs, N. V. *J. Chem. Soc.* **1954**, 3122.
[67] Jessup, P. J.; Petty, C. B.; Roos, J.; Overman, L. G. *Org. Synth.* **1988**, Coll. Vol. *6*, 95.
[68] Bergmann, M.; Zervas, L.; Schneider, F. *J. Biol. Chem.* **1936**, *113*, 341.
[69] Loudon, G. M.; Jacob, J. *J. Chem. Soc., Chem. Commun.* **1980**, 377.
[70] Loudon, G. M.; Almond, M. R.; Jacob, J. N. *J. Am. Chem. Soc.* **1981**, *103*, 4508.
[71] Goodman, M.; Chorev, M. *Acc. Chem. Res.* **1979**, *12*, 71.
[72] Chorev, M.; Wilson, C. G.; Goodman, M. *J. Am. Chem. Soc.* **1977**, *99*, 8075.
[73] Bundgaard, H.; Johansen, M. *J. Pharm. Sci.* **1980**, *69*, 44
[74] Johansen, M.; Bundgaard, H. *Arch. Pharm. Chemi., Sci. Ed.* **1980**, *8*, 141.
[75] Loudon, G. M.; Parham, M. E. *Tetrahedron Lett.* **1978**, 437.
[76] Parham, M. E.; Loudon, G. M. *Biochem. Biophys. Res. Commun.* **1978**, *80*, 1.
[77] Cantel, S.; Boeglin, D.; Rolland, M.; Martinez, J; Fehrentz, J. A. *Tetrahedron Lett.* **2003**, *44*, 4797.
[78] Moriarty, R. M.; Khosrowshahi, J. S.; Awasthi, A. K.; Penmasta, R. *Synth. Commun.* **1988**, *18*, 1179.
[79] Vasudevan, A.; Koser, G. F. *J. Org. Chem.* **1988**, *53*, 5158.
[80] Lazbin, I. M.; Koser, G. F. *J. Org. Chem.* **1986**, *51*, 2669.
[81] Wasiliewski, C.; Topolski, M.; Dembkowski, L. *J. Prakt. Chem.* **1989**, *331*, 507.
[82] Radhakrishna, A. S.; Rao, C. G.; Varma, R. K.; Singh, B. B.; Bhatnagar, S. P. *Synthesis* **1983**, 538.
[83] Stevens, T. E. *J. Org. Chem.* **1966**, *31*, 2025.
[84] Shono, T.; Matsumura, Y.; Yamane, S.; Kashimura, S. *Chem. Lett.* **1982**, 565.
[85] Matsumura, Y.; Maki, T.; Satoh, Y. *Tetrahedron Lett.* **1997**, *38*, 8879.
[86] Matsumura, Y.; Satoh, Y.; Maki, T.; Onomura, O. *Electrochim. Acta* **2000**, *45*, 3011.
[87] Ainsworth , C. *J. Am. Chem. Soc.* **1958**, *80*, 965.
[88] Acott, B.; Beckwith, L. J. Hassanali, A. *Aust. J. Chem.* **1968**, *21*, 197.
[89] Braun, V. *Ber.* **1926**, *59*, 1091.
[90] Brenkeleveen, V. *Rev. Trav. Chim.* **1894**, *13*, 34.
[91] Solonina, V. *Bull. Soc. Chim.* **1896**, *16*, 1878.
[92] Bayer and Co., *Ger. Pats.* 216808,232072 [*Chem. Zentr.* I, 311 (1910); I, 938 (1911)].
[93] Braun, J. V.; Lemke, G. *Ber.* **1922**, *55*, 3526.
[94] Weidel, H.; Roithner, E. *Monatsh* **1896**, *17*, 183.
[95] Rinkes, I. J. *Rec. Trav. Chim.* **1927**, *46*, 268.

[96] Spring, F. S.; Woods, J. C. *J. Chem. Soc.* **1945**, 625.
[97] Jonsson, N. A.; Moses, P. *Acta Chem. Scand. Ser.* **1974**, *28*, 441.
[98] Weerman, R. A. *Rec. Trav. Chim.* **1918**, *37*, 16.
[99] Jew, S. S.; Kang, M. H. *Arch. Pharm. Res.* **1994**, *17*, 490.
[100] Weerman, R. A. *Ann.* **1913**, *1*, 401.
[101] Weerman, R. A. *Rec. Trav. Chim.* **1918**, *2*, 37.
[102] Weerman, R. A. *Ann.* **1901**, *243*, 317.
[103] Blaise, E. E.; Blanc, G. *Bull. Soc. Chim.* **1899**, *21*, 973.
[104] Forster, M. O. *J. Chem. Soc.* **1901**, *79*, 108.
[105] Rinkes, I. J. *Rec. Trav. Chim.* **1920**, *39*, 704.
[106] Rinkes, I. J. *Rec. Trav. Chim.* **1927**, *46*, 272.
[107] Rinkes, I. J. *Rec. Trav. Chim.* **1920**, *39*, 200.
[108] Rinkes, I. J. *Rec. Trav. Chim.* **1926**, *45*, 819.
[109] Rinkes, I. J. *Rec. Trav. Chim.* **1929**, *48*, 960.
[110] Simons, Jr. S. S. *J. Org. Chem.* **1973**, *38*, 414.
[111] Yu, C. Z.; Jiang, Y.Y.; Liu, B.; Hu, L. Q. *Tetrahedron Lett.* **2001**, *42*, 1449.
[112] Hernández, E.; Vélez, J. M.; Vlaar, C. P. *Tetrahedron Lett.* **2007**, *48*, 8972.
[113] Wang, G. J.; Hollingsworth, R. I. *Tetrahedron: Asymmetry* **2000**, *11*, 4429.
[114] Dehli, J. R.; Gotor, V. *J. Org. Chem.* **2002**, *67*, 6816.
[115] Gustafsson, H. *Acta Chem. Scand., Ser. B,* **1975**, *29*, 93.
[116] Seki, M.; Shimizu, T.; Inubushi, K. *Synthesis* **2002**, 361.
[117] Poullennec, K. G.; Romo, D. *J. Am. Chem. Soc.* **2003**, *125*, 6344.
[118] Schultz, A. G.; Wang, A. *J. Am. Chem. Soc.* **1998**, *120*, 8259.
[119] DeMong, D. E.; Williams, R. M. *J. Am. Chem. Soc.* **2003**, *125*, 8561.
[120] Verma, R.; Ghosh, S. K. *Chem. Commun.* **1997**, 1601.
[121] Evans, D. A.; Scheidt, K. A.; Downey, C. W. *Org. Lett.* **2001**, *3*, 3009.
[122] Amato, J. S.; Bagner, C.; Cvetovich, R. J.; Gomolka, S.; Hartner, F. W.; Reamer, R. *J. Org. Chem.* **1998**, *63*, 9533.
[123] Huang, X. C.; Seid, M.; Keillor, J. W. *J. Org. Chem.* **1997**, *62*, 7495.
[124] Loudon, G. M.; Radhakrishna, A. S.; Almond, M. R. *J. Org .Chem.* **1984**, *49*, 4272.
[125] Gretchen M. S.; An, Y. M. *J. Med. Chem.* **2009**, *52*, 1251.

宫浦硼化反应

(Miyaura Borylation)

马　明

1　历史背景简述 ··· 129
2　Miyaura 硼化反应的机理 ·· 130
　2.1　实验结论 ··· 130
　2.2　理论计算 ··· 132
3　Miyaura 硼化反应的条件综述 ·· 132
4　Miyaura 反应的底物范围综述 ·· 134
　4.1　Miyaura 硼化反应中的硼试剂 ·· 134
　4.2　Miyaura 硼化反应中的亲电试剂 ·· 139
5　Miyaura 硼化反应在天然产物全合成中的应用 ······························ 148
　5.1　5-苯基取代的 Terbenzimidazole 的合成 ································· 149
　5.2　天然产物 TMC-95A/B 结构片段的合成 ································· 149
　5.3　天然产物 (±)-Spiroxin C 结构片段的合成 ······························ 150
　5.4　endo-构型芳基桥联大环结构的合成 ····································· 151
6　Miyaura 硼化反应实例 ··· 152
7　参考文献 ·· 155

1　历史背景简述

Miyaura 硼化反应是制备有机硼化合物的重要方法之一，被广泛地应用于有机硼化合物参与的金属催化交叉偶联反应 (例如：Suzuki 反应) 的底物合成。该反应由日本化学家 Norio Miyaura 首次发现，并以其名字来命名。

在格氏试剂或者锂试剂的参与下，三烷基硼酸酯 $B(OR)_3$ 与炔、烯发生的硼化反应是制备有机硼化合物的经典方法[1,2]。虽然过渡金属催化的硼亲核试剂与芳基亲电试剂的交叉偶联反应被认为是另一条方便有效的制备有机硼化合物的路线，但在联硼酸酯 [例如：双联频哪醇硼酸酯 (B_2pin_2)] 被用作硼亲核试剂之前，该路线并没有真正成为制备有机硼化合物的理想方案[3~7]。

1993 年，Miyaura 等人发现：在零价铂配合物 $Pt(PPh_3)_4$ 的催化下，双联频哪醇硼酸酯 **1** 可以顺利地与炔烃选择性地发生顺式加成生成 1,2-双硼基化烯烃化合物 (式 1)[8]。

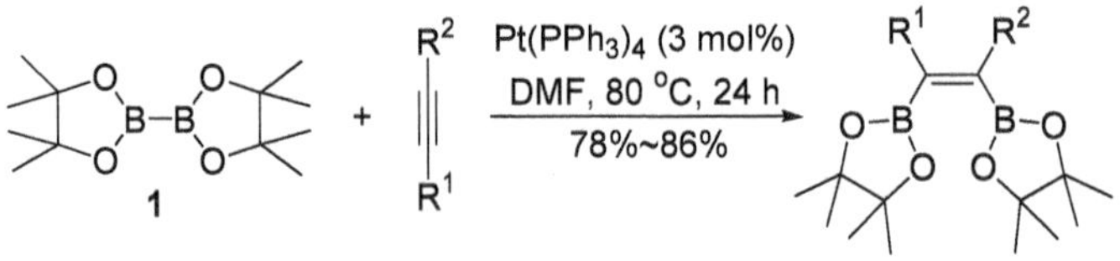

$$\text{B-B} + \underset{R^1}{\overset{R^2}{|||}} \xrightarrow[78\%\sim86\%]{Pt(PPh_3)_4 \text{ (3 mol\%)}, \text{DMF, 80 °C, 24 h}} \underset{\text{B}}{\overset{R^1 \ R^2}{\diagdown=\diagup}} \text{B} \qquad (1)$$

鉴于双联频哪醇硼酸酯 **1** 在空气中的稳定性和方便操作的特性，该硼试剂在 1995 年被 Miyaura 等人进一步用作硼亲核试剂。如式 2 所示[9]：在钯配合物催化下，硼酸酯 **1** 成功地与芳基卤化物发生交叉偶联反应生成有机硼化合物。这一转化过程逐渐成为制备有机硼化合物尤其是芳基硼化物的重要方法，现在被称为 Miyaura 硼化反应。

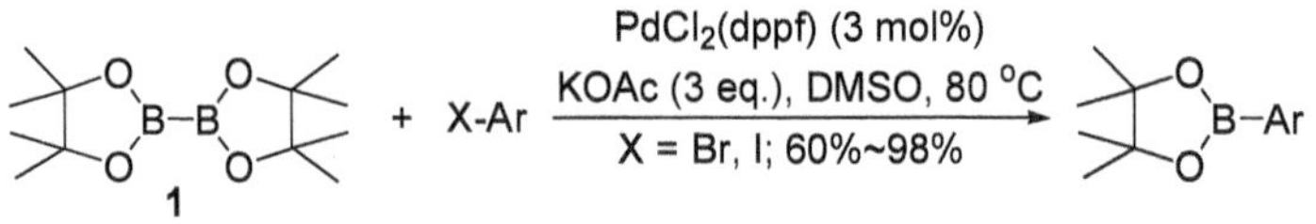

$$\text{B-B} + \text{X-Ar} \xrightarrow[X = Br, I; 60\%\sim98\%]{PdCl_2(dppf) \text{ (3 mol\%)}, KOAc \text{ (3 eq.), DMSO, 80 °C}} \text{B-Ar} \qquad (2)$$

与经典的格氏试剂或者锂试剂参与的硼化反应相比较，Miyaura 硼化反应可以在相对温和的条件下通过"一锅煮"反应一步反应完成。这也是 Miyaura 硼化反应的重要特性之一。

2 Miyaura 硼化反应的机理

2.1 实验结论

Miyaura 等人在对 Miyaura 硼化反应机理的研究中发现：醋酸钾在该反应过程中发挥着非常重要的作用[9]。他们观察到两个重要的实验现象：(a) 使用反式的苯基溴化钯配合物 **2** 与双联频哪醇硼酸酯 **1** 反应不能生成苯基硼酸酯 **4**；(b) 过量的醋酸钾与苯基溴化钯配合物 **2** 反应可得到几乎定量的苯基醋酸钯配合物 **3**；配合物 **3** 可以与双联频哪醇硼酸酯 **1** 反应生成 67% 的苯基

硼酸酯 **4**。如式 3 所示：苯基醋酸钯配合物 **3** 被认为是该反应过程中的重要中间体。

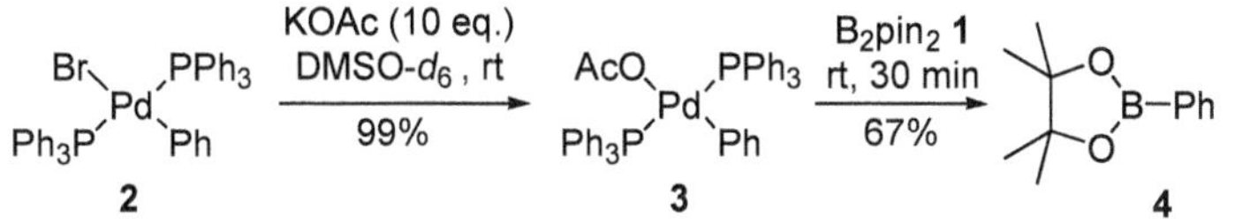

$$\underset{\mathbf{2}}{\underset{\text{Ph}_3\text{P}}{\text{Br}}\underset{\text{Ph}}{\overset{\text{PPh}_3}{\text{Pd}}}} \xrightarrow[\text{99\%}]{\text{KOAc (10 eq.)} \atop \text{DMSO-}d_6\text{, rt}} \underset{\mathbf{3}}{\underset{\text{Ph}_3\text{P}}{\text{AcO}}\underset{\text{Ph}}{\overset{\text{PPh}_3}{\text{Pd}}}} \xrightarrow[\text{67\%}]{\text{B}_2\text{pin}_2 \; \mathbf{1} \atop \text{rt, 30 min}} \underset{\mathbf{4}}{\text{pinB-Ph}} \qquad (3)$$

氧化加成和还原消除是有机金属交叉偶联反应中最基本的重要过程[10~13]。可是，交叉偶联反应中是否涉及金属中心的配体交换过程，则与反应条件和所参与的金属试剂密切相关。在有机硼化合物参与的交叉偶联反应中，碱试剂通常起到加速金属中心配体交换的作用[14,15]。碱试剂的加速作用通常可能通过两种途径进行：(a) 带有负电荷的碱试剂与硼原子中心发生配位而增加硼试剂的亲核性，进而加速硼试剂与氯化钯发生配体交换；(b) 在中性反应条件下，碱负离子可以取代氯化钯中的氯原子而生成烷氧、羟基或者醋酸钯中间体[16,17]。在这些中间体中，Pd-O 键具有高度的反应活性，因此可加速与硼试剂发生配体交换。Miyaura 等人的研究发现：将醋酸钾与联硼化合物 **1** 在 DMSO 中混合，硼的核磁共振谱表明醋酸并没有与联硼化合物 **1** 的硼中心发生任何配位作用。因此，碱试剂的加速作用更有可能是通过途径 (b) 进行的。

如式 4 所示[9]：Miyaura 等人提出了一个关于芳基醋酸钯配合物参与金属中心配体交换过程的催化循环机理。首先，芳基卤化物和零价钯配合物发生氧化加成得到含有二价钯的加成产物 **5**。继而，并不是中间体 **5** 与联硼化合物 **1** 直接发生金属交换反应生成中间体 **7**[10]，而是醋酸负离子替换中间体 **5** 中的卤负离子生成中间体 **6**，由中间体 **6** 与联硼化合物 **1** 发生金属交换反应得到中间体 **7**。最后，通过还原消除得到目标产物芳基硼酸酯，同时释放出零价钯配合物进入下一轮的催化循环。

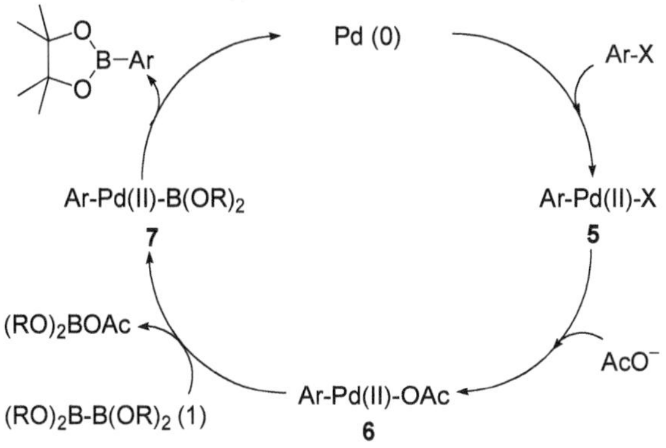

(4)

2.2 理论计算

在过渡金属催化的交叉偶联反应研究中，有关氧化加成和还原消除的理论研究已经非常完善[18~27]。Sakaki 等人通过 DFT 方法对钯催化的芳基卤化物和联硼试剂参与的 Miyaura 硼化反应中的金属交换过程进行了理论研究[28]，从理论上阐述了该金属交换的电子过程。如式 5 所示：为了简化影响因素，他们使用双联乙二醇硼酸酯 **8** 作为模型化合物，替代实验中常用的联硼试剂双联频哪醇硼酸酯 **1**。

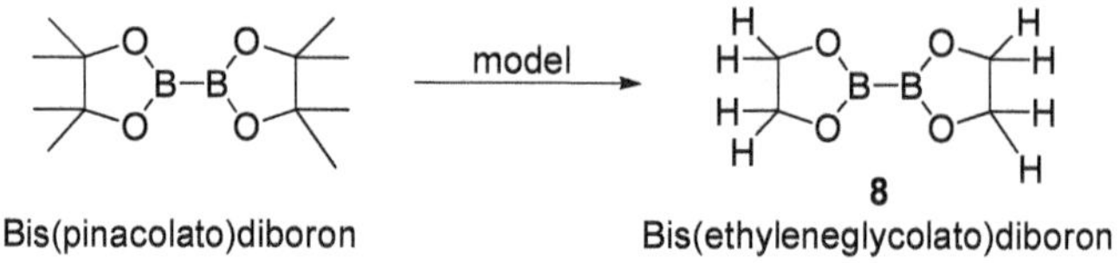

$$\text{Bis(pinacolato)diboron} \xrightarrow{\text{model}} \text{Bis(ethyleneglycolato)diboron (8)} \quad (5)$$

研究发现：硼原子的空 p_π-轨道与二价钯配合物中的配体 X 有配位作用。如式 6 所示：催化剂 $Pd(OH)Ph(PPh_3)_2$ 中的 OH 或者 $Pd(F)Ph(PPh_3)_2$ 中的 F^- 离子可以与硼原子配位，使得转金属化反应通过一个四中心的过渡态进行。在该过渡态中，随着 B-X 键和 Pd-B 键逐渐变强，最终导致 Pd-X 键和双硼试剂中的 B-B 键发生异裂而生成二价钯硼中间体。然后，该中间体经历还原消除生成苯基硼酸酯。

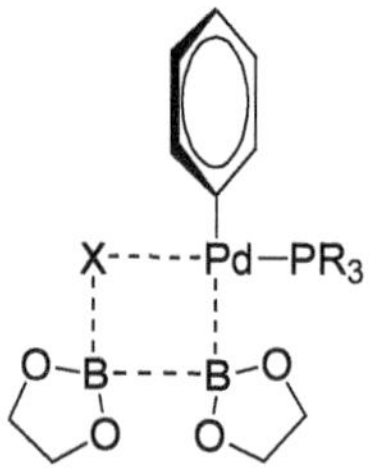

$$X = OH, F \quad (6)$$

因为 B-Cl 键的键能比 B-O 和 B-F 键的键能小很多，双硼试剂中的硼与配体 Cl 仅发生很弱的配位作用。因此，当 X 是 Cl 时，B-B 键的断裂将以均裂的形式进行使得转金属过程比较困难。在醋酸盐的存在下，OAc^- 通过与 Cl 发生配体交换参与与 B 的配位，从而加速 Miyaura 硼化反应的转金属过程的进行。这些理论计算研究结果与实验结果相一致。

3 Miyaura 硼化反应的条件综述

Miyaura 反应的机理研究证明，碱试剂对转金属过程具有显著的促进作用。通常，弱碱试剂醋酸钾对有机硼化合物参与的交叉偶联反应的速率并没有明显的影响，但是，醋酸钾却是获得高收率和高选择性 Miyaura 硼化反应的最佳碱试剂[9]。如式 7 所示：使用比较强的碱（例如：K_3PO_4 或 K_2CO_3）会导致所得的芳基硼酸酯进一步与芳基卤化物发生偶联反应生成大量的双芳基副产物。

$$\text{(pinB-Bpin)} + \text{Br-Ph} \xrightarrow[\text{DMSO, 80 }^\circ\text{C}]{\substack{\text{PdCl}_2\text{(dppf) (3 mol\%)} \\ \text{K}_3\text{PO}_4 \text{ or K}_2\text{CO}_3 \text{ (3 eq.)} \\ 36\%\sim60\%}} \text{Ph-Ph} \qquad (7)$$

在 Miyaura 硼化反应中，反应的温度和溶剂对反应结果也有着重要的影响。一般情况下，反应的最佳温度是 80 ℃。极性溶剂可以明显地增加反应速率，常用溶剂对反应影响的大概次序是：DMSO ≥ DMF > 二氧六环 > 甲苯。当底物为芳基碘或者芳基溴化物时，DMSO 或者 DMF 常被用作反应溶剂[9,29~34]。当底物为芳基三氟甲基磺酸酯时，二氧六环通常被用作反应溶剂[35]。但是，当反应底物为苄氯时，非极性溶剂甲苯则是最佳溶剂。若使用 DMSO 为溶剂则会导致醋酸钾（KOAc）与苄氯发生亲核取代反应，得到收率高达 40% 的苄基醋酸酯[36]。

在 Miyaura 硼化反应中，$Pd(PPh_3)_4$ 和 $PdCl_2(dppf)$ 都是最常用的催化剂[9]。但是，$Pd(PPh_3)_4$ 中膦配体上的苯环时常会发生偶联反应生成苯基硼酸酯副产物，当芳基卤化物含有供电性基团时尤其如此。如式 8 所示：使用 4-甲氧基溴苯为反应底物时，除了得到 62% 的 4-甲氧基苯基硼酸酯外，还得到了 8% 的副产物苯基硼酸酯 **11**。这主要是因为 4-甲氧基溴苯经氧化加成生成中间体 **9** 后，4-甲氧基苯基与膦配体中的苯基发生交换而得到中间体 **10**。其它的金属催化剂，例如：$Ni(PPh_3)_4$、$Pt(PPh_3)_4$ 和 $RhCl(PPh_3)_3$ 等，均不能有效催化该反应。因此，$PdCl_2(dppf)$ 事实上是 Miyaura 硼化反应中最常用和最有效的金属催化剂。

$$\begin{array}{c}\text{MeO-C}_6\text{H}_4\text{-Br} \xrightarrow{\substack{\text{Pd(PPh}_3)_4, \mathbf{1} \\ \text{KOAc/DMSO, 80 }^\circ\text{C}}} \text{MeO-C}_6\text{H}_4\text{-Bpin (62\%)} + \text{Ph-Bpin }\mathbf{11}\text{ (8\%)}\end{array} \qquad (8)$$

中间体 **9**：p-MeOPh-Pd-Br (PPh$_3$)$_2$ ⇌ 中间体 **10**：Ph-Pd-Br (PPh$_3$)(PPh$_2$(p-MeOPh))

随着反应底物的变化，经典的 Miyaura 硼化反应条件也会表现出一定的局限性。因此，需要进一步的优化得到适合反应底物的最佳反应条件。例如：当芳基卤化物或芳基三氟甲基磺酸酯底物中含有甲氧基或 N,N-二甲基等供电性取代基时，$PdCl_2(dppf)$ 单独催化的 Miyaura 硼化反应通常需要较长的反应时间或者给出较低的反应收率。相比之下，使用 Pd(dba)$_2$ 和供电性的 PCy$_3$ 配体原位生成的组合催化剂[38~40]则可以得到较好的结果。如式 9 所示[37]：Pd(dba)$_2$-PCy$_3$ 催化体系可以高效地催化含有供电性取代基的芳基卤化物和芳基三氟甲基磺酸酯底物参与的 Miyaura 硼化反应。

$$EDG-C_6H_4-X \xrightarrow{\text{1, KOAc, 80 °C}} EDG-C_6H_4-Bpin \quad (9)$$

EDG	X =	催化剂/溶剂	时间/h	产率/%
MeO	Br	PdCl$_2$(dppf)/DMSO	24	69
MeO	Br	Pd(dba)$_2$-PCy$_3$/dioxane	7	81
MeO	OTf	PdCl$_2$(dppf)-dppf/dioxane	13	93
MeO	OTf	Pd(dba)$_2$-PCy$_3$/dioxane	2	83
Me$_2$N	Br	PdCl$_2$(dppf)/DMSO	24	23
Me$_2$N	Br	Pd(dba)$_2$-PCy$_3$/dioxane	6	81

与钯络合的膦配体有着稳定零价钯中间体的重要作用，因此膦配体的空间位阻和电子效应会明显地影响钯催化剂的氧化加成和转金属过程进而影响反应的结果[41~45]。如式 10 所示[36]：PdCl$_2$(dppf) 催化的苄氯为底物的反应仅生成 59% 的硼化产物 **12**。但是，使用 Pd(dba)$_2$/(4-MeOC$_6$H$_4$)$_3$P 组合催化剂则可以得到 85% 的产率。

$$PhCH_2Cl + B_2pin_2 \xrightarrow{\text{i or ii}} PhCH_2Bpin \quad (10)$$
$$\quad\quad\quad\quad \textbf{1} \quad\quad\quad\quad\quad\quad\quad\quad\quad \textbf{12}$$

i. Pd(dba)$_2$, (4-MeOC$_6$H$_4$)$_3$P, KOAc, PhMe, 85%
ii. PdCl$_2$(dppf), Ligand-free, KOAc, PhMe, 59%

4 Miyaura 反应的底物范围综述

4.1 Miyaura 硼化反应中的硼试剂

4.1.1 联硼酸酯

由于硼原子的缺电性，很多联硼试剂都具有强 Lewis 酸性质，因此具有不稳定和不易操作的特性。例如：四氯化联硼烷 (Cl$_2$B-BCl$_2$) 在空气中可发生自燃，室温下分解生成四氯化硼[46,47]。正是由于联硼试剂的不稳定性，过渡金属催化的硼化反应一直没有得到很好的发展。但是，四胺基联硼和四烷氧基联硼试剂是较弱的 Lewis 酸。它们具有较高的化学稳定性且容易操作，因此它们是 Miyaura

硼化反应中最为常用的硼化试剂。

如式 11~式 15 所示[48~52]：四胺基联硼和四烷氧基联硼试剂可以通过三溴化硼经历四步反应来制备。其中，双硼化合物 **1** 和 **15** 已经成为商品化试剂。

$$Me_2NH + BBr_3 \xrightarrow[81\%]{\text{pentane, rt, 12 h}} (Me_2N)_3B \qquad (11)$$

$$(Me_2N)_3B + BBr_3 \xrightarrow[99\%]{\text{pentane}} (Me_2N)_2B\text{-}Br \qquad (12)$$

$$(Me_2N)_2B\text{-}Br \xrightarrow[72\%]{\text{Na, PhMe}} (Me_2N)_2B\text{-}B(NMe_2)_2 \qquad (13)$$

$$(Me_2N)_2B\text{-}B(NMe_2)_2 \xrightarrow{\substack{\text{ROH, HCl}\\\text{PhMe-ether}}} (RO)_2B\text{—}B(OR)_2 \qquad (14)$$
$$\textbf{13}$$

pinB-Bpin (**1**)   (MeO)$_2$B-B(OMe)$_2$ (**14**)   catB-Bcat (**15**)   (15)

联硼化合物 **1** 对空气和湿气均具有一定的稳定性，是 Miyaura 硼化反应中最常用的硼化试剂，它们的具体应用将在后面的章节中进行详细的阐述。值得一提的是：联硼试剂 **1** 参与的 Miyaura 硼化反应得到的相应的硼酸频哪醇酯也具有较高稳定性，除了对空气和湿气稳定外，也可稳定地经历蒸馏、萃取或硅胶柱色谱分离等化学操作而不发生分解变化。正是由于其稳定性，所生成的硼酸频哪醇酯很难水解成为相应的硼酸化合物。在一般的情况下，该硼酸频哪醇酯可直接应用于 Suzuki 交叉偶联反应。在需要将 Miyaura 硼化反应所得的硼酸醇酯水解为相应的硼酸时，联硼试剂 **14** 则通常被用作硼化试剂[35]。如式 16 所示：使用联硼试剂 **14** 首先得到相应的硼酸甲酯化合物，然后方便地水解成为相应的硼酸，或者和频哪醇发生酯交换得到较稳定的硼酸频哪醇酯。如式 17 所示[31,53~55]：联硼试剂 **16** 提供了另外一种选择的机会。首先，联硼试剂 **16** 经历 Miyaura 硼化反应生成的硼化产物 **17**。然后，在催化氢解的条件下得到相应的硼酸产物 **18**。

$$\text{PhOTf} + (MeO)_2B\text{-}B(OMe)_2 \xrightarrow[\textbf{14}]{\substack{\text{PdCl}_2\text{(dppf), dppf}\\\text{KOAc, dioxane, 80 °C, 6 h}\\83\%}} \text{PhB(OMe)}_2 \xrightarrow{\text{pinacol, rt, 24 h}} \text{PhBpin} \qquad (16)$$

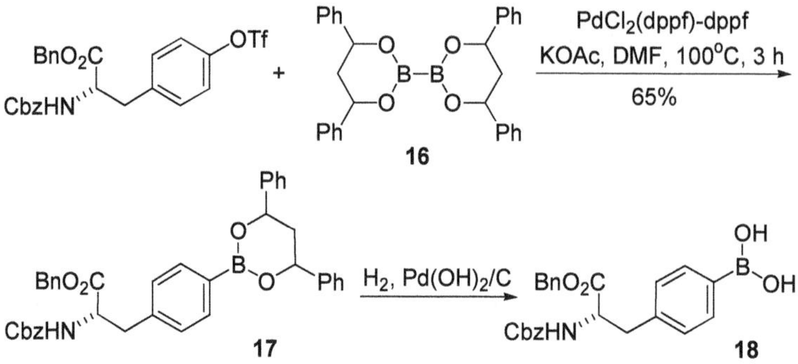

$$\text{(17)}$$

4.1.2 二烷氧基硼烷

二烷氧基硼烷已经广泛地应用于硼氢化反应[56,57]。近几年，具有一定物理和化学稳定性的二烷氧基硼烷 (例如：频哪醇硼烷 19) 也被成功用作 Miyaura 硼化反应中的硼试剂[58,59]。频哪醇硼烷 19 不仅是一个原子经济性的硼试剂，而且具有很好的官能团兼容性。在 PdCl$_2$(dppf) 的催化下，频哪醇硼烷 19 可以与含有多种官能团的芳基碘、芳基溴和芳基三氟甲基磺酸酯底物发生 Miyaura 硼化反应。

二烷氧基硼烷作为硼试剂参与的 Miyaura 硼化反应通常需要在 1,4-二氧六环溶剂中进行。如式 18 所示：DMF 等强极性溶剂会导致二烷氧基硼烷 19 分解生成 B$_2$H$_6$，因而得到大量的还原副产物 20。

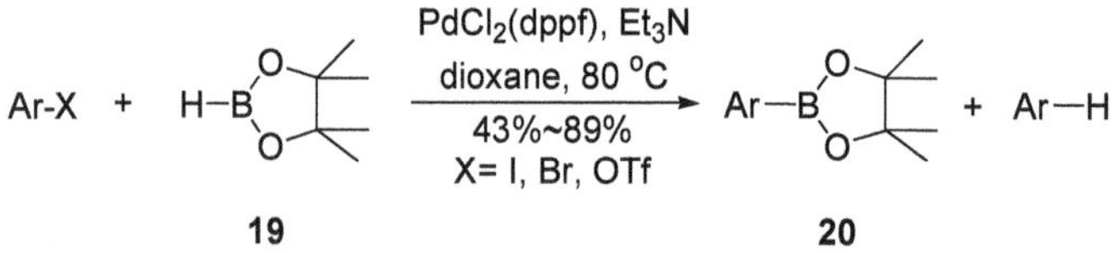

$$\text{(18)}$$

在联硼酸酯作为硼试剂的 Miyaura 硼化反应中，醋酸钾被证实是最合适的碱试剂。但是，在频哪醇硼烷 19 作为硼试剂的反应中，使用醋酸钾作为碱试剂主要得到氢化副产物 20。Masuda 等人发现：三乙胺是该类 Miyaura 硼化反应中最合适的碱试剂。如式 19 所示：这可能是因为三乙胺可以和硼试剂 19 形成硼胺配合物。然后，硼胺配合物中的硼负离子与二价钯中间体 21 发生配体交换得到二价钯中间体 22 和三乙胺的盐 23。最后，中间体 22 经历还原消除得到芳基硼酸酯。

通过改变反应条件 (例如：催化剂和反应溶剂)，二烷氧基硼烷也可以作为硼试剂参与 Miyaura 硼化反应[60,61]。如式 20 所示：Floch 等人合成一种新型的钯正离子配合物 24，并将其成功地用于催化二烷氧基硼烷参与的 Miyaura 硼化反应[60]。

如式 21 所示：钯配合物 24 可以高效地催化芳基溴和芳基碘与频哪醇硼烷发生 Miyaura 硼化反应。当底物是反应活性较高的芳基碘时，催化剂的用量可以低至 0.001 mol%。

(19)

(20)

(21)

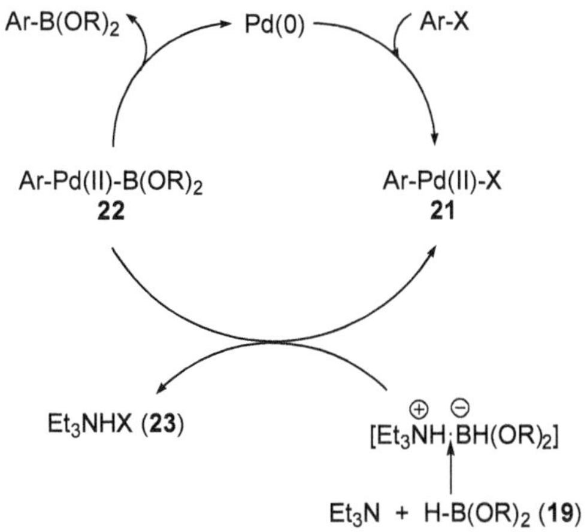

Zaidlewicz 等人发现：当使用离子液体作为反应溶剂时，不仅可以大大缩短反应时间，而且还可以通过溶剂颜色的变化来判断反应的进程。当反应完成后，产物可以通过简单的萃取获得。如式 22 所示[61]：碘苯与频哪醇硼烷在离子液体中的反应可以在 20 min 内完成，得到 80% 的芳基硼酸酯。

(22)

bmim = 1-butyl-3-methylimidazolium

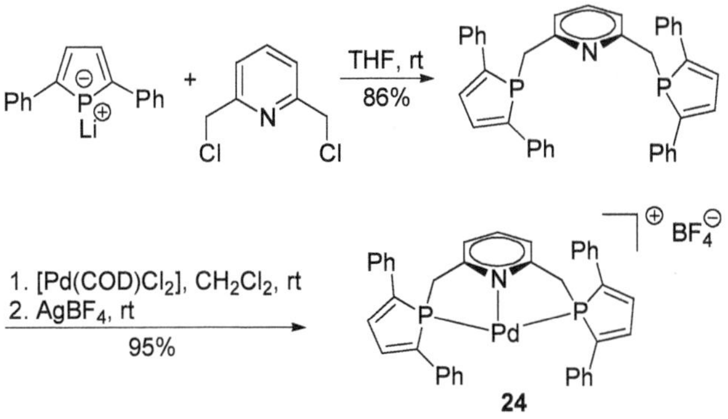

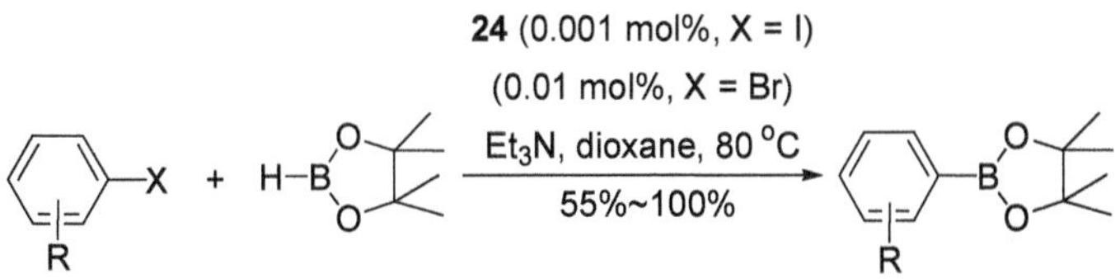

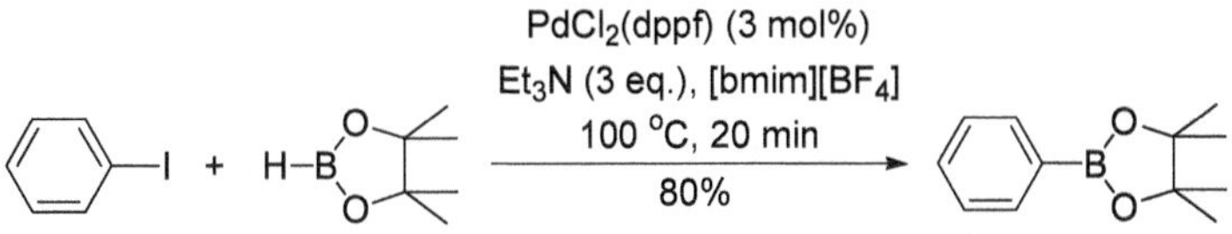

除频哪醇硼烷外，2-甲基-2,4-戊二醇硼烷 (MPBH) 也是一个很好的 Miyaura 硼化反应试剂[62,63]。如式 23 所示：该试剂可以由硼氢化钠和磺酸钠原

位生成的 BH₃ 与 2-甲基-2,4-戊二醇反应定量地制备。MPBH 对氧气、湿气和硅胶柱处理均具有一定的稳定性，在 4 °C 下可以稳定地储存数月。由于其制备原料 2-甲基-2,4-戊二醇较频哪醇便宜很多，因此 MPBH 是比频哪醇硼烷更经济的硼化试剂。

$$\text{NaBH}_4 + \underset{\text{OH OH}}{\bigwedge} \xrightarrow[\substack{\text{NaSO}_3\text{H, rt, 2 h} \\ 100\%}]{(\text{MeOCH}_2\text{CH}_2)_2\text{O}} \text{MPBH} \quad (23)$$

MPBH 的反应活性和频哪醇硼烷相当，对底物含有的多种官能团具有很好的兼容性。如式 24~式 26 所示[64]：在 PdCl₂(TPP)₂ 催化下，MPBH 可以顺利地与芳基碘或芳基溴反应生成相应的芳基硼酸酯。

$$\text{MeO–C}_6\text{H}_4\text{–Br} \xrightarrow[\substack{\text{TEA, PhMe, 80 °C, 6 h} \\ 89\%}]{\text{MPBH, PdCl}_2(\text{TPP})_2 \text{ (3 mol\%)}} \quad (24)$$

$$\text{(2-I-C}_6\text{H}_4\text{-NH}_2) \xrightarrow[\substack{\text{TEA, PhMe, 80 °C, 6 h} \\ 88\%}]{\text{MPBH, PdCl}_2(\text{TPP})_2 \text{ (3 mol\%)}} \quad (25)$$

$$\text{(2-Br-thiophene)} \xrightarrow[\substack{\text{TEA, PhMe, 80 °C, 6 h} \\ 60\%}]{\text{MPBH, PdCl}_2(\text{TPP})_2 \text{ (3 mol\%)}} \quad (26)$$

除了频哪醇硼烷和 MPBH 外，邻苯二酚硼烷 (**25**) 也可以作为硼试剂参与 Miyaura 硼化反应 (式 27)[59]。但是，它的反应产物 **26** 通常对湿气和硅胶都不稳定。在室温下，将 **26** 和频哪醇搅拌反应 2 h 即可得到对湿气和硅胶稳定的频哪醇硼酸酯。

$$\text{1-I-naphthalene} + \text{HBcat} \xrightarrow[]{\text{PdCl}_2(\text{dppf}) \text{ (3 mol\%), Et}_3\text{N} \\ (3 \text{ eq.), dioxane, 80 °C, 12 h}} [\text{Naph-Bcat}]_{26} \xrightarrow[79\%]{\text{pinacol, rt, 2 h}} \text{Naph-Bpin} \quad (27)$$

4.2　Miyaura 硼化反应中的亲电试剂

4.2.1　芳基亲电试剂

芳基卤化物和芳基三氟甲基磺酸酯是 Miyaura 硼化反应中最常用的亲电试剂。当反应底物为芳基碘或者芳基溴时，最佳反应条件为 $PdCl_2(dppf)/KOAc/DMSO$ 或者 $PdCl_2(dppf)/KOAc/DMF$（式 28~式 30）[9]。而当反应底物为芳基三氟甲基磺酸酯时，反应通常在 1,4-二氧六环溶剂中进行但需要额外加入 dppf 配体（式 31 和式 32）[35]。

$$Me_2N-C_6H_4-I \xrightarrow[\text{DMSO, 80 °C, 6 h}]{\substack{B_2pin_2,\ PdCl_2(dppf)\ (3\ mol\%) \\ dppf\ (3\ mol\%),\ AcOK\ (3.0\ eq.) \\ 90\%}} Me_2N-C_6H_4-Bpin \quad (28)$$

$$Br-C_6H_4-I \xrightarrow[\text{DMSO, 80 °C, 1 h}]{\substack{B_2pin_2,\ PdCl_2(dppf)\ (3\ mol\%) \\ dppf\ (3\ mol\%),\ AcOK\ (3.0\ eq.) \\ 86\%}} Br-C_6H_4-Bpin \quad (29)$$

$$O_2N-C_6H_4-I \xrightarrow[\text{DMSO, 80 °C, 2 h}]{\substack{B_2pin_2,\ PdCl_2(dppf)\ (3\ mol\%) \\ dppf\ (3\ mol\%),\ AcOK\ (3.0\ eq.) \\ 86\%}} O_2N-C_6H_4-Bpin \quad (30)$$

$$MeO-C_6H_4-I \xrightarrow[\text{DMSO, 80 °C, 13 h}]{\substack{B_2pin_2,\ PdCl_2(dppf)\ (3\ mol\%) \\ dppf\ (3\ mol\%),\ AcOK\ (3.0\ eq.) \\ 93\%}} MeO-C_6H_4-Bpin \quad (31)$$

$$OHC-C_6H_4-I \xrightarrow[\text{DMSO, 80 °C, 17 h}]{\substack{B_2pin_2,\ PdCl_2(dppf)\ (3\ mol\%) \\ dppf\ (3\ mol\%),\ AcOK\ (3.0\ eq.) \\ 91\%}} OHC-C_6H_4-Bpin \quad (32)$$

使用格氏试剂或者锂试剂制备芳基硼酸酯类化合物时，通常需要保护反应底物中的敏感官能团。但是，Miyaura 硼化反应有很好的官能团兼容性，芳基亲电试剂可以含有多种官能团，例如：酯基、酰基、硝基和氰基等。通常，芳环上的拉电子取代基会增加反应的速率。因此，当需要制备带有 p-NMe$_2$ 或 p-OMe 等供电性取代基的芳基硼酸酯时，使用反应活性比较高的芳基碘化物作为底物。在制备带有 p-CO$_2$Me、p-COMe、p-NO$_2$ 或 p-CN 等拉电子取代芳基硼酸酯的反应中，活性较低的芳基溴和芳基三氟甲基磺酸酯均是合适的底物。但是，2-呋喃基、2-吡啶基、2-苯硫基、2-甲酸基或 2,6-二甲氧基取代的底物一般不能顺利地通过 Miyaura 硼化反应得到相应的硼化产物。这可能是由于邻位效应所生成的 C-B 键通常会断裂而发生去硼化反应[35,65~68]。

最近，Buchwald 等人通过加入配体 27 进一步优化了芳基亲电试剂与频哪醇硼烷的 Miyaura 硼化反应[69]。该反应体系具有很好的底物范围，活性较高的芳基碘、芳基溴、一些杂环卤化物以及活性相对较低的芳基氯化物均可顺利发生硼化反应 (式 33~式 36)。另外，该反应体系对底物中的酰基、氰基和胺 (氨) 基等官能团也具有很好的兼容性。值得一提的是：在较低的催化剂用量下，活性较高的芳基碘即可高收率地得到相应的芳基硼酸酯；若使用 Et₃N 作为溶剂，杂环氯化物和芳基氯化物可以通过延长反应时间得到相应的硼酸频哪醇酯。

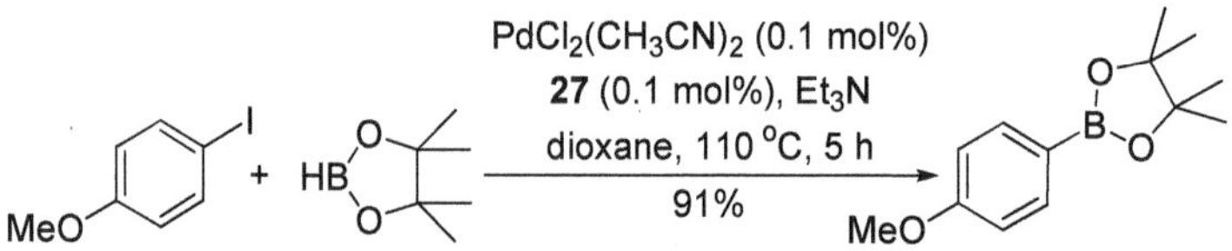

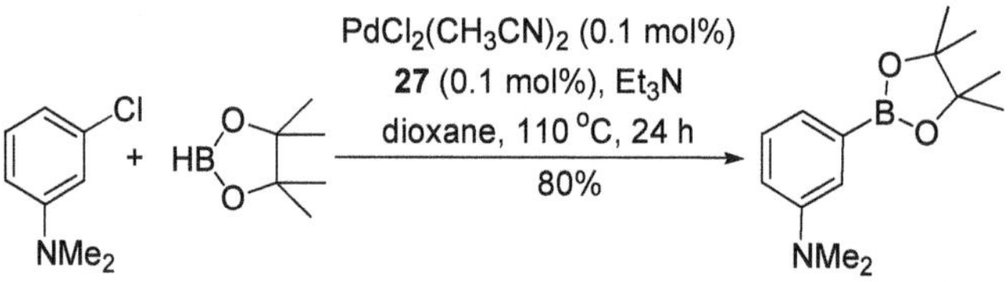

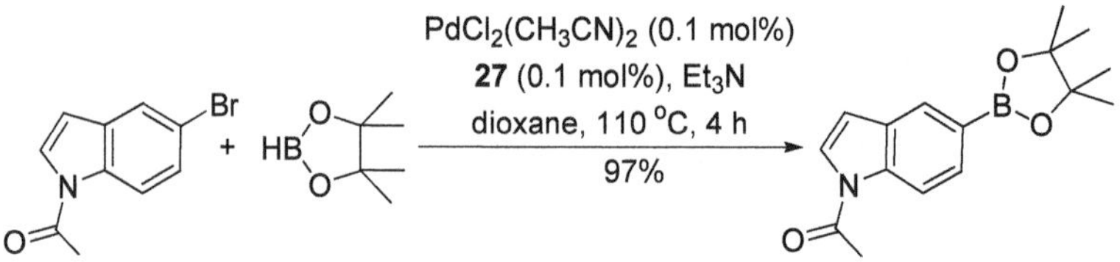

芳基亲电试剂参与的 Miyaura 硼化反应产物可以直接应用在 Suzuki 偶联反应中，通过"一锅两步"反应得到不对称双芳基产物[35,45]。如式 37 所示：首先，使用 4-甲酸酯取代的苯基三氟甲基磺酸酯与联硼试剂发生硼化反应得到相应的硼酸频哪醇酯。然后，在同一反应瓶中继续加入另一分子的 4-氰基取代的

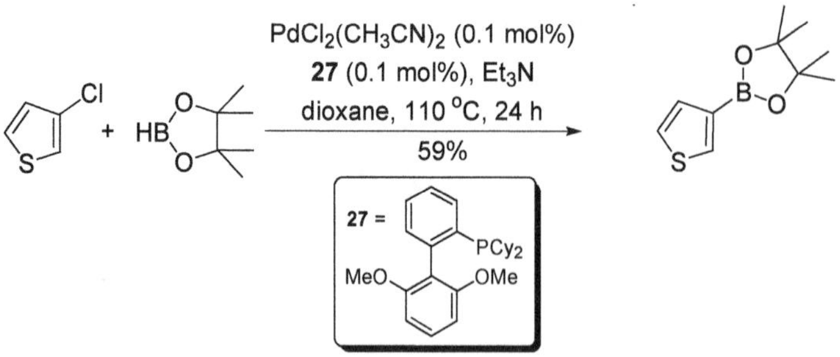

苯基三氟甲基磺酸酯和磷酸钾。继续反应 16 h 后即可得到收率 93% 的不对称双芳基产物。在该反应中，使用 1,4-二氧六环作为反应溶剂和使用额外量的 dppf 配体可以有效地防止催化剂的分解和减少钯黑沉淀的生成。虽然两步反应都使用 PdCl$_2$(dppf) 作为催化剂，但在第二步反应中补加催化剂通常会得到更高的反应收率。

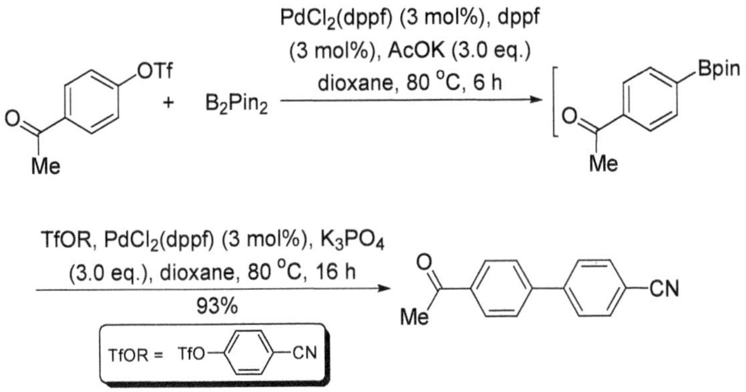

(37)

如式 38 所示[70]：芳基卤化物也可以顺利发生类似的"一锅两步"反应生成不对称双芳基化合物。当 Miyaura 硼化反应结束时，向反应混合物中加入 3 mol% 的钯催化剂和 Na$_2$CO$_3$ 后继续反应 12 h 即可达到 81% 的不对称双芳基产物。

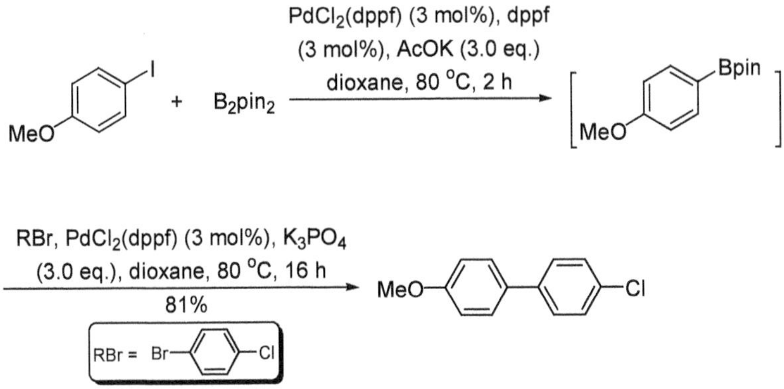

(38)

使用 Miyaura 硼化反应进行的"一锅两步"法合成不对称双芳基化合物的反应也已经被成功应用于固相合成[71,72]。如式 39 所示：首先，将芳基卤化物经酰胺部分与高分子固相载体相连接。然后，在 Miyaura 硼化反应条件下得到与固相载体相连的硼酸酯。接着，硼酸酯与多种芳基卤化物发生偶联反应。最后，使用 TFA 将不对称双芳基化合物从高分子固相载体上解离出来。

$$\text{(P)}-NH\overset{O}{\underset{}{\bigcirc}}-Br + B_2pin_2 \xrightarrow[92\%]{\text{PdCl}_2(\text{dppf}), \text{KOAc}, \text{DMF}, 80\,^\circ\text{C}, 20\,\text{h}}$$

$$\text{(P)}-NH\overset{O}{\underset{}{\bigcirc}}-Bpin \xrightarrow[\substack{1.\ \text{PhI, Pd(PPh}_3)_4,\ \text{aq. K}_3\text{PO}_4 \\ \text{DMF, 80}\,^\circ\text{C, 2.5 h} \\ 2.\ \text{CF}_3\text{CO}_2\text{H, CH}_2\text{Cl}_2 \\ 82\%}]{} \ H_2N\overset{O}{\underset{}{\bigcirc}}-Ph \quad (39)$$

4.2.2 烯基亲电试剂

在 Miyaura 硼化反应中，使用烯基卤化物或烯基三氟甲基磺酸酯作为亲电试剂可以得到烯基硼酸酯产物。该反应过程可以保持烯基卤化物的立体构型，与经典的通过烯基格氏试剂、锂试剂制备烯基硼酸酯的方法相比较，该反应具有立体构型保持的优点[73,74]。在通常的 Miyaura 硼化反应条件下（例如：PdCl$_2$(dppf)/KOAc/DMSO 或者 PdCl$_2$(dppf)/KOAc/DMF），烯基亲电试剂参与的反应会生成很多不可分离的副产物，例如：Heck 偶联产物和烯基底物自身偶联的产物等。Miyaura 等人发现：使用 Pd(PPh$_3$)$_4$ 作催化剂和 PhOK 作为碱试剂，烯基亲电试剂在 50 $^\circ$C 的甲苯中反应，可以选择性地生成目标硼化产物。如式 40 所示：各种端烯基、2,2-双取代的烯基底物甚至环烯底物均可以顺利地发生 Miyaura 硼化反应。由于该反应过程具有立体构型保持的特点，可以通过 Z-构型或 E-构型的 1-溴癸烯分别制备相应的 Z-构型或 E-构型的烯基硼酸酯[73]。

$$\underset{R^2}{\overset{R^1}{\diagdown}}\!\!=\!\!\underset{X}{\overset{R}{\diagup}} + B_2pin_2 \xrightarrow[X = I, Br, OTf]{\text{PdCl}_2(\text{PPh}_3), \text{PPh}_3, \text{PhOK, PhMe, 50}\,^\circ\text{C}} \underset{R}{\overset{R^1}{\diagdown}}\!\!=\!\!\underset{Bpin}{\overset{R^2}{\diagup}} \quad (40)$$

R = n-C$_8$H$_{17}$, X = I, 65%; R = t-C$_4$H$_9$, X = Br, 69%
R = (CH$_2$)$_3$Cl, X = Br, 85%; R = (CH$_2$)$_3$CN, X = Br, 85%
R = Ph, X = Br, 88%; R = CH$_2$CH(OSi-t-BuMe$_2$), X = Br, 70%

C$_8$H$_{17}$ C$_8$H$_{17}$
    \\=/Br   \\=/Br   \\=/Br   ⬡-Br   ⬡-OTf
    47%   74%   57%   99%   88%

在相同的反应条件下，β-三氟甲基磺酸基-α,β-不饱和羰基化合物也可以发生 Miyaura 硼化反应。如式 41 所示[74]：通过该反应可以合成多种 β-硼基-α,β-不饱和酯、酰胺和酮的衍生物。通常，在 PdCl$_2$(PPh$_3$)$_2$/2PPh$_3$/KOPh/甲苯/50 $^\circ$C 条件下，绝大多数三氟甲基磺酸基烯基底物 **28** 可以发生 Miyaura 硼化反应。但是，在该反应条件下底物 **28** 也可与碱试剂 KOPh 发生酯交换反应[75]生成苯基三氟甲基磺酸酯副产物。在一些情况下，造成该反应低收率的原因就是由于主要生成了该副产物。因此，使用位阻较大的碱试剂 2-MeC$_6$H$_4$OK 可以抑制酯交换反应而减少副反应的发生。使用 K_2CO_3 在二噁烷溶剂中反应也可以抑制副反应，但通常需要较长的反应时间。

$$\underset{28}{\underset{TfO}{\overset{R^1}{>}}\!\!=\!\!\underset{R^2}{\overset{COY}{<}}} + B_2pin_2 \xrightarrow[\substack{K_2CO_3,\ dioxane,\ 80\ ^\circ C,\ 2\sim6\ h\\63\%\sim98\%\\Y=OR,\ NHR_2,\ R}]{PdCl_2(PPh_3)_2,\ PPh_3KOPh\\PhMe,\ 50\ ^\circ C,\ 1\sim2\ h;\ or} \underset{pinB}{\overset{R^1}{>}}\!\!=\!\!\underset{R^2}{\overset{COY}{<}} \qquad (41)$$

一般来说，该反应具有 Z/E 立体构型保持的特性。但是，当烯基底物分子中含有酰胺基时，在 KOPh/PhMe/50 °C 条件下依然得到以 Z-构型为主的硼化产物。但是，在 K_2CO_3/dioxane/80 °C 条件下，强碱和高温会引起 Z-构型和 E-构型的互变异构而生成 Z/E 混合硼化产物 (式 42)。

$$\underset{TfO}{\overset{Me}{>}}\!\!=\!\!\overset{}{\underset{CONEt_2}{<}} + B_2pin_2 \xrightarrow[\text{base, solvent}]{PdCl_2(PPh_3)_2,\ PPh_3} \underset{pinB}{\overset{Me}{>}}\!\!=\!\!\overset{CONEt_2}{\underset{Z}{<}} \qquad (42)$$

$Z > 99\%$　　KOPh, PhMe, 50 °C, 1 h, $Z > 99\%$
　　　　　　K_2CO_3, dioxane, 80 °C, 5 h, $Z:E = 64:36$

Masuda 等人发现：在 $PdCl_2$(dppf) 的催化下，杂环烯基三氟甲基磺酸酯 **29** 与频哪醇硼烷发生的 Miyaura 硼化反应，不能单一地生成预期的杂环烯基硼酸频哪醇酯 **30**。如式 43 所示[76]：该反应生成的是以杂环烯丙基硼酸频哪醇酯 **31** 为主要产物的混合物。

$$\underset{29}{\overset{OTf}{\bigcirc}} + H\!-\!B\overset{O}{\underset{O}{<}} \xrightarrow[56\%]{PdCl_2(dppf),\ AsPh_3,\ Et_3N\\dioxane,\ 80\ ^\circ C,\ 16\ h} \underset{30}{\overset{Bpin}{\bigcirc}} + \underset{31}{\overset{Bpin}{\bigcirc}} \quad (1:4) \qquad (43)$$

最近，Hall 等人对进一步优化了该反应。如式 44 所示[77]：他们使用手性配体 TANIAPHOS 和 Pd(OAc)$_2$ 作为组合催化剂，将 **29** 与频哪醇硼烷在含有碱试剂 $PhNMe_2$ 的 1,4-二氧六环溶剂中室温反应 4 h，以较高的产率 (88%) 和对映选择性 (92% ee) 得到了手性杂环烯丙基硼酸频哪醇酯 **31'**。

$$\underset{29}{\overset{OTf}{\bigcirc}} + H\!-\!B\overset{O}{\underset{O}{<}} \xrightarrow[88\%,\ 92\%\ ee]{Pd(OAc)_2\ (5\ mol\%)\\TANIAPHOS\ (10\ mol\%)\\PhNMe_2,\ dioxane,\ rt,\ 4\ h} \underset{30}{\overset{Bpin}{\bigcirc}} + \underset{31'}{\overset{Bpin}{\bigcirc}} \quad (1:4) \qquad (44)$$

TANIAPHOS = 二茂铁骨架手性配体（含 PPh_2、NMe_2、PPh_2 基团）

4.2.3 烯丙基亲电试剂

烯丙基硼化合物是有机合成中非常有用的中间体，可以与 C=O 和 C=N 双键通过椅式六元环过渡态发生立体选择性的加成反应[46]。在 Pd(dba)$_2$ 的催化下，烯丙基氯和烯丙基乙酸酯可以与联硼试剂发生区域和立体选择性的 Miyaura 硼化反应 (式 45 和式 46)[78]。烯丙基氯比烯丙基乙酸酯的反应活性高，烯丙基氯参与的 Miyaura 硼化反应通常可以在 5~10 h 内完成，而烯丙基乙酸酯底物通常需要较长的反应时间。当底物是 3-氯环己烯时，可顺利得到 70% 的目标硼化产物；而 3-乙酰氧基环己烯为底物时，反应 60 h 仅获得 4% 的目标硼化产物。但是，烯丙基氯为底物的反应需要加入碱醋酸钾帮助生成烯丙基钯中间体。而丙基乙酸酯为底物的反应可以在中性条件下进行，不需要加入醋酸钾。这主要是因为乙酸酯是一个很好的离去基团，在零价钯的作用下很容易离去生成烯丙基钯中间体。

$$R^1R^2C=CR^3-CH_2Cl + B_2pin_2 \xrightarrow{\text{Pd(dba)}_2, \text{AsPh}_3}_{\text{AcOK, PhMe, 50 °C}} R^1R^2C=CR^3-CH_2Bpin \quad (45)$$

R^1 = Ph, R^2 = H, R^3 = H, 10 h, 70%
R^1 = H, R^2 = Ph, R^3 = H, 5 h, 71%
R^1 = Me, R^2 = H, R^3 = Me, 5 h, 78%
R^1 = R^2 = R^3 = 环己基-, 5 h, 70%

$$R^1R^2C=CR^3-CH_2OAc + B_2pin_2 \xrightarrow{\text{Pd(dba)}_2, \text{DMSO, 50 °C}} R^1R^2C=CR^3-CH_2Bpin \quad (46)$$

R^1 = Ph, R^2 = H, R^3 = H, 26 h, 73%
R^1 = H, R^2 = Ph, R^3 = H, 16 h, 89%
R^1 = Me, R^2 = H, R^3 = Me, 60 h, 24%
R^1 = R^2 = R^3 = 环己基-, 60 h, 4%

烯丙基亲电试剂参与的硼化反应通常选择性地发生在位阻小的端头碳上，并通过 anti-π-烯丙基钯配合物与更稳定的 syn-π-烯丙基钯配合物的异构化作用，生成热力学稳定的 E-构型为主的硼化产物 (式 47)。

$$CH_2=CR^1R^2-OAc + B_2pin_2 \xrightarrow{\text{Pd(dba)}_2, \text{DMSO, 50 °C}} R^1R^2C=CH-CH_2Bpin \quad (47)$$

R^1 = Ph, R^2 = H, X = Cl, 10 h, 64%
R^1 = H, R^2 = Ph, X = OAc, 16 h, 83%
R^1 = Me, R^2 = H, X = OAc, 16 h, 83%

X = Cl, 反应条件: Pd(dba)$_2$, 2AsPh$_3$, KOAc, PhMe, 50 °C
X = OAc, 反应条件: Pd(dba)$_2$, DMSO, 50 °C

烯丙基乙酸酯类亲电试剂参与的 Miyaura 硼化反应还可用来合成含有羰基的烯丙基硼酸酯[79]。如式 48 所示：在 Pd(dba)$_2$ 的催化下，烯丙基乙酸酯类底物 **32** 与联硼试剂发生 Miyaura 硼化反应生成含羰基的硼化产物 **33**。然后，**33** 与分子内羰基发生环化加成反应，高度区域和立体选择性地生成含有各种官能团的环烯丙基醇类化合物 **34**。

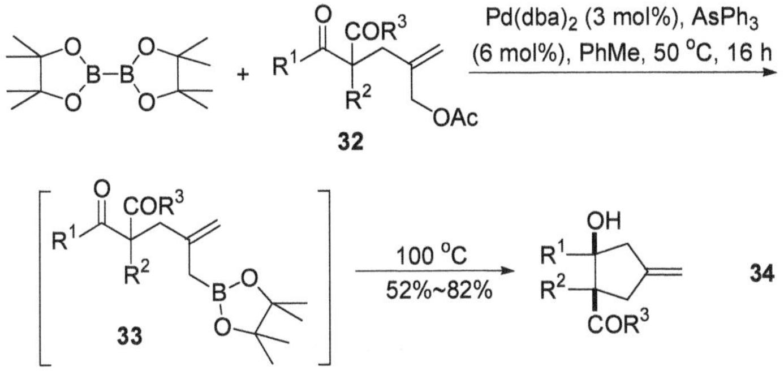

$$\tag{48}$$

Masuda 等人发现：除了钯催化剂外，零价铂配合物也可以催化烯丙基卤化物与频哪醇硼烷之间的 Miyaura 硼化反应，生成烯丙基硼酸频哪醇酯。如式 49 所示[80]：三乙胺为该反应过程最佳碱的选择。当使用醋酸钾作为碱试剂时，会导致烯丙基氯底物中的 C-Cl 断裂而生成还原产物 **35**。配体 AsPh$_3$ 和过渡金属通过弱配位作用[84]可以稳定铂配合物防止铂黑的形成。当使用 PPh$_3$ 替代 AsPh$_3$ 作为配体时，仅得到还原产物 **35**。有趣的是：烯丙基乙酸酯类底物在该反应体系中却表现出很小的反应活性。虽然 Pd(dba)$_2$ 可以成功地催化烯丙基氯和烯丙基乙酸酯与联硼试剂发生区域和立体选择性的 Miyaura 硼化反应，但在频哪醇硼烷参与的反应中仅生成还原产物 **35**[81~83]。

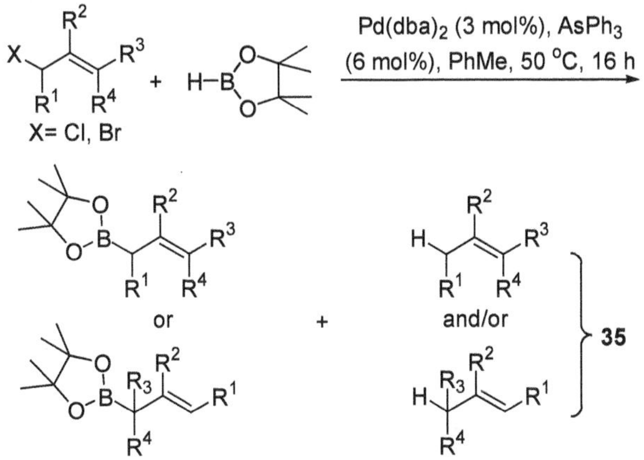

$$\tag{49}$$

铂催化的频哪醇硼烷的 Miyarua 硼化反应具有高度区域和立体选择性。如式 50 所示：使用巴豆基氯的 E/Z 混合物可以选择性地与频哪醇硼烷反应生成大于 99% 的 E-式硼化产物。

$$\text{Cl}\diagup\!\!\diagdown + \text{H-Bpin} \xrightarrow[\text{67\%, E/Z > 99\%}]{\text{Pd(dba)}_2 \text{ (3 mol\%), AsPh}_3 \text{ (6 mol\%), PhMe, 50 °C, 16 h}} \text{pinB}\diagup\!\!\diagdown \quad (50)$$

4.2.4 苄基亲电试剂

苄基卤化物也可作为 Miyaura 硼化反应的亲电试剂[85,117]用于苄基硼酸酯衍生物的合成。但是，在经典的 Miyaura 硼化反应条件下 (PdCl$_2$(dppf)/KOAc/DMF)，该类反应底物通常几乎全部生成副产物苄基乙酸酯而不是目标产物苄基硼酸频哪醇酯。Giroux 等人发现：使用 Pd(PPh$_3$)$_4$/K$_2$CO$_3$/1,4-二氧六环组合条件可以显著减少副产物的生成，得到理想收率的苄基硼酸频哪醇酯 (式 51)。与其它的合成苄基硼酸酯的方法相比较[86~89]，该方法具有较好的官能团兼容性 (例如：氰基和酯基等敏感官能团)。

$$\text{ArCH}_2\text{X} + \text{B}_2\text{pin}_2 \xrightarrow[\text{65\%~93\%}]{\text{Pd(PPh}_3)_4 \text{ (5 mol\%), K}_2\text{CO}_3 \text{ (3.0 eq.), dioxane, 60 °C, 6~18 h}} \text{ArCH}_2\text{Bpin} \quad (51)$$

p-MeC$_6$H$_4$CH$_2$Br, 6 h, 83%; p-MeC$_6$H$_4$CH$_2$Cl, 18 h, 81%
C$_6$H$_4$CH$_2$Br, 6 h, 79%; p-FC$_6$H$_4$CH$_2$Br, 6 h, 82%
m-MeOC$_6$H$_4$CH$_2$Br, 6 h, 91%; p-MeOC$_6$H$_4$CH$_2$Cl, 18 h, 93%
m-MeO$_2$CC$_6$H$_4$CH$_2$Br, 6 h, 75%; m-CNC$_6$H$_4$CH$_2$Br, 6 h, 65%
o-MeC$_6$H$_4$CH$_2$Br, 18 h, 74%; o-FC$_6$H$_4$CH$_2$Cl, 18 h, 70%
C$_{10}$H$_7$CH$_2$Cl, 18 h, 84%

如果底物的芳环上同时含有卤素取代基，该反应可以选择性地发生在苄基位上。如式 52 所示：使用 3-氯苄氯可以选择性地得到 91% 的 3-氯苄基硼酸频哪醇酯。

$$\text{3-Cl-C}_6\text{H}_4\text{CH}_2\text{Cl} + \text{B}_2\text{pin}_2 \xrightarrow[\text{91\%}]{\text{Pd(PPh}_3)_4 \text{ (5 mol\%), K}_2\text{CO}_3 \text{ (3 eq.), dioxane, 60 °C, 18 h}} \text{3-Cl-C}_6\text{H}_4\text{CH}_2\text{Bpin} \quad (52)$$

4.2.5 其它

Strongin 等人发现：除了上述常用的亲电试剂外，芳基重氮四氟硼酸盐也是很好的 Miyaura 硼化反应的亲电试剂[90,91]。芳基重氮四氟硼酸盐可以方便地从相对便宜的芳胺原料制备[92]，具有比芳基卤化物和芳基三氟甲基磺酸酯更高的反应活性。因此，可以用于制备含有溴或碘取代基的芳基硼酸频哪醇酯产物 (式 53)[90]。芳基重氮四氟硼酸盐的反应大多在甲醇中进行，反应不仅可以在较低的温度下进行而且不需要使用碱试剂。

$$ArN_2BF_4 + \underset{\text{pin}B-B\text{pin}}{} \xrightarrow[\text{MeOH, 40 °C, 3~8 h}]{\text{PdCl}_2(\text{dppf}) \ (3 \ \text{mol\%})} Ar-B\text{pin} \quad (53)$$

Ar = C_6H_5, 3 h, 96%; Ar = 4-BrC_6H_5, 5 h, 80%
Ar = 4-MeC_6H_5, 5 h, 87%; Ar = 4-IC_6H_5, 5 h, 58%
Ar = 4-$CO_2MeC_6H_5$, 8 h, 81%; Ar = 4-$MeOC_6H_5$, 8 h, 51%
Ar = 4-$NO_2C_6H_5$, 6 h, 61%; Ar = 4-Br-2-MeC_6H_5, 5 h, 42%
Ar = 1-$C_{10}H_7$, 5 h, 73%

当使用活泼的卡宾配体 **36** 和醋酸钯原位生成的钯配合物作为催化剂时，芳基重氮四氟硼酸盐的 Miyaura 硼化反应可在室温下顺利进行。如式 54 所示[91]：该反应可以在 1~2 h 内完成，生成 63%~95% 的芳基硼酸频哪醇酯。若该反应在较高温度下进行，则会导致或者增加双芳基副产物的生成。因此，选择室温既是该反应的优点也是必须的条件。

$$ArN_2BF_4 + \underset{\text{pin}B-B\text{pin}}{} \xrightarrow[\substack{\text{Pd(OAc)}_2 \ (1 \ \text{mol\%}), \ \mathbf{36} \\ (2 \ \text{mol\%}), \ \text{THF, rt, 1~2 h} \\ 63\%\sim95\%}]{} Ar-B\text{pin} \quad (54)$$

36 = 1,3-bis(2,6-diisopropylphenyl)imidazolinium chloride (SIPr·HCl)

Cheng 等人发现：联二烯也可以作为亲电试剂参与 Miyaura 硼化反应[93]。如式 55 所示：在 $PdCl_2(CH_3CN)_2$ 的催化下，联二烯与酰氯首先发生加成反应。然后，所得活性中间体进一步与联硼试剂发生 Miyaura 硼化反应生成多取代的烯丙基硼酸频哪醇酯。这是一个三组分参与的 Miyaura 硼化反应，可在中性条件下进行且不需要碱性试剂。

$$R^1COCl + \underset{Me \quad Me}{\overset{}{\diagup\!\!\!\diagdown}} + B_2\text{pin}_2 \xrightarrow[\text{PhMe, 80 °C, 2~10 h}]{\text{PdCl}_2(\text{MeCN})_2} \underset{Me}{\overset{R^1}{\underset{Me}{\diagup\!\!\!\diagdown}}}\text{CH}_2B\text{pin} \quad (55)$$

p-MeC_6H_4COCl, 72%; C_6H_5COCl, 68%
C_6H_5COBr, 67%; p-$MeO_2CC_6H_4COCl$, 77%
p-$NO_2C_6H_4COCl$, 77%; p-$MeOC_6H_4COCl$, 61%
m-$MeOC_6H_4COCl$, 75%; o-$MeOC_6H_4COCl$, 57%
1-$C_{10}H_7COCl$, 92%; t-$BuCH_2COCl$, 80%
i-$PrCH_2COCl$, 63%; $C_6H_5CH_2COCl$, 57%
2-thienyl-COCl, 71%; isoxazolyl-COCl, 62%

通常，在过渡金属催化的酰氯的加成反应会发生脱羰基反应[94~99]。但是，在该三组分反应中酰氯并没有发生脱羰基反应。由于脂肪族酰氯比芳基酰氯反应活性高，所以脂肪族酰氯通常可在 1~2 h 内完成反应，而芳基酰氯底物则需要 10 h 才能完成反应。该反应具有较好的底物范围，芳基酰氯带有拉电子取代基或者供电子取代基对反应几乎没有明显的影响，甚至 2-噻吩基酰氯和 2-异唑基酰氯也能够顺利地发生反应。

如式 56 所示：该反应具有高度的区域选择性，酰基选择性地加成到联二烯底物中间的碳原子上，而硼基则选择性地加成到联二烯底物没有取代的端头碳原子上。该反应也具有高度的立体选择性，单取代的联二烯比双取代的联二烯反应活性高，并立体选择性地生成以 E-构型为主的硼化产物。

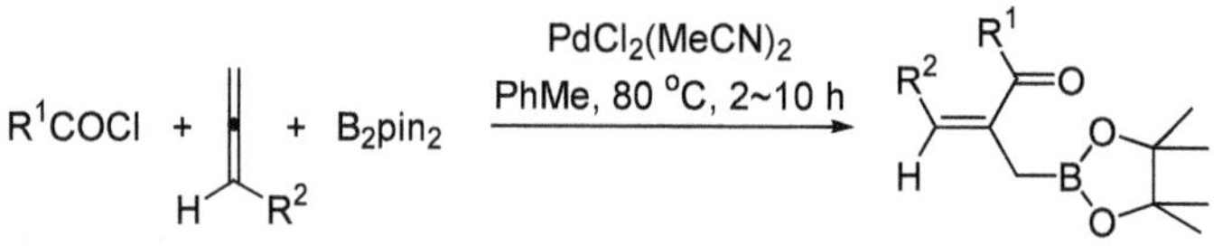

$$R^1COCl + \overset{H}{\underset{R^2}{\diagup}}\!\!=\!\!=\!\! + B_2pin_2 \xrightarrow[PhMe,\ 80\ ^\circ C,\ 2\sim10\ h]{PdCl_2(MeCN)_2} \quad (56)$$

t-BuCH$_2$COCl, R^2 = *n*-Bu, 91%; *t*-BuCH$_2$COCl, R^2 = Ph, 77%
t-BuCH$_2$COCl, R^2 = *c*Hex, 88%; *p*-MeOC$_6$H$_4$COCl, R^2 = *n*-Bu, 70%
1-C$_{10}$H$_7$COCl, R^2 = *n*-Bu, 71%; *p*-MeC$_6$H$_4$COCl, R^2 = *n*-Bu, 50%

该三组分反应的高度立体选择性可能是由于联二乙烯和钯中心配位具有面选择性。如式 57 所示：钯中心与位阻小的联二烯端头双键配位，所形成配位平面会远离联二烯上 R-取代基所在的平面。由于生成的烯丙基-π-钯配合物与酰基处于反式构型，因此最终主要得到 E-构型硼化产物。

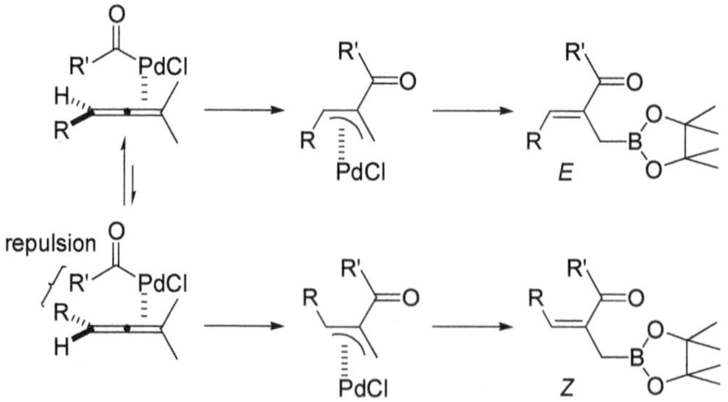

$$(57)$$

5 Miyaura 硼化反应在天然产物全合成中的应用

在天然产物的合成中，Miyaura 硼化反应通常被用来制备各种芳基硼酸酯中间体，进一步通过 Suzuki 交叉偶联反应构建含有不对称双芳基的骨架结构。通过反应条件的优化，许多时候可以使用"一锅两步"的反应策略直接得到不对称双芳基产物。

5.1 5-苯基取代的 Terbenzimidazole 的合成

Terbenzimidazole 类化合物是一类人工合成的生物受体配体。5-苯基取代的 Terbenzimidazole 对人类的拓扑异构酶 I 具有显著的抑制作用，是研发新类抗癌候选药物分子之一[100]。如式 58 所示：在该分子的合成中，Smith 等人利用 Miyaura 硼化反应成功地构建了含有咪唑杂环的硼酸酯 **37**。然后，利用 **37** 作为关键中间体进一步通过 Suzuki 偶联反应得到合成片段 **38**[100]。

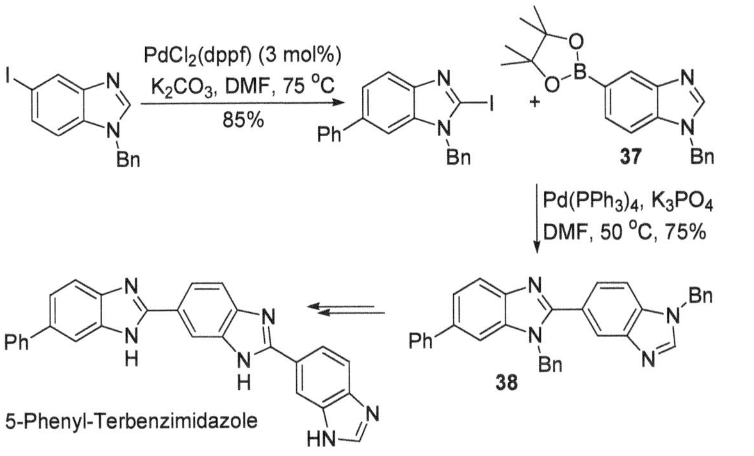

5.2 天然产物 TMC-95A/B 结构片段的合成

泛素-蛋白酶体途径是真核细胞内降解蛋白质的重要途径，对维持细胞的正常功能起着重要作用。蛋白酶抑制剂不仅是研究各种细胞活动中泛素-蛋白酶体途径作用的重要工具，也被应用在多种癌症和中风治疗药物的研究中[101~103]。从发酵的土壤样品里提取出来的天然产物 TMC-95A-D，被证实是非常有效的蛋白酶抑制剂。

在天然产物 TMC-95A-B 的两个异构体的全合成中，Miyaura-Suzuki 交叉偶联反应被用作关键步骤，将 2 个片段通过 Ar-Ar 键连接起来。如式 59 所示[104]：首先，在 PdCl$_2$(dppf) 的催化下，芳基碘化物 **39** 与联硼酸频哪醇酯发生硼化反应，高收率地得到相应的硼酸酯 **40**。然后，硼酸酯 **40** 再与另一个芳基碘中间体 **41** 通过 Suzuki 交叉偶联反应生成重要的中间体 **42**。

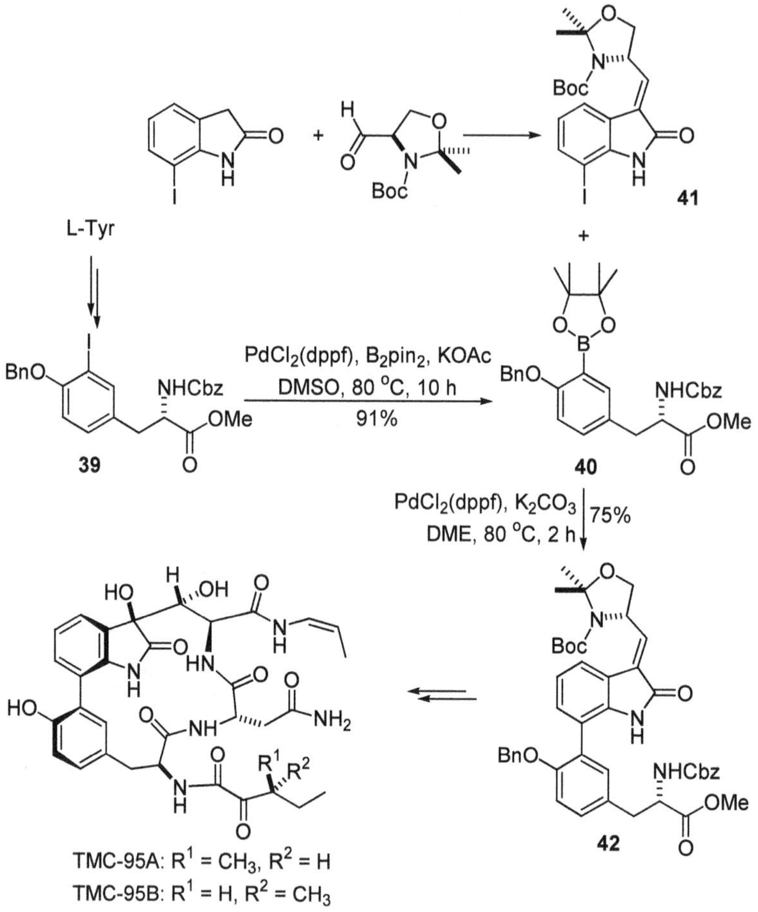

5.3 天然产物 (±)-Spiroxin C 结构片段的合成

(±)-Spiroxin C 是从一种海洋真菌 LL-37H248 中提取出来的天然产物。该分子具有一定的抗革兰阳性菌活性,在对小鼠的动物实验中发现该分子也具有一定的抗肿瘤性[105~107]。(±)-Spiroxin C 的分子中含有独特的双萘基螺缩酮八环结构,其中双萘醌骨架直接通过 C-C 键相连,因此在合成上具有一定的挑战性。2003 年,Imanishi 等人首次成功地完成了该分子的全合成[108]。其中,使用 Miyaura-Suzuki 交叉偶联反应构建双萘基骨架是整个合成路线中的关键步骤。

如式 60 所示:他们首先使用 Miyaura 硼化反应得到萘基硼酸酯 44,然后经 Suzuki 偶联构建出双萘基骨架。值得一提的是:由于底物 43 中与 Br 相邻的 OMe 的位阻效应,应用锂试剂的硼化反应不能顺利地将 43 转化为硼化产物 44。虽然 Miyaura 硼化反应需要在 90 °C 经 44 h 才能够完成,但硼化产物 44 的收率高达 83%。在经典的 Suzuki 偶联条件下,硼化产物 44 不能够与三氟磺酸酯发生偶联生成 **45**。但是，在反应中加入 TBFA 后偶联反应则可以快速高效地进行。

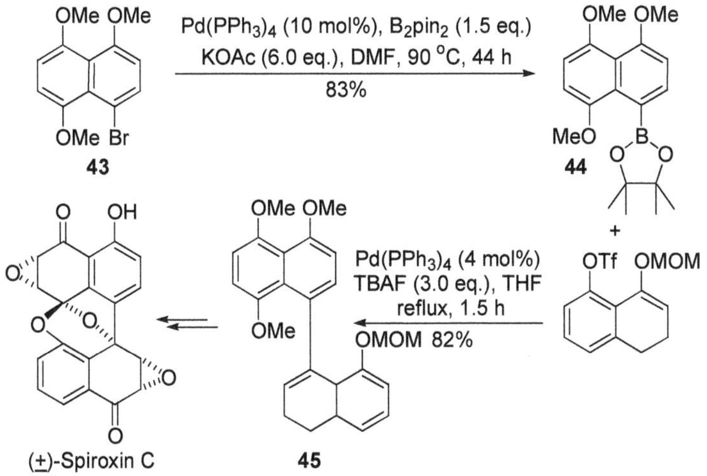

$$\text{(60)}$$

5.4 *endo*-构型芳基桥联大环结构的合成

如式 61 所示[109~116]：天然产物 Biphenomycin 和 Acerogenin K 具有一定的抗菌活性，它们的分子中含有 *endo*-构型芳基桥联大环结构。因此，即使芳环的邻位不含有取代基，该类分子中的 Ar-Ar 单键的旋转也会受阻。因此该类分子存在有旋转对映异构体，合成工作最大的挑战就是在有效关环的同时控制其旋转对映异构。

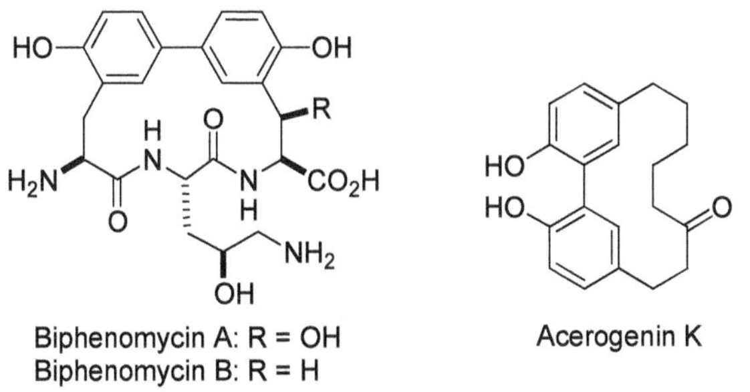

$$\text{(61)}$$

Biphenomycin A: R = OH
Biphenomycin B: R = H

Acerogenin K

Zhu 等人[109]成功地将 Pd-催化的 Miyaura 硼化反应应用在双芳基桥连的环状大分子 **47** 的合成中。如式 62 所示：通过两次缩合反应可以很容易地得到线性三肽前体 **46**。接着，在 PdCl$_2$(dppf) 的催化下使 **46** 首先发生分子间的 Miyaura 硼化反应，得到相应的硼酸酯。然后，再通过分子内的 Suzuki 反应成功关环，得到目标大分子 **47**。值得一提的是：反应底物的浓度对关环反应有着重要的影响。将反应底物 **46** 的浓度控制在 0.02 mol/L 可以得到最佳的结果，太浓或太稀均会明显降低反应的收率。虽然 K_2CO_3 被认为会增加 Miyaura 硼化反应中双芳基副产物 (Suzuki 偶联产物) 的生成，但是在该合成中使用 K_2CO_3 作为碱试剂并没有双芳基目标分子生成。相反，弱碱 KOAc 依然是最佳的碱试剂。

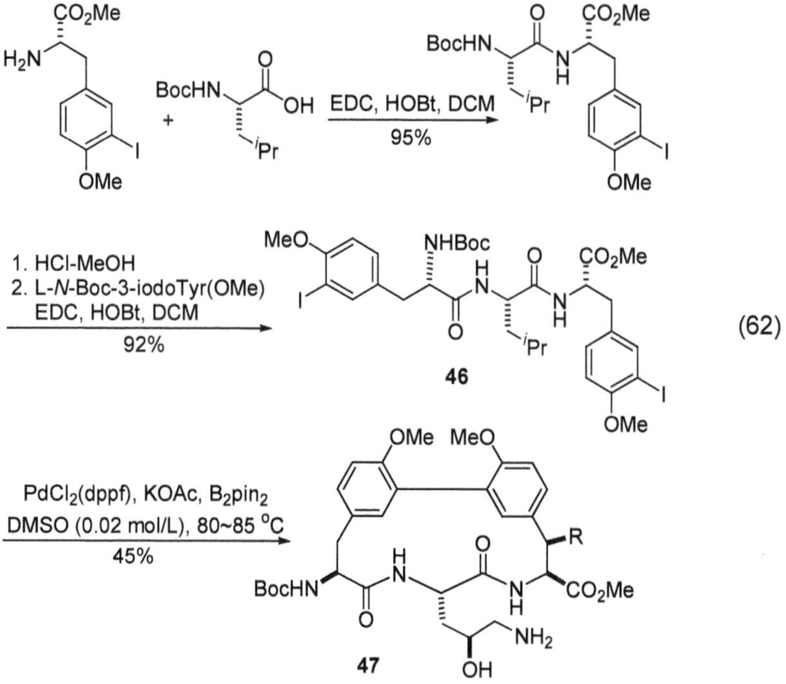

$$(62)$$

6 Miyaura 硼化反应实例

例 一

苯基硼酸频哪醇酯[9]
(联硼酸酯的 Miyaura 硼化反应)

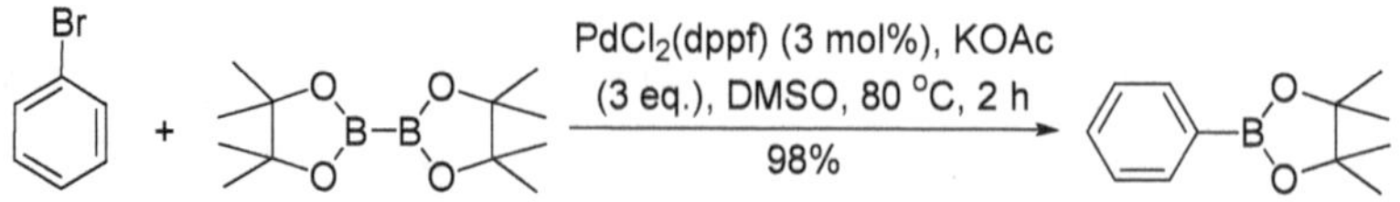

$$(63)$$

在氮气保护下，向干燥的反应瓶中依次加入 $PdCl_2(dppf)$ (22 mg, 0.03 mmol)、KOAc (294 mg, 3.0 mmol)、联硼酸频哪醇酯 (279 mg, 1.1 mmol)、溴

苯 (0.1 mL, 1 mmol) 和 DMSO (6 mL)。然后，将反应瓶在 80 °C 的油浴中搅拌 2 h，冷至室温后加入苯稀释反应。生成的混合物经水洗和无水硫酸镁干燥。减压蒸去溶剂，得到的残留物经 Kugelrohr 蒸馏得到苯基硼酸频哪醇酯 (200 mg, 98%)。

例 二

萘基硼酸频哪醇酯[59]
(频哪醇硼烷的 Miyaura 硼化反应)

$$\text{1-iodonaphthalene} + \text{H-Bpin} \xrightarrow[\text{85\%}]{\text{PdCl}_2\text{(dppf) (3 mol\%), Et}_3\text{N (3 eq.), dioxane, 80 °C, 2 h}} \text{naphthyl-Bpin} \tag{64}$$

在氮气保护下，向干燥的反应瓶中依次加入 PdCl$_2$(dppf) (22 mg, 0.03 mmol)、频哪醇硼烷 (0.22 mL, 1.5 mmol)、1-碘代萘 (250 mg, 0.98 mmol)、三乙胺 (0.42 mL, 3.0 mmol) 和 1,4-二氧六环 (4 mL)。将反应瓶在 80 °C 的油浴中搅拌 2 h，冷至室温后加入苯稀释反应。生成的混合物经水洗和无水硫酸镁干燥。减压蒸去溶剂，得到的残留物经 Kugelrohr 蒸馏得到萘基硼酸频哪醇酯 (212 mg, 85%)。

例 三

2-乙氧甲酰基-环己烯基硼酸频哪醇酯[73]
(烯基三氟甲磺酸酯的 Miyaura 硼化反应)

$$\text{cyclohexenyl-CO}_2\text{Et-OTf} + \text{pinBH} \xrightarrow[\text{78\%}]{\text{PdCl}_2\text{(PPh}_3\text{)}_2 \text{ (3 mol\%), PPh}_3 \text{ (6 mol\%), KOPh, PhMe, 50 °C, 1 h}} \text{cyclohexenyl-CO}_2\text{Et-Bpin} \tag{65}$$

氮气保护下，向反应瓶中依次加入 PdCl$_2$(PPh$_3$)$_2$ (22 mg, 0.03 mmol)、PPh$_3$ (16 mg, 0.06 mmol)、联硼酸频哪醇酯 (279 mg, 1.1 mmol)、KOPh (198 mg, 1.5 mmol)、无水甲苯 (6 mL) 和 2-乙氧甲酰基-环己烯基三氟甲基磺酸酯 (302 mg, 1 mmol)。将反应瓶在 50 °C 下搅拌反应 1 h，冷至室温后加入苯稀释反应。生成的混合物经水洗和无水硫酸镁干燥。减压蒸去溶剂，得到的残留物经 Kugelrohr 蒸馏得到 2-乙氧甲酰基-环己烯基硼酸频哪醇酯 (218 mg, 78%)。

例 四
烯丙基硼酸频哪醇酯[80]
(烯丙基的 Miyaura 硼化反应)

$$\text{(pinacol)B-H} + \text{CH}_2=\text{CHCH}_2\text{Br} \xrightarrow[\text{Et}_3\text{N (3.0 eq.), PhMe, 50 °C, 16 h}]{\text{Pt(dba)}_2 \text{ (3 mol\%), AsPh}_3 \text{ (12 mol\%)}} \text{allyl-Bpin} \quad (66)$$
77%

在惰性氩气保护下，向干燥的反应瓶中依次加入 Pt(dba)$_2$ (20 mg, 0.03 mmol)、AsPh$_3$ (37 mg, 0.12 mmol)、甲苯 (2 mL) 和三乙胺 (0.42 mL, 3.0 mmol)、频哪醇硼烷 (0.22 mL, 1.5 mmol) 和烯丙基溴 (0.09 mL, 1.0 mmol)。将反应瓶在 50 °C 下搅拌反应 16 h，冷至室温后加入苯稀释反应。生成的混合物经水洗和无水硫酸镁干燥。减压蒸去溶剂，得到的残留物经 Kugelrohr 蒸馏得到烯丙基硼酸频哪醇酯 (129 mg, 77%)。

例 五
苄基硼酸频哪醇酯[117]
(苄卤的 Miyaura 硼化反应)

$$\text{PhCH}_2\text{Cl} + \text{HBpin} \xrightarrow[\text{(1.5 eq.), PhMe, 50 °C, 24 h}]{\substack{(4\text{-MeOC}_6\text{H}_4)_3\text{P (6 mol\%)} \\ \text{Pd(dba)}_2 \text{ (3 mol\%), KOAc}}} \text{PhCH}_2\text{Bpin} \quad (67)$$
85%

在氮气保护下，向干燥反应瓶中依次加入 Pd(dba)$_2$ (20 mg, 0.03 mmol)、(4-MeOC$_6$H$_4$)$_3$P (21 mg, 0.06 mmol)、B$_2$pin$_2$ (279 mg, 1.1 mmol)、KOAc (147 mg, 1.5 mmol)、甲苯 (6 mL) 和苄氯 (0.12 mL, 1.0 mmol)。将反应瓶在 50 °C 下搅拌反应 24 h，冷至室温后加入苯稀释反应。生成的混合物经水洗和无水硫酸镁干燥。减压蒸去溶剂，得到的残留物经 Kugelrohr 蒸馏得到苄基硼酸频哪醇酯 (185 mg, 85%)。

例 六
4-甲基苯基硼酸频哪醇酯[90]
(芳基重氮四氟硼酸盐的 Miyaura 硼化反应)

$$\text{4-MeC}_6\text{H}_4\text{N}_2\text{BF}_4 + \text{HBpin} \xrightarrow[\text{MeOH, 40 °C, 5 h}]{\text{PdCl}_2\text{(dppf) (3 mol\%)}} \text{4-MeC}_6\text{H}_4\text{Bpin} \quad (68)$$
87%

在氮气保护下，向干燥反应瓶中依次加入联硼酸频哪醇酯 (252 mg, 1.0 mmol)、4-甲基苯基重氮四氟硼酸盐 (206 mg, 1.0 mmol)、PdCl$_2$(dppf) (22 mg, 0.03 mmol) 和无水 MeOH (5 mL)。室温搅拌 1 h 后，继续在 1 h 内分批依次加入 4-甲基苯基重氮四氟硼酸盐 (103 mg, 0.5 mmol) 和 PdCl$_2$(dppf) (5 mg, 0.0075 mmol)。将反应瓶在 40 °C 下搅拌反应 3 h 后冷却至室温。将反应物浓缩生成的粗产物溶解在乙酸乙酯-正己烷混合溶剂中，加入 Celite 进行脱色。减压蒸去溶剂，得到的残留物经 Kugelrohr 蒸馏或者硅胶柱色谱 (乙酸乙酯-正己烷) 分离得到 4-甲基苯基硼酸频哪醇酯 (190 mg, 87%)。

7 参考文献

[1]   Matteson, D. S. In *The Chemistry of the Metal-Carbon Bond*, Hartley, F. R.; Patai, S. Eds.; Wiley: New York, **1987**, Vol. 4, p 307.
[2]   Nesmeyanov, A. N.; Sokolik, R. A. *Methods of Elemento-Organic Chemistry*, North-Holland: Amsterdam, The Netherlands, **1967**, Vol. 1.
[3]   Noth, H.; Schwerthoffer, R. *Chem. Ber.* **1981**, *114*, 3056.
[4]   Kennedy, J. D.; McFarlane, W.; Wrackmeyer, B. *Inorg. Chem.* **1976**, *15*, 1299.
[5]   Smith, K.; Swaminathan, K. *J. Chem. Soc., Chem. Commun.* **1975**, 719.
[6]   Parsons, T. D.; Baker, E. D.; Burg, A. B.; Juvinall, G. L. *J. Am. Chem. Soc.* **1961**, *83*, 250.
[7]   Auten, R. W.; Kraus, C. A. *J. Am. Chem. Soc.* **1952**, *74*, 3398.
[8]   Ishiyama, T.; Matsuda, N.; Miyaura, N.; Suzuki, A. *J. Am. Chem. Soc.* **1993**, *115*, 11018.
[9]   Ishiyama, T.; Murata, M.; Miyaura N. *J. Org. Chem.* **1995**, *60*, 7508.
[10] Aliprantis, A. O.; Canary, J. W. *J. Am. Chem. Soc.* **1994**, *116*, 6985.
[11] Hegedus, L. S. In *Organometallics in Synthesis*, Schlosser, M. Ed.; Wiley: New York, **1994**, P383.
[12] Stille, J. K. In *The Chemistry of the Metal-Carbon Bond*, Hartley, F. R.; Patai, S. Eds.; Wiley: New York, **1985**, Vol. 2, p 625.
[13] Stille, J. K. *Angew. Chem., Int. Ed. Engl.* **1986**, *25*, 508.
[14] Miyaura, N.; Ishiyama, T.; Sasaki, H.; Ishikawa, M.; Satoh, M.; Suzuki, A. *J. Am. Chem. Soc.* **1989**, *111*, 314.
[15] Miyaura, N.; Yamada, I. C.; Suginome, H.; Suzuki, A. *J. Am. Chem.* Soc. **1985**, *107*, 972.
[16] Grushin, V. V.; Alper, H. *Organometallics* **1993**, *12*, 1890.
[17] Moriya, T.; Miyaura, N.; Suzuki, A. *Synlett* **1994**, 149.
[18] Saillard, J.-Y.; Hoffmann, R. *J. Am. Chem. Soc.* **1984**, *106*, 2006.
[19] Obara, S.; Kitaura, K.; Morokuma, K. *J. Am. Chem. Soc.* **1984**, *106*, 7482.
[20] Low, J. J.; Goddard, W. A. *J. Am. Chem. Soc.* **1986**, *108*, 6115.
[21] Blomberg, M. R. A.; Siegbahn, P. E. M.; Nagashima, U.; Wennerberg, J. *J. Am. Chem. Soc.* **1991**, *113*, 424.
[22] Song, J.; Hall, M. B. *Organometallics* **1993** *12*, 3118.
[23] Hinderling, C.; Feichtinger, D.; Plattner, D. A.; Chen, P. *J. Am. Chem. Soc.* **1997**, *119*, 10793.
[24] Su, M.-D.; Chu, S.-Y. *J. Am. Chem. Soc.* **1997**, *119*, 5373.
[25] Espinosa-Garcia, J.; Corchando, J. C.; Truhlar, D. G. *J. Am. Chem. Soc.* **1997**, *119*, 9891.

[26] Bartlett, K. L.; Goldberg, K. I.; Borden, W. T. *Organometallics* **2001** *20*, 2669.
[27] Gilbert, T. M.; Hristov, I.; Ziegler, T. *Organometallics* **2001**, *20*, 1183.
[28] Sumimoto, M.; Iwane, N.; Takahama, T.; Sakaki, S. *J. Am. Chem. Soc.* **1997**, *126*, 10457.
[29] Deng, Y.; Chang, C. K.; Nocera, D. G. *Angew. Chem., Int. Ed.* **2000**, *39*, 1066.
[30] Gosselin, F.; Betsbrugge, J. V.; Hatam, M.; Lubell, W. D. *J. Org. Chem.* **1999**, *64*, 2486.
[31] Nakamura, H.; Fujiwara, M.; Yamamoto, Y. *J. Org. Chem.* **1998**, *63*, 7529.
[32] Malan, C.; Morin, C. *J. Org. Chem.* **1998**, *63*, 8019.
[33] Zembower, D. E.; Zhang. H. *J. Org. Chem.* **1998**, *63*, 9300.
[34] Wang, S.; Oldham, W. J.; Hudack, R. A.; Bazan, G. C. *J. Am. Chem. Soc.* **2000**, *122*, 5695.
[35] Ishiyama, T.; Ito, Y.; Kitano, T. Miyaura, N. *Tedrahedon Lett.* **1997**, *38*, 3447.
[36] Ishiyama, T.; Oohashi, Z.; Ahiko, T.; Miyaura, N. *Chem. Lett.* **2002**, 780.
[37] Ishiyama, T.; Ishida, K.; Miyaura N. *Tetrahedron* **2001**, *57*, 9813.
[38] Littke, A. F.; Dai, C.; Fu, G. C. *J. Am. Chem. Soc.* **2000**, *122*, 4020.
[39] Littke, A. F.; Fu, G. C. *Angew. Chem., Int. Ed. Engl.* **1998**, *37*, 3387.
[40] Shen, W. *Tetrahedron Lett.* **1997**, *38*, 5575.
[41] Tolman, C. A. *Chem. Rev.* **1977**, *77*, 313.
[42] Fernandez, A. L.; Reyes, C.; Prock, A.; Giering, W. P. *J. Chem. Soc., Perkin Trans 2* **2000**, 1033.
[43] Suzuki, A. In *Metal-Catalyzed Cross-Coupling Reactions*, Diederich, F.; Stang, P. J.; Ed.; Wiley-VCH: Weinheim, **1998**, p 49.
[44] Miyaura, N. *Advances in Metal-Organic Chemistry*; Liebeskind, L. S.; Ed.; JAI: London, **1998**, Vol. 6, p 187.
[45] Miyaura, N.; Suzuki, A. *Chem. Rev.* **1995**, *95*, 2457.
[46] Ishiyama, T.; Miyaura, N. *J. Organometallic Chem.* **2000**, *611*, 392.
[47] Urry, G.; Wartik, T.; Moore, R. E.; Schlesinger, H. I. *J. Am. Chem. Soc.* **1954**, *76*, 5293.
[48] Brotherton, R. J.; McCloskey, A. L.; Petterson, L. L.; Steinberg, H. *J. Am. Chem. Soc.* **1960**, *82*, 6242.
[49] Brotherton, R. J.; McCloskey, A. L.; Petterson, L. L.; Steinberg, H. *J. Am. Chem. Soc.* **1960**, *82*, 6245.
[50] Ishiyama, T.; Murata, M.; Ahiko, T.; Miyaura, N. *Org. Synth.* **1999**, *77*, 176.
[51] Welch, C. N.; Shore, S. G. *Inorg. Chem.* **1968**, *7*, 225.
[52] Ishiyama, T.; Murata, M.; Ahiko, T.; Miyaura, N. *Org. Synth.* **2004**, *10*, 115.
[53] Malan, C.; Morin, C. *J. Org. Chem.* **1998**, *63*, 8019.
[54] Firooznia, F.; Gude, C.; Chan, K.; Marcopulos, N.; Satoh, Y. *Tedrahedon Lett.* **1999**, *40*, 123.
[55] Jung, M. E.; Lazarova, T. I. *J. Org. Chem.* **1999**, *64*, 2976.
[56] Männig, D.; Nöth, H. *Angew. Chem., Int. Ed. Engl.* **1985**, *24*, 878.
[57] Burgess, K.; Ohlmeyer, M. J. *Chem. Rev.* **1991**, *91*, 1179.
[58] Murata, M.; Watanabe, S.; Masuda, Y. *J. Org. Chem.* **1997**, *62*, 6458.
[59] Murata, M.; Oyama, T.; Watanabe, S. Masuda, Y. *J. Org. Chem.* **2000**, *65*, 164.
[60] Melaimi, M.; Thoumazet, C.; Ricard, L.; Floch, P. L. *J. Organomet. Chem.* **2004**, *689*, 2988.
[61] Wolan, A.; Zaidlewicz, M. *Org. Biomol. Chem.* **2003**, *1*, 3274.
[62] Murata, M.; Oda, T.; Watanabe, S.; Masuda, Y. *Synthesis* **2007**, 351.
[63] Zuideveld, M. A.; Swennenhuis, B. H. G.; Boele, M. D. K.; Guari, Y.; van Strijdonck, G. P. F; Reek, J. N. H.; Kamer, P. C. J.; Goubitz, K.; Fraanje, J.; Lutz, M.; Spek, A. L.; van Leeuwen, P. W. N. M. *J. Chem. Soc., Dalton Trans.* **2002**, 2308.
[64] Praveen Ganesh, N.; Chavant, P. Y. *Eur. J. Org. Chem.* **2008**, 4690.
[65] Kuvilla, H. G.; Nahabedian, K. V. *J. Am. Chem. Soc.* **1961**, *83*, 2159.
[66] Kuvilla, H. G.; Nahabedian, K. V. *J. Am. Chem. Soc.* **1961**, *83*, 2164.
[67] Kuvilla, H. G.; Reuwer, J. F.; Mangravite, J. A. *J. Am. Chem. Soc.* **1964**, *86*, 2666.
[68] Abraham, M. H.; Grellier, P. L. in *The Chemistry of the Metal-Carbon Bond*, Hartley, F. R.; Patai, S.;

Eds.; Wiley: New York, **1985**, Vol. 2, p 25.
[69]   Billingsley, K. L.; Buchwald, S. L. *J. Org. Chem.* **2008**, *73*, 5589.
[70]   Giroux, A.; Han, Y.; Prasit, P. *Tedrahedron Lett.* **1997**, *38*, 3841.
[71]   Piettre, S. R.; Baltzer, S. *Tetrahedron Lett.* **1997**, *38*, 1197.
[72]   Tempest, P. A.; Armstrong, R. W. *J. Am. Chem. Soc.* **1997**, *119*, 7607.
[73]   Ishiyama, T.; Takagi, J.; Kamon, A.; Miyaura, N. *J. Organometallic Chem.* **2003**, *687*, 284.
[74]   Takahashi, K.; Takagi, J.; Ishiyama, T.; Miyaura, N. *Chem. Lett.* **2000**, 126.
[75]   Subramanian, L. R.; Hanack, M.; Chang, L. W. K.; Imhoff, M. A.; Schleyer, P.v.R.; Effenberger, F.; Kurtz, W.; Stang, P. J.; Dueber, T. E. *J. Org. Chem.* **1976**, *41*, 4099.
[76]   Murata, M.; Oyama, T.; Watanabe, S.; Masuda, Y. *Synthesis* **2000**, 778.
[77]   Lessard, S.; Peng, F.; Hall, D. G. *J. Am. Chem. Soc.* **2009**, *131*, 9612.
[78]   Ishiyama, T.; Ahiko, T.; Miyarua, N. *Tetrhedron Lett.* **1996**, *38*, 6889.
[79]   Ahiko, T.; Ishiyama, T.; Miyarua, N. *Chem. Lett.* **1997**, 811.
[80]   Murata, M.; Watanabe, S.; Masuda, Y. *Tetrahedron Lett.* **2000**, *41*, 5877.
[81]   Egli, R. A. *Helv. Chim. Acta* **1968**, *51*, 2090.
[82]   Hutchins, R. O.; Learn, K. *J. Org. Chem.* **1982**, *47*, 4380.
[83]   Lipshutz, B. H.; Buzard, D. J.; Vivian, R. W. *Tetrahedron Lett.* **1999**, *40*, 6871.
[84]   Farina, V.; Krishnan, B. *J. Am. Chem. Soc.* **1991**, *113*, 9585.
[85]   Giroux, A. *Tetrhedron Lett.* **2003**, *44*, 233.
[86]   Sadhu, K. M.; Matteson, D. S. *Organometallics* **1985**, *4*, 1687.
[87]   Martin, R.; Jones, J. B. *Tetrahedron Lett.* **1995**, *36*, 8399.
[88]   Kanai, G.; Miyaura, N.; Suzuki, A. *Chem. Lett.* **1993**, 845.
[89]   Falck, J. R.;Muralidhar, B.;Ye, J.; Cho, S.-D. *Tetrahedron Lett.* **1999**, *40*, 5647.
[90]   Willis, D. M.; Strongin, R. M. *Tetrahedron Lett.* **2000**, *41*, 8683.
[91]   Ma. Y.; Song, C.; Jiang, W.; Xue, G.; Cannon, J. F.; Wang, X.; Andrus, M. B. *Org. Lett.* **2003**, *5*, 4635.
[92]   Doyle, M. P.; Bryker, W. J. *J. Org. Chem.* **1979**, *44*, 1572.
[93]   Yang, F.; Wu, M.; Cheng, C. *J. Am. Chem. Soc.* **2000**, *122*, 7122.
[94]   Ohno, K.; Tsuji, J. *J. Am. Chem. Soc.* **1968**, *90*, 99.
[95]   Lau, K. S. Y.; Becker, Y.; Huang, F.; Baenziger, N.; Still, J. K. *J. Am. Chem. Soc.* **1977**, *99*, 5664.
[96]   Krafft, T. E.; Rich, J. D.; McDermott, P. J. *J. Org. Chem.* **1990**, *55*, 5430.
[97]   Rich, J. D. *J. Am. Chem. Soc.* **1989**, *111*, 5886.
[98]   Obora, Y.; Tsuji, Y.; Kawamura, T. *J. Am. Chem. Soc.* **1993**, *115*, 10414.
[99]   Obara, Y.; Tsuji, Y.; Kawamura, T. *J. Am. Chem. Soc.* **1995**, *115*, 9814.
[100] Smith, P. J.; Wang, B. *Tedrhedron Lett.* **2003**, *44*, 8967.
[101] Kisselev, A. F.; Goldberg, A. L. *Chem. Biol.* **2001**, *8*, 739.
[102] Koguchi, Y.; Kohno, J.; Nishio, M.; Takahashi, K.; Okuda, T.; Ohnuki, T.; Komatsubara, S. *J. Antibiot.* **2000**, *53*, 105.
[103] J. Kohno, K.; Koguchi, Y.; Nishio, M.; Nakao, K.; Kuroda, M.; Shimizu, R.; Ohnuki, T.; Komatsubara, S. *J. Org. Chem.* **2000**, *65*, 990.
[104] Lin, S.; Danishefsky, S. J. *Angew. Chem., Int. Ed.* **2002**, *41*, 512.
[105] Singh, S. B.; Zink, D. L.; Liesch, J. M.; Ball, R. G.; Goetz, M. A.; Bolessa, E. A.; Giacobbe, R. A.; Silverman, K. C.; Bills, G. F.; Pelaez, F.; Cascales, C.; Gibbs, J. B.; Lingham, R. B. *J. Org. Chem.* **1994**, *59*, 6296.
[106] Vilella, D.; Sánchez, M.; Platas, G.; Salazar, O.; Genillound, O.; Royo, I.; Cascales, C.; Martín, I.; Díez, T.; Silverman, K. C.; Lingham, R. B.; Singh, S. B.; Jayasuriya, H.; Peláez, F. *J. Ind. Microbio. Biotechnol.* **2000**, *25*, 315.
[107] Krohn, K.; Flörke, U.; John, M.; Root, N.; Steingöver, K.; Aust, H.-J.; Draeger, S.; Schulz, B.; Antus,

S.; Simonyi, M.; Zsila, F. *Tetrahedron* **2001**, *57*, 4343.
[108] Miyashita, K.; Sakai, T.; Imanishi, T. *Org. Lett.* **2003**, *5*, 2683.
[109] Carbonnelle, A.; Zhu, J. *Org. Lett.* **2000**, *2*, 3477.
[110] Ezaki, M.; Iwami, M.; Yamashita, M.; Kohsaka, M.; Aoiki, H.;Imanaka, H. *J. Antibiot.* **1985**, *38*, 1453.
[111] Uchida, I.; Shigematsu, N.; Ezaki, M.; Hashimoto, M. *J. Antibiot.* **1985**, *38*, 1462.
[112] Uchida, I.; Ezaki, M.; Shigematsu, N.; Hashimoto, M. *J. Org. Chem.* **1985**, *50*, 1341.
[113] Kannan, J. C.; Williams, D. H. *J. Org. Chem.* **1987**, *52*, 5435.
[114] Hempel, J. C.; Brown, F. K. *J. Am. Chem. Soc.* **1989**, *111*, 7323.
[115] Brown, F. K.; Hempel, J. C.; Dixon, J. S.; Amato, S.; Mueller, L.; Jeffs, P. W. *J. Am. Chem. Soc.* **1989**, *111*, 7328.
[116] Nagumo, S.; Ishizawa, S.; Nagai, M.; Inoue, T. *Chem. Pharm. Bull.* **1996**, *44*, 1086.
[117] hiyama, T.; Oohashi, Z.; Ahiko, T.; Miyaura, N. *Chem. Lett.* **2002**, 780.

腈氧化物环加成反应

(Nitrile Oxides Cycloaddition Reaction)

王歆燕

1 腈氧化物环加成反应的定义和机理 ································· 159
  1.1 腈氧化物环加成反应的定义和历史背景 ····················· 159
  1.2 腈氧化物环加成反应的特点 ·································· 160
  1.3 腈氧化物环加成反应的机理 ·································· 161
2 腈氧化物环加成反应的条件综述 ···································· 162
  2.1 腈氧化物的生成方法 ··· 162
  2.2 腈氧化物环加成反应中的亲偶极体 ·························· 166
  2.3 金属催化的腈氧化物环加成反应 ····························· 168
  2.4 腈氧化物环加成反应的其它方法 ····························· 170
  2.5 异噁唑啉化合物的转化 ······································· 171
3 分子间腈氧化物环加成反应综述 ···································· 173
  3.1 分子间腈氧化物环加成反应中的亲偶极体 ·················· 173
  3.2 不对称分子间腈氧化物环加成反应 ·························· 180
4 分子内腈氧化物环加成反应综述 ···································· 184
  4.1 INOC 反应的区域选择性 ······································ 184
  4.2 INOC 反应的立体选择性 ······································ 185
5 腈氧化物环加成反应在天然产物合成中的应用 ··················· 188
  5.1 Bafilomycin A_1 的全合成 ·································· 188
  5.2 (+)-Gabosine F, (−)-Gabosine O 和 (+)-4-*epi*-Gabosine O 的全合成 ············ 188
  5.3 Erythronolide A 的全合成 ···································· 190
6 腈氧化物环加成反应实例 ·· 191
7 参考文献 ··· 195

1 腈氧化物环加成反应的定义和机理

1.1 腈氧化物环加成反应的定义和历史背景

腈氧化物环加成反应[1]是有机合成中非常重要的一类成环反应。该反应是指以腈氧化物作为 1,3-偶极体,与双键或三键等亲偶极体化合物通过 1,3-偶极加成反应生成五元杂环化合物的化学转变过程。用于该反应最常见的亲偶极体是烯烃和炔烃化合物,它们与腈氧化物反应生成异噁唑啉或异噁唑化合物 (式 1)。此外,其它碳-杂原子双键 (例如:羰基、亚胺等) 也可以作为亲偶极体参与该反应。

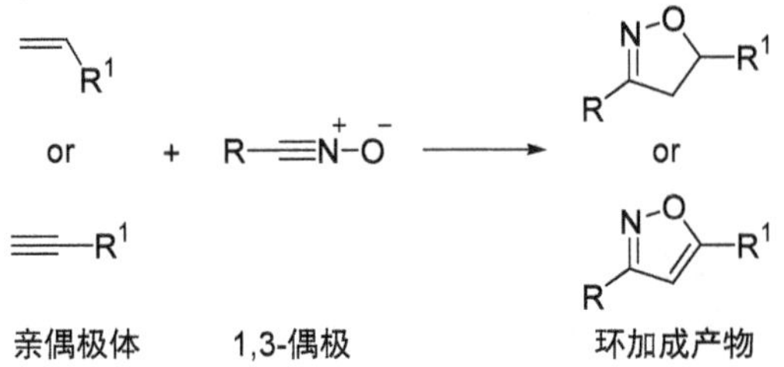

$$\begin{matrix} \diagup\!\!\!\diagup R^1 \\ or \\ \equiv\!\!-R^1 \end{matrix} + R\!-\!\!\equiv\!\!\overset{+}{N}\!-\!\overset{-}{O} \longrightarrow \begin{matrix} \text{异噁唑啉} \\ or \\ \text{异噁唑} \end{matrix} \qquad (1)$$

亲偶极体　　1,3-偶极　　　　环加成产物

早在 1894 年,Werner 等人就通过氯代肟的去氯反应首次获得了腈氧化物[2]。1927 年,Weygand 报道了第一例腈氧化物与烯烃发生的反应[3]。在随后的几十年中,腈氧化物生成及其在有机合成上的应用得到了很大的发展。1961年,Huisgen 将腈氧化物归纳成为一种类型的 1,3-偶极体,可以用其进行一系列 [3+2] 环加成反应[4]。

在 20 世纪 60~70 年代,人们对上述反应的反应性和选择性进行了比较详细的研究,提出了协同环加成的反应机理[5]。与此同时,分子内腈氧化物环加成反应 (INOC 反应) 先后在杂环和非杂环的合成中得到了实际的应用,建立了环加成—结构修饰—开环的合成策略,并成功地用于合成多种结构复杂的天然产物。

从 20 世纪 80 年代开始,不对称腈氧化物环加成反应的研究引起了人们更多的关注[6]。最初的研究是使用手性烯烃作为原料,随后使用手性醛或手性硝基化合物生成的手性腈氧化物作为原料的研究也取得了一些进展。在 20 世纪 90年代,又出现了一些金属催化的不对称反应的例子。从此,腈氧化物环加成反应在不对称合成领域发挥了越来越重要的作用。

1.2 腈氧化物环加成反应的特点

腈氧化物环加成反应具有以下特点:

(1) 以醛肟或伯硝基化合物等容易获得的前体化合物可以高效地完成五元杂环的合成。

(2) 通过该反应合成的五元杂环可以经过官能团修饰,将简单分子转化成结构复杂的衍生物。由于烯烃和炔烃化合物是最常使用的亲偶极体,因此通过腈氧化物环加成反应得到的主要产物为异噁唑和异噁唑啉化合物。许多反应产物具有广泛的生物活性,有些手性二异噁唑啉化合物还是不对称催化反应中的优秀配体[7]。

(3) 异噁唑和异噁唑啉化合物也是有机合成中重要的合成砌块，选择适当的开环条件可以将它们转变成为天然产物合成中的中间体 (例如：β-胺基醇、β-羟基酮、β-羟基酸、β-羟基酯、α-羟基腈和 α,β-不饱和酮等)。

1.3 腈氧化物环加成反应的机理

腈氧化物环加成反应是一个电环化反应，两个 σ-键形成的环化过程是经过一个协同反应一次完成的。该类反应的机理如式 2 所示。

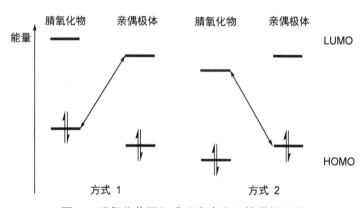

根据前沿分子轨道理论 (Frontier molecular orbital, FMO)，双分子环加成反应发生时，一个分子中的最高占有轨道 (HOMO) 需要与另一分子的最低空轨道 (LUMO) 相互重叠形成新的化学键。如图 1 和图 2 所示：在腈氧化物环加成反应中，腈氧化物分子与亲偶极体分子有两种轨道匹配方式：(1) 腈氧化物的最高占有轨道 (HOMO) 与亲偶极体的最低空轨道 (LUMO) 重叠；(2) 腈氧化物的最低空轨道 (LUMO) 与亲偶极体的最高占有轨道 (HOMO) 重叠。

图 1 腈氧化物环加成反应中分子轨道能级图

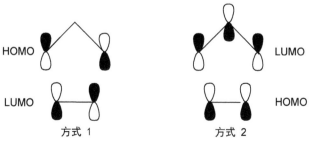

图 2 腈氧化物环加成反应中分子轨道的匹配方式

当亲偶极体上带有取代基时，所得反应产物会出现两种异构体。腈氧化物和亲偶极体上带有的拉电子基团或给电子基团能够改变 FMO 的能量，使轨道匹配方式发生改变。由于两种匹配方式决定了反应的区域选择性，据此可以预测产物中的优势异构体[8]。

当一取代烯烃作为亲偶极体时，反应可以生成 5-取代异噁唑啉和 4-取代异噁唑啉化合物。通常情况下，亲偶极体中带有拉电子基团时，第一种匹配方式占主导。而当亲偶极体中带有给电子基团时，则第二种匹配方式占主导。如式 3 所示：大多数一取代烯烃与腈氧化物的反应能够高度选择性地生成 5-取代异噁唑啉化合物。而当亲偶极体的亲电性增加时，生成 4-取代异噁唑啉化合物的趋势也随之增加。

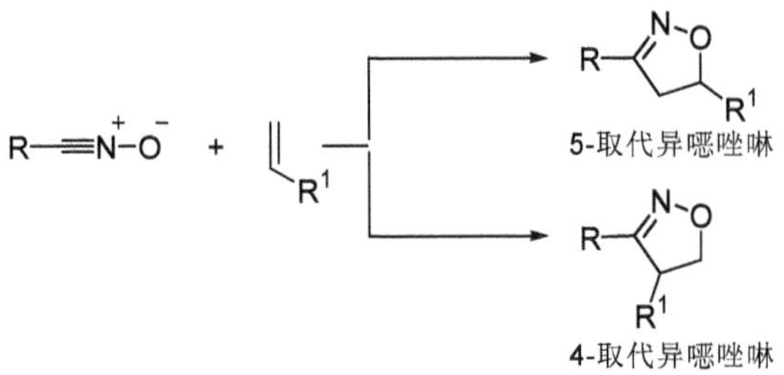

$$R-\stackrel{+}{N}-\stackrel{-}{O} + \underset{R^1}{\diagup\!\!\!\!\diagdown} \longrightarrow \begin{array}{c} \text{5-取代异噁唑啉} \\ \text{4-取代异噁唑啉} \end{array} \quad (3)$$

2 腈氧化物环加成反应的条件综述

2.1 腈氧化物的生成方法

能够生成腈氧化物的前体化合物分子中都必须包含有 C-N-O 结构。腈氧化物的生成方法很多，常见的方法包括卤代肟的脱卤化氢反应 (Huisgen 方法)、醛肟的氧化反应和伯硝基化合物的脱水反应 (Mukaiyama 方法) 等。腈氧化物在室温下通常不能稳定存在，会很快发生自身的二聚反应生成氧化呋咱 (furoxan) 化合物 (式 4)[9]。因此，腈氧化物一般需要在体系中原位产生，并立即与亲偶极体进行反应。但是，也有一些位阻较大的芳基腈氧化物在室温下比较稳定，甚至可以从体系中被分离出来 (式 5)[10]。

$$R-\stackrel{+}{\equiv}N-\stackrel{-}{O} \rightleftharpoons \underset{R}{\overset{\stackrel{+}{O^-}}{\underset{R}{\diagup\!\!\!\!\diagdown}}} \quad (4)$$

$$\text{(5)} \quad \text{Mesityl-CH=N-OH} \xrightarrow{\text{NCS, Et}_3\text{N, CH}_2\text{Cl}_2,\ \text{rt}}_{99\%} \text{Mesityl-C}{\equiv}\overset{+}{\text{N}}{-}\text{O}^-$$

2.1.1 由卤代肟的脱卤化氢反应制备腈氧化物

该方法通常包括醛肟的卤代反应和碱性条件下卤代肟的脱卤化氢两步过程。芳基卤代肟比较稳定,甚至可以从体系中分离出来。而烷基卤代肟的稳定性很差,只能在体系中原位产生后立即进行后续的脱卤化氢反应。

常用于醛肟卤代反应的卤化试剂有氯气、次氯酸钠、次氯酸叔丁酯、*N*-氯代丁二酰亚胺 (NCS) 和 *N*-溴代丁二酰亚胺 (NBS) 等[11]。但是,这些卤代试剂存在一个共同的缺点:在反应中容易导致对底物的过度卤化。

近年来,一些新的卤化试剂相继出现。使用这些新试剂可以避免出现过度卤化的副产物,从而使卤代反应在温和条件下高效地进行。如式 6 所示[12]:Kanemasa 等人使用固体氯化试剂 BTMA·ICl$_4$ 对一系列芳基醛肟进行氯化反应,在室温下即可得到 > 90% 的产率。BTMA·ICl$_4$ 也能使烷基醛肟发生氯化反应,但生成的烷基氯代肟无法分离。因此,在体系中直接加入碱和苯乙烯即可得到相应的异噁唑啉产物 (式 7)。

$$\text{(6)} \quad R\text{-}C_6H_4\text{-CH=N-OH} \xrightarrow[\text{BTMA·ICl}_4 = \text{BnMe}_3\text{N}^+\ \text{ICl}_4^-]{\text{BTMA·ICl}_4,\ \text{CH}_2\text{Cl}_2,\ \text{rt}} R\text{-}C_6H_4\text{-C(Cl)=N-OH}$$

R = *p*-MeC$_6$H$_4$, 2 h, 95%
R = *p*-MeOC$_6$H$_4$, 2.5 h, 95%
R = *p*-NO$_2$C$_6$H$_4$, 5 h, 90%

$$\text{(7)} \quad i\text{-Pr-CH=N-OH} + \text{PhCH=CH}_2 \xrightarrow[\text{CH}_2\text{Cl}_2,\ \text{rt, 6 h}]{\text{BTMA·ICl}_4,\ \text{Et}_3\text{N}} \underset{42\%}{\text{3-}i\text{-Pr-5-Ph-4,5-dihydroisoxazole}}$$

Kaushik 等人报道:使用 *N*-叔丁基-*N*-氯氰胺 (**1**) 作为氯代试剂,在室温下与芳香醛肟反应 1 min 即可得到 90% 以上的产物 (式 8)[13]。使用烷基醛肟底物时,生成的氯代产物中间体一般不经分离。在体系中直接加入碱和 *N*-苯基马来酰亚胺,即可得到高于 90% 的异噁唑啉产物 (式 9)。

$$\text{(8)} \quad \text{PhCH=N-OH} + \underset{\mathbf{1}}{t\text{-Bu-N(CN)(Cl)}} \xrightarrow[95\%]{\text{CH}_2\text{Cl}_2,\ \text{rt},\ <1\ \text{min}} \text{Ph-C(Cl)=N-OH}$$

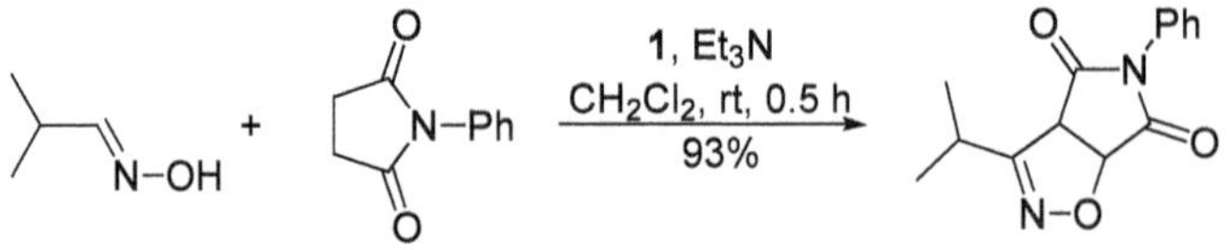

卤代肟经分离后，可在三乙胺或吡啶等有机碱的作用下发生脱卤化氢反应，生成腈氧化物。使用碳酸氢钾[14]、碱金属氟化物[15]或氧化铝等无机碱[16]时，反应可以在非均相体系中顺利进行。由于在非均相体系中生成腈氧化物的速度较慢，因此可以避免腈氧化物发生自身二聚的副反应。该方法也已经成功地用于高压(10 kbar)条件下腈氧化物的生成。

在大多数情况下，醛肟的卤代反应和卤代肟的脱卤化氢反应是在体系中连续完成的。在一锅法制备中，最常用的卤代试剂是次氯酸钠和次氯酸酯[17]。加入三乙胺等有机碱，可以提高环加成反应的产率。该方法不仅适用于分子间反应[18]，也适用于分子内反应或固相成环反应[19]。

1989 年，Hassner 等人报道了氯胺-T 促进的腈氧化物环加成反应，氯胺-T 同时具有氯代试剂和碱试剂的双重功能[20]。如式 10 所示：在氯胺-T 促进的分子间反应中，使用芳香醛肟或烷基醛肟均能够获得很好的结果。如式 11 所示：该试剂促进的分子内反应也同样可以获得很高的产率。当腈氧化物分子中含有羟基时，氯胺-T 可以在无需保护羟基的情况下进行环加成反应，简化了整个反应的步骤 (式 12)[21]。

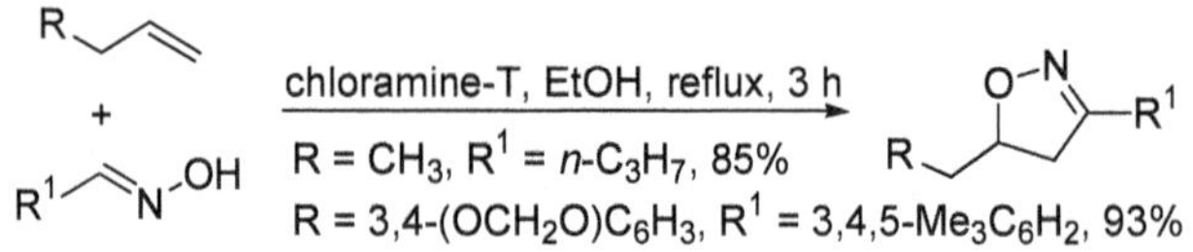

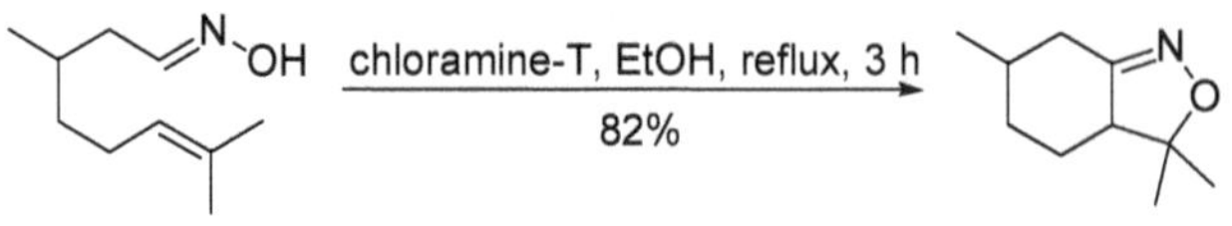

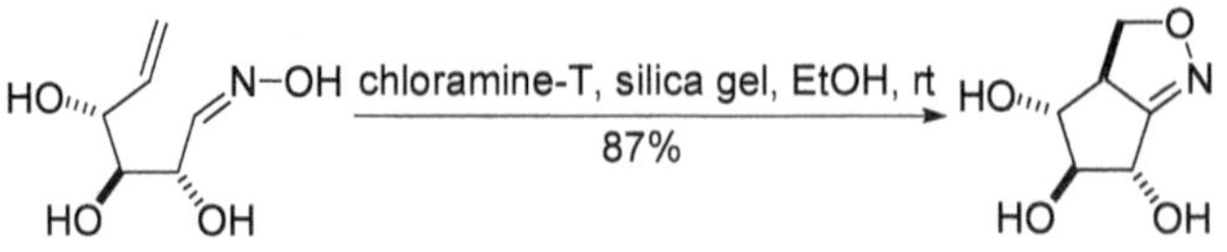

2.1.2 由醛肟的氧化反应制备腈氧化物

在二氧化锰的作用下，拉电子官能团取代的 (E)- 或 (Z)-醛肟可以直接转化成为相应的腈氧化物 (式 13 和式 14)[22]。但是，使用乙酸铅为氧化剂时，只有 (Z)-醛肟可以发生该反应[23]。

$$\text{MeO}_2\text{C}\text{—CH=N—OH} + \text{CH}_2\text{=CH—OAc} \xrightarrow[84\%]{\text{MnO}_2,\ \text{CH}_2\text{Cl}_2,\ \text{rt},\ 3\ \text{h}} \text{MeO}_2\text{C—isoxazoline—OAc} \quad (13)$$

$$\text{Ph—CH=N—OH} + \text{CH}_2\text{=CH—OAc} \xrightarrow[42\%]{\text{MnO}_2,\ \text{CH}_2\text{Cl}_2,\ \text{rt},\ 3\ \text{h}} \text{Ph—isoxazoline—OAc} \quad (14)$$

除了上述氧化剂外，其它试剂也可以将醛肟氧化成为腈氧化物，例如：硝酸铈铵 (CAN)[24]、1-氯苯并三氮唑[25] 和 PhI(OAc)$_2$ (式 15)[26]等。

$$\text{(cyclohexenyl-EtO}_2\text{C-CH=NOH)} \xrightarrow[60\%]{\text{PhI(OAc)}_2,\ \text{MeOH},\ \text{TFA}} \text{bicyclic isoxazoline} \quad (15)$$

2.1.3 由伯硝基化合物的脱水反应制备腈氧化物

1961 年，Mukaiyama 等人首次报道：使用苯基异氰酸酯和三乙胺可以使硝基乙烷脱水生成腈氧化物中间体。然后，再与乙烯基乙酸酯进行环加成反应得到异噁唑啉产物 (式 16)[27]。该方法同样适用于具有复杂分子结构的伯硝基化合物，因此在天然产物的合成中得到了广泛的应用。如式 17 所示[28]：在 (+)-Brefeldin A 的全合成中，将伯硝基化合物 **2** 和丙烯酸甲酯在含有对氯苯基异氰酸酯和三乙胺的苯溶液中回流 10 h，即可以 85% 的产率得到单一区域选择性的中间体 **3**。其它试剂也可以有效地用于伯硝基化合物的脱水反应，例如：对甲苯磺酸[29]、乙酸钠/冰醋酸[30]、氯甲酸乙酯和苯磺酰氯[31]等。

$$\text{CH}_3\text{CH}_2\text{NO}_2 + \text{CH}_2\text{=CH—OAc} \xrightarrow[89\%]{\substack{\text{PhNCO,\ Et}_3\text{N,\ PhH}\\ \text{rt,\ 1\ h,\ then\ reflux\ 1\ h}}} \text{Me—isoxazoline—OAc} \quad (16)$$

$$\mathbf{2} + \text{CH}_2\text{=CH—CO}_2\text{Me} \xrightarrow[85\%]{\substack{p\text{-ClC}_6\text{H}_5\text{NCO,\ Et}_3\text{N}\\ \text{PhH,\ reflux\ 10\ h}}} \mathbf{3} \Longrightarrow (+)\text{-Brefeldin A} \quad (17)$$

1997 年，Mioskowski 等人使用二乙基胺三氟化硫 (DAST) 作为脱水试剂将 2-苯基-1-硝基乙烷转化成为腈氧化物。然后再与己烯反应，以 91% 的产率

得到异噁唑啉产物 (式 18)[32]。Giacomelli 等人将 DMTMM/DMAP 用作脱水试剂，在微波辅助下使硝基乙烷与丙烯酸酯或丙炔酸酯发生反应，以几乎定量的产率分别得到异噁唑啉和异噁唑产物 (式 19)[33]。Hassner 等人使用 Boc$_2$O/DMAP 作为脱水试剂，在很大程度上简化了产物的分离纯化步骤。如式 20 所示[34]：这主要是由于在该反应过程中产生的副产物为叔丁醇和二氧化碳。

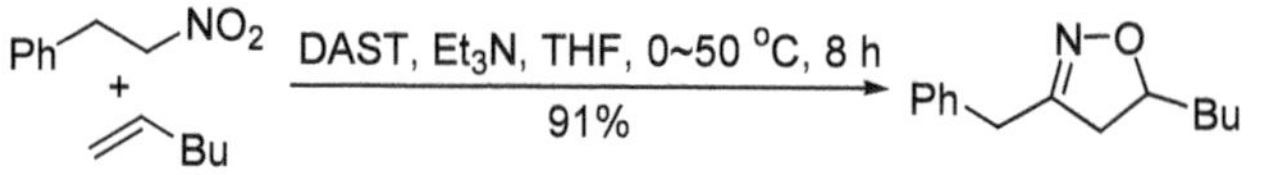

$$Ph\diagdown NO_2 + \diagup Bu \xrightarrow[91\%]{DAST,\ Et_3N,\ THF,\ 0\sim50\ ^\circ C,\ 8\ h} Ph\diagdown\!\!\diagup_N\!\!\diagdown_O\!\!\diagup Bu \quad (18)$$

$$\begin{array}{c}Ph\diagup\\ \text{or}\\ \equiv\!\!-Ph\end{array} + \diagup NO_2 \xrightarrow[\substack{\text{MW, 20 }^\circ\text{C, 3 min}\\ \text{DMTMM} = \cdots}]{\text{DMTMM/DMAP, MeCN}} \begin{array}{c}Me\diagdown\!\!\diagup_N\!\!\diagdown_O\!\!\diagup Ph\quad 99\%\\ \text{or}\\ Me\diagdown\!\!\diagup_N\!\!\diagdown_O\!\!\diagup R^1\quad 100\%\end{array} \quad (19)$$

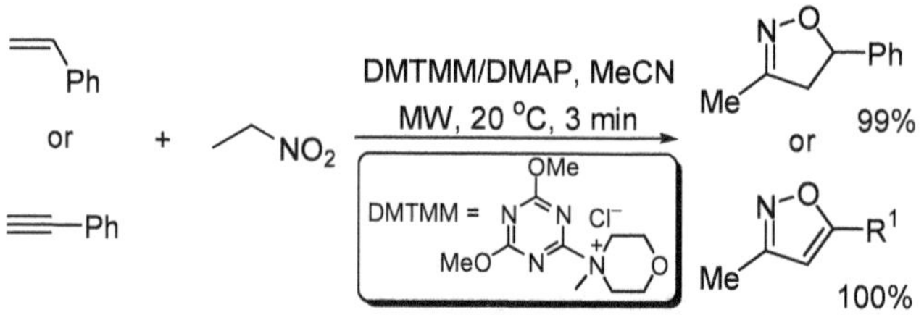

$$\diagup NO_2 + \diagup Ph \xrightarrow[90\%]{Boc_2O,\ DMAP,\ hexane/MeCN,\ 20\ ^\circ C,\ 3\ h} Me\diagdown\!\!\diagup_N\!\!\diagdown_O\!\!\diagup Ph \quad (20)$$

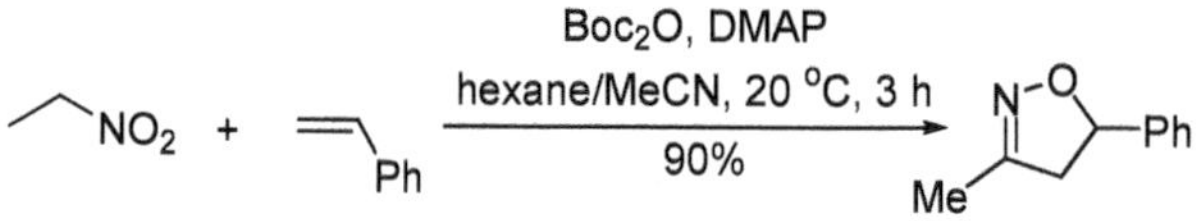

在伯硝基取代的同一碳原子上带有拉电子官能团时，伯硝基被活化而使得脱水反应更容易进行。在酸性条件、酰化反应条件或者经简单的加热[35]等条件下，均可将它们转化成为相应的腈氧化物。一些常见试剂也可用于该类化合物的脱水反应，例如：硝酸铈铵[36]和亚硫酰氯[37]。Machetti 等人在 2005 年报道：在 DABCO 或 TMEDA 等叔胺的存在下，硝基丙酮和苄基硝基甲烷等活性硝基化合物即可与亲偶极体反应生成相应的异噁唑啉产物 (式 21)[38]。

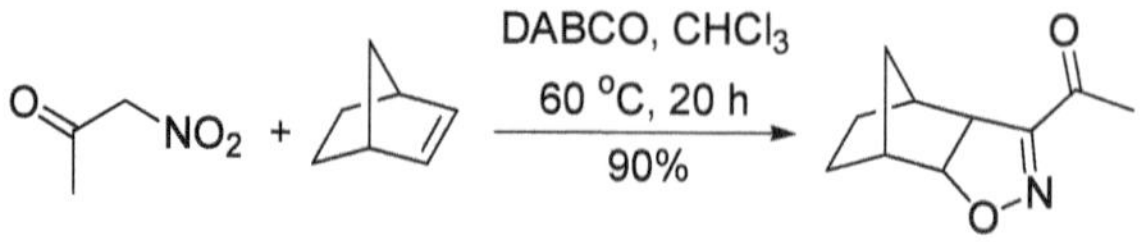

$$\text{O}\!\!=\!\!\diagdown NO_2 + \diagup\!\!\diagdown \xrightarrow[90\%]{DABCO,\ CHCl_3,\ 60\ ^\circ C,\ 20\ h} \text{(产物)} \quad (21)$$

2.2 腈氧化物环加成反应中的亲偶极体

腈氧化物非常容易与各种亲偶极体发生环加成反应，烯烃和炔烃是其中最常用的亲偶极体。此外，碳-杂原子双键也可以作为亲偶极体参与反应，例如：C=O、C=N 和 C=S 键等。

Huisgen 等人以苯基腈氧化物为 1,3-偶极体，在 0 ℃ 下的乙醚溶液中研究了带有不同取代基的烯烃或炔烃作为亲偶极体的相对反应活性[1c]。如图 3 所示：该研究将乙烯的反应活性 (k_r) 设定为 $k_r = 1$ 时可以得出以下结论：(1) 无论烯烃上带有给电子取代基还是拉电子取代基都将提高烯烃的亲偶极性。此外，共轭效应对亲偶极性的影响要强于诱导效应。(2) 对于环状烯烃来说，环张力和构象因素极大地影响了烯烃的反应活性 (化合物 **6** 和 **7**)。(3) 1,2-取代烯烃与 1,1-取代烯烃相比反应活性更低 (化合物 **13** 和 **14**)。(4) 反式烯烃的相对反应活性要强于相应的顺式烯烃 (化合物 **15** 的 k_r 是化合物 **16** 的 70 倍)。(5) 对于烯丙基醚体系，改变氧原子上的取代基对反应活性的影响很小 (化合物 **23**~**26**)。烯丙基碳原子上带有 1 个或者 2 个烷氧基取代基时，对烯烃反应活性的影响不大。但是，当烷氧基取代基的数目增加到 3 个时，烯烃的反应活性却急剧下降 (化合物 **26**~**28**)。(6) 炔烃的反应活性要低于相应的烯烃，所带取代基对反应活性的影响与烯烃相似 (化合物 **29**~**34**)。

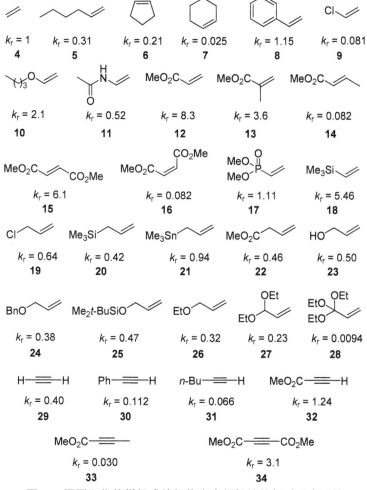

图 3　不同取代的烯烃或炔烃作为亲偶极体的相对反应活性

2.3 金属催化的腈氧化物环加成反应

在腈氧化物环加成反应体系中加入 Lewis 酸或其它金属试剂,会对反应的区域选择性、对映体选择性和非对映体选择性产生显著的影响。这主要是由于它们可以与腈氧化物和亲偶极体配合,改变了反应原子轨道系数以及腈氧化物和亲偶极体的前沿分子轨道的能量。如图 4 所示:加入 Lewis 酸后,腈氧化物和亲偶极体的轨道能级发生了变化。

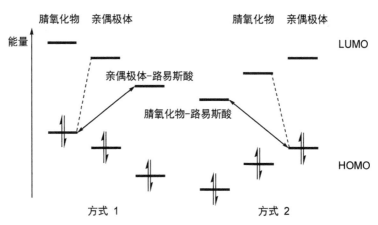

图 4 腈氧化物环加成反应体系中加入 Lewis 酸后的分子轨道能级图

2.3.1 Lewis 酸催化剂

如式 22 所示[39]:伯硝基化合物与烯丙基丙二酸酯在 TCT 的作用下生成烯基取代的腈氧化物 35。在氯化锌的催化下,该中间体可以在 $-78\ ^\circ C$ 下 15 min 内完成分子内环加成反应,产率高达 96%。

2.3.2 其它金属催化剂

除路易斯酸催化剂外,一些金属试剂也被用作腈氧化物环加成反应的催化剂。这些催化剂通常可以使反应在更温和的条件下进行,得到更高的反应产率。

更重要的是，使用这些催化剂可以提高反应的选择性。例如：在碱性条件下，氯代对甲氧基苯甲醛肟与苯乙炔的反应可以在 60 ℃ 下 8 h 内完成。该反应以 62% 的总产率得到 3,4- 和 3,5-二取代异噁唑产物，二者的比例为 1:4。但是，同样的反应在原位生成的 Cu(I) 催化剂的存在下不仅可以在室温下 1 h 内完成，而且以 92% 的产率得到单一的 3,5-二取代异噁唑产物 (式 23)[40] (式中 NaAsc 代表抗坏血酸钠)。

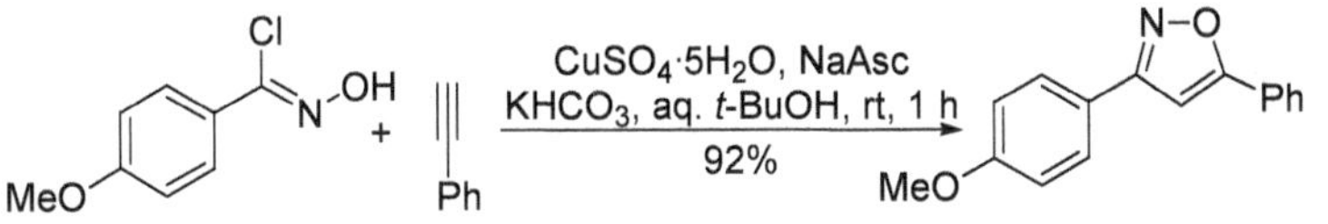

$$\text{(23)}$$

将 Cu(I) 催化剂换为 Ru(II) 催化剂后，则可以高度区域选择性地生成 3,4-二取代异噁唑产物 (式 24)[41]。如式 25 所示：该催化剂还可用于催化中间炔烃与醛肟的反应。但是，在不使用催化剂的情况下，这一反应即使在长时间加热的条件下仍不能发生。在 Ru(II) 催化剂的作用下，炔烃中电负性较大的碳原子成为产物异噁唑环上的 C4 原子。当炔烃中含有氢键给体时，反应的产率和区域选择性更高。此时，炔烃中带有氢键给体的碳原子成为产物异噁唑环上的 C4 原子。

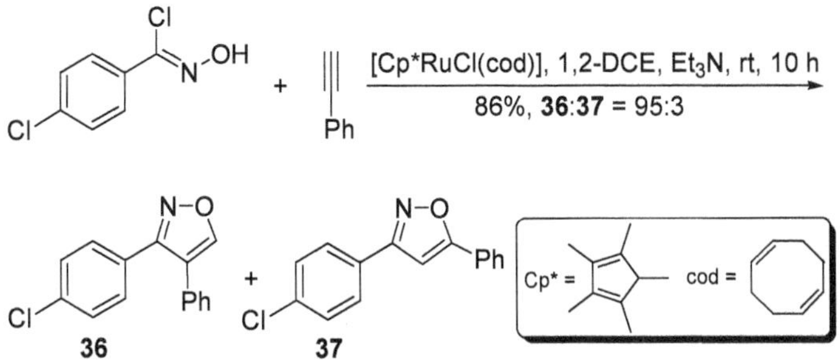

$$\text{(24)}$$

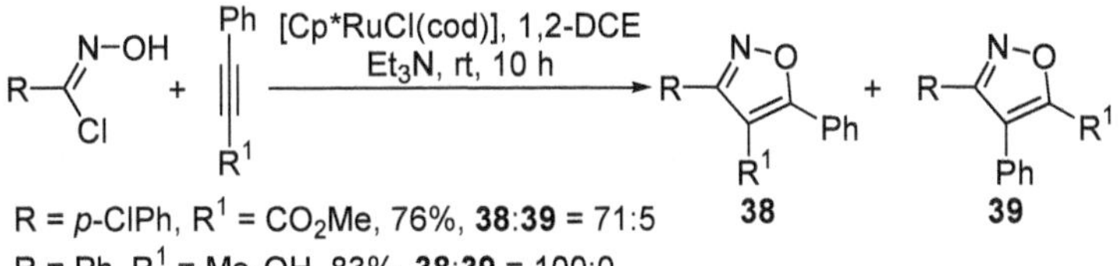

$$\text{(25)}$$

R = p-ClPh, R^1 = CO$_2$Me, 76%, **38:39** = 71:5
R = Ph, R^1 = Me$_2$OH, 83%, **38:39** = 100:0
R = PhCH=CH-, R^1 = Me$_2$OH, 99%, **38:39** = 100:0

当 3-烯-丁醇化合物被用作反应的亲偶极体时，它们与氯代苯甲醛肟的反应生成几乎等量的顺式和反式异噁唑啉产物。如果在这些反应中加入卤代镁格氏试剂，则可以极大地提高反应的立体选择性 (式 26)[42]。这可能是因为镁离子与羟基和腈氧化物之间能够形成环状烷氧基镁配合物，从而保证了反应具有较高的立体选择性。

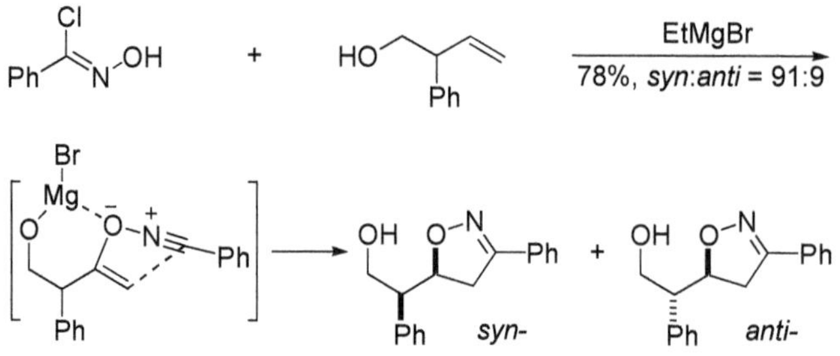

2.4 腈氧化物环加成反应的其它方法

2.4.1 固相催化方法

Kanemasa 等人发现: 在氯代苯甲醛肟与丙烯酸乙酯的环加成反应体系中加入 4A 分子筛后,室温下 5 h 即可得到高达 94% 的产率。这可能是因为 4A 分子筛是一种弱碱,可以将氯代苯甲醛肟转化成为苯基腈氧化物 (式 27)[43]。

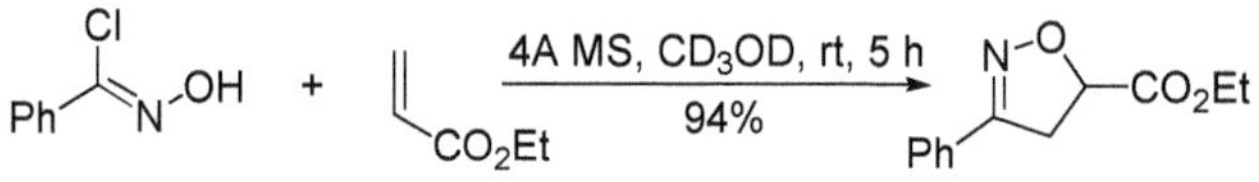

2.4.2 离子液体参与的方法

Sega 等人在使用乙氧羰基甲基腈氧化物 (CEFNO) 与烯烃进行环加成反应时发现: 在普通溶剂中进行反应时,由于 CEFNO 极不稳定而容易生成大量的二聚副产物。因此,在反应中需要使用大大过量的前体氯化物 **40**,并且需要采用注射泵将氯化物 **40** 缓慢地加入到体系中。即使在这样的条件下,反应的产率通常也只有 40% 左右。而当使用离子液体时作为反应介质时,不仅反应的产率有了很大的提高,同时也简化了反应的操作程序。只需将氯化物 **40**、烯烃和碱在离子液体中混合后,在室温搅拌即可完成反应。如式 28 所示[44]: 该反应的时间较之使用普通溶剂的反应缩短了很多。

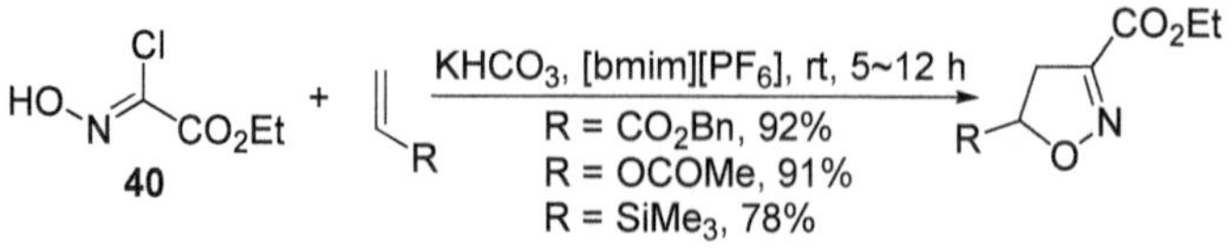

如式 29 所示[45]: 使用离子液体还被可以增加反应产物的区域选择性。

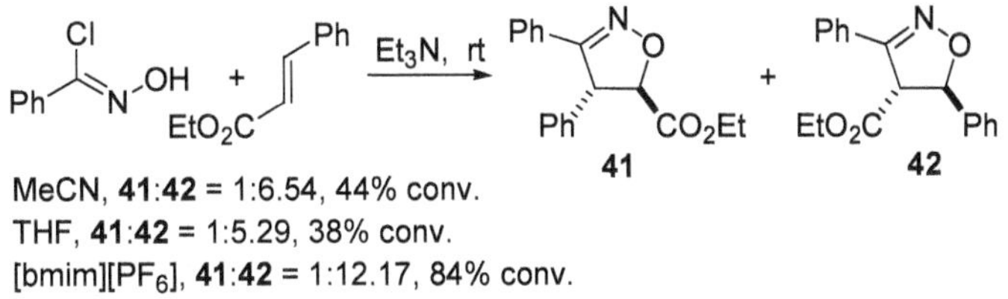

Nitrile Oxides Cycloaddition Reaction

(29)

MeCN, **41:42** = 1:6.54, 44% conv.
THF, **41:42** = 1:5.29, 38% conv.
[bmim][PF$_6$], **41:42** = 1:12.17, 84% conv.

2.5 异噁唑啉化合物的转化

2.5.1 生成异噁唑烷化合物

使用 BH$_3$·Me$_2$S、LiBH$_4$、Red-Al 和 DIBAH 等还原剂,可以将异噁唑啉化合物还原成为异噁唑烷化合物。如式 30 所示[46]:在 BH$_3$·Me$_2$S 的作用下,异噁唑啉化合物 **43** 被还原成为异噁唑烷化合物 **44**,其中的酯基和亚胺基团均未受到影响。

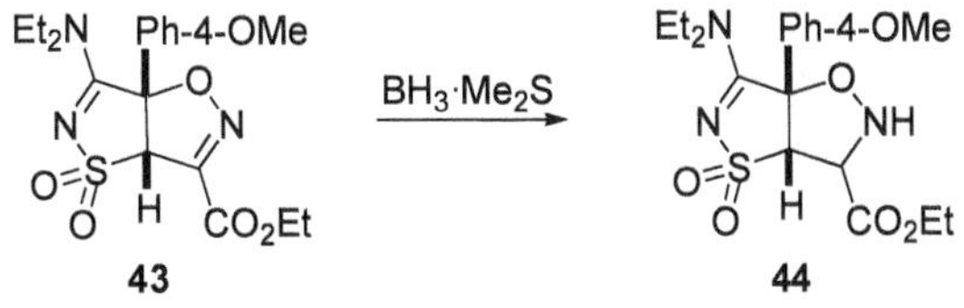

(30)

2.5.2 生成 β-胺基醇化合物

使用 AlLiH$_4$ 可以使异噁唑啉化合物发生还原开环反应,生成 β-胺基醇化合物 (式 31)[47]。DIBAH 的还原能力主要受到温度的控制,在低温时可以将异噁唑啉化合物还原的反应停留在生成异噁唑烷阶段。当温度升高后,异噁唑烷化合物可进一步开环得到 β-胺基醇化合物 (式 32)[48]。

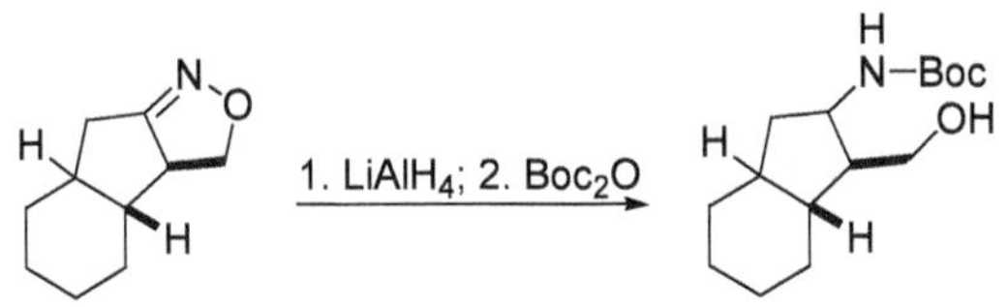

(31)

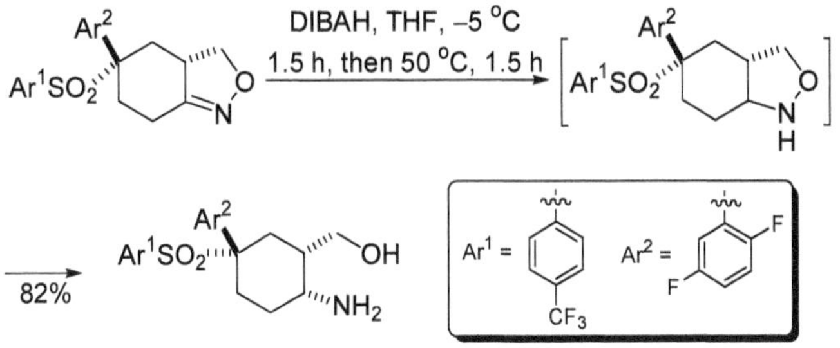

(32)

2.5.3 生成 β-羟基酮化合物和 α,β-不饱和酮化合物

生成 β-羟基酮化合物是异噁唑啉化合物最主要的转化方式，该化合物可经进一步转化得到 α,β-不饱和酮化合物。如式 33 所示[49]：在酸性条件下，使用 Raney Ni 进行催化氢化是最常见的方法。此外，Pd/C-H_2、$Mo(CO)_6$ 和 SmI_2 等试剂也常常用于该目的 (式 34 和式 35)[50,51]。

(33)

(34)

(35)

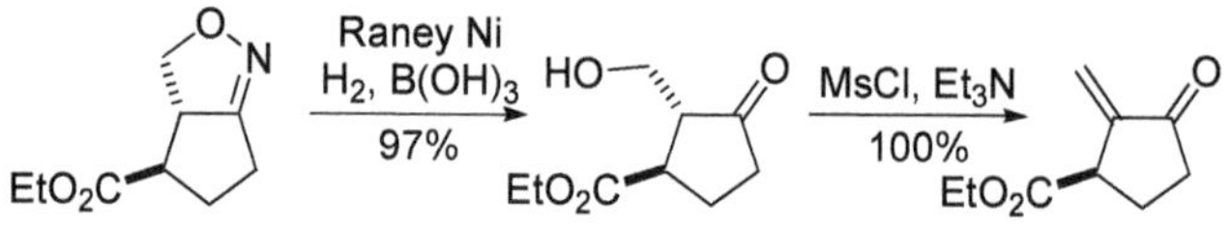

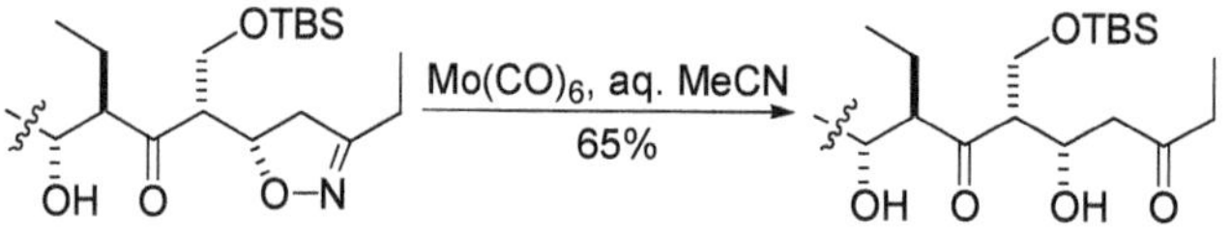

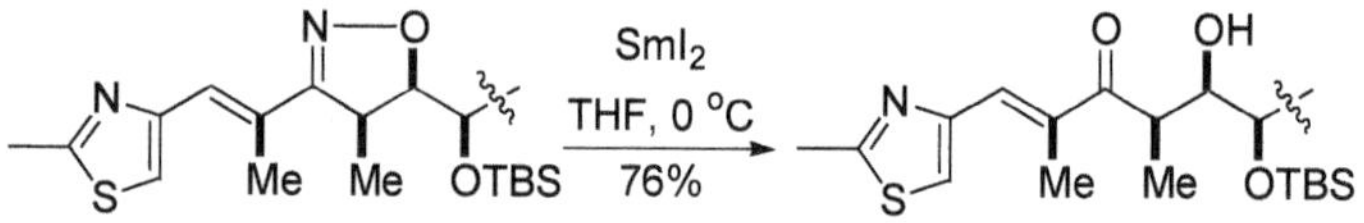

使用强碱试剂 LDA 可以将异噁唑啉化合物开环生成 α,β-不饱和肟化合物。接着，在 $TiCl_3$ 的作用下可以生成 α,β-不饱和酮化合物 (式 36)[52]。

(36)

2.5.4 生成 α-羟基腈化合物

在含有催化量 Li_2CO_3 的甲醇溶液中，异噁唑啉化合物可以发生开环反应生成 α-羟基腈化合物 (式 37)[53]。如式 38 所示[54]：在简单加热条件下，环上带有羧基的异噁唑啉化合物即可完成开环和脱羧反应，得到天然产物 (–)-Cocaine 全合成的关键中间体。

(37)

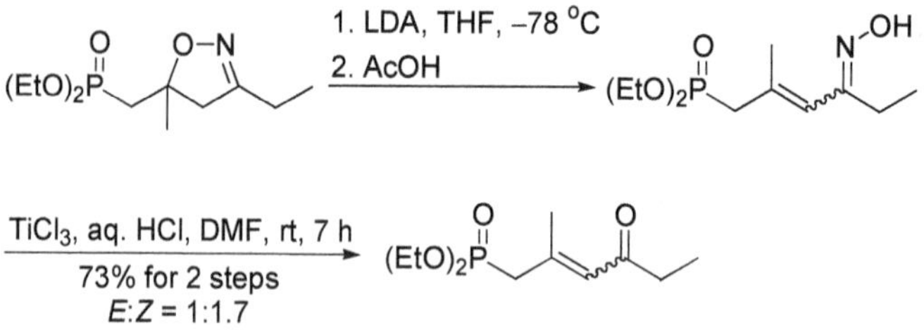

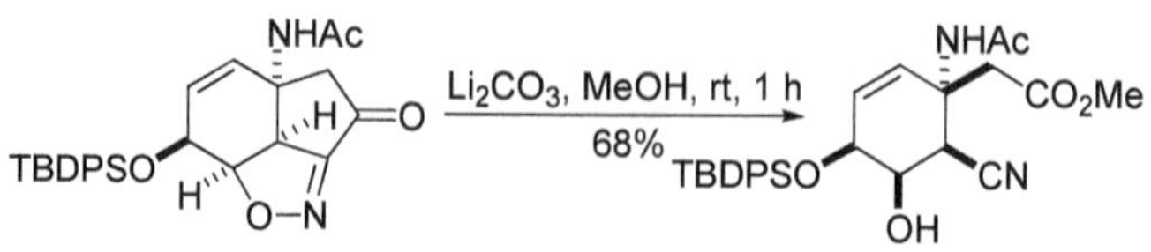

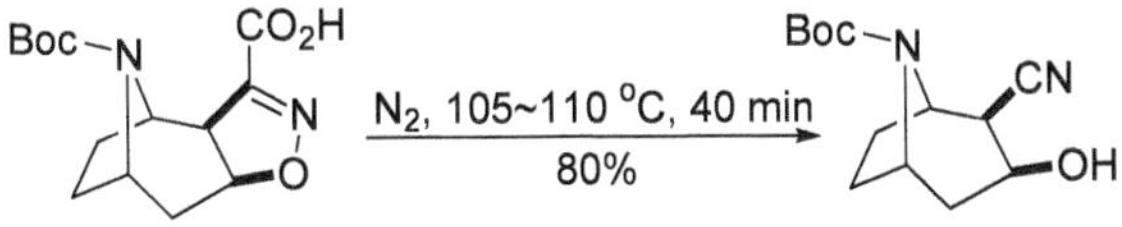

(38)

3 分子间腈氧化物环加成反应综述

使用分子间腈氧化物环加成反应,可以由容易获得的原料合成各种官能团取代的异噁唑啉和异噁唑化合物。但是,与分子内腈氧化物环加成反应相比,该反应在区域选择性和立体选择性上相对较差,经常会生成异构体的混合物。

3.1 分子间腈氧化物环加成反应中的亲偶极体

3.1.1 烯烃

3.1.1.1 单取代烯烃

单取代烯烃与腈氧化物的反应具有很好的区域选择性,几乎可以得到单一的 5-异噁唑啉产物。如式 39 所示[55]:改变腈氧化物上的取代基不会影响反应的区域选择性。

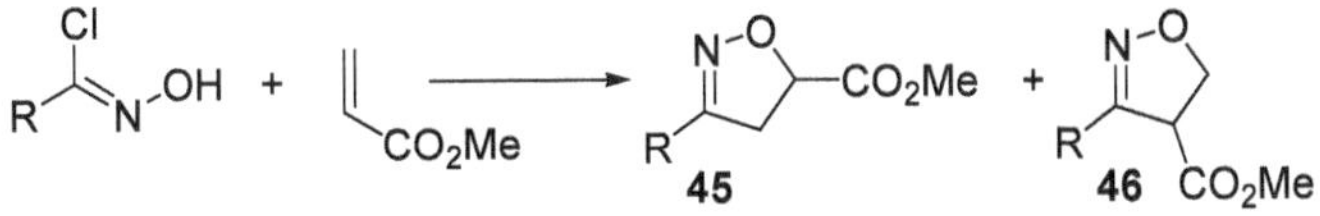

R = 2,4,6-Me$_3$C$_6$H$_2$, 88%　　**45**:**46** = 94.4:5.5
R = 2,6-Cl$_2$C$_6$H$_3$, 93%　　　**45**:**46** = 93.3:6.7
R = CO$_2$Et, 91%　　　　　　**45**:**46** > 99:1
R = COMe, 88%　　　　　　　**45**:**46** > 99:1
R = COPh, 90%　　　　　　　**45**:**46** > 99:1
R = Ph, 90%　　　　　　　　**45**:**46** > 99:1
R = Br, 91%　　　　　　　　 **45**:**46** = 94.9:5.1

(39)

苯基乙烯基硒化物可以作为炔烃的等价物与腈氧化物进行反应,生成的异噁唑啉中间体在过氧化氢作用下继续转化成为异噁唑化合物。与直接使用炔烃的方法相比,通过该方法可以得到单一区域选择性的异噁唑化合物 (式 40)[56]。

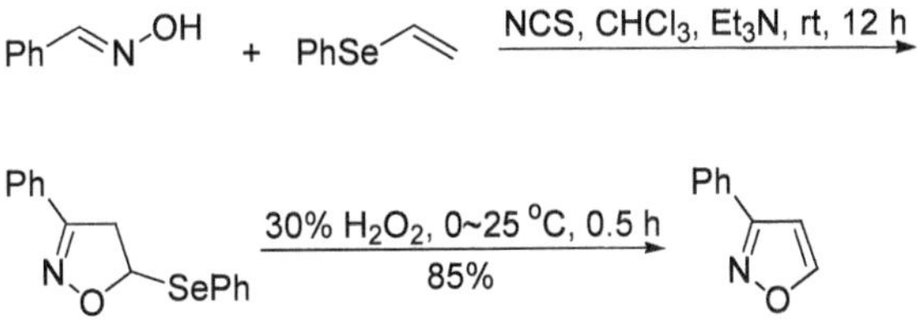

(40)

3.1.1.2　1,1-二取代烯烃

1,1-二取代烯烃与腈氧化物的反应也具有很好的区域选择性，腈氧化物中的氧原子加成到烯烃中带有偕二取代基的碳原子上 (式 41 和式 42)[57,58]。

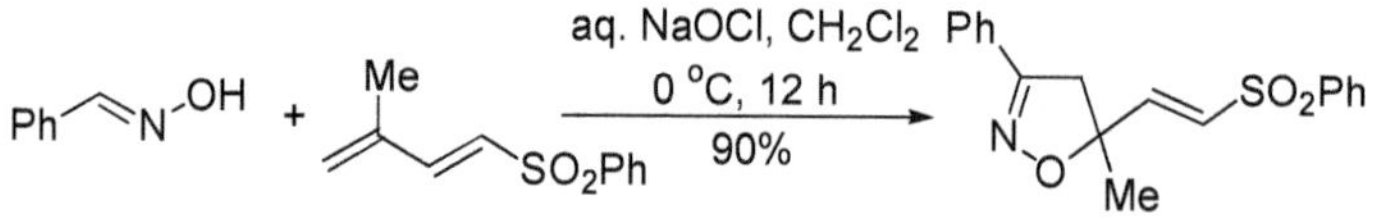

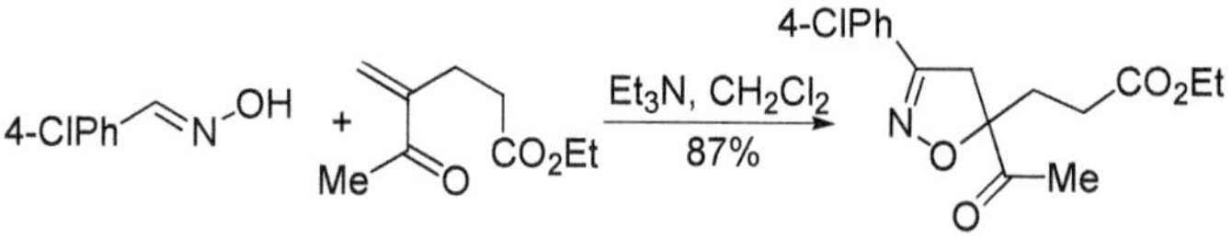

1,1-二取代溴代烯烃可以作为炔烃的等价物与腈氧化物进行反应，生成的异噁唑啉中间体继续脱去 HBr 后即可得到异噁唑化合物。如式 43 所示[59]：该反应同样具有很好的区域选择性。

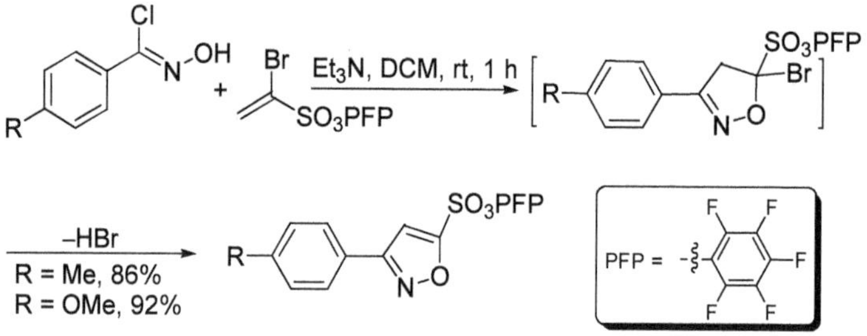

3.1.1.3　1,2-二取代烯烃

1,2-二取代烯烃与腈氧化物的反应通常生成两种区域异构体的混合物，两种异构体的比例主要受到烯烃上取代基的影响。在该类反应中，烯烃的立体构型可以完全地保留到所生成的异噁唑啉产物中。如式 44 所示[60]：使用顺式和反式丁二酸二乙酯与腈氧化物反应，可以分别得到单一立体构型的产物 **47** 和 **48**。

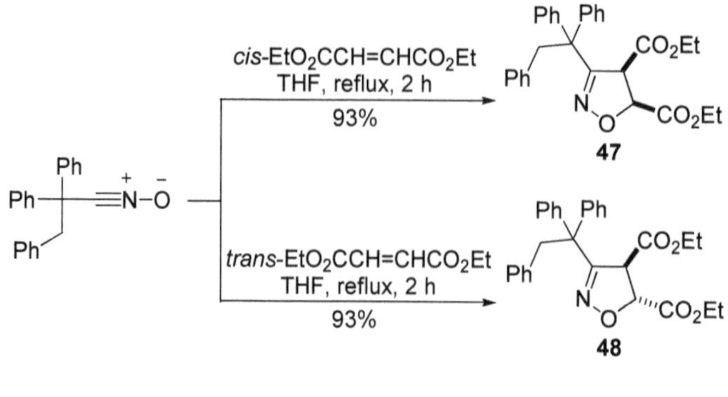

3.1.1.4 环烯

环烯与腈氧化物的反应通常也是生成两种区域异构体的混合物,两种异构体的比例主要受到烯烃和腈氧化物分子中取代基的影响。选择合适的取代基,有可能得到单一的区域选择性产物,但立体选择性一般不高。如式 45 所示[61]:甲硝基糖衍生物生成的腈氧化物与降冰片烯反应可以得到单一的区域选择性产物,但立体选择性却不高。

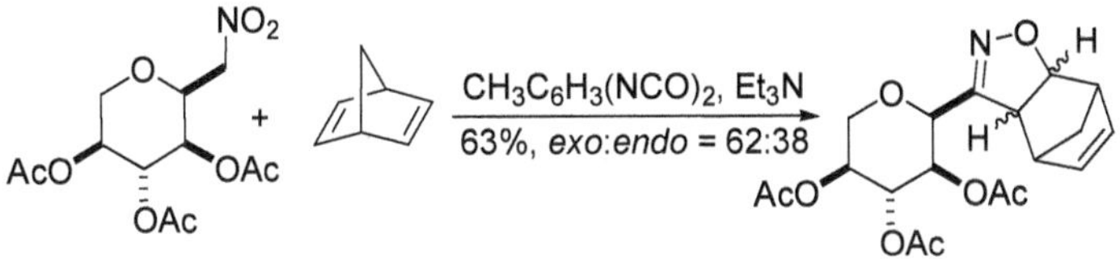

3.1.2 炔烃

炔烃与腈氧化物进行环加成反应生成异噁唑产物。如式 46 所示[62]:在三乙胺的作用下,使用硝基甾体化合物 49 生成的腈氧化物与炔糖醚化合物 50 反应可以得到异噁唑化合物 51。

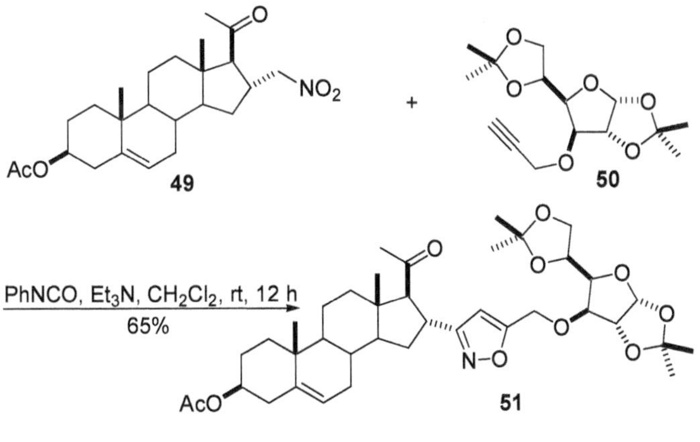

Harrity 等人使用端炔硼酸酯 52 与腈氧化物反应[63],生成两种异构体的混合物 53 和 54。如式 47 所示:5-硼酸酯异噁唑化合物 53 是反应的主要产物。但在相同条件下,使用中间炔硼酸酯 55 却区域选择性地得到单一的 4-硼酸酯异噁唑化合物 56。该化合物如果继续发生 Suzuki 偶联反应,可以在异噁唑环上引入新的芳基 (式 48)。

在通常情况下,炔烃的反应活性要比相应的烯烃弱。当体系中同时存在等量的烯烃和炔烃时,主要生成经烯烃反应产生的异噁唑啉化合物 (式 49)[60]。

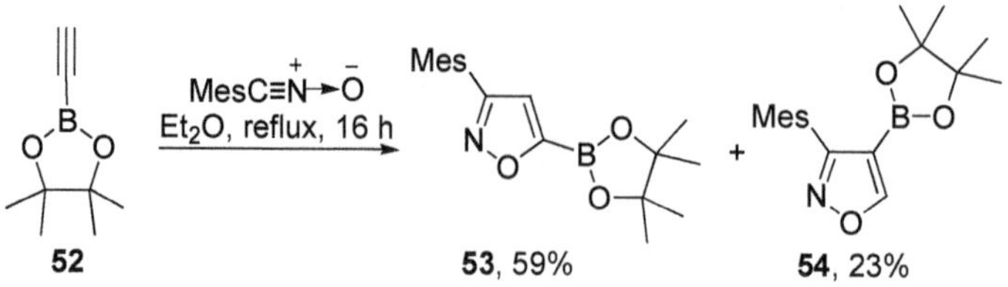

如果在同一亲偶极体中含有不止一个反应位点，则有可能得到混合产物。例如：在腈氧化物与 1,3-烯炔的反应中，1,3-烯炔中的取代基类型对反应产物的结构影响很大，化合物 **57** 和 **58** 都有可能成为反应的主要产物 (式 50)[64]。

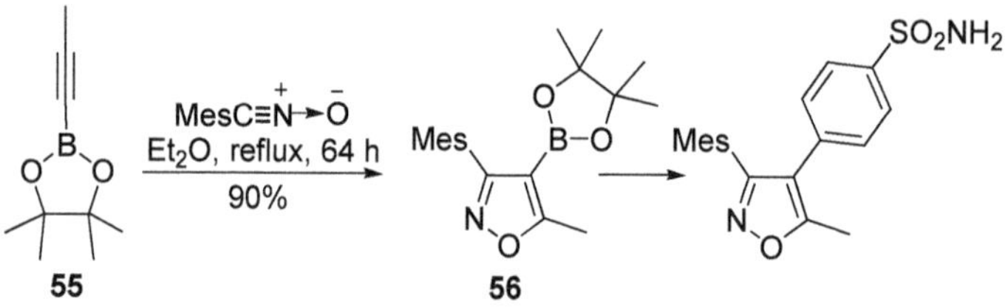

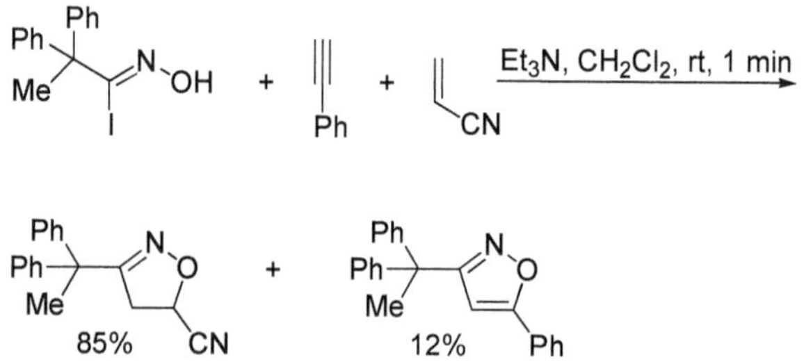

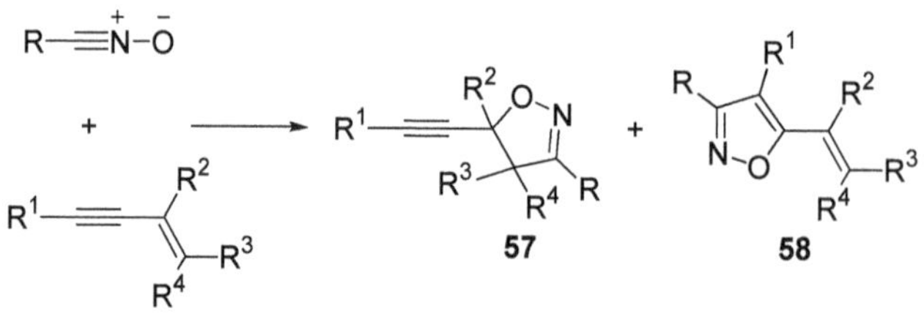

使用金属催化剂可以使腈氧化物选择性地与烯-炔化合物中的烯键或炔键反应。例如：Nicolas 等人使用 $Co_2(CO)_6$ 与 1,3-烯炔生成的配合物 **59** 作为亲偶极体与腈氧化物反应，其中 $Co_2(CO)_6$ 可以被看作是炔键的保护基。因此，腈氧化物只能与烯键发生环加成反应，生成单一区域选择性产物 **60** (式 51)[65]。Danishefsky 等人使用原位生成的 Cu(I) 催化烯-炔化合物 **61** 与苯甲醛化合物 **62** 发生反应，环化加成反应选择性地发生在化合物 **61** 中的炔键上 (式 52)[66]。

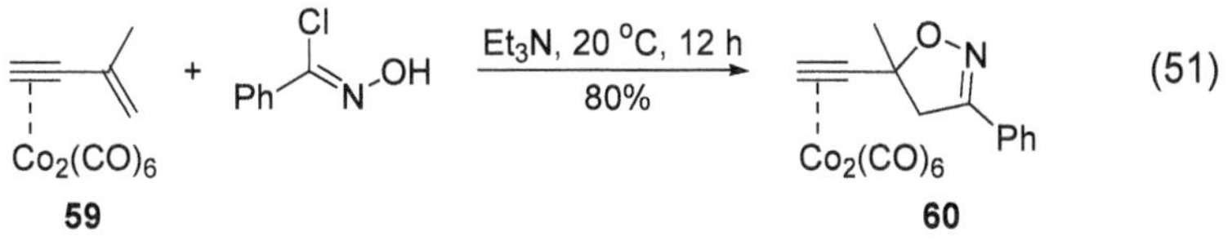

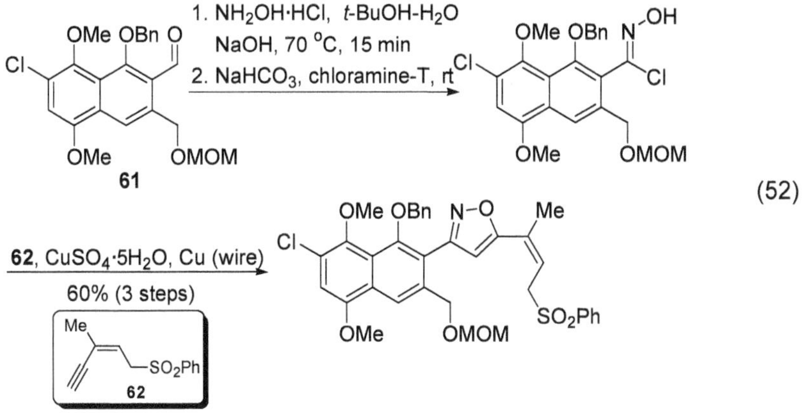

在反应过程中能够生成苯炔中间体的化合物 **63** 也可以和腈氧化物反应。如式 53 所示[67]：在 6 倍 (物质的量) CsF 的作用下，两种反应底物在室温下反应 2.5 h 即可得到 90% 的产物。Moses 等人报道：使用季铵盐 TBAF 代替 CsF 可以有效地减少氟化物的用量，在室温下仅需 0.5 h 即可完成该反应[68]。

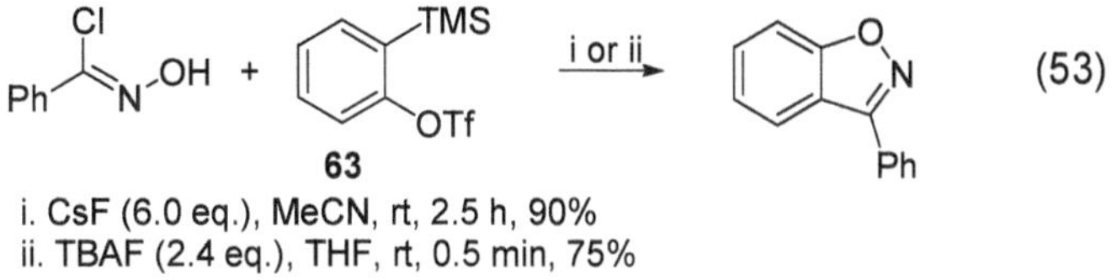

i. CsF (6.0 eq.), MeCN, rt, 2.5 h, 90%
ii. TBAF (2.4 eq.), THF, rt, 0.5 min, 75%

3.1.3 含有 C=X 和 C≡X 的化合物

3.1.3.1 C=O 双键

C=O 双键的反应活性弱于 C=C 双键。因此，在乙酰丙酮与腈氧化物的反应中，实际的亲偶极体是乙酰丙酮烯醇式结构中的 C=C 双键。如式 54 所示[69]：所得产物 **64** 经脱水后可以转化成为更稳定的产物 **65** (式 54)[69]。

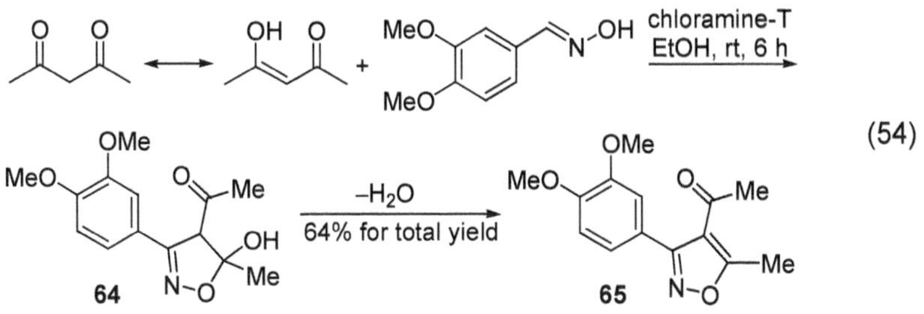

如式 55 所示：α,β-不饱和化合物 **66** 可以与氯代醛肟化合物 **67** 发生加成反应，所得产物经进一步转化可以得到异噁唑化合物 **68**。如果将化合物 **66** 中的酯基换成具有强吸电子能力的三氟乙酰基，羰基因受到活化也可以作为亲偶极体参与反应生成化合物 **69** (式 56)[70]。

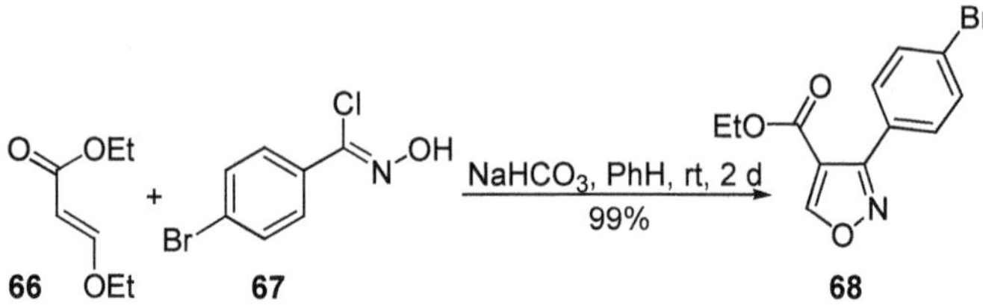

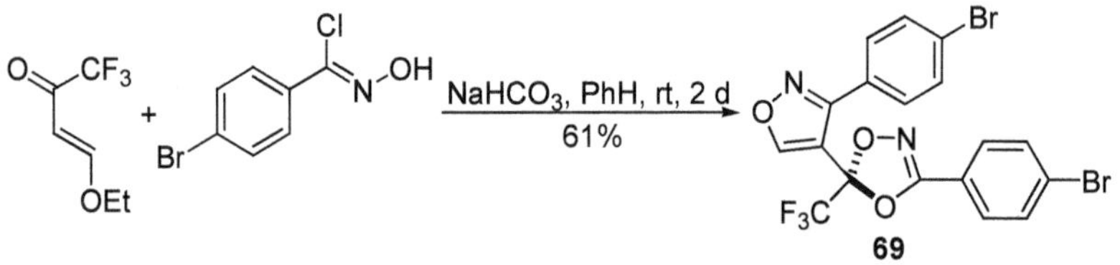

3.1.3.2 C=N 双键

C=N 双键作为亲偶极体与腈氧化物加成可以生成具有重要药理活性的 1,2,4-噁二唑化合物。如式 57 所示[71]：将苯并硫氮杂卓化合物 **70** 与氯代苯甲醛肟在苯中回流 0.5 h，即可得到 96% 的 1,2,4-噁二唑化合物 **71**。

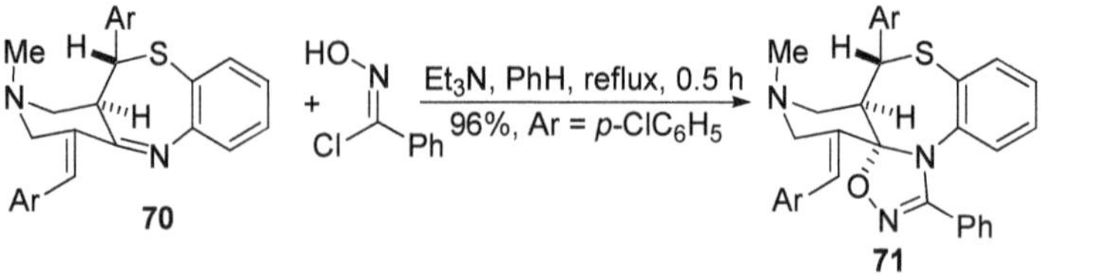

Shang 等人使用 PEG-4000 衍生化的亚胺 **72** 与醛肟在 NCS 作用下反应，以 91% 的产率生成产物 **73** (式 58)[72]。

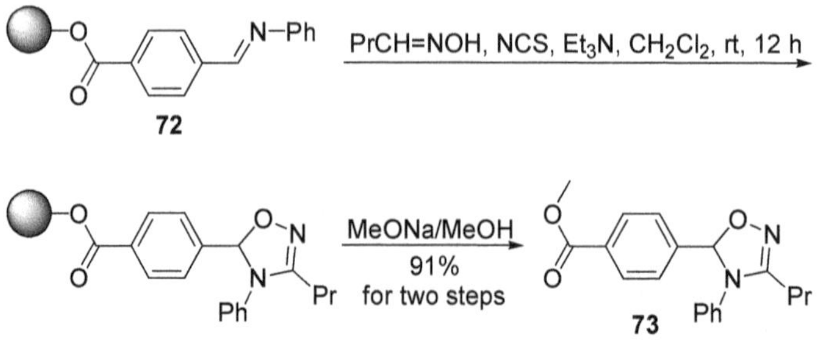

3.1.3.3 C=S 双键

Chung 等人报道：在三乙胺作用下，5-氟-金刚烷胺-2-硫酮可以与氯代苯甲醛肟发生环加成反应。其中的 C=S 作为亲偶极体参与了反应，生成的产物具有单一的区域选择性和中等的立体选择性 (式 59)[73]。

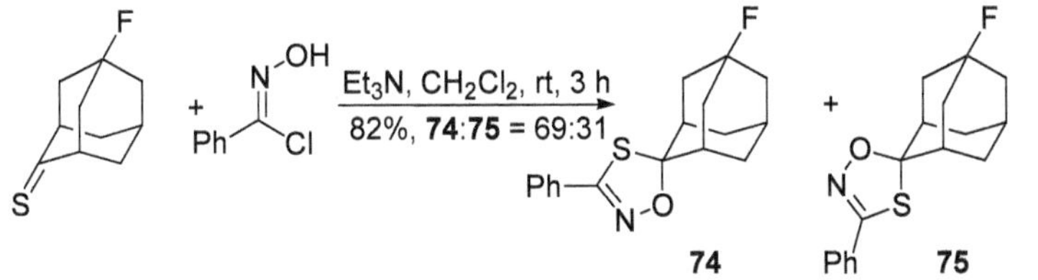

$$\text{(59)}$$

3.1.3.4 C=Se 双键

近年来，C=Se 官能团在有机合成中表现出越来越重要的作用。其中突出的用途之一，就是作为亲偶极体参与环加成反应。如式 60 所示[74]：Segi 等人使用化合物 **76** 作为硒醛化合物的前体，在加热的情况下该化合物发生逆 Diels-Alder 反应，释放出硒醛中间体 **77**。接着，再与体系中的腈氧化物进行环加成反应，得到含硒杂环化合物 **78**。

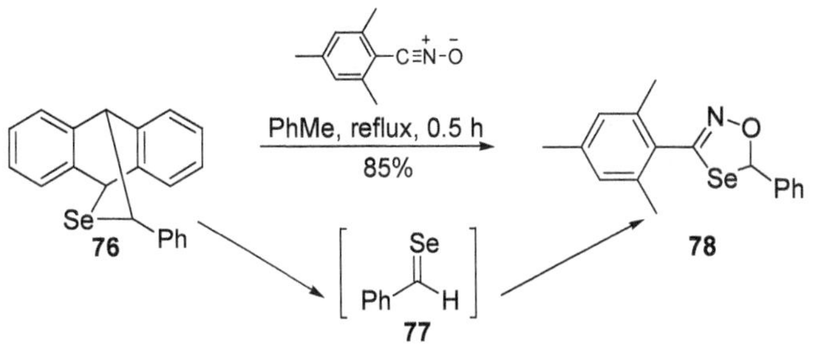

$$\text{(60)}$$

3.1.3.5 含有 C≡X 的化合物

氰基是很弱的亲偶极体，通常情况下不能发生 1,3-偶极环加成反应[1b]。因此，在丙烯腈与腈氧化物的反应中，只能生成烯键发生的环加成产物 **79** (式 61)[75]。但是，四氰基乙烯中的氰基可以发生环加成反应生成产物 **80** (式 62)[76]。在微波条件[2]或者钯或铂配合物催化[3]条件下，氰基的反应性可以得到显著的提高。

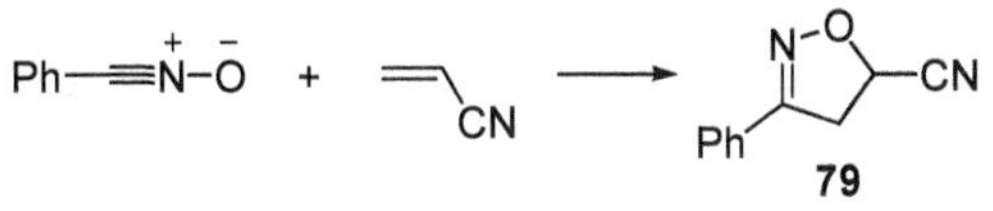

$$\text{(61)}$$

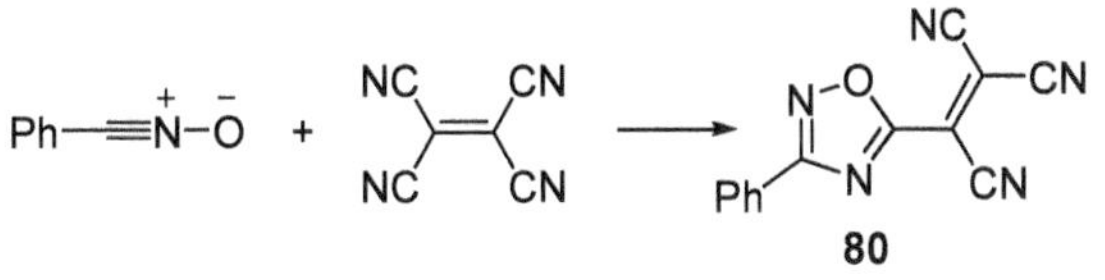

$$\text{(62)}$$

碳-磷三键也可以作为亲偶极体与腈氧化物也发生环加成反应。如式 63 所示[77]：当腈氧化物和亲偶极体上的取代基均为三甲基苯基时，反应产率可以达到 89%。

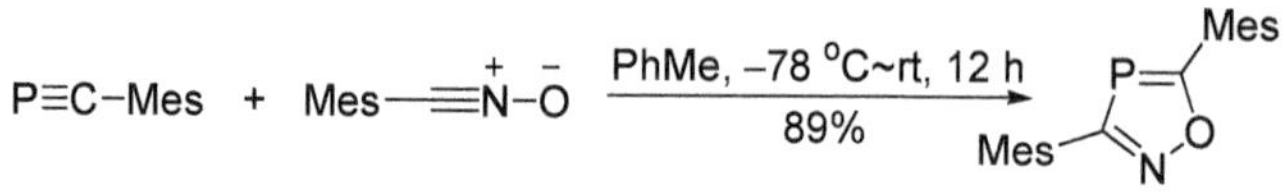

$$P{\equiv}C\text{-Mes} + \text{Mes}{-}\overset{+}{C}{\equiv}\overset{-}{N}{-}O \xrightarrow[89\%]{\text{PhMe, }-78\ ^\circ\text{C}\sim\text{rt, 12 h}} \underset{\text{Mes}}{\overset{\text{Mes}}{\underset{N}{\overset{P}{\diagdown}}}} \qquad (63)$$

3.2 不对称分子间腈氧化物环加成反应

3.2.1 使用手性腈氧化物的反应

在分子间腈氧化物的环加成反应中，使用手性腈氧化物与非手性亲偶极体之间的反应一般很难获得较好的立体选择性。因此，采用该方法的例子在文献中报道较少。早在 1970 年，Tronchet 等人报道了使用葡萄糖苷衍生的腈氧化物 **81** 与苯乙烯之间的反应，这是使用手性腈氧化物与非手性亲偶极体进行的第一例环加成反应。遗憾的是，该反应几乎没有任何立体选择性，所得产物中两种非对映异构体的比例接近 1:1 (式 64)[78]。随后，有人使用甘油醛衍生的腈氧化物 **82** 与非手性烯烃进行反应，也只能得到极低的非对映选择性[79]。

$$\text{（化合物 81 和 82 的结构式）} \qquad (64)$$

3.2.2 使用手性亲偶极体的反应

手性亲偶极体经常被用于和腈氧化物发生的分子间环加成反应中，最常用的是手性烯烃。根据手性中心在分子中所处的位置不同，可以将手性烯烃分为两种类型：(1) 手性中心位于双键邻位的烯烃，例如：烯丙醇类化合物、烯丙胺类化合物或乙烯基亚砜化合物等；(2) 手性中心与双键之间相隔两个以上化学键的烯烃。

3.2.2.1 手性中心位于双键邻位

Houk 等人研究了非手性腈氧化物与手性烯丙基醚类化合物环加成反应的立体化学规律[80]。如图 5 所示[81]：他们认为该反应的主要产物是经过渡态 A 转化而成的。其中，最大的官能团占据反式位置，中等官能团占据内向的位置，而最小的官能团则占据外向的位置。但是，中等官能团为羟基时则主要产物经过渡态 B 转化而成。其中羟基占据外向的位置。这主要是因为羟基可以与腈氧化物

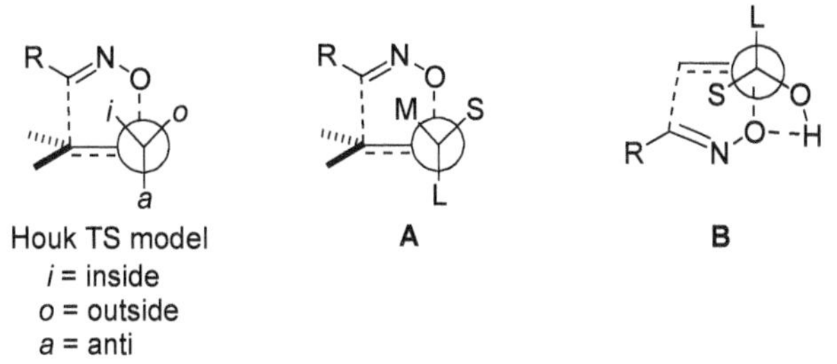

图 5　腈氧化物环加成反应中过渡态模型

中的氧原子形成氢键,有利于稳定过渡态。

如式 65 所示:甘油醛衍生的烯烃 83 与腈氧化物 84 进行的分子间环加成反应可以得到 60% de 的非对映选择性[82]。Wade 等人报道:在加热的条件下,手性烯丙基胺化合物与腈氧化物的反应可以得到中等的非对映选择性 (式 66)[83]。

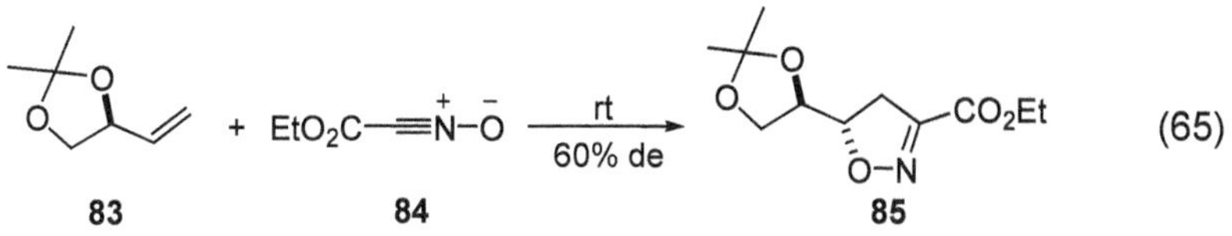

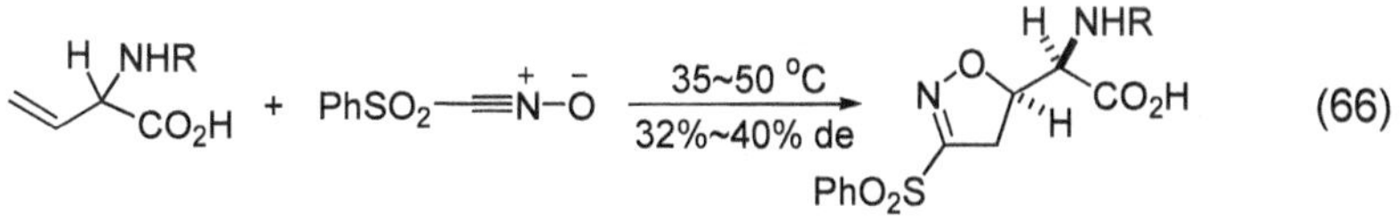

烯丙位的手性中心除了碳原子外,还可以是硫原子和磷原子。如式 67 所示:在室温下,亚砜化合物 86 与腈氧化物经数天反应可以得到单一的立体选择性产物 87[84]。

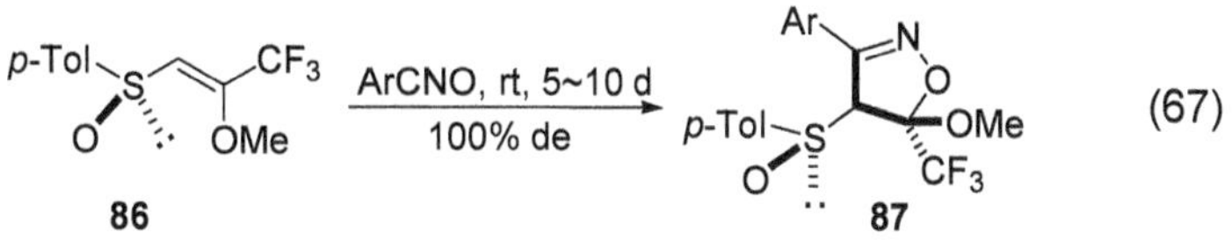

3.2.2.2　手性中心与双键之间相隔两个以上化学键

当手性中心与双键之间相隔两个以上化学键时,反应也具有较好的非对映选择性。如式 68 所示:手性烯烃 88 与芳基腈氧化物在室温反应,以单一的区域选择性和非对映选择性生成螺环异噁唑啉产物 89[85]。

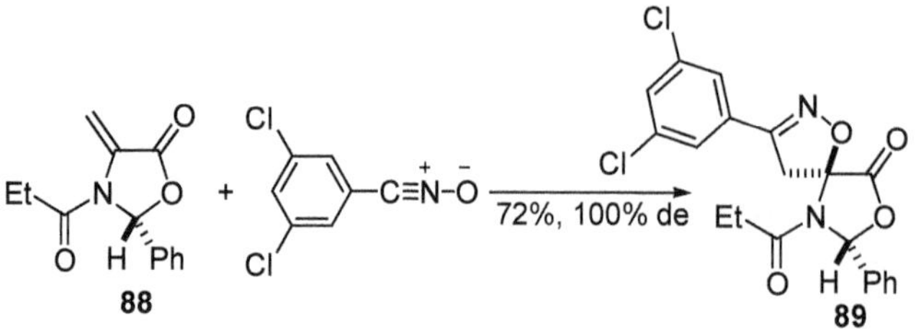

$$\text{88} + \text{3,5-Cl}_2\text{C}_6\text{H}_3\text{-C}{\equiv}\text{N}^+\text{-O}^- \xrightarrow{72\%,\ 100\%\ de} \text{89} \tag{68}$$

3.2.3 使用手性辅助试剂的反应

在使用手性辅助试剂的分子间环加成反应中,常用的亲偶极体为 α,β-不饱和羰基化合物。它们与手性辅基通过形成酯或酰胺的方式连接,部分代表性的手性辅基结构如图 6 所示。

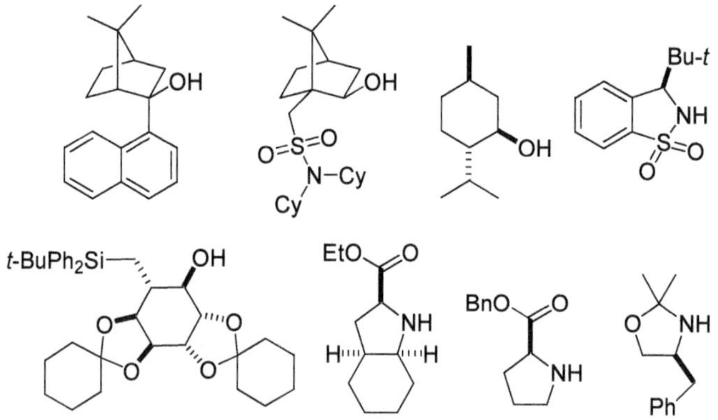

图 6　代表性的手性辅助试剂

如式 69 所示[86]:使用樟脑衍生物作为手性辅基首先与 α,β-不饱和羰基化合物反应生成丙烯酸酯 **90**,然后再与乙腈氧化物发生环加成反应。当使用端烯为底物时,以单一区域选择性和 68% de 得到产物 **91**。但是,非端烯底物的反应只能得到较低的区域选择性和非对映选择性。

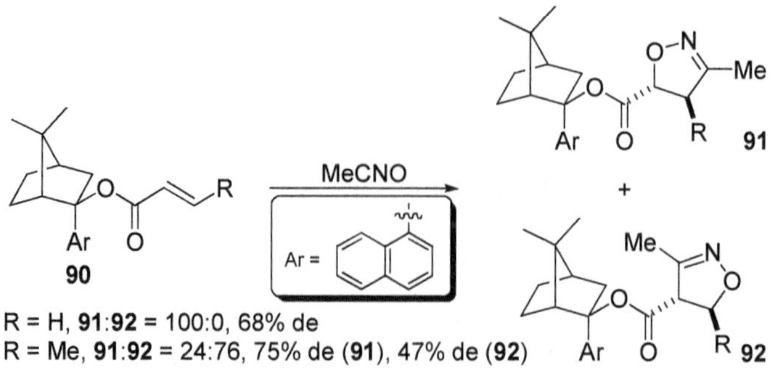

$$\text{90} \xrightarrow{\text{MeCNO}} \text{91} + \text{92} \tag{69}$$

R = H, **91**:**92** = 100:0, 68% de
R = Me, **91**:**92** = 24:76, 75% de (**91**), 47% de (**92**)

3.2.4 金属参与的不对称分子间腈氧化物环加成反应

在腈氧化物的环加成反应中，只有少数使用金属试剂促进的例子。可能的原因有两种：(1) 大多数腈氧化物都是寿命很短的高活性物种，一般需要在反应中原位生成；(2) 在制备腈氧化物的体系中一般都必须使用碱，从而造成金属试剂的失活。

Kanemasa 等人使用烷基溴化镁格氏试剂代替碱来制备腈氧化物，然后与烯丙醇类化合物发生环化加成反应。由于生成的镁螯合物中间体具有构型控制能力，因此使该反应表现出较高的立体选择性[87]。如图 7 所示：在生成的两种螯合物中间体中，syn-中间体具有优势构型。这可能是因为此时手性中心上的取代基与烯基上氢之间的斥力较小。

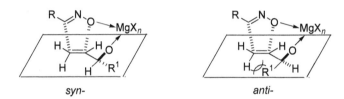

图 7 镁试剂参与的腈氧化物环加成反应中的过渡态模型

其它烯基醇化合物也能进行类似的反应，生成较高产率和立体选择性的产物 (式 70)[88]。

$$\text{TBSO}\underset{\text{Me}}{\overset{\text{NOH}}{\diagup}}\text{H} + \underset{\text{Me}}{\diagup}\text{OH} \xrightarrow[\substack{2.\ \text{EtMgBr},\ i\text{-PrOH} \\ 0\ ^\circ\text{C}\sim\text{rt},\ 12\ \text{h} \\ 85\%,\ \text{dr} = 9:1}]{1.\ t\text{-BuOCl},\ -78\ ^\circ\text{C}} \text{TBSO}\underset{\text{Me}}{\diagup}\underset{}{\overset{\text{N-O}}{\diagdown}}\underset{\text{Me}}{\diagup}\text{OH} \qquad (70)$$

Ukaji 等人使用二乙基锌与手性乙二醇配体进行了首例手性催化的腈氧化物环加成反应。如式 71 所示[89]：该反应的对映选择性可以达到 96% ee。用手性乙二胺化合物代替乙二醇配体进行相同的反应，也可以获得令人满意的结果[90]。

$$\diagup\text{OH} \xrightarrow[96\%\ \text{ee}]{\text{Et}_2\text{Zn},\ \text{L*},\ \text{ArC(Cl)NOH}} \text{Ar}\underset{}{\overset{\text{N-O}}{\diagdown}}\text{OH} \qquad (71)$$

$$\text{L*} = \underset{\text{HO}\quad\text{OH}}{i\text{-PrO}_2\text{C}\diagdown\diagup\text{CO}_2\text{Pr-}i} \qquad \text{Ar} = \text{MeO}\diagup\diagdown$$

Suga 等人报道了使用手性镍配合物催化的 α,β-不饱和化合物与腈氧化物的不对称环加成反应。该反应以氯代苯甲醛肟为起始原料，在分子筛的作用下首先转化为腈氧化物。然后,再与化合物 **93** 进行加成得到产物。如式 72 所示[91]:该反应具有很高的产率、区域选择性和对映选择性。

$$\begin{array}{c}\text{(式 72)}\end{array}$$

4 分子内腈氧化物环加成反应综述

分子内腈氧化物环加成反应根据其英文缩写又被称之为 INOC 反应。1975 年,Garanti 等人报道了首例 INOC 反应[92]。1977 年,Günther 等人首次报道了通过 INOC 构筑碳环的应用[93]。由于 INOC 反应可以在一步反应中高度区域选择性和立体选择性地构筑两个或两个以上的环状结构,因此在多环化合物和天然产物的合成中具有广泛的应用。

4.1 INOC 反应的区域选择性

在分子间腈氧化物环加成反应中,由于 HOMO-LUMO 轨道的相互作用和位阻效应的影响,腈氧化物与末端烯烃的反应通常生成 5-取代的异噁唑啉化合物。但是,INOC 反应的区域选择性却是由几何约束决定的。因此,INOC 反应通常以 *exo*-构型方式进行,生成具有并环结构的产物 (图 8)。

文献报道:4~19 元环化合物均可通过 INOC 反应来合成,其中大多数例子为合成五元和六元并环化合物。随着新生成环的增大,*endo*-构型产物 (即桥环产

图 8 INOC 反应的区域选择性过渡态模型

物) 逐渐占优势 (式 73)[94]。当偶极体和亲偶极体之间的连接链长度大于九个原子时，*endo*-构型产物明显增加[95]。如式 74 所示[96]：在 NaOCl 的作用下，长链烯肟化合物 **96** 经 INOC 反应生成单一区域选择性产物 **97**。

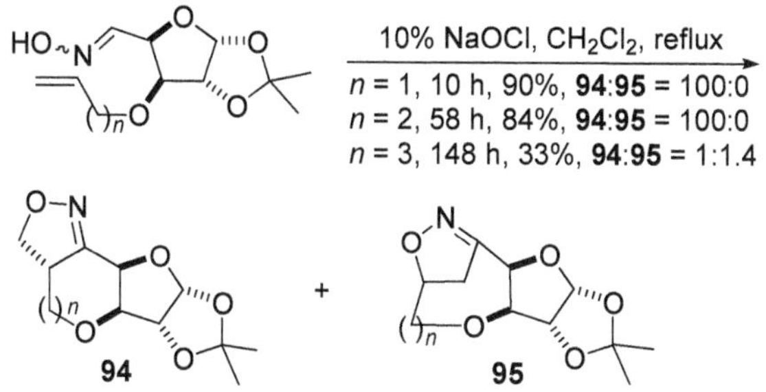

$$\text{(73)}$$

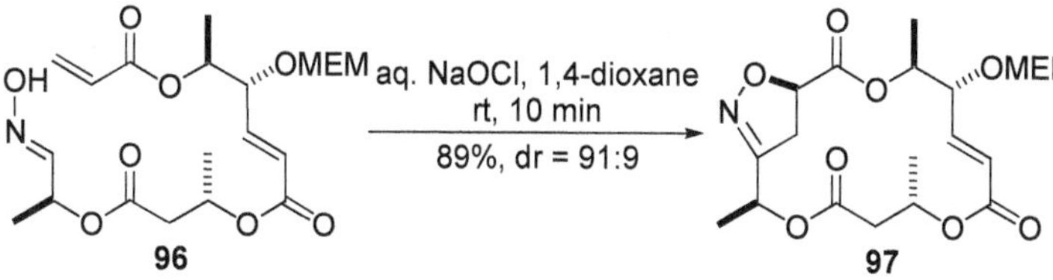

$$\text{(74)}$$

与分子间腈氧化物环加成反应不同，烯烃上的取代基类型对反应的区域选择性影响很小。如式 75[97]和式 76[98]所示：无论烯烃上的取代基类型如何变化，均得到 *exo*-构型产物。

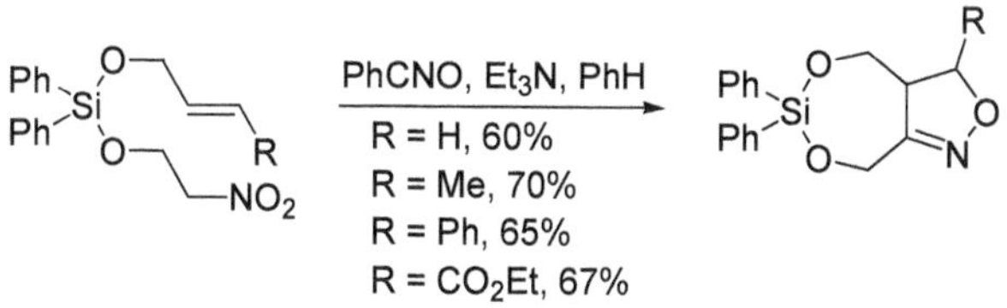

$$\text{(75)}$$

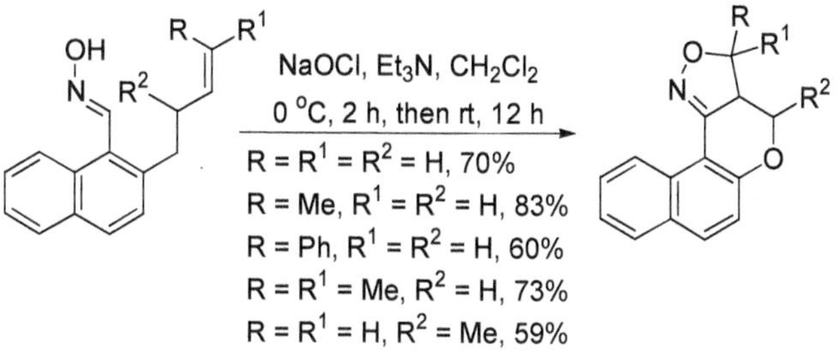

$$\text{(76)}$$

4.2 INOC 反应的立体选择性

在 INOC 反应中，生成六元并环化合物的立体选择性通常高于生成五、七、八元并环化合物。这主要是由于在形成六元环过渡态中椅式构象明显比船式构象占优势，从而使生成的产物具有很高的立体选择性。而在形成五、七、八元并环的过渡态中，其竞争构象的能量差别不大，因此导致所得产物为立体异构体的混合物。

如式 77 所示[99]：烯肟化合物 98 在氯胺-T (chloramine-T) 的作用下发生 INOC 反应，以接近定量的产率得到单一的非对映异构体产物 99。接着，经过还原开环步骤，即可得到天然产物 Illudin C 全合成的关键中间体 100。而在八元并环化合物的合成中，经过 INOC 反应所得产物为两种非对映异构体的混合物 (式 78)[100]。

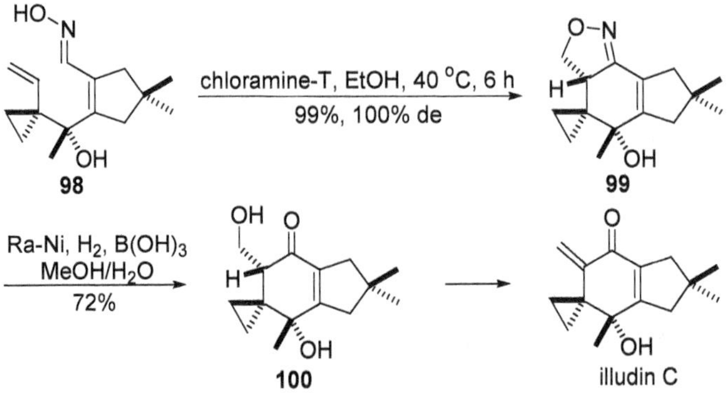

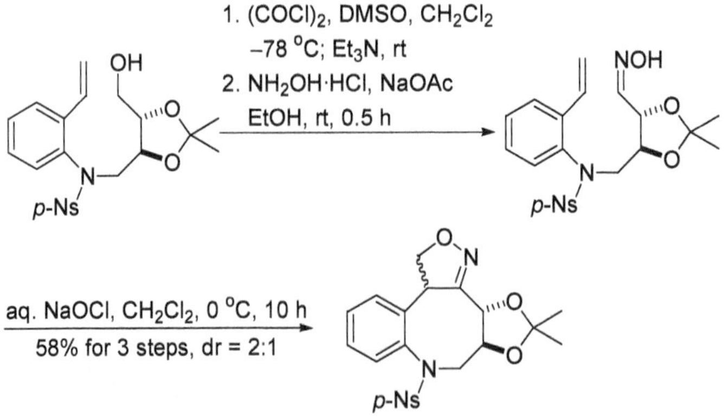

INOC 反应的立体选择性会受到腈氧化物与烯烃的连接链上取代基的影响。如式 79 所示[101]：当立体中心位于腈氧化物的 α-位时，增大该位置上取代基的体积有利于提高反应的立体选择性。

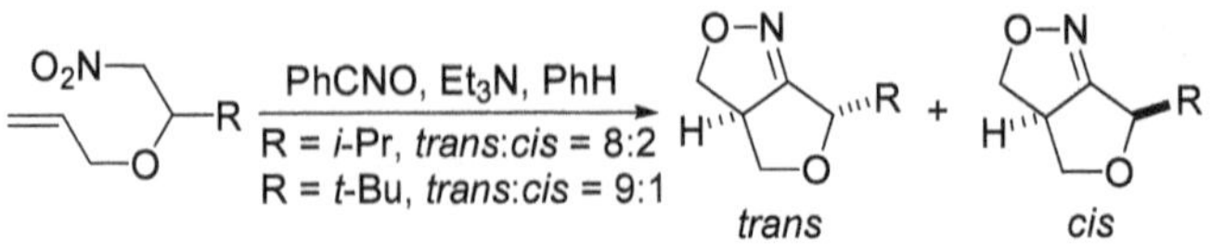

立体中心位于烯丙位的底物也具有极高的立体选择性，一般能够得到单一立体选择性的产物 (式 80)[101]。

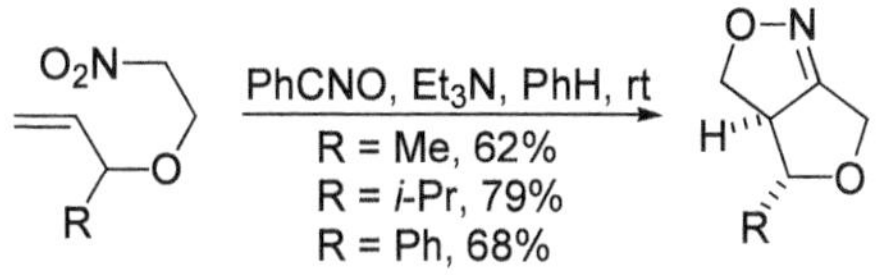
O2N
R
O
PhCNO, Et3N, PhH, rt
R = Me, 62%
R = i-Pr, 79%
R = Ph, 68%
O–N
H
O
R

(80)

当烯烃为环烯时，通过 INOC 反应可以选择性地生成顺式稠环产物[102]，其立体选择性不受烯烃或碳链上所带取代基的影响。这主要是由于在形成顺式稠环产物的过渡态中，偶极体更容易与亲偶极体以平行的方式加成。而在形成反式稠环产物的过渡态中，这一过程需要克服相当大的非键作用力和张力 (图 9)[103]。

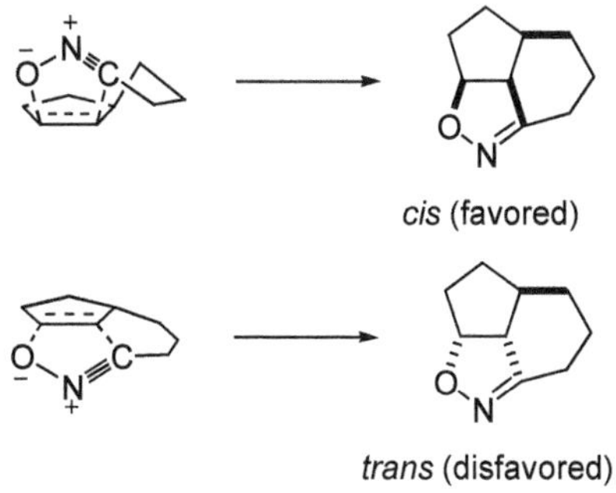
cis (favored)
trans (disfavored)

图 9 INOC 反应中生成稠环产物的立体选择性过渡态模型

如式 81 所示[104]：化合物 **101** 在 0 °C 仅需反应 0.5 h 即可以 93% 的产率得到顺式稠环产物 **102**。在类似的反应条件下，降冰片烯硝基衍生物 **103** 可以到单一顺式稠环产物 **104** (式 82)[105]。

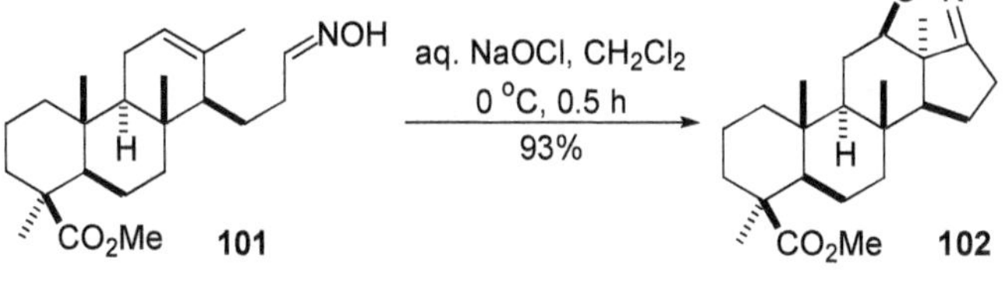
NOH
aq. NaOCl, CH2Cl2
0 °C, 0.5 h
93%
CO2Me
101
O–N
CO2Me
102

(81)

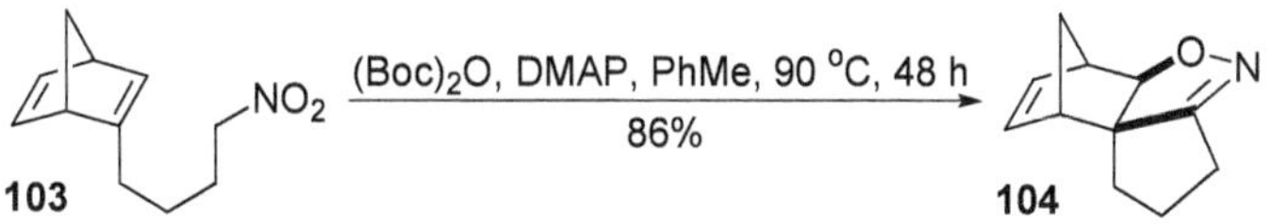
NO2
(Boc)2O, DMAP, PhMe, 90 °C, 48 h
86%
103
O–N
104

(82)

5 腈氧化物环加成反应在天然产物合成中的应用

5.1 Bafilomycin A_1 的全合成

1983 年，人们从灰色链霉菌 *streptomyces griseus sp. sulphurus* 中分离得到了天然产物 Bafilomycin A_1（巴佛洛霉素）。结构上，它是属于 plecomacrolide 家族的一种氧杂多烯类大环内酯抗生素。该化合物具有抗菌、抗真菌和抗肿瘤的作用，并且是 V-型 ATP 酶的选择性抑制剂。由于 Bafilomycin A_1 具有显著的生物活性和特殊的化学结构，因而引起了有机化学家的合成兴趣。

2009 年，Carreira 等人报道了一条关于 Bafilomycin A_1 的全合成路线[106]。在构筑其醛中间体片段的合成中，腈氧化物环加成反应以及随后的异噁唑啉开环反应发挥了重要作用。如式 83 所示：首先，醛肟化合物 105 在氯代叔丁基醚存在下发生氯化反应。然后，生成的氯代肟在乙基镁格氏试剂的作用下生成腈氧化物。接着，腈氧化物与烯烃化合物 106 进行环加成反应，以 74% 的产率和很高的非对映选择性得到异噁唑啉化合物 107。在该反应条件下，烯烃化合物 106 中的羟基无需保护。随后，化合物 107 依次经官能团保护和 Raney-Ni 催化氢化开环得到 β-羟基酮化合物 108。最后，关键中间体 109 经数步转化完成了 Bafilomycin A_1 的全合成。

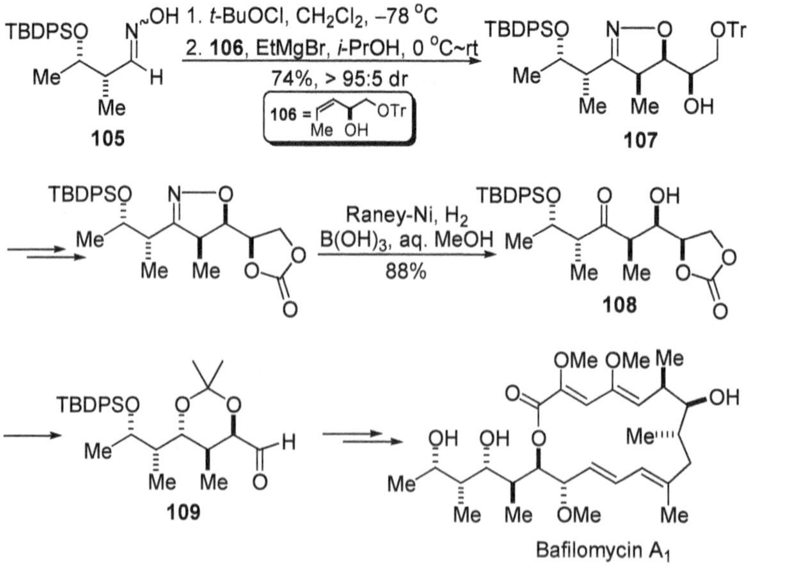

5.2 (+)-Gabosine F, (−)-Gabosine O 和 (+)-4-*epi*-Gabosine O 的全合成

Gabosines 系列化合物是从链霉菌属微生物中分离得到的系列天然产物。在

它们的分子结构中都含有多羟基取代的环己烯酮或环己酮结构,并显示出抗菌和抗肿瘤等生物学活性。2009 年,Shing 等人报道了该系列部分化合物 (式 84) 的全合成路线[107]。

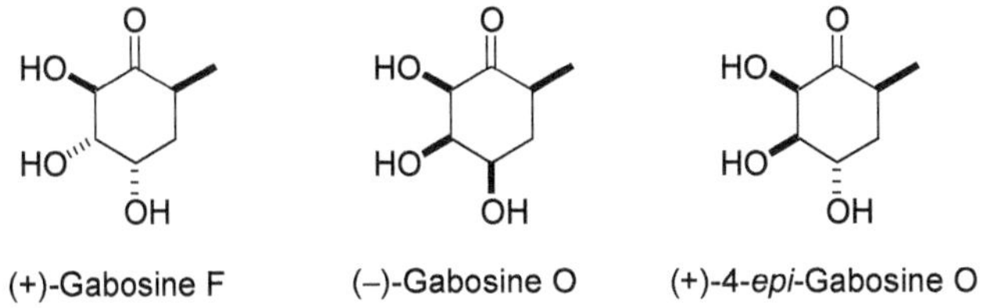

(84)

(+)-Gabosine F   (−)-Gabosine O   (+)-4-*epi*-Gabosine O

如式 85 所示:他们以 D-甘露糖为原料,经过数步官能团转化首先得到烯基取代的醛肟化合物 110。然后,在氯胺-T 的作用下发生 INOC 反应,以 79% 的产率得到差向异构体化合物 111。接着,在乙酸的存在下,使用 Raney-Ni 催化的氢化还原开环反应得到 β-羟基酮化合物 112。最后,对 112 进行适当的官能团修饰即可得到 (−)-Gabosine O。如果使化合物 111 发生 Mitsunobu 反应,可以将其中的羟基的构型进行反转得到化合物 113。最后,113 经过上述相同的开环和官能团修饰步骤得到 (+)-4-*epi*-Gabosine O。

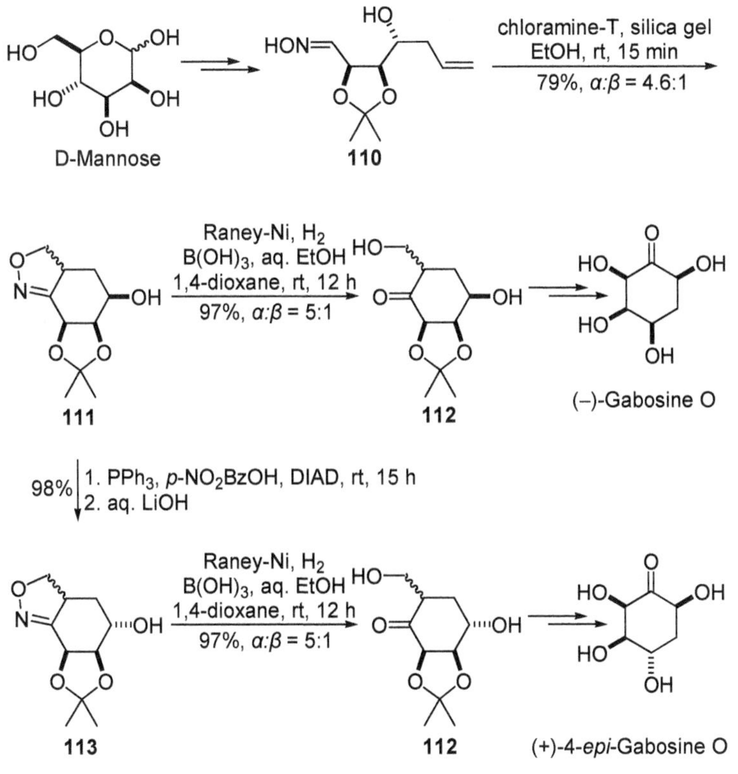

(85)

使用 L-阿拉伯糖为起始原料经数步官能团转化可以得到 114。按照上述相同的环加成反应条件，可以将 114 经 INOC 反应方便地转化成为异噁唑啉化合物 115。与之前反应不同的是，该反应可以单一立体选择性地得到化合物 115，产率高达 94%。同样，115 在 Raney-Ni 催化的氢化还原开环反应条件下可以被转化成为 β-羟基酮化合物 116。最后，再按照上述相同的官能团修饰步骤得到天然产物 (+)-Gabosine F (式 86)。

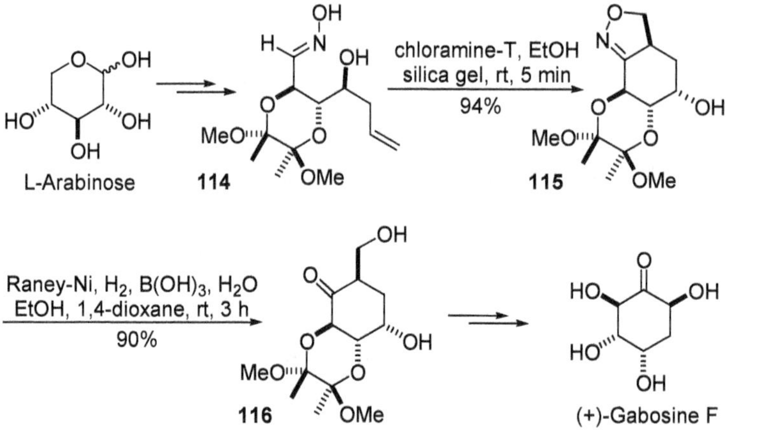

(86)

5.3 Erythronolide A 的全合成

Erythronolide A 是从放线菌 *Sacharopolyspora erythraea* 中分离得到的一种天然产物，是一种广谱大环内酯类抗生素。Erythronolide A 的分子结构是一个含有 10 个手性碳的 14 元大环内酯，在合成上具有相当大的挑战性。

2009 年，Carreira 等人报道了一条该化合物的全合成路线[108]，其中两次应用了腈氧化物环加成-开环的合成策略。因此，该合成路线成为该反应在天然产物全合成中应用的优秀范例。如式 87 所示：首先，醛肟化合物 117 通过氯代-去氯化氢步骤生成的腈氧化物。然后，与烯丙醇化合物 118 加成得到异噁唑啉化合物 119。接着，将化合物 119 进行衍生化后在 Raney-Ni 催化的氢化还原开环反应条件下转化成为 β-羟基酮化合物 120。将 120 经过转化后在其分子中再次引入肟基后，使用上述的条件经第二次环加成反应得到异噁唑啉化合物 121。在完成大环的合成后，再次使用催化氢化还原的方法得到化合物 122。最后，再经过数步官能团转化完成了天然产物 Erythronolide A 的全合成。

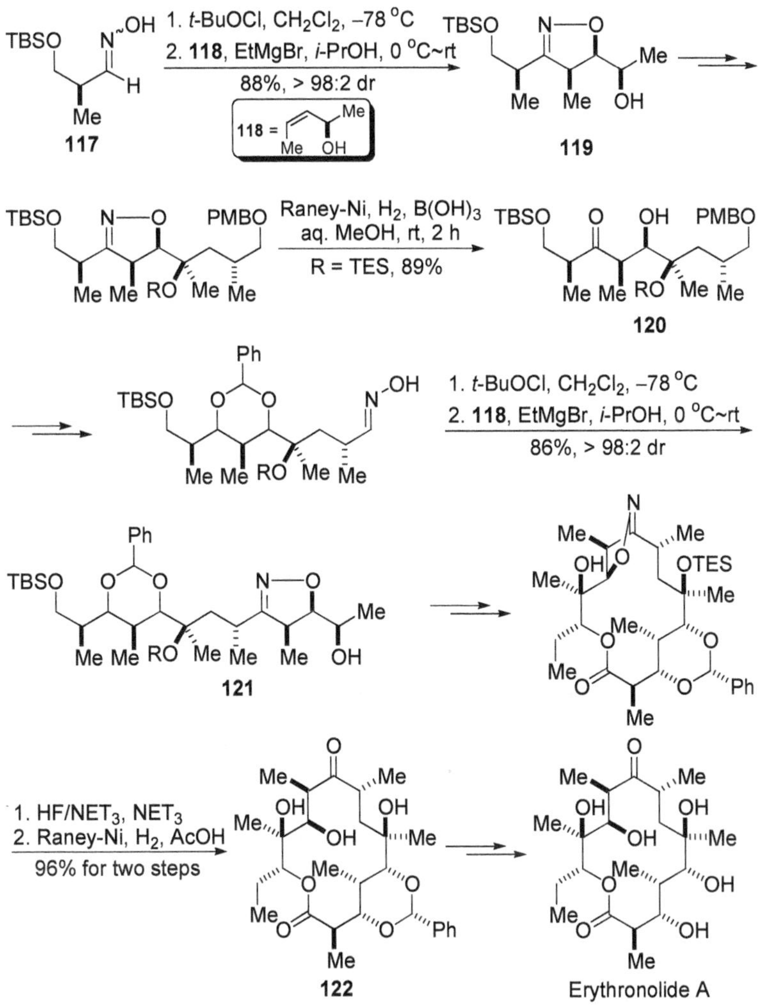

6 腈氧化物环加成反应实例

例 一

4,5-二氢[3-(4-溴苯基)-5-(羟甲基)]异噁唑啉的合成[109]
(腈氧化物与烯烃的分子间环加成反应)

在 4 ℃ 和搅拌下，将 NaOH 水溶液 (质量分数 50%, 0.54 mL) 加入到 4-溴苯甲醛 (500 mg, 2.7 mmol) 和盐酸羟胺 (205 mg, 2.97 mmol) 的乙醇 (10 mL)

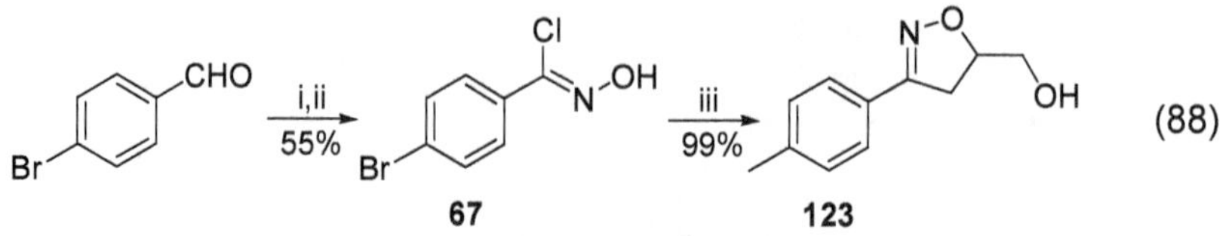

$$\text{(88)}$$

反应条件: i. H$_2$NOH, aq. EtOH; ii. NCS, DMF, 0~50 $^\circ$C;
iii. H$_2$C=CHCH$_2$OH, Et$_3$N, CH$_2$Cl$_2$, 0 $^\circ$C~rt, 20 h.

和水 (20 mL) 混合溶液中。搅拌 3 h 后，将反应混合物中和至 pH = 6.0，接着用 CH$_3$Cl 萃取。合并的有机相依次用饱和 NaCl 水溶液洗涤和无水 Na$_2$SO$_4$ 干燥。蒸去溶剂后的粗产物经重结晶，得到白色晶体 4-溴苯甲醛肟 (520 mg, 96%)。

在 0 $^\circ$C 和搅拌下，将 NCS (320 mg, 2.4 mmol) 加入到 4-溴苯甲醛肟 (478 mg, 2.4 mmol) 的 DMF (10 mL) 溶液中。将混合体系升温至 50 $^\circ$C 搅拌 1 h 后倾倒在水中，用 EtOAc (50 mL) 提取。合并的提取液依次用水、饱和 NaCl 水溶液洗涤和无水 Na$_2$SO$_4$ 干燥。蒸去溶剂后的粗产物经柱色谱分离和纯化，得到白色晶体 **67** (321 mg, 57%)。

在 0 $^\circ$C 和氮气保护下，将 Et$_3$N (180 μL, 1.3 mmol) 加入到化合物 **67** (305 mg, 1.3 mmol) 和烯丙醇 (70 μL, 1.04 mmol) 的 CH$_2$Cl$_2$ (15 mL) 溶液中。生成的混合物在室温下搅拌 20 h 后倾倒在水中，用 CH$_2$Cl$_2$ 提取。合并的有机相依次用饱和 NaCl 水溶液洗涤和无水 Na$_2$SO$_4$ 干燥。蒸去溶剂后的粗产物经柱色谱分离和纯化，得到白色晶体产物 **123** (264 mg, 99%)。

例 二

3′-O-[(3-3-苯基异噁唑-5-)甲基]胸苷的合成[110]
(腈氧化物与炔烃的分子间环加成反应)

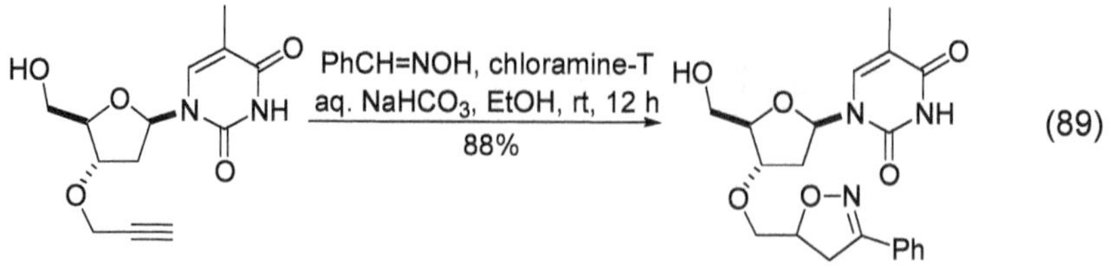

$$\text{(89)}$$

在室温和搅拌下，将 3′-O-炔丙基胸苷 (120 mg, 0.21 mmol) 加入到苯甲醛肟 (122 mg, 1 mmol) 和一水合氯胺-T (1.05 g, 1.6 mmol) 的 NaHCO$_3$ (4% 水溶液, 3 mL) 和乙醇 (2 mL) 混合溶液中。将该混合物在室温搅拌 12 h 后，用 EtOAc 萃取，合并的有机相用无水 Na$_2$SO$_4$ 干燥。蒸去溶剂后的粗产物经柱色谱分离和纯化，得到灰白色固体产物 (150 mg, 88%)。

例 三

3-(4-甲氧基苯基)-5-苯基-异噁唑的合成[40]
[Cu(I) 催化的腈氧化物与炔烃的分子间环加成反应]

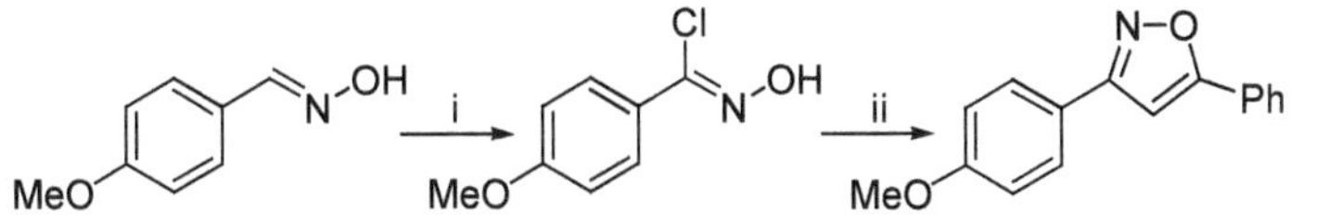

反应条件: i. NCS, DMF, rt, 1 h; ii. CuSO$_4$·5H$_2$O, NaAsc, PhC≡CH, KHCO$_3$, aq. t-BuOH, rt, 1 h, 92%.

在室温和搅拌下,将 NCS (0.24 g, 1.8 mmol) 加入到对甲氧基苯甲醛肟 (1.51 g, 10.0 mmol) 的 DMF (10 mL) 溶液中。然后,在低于 35 °C 下,将剩余的 NCS (1.09 g, 8.2 mmol) 分数次加入到体系中。在室温搅拌 1 h 后,将混合体系倾倒在水中,用 Et$_2$O 提取。合并的提取液用饱和 NaCl 水溶液洗涤和无水 Na$_2$SO$_4$ 干燥。蒸去溶剂后得到粗产物氯代对甲氧基苯甲醛肟,此产物不经分离直接用于后续反应。

在搅拌下,将抗坏血酸钠 (NaAsc) (1 mol/L 水溶液, 200 μL, 1 mmol) 和 CuSO$_4$·5H$_2$O (5.4 mg 溶于 200 μL 水中, 0.2 mmol) 加入到化合物氯代对甲氧基苯甲醛肟 (372 mg, 2 mmol) 和苯乙炔 (204 mg, 2 mmol) 的 t-BuOH/H$_2$O (1:1, 10 mL) 溶液中。然后,再加入 KHCO$_3$ (866 mg, 8.66 mmol)。在室温搅拌 1 h 后,将水加入到体系中。然后,过滤得到灰白色固体产物 (462 mg, 92%)。

例 四

8-甲氧基-4-羟基-6-甲基-9-O-叔丁氧羰基-2,3,3a,4,5,9b-六氢-1H-苯并[e]茚-3-酮的合成[111]
(由硝基生成的腈氧化物与烯烃的 INOC 及还原开环反应)

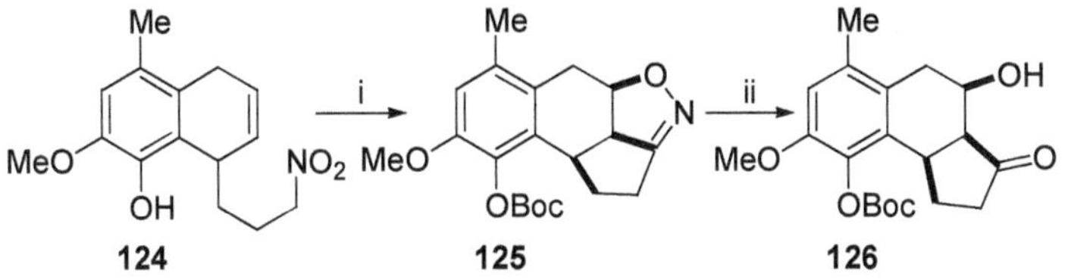

反应条件: i. H$_2$, Pd/C, H$_3$BO$_3$, aq. MeOH/H$_2$O, rt, 12 h, 99%.
ii. (Boc)$_2$O, DMAP, PhMe, 90 °C, 18 h, 82%.

在室温和搅拌下,将 (BOC)$_2$O (4.85 g, 22.25 mmol) 和 DMAP (0.1 g, 0.85

mmol) 加入到化合物 **124** (1.54 g, 5.55 mmol) 的甲苯 (25 mL) 溶液中。该混合物在 90 °C 反应 18 h 后，减压蒸去溶剂。将乙醚 (10 mL) 加入到残留物中得到浅棕色固体，该粗产物经重结晶后得到白色晶体化合物 **125** (1.628 g, 81.6%)，熔点 174~176 °C (乙醚-正戊烷)。

将 H$_3$BO$_3$ (1.47 g, 24 mmol) 和 Pd/C (10%, 145.5 mg) 加入到异噁唑啉化合物 **125** (1.9 g, 5.3 mmol) 的 THF (40 mL)-MeOH (100mL)-H$_2$O (40 mL) 混合溶液中。在该混合体系中反复充入氢气五次后，放置在室温搅拌 12 h。然后，过滤除去催化剂。将滤液中的有机溶剂蒸干，水相用 CH$_2$Cl$_2$ 萃取。合并的有机相用无水 Na$_2$SO$_4$ 干燥，蒸去溶剂后的粗产品经重结晶得到白色晶体 **126** (1.9 g, 99%)，熔点 152~153 °C (乙醚-正戊烷)。

例　五

1-苄基-2-[4′,5′-反式-二氢-4-乙基-3-(2,4,6-三甲基苯基)异噁唑啉-5-基]-5,5-二甲基四氢吡唑-3-酮 (**3**) 的合成[112]

(分子间的催化不对称腈氧化物环加成反应)

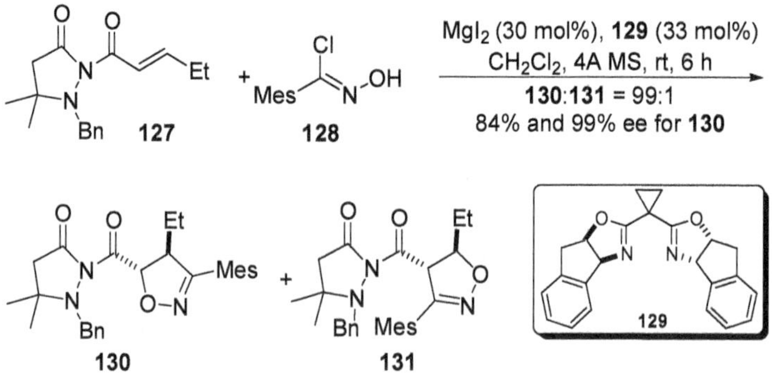

在室温和氮气保护下，将 MgI$_2$ (15 mg, 0.054 mmol)、配体 **129** (21 mg, 0.059 mmol)、干燥的 4A 分子筛 (90 mg) 在 CH$_2$Cl$_2$ (2 mL) 中生成的混合物搅拌 2 h 后，加入 α,β-不饱和化合物 **127** (51.5 mg, 0.18 mmol)。在室温下继续搅拌 15 min 后，用注射泵将 2,4,6-三甲基氯代苯甲醛肟 **128** (71 mg, 0.36 mmol, 溶于 2 mL 干燥 CH$_2$Cl$_2$) 通过填装 Amberlyst® A21 (120 mg) 的柱子在 15 min 内缓慢加入到体系中。然后，再在 5 min 内通过上述装置加入干燥的 CH$_2$Cl$_2$ (1 mL)。生成的混合物在室温搅拌 6 h 后，用硅藻土过滤除去催化剂。在滤液中加入饱和 NH$_4$Cl 水溶液后，用 CH$_2$Cl$_2$ 萃取。合并的有机相经饱和 NaCl 水溶液洗涤和无水 MgSO$_4$ 干燥，蒸去溶剂所得粗产物经核磁共振氢谱鉴定。其中产物 **130**

和 **131** 的比例为 99:1。然后，经柱色谱分离和纯化得到无色晶体 **130** (67.7 mg, 84%, 99% ee)，熔点 55 °C，$[\alpha]_D^{25}$ = +289.9 (c 0.79, CHCl$_3$)。

7 参考文献

[1] 腈氧化物环加成反应的综述见：(a) Namboothiri, I. N. N.; Rastogi, N. *Top Heterocycl. Chem.* **2008**, *12*, 1. (b) Rai, K. M. L. *Top Heterocycl. Chem.* **2008**, *13*, 1. (c) Jäger, V.; Colinas, P. A. *Synthetic Applications of 1,3-Dipolar Cycloaddition Chemistry, Toward Heterocycles and Natural Products*, ed. by Padwa, A.; Pearson, W. H., John Wiley & Sons Inc.: New York. **2002**, pp. 361.
[2] Werner, A.; Buss, H. *Ber.* **1894**, *27*, 2193.
[3] Weygand, C.; Bauer, E. *Justus Liebigs Ann. Chem.* **1927**, *459*, 123.
[4] Huisgen, R. *Proc. Chem. Soc.* **1961**, 357.
[5] Christl, M.; Huisgen, R.; Sustmann, R. *Chem. Ber.* **1973**, *106*, 3275.
[6] (a)Kozikowski, A. P. *Acc. Chem. Res.* **1984**, *17*, 410. (b) Curran, D. P. in Advances in Cycloaddition, Vol. 1, ed. by Curran, D. P., Jai Press Inc.: Connecticut, **1988**, pp. 129-189. (c) Gothelf, K. V.; Jorgensen, K. A. *Chem. Rev.* **1998**, *98*, 863.
[7] Goyard, D.; Telligmann, S. M.; Goux-Henry, C.; Boysen, M. M. K.; Framery, E.; Gueyrard, D.; Vidal, S. *Tetrahedron Lett.* **2010**, *51*, 374.
[8] Houk, K. N.; Sims, J.; Watts, C. R.; Luskus L. J. *J. Am. Chem. Soc.* **1973**, *95*, 7301.
[9] Kelly, D. R.; Baker, S. C.; King, D. S.; de Silva, D. S.; Lord, G.; Taylor, J. P. *Org. Biomol. Chem.* **2008**, *6*, 787.
[10] Bode, J. W.; Hachisu, Y.; Matsuura, T.; Suzuki, K. *Tetrahedron Lett.* **2003**, *44*, 3555.
[11] (a)Chiarino, D.; Napoletano, M.; Sala, A. *Synth. Commun.* **1988**, *18*, 1171. (b) Tsuge, O.; Kanemasa, S.; Suga, H. *Chem. Lett.* **1986**, 183.
[12] Kanemasa, S.; Matsuda, H.; Kamimura, A.; Kakinami, T. *Tetrahedron* **2000**, *56*, 1057.
[13] Kumar, V.; Kaushik, M. P. *Tetrahedron Lett.* **2006**, *47*, 1457.
[14] (a)Albericio Chiarino, D.; Napoletano, M.; Sala, A. *Tetrahedron Lett.* **1986**, *27*, 3181. (b) Vyas, D. M.; Skonezny, P. M.; Jenks, T. A.; Doyle, T. W. *Tetrahedron Lett.* **1986**, *27*, 3099.
[15] (a)Kim, J. N.; Chung, K. H.; Ryu, E. K. *Heterocycles* **1991**, *32*, 477. (b) Cunico R. F.; Bedell, L. *J. Org. Chem.* **1983**, *48*, 2780.
[16] Syassi, B.; Bougrin, K.; Soufiaoui, M. *Tetrahedron Lett.* **1997**, *38*, 8855.
[17] Lee, G. A. *Synthesis* **1982**, 508.
[18] Ticozzi, C.; Zanarotti, A. *Tetrahedron Lett.* **1994**, *35*, 7421.
[19] (a)Arnone, A.; Cavicchioli, M.; Donadelli, A.; Resnati, G. *Tetrahedron: Asymmetry* **1994**, *5*, 1019. (b) Duclos, O.; Dure´ault, A.; Depezay, J. C. *Tetrahedron Lett.* **1992**, *33*, 1059. (c) Hassner, A.; Murthy, K. S. K. *J. Org. Chem.* **1989**, *54*, 5277. (d) Cheng, J.-F.; Mjalli, A. M. M. *Tetrahedron Lett.* **1998**, *39*, 939.
[20] Hassner, A.; Lokanatha Rai, K. M. *Synthesis* **1989**, 57.
[21] Shing, T. K. M.; Wong, W. F.; Cheng, H. M.; Kwok, W. S.; So, K. H. *Org. Lett.* **2007**, *9*, 753.
[22] Kiegiel, J.; Poplawska, M.; Jozwik, J.; Kosior, M.; Jurczak, J. *Tetrahedron Lett.* **1999**, *40*, 5605.
[23] Barrow, S. J.; Easton, C. J.; Savage, G. P.; Simpson, G. W. *Tetrahedron Lett.* **1997**, *38*, 2175.
[24] Arai, N.; Iwakoshi, M.; Tanabe, K.; Narasaka, K. *Bull. Chem. Soc. Jpn.* **1999**, *72*, 2277.
[25] Kim, J. N.; Ryu, E. K. *Synth. Commun.* **1990**, *20*, 1373.
[26] Mendelsohn, B. A.; Lee, S.; Kim, S.; Teyssier, F.; Aulakh, V. S.; Ciufolini, M. A. *Org. Lett.* **2009**, *11*,

1539.
[27] Kiegiel Mukaiyama, T.; Hoshino, T. *J. Am. Chem. Soc.* **1960**, *82*, 5339.
[28] Kim, D.; Lee, J.; Shim, P. J.; Lim. J. I.; Jo, H.; Kim, S. *J. Org. Chem.* **2002**, *67*, 764.
[29] Shimizu, T.; Hayashi, Y.; Teramura, K. *Bull. Chem. Soc. Jpn.* **1984**, *57*, 2531.
[30] Harada, K.; Kaji, E.; Zen, S. *Chem. Pharm. Bull.* **1980**, *29*, 3296.
[31] Shimizu, T.; Hayashi, Y.; Shibafuchi, H.; Teramura, K. *Bull. Chem. Soc. Jpn.* **1986**, *59*, 2827.
[32] Kiegiel Maugein, N.; Wagner, A.; Mioskowski, C. *Tetrahedron Lett.* **1997**, *38*, 1547.
[33] Giacomelli, G.; De Luca, L.; Porcheddu, A. *Tetrahedron* **2003**, *59*, 5437.
[34] Basel, Y.; Hassner, A. *Synthesis* **1997**, 309.
[35] Leslie-Smith, M.G.; Paton, R.M.; Webb, N. *Tetrahedron Lett.* **1994**, *35*, 9251.
[36] Sugiyama, T. *Appl. Organomet. Chem.* **1995**, *9*, 399.
[37] Harris, P.A.; Jackson, A.; Joule, J. A. *Tetrahedron Lett.* **1989**, *30*, 3193.
[38] (a)Cecchi, L.; Sarloa, F.D.; Machetti, F. *Tetrahedron Lett.* **2005**, *46*, 7877. (b) Cecchi, L.; Sarloa, F.D.; Machetti, F. *Eur. J. Org. Chem.* **2006**, 4852.
[39] Gao, S.; Tu, Z.; Kou, C.-W.; Liu, J. T.; Chu, C. M.; Yao, C. F. *Org. Biomol. Chem.* **2006**, *4*, 2851.
[40] Himo, F.; Lovell, T.; Hilgraf, R.; Rostovtsev, V. V. Noodleman, L.; Sharpless, K. B.; Fokin, V. V. *J. Am. Chem. Soc.* **2005**, *127*, 210.
[41] Grecian, S.; Fokin, V. V. *Angew. Chem., Int. Ed. Engl.* **2008**, *47*, 8285.
[42] Kociolek, M. G.; Hongfa, C. *Tetrahedron Lett.* **2003**, *44*, 1811.
[43] Ono, F.; Ohta, Y.; Hasegawa, M.; Kanemasa, S. *Tetrahedron Lett.* **2009**, *50*, 2111.
[44] Conti, D.; Rodriquez, M.; Sega, A.; Taddei, M. *Tetrahedron Lett.* **2003**, *44*, 5327.
[45] Rosella, C. E.; Harper, J. B. *Tetrahedron Lett.* **2009**, *50*, 992.
[46] Fischer, U.; Schneider, F. *Helv. Chim. Acta.* **1983**, *66*, 971.
[47] Saha, A.; Bhattacharjya, A. *Chem. Commun.* **1997**, 495.
[48] Scott, J. P.; Oliver, S. F.; Brands, K. M.; Brewer, S. E.; Davies, A. J.; Gibb, A. D.; Hands, D.; Keen, S. P.; Sheen, F. J.; Reamer, R. A.; Wilson, R. D.; Dolling, U.-H. *J. Org. Chem.* **2006**, *71*, 3086.
[49] Kozikowski, A. P.; Stein, P. D. *J. Am. Chem. Soc.* **1982**, *104*, 4023.
[50] Fleming, K. N.; Taylor, R. E. *Angew. Chem., Int. Ed.* **2004**, *43*, 1728.
[51] Bode, J. W.; Carreira, E. M. *J. Am. Chem. Soc.* **2001**, *123*, 3611.
[52] Lee, S. Y.; Lee, B. S.; Lee, C.-W.; Oh, D. Y. *J. Org. Chem.* **2000**, *65*, 256.
[53] Mendelsohn, B. A.; Ciufolini, M. A. *Org. Lett.* **2009**, *11*, 4736.
[54] Lin, R.; Castells, J.; Rapoport, H. *J. Org. Chem.* **1998**, *63*, 4069.
[55] (a)Kim, J. N.; Ryu, E. K. *Heterocycles* **1990**, *31*, 1693. (b) Kim, J. N.; Chung, K. H.; Ryu, E. K. *Heterocycles* **1991**, *32*, 477. (c) Tokunaga, Y.; Ihara, M.; Fukumoto, K. *Heterocycles* **1996**, *43*, 1771.
[56] (a)Sheng, S.-R.; Liu, X.-L.; Xu, Q.; Song, C.-S. *Synthesis* **2003**, 2763.57. (b) Du, Y. M.; Wiemer, D. F. *Tetrahedron Lett.* **2001**, *42*, 6069.
[57] Hwang, S. H.; Kurth, M. J. *Tetrahedron Lett.* **2002**, *43*, 53.
[58] Ellis, E. D.; Xu, J.; Valente, E. J.; Hamme II, A. T. *Tetrahedron Lett.* **2009**, *50*, 5516.
[59] Lee, C. C.; Fitzmaurice, R. J.; Caddick, S. *Org. Biomol. Chem.* **2009**, *7*, 4349.
[60] Yao, C. F.; Kao, K.-H.; Liu, J.-T.; Chu, C.-M.; Wang, Y.; Chen, W.-C.; Lin, W.-W.; Yan, M.-C.; Liu, J.-Y.; Chuang, M.-C.; Shiue, J.-L. *Tetrahedron* **1998**, *54*, 791.
[61] Murphy, J. J.; Nomura, K.; Paton, R. M. *Macromolecules* **2006**, *39*, 3147.
[62] Wankhede, K. S.; Vaidya, V. V.; Sarang, P. S.; Salunkhe, M. M.; Trivedi, G. K. *Tetrahedron Lett.* **2008**, *49*, 2069.
[63] Moore, J. E.; Davies, M. W.; Goodenough, K. M.; Wybrow, R. A. J.; York, M.; Johnson, C. N.; Harrity, J. P. A. *Tetrahedron* **2005**, *61*, 6707.
[64] Caramella, P.; Grunangar, P. *1,3-Dipolar Cycloaddition Chemistry*, Wiley: New York, **1984**, Vol. 3, p

337.
[65] Dau, S.; Ducrosx, B.; Bernard, S.; Nicolas, K. M. *Tetrahedron Lett.* **1996**, *37*, 4341.
[66] Wright, B. J. D.; Hartung, J; Peng, F.; Van de Water, R.; Liu, H.; Tan, Q.-H.; Chou, T.-C.; Danishefsky, S. J. *J. Am. Chem. Soc.* **2008**, *130*, 16786.
[67] Dubrovskiy, A. V.; Larock, R. C. *Org. Lett.* **2010**, *12*, 1180.
[68] Spiteri, C.; Sharma, P.; Zhang, F.; Macdonald, S. J. F.; Keeling, S.; Moses, J. E. *Chem. Commun.* **2010**, *46*, 1272.
[69] Caramella Umesha, K. B.; Ajaykumar, K.; Rai, K. M. L. *Synth. Commun.* **2002**, *32*, 1841.
[70] Jiang, H.; Yue, W.; Xiao, H.; Zhu, S. *Tetrahedron* **2007**, *63*, 2315.
[71] Kumar, R. R.; Perumal, S. *Tetrahedron* **2007**, *63*, 7850.
[72] Shang, Y. J.; Shou, W. G.; Wang, Y. G. *Synlett* **2003**, 1064.
[73] Tsai, T.-L.; Chen, W.-C.; Yu, C.-H.; le Noble, W. J., Chung, W.-S. *J. Org. Chem.* **1999**, *64*, 1099.
[74] Segi, M.; Tanno, K.; Kojima, M.; Honda, M.; Nakajima, T. *Tetrahedron Lett.* **2007**, *48*, 2303.
[75] Diaz-Ortiz, A.; Diez-Barra, E.; de la Hoz, A.; Moreno, A.; Gomez-Escalonilla, M. J. Loupy, A. *Heterocycles* **1996**, *43*, 1021.
[76] (a)Bokach, N. A.; Khripoun, A. V.; Kukushkin, V. Y.; Haukka, M.; Pombeiro, A. J. L. *Inorg. Chem.* **2003**, *42*, 896. (b) Bokach, N. A.; Kukushkin, V. Y.; Haukka, M.; Pombeiro, A. J. L. *Eur. J. Inorg. Chem.* **2005**, 845.
[77] Mack, A.; Pierron, E.; Allspach, T.; Bergsträßer, Regitz, M. *Synthesis* **1998**, 1305.
[78] Tronchet, J. M. J.; Jotterand, A.; Le Hong, N.; Perret, M. F.; Thorndahl-Jaccard, M. S.; Tronchet, M. J.; Chalet, J. M.; Falvre, M. L.; Hausser, C.; Sébastian, C. *Helv. Chim. Acta.* **1970**, *53*, 1484.
[79] Jones, R. H.; Robinson, G. C.; Thomas, E. J. *Tetrahedron* **1984**, *40*, 177.
[80] (a)Houk, K. N.; Duh, H.-Y.; Wu, Y.-D.; Moses, S. R. *J. Am. Chem. Soc.* **1986**, *108*, 2754. (b) Houk, K. N.; Moses, S. R.; Wu, Y. D.; Rondan, N. G.; Jäger, V.; Schohe, R.; Fronczek, F. R. *J. Am. Chem. Soc.* **1984**, *106*, 3880.
[81] Curran, D. P.; Gothe, S. A. *Tetrahedron* **1988**, *44*, 3945.
[82] (a)Kozikowski, A. P.; Adamczyk, M. J. *J. Org. Chem.* **1983**, *48*, 366. (b) Kozikowski, A. P.; Ghosh, A. K. *J. Am. Chem. Soc.* **1982**, *104*, 5788.
[83] Wade, P. A.; Singh, S. M.; Pillay, M. K. *Tetrahedron* **1984**, *40*, 601.
[84] Bravo, P.; Bruché, L.; Crucianelli, M.; Farina, A.; Meille, S. V.; Merli, A.; Seresini, P. *J. Chem. Res., Synop.* **1996**, 348.
[85] Kelly-Basetti, B. M.; Mackay, M. F.; Pereira, S. M.; Savage, G. P.; Simpson, G. W. *Heterocycles* **1994**, *37*, 529.
[86] (a)Olsson, T.; Stern, K.; Westman, G.; Sundell, S. *Tetrahedron* **1990**, *46*, 2473. (b) Olsson, T.; Stern, K.; Sundell, S. *J. Org. Chem.* **1988**, *53*, 2468.
[87] Kanemasa, S.; Nishiuchi, M.; Kamimura, A.; Hori, K. *J. Am. Chem. Soc.* **1994**, *116*, 2324.
[88] Lohse-Fraefel, N.; Carreira, E. M. *Org. Lett.* **2005**, *7*, 2011.
[89] Ukaji, Y.; Sada, K.; Inomata, K. *Chem. Lett.* **1993**, 1847.
[90] Seriazwa, M.; Ukaji, Y.; Inomata, K. *Tetrahedron: Asymmetry* **2006**, *17*, 3075.
[91] Suga, H.; Adachi, Y.; Fujimoto, K.; Furihata, Y.; Tsuchida, T.; Kakehi, A.; Baba, T. *J. Org. Chem.* **2009**, *74*, 1099.
[92] Fusco, R.; Garanti, L.; Zecchi, G. *Chim. Ind. (Milan)* **1975**, *57*, 16.
[93] Jäger, V.; Günther, H. J. *Angew. Chem., Int. Ed. Engl.* **1977**, *16*, 246.
[94] Shing, T. K. M.; Zhong, Y.-L. *Synlett* **2006**, 1205.
[95] Asaoka, M.; Abe, M.; Mukuta, T.; Takei, H. *Chem. Lett.* **1982**, 215.
[96] Paek, S.-M.; Yun, H.; Kim, N.-J.; Jung, J.-W.; Chang, D.-J.; Lee, S.; Yoo, J.; Park, H.-J.; Suh, Y. G. *J. Org. Chem.* **2009**, *74*, 554.

[97] Dogbéavou, R.; Breau, L. *Synlett* **1997**, 1208.
[98] Liaskopoulos, T.; Skoulika, S.; Tsoungas, P. G.; Varvounis, G. *Synthesis* **2008**, 711.
[99] Aungst, Jr., R. A.; Chan, C.; Funk, R. L. *Org. Lett.* **2001**, *3*, 2611.
[100] Kambe, M.; Arai, E.; Suzuki, M.; Tokuyama, H.; Fukuyama, T. *Org. Lett.* **2001**, *3*, 2575.
[101] Kim, H. R.; Kim, H. J. K.; Duffy, J. L.; Olmstead, M. M.; Ruhlandt-Senge, K.; Kurth, M. J. *Tetrahedron Lett.* **1991**, 32, 4259.
[102] Yeh, M.-C. P.; Jou, C.-F.; Yeh, W.-T.; Chiu, D.-Y.; Reddy, N. R. K. *Tetrahedron* **2005**, 61, 493.
[103] Kozikowski, A. P.; Park, P.-u. *J. Org. Chem.* **1990**, *55*, 4668.
[104] Fernández-Mateos, A.; Coca, G. P.; González, R. R. *Tetrahedron* **2005**, 61, 8699.
[105] Yip, C.; Handerson, S.; Tranmer, G. K.; Tam, W. *J. Org. Chem.* **2001**, *66*, 276.
[106] Kleinbeck, F.; Carreira, E. M. *Angew. Chem., Int. Ed.* **2009**, *48*, 578.
[107] Shing, T. K. M.; So, K. H.; Kwok, W. S. *Org. Lett.* **2009**, *11*, 5070.
[108] Muri, D.; Carreira, E. M. *J. Org. Chem.* **2009**, *74*, 8695.
[109] Barbachyn, M. R.; Cleek, G. J.; Dolak, L. A.; Garmon, S. A.; Morris, J.; Seest, E. P.; Thomas, R. C.; Toops, D. S.; Watt, W.; Wishka, D. G.; Ford, C. W.; Zurenko, G. E.; Hamel, J. C.; Schaadt, R. D.; Stapert, D.; Yagi, B. H.; Adams, W. J.; Friis, J. M.; Slatter, J. G.; Sams, J. P.; Oien, N. L.; Zaya, M. J.; Wienkers, L. C.; Wynalda, M. A. *J. Med. Chem.* **2003**, *46*, 284.
[110] (a)Algay, V.; Singh, I.; Heaney, F. *Org. Biomol. Chem.* **2010**, *8*, 391. (b) Singh, I.; Vyle, J. S.; Heaney, F. *Chem. Commun.* **2009**, 3276.
[111] Lang, Y.; Souza, F. E. S.; Xu, X.; Taylor, N. J.; Assoud, A.; Rodrigo, R. *J. Org. Chem.* **2009**, *74*, 5429.
[112] Sibi, M. P.; Itoh, K.; Jasperse, C. P. *J. Am. Chem. Soc.* **2004**, *126*, 5366.

拉姆贝格-巴克卢德反应
(Ramberg-Bäcklund Reaction)

巨 勇[*] 李若凡

1 历史背景简述 200
2 Ramberg-Bäcklund 反应的定义和机理 201
   2.1 Ramberg-Bäcklund 反应的定义 201
   2.2 Ramberg-Bäcklund 反应的机理 201
   2.3 Ramberg-Bäcklund 反应的立体化学 203
3 Ramberg-Bäcklund 反应的条件 203
   3.1 底物 α-卤代砜的制备 204
   3.2 碱的选择 208
   3.3 溶剂的选择 210
   3.4 反应温度的选择 211
   3.5 反应的立体化学选择性 212
4 Ramberg-Bäcklund 的改进 214
   4.1 Meyers 改良法 214
   4.2 Chan 改良法 215
   4.3 Vedejs 改良法 216
   4.4 Hendrickson 改良法 217
   4.5 环氧-Ramberg-Bäcklund 反应 219
   4.6 α-卤代烷基次磷酸酯的 Ramberg-Bäcklund 反应 220
5 Ramberg-Bäcklund 反应在有机合成中的应用 220
   5.1 开链及环状共轭烯炔、共轭多烯类化合物的合成 221
   5.2 多羟基环戊烯化合物和 C-糖苷键化合物的合成 223
   5.3 不饱和氨基酸类化合物的合成 226
   5.4 生物活性天然产物的合成 227
   5.5 功能有机分子的合成 229
6 Ramberg-Bäcklund 反应合成实例 230
7 参考文献 232

1 历史背景简述

拉姆贝格 (Ludwig Ramberg)(1874-1940) 是一位瑞典化学家，出生在瑞典港口城市赫尔辛堡 (Helsingborg)。1902 年，他在瑞典兰德大学 (Lund University) 获得哲学博士学位并留校任教。1918 年，他转到瑞典乌普萨拉大学 (Uppsala University) 担任教授直到 1939 年退休。

1940 年，Ramberg 和他的学生 Bäcklund 共同报道了一个新反应：将 1-溴-1-乙硫酰基乙烷 (α-溴代砜) 在 KOH 水溶液中煮沸，可以高产率地生成 Z-2-丁烯[1]。该反应为碳-碳双键的构建提供了一种新的合成方法，现在人们称之为 Ramberg-Bäcklund 反应 (式 1)。

$$\underset{\underset{O}{\overset{Br}{\|}}{\overset{\|}{S}}}{\diagdown}\diagup \xrightarrow[85\%]{\text{aq. KOH, 90~100 }^{\circ}\text{C}} \diagup\!\!\diagdown + \diagup\!\!\!\diagdown\quad(1)$$
$$(Z\text{-, major})\quad(E\text{-, minor})$$

20 世纪 50 年代之后，天然产物化学合成已经成为有机化学的一个重要的研究领域。由于许多天然产物的骨架中含有碳-碳双键，碳-碳双键的构建就显得尤为重要。碳-碳双键的合成方法一直备受关注，在现代有机合成方法中碳-碳双键形成的方法主要包括：Wittig 反应[2]、Horner-Wadsworth-Emmons 反应[3]、Still-Gennari 反应[4]、McMurry 偶联反应[5]、Peterson 成烯反应[6]和 Julia 成烯反应[7]等。

由于 Ramberg-Bäcklund 反应被发现后的研究工作较少，在相当长一段时间内并没有引起人们的重视。20 世纪 60 年代，美国的 Paquette 教授开始对 Ramberg-Bäcklund 反应的机理、立体化学和选择性等进行了较为系统的研究[8]，展现了该反应在碳-碳双键合成反应中具有的极大潜力。随后，人们对 Ramberg-Bäcklund 反应及其相关的研究和应用兴趣从未衰减。在此基础上，又出现了 Meyers 改进反应[9]和 Hendrickson 改进反应[10]。Ramberg-Bäcklund 反应最大的优点是由 α-卤代砜重排形成的碳-碳双键具有很好的区域选择性，而且在不同的反应条件下具有良好的立体选择性。至今为止，已经有多篇综述文献介绍了 Ramberg-Bäcklund 反应及其应用[8,11~15]。

Ramberg-Bäcklund 反应由于前体制备方便和产物立体选择性好，因此可以用来构建一些用其它碳-碳双键生成反应所不能合成的体系。所以，该反应在碳-碳双键合成反应中占据了重要地位，越来越多地应用于各种复杂天然产物骨架中碳-碳双键的构建。

2 Ramberg-Bäcklund 反应的定义和机理

2.1 Ramberg-Bäcklund 反应的定义

典型的 Ramberg-Bäcklund 反应是指在碱的作用下，α-卤代砜底物经 1,3-消除反应释放出 SO_2 并生成碳-碳双键的反应 (式 2)。因为这是一个分子内的重排反应，有时也称之为"Ramberg-Bäcklund 重排反应"。

$$\underset{\underset{O}{\overset{O}{\|}}}{\overset{H}{\underset{R^2}{R^1}}}S\underset{R^3}{\overset{X}{R^4}} \xrightarrow{\text{base, heat}} \underset{R^2}{\overset{R^1}{}}=\underset{R^3}{\overset{R^4}{}} \qquad (2)$$

Ramberg-Bäcklund 反应具有以下特点[12~15]：(1) 该反应的前体 α-卤代砜很容易从相应的砜来制备，而砜通常可由硫醚氧化直接得到；(2) 该反应不但适合于合成 1,1- 或者 1,2-二取代的烯烃，也可用于合成含 3 个和 4 个取代基的烯烃；(3) 该反应有很好的立体选择性，控制反应的条件可以得到单一构型的产物，且不发生双键的迁移反应；(4) 环状或者非环状卤代砜都可以作为该反应的底物；该反应的特殊用途还在于能够合成具有大张力的环状烯炔骨架分子，例如：含环二炔烯或环丙烯为母体的化合物；(5) 该反应产物的立体化学主要取决于碱试剂和溶剂；使用水溶性碱试剂 (例如：KOH)，通常得到 Z-型产物；而在非质子溶剂中使用强碱 (例如：^{t}BuOK/DMSO) 试剂，则主要得到 E-型产物；(6) 由于该反应需要使用强碱性试剂，因此需要对一些碱敏的基团进行适当保护。基于上述特点，该反应已经成为十分有用的碳-碳双键合成反应之一。

2.2 Ramberg-Bäcklund 反应的机理

20 世纪 60 年代末，Paquette 对 Ramberg-Bäcklund 反应曾经提出了三种可能的机理[12]。

在第一种机理中，α-卤代砜首先发生 1,1-消除反应脱去卤化氢生成 α-卡宾中间体。然后，再失去一分子的二氧化硫后得到双键产物 (式 3)。

$$R^1\underset{X}{\overset{\underset{O}{\overset{O}{\|}}}{S}}R^2 \xrightarrow[-HX]{\text{1,1-elimination}} R^1\underset{\text{carbenoid}}{\overset{\underset{O}{\overset{O}{\|}}}{S}}R^2 \xrightarrow{-SO_2} R^1{=}R^2 \qquad (3)$$

在第二种机理中，α-卤代砜首先发生 1,1-消除反应脱去卤化氢生成 α-卡宾中间体。然后，再与 α'-位的 C-H 键进行卡宾插入反应形成环砜中间体。最后，环砜失去一分子的二氧化硫后得到双键产物 (式 4)。

$$R^1\diagdown CH_2-SO_2-CHR^2-X \xrightarrow[-HX]{1,1\text{-elimination}} R^1\text{-CH}_2\text{-SO}_2\text{-}\ddot{C}R^2 \text{ (carbenoid)}$$

$$\xrightarrow{\text{carbenoid insertion}} \text{episulfone} \xrightarrow{-SO_2} R^1\diagup\diagdown R^2 \tag{4}$$

在第三种机理中，α-卤代砜首先在 α'-位和 α-位分别失去质子和卤离子形成砜的内盐。然后，再形成环砜中间体。最后，环砜失去一分子的二氧化硫后得到双键产物 (式 5)。

$$\begin{array}{c}
R^1CH_2-SO_2-CHR^2X \xrightleftharpoons{-H^+} R^1\bar{C}H-SO_2-CHR^2X \text{ (carbanion)} \xrightleftharpoons{-X^-} \\
R^1\bar{C}H-SO_2-\overset{+}{C}HR^2 \text{ (zwitterion)} \longrightarrow \text{episulfone} \xrightarrow{-SO_2} R^1\diagup\diagdown R^2
\end{array} \tag{5}$$

在随后进行的深入研究中，Bordwell 等人通过理论分析首先排除了第三种机理。因为砜内盐的 α-位碳正离子和硫的正电荷中心排斥作用过于强烈，形成内盐的过渡态能态过高。他们又通过选取 α'-位不带有质子的砜为底物，结果发现它们不能进行 Ramberg-Bäcklund 反应。因此，排除了通过 1,1-消除生成卡宾中间体的可能性。最后，他们用同位素氘原子 (D) 交换方法，确定了 Ramberg-Bäcklund 反应是通过碳负离子历程的正确性。根据上述结果，提出了 Ramberg-Bäcklund 反应的最终机理 (式 6)[16]。

$$\begin{array}{c}
R^1CH(H)-SO_2-CHR^2X \xrightarrow[\text{:base}]{-H^+ \cdot \text{base}} R^1\bar{C}H-SO_2-CHR^2X \rightleftharpoons \\
R^1\bar{C}H-SO_2-CHR^2X \xrightarrow{\text{slow}} [\text{episulfones}] \xrightarrow{-SO_2} R^1\diagup\diagdown R^2 + R^1\diagup\diagdown R^2
\end{array} \tag{6}$$

他们认为：在碱性条件下，底物 α-卤代砜首先在 α'-位失去一个质子形成碳负离子。然后，再在 α-位上进行亲核取代，失去一个卤离子得到三元环砜。最后，环砜失去一个 SO_2 分子形成双键产物。后来，Taylor 等人通过分离得到了 Ramberg-Bäcklund 反应的三元环砜中间体，并用 X 射线单晶衍射分析确定了该中间体的结构，从而证实了上述机理[17~19]。

2.3 Ramberg-Bäcklund 反应的立体化学

在经典的 Ramberg-Bäcklund 反应条件下，此反应的主要产物是 Z-构型的烯烃。Paquette 等人在 1968 年报道：采用不同的反应条件，α-卤代砜有可能被转化成为不同构型的双键产物[20]。通过对 Ramberg-Bäcklund 反应动力学和立体化学选择性的研究，他们发现：在碱性条件下，α-卤代砜迅速与它的 α'-位负离子达成平衡，然后发生分子内亲核取代反应。生成的碳负离子可以从两个相反的方向进攻，失去卤离子后形成 cis- 或 trans-环状砜。其中，生成的碳负离子的步骤是可逆的，分子内亲核取代反应是反应的速控步骤。环状砜重排失去 SO_2 后分别形成 Z- 或 E-构型的烯烃，环状砜的立体构型决定了产物中双键的构型。

Paquette 在随后的研究证明：Ramberg-Bäcklund 反应的立体化学控制可以通过选择适当的碱试剂和溶剂来实现，具有可控性强和选择性好的优点。如式 7 所示：Ramberg-Bäcklund 反应的立体化学选择性规律如下[12]：(1) 在含水的质子溶剂中，使用中强碱（例如：KOH/H_2O）的反应主要得到 Z-构型产物[21]；(2) 在非质子溶剂中，使用强碱（例如：LDA/DMSO、CH_3ONa/CH_3OH、$^tBuOK/THF$ 等）的反应主要得到 E-构型产物。

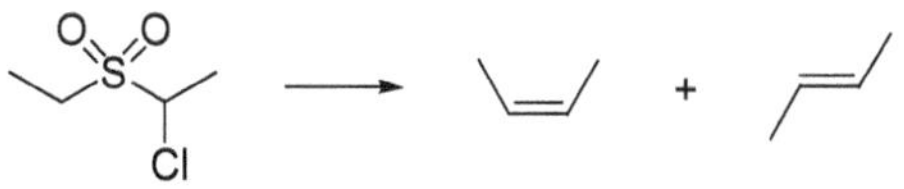

$$\text{2 mol/L KOH, } H_2O, 100\ ^\circ C, 75\%, Z:E = 79:21 \tag{7}$$
$$\text{1 mol/L KOBu-}t, t\text{-BuOH, 93 }^\circ C, 82\%, Z:E = 23:77$$

但是，在 Ramberg-Bäcklund 反应条件下，α-氯苄基苄基砜完全得到 (E)-构型的苯乙烯 (式 8)[12]。

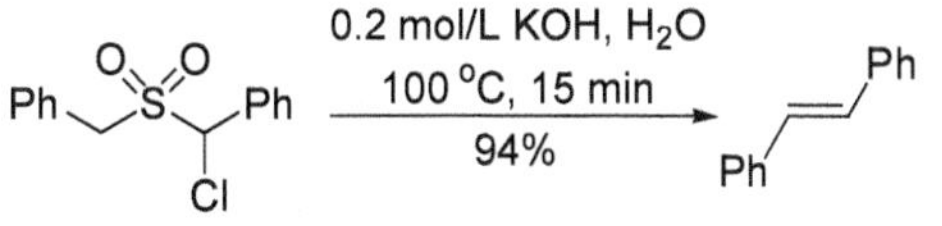

$$\text{0.2 mol/L KOH, } H_2O, 100\ ^\circ C, 15\text{ min}, 94\% \tag{8}$$

3 Ramberg-Bäcklund 反应的条件

在早期的 Ramberg-Bäcklund 反应中，最常使用的碱试剂是 KOH 水溶液。

后来的研究表明：底物是 α′-位含有质子的 α-卤代砜也可以在其它碱性试剂作用下发生反应。

3.1 底物 α-卤代砜的制备

Ramberg-Bäcklund 反应中的底物是 α-卤代砜。由于砜基的吸电子作用使其 α-位和 α′-位上的氢具有一定的酸性。卤原子是分子内亲核取代反应的离去基团，Cl^-、Br^- 和 I^- 离子都是很好的离去基团。因此，要利用 Ramberg-Bäcklund 反应进行碳-碳双键的构建，首先需要合成底物 α-卤代砜。

3.1.1 α-卤代硫醚的氧化

α-氯代硫醚的制备：在低温下 (–10 °C)，醛和硫醇在卤化氢的存在下反应就可以得到卤甲基乙硫醚。选用不同的底物可以得到不同取代基取代的 α-卤代硫醚 (式 9 和式 10)[21~24]。

$$n\text{-}C_3H_7SH + (CH_2O)_3 \xrightarrow{HBr} n\text{-}C_3H_7SCH_2Br \quad (9)$$

$$C_6H_5CH_2SH + C_2H_5CHO \xrightarrow{HCl} C_6H_5CH_2SCHClC_2H_5 \quad (10)$$

α-氯代硫醚的氧化：在低温 (–10 °C) 下，将 α-氯代硫醚在 40% 过氧乙酸的二氯甲烷溶液中进行氧化即可得到高产率的 α-氯代砜 (式 11)[24]。间氯过氧苯甲酸也常常被用于 α-氯代硫醚的氧化 (式 12)[25]。

(11)

(12)

3.1.2 砜的 α-碳原子的卤代

α-卤代二乙基砜、二丙基砜和二丁基砜可以通过卤代反应来合成。由于二烷基砜的 α-位和 α′-位质子具有酸性，在强碱的作用下可以在 α-位生成碳负离子。然后，在卤素溴或碘的存在下，即可发生 α-位的卤代反应生成 α-卤代砜 (式 13~式 15)[26~28]。

(13)

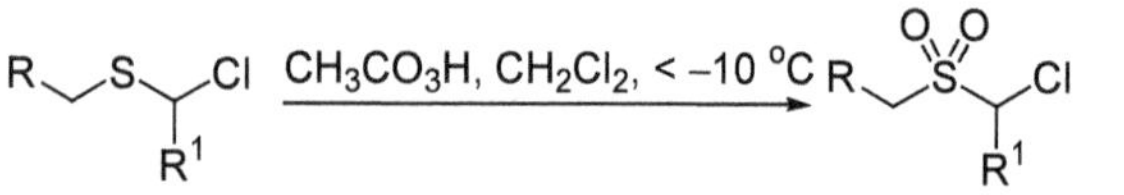

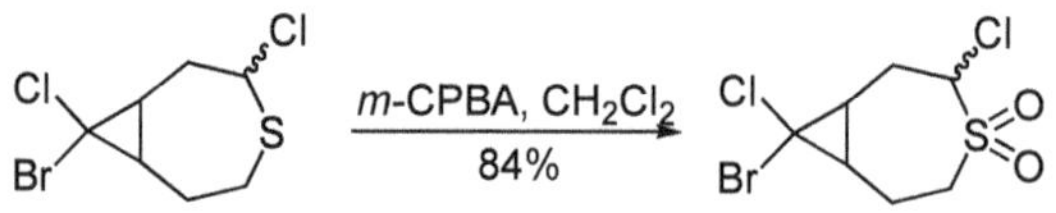

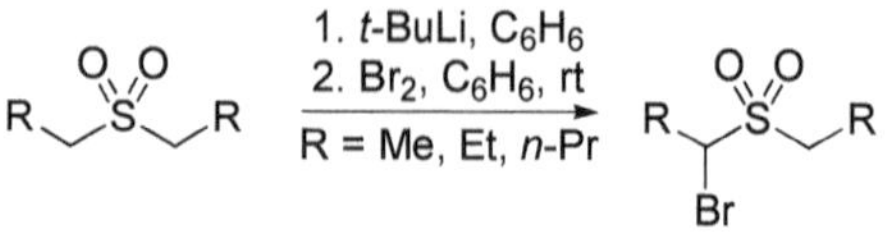

$$\text{(14)}$$

环状砜 $\xrightarrow{\text{1. }t\text{-BuLi, THF, 0 °C}}_{\text{2. Et}_3\text{Al; 3. I}_2\quad 80\%}$ α-碘代砜

$$\text{(15)}$$

双环砜 $\xrightarrow{\text{1. }t\text{-C}_4\text{H}_9\text{Li; 2. BrCN}}$ α-溴代双环砜

3.1.3 其它方法

卤化脱羧 在 20 世纪初期，人们就已经发现用 α-羧甲基砜可以进行卤化脱羧反应，使用该反应可以直接生成 α-卤甲基砜。如果所用的底物是 α'-位带有芳基或者苄基的砜，则直接得到 α,α-二卤代砜 (式 16)。若 α-羧甲基砜的亚甲基上有其它取代基时 (例如：$ArSO_2CHRCO_2H$)，则得到一卤代的产物 (式 17)[29,30]。

$$PhCH_2SO_2CH_2CO_2H \xrightarrow{Br_2,\ aq.\ AcOH,\ 50\ ^\circ C} PhCH_2SO_2CHBr_2 \quad (16)$$

$$\triangleright\text{-}SO_2\underset{Ph}{CHCO_2H} \xrightarrow{NIS,\ CCl_4,\ heat} \triangleright\text{-}SO_2\underset{Ph}{\overset{I}{C}CO_2H} \quad (17)$$

亚磺酸盐的烷基化 在碱的水溶液中，芳基亚磺酸盐和氯仿或溴仿进行反应可以高产率地得到 α,α-二卤代砜 (式 18)。一般情况下，脂肪亚磺酸盐的反应产率很低。但叔丁基亚磺酸盐是个例外，在相同的条件下可以得到 55% 的二氯甲基砜。由于该反应中没有强碱的参与，C-S 键的形成可能是通过二卤卡宾对亚磺酸阴离子的亲核进攻实现的。使用二氯乙酸与亚磺酸盐反应，经过脱羧可以直接得到 α-氯甲基砜 (式 19)[31]。

$$p\text{-}CH_3C_6H_4SO_2^-Na^+ \xrightarrow{CHCl_3,\ KOH,\ H_2O} p\text{-}CH_3C_6H_4SO_2CHCl_2 \quad (18)$$

$$p\text{-}CH_3CONHC_6H_4SO_2Na \xrightarrow{Cl_2CHCO_2H} p\text{-}CH_3CONHC_6H_4SO_2CH_2Cl \quad (19)$$

卤代亚甲基砜和重氮化物的环加成反应 在低温下，氯甲基磺酰氯和三乙胺反应可以得到活性较高的氯代亚甲基砜。如果体系中存在有重氮甲烷的话，氯甲基磺酰氯立刻与氯代亚甲基砜发生环加成反应，在放出一分子氮气的同时生成 α-卤代环砜。如式 20 和式 21 所示[32,33]：这种三元环状砜本身就是 Ramberg-Bäcklund 反应的中间体，在碱性条件下很不稳定，容易脱去一分子 SO_2 生成相应的烯烃。

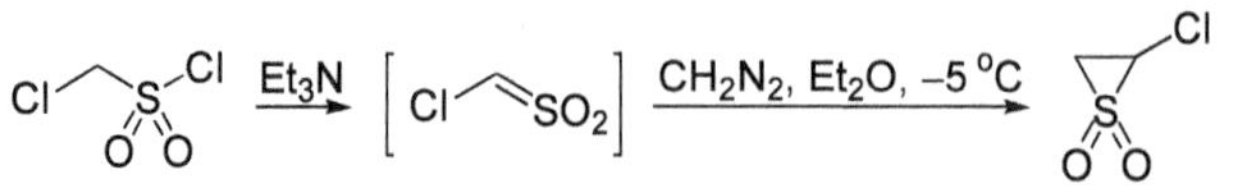

α,β-不饱和砜的加成　在乙腈溶剂中，γ-酮-α,β-不饱和砜可与三甲基硅基碘反应得到高产率的 α-碘代砜 (式 22)。生成的 α-碘代砜可以在低温下进行 Ramberg-Bäcklund 反应，该反应已经成功地应用于制备天然产物 Tetrahydrodicranenone B[34]。

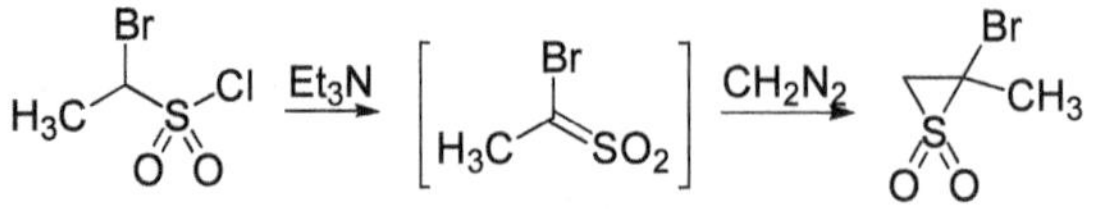

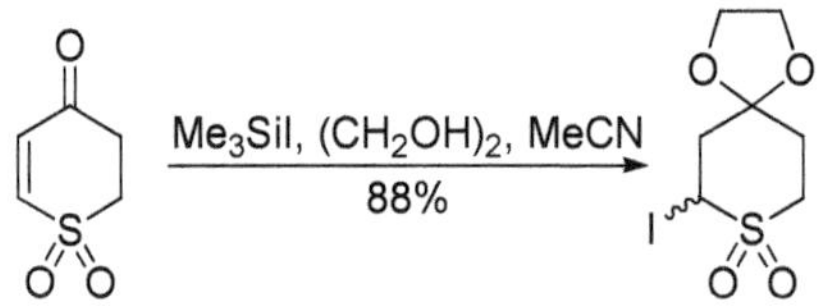

通常，α,β-不饱和砜可以采用 β-羰基砜化合物 (例如：烷基磺酰乙酸) 和芳醛的缩合反应来制备 (式 23)[35]。使用杂原子的 Diels-Alder 反应，可以方便地制备环状 α,β-不饱和砜 (式 24)[36]。

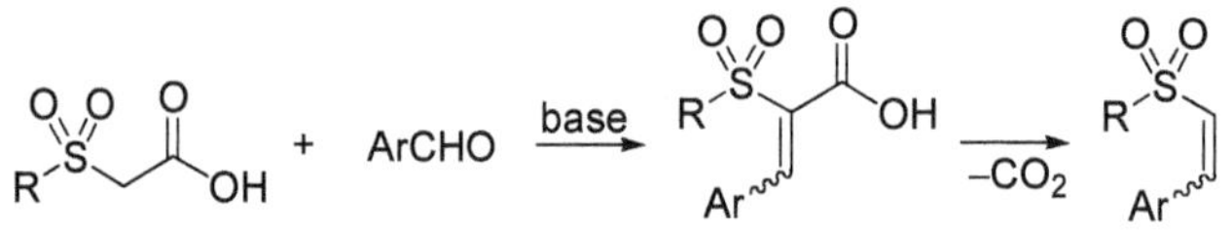

Taylor 等人报道了 α-碘代环砜的制备。如式 25 所示[37]：首先，通过金属有机化合物对 α,β-不饱和酯进行 Michael 加成。然后，再将其羰基 α-位进行烷基化即可得到烷基化修饰的硫杂环己烯酮。最后，硫杂环己烯酮经过氧化和碘代即可得到 α-碘代环砜。

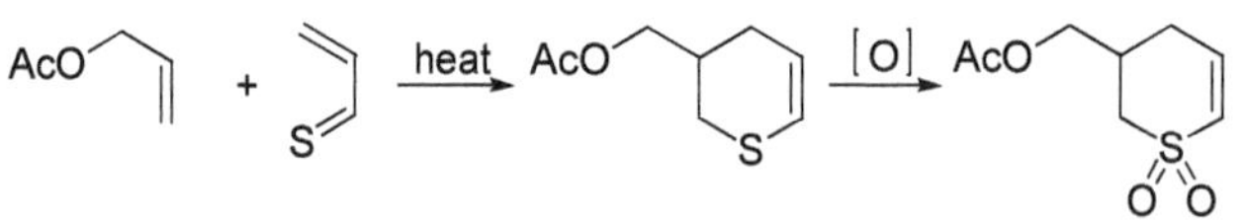

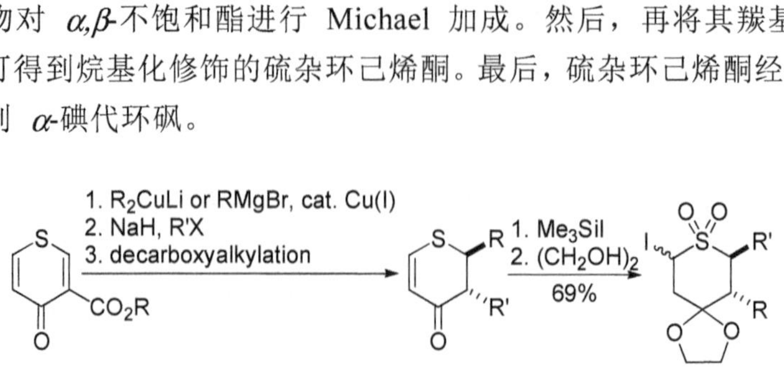

α-卤代亚砜的氧化　使用 m-CPBA 可以将 α-卤代亚砜直接氧化得到 α-卤代砜[38]。通常，α-卤代亚砜可以通过以下两种方法来制备：(1) 将硫醚经选择性氧化成亚砜后再进行 α-位卤化反应 (式 26)[39]；(2) 使用重氮甲烷与亚硫酰卤发生亚甲基的插入反应 (式 27)[40]。

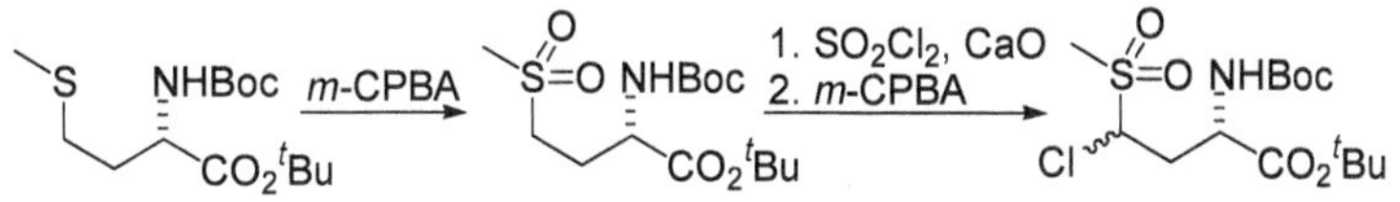

$$(26)$$

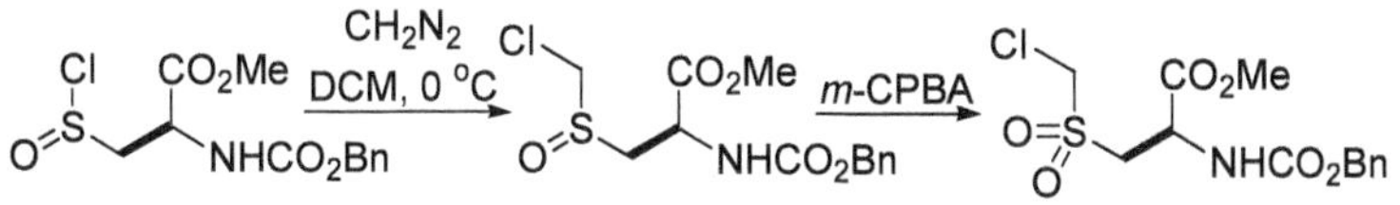

$$(27)$$

β-羰基环砜的卤化开环反应　七元环的 β-羰基环砜稳定性较差。因此，在次氯酸的作用下进行卤化开环，可以直接得到带有一个羧基的 α-氯代砜 (式 28)。尽管这个反应现在应用较少，但由于其原子经济性好和产率高而具有广阔的应用前景[41]。

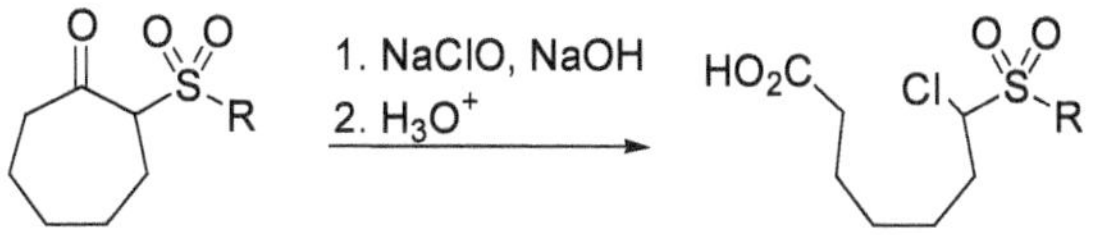

$$(28)$$

利用苄位活性卤化　如果砜的 α-位是苄基位，由于其特殊的活性而可以通过自由基溴化直接得到 α-溴代砜。如式 29 所示[42]：在 NBS 和苯二甲过氧酸酐存在的条件下，将苄基砜在 CCl_4 中回流即可得到相应的 α-溴代砜。

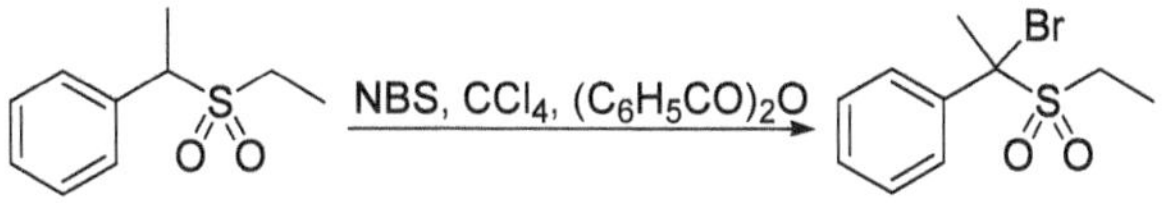

$$(29)$$

通过卤代甲磺酰卤　卤代甲磺酰卤本身就具有 α-卤代砜结构的母体化合物。该类化合物的制备较为传统，可以作为一种试剂应用于更为复杂的 α-卤代砜的合成。如式 30 所示[43]：在低温和光照条件下，卤甲基磺酰卤和烯烃发生加成反应可以得到 α,β'-二卤代砜。然后，在碱性条件下消除一分子卤化氢即可得到 α-卤代的 α',β'-不饱和砜。这类化合物是应用 Ramberg-Bäcklund 反应合成其它结构多样性化合物的前体。

羟基化合物经三氯甲磺酰氯酰化可以生成三氯甲磺酰酯。然后，再经重排反应得到较高产率的 α,α,α-三氯砜 (式 31)[44]。

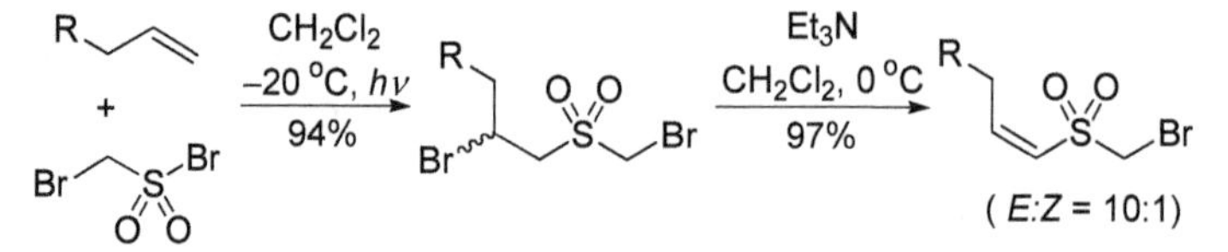

3.2 碱的选择

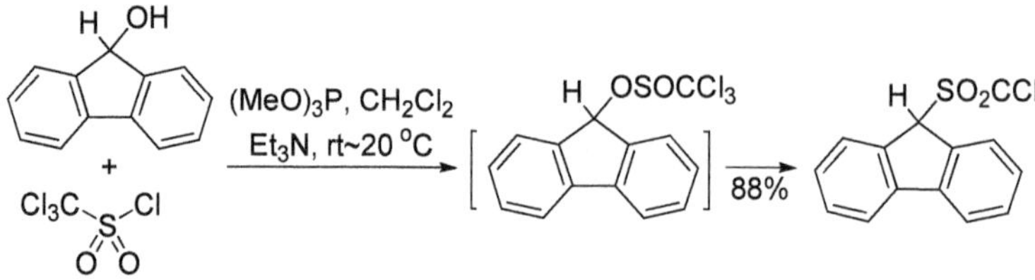

最初的 Ramberg-Bäcklund 反应是在 KOH 水溶液中进行的，因此对碱性的强度要求并不十分苛刻。以碱金属氢氧化物作为碱性试剂时，Ramberg-Bäcklund 反应可在水溶液中进行，这也是该反应的最大优点之一。在不同的溶剂中，使用不同的碱试剂可以得到不同立体选择的产物。如式 32 和式 33 所示[45,46]：底物在 KOH 水溶液中反应主要生成 Z-构型产物，而在含有 t-BuOK 的非水溶剂中反应则主要生成 E-构型产物。

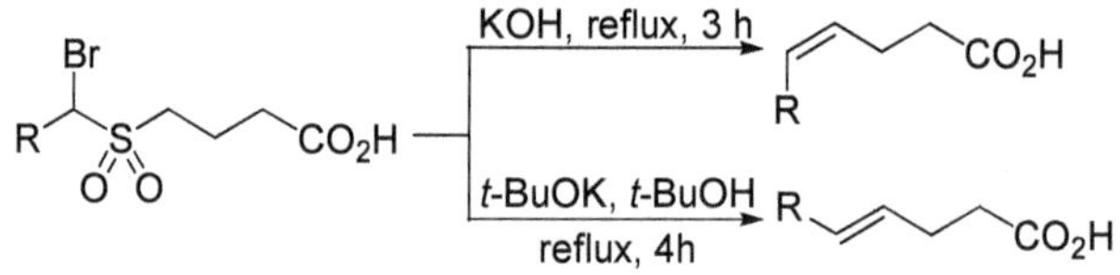

当 Ramberg-Bäcklund 反应的底物是一些具有特殊结构的 α-卤代砜时，需要选择合适的碱性试剂以减少副反应的发生。在有些 Ramberg-Bäcklund 反应中，也可使用 K_2CO_3 等比较弱的碱试剂替代 KOH。如式 34 所示[45]：β'-位存在有羰基的底物需要选择稍弱的碱性试剂。因为强碱容易引发底物的烯醇化，氧负离子直接进攻 α-碳而形成环状砜的副产物。

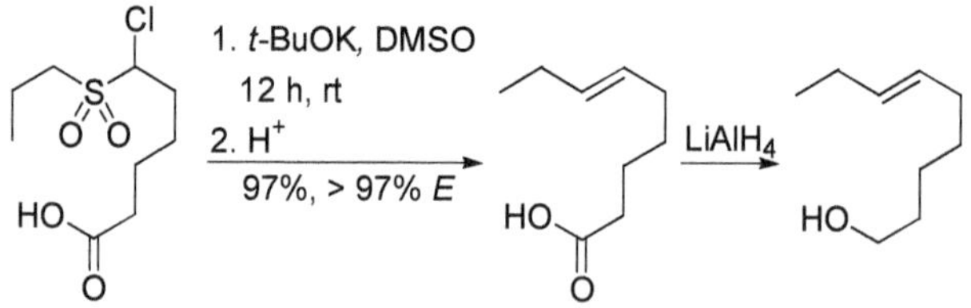

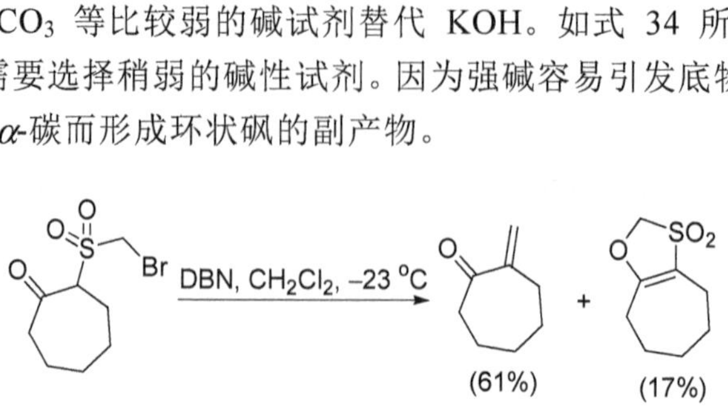

三氯甲基砜对强碱很敏感,KOH 等强碱会使其重排成为 β-二氯甲基的磺酸盐 (式 35)[45]。因此,使用三氯甲基砜类化合物作为底物时可以选择碱性较弱的有机碱。这些有机碱主要是一些含氮化合物,例如:DBN、DBU 和吗啉等。但是,其它一些强碱 (例如:叔丁醇钾或 LHMDS 等) 也可以用于该目的 (式 36 和式 37)[44]。

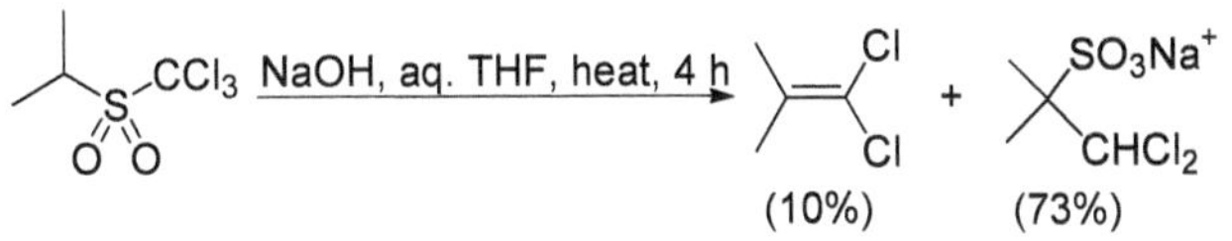

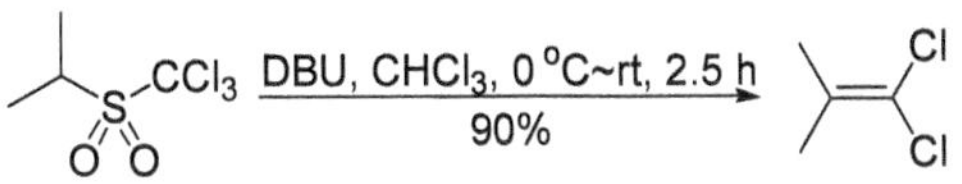

碱性试剂和溶剂有时对反应产物的选择性有着决定性的影响 (式 38)[47]。

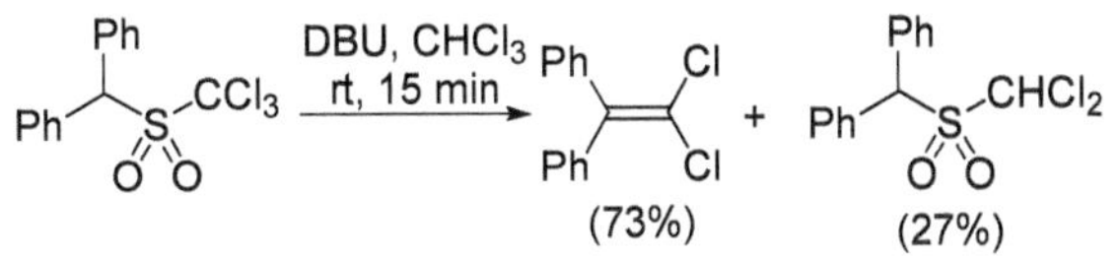

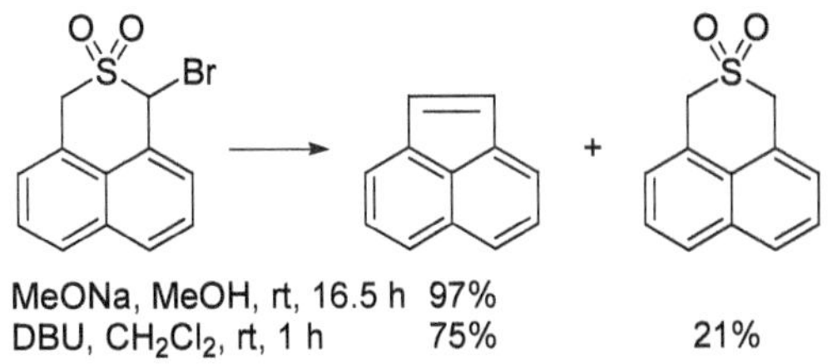

使用含有对酸敏感官能团的 α-卤代砜底物时,也需要在较弱的碱性条件下进行反应。常用的弱碱体系包括:AcONa 的 THF-MeOH-H$_2$O 混合溶液、DBU 的 DCM 溶液、Et$_3$N 的 DCM 或 EtOH 溶液、吗啡啉的 CHCl$_3$ 溶液等。用吗啡啉或 DABCO 作为碱性试剂时,也常常使用甲苯作为反应的溶剂 (式 39)[45]。

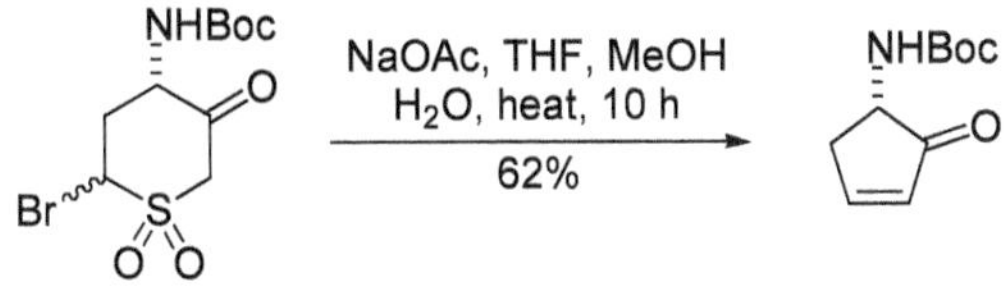

在采用其它碱不能成功的少数特殊情况下,Ramberg-Bäcklund 反应也会用到一些超强碱,例如:MeLi 或 BuLi 等 (式 40)[48]。

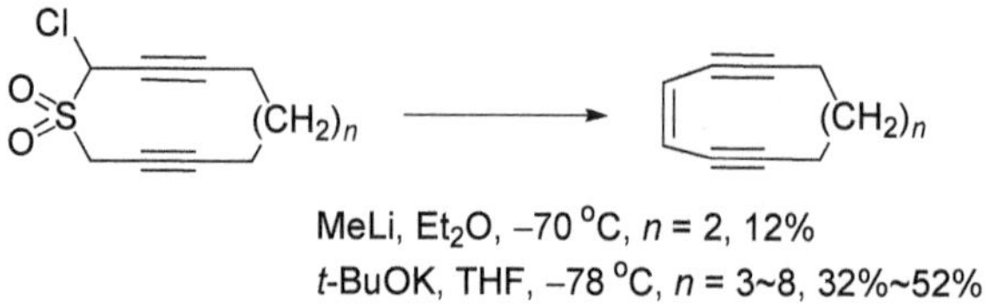

$$\text{(40)}$$

MeLi, Et$_2$O, –70 °C, n = 2, 12%
t-BuOK, THF, –78 °C, n = 3~8, 32%~52%

当使用强碱试剂时，反应需要在低温下进行以降低可能发生的副反应 (式 41)[49,50]。

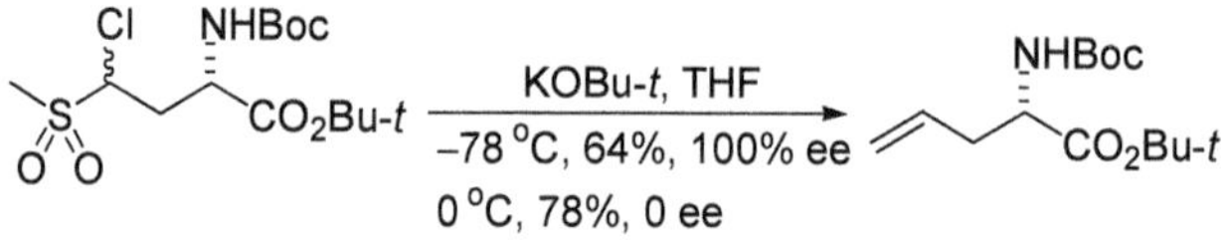

$$\text{(41)}$$

KOBu-t, THF
–78 °C, 64%, 100% ee
0 °C, 78%, 0 ee

3.3 溶剂的选择

最初的 Ramberg-Bäcklund 反应是在 KOH 水溶液中进行的，该反应所使用的溶剂主要与反应物的溶解度和碱性试剂的性能有关。除了水之外，醚类化合物、苯和苯的同系物、DMSO、HMPA 等也经常被用于该反应。在 t-BuOK 催化的 Ramberg-Bäcklund 反应中，经常使用 DMSO 或 HMPA 等极性溶剂。溶剂的作用主要是通过增加溶剂的极性来增加对极性化合物的溶解度，苯和苯的同系物经常用来溶解非极性的底物。当使用苯基锂作为碱试剂时，最好使用相应的共轭酸 (苯) 作为反应溶剂。

3.3.1 底物的溶解度的影响

在碱金属氢氧化物催化的 Ramberg-Bäcklund 反应中，低碳数 (C$_3$~C$_4$) 的 α-卤代砜底物尚可使用水作为反应的溶剂[51,52]。但是，一些高碳数或者带有疏水性官能团的 α-卤代砜底物水溶性很差，需要使用醇作为溶剂或者加入 1,4-二氧六环作为共溶剂助溶。有时，有些反应需要在相转移条件下进行 (式 42)[53]。

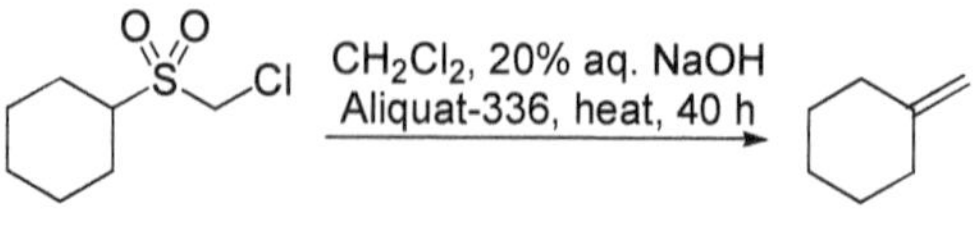

$$\text{(42)}$$

CH$_2$Cl$_2$, 20% aq. NaOH
Aliquat-336, heat, 40 h

在以烷氧基碱金属盐为碱性试剂的 Ramberg-Bäcklund 反应中，醚类化合物是常用的反应溶剂，例如：t-BuOK 需要在干燥的 THF 溶剂中使用 (式 43)[54]。DME 也可以作为反应的溶剂，它们的选择往往取决于底物在溶剂中的溶解度。在用苯酚钠作为碱时，最常使用的溶剂是二苯醚。

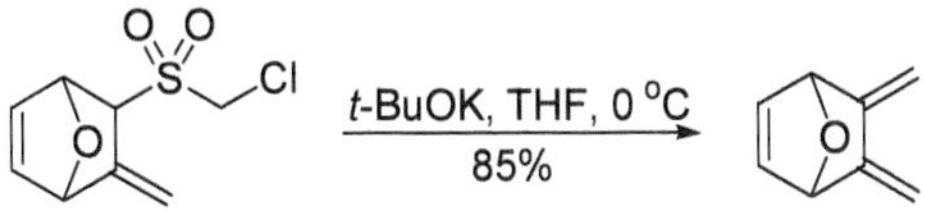

$$\text{(43)}$$

3.3.2 碱性试剂的影响

许多时候，溶剂的选择和反应中所用的碱性试剂的性质有关：氢氧化物促进的反应基本上可以在水溶液中进行。烷氧基盐 (例如：甲醇钠或叔丁醇钾等) 促进的反应一般使用其相应的共轭酸为溶剂[49]。金属有机化合物 (例如：LHMDS 或 PhLi 等) 促进的反应则要求在相应的非质子性溶剂中进行 (例如：Et_2O、THF、DME、DMF 和 DMSO 等)[51,54~56]。

3.4 反应温度的选择

Ramberg-Bäcklund 反应的温度主要取决于底物的反应活性和碱性试剂的强弱，有时不同的反应溶剂也会有一定的影响。

3.4.1 反应底物活性的影响

由于 α-氯代砜、α-溴代砜和 α-碘代砜的活性依次升高，它们反应所需的温度则依次降低 (式 44)[45]。

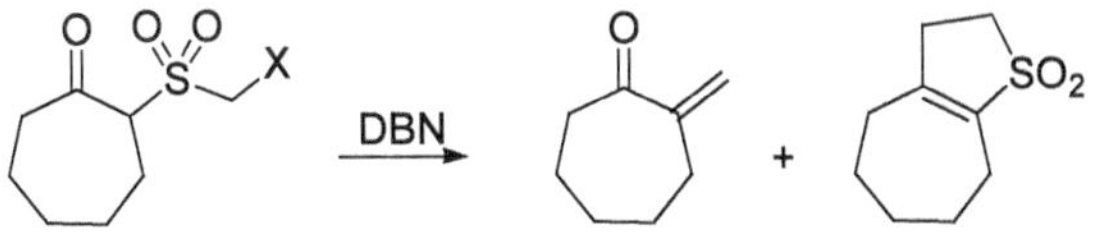

$$\text{(44)}$$

X = Cl, EtOH, rt	0	79%
X = Br, EtOH, rt	12%	88%
X = Br, CH_2Cl_2, −78 °C	77%	21%
X = I, CH_2Cl_2, −23 °C	83%	trace

使用 t-BuOK 促进的 α-碘代砜的反应最好在低温下进行。反应温度的选择也受到 α-位和 α'-位反应活性的影响 (式 45 和式 46)[44]。

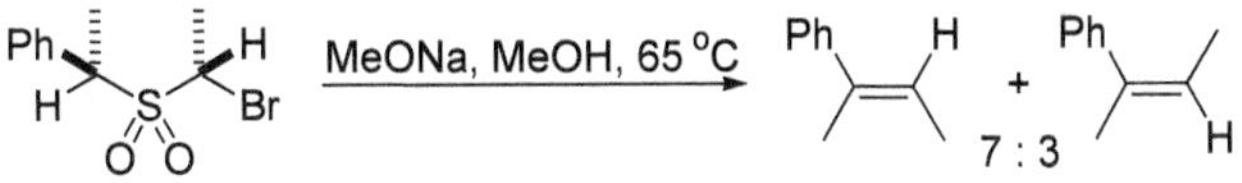

$$\text{(45)}$$

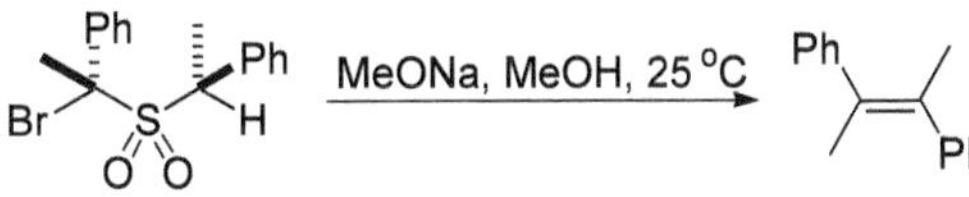

$$\text{(46)}$$

3.4.2 碱性试剂强弱的影响

一般情况下,在碱金属氢氧化物水溶液中进行的 Ramberg-Bäcklund 反应需要比较高的温度,反应常常在室温或加热条件下进行。在较高温度下,Ramberg-Bäcklund 反应中间体环砜会很快脱去一分子 SO_2 形成烯烃[45~48]。

使用有机烷氧基盐在非质子性溶液中进行的反应,可以在较低的温度下进行[51,52]。但是,t-BuOK 促进的 α-碘代砜的反应开始时需要在低温 (−78 ℃) 下进行。因为在低温下环砜中间体较为稳定而不易分解。然后,再将反应慢慢地升至 0 ℃ 或室温,使反应中间体分解 (式 47)[57,58]。

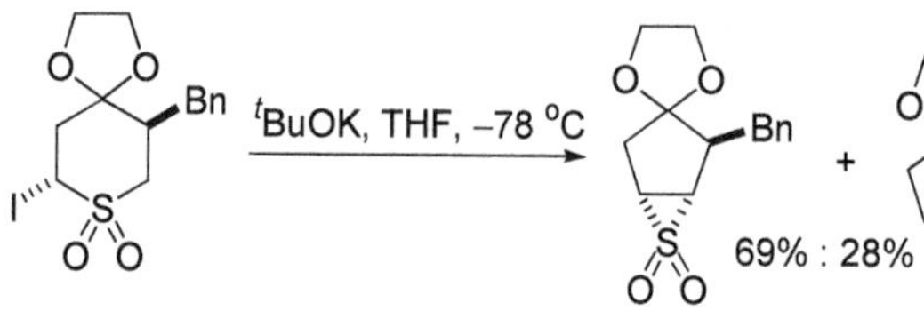

$$\text{(式 47)}$$

3.5 反应的立体化学选择性

Ramberg-Bäcklund 反应的立体化学控制,主要是通过选择适当的碱试剂和溶剂来实现,具有可控性强和选择性好的优点[12,14]。

3.5.1 溶剂的影响

在质子溶剂中,使用中强碱 (例如:KOH/H_2O) 促进的 Ramberg-Bäcklund 反应主要得到 Z-构型产物 (式 7)[21]。但是,使用 α-氯苄基苯基砜作为底物时则完全得到 E-构型的苯乙烯 (式 48)[16a]。在非质子性溶剂中,使用强碱 (例如:LDA/DMSO、CH_3ONa/CH_3OH、t-BuOK/THF 等) 促进的 Ramberg-Bäcklund 反应主要得到 E-构型产物。

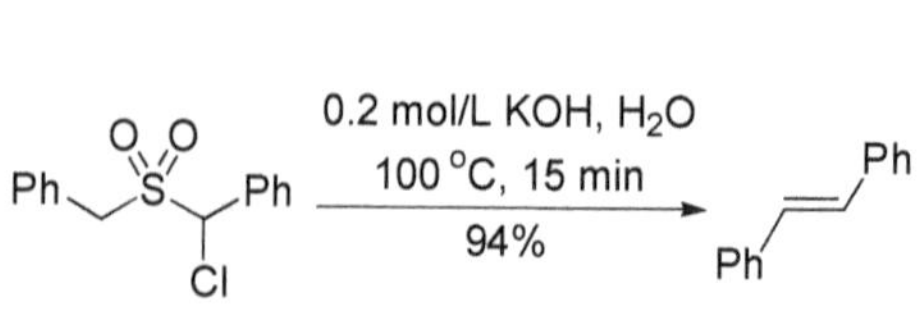

$$\text{(式 48)}$$

3.5.2 不同类型碱性试剂的影响

在从底物 $R^1CH_2SO_2CHBrR^2$ 生成产物 $R^1CH=CHR^2$ 的 Ramberg-Bäcklund 反应中,双键的构型主要受到所使用的碱性试剂的影响。在实际操作中,根据实际情况选择适当的碱性试剂,可以达到较好控制产物中碳-碳双键构型的目的。

(1) **NaOH 或 KOH** 该类试剂一般在水溶剂中使用。当底物的溶解性太差时,也可以使用醇或三氯甲烷作为溶剂。它们属于中等强度的碱试剂,它们促进的 Ramberg-Bäcklund 反应产物的双键构型以 Z-构型为主 (式 49)[13]。

$$\underset{Br}{\overset{O\ O}{\underset{||\ ||}{S}}}\diagdown \xrightarrow[90\%]{\text{aq. KOH (2 mol/L)}} \diagup\!\!\!\diagdown\!\!\!\diagup \quad \text{Z- as major} \qquad (49)$$

(2) *t*-BuOK　该试剂一般在 THF 或者 *t*-BuOH 中使用。*t*-BuOK 是一个强碱，它们促进的 Ramberg-Bäcklund 反应产物的双键构型以 *E*-构型为主 (式 50)[14]。

$$\underset{Cl}{\overset{O\ O}{\underset{||\ ||}{S}}}\diagdown \xrightarrow[90\%]{\text{1.3 mol/L }t\text{-BuOK, }t\text{-BuOH}} \diagup\!\!\!\diagdown\!\!\!\diagup \quad (Z{:}E=18.6{:}81.4) \qquad (50)$$

(3) MeONa 或 EtONa　该类碱试剂一般在相应的醇 MeOH/EtOH 中使用。它们属于强碱，它们促进的 Ramberg-Bäcklund 反应产物的双键构型以 *E*-构型为主 (式 51)[22]。

$$\text{Br}\overset{\text{Ph}}{\underset{}{\diagdown}}\overset{\overset{O\ O}{\underset{||\ ||}{S}}}{\diagup}\overset{\text{Ph}}{\underset{H}{\diagdown}} \xrightarrow[100\%]{\text{CH}_3\text{ONa, CH}_3\text{OH}} \text{Ph}\diagdown\!\!\!=\!\!\!\diagup\overset{\text{Ph}}{\underset{\text{Ph}}{}} \qquad (51)$$

(4) LHMDS 或 *n*-C$_4$H$_9$Li　该类碱试剂一般在 THF 中使用。小体积的烷基锂试剂属于超强碱，它们参与的 Ramberg-Bäcklund 反应产物的双键构型以 *E*-构型为主。但是，烷基锂多用于具有大张力的多环体系，很少应用于 R^{1}CH$_2$SO$_2$CHBrR^2 类底物。

(5) C$_6$H$_5$Li　该类碱试剂一般在苯溶剂中使用。虽然 C$_6$H$_5$Li 同样是有机锂试剂且碱性很强，但苯基的空间效应使得其在动力学上不如醇钠夺取质子的速度快。因此，它参与 Ramberg-Bäcklund 反应产物的双键构型主要是 Z-构型的产物 (式 52)[16]。

$$\diagdown\!\!\!\diagup\underset{Cl}{\overset{O\ O}{\underset{||\ ||}{S}}}\diagdown \xrightarrow[30\%]{\text{C}_6\text{H}_5\text{Li, xylene}} \diagdown\!\!\!\diagup\!\!\!\diagdown\!\!\!\diagup \quad (Z{:}E = 68{:}32) \qquad (52)$$

(6) DBU、DBN 或吗啡　该类碱试剂一般在氯仿溶剂中使用，用于带有特殊侧链或者对强碱敏感的反应底物。DBU、DBN 和吗啡都是碱性较强的胺，但夺取质子的能力和前面列举的碱性试剂相比较要逊色很多。因此，它们很少单独被应用在 R^{1}CH$_2$SO$_2$CHBrR^2 为底物的反应中。

4 Ramberg-Bäcklund 的改进

尽管 Ramberg-Bäcklund 反应在构建碳-碳双键方面具有很好的区域选择性，而且在不同的反应条件下具有良好的立体选择性等优点。但是，α-卤代砜作为 Ramberg-Bäcklund 反应的底物必须预先制备。前文已经介绍了多种制备 α-卤代砜的方法，但是无论何种方法都增加了 Ramberg-Bäcklund 反应前期准备的步骤。因此，后人对 Ramberg-Bäcklund 反应进行了改进，发明了由砜化合物直接进行卤代、成环和消除的"一锅法" Ramberg-Bäcklund 反应。

4.1 Meyers 改良法

1969 年，Meyers 报道了有关 CCl_4 与酮、醇和砜发生反应时的行为，并提出了一种对 Ramberg-Bäcklund 反应的有效改良方法[59]。该方法采用 CCl_4 作为氯化试剂和 KOH 作为碱性试剂，直接将砜底物转变成为相应的烯烃产物 (式 53)。该方法省略了氯化步骤，使 Ramberg-Bäcklund 反应得到了极大的简化。现在，人们将该反应称之为 Meyers 改良法。

$$\underset{\underset{O}{\overset{O}{\|}}{\overset{\|}{S}}}{R^2\text{CH}(R^1)\text{—}\text{CH}(R^1)R^2} \xrightarrow[\substack{R^1, R^2 = H, \text{Alkyl, Ar} \\ \text{heteroaryl, CO}_2R}]{KOH, CCl_4, t\text{-BuOH}} \underset{R^2}{\overset{R^1}{>}}{=}\underset{R^2}{\overset{R^1}{<}} \quad (53)$$

Meyers Modification

4.1.1 反应机理

采用 CCl_4 作为氯化试剂，其实质是一种在碱性条件下进行的碳负离子交换反应。由于氯的电负性较大，使得 $:CCl_3^-$ 的稳定性比砜的 α-位碳负离子高，从而实现对砜 α-位的氯代反应，平衡有利于偏向三氯甲基碳负离子的产生。而三氯甲基碳负离子又能可逆地电离出氯负离子和二氯卡宾，从而促使平衡右移产生砜的 α-位碳负离子 (式 54)。

$$\underset{\underset{O}{\overset{O}{\|}}{\overset{\|}{S}}}{R^2\text{CH}(R^1)\text{—}\text{CH}(R^1)R^2} \xrightarrow{KOH} \underset{\underset{O}{\overset{O}{\|}}{\overset{\|}{S}}}{R^2\text{CH}(R^1)\text{—}\overset{-}{\text{C}}(R^1)R^2} \xrightleftharpoons[:CCl_3^-]{Cl\text{—}CCl_3} \underset{\underset{O}{\overset{O}{\|}}{\overset{\|}{S}}}{R^2\text{CH}(R^1)\text{—}\text{CCl}(R^1)R^2} \quad (54)$$

Mechanism of halogenation $\quad :CCl_2 + Cl^-$

4.1.2 反应温度

一般来说，砜的 α-位被苄基或者烯丙基取代的底物，其反应可以在室温下进行，其它底物的反应需要加热到 50~60 °C 进行。

4.1.3 Meyers 改良法的优缺点

使用 Meyers 改良法可以省略传统 Ramberg-Bäcklund 反应中的氯化步骤。不仅提高了合成的效率和产率，而且所用的试剂也较为简单。但是，CCl_4 在碱性条件下也容易形成二氯卡宾。当反应中有新生成的双键产物时，它们会捕捉二氯卡宾生成三元环副产物 (式 55)。大多数情况下，特别是使用烷基砜作为底物时，产物中三元环副产物的比例一般要高于碳-碳双键产物。

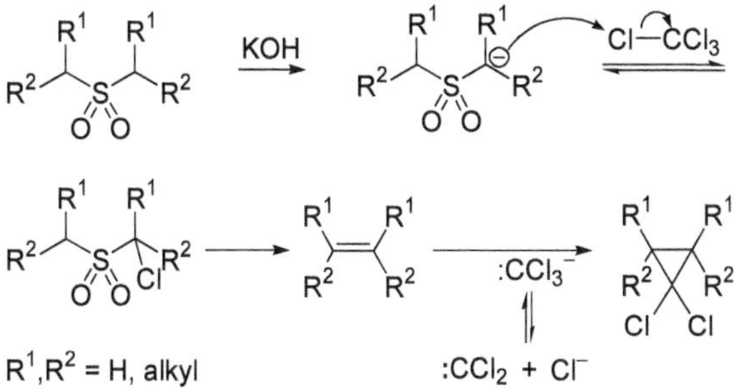

KOH
Cl—CCl3
:CCl3⁻
:CCl2 + Cl⁻
R1,R2 = H, alkyl

(55)

Generation of byproduct via dichlorocarbene

如果生成的双键与芳环共轭，则不易与二氯卡宾发生加成反应。因此，Meyers 改良法在砜的 α-位是苄基的底物中可以得到更好的结果。但是，这也是 Meyers 改良法的局限性[59]。

4.1.4 Meyers 改良法的应用

Trost 等人在完成昆虫信息素 (+)-Solamin 的合成中，关键的二氢呋喃环结构就是通过 Meyers 改良法构建的 (式 56)[60]。

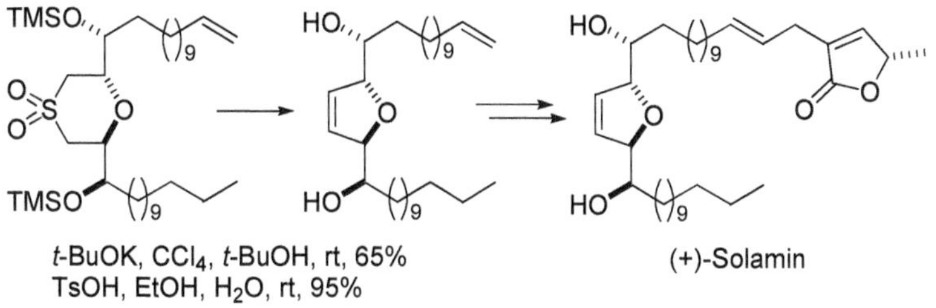

t-BuOK, CCl4, t-BuOH, rt, 65%
TsOH, EtOH, H2O, rt, 95%
(+)-Solamin

(56)

4.2 Chan 改良法

由于 Meyers 改良法的局限性，其应用范围受到了一定的限制。为了克服四氯化碳在碱性条件下产生的二氯卡宾对产物双键的影响，Chan 等人在 1994 年提出了一种基于 Meyers 改良法的进一步改进[61]。他们使用 CF_2Br_2 作为卤化试剂，成功地避免了二卤卡宾的生成，显著地提高了双键化合物的产率。该方法还使用 Al_2O_3 作为 KOH 的吸附剂，简化了 KOH 的使用工艺。现在，人们将该反应称之为 Chan 改良法 (式 57)。

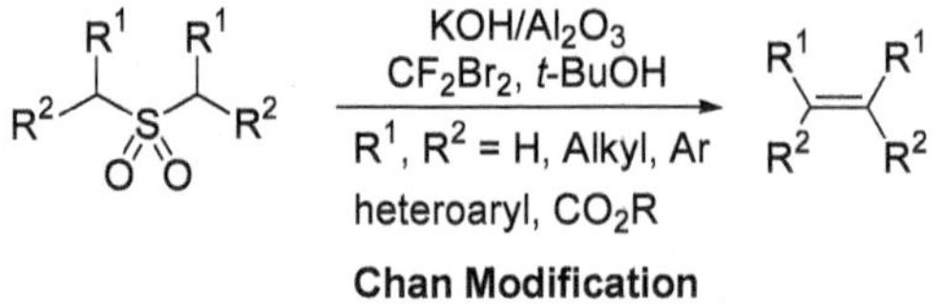

$$\underset{R^2}{\overset{R^1}{\diagdown}}\!\!CH\text{-}SO_2\text{-}CH\underset{R^2}{\overset{R^1}{\diagup}} \xrightarrow[\substack{R^1,\ R^2 = H,\ Alkyl,\ Ar \\ heteroaryl,\ CO_2R \\ \textbf{Chan Modification}}]{\substack{KOH/Al_2O_3 \\ CF_2Br_2,\ t\text{-}BuOH}} \underset{R^2}{\overset{R^1}{\diagdown}}C=C\underset{R^2}{\overset{R^1}{\diagup}} \qquad (57)$$

4.2.1 反应机理和条件

Chan 改良法机理与 Meyers 改良法基本相同：首先使用溴化试剂 CF_2Br_2 对底物进行 α-位溴化，然后再进行传统的 Ramberg-Bäcklund 反应。由于 F 原子强烈的吸电子效应阻碍了卡宾的形成，因而生成的双键不会受到卡宾加成反应的影响。

Chan 改良法使用氧化铝为载体的 KOH 作为碱性试剂和 CF_2Br_2 作为溴化试剂，反应一般在叔丁醇溶剂中进行。和 Meyers 改良法一样，其反应温度的选择主要取决于底物的性质。α-位有苄基或者是烯丙基取代的砜在室温或低于室温下即可反应，而其它底物的反应则需要加热到 50~80 ℃ 进行 (式 58)。

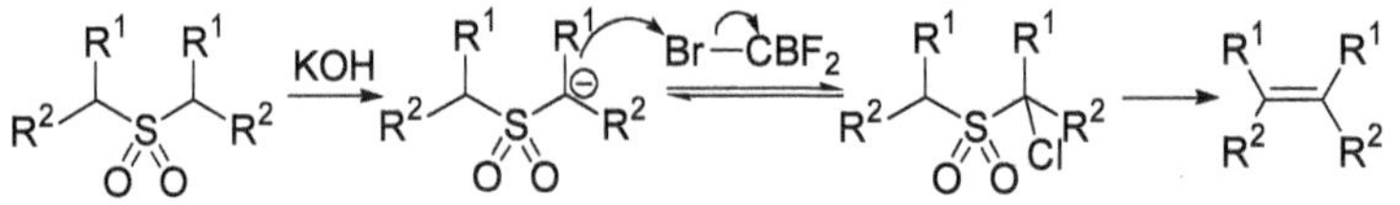

$$\text{(式 58 反应机理图)} \qquad (58)$$

4.2.2 Chan 改良法的优缺点

Chan 改良法克服了 Meyers 改良法的局限性，极大地简化了合成工艺和提高了合成产率。其中，采用 CF_2Br_2 代替 CCl_4 可以有效地避免副反应的发生。使用氧化铝作为 KOH 的载体提高了非均相体系中反应的效率。但是，一些反应活性较低的底物需要在较高的温度 (50~80 ℃) 下进行反应。而 CF_2Br_2 的沸点只有 22~23 ℃，很容易在反应过程中被挥发掉。

4.3 Vedejs 改良法

1978 年，Vedejs 等人发现：在强碱 NaH 和氯化试剂 C_2Cl_6 的作用下，α-位带有酯基的砜可以在室温下发生 Ramberg-Bäcklund 反应 (式 59)[62]。但是，Vedejs 改良法的缺点是必须使用 α-位带有一个氢和一个酯基的砜作为反应的底物。

$$\text{(structure)} \xrightarrow[75\%]{\text{NaH, C}_2\text{Cl}_6\text{, DME} \atop 20\ ^\circ\text{C, 3 h}} \text{(structure)} \quad (59)$$

4.4 Hendrickson 改良法

1984 年，Hendrickson 等人报道[10,63]：使用三氟甲基磺酰基 ($CF_3SO_2^-$) 代替 α-卤代砜中的卤原子生成的二砜化合物也是一类 Ramberg-Bäcklund 反应的底物。三氟甲基磺酰基具有双重作用：一是作为一个吸电子基团增加砜的 α-位质子的酸性，使得碳负离子在较为温和的条件下即可形成；二是作为亲核取代反应中更容易离去的基团，被 α'-位碳负离子进攻后形成中间体环乙砜，最后经消除一分子 SO_2 得到碳-碳双键产物。

4.4.1 二砜化合物的制备

在碱性条件下，二甲基砜和三氟甲基磺酰氟发生缩合反应即可得到相应的二砜化合物 (式 60)。

$$\text{(Me}_2\text{SO}_2\text{)} + \text{CF}_3\text{SO}_2\text{F} \xrightarrow{\text{base}} \text{disulfone} \quad (60)$$

4.4.2 二砜化合物的烷基化可制备不同类型的双键产物

二砜化合物的烷基化是通过 α-位或 α'-位碳负离子与卤代烷作用完成的。一旦 α'-位形成碳负离子而 α-位无碳负离子，就会立即发生分子内成环反应形成环乙砜中间体，进而形成双键产物。但是，由于 α-位的质子酸性要比 α'-位甲基质子的酸性大得多，因此碳负离子优先在 α-位上生成。这种碳负离子形成的选择性可以有效地避免来自 α'-位碳负离子的进攻。在 BuLi 的存在下，二砜可以与卤代烷反应生成。然后，四烷基二砜在碱性条件下发生消除反应生成特定的双键产物 (式 61)。

上述反应步骤表明：当 α-位被二烷基化时不能形成碳负离子，因此会导致发生 1,3-消除反应。为了避免 α'-位碳负离子对 α-位的进攻，第一步至少需要加入 2 倍 (物质的量) 的强碱。若要合成末端烯烃，只需在 α-位进行二烷基化即可。由于 α-位质子酸性较强，第二次烷基化可以在弱碱 K_2CO_3 的作用下即可完成。若要在 α-位和 α'-位引入相同的烷基取代基，在 3 倍 (物质的量) 强碱的存在下与 2 倍 (物质的量) 卤代烷反应即可 (式 62)。

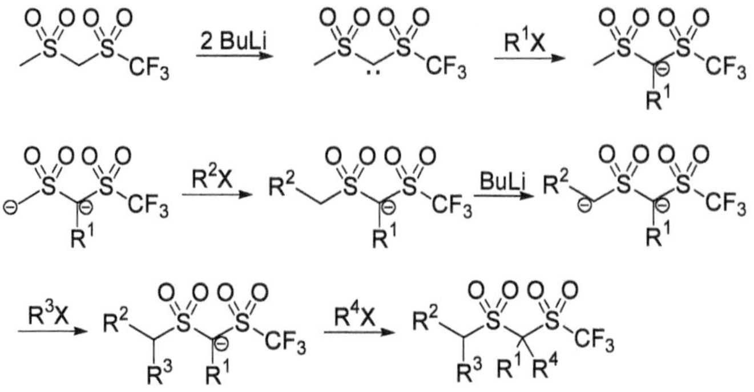

$$\underset{}{\text{MeSO}_2\text{CH}_2\text{SO}_2\text{CF}_3} \xrightarrow{\text{2 BuLi}} [\text{carbanion}] \xrightarrow{R^1X} \text{MeSO}_2\text{CHR}^1\text{SO}_2\text{CF}_3$$

$$\xrightarrow{R^2X} \xrightarrow{\text{BuLi}} \xrightarrow{} \quad (61)$$

$$\xrightarrow{R^3X} \xrightarrow{R^4X}$$

Subsequence of Alkylations

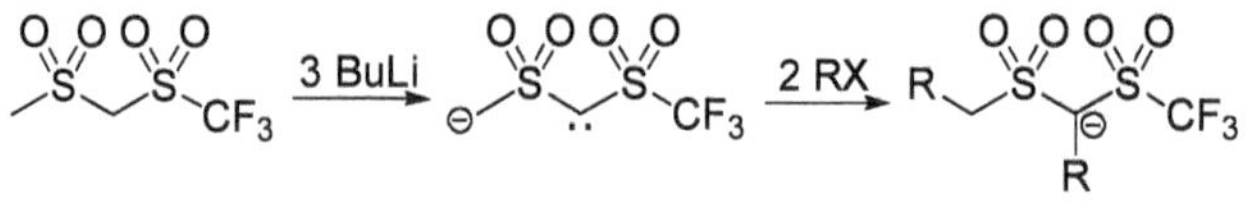

$$\xrightarrow{\text{3 BuLi}} \xrightarrow{\text{2 RX}} \quad (62)$$

在 Hendrickson 改良法中，对甲苯磺酰和苯磺酰等作为离去基团常常用于该目的。

4.4.3 Hendrickson 改良法的反应机理和条件

以磺酰基衍生物作为离去基团和以卤素作为离去基团的反应机理非常相似。首先，α'-位碳负离子进攻 α-位使磺酰基离去。然后，重复传统的 Ramberg-Bäcklund 反应过程即可。该反应使用的碱性试剂与 α'-位质子的酸性有关：若 α'-位上含有其它的吸电子基团 (例如：羧基或酯基)，使用与 K_2CO_3 类似的弱碱即可；若 α'-位上无其它吸电子基团存在，则需要强碱，例如：叔丁醇钾、氢化钠或丁基锂等。

该反应的温度随所用的碱性试剂和底物的分子结构而异。一般来说，采用非环状底物时，强碱参与的反应要在较低温度下 (0 °C 或 –78 °C) 进行。当使用环状底物时，所需的温度一般在 30~50 °C 之间，有时还需要加热回流。

4.4.4 Hendrickson 改进反应的优缺点

Hendrickson 改良法最主要的优点是具有较高的烷基化反应的选择性。这是因为另一个吸电子基团的引入使 α-位和 α'-位质子的酸性产生了显著的差异。这种差异决定了碳负离子形成的顺序，从而决定了烷基化反应的顺序。此外，二砜化合物具有制备简便和原料易得的优点。Hendrickson 改进法为多取代烯烃和环状 (包括大环) 烯烃的合成提供了可行的途径。Hendrickson 等人成功地采用该方法合成了末端烯烃和环内烯烃 (式 63 和式 64)[64]。

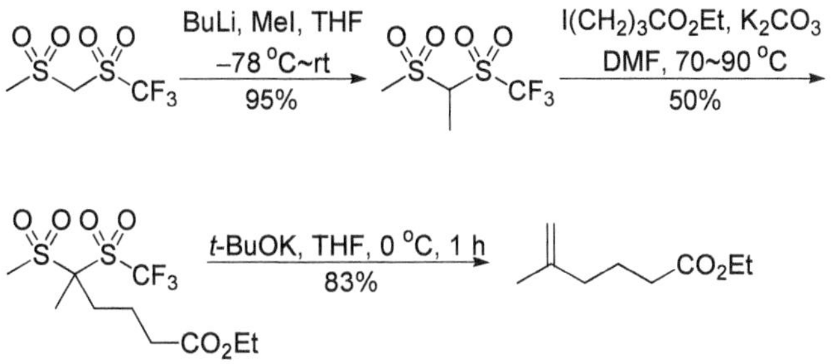

$$\text{(63)}$$

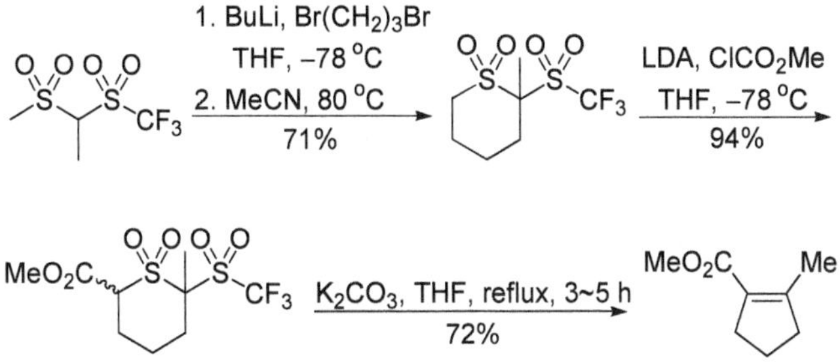

$$\text{(64)}$$

但是，Hendrickson 改良法中的二砜化合物在反应过程中要失去 2 个砜基片段，反应的原子利用率很低。从原子经济的角度来考虑，这个反应并不符合绿色化学合成的理念。

4.5 环氧-Ramberg-Bäcklund 反应

1998 年，Taylor 等人发现了 α,β-环氧砜作为底物的 Ramberg-Bäcklund 反应，生成相应的烯丙基醇[14,65]。也可以用 α,β-环硫砜或者 α,β-吖啶衍生物作为反应的底物，在形成烯键的同时实现邻位碳原子的官能团化。

一般来说，该反应使用 t-BuLi 作为碱性试剂在 THF 溶剂中进行。苄基砜和非苄基砜都可以顺利地发生反应，但后者的反应活性要明显低于前者。

底物 α,β-环氧砜可以从相应的乙烯基砜通过亲核环氧化制备，用此法可以合成丙烯醇化合物 (式 65)[66]。

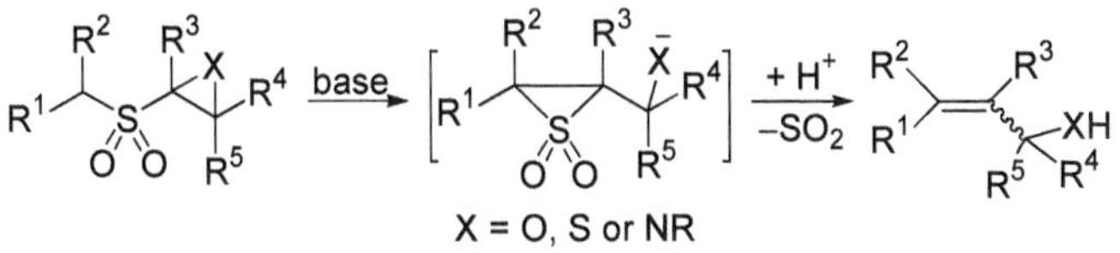

$$\text{(65)}$$

使用该反应可以方便地得到丙烯醇化合物，但产率一般较低。如果使用过氧化物作为氧化试剂和碱性试剂，可以直接使用 α,β-不饱和砜作为底物 (式 66~式 68)[67]。

$$\text{PhCH}_2\text{S(O)}_2\text{-epoxide-Et} \xrightarrow[75\%,\ E:Z=9:1]{t\text{-BuOLi, THF, rt}} \text{Ph-CH=CH-CH(OH)Et} \quad (66)$$

$$\text{CH}_3\text{S(O)}_2\text{-epoxide-Ph} \xrightarrow[39\%]{t\text{-BuOLi, THF, rt}} \text{CH}_2\text{=CH-CH(OH)Ph} \quad (67)$$

$$\text{PhCH}_2\text{S(O)}_2\text{CH=CHPh} \xrightarrow[-78\ ^\circ\text{C}\sim\text{rt, 24 h}]{t\text{-BuOOLi, THF}} \underset{52\%}{\text{PhCH}_2\text{S(O)}_2\text{CH=CHPh}} + \underset{15\%}{\text{Ph-CH=CH-CH(OH)}_2} \quad (68)$$

4.6 α-卤代烷基次磷酸酯的 Ramberg-Bäcklund 反应

Quast 等人使用磷替代硫原子生成的膦酯进行类似的 Ramberg-Bäcklund 反应。在电解条件下，可以将 α,α'-二溴膦酸酯转变成为 1,2-二苯乙烯（式 69）[68]。与传统的 Ramberg-Bäcklund 反应一样，这些含磷化合物都有 α-位的离去基团以及 α'-位的质子。反应经过了一个三元环膦酸酯中间体[69]，非常类似于传统 Ramberg-Bäcklund 反应中的环乙砜三元环中间体。

$$\text{PhCHBr-P(O)(OMe)-CHBrPh} \xrightarrow[\text{2e}^-,\ \text{DMSO, 20 }^\circ\text{C}]{} \left[\begin{array}{c}\text{Ph}\quad\text{Ph}\\ \triangle \\ \text{P(O)OMe}\end{array}\right] \xrightarrow[76\%]{} \underset{E:Z=56:44}{\text{PhCH=CHPh}} \quad (69)$$

在碱性试剂的作用下，α-卤代氧膦首先转化成为可以分离的三元环氧膦中间体。然后，升温至 60 ℃ 发生消除反应，定量地生成 Z-构型烯烃（式 70）[70]。使用季鏻盐也可以完成类似的转化生成相应的烯烃（式 71）[71~73]。

$$t\text{-Bu-CHCl-P(O)(t-Bu)-CH}_2\text{-}t\text{-Bu} \xrightarrow[-60\ ^\circ\text{C, 16 h}]{\text{LiNEt}_2,\ \text{Et}_2\text{O}} \left[\begin{array}{c}t\text{-Bu}\quad t\text{-Bu}\\ \triangle \\ \text{P(O)}t\text{-Bu}\end{array}\right] \xrightarrow[100\%]{} t\text{-Bu-CH=CH-}t\text{-Bu} \quad (70)$$

$$[\text{Ph}_3\text{P}^+(\text{CH}_2\text{Ph})_2]\text{Br}^- \xrightarrow[\text{rt}]{\text{NEt}_3,\ \text{CHCl}_3} \left[\begin{array}{c}\text{Ph}\quad\text{Ph}\\ \triangle \\ \text{P}^+\text{Ph}_2\end{array}\right] \xrightarrow[78\%]{} \underset{E:Z=22:78}{\text{PhCH=CHPh}} \quad (71)$$

5 Ramberg-Bäcklund 反应在有机合成中的应用

自 Ramberg-Bäcklund 反应被发现以来，其反应底物 α-卤代砜经重排反应形成的碳-碳双键表现出很好的区域选择性，而且在不同的反应条件下具有良好的立体选择性。因此,该反应已经被广泛应用于各种化合物的碳-碳双键的合成,尤其是用于构建复杂结构的天然产物或功能有机分子中的碳-碳双键。

5.1 开链及环状共轭烯炔、共轭多烯类化合物的合成

Calicheamicins 和 Esperamicins 是一类具有抗菌和抗肿瘤活性的天然产物,其分子中都含有烯二炔结构单元,该结构单元与它们的生物活性有很大的关系。Nicolaou 等人采用经典的 Ramberg-Bäcklund 反应,合成了该系列化合物中的关键环状烯二炔结构片段。他们以 cis-4,5-二羟甲基环己烯为原料,首先合成了二炔结构的中间体。然后,将其依次转化成为硫醚和 α-卤代砜。最后,在 MeLi 的作用下,经 Ramberg-Bäcklund 反应完成了具有环癸-3-烯-1,5-二炔结构片段的合成 (式 72)[74]。

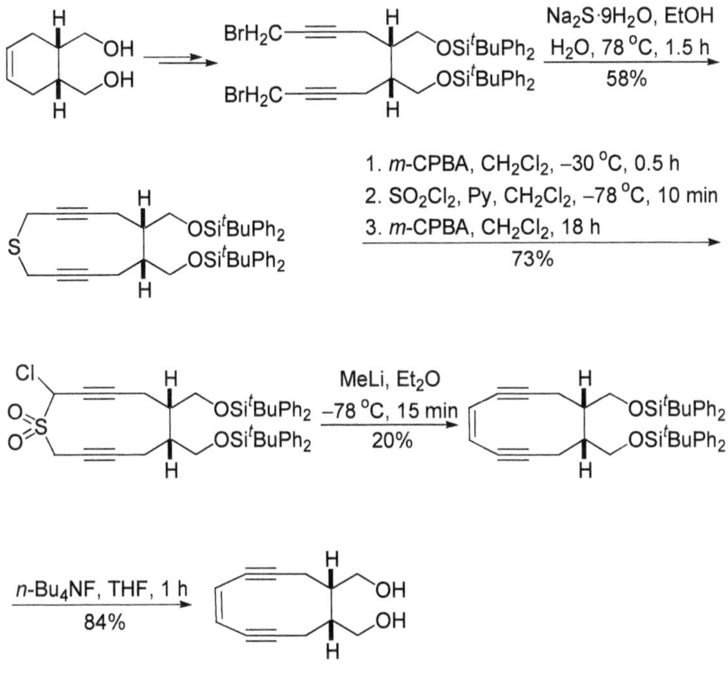

Cao 等人以链状或环状的炔丙基砜为起始原料,采用 Chan 改良法合成了可分离的链状共轭烯二炔和环状共轭烯二炔类化合物 (式 73 和式 74)[75]。与上述 Nicolaou 的合成方法相比较,最明显的优点就是避免了制备 α-卤代砜的步骤,简化了合成路线和提高了反应产率。

1974 年,Buchi 等人发现:在 Meyers 改良法的条件下,二烯丙基砜可以经 Ramberg-Bäcklund 反应生成共轭三烯[76]。使用该反应构建的双键大多具有 E-构型 (式 75~式 77)。

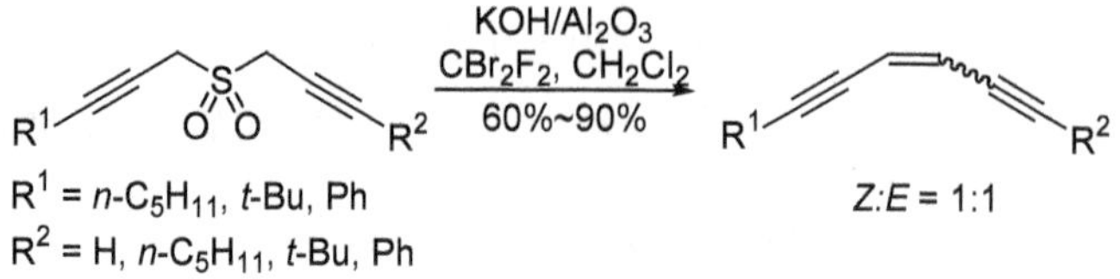

若底物是单一的 E-构型二烯丙基砜，使用 Meyers 改良法[77]可以得到较高比例的 E,E,E-共轭三烯。Koo 等人利用改良的 Ramberg-Bäcklund 反应构建了胡萝卜素 (β-carotene) 中的 E,E,E-构型共轭三烯骨架（式 78）[78]。

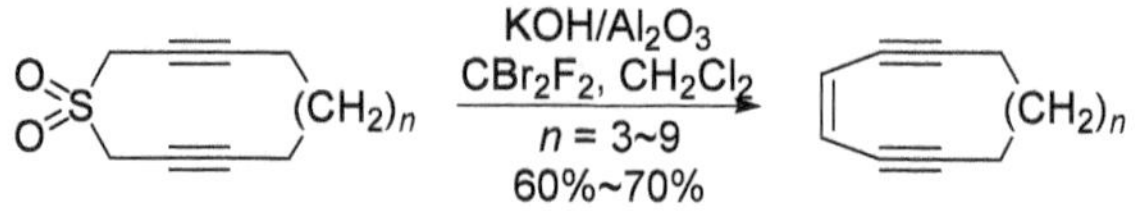

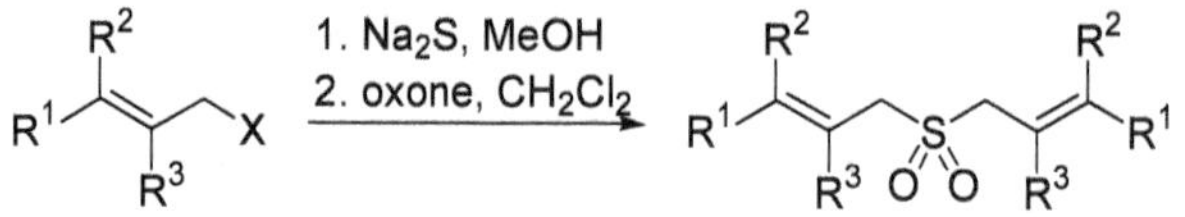

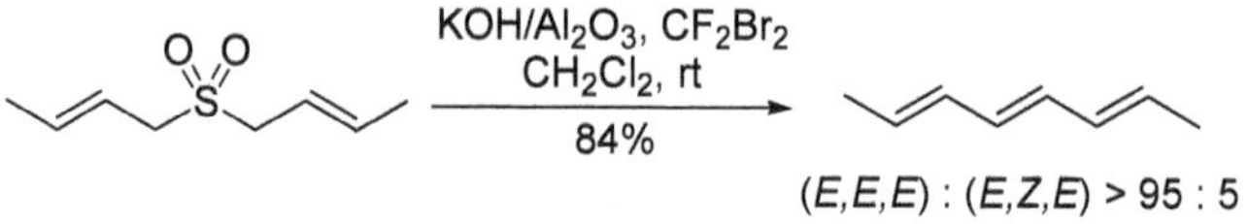

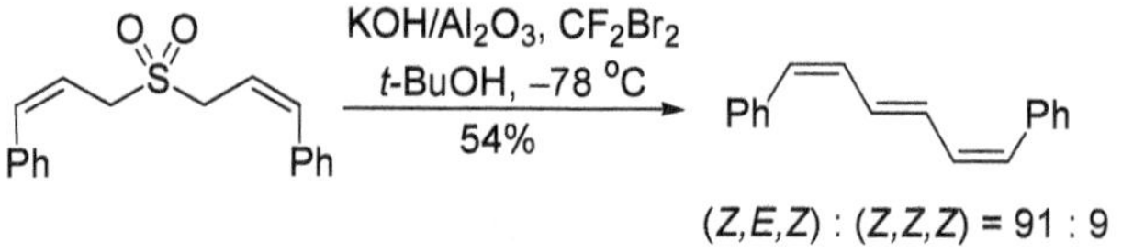

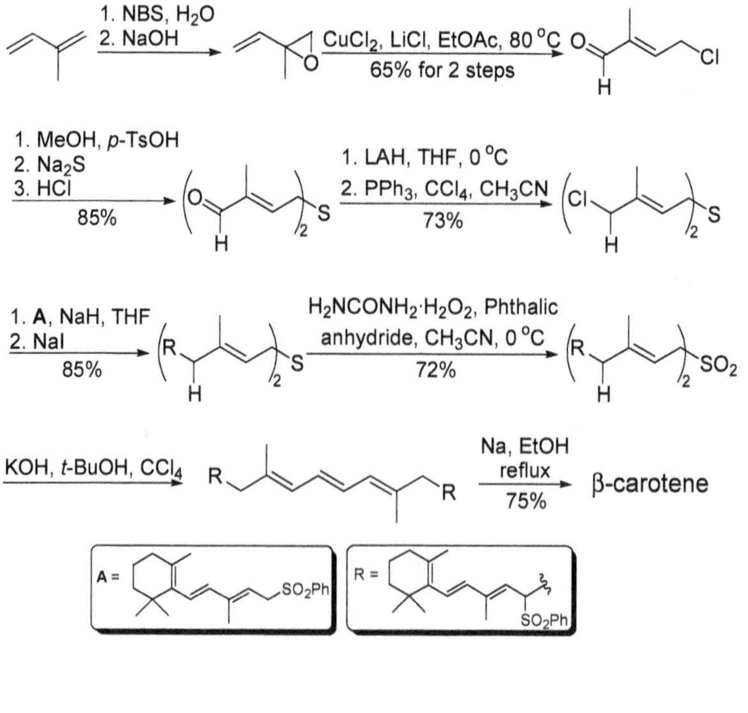

5.2 多羟基环戊烯化合物和 C-糖苷键化合物的合成

为了研究糖类衍生物的生物活性和药效关系，Ingles 等人合成了甲基 D-五碳硫杂吡喃糖（式 79）[79]。使用类似的方法，Yuasa 等人合成六碳硫杂吡喃糖[80]。

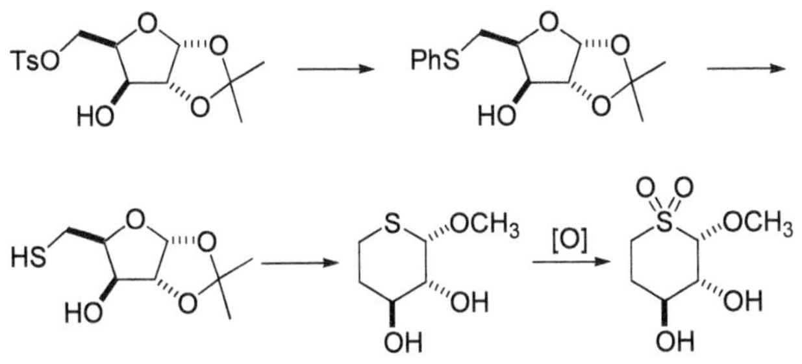

(79)

在此基础上，Taylor 等人利用硫杂吡喃糖类似物经 Ramberg-Bäcklund 反应合成了一类光学纯的多羟基环戊烯化合物（式 80 和式 81）[81]。该方法开辟了一条由硫杂吡喃糖合成具有环戊烯结构母体和手性多羟基取代天然产物的有效方法。

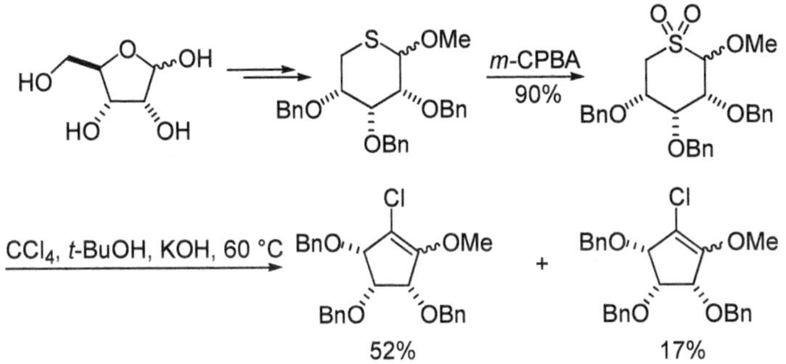

(80)

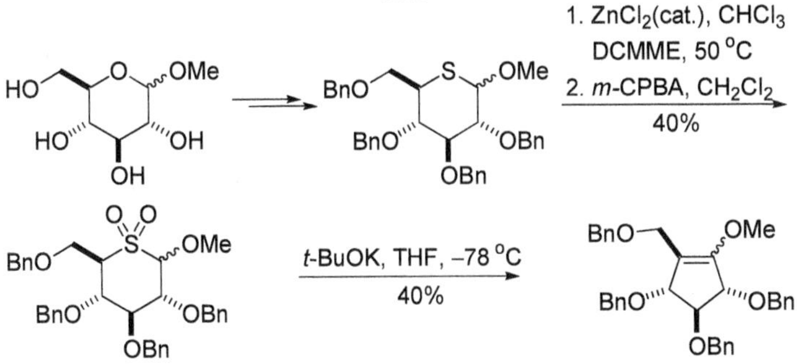

(81)

Ramberg-Bäcklund 反应在糖类化合物及其类似物合成中已经得到了广泛的应用。虽然 C-糖苷键和 O-糖苷键在电子效应和空间效应上具有类似的性质，但 C-糖苷键不能被生物体系所水解。因此，作为含有 O-糖苷键的生物活性类似物，它们可能可以作为糖苷酶的抑制剂。它们在抗肿瘤方面具有良好的细胞活性，一直受到科学家的关注。

1-亚甲基糖就是一个极为有用的合成中间体，用于合成新型 C-糖苷、C-二糖和 C-酮糖苷类化合物 (式 82)[82]。

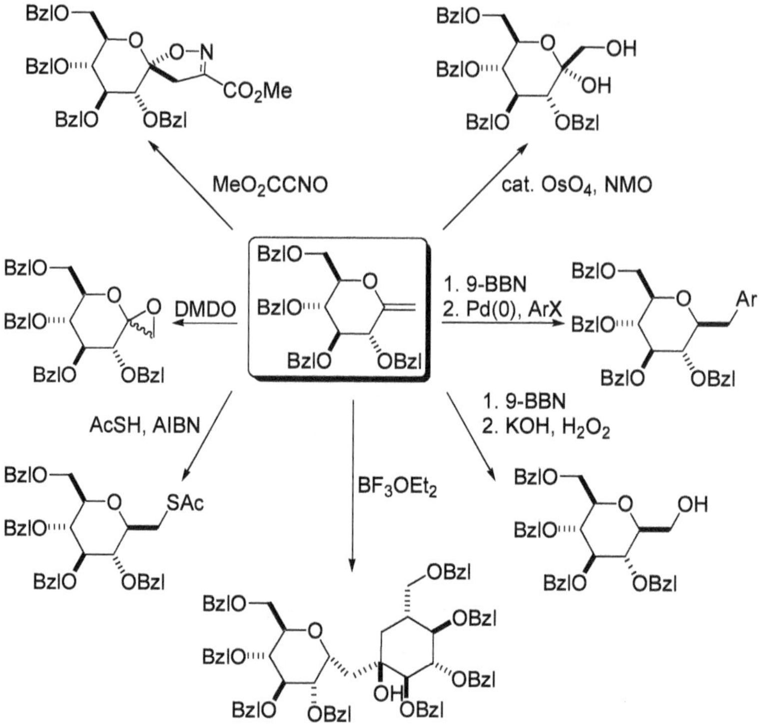

$$(82)$$

1986 年，Reddy 等人报道了有机钛化合物催化的糖酸内酯的亚甲基化反应，仅得到 1-亚甲基糖 (式 83)[83]。一般情况下，使用金属有机试剂对糖酸内酯进行取代亚甲基化难以实现。但是，通过 Ramberg-Bäcklund 反应，可以实现三或四取代的 1-取代亚甲基烯糖的成功合成 (式 84)[84, 85]。

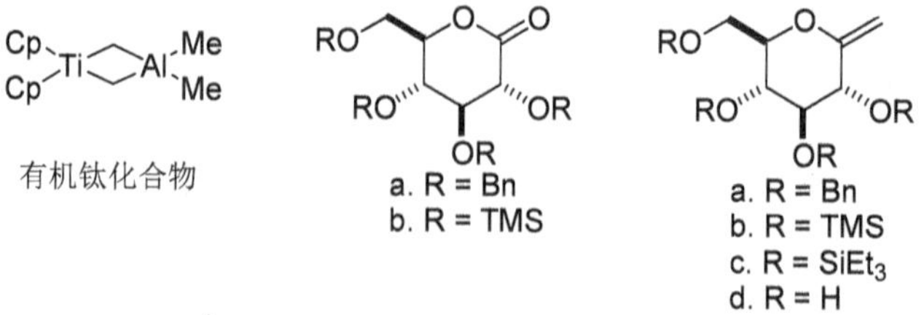

$$(83)$$

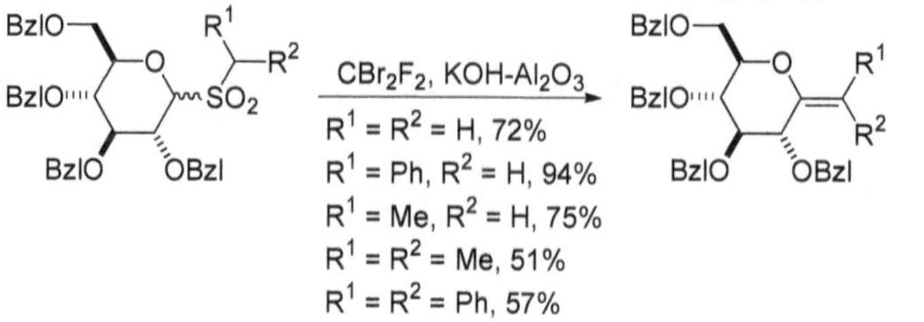

a. R = Bn
b. R = TMS
c. R = SiEt$_3$
d. R = H

$$(84)$$

$R^1 = R^2 = H$, 72%
$R^1 = Ph, R^2 = H$, 94%
$R^1 = Me, R^2 = H$, 75%
$R^1 = R^2 = Me$, 51%
$R^1 = R^2 = Ph$, 57%

采用 Ramberg-Bäcklund 反应，也可以合成一些空间位阻很大的亚甲基烯糖 (式 85)[85]。

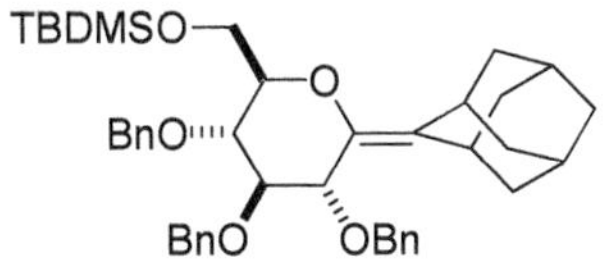

$$\tag{85}$$

Taylor 等人对利用 Ramberg-Bäcklund 反应制备 C-糖苷化合物的合成步骤进行了优化。他们使用磷酸酯与二丙酮保护的甘露糖发生上述简化的 C-糖苷化反应，高产率地得到了立体单一的 C-糖苷化合物 (式 86)[86~88]。

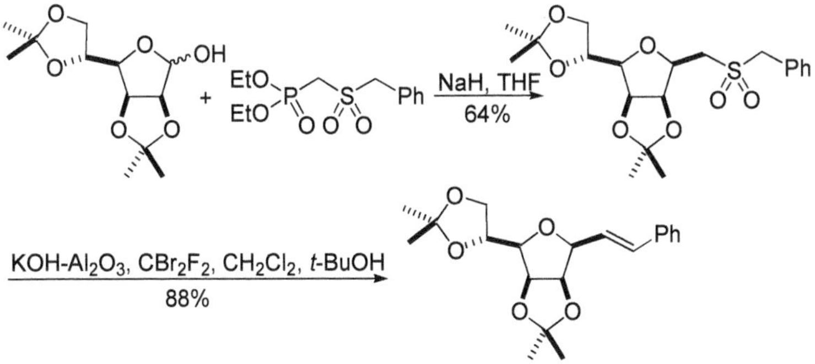

$$\tag{86}$$

Taylor 等人以 1-亚甲基糖烯为原料，经过硼氢化-氧化反应后直接生成碘代甲基化合物。然后，再与 1-巯基糖进行偶联生成二糖基硫醚。接着，将硫醚氧化成为相应的砜后发生 Meyers 改良的 Ramberg-Bäcklund 反应生成烯醚。最后，将双键还原得到 C-糖苷键二糖产物 (式 87)[89]。

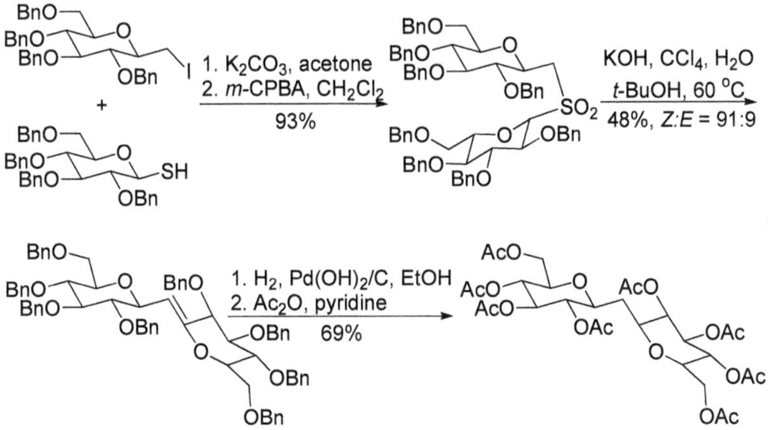

$$\tag{87}$$

5.3 不饱和氨基酸类化合物的合成

Taylor 等人对 L-甲硫氨酸衍生的 α-卤代砜的 Ramberg-Bäcklund 反应进行了研究。该化合物可以顺利地进行传统 Ramberg-Bäcklund 反应，转化成烯丙基甘氨酸 (式 88)[90]。

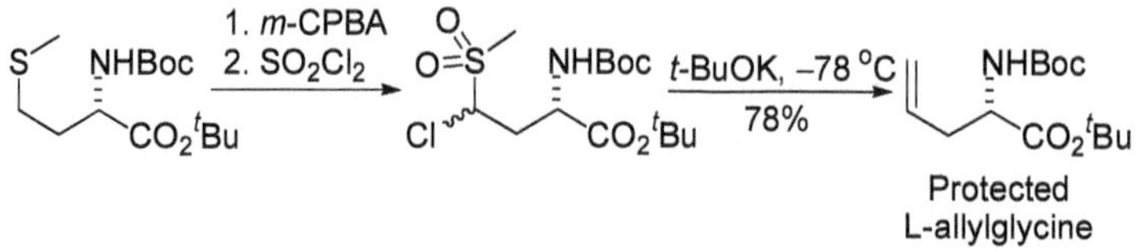

以该反应为关键步骤，建立了一条合成烯烷基取代甘氨酸的方法 (式 89)[90]。首先，由甲硫醇与烯基取代的甘氨酸发生自由基加成，生成相应的硫醚。然后，将硫醚依次氧化和氯化得到 α-氯代砜，最后，经 Ramberg-Bäcklund 反应得到比起始原料多一个碳的烯基取代的甘氨酸。

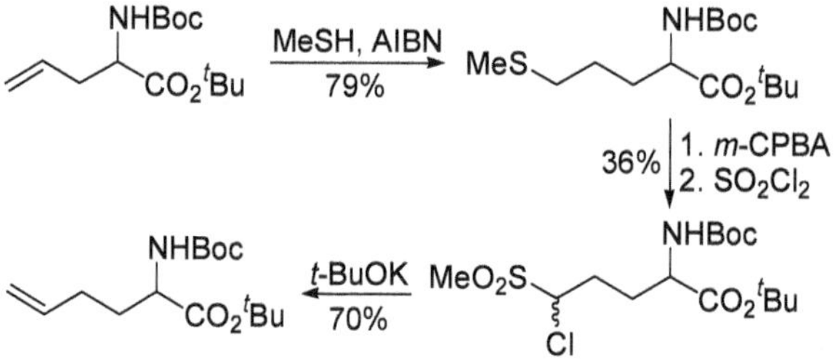

他们发现：使用经典的 Ramberg-Bäcklund 反应底物几乎完全不能得到乙烯基甘氨酸酯产物 (式 90)。这可能是因为砜的 β-位质子受到酯基的影响而具有一定的酸性，因此在碱性条件下容易发生分子内的 1,2-消除反应主要得到消除产物。但是，相应的乙烯基甘氨醇却很容易由 Ramberg-Bäcklund 反应制得 (式 91)[90]。

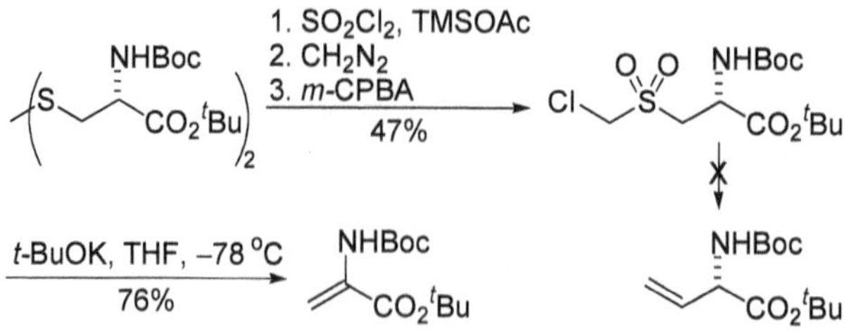

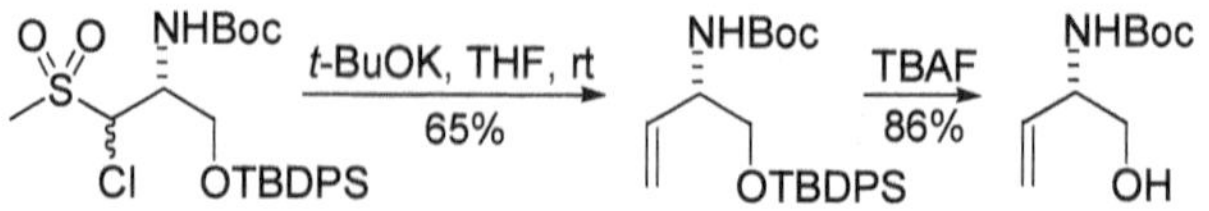

5.4 生物活性天然产物的合成

Aigialomycin D 是从海生红树林菌类中分离出来的一种含 18 个碳原子的间苯二酚甲酸大环内酯化合物，具有较强的抗癌活性和抗疟疾活性。2008 年，Harvey 等人将该化合物在双键位置剪切分为 3 个片段，完成了 Aigialomycin D 的全合成工作。如式 92 所示：其中一个双键是通过关环烯烃复分解反应构建的，另一个则是通过 Meyers 改良的 Ramberg-Bäcklund 反应构建的[91]。

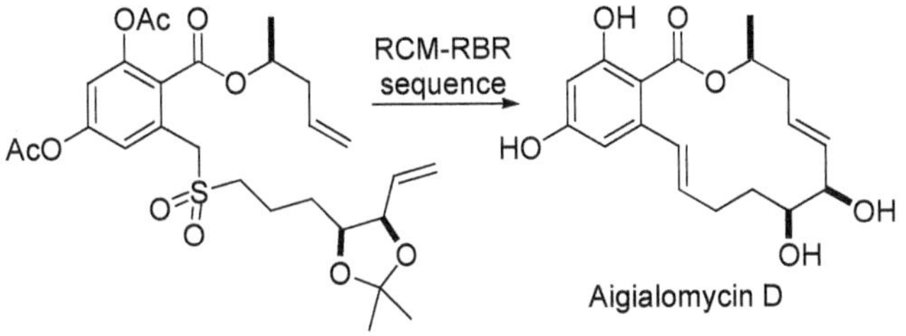

$$(92)$$

青蒿素是一类具有抗疟疾生物活性的天然产物，近年来又被证明具有抗癌活性[92]。它的 C-10 缩醛衍生物具有更好的抗疟疾活性，因而被用于临床。但是，C-10 缩醛衍生物具有较大的毒性。生物学实验发现：C-10 烷基去氧青蒿素或 C-10 去氧青蒿素烯能够保持较高的抗疟疾生物活性，却显著地降低了毒性。在 C-10 去氧青蒿素烯的合成过程中，使用 Chan 改良的 Ramberg-Bäcklund 反应完成了最后一步碳-碳双键官能团的构建 (式 93)[93]。

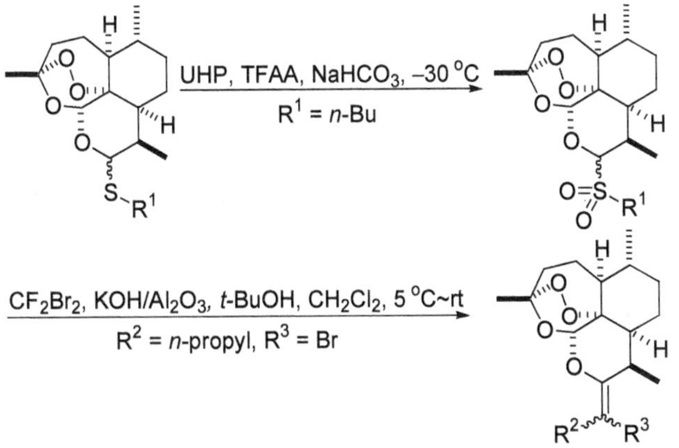

$$(93)$$

(+)-Varitriol 是从海洋生物 *Emericella variecolor* 中分离得到的一种极具抗肿瘤生物活性的化合物，但作用机理尚不清楚。2002 年，Malmstrøm 等人确定了该化合物的结构[94]。在该化合物的合成过程中，烯烃官能团是通过 Chan 改良的 Ramberg-Bäcklund 反应构建的 (式 94)[95]。

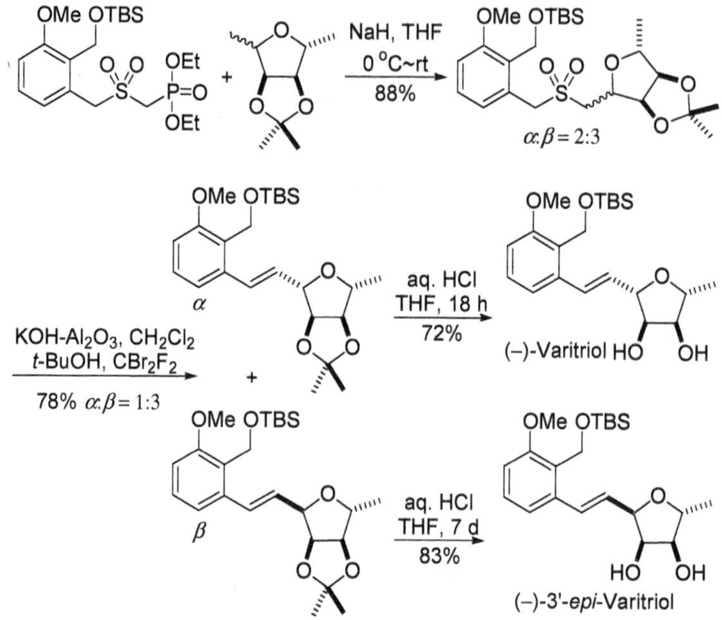

Boeckman 等人曾经报道了 (+)-Eremantholide A 的全合成工作，在最后的关键一步是通过 Ramberg-Bäcklund 反应实现的[96]。由于 C4-C5 双键相比 3-(2H)-呋喃酮平面被扭曲的程度达到了 88°，因此这个九元环的张力很大。但是，在 Vedejs 改良的 Ramberg-Bäcklund 反应条件下，以较高的产率得到了目标产物 (式 95)。

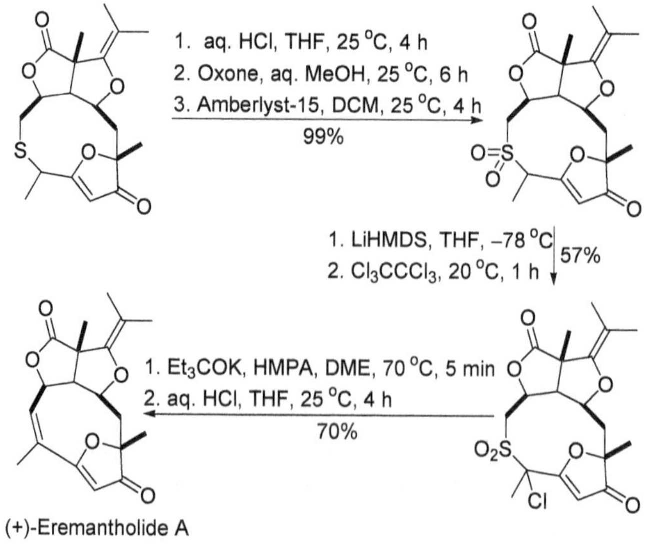

5.5 功能有机分子的合成

5.5.1 轮烯化合物的合成

凯库勒烯 (Kekulene) 以其独特的超大共轭体系受到了有机化学家的关注。这些化合物可以使用 Ramberg-Bäcklund 反应来制备，但产率很低 (式 96)。

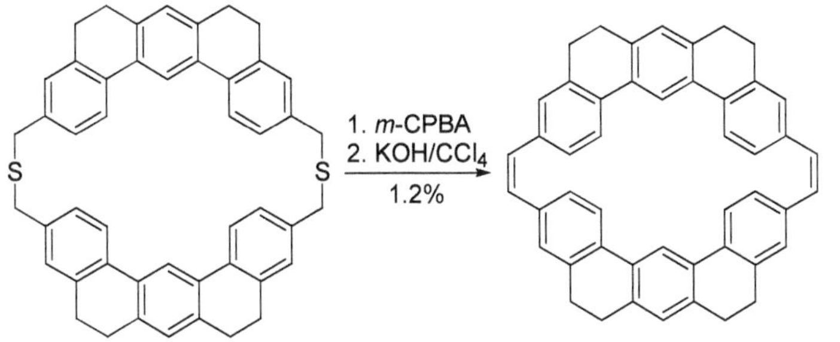

但将 Stevens 重排反应和 Ramberg-Bäcklund 反应共同使用，可以得到很高的产率 (式 97)[97,98]。

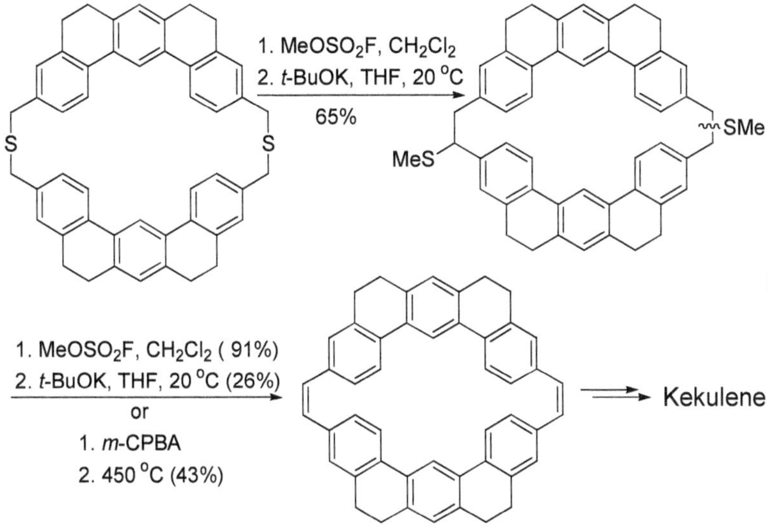

5.5.2 树状分子的合成

树状大分子在材料科学和生物医学等领域的作用已经引起了科学家们高度的重视。它们的合成主要是通过发散和收敛的模式分步或分段进行[99,100]。

Chow 等人提出了采用树状物内部官能团转化的策略，直接从一类树状物转化为另一类树状物。他们使用 1,3,5-三溴甲基苯为树状物核心、3,5-二溴甲基苯甲酸甲酯为分枝点和乙酰硫酯为表面基团。通过适当的转化将它们连接成为聚二苄硫醚类树状大分子化合物后，接着再将其氧化成砜。最后，经 Ramberg-Bäcklund 反应生成含有苯乙烯基官能团的树状化合物 (式 98)[101]。

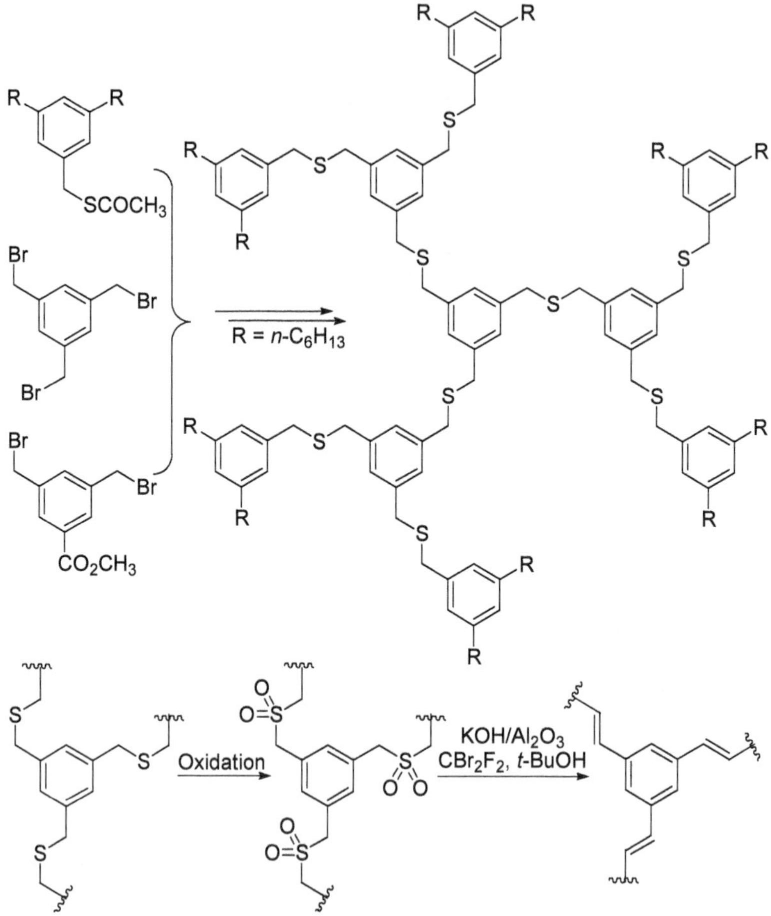

(98)

6 Ramberg-Bäcklund 反应合成实例

例 一

Z-4-十三碳烯酸的合成[102]

(氢氧化钾水溶液作为碱试剂制备立体选择性烯烃)

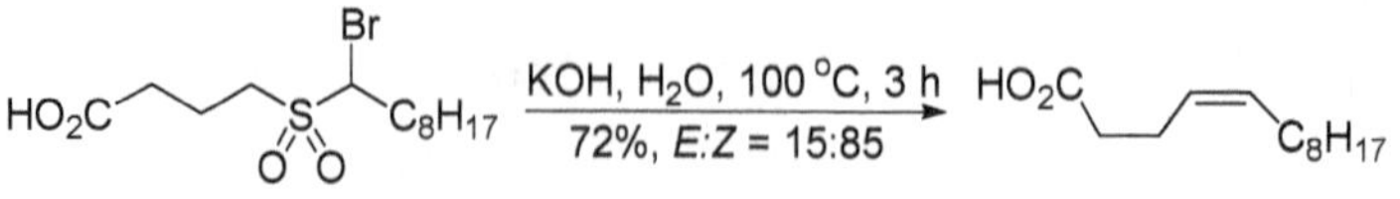

(99)

将 α-溴代砜 (714 mg, 2.0 mmol) 和 KOH (276 mg, 5 mol) 的水溶液 (6 mL) 在 100 °C 搅拌 3 h 后，冷却至室温。反应物用乙醚萃取两次，水溶液酸化至酸性。然后，再用乙酸乙酯萃取 3 次。合并的提取液干燥后，在减压下蒸去溶剂。得到的粗产物用硅胶柱色谱 ($CHCl_3$ 作为洗脱剂) 分离纯化得到主要为 Z-构型的烯酸产物 (305 mg, 72%, Z:E = 85:15)。

例 二

环十一-1,5-二炔-3-烯的合成[48]

(叔丁醇钾作为碱试剂制备大张力的环状烯)

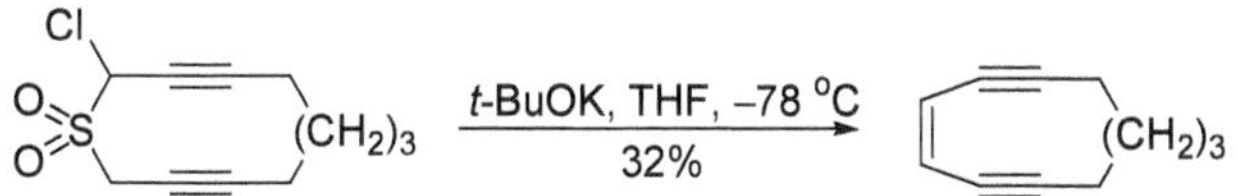

$$\text{结构式} \xrightarrow[32\%]{t\text{-BuOK, THF, }-78\ ^\circ\text{C}} \text{产物} \quad (100)$$

在 −78 °C 冷却下，将叔丁醇钾 (1.414 g, 12.6 mmol) 加入到 α-氯代砜 (1.205 g, 4.9 mmol) 的 THF 溶液 (30 mL) 中。搅拌 3 h 后，加入饱和 NH_4Cl 水溶液和乙醚 (50 mL) 淬灭反应。分出的有机层分别用水和饱和食盐水洗涤，经无水硫酸钠干燥后减压蒸去溶剂。生成的残留物用柱色谱 (洗脱剂：含 2.5%~5% 乙醚的环己烷溶液) 纯化，得到固体状炔烯产物 (228 mg, 32%)，熔点 35~36 °C。

例 三

4,8-脱水-5,6,7,9-四-O-苄基-2,3-二脱氧-D-葡萄糖-3-丙烯醇的合成[103]

(通过 Meyers-Chan 改良法制备糖烯化合物)

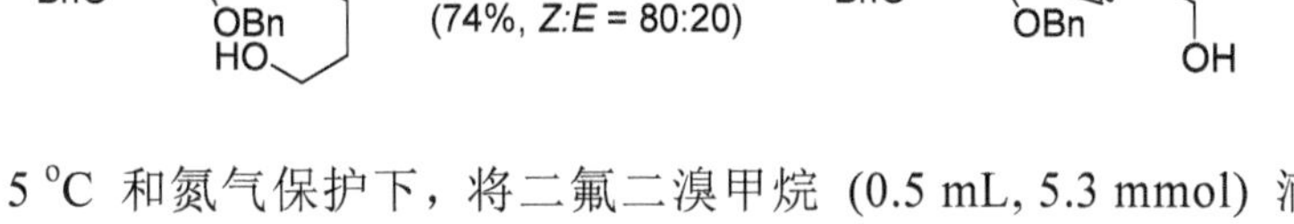

$$\text{结构式} \xrightarrow[(74\%,\ Z:E = 80:20)]{CBr_2F_2,\ KOH\text{-}Al_2O_3,\ t\text{-BuOH, }CH_2Cl_2,\ 5\ ^\circ\text{C}\sim\text{rt}} \text{产物} \quad (101)$$

在 5 °C 和氮气保护下，将二氟二溴甲烷 (0.5 mL, 5.3 mmol) 滴加到含有 1-位砜基取代的葡萄糖底物 (270 mg, 0.42 mmol) 和氧化铝负载的 KOH (2.60 g) 的叔丁醇 (6 mL) 和 CH_2Cl_2 (3 mL) 混合溶液中。生成的混合物在室温下搅拌 3.5 h 后，加入 CH_2Cl_2 稀释。滤去 Al_2O_3-KOH 后，合并的有机相经减压浓缩。生成的残留物用硅胶柱色谱 (乙酸乙酯-环己烷, 4:1~1:1) 纯化，得到无色油状丙烯醇产物 (178 mg, 74%, Z:E = 80:20)。

例 四

E-3-甲基-4-苯基-3-丁烯-2-醇的合成[104]
(环氧化合物的 Ramberg-Bäcklund 反应)

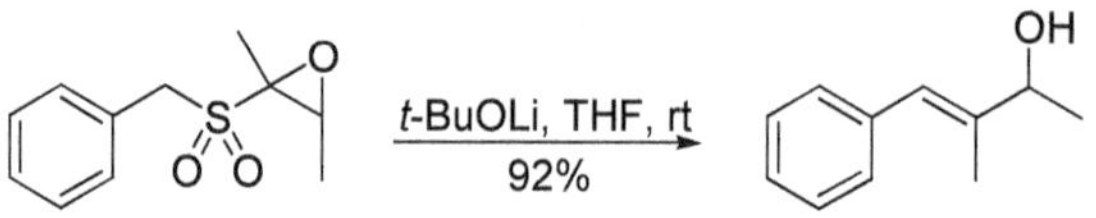

$$\text{PhCH}_2\text{SO}_2\text{-epoxide} \xrightarrow[92\%]{t\text{-BuOLi, THF, rt}} \text{产物} \quad (102)$$

在室温和氮气保护下，将 t-BuOLi (68 mg, 0.849 mmol, 2 eq.) 的无水 THF 溶液 (2 mL) 滴加到顺式环氧化合物 (96 mg, 0.424 mmol, 1 eq.) 的无水 THF (5 mL) 溶液中。反应物搅拌 4 h 后，加入饱和 NH_4Cl 水溶液 (10 mL) 淬灭反应。生成的混合物用乙酸乙酯萃取三次，合并的有机层用饱和食盐水洗。经无水 $MgSO_4$ 干燥后减压蒸去溶剂，粗产物用柱色谱 (环己烷-乙酸乙酯, 3:1) 分离，得到无色澄清油状取代丁烯醇产物 (63 mg, 92%)。

例 五

[16][14]间位-对位环蕃-1,13-二烯的合成
(Chan 改良法在大环环蕃化合物中的合成应用)[105]

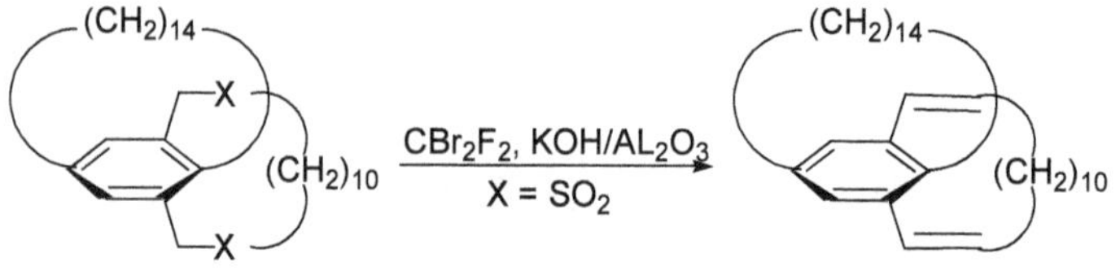

$$\xrightarrow[X = SO_2]{CBr_2F_2, \text{KOH/Al}_2O_3} \quad (103)$$

在快速搅拌下，将 CBr_2F_2 (10 mL) 一次加入到 2,2,15,15-四氧代-2,15-二硫杂[16][14]间位-对位环蕃 (100 mg, 0.16 mmol) 和 KOH/Al_2O_3 (2 g, 过量) 的 CH_2Cl_2-叔丁醇 (1:1, 10 mL) 糊状物中。在室温下继续搅拌 2 h 后，将反应混合物通过硅胶层过滤。滤液用 CH_2Cl_2 洗涤后减压蒸去溶剂，得到的粗品用硅胶柱色谱 (环己烷) 分离，得到无色油状二烯产物。

7 参考文献

[1] Ramberg, L.; Bäcklund , B. *Arkiv Kemi, Minerat. Geol.* **1940**, *13A*, 50.
[2] Wittig, G.; Geissler, G. *Ann.* **1953**, *580*, 44.

[3] Wadsworth, W. S.; Emmons, W. D. *J. Am. Chem. Soc.* **1961**, *83*, 1733.
[4] Still, W. C.; Gennari, C. *Tetrahedron Lett.* **1983**, *24*, 4405.
[5] (a) McMurry, J. E.; Fleming, M. P. *J. Am. Chem. Soc.* **1974**, *96*, 4708. (b) McMurry, J. E.; Fleming, M. P. *J. Org. Chem.* **1978**, *43*, 3255.
[6] Peterson, D. J. *J. Org. Chem.* **1968**, *33*, 780.
[7] Julia, M.; Paris, J. M. *Tetrahedron Lett.* **1973**, 4833.
[8] Paquette, Leo A. *J. Am. Chem. Soc.* **1964**, *86*, 4089.
[9] Meyers, C. Y.; Malte, A. M.; Matthews, W. S. *J. Am. Chem. Soc.* **1969**, *91*, 7510.
[10] Hendrickson, J. B.; Boudreaux, G. J.; Palumbo, P. S. *Tetrahedron Lett.* **1984**, *25*, 4617.
[11] (a) Bordwell, F. G. *Organosulfur Chem.* **1967**, 271. (b) Bordwell, F. G. *Acc. Chem. Res.* **1970**, *3*, 28.
[12] (a) Paquette, L. A. *Acc. Chem. Res.* **1968**, *1*, 209. (b) Paquette, L. A. *Org. React.* **1977**, *25*, 1.
[13] (a) Magnus, P. D. *Tetrahedron* **1977**, *33*, 2019. (b) Clough, J. M. in *Comp. Org. Synth.* (eds. Trost, B. M.; Fleming, I.), *3*, 861; Pergamon, Oxford, 1991. (c) Hartman, G. D.; Hartman, R. D. *Synthesis* **1982**, 504.
[14] Taylor, R. J. K. *Chem. Commun.* **1999**, 217.
[15] (a) 王小龙, 曹小平, 周兆丽, 有机化学, **2003**, *23*, 120. (b) 冯建鹏, 王小龙, 曹小平 有机化学, **2006**, *26*, 158.
[16] (a) Bordwell, F. G.; Cooper, G. D. *J. Am. Chem. Soc.* **1951**, *73*, 5184. (b) Bordwell, F. G.; Cooper, G. D. *J. Am. Chem. Soc.* **1951**, *73*, 5187. (c) Bordwell, F. G.; Williams, J. M. *J. Am. Chem. Soc.* **1968**, *90*, 435. (d) Bordwell, F. G.; Doomes, E.; Corfield, P. W. R. *J. Am. Chem. Soc.* **1970**, *92*, 2581.
[17] Sutherland, A. G.; Taylor, R. J. K. *Tetrahedron Lett.* **1989**, *30*, 3267
[18] Ewin, R. A.; Loughlin, W. A.; Pyke, S. M.; Morales, J. C.; Taylor, R. J. K. *Synlett* **1993**, 660.
[19] Jeffery, S. M.; Sutherland, A. G.; Pyke, S. M.; Powell, A. K.; Taylor, R. J. K. *J. Chem. Soc., Perkin Trans. I.* **1993**, 2317.
[20] Paquette, L. A.; Wittenbrook, L. S. *J. Am. Chem. Soc.* **1968**, *90*, 6783.
[21] Bohme, H. *Chem. Ber.* **1936**, *69*, 1610.
[22] Neureiter, N. P. *J. Am. Chem. Soc.* **1966**, *88*, 558.
[23] (a) Paquette, L. A.; Wittenbrook, L. S. *J. Am. Chem. Soc.* **1967**, *89*, 4483. (b) Paquette, L. A. *J. Am. Chem. Soc.* **1964**, *86*, 4383.
[24] Neureiter, N. P. *J. Org. Chem.* **1965**, *30*, 1313.
[25] Gassman, P. G.; Han, S.; Chyall, L. J. *Tetrahedron Lett.* **1998**, *39*, 5459.
[26] Paquette, L. A.; Houser, R.. *J. Am. Chem. Soc.* **1971**, *93*, 4522.
[27] Corey, E. J.; Block, E. *J. Org. Chem.* **1969**, *34*, 1233.
[28] Ewin, R. A.; Loughlin, W. A.; Pyke, S. M.; Morales, J. C.; Taylor, R. J. K. *Synlett* **1993**, 660.
[29] Suter, C. M. *The Organic Chemistry of Sulfur*, Wiley, New York, **1940**, 678.
[30] Bordwell, F. G.; Wolfinger, M. D; O'Dwyer, J. B. *J. Org. Chem.* **1974**, *39*, 2516.
[31] Middelbos, W.; Strating, G.; Zwanenburg, B. *Tetrahedron Lett.* **1971**, 351.
[32] Paquette, L. A.; Wittenbrook, L. S. *Org. Synth.* **1969**, *49*, 18.
[33] Carpino, L. A.; Rynbrandt R. H. *J. Am. Chem. Soc.* **1966**, *88*, 5682.
[34] Casy, G.; Taylor, R. J. K. *Tetrahedron* **1989**, *45*, 455.
[35] Baliah, V; Seshapathirao, M. *J. Org. Chem.* **1959**, *24*, 867.
[36] Grumann, A.; Marley, H.; Taylor, R. J. K. *Tetrahedron Lett.* **1995**, *36*, 7677.
[37] Taylor, R. J. K.; Casy, G. *Org. React.* **2003**, *62*, 357.
[38] Guo, Z. X.; Schaeffer, M. J.; Taylor, R. J. K. *J. Chem. Soc., Chem Commun.* **1993**, 874.
[39] Tin, K. C.; Durst, T. *Tetrahedron Lett.* **1970**, 4643.
[40] Ottenheijim, H. C. J.; Liskamp, R. M. J.; van Nispen, S. P. J. M.; Boots, H. A.; Tijhuis, M. W. *J. Org. Chem.* **1981**, *46*, 3273.

[41] Scholz, D. *Sci. Pharm.* **1984**, *52*, 151.
[42] Bordwell, F. G.; Doomes, E. *J. Org. Chem.* **1974**, *39*, 2526.
[43] Block, E.; Aslam, M. *J. Am. Chem. Soc.* **1983**, *105*, 6164.
[44] Braverman, S.; Zafrani, Y. *Tetrahedron* **1998**, *54*, 1901.
[45] Block, E.; Aslam, M.; Eswarakrishnan, V.; Gebreyes, K.; Hutchinson, J.; Iyer, R.; Laffitte, J. A.; Wall, A. *J. Am. Chem. Soc.* **1986**, *108*, 4568.
[46] Paquette, L. A.; Wittenbrook, L. S. *J. Am. Chem. Soc.* **1968**, *90*, 6790.
[47] Nakayama, J.; Ohshima, E.; Ishii, A.; Hoshino, M. *J. Org. Chem.* **1983**, *48*, 60.
[48] Nicolaou, K. C.; Zuccarello, G.; Riemer, C; Estevez, V. A.; Dai, W. M. *J. Am. Chem. Soc.* **1992**, *114*, 7360.
[49] Gamble, M. P.; Giblin, G. M. P.; Montana, J. G.; O'Brien, P.; Ockendon, T. P.; Taylor, R. J. K. *Tetrahedron Lett.* **1996**, *37*, 7457.
[50] Guo, Z. X.; Schaeffer, M. J.; Taylor, R. J. K. *J. Chem. Soc., Chem. Commun.* **1993**, 874.
[51] Cooke, M. P. *J. Org. Chem.* **1981**, *46*, 1747.
[52] Vasin, V. A.; Romamova, E. V.; Kostryukov, S. G.; Razin, V. V.; *Russ. J. Org. Chem. (Engl. Transl.)* **1999**, *35*, 1146.
[53] Hartman, G. D.; Hartman, R. D. *Synthesis* **1982**, 502.
[54] Block, E.; Putman, D. *J. Am. Chem. Soc.* **1990**, *112*, 4072.
[55] Bordwell, F. G.; Wolfinger, M. D. *J. Org. Chem.* **1974**, *39*, 2521.
[56] Bordwell, F. G.; Doomes, E.; *J. Org. Chem.* **1974**, *39*, 2526.
[57] Jeffery, S. M.; Sutherland, A. G.; Pyke, S. M.; Powell, A. K.; Taylor, R. J. K. *J. Chem. Soc., Perkin Trans. 1* **1993**, 2317.
[58] Casy, G.; Taylor, R. J. K. *Tetrahedron* **1989**, *45*, 455.
[59] Meyers, C. Y.; Matle, A. M.; Matthew, W. S. *J. Am. Chem. Soc.* **1969**, *91*, 7510.
[60] Trost, B. M.; Shi, Z. *J. Am. Chem. Soc.* **1994**, *116*, 7459.
[61] Chan, T. L.; Fong, S.; Li, Y.; Man, T. O.; Poon, C. D. *J. Chem. Soc., Chem. Commun.* **1994**, 1771.
[62] Vedejs, E.; Singer, S. P. *J. Org. Chem.* **1978**, *43*, 4884.
[63] Hendrickson, J. B.; Palumbo, P. S. *Tetrahedron Lett.* **1985**, *26*, 2849.
[64] Hendrickson, J. B.; Boudreaux, G. J.; Palumbo, P. S. *J. Am. Chem. Soc.* **1986**, *108*, 2358.
[65] Taylor, R. J. K.; Casy, G. *Organic Reactions* **2003**, 62.
[66] Evans, P.; Taylor, R. J. K. *Tetrahedron Lett.* **1997**, *38*, 3055.
[67] Evans, P.; Johnson, P.; Taylor, R. J. K. *Eur. J. Org. Chem.* **2006**, 1740.
[68] Quast, H. *Heterocycles* **1980**, *14*, 1677.
[69] Burns, P.; Capozzi, G.; Haake, P. *Tetrahedron Lett.* **1972**, 925.
[70] Fry, A. J.; Chung, L. L. *Tetrahedron Lett.* **1976**, 645.
[71] (a) Quast, H.; Heuschmann, M. *Angew. Chem., Int. Ed. Engl.* **1978**, *17*, 867. (b) Quast, H.; Heuschmann, M. *Liebigs Ann. Chem.* **1981**, 977. (c) Quast, H.; Heuschmann, M. *Chem. Ber.* **1982**, *115*, 901.
[72] Lawrence, N. J.; Muhammad, F. *Tetrahedron Lett.* **1994**, *35*, 5903.
[73] Lawrence, N. J.; Muhammad, F. *Tetrahedron* **1998**, *54*, 15361.
[74] Nicolaou, K. C.; Zuccarello, G.; Ogawa, Y.; Schweiger, E. J.; Kumazawa, T. *J. Am. Chem. Soc.* **1988**, *110*, 4866.
[75] Cao, X.-P.; Yang, Y.-Y.; Guo, S. *J. Chem. Soc., Perkin Trans. 1.* **2002**, 2485.
[76] Büchi, G.; Freidinger, R. M. *J. Am. Chem. Soc.* **1974**, *96*, 3332.
[77] Cao, X. P.; Chan, T. L.; Chow, H. F.; Tu, J. *J. Chem. Soc., Chem. Commun.* **1995**, 1297
[78] (a) Choi, H.; Ji. M.; Park, M.; Yun, I.-K.; Oh, S.-S.; Baik, W.; Koo, S. *J. Org. Chem.* **1999**, *64*, 8051. (b) Koo, S.; Choi, H.; Ji, M.; Park, M. PCT *Intl. Appl.* **2000**, WO 00/27810; *Chem. Abstr.* **2000**, *132*,

347765.
[79] Ingles, D. L.; Whistler, R. L. *J. Org. Chem.* **1962**, *27*, 3896.
[80] Yuasa, H.; Tamura, J.; Hashimoto, H. *J. Chem. Soc., Perkin Trans. 1* **1990**, 2763.
[81] McAllister, G. D.; Taylor, R. J. K. *Tetrahedron Lett.* **2001**, *42*, 1197.
[82] Belica, P. S.; Franck, R. W. *Tetrahedron Lett.* **1998**, *39*, 8225.
[83] RajanBabu, T. V.; Reddy, G. S. *J. Org. Chem.* **1986**, *51*, 5458.
[84] F. K. Griffin, D. E.; Paterson, P. V.; Murphy, R. J. K. Taylor, *Eur. J. Org. Chem.* **2002**, 1305.
[85] Griffin, F. K.; Murphy, P. V.; Paterson, D. E.; Taylor, R. J. K. *Tetrahedron Lett.* **1998**, 39, 8179.
[86] Taylor, R. J. K.; McAllistera, G. D.; Franck, R. W. *Carbohydr. Res.* **2006**, *341*, 1298.
[87] Schmidt, R. R.; Dietrich, H. *Angew. Chem., Int. Ed. Engl.* **1991**, *30*, 1328.
[88] McAllister, G. D.; Paterson, D. E.; Taylor, R. J. K. *Angew. Chem., Int. Ed.* **2003**, *42*, 1387.
[89] Taylor, R. J. K. *Chem. Commun.* **1999**, 217.
[90] Guo, Z. X.; Schaeffer, M. J.; Taylor, R. J. K. *J. Chem. Soc., Chem. Commun.* **1993**, 874.
[91] Baird, L. J.; Timmer, M. S. M.; Teesdale-Spittle, P.H.; Harvey, J. E. *J. Org. Chem.* **2009**, *74*, 2271.
[92] Vroman, J. A.; Alvim, G. M.; Avery, M. A. *Curr. Pharm. Des.* **1999**, *5*, 101.
[93] Oh, S. T.; Jeong, I. H.; Lee, S. *J. Org. Chem.* **2004**, *69*, 984.
[94] Malmstrøm, J.; Christophersen, C.; Barrero, A. F.; Oltra, J. E.; Justicia, J.; Rosales, A. *J. Nat. Prod.* **2002**, *65*, 364.
[95] McAllister, G. D.; Robinson, J. E.; Taylor, R. J. K. *Tetrahedron* **2007**, *63*, 12123.
[96] Boeckman, R. K.; Jr.; Yoon, S. K.; Heckendorn, D. K. *J. Am. Chem. Soc.* **1991**, *113*, 9682.
[97] Staab, H. A.; Diederich, F. *Chem. Ber.* **1983**, *116*, 3487.
[98] Li, A. H.; Dai, L. X.; Aggarwal, V. K. *Chem. Rev.* **1997**, *97*, 2341.
[99] Buhleier, E.; Wehner, W.; Vogtle, F. *Synthesis* **1978**, 155.
[100] Hawker, C. J.; Frechet, J. M. *J. Am. Chem. Soc.* **1990**, *112*, 7638.
[101] Chow, H. F.; Ng, M. K.; Leung, C. W.; Wang, G. X. *J. Am. Chem. Soc.* **2004**, *126*, 12907.
[102] Scholz, D. *Chem. Ber.* **1981**, 909.
[103] Meyers, C. Y.; Matthews, W. S.; Ho, L. L.; Kolb, V. M.; Parady, T. E. In *Catalysis in Organic Synthesis*; G. V. Smith Ed.; Academic Press: New York, **1977**; pp. 197-208.
[104] Alcaraz, M. L.; Griffin, F. K.; Peterson, D. E.; Taylor, R. J. K. *Tetrahedron Lett.* **1998**, *39*, 8183.
[105] Wei, C. M.; Mo, K. F.; Chan, T. L. *J. Org. Chem.* **2003**, *68*, 2948.

斯迈尔重排反应

(Smiles Rearrangement)

李 婧

1 历史背景简述 ·· 237
2 Smiles 重排的定义和机理 ·· 237
3 Smiles 重排的反应的范围与局限性 ·· 240
   3.1 芳香环上的活性基团 ·· 240
   3.2 离去基团 X 与亲核基团 YH 的性质 ·· 241
   3.3 亲核基团 YH 的酸性作用 ··· 243
   3.4 连接 X 和 Y 的芳香核上取代基的电子效应 ································· 244
   3.5 立体效应 ·· 245
   3.6 逆向 Smiles 反应 ·· 245
4 Smiles 重排的反应类型综述 ··· 246
   4.1 N-O Smiles 重排 ··· 246
   4.2 N-S Smiles 重排 ··· 250
   4.3 O-S Smiles 重排 ··· 252
   4.4 Truce-Smiles 重排 ··· 254
   4.5 O-O、N-N 和 S-S Smiles 重排 ··· 256
   4.6 Smiles 式自由基重排 ··· 259
   4.7 与其它反应同时发生的 Smiles 重排 ·· 260
5 Smiles 重排的反应条件综述 ··· 264
   5.1 碱催化的 Smiles 重排 ·· 264
   5.2 酸催化的 Smiles 重排 ·· 265
   5.3 还原条件下的 Smiles 重排 ·· 265
   5.4 光催化的 Smiles 重排 ·· 266
   5.5 微波促进的 Smiles 重排 ··· 267
6 Smiles 重排的应用 ··· 268
   6.1 天然产物 Glycyrol 的合成 ·· 268
   6.2 苯并菲啶 Narallonitidine 的合成 ·· 269
   6.3 多巴胺受体抑制剂的合成 ··· 269
   6.4 吩噻嗪类化合物的合成 ·· 270

| 7 | Smiles 重排反应实例 | 271 |
| 8 | 参考文献 | 273 |

1 历史背景简述

Henrique 在 1894 年报道[1]：在碱性条件下，二(2-羟基-1-萘基)硫醚可以转化成为氧醚异构体 (式 1)。不久，Hinsberg [2,3]报道了类似的反应，他所用的底物是二(2-羟基-1-萘基)砜 (式 2)。后来，Samuel Smiles[4]确定了这两个反应产物的结构，并指出这些反应属于分子内亲核重排反应。芳香环重排反应是有机反应的重要组成部分，该反应因得到 Samuel Smiles 的系统和深入研究而被称为 Smiles 反应。

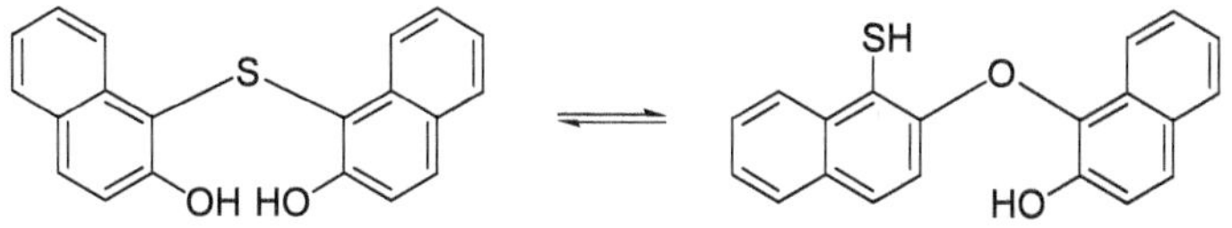

Smiles 就读于英国伦敦 University College，跟随 Walker 教授学习有机化学，并于 1901 年获得博士学位。继而先后跟随 Knorr 教授 (德国耶拿) 和 Moissan 教授 (法国巴黎) 学习，1902 年返回 University College 作助理。他于 1911 年获得助理教授职位，1919 年在 Armstrong College 获得教授职位。不久，他就到 King's College 任职教授，直到 1938 年退休。

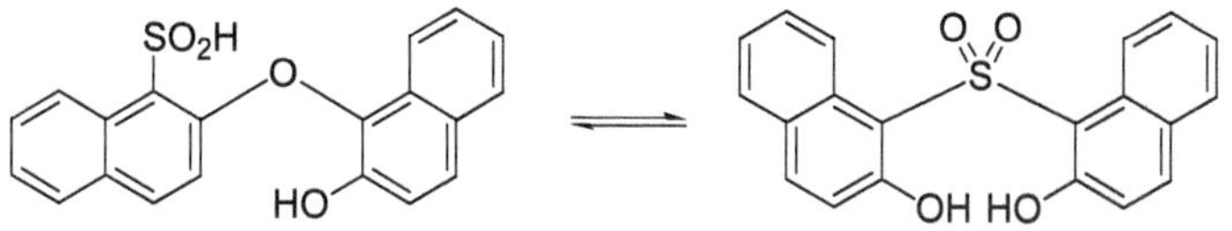

Smiles 一生发表了 120 多篇研究论文，特别是在硫化合物方面做出了杰出的贡献。他的重要成果包括：解析锍盐的对映体、指出硫原子可以作为光学活性化合物的不对称中心、发现在硫酸存在下双硫化合物会发生反向水解等。Smiles 重排是他在 1930 年以后的重要研究成果。

2 Smiles 重排的定义和机理

如式 3 所示：分子内由亲核取代引起的杂原子迁移反应被定义为 Smiles

重排反应。其中：A 是吸电子基团，X 是离去基团，YH 是亲核基团。亲核原子与被取代原子一般间隔 2~3 个原子的距离，连接 X 和 Y 的两个碳原子可以是脂肪链，也可是芳香环的一部分。在有些情况中，其中的一个碳原子可以由杂原子替代。在过去的几十年中，已经有多篇综述性文章对该反应进行过综述[5~8]。

$$\underset{YH}{\overset{X \frown A}{\bigcap}} \longrightarrow \underset{Y}{\overset{XH \frown A}{\bigcap}} \qquad (3)$$

在式 3 中：X 一般是 SO_2、SO、S 或 O 等，YH 可以是 $NHAc$、NH_2、NHR、OH、CO_2H、CH_3 或 CH_2R 等。A 所在的迁移环一般是含有硝基、磺酰基、卤素的苯环或者 2-氨基吡啶体系，其它芳香体系和非芳香体系也有大量报道。式 4 是一个典型的 Smiles 重排反应：在稍微过量的氢氧化钠水溶液中，2-羟基-5-甲基-2'-硝基二苯基砜在 50 ℃ 发生重排成 4-甲基-2'-硝基-2-亚磺酸二苯醚。在相同条件下，2-硝基苯基-2-羟基-1-萘酚基砜重排成 2-硝基苯基-1-亚磺基-2-萘酚基醚（式 5）。在个别反应中，A 所在的基团也可以是非环状结构[9,10]。如式 6 所示：在 NaH 的作用下，2-羟基-1-苯基丁基二乙基酰胺硫酯生成硫烷。

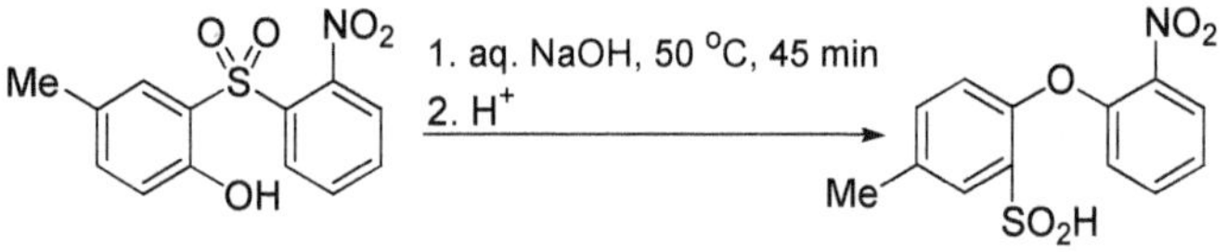

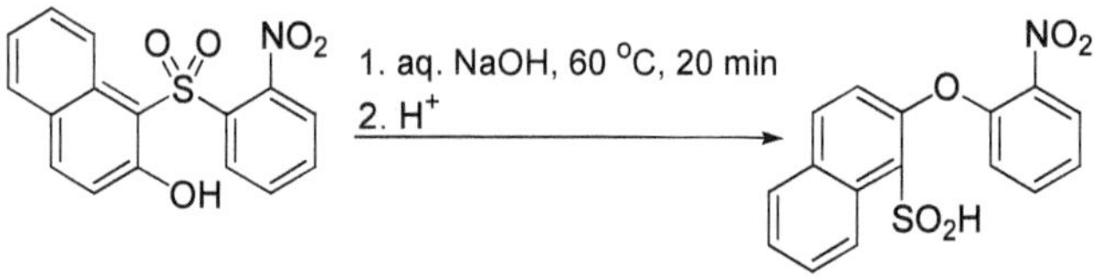

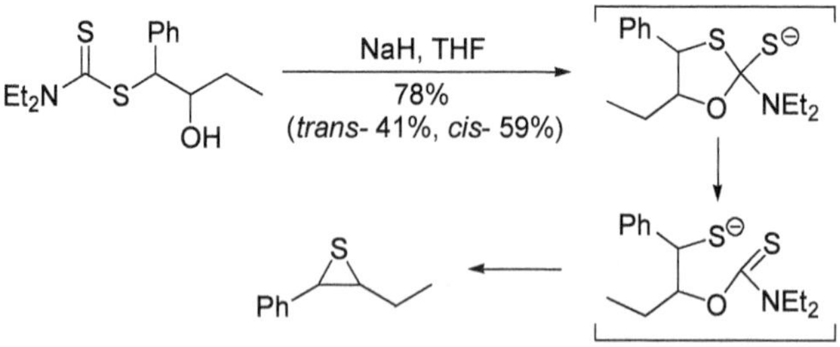

Smiles 重排可能通过两种途径进行[6,11]。在式 7 所示的途径 a 中，亲核基团 YH 首先在碱性条件下失去质子，然后经过渡态或中间体得到产物。在这类反应中，底物分子通常含有可以稳定生成的负离子。如式 8 所示[12]：在碱的作用下，2-羟基-5,6-二甲基-2'-硝基二苯基砜生成羟基负离子后经过螺环中间体得到亚磺酸。

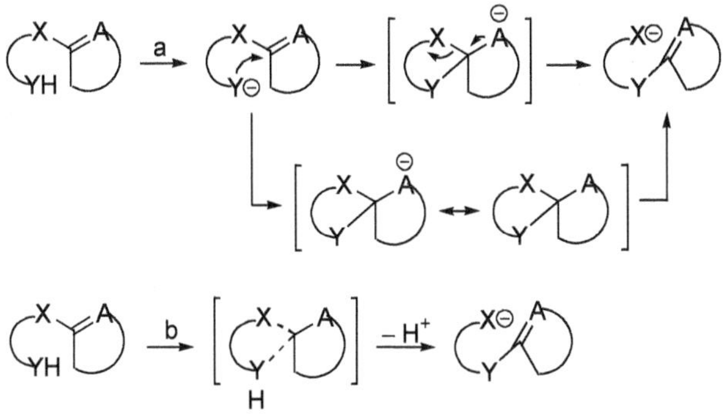

在式 7 所示的途径 b 中,亲核基团 YH 不需失去质子即可直接生成过渡态得到产物。如式 9 所示[13]:氨基进攻苯环形成螺环 Meisenheimer 中间体后重排得到产物。在式 10 所示的反应中[14],四氮唑首先经盐酸质子化被活化,然后氨基直接进攻碳原子生成较稳定的氮正离子,最后经重排得到产物。在实践中,Smiles 重排反应所选择的途径主要决定于底物的结构。

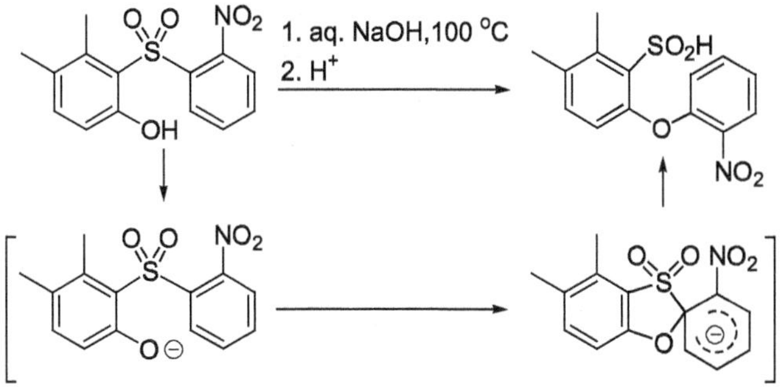

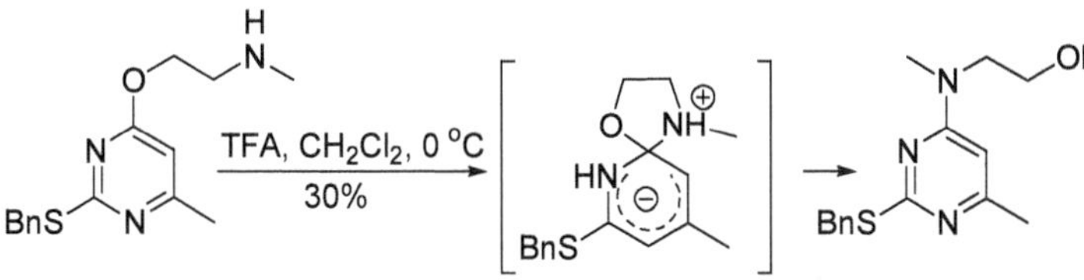

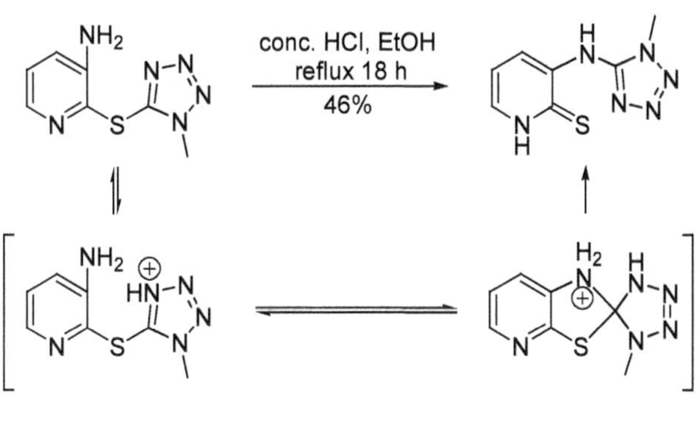

3 Smiles 重排的反应的范围与局限性

Smiles 重排反应的顺利与否取决于诸多因素,但主要包括:迁移环的活性、离去基团 X 的离去能力、亲核基团 Y⁻(YH) 的亲核能力、亲核基团 YH 的酸性、连接 X 和 Y 的链 (或环) 的性质以及立体效应等。这些因素是互相关联的,共同决定了 Smiles 重排反应的速度。

3.1 芳香环上的活性基团

大多数 Smiles 重排都需要在底物分子的芳香环上含有活性基团 (吸电子基团),特别当反应在弱碱或酸性催化的质子溶剂中进行时尤其如此。有趣的是:Smiles 研究的第一个重排反应是在没有活性基团的萘酚衍生物上进行的[15]。最常见的活性基团是邻位或对位取代的硝基[16,17]、磺酰基[18]、卤素[18,19]等。取代基对反应的影响依次是[20]:$NO_2 > C_6H_5CO > CO_2^- > Cl > H$ (式 11)。在单硝基取代底物中,邻位硝基比对位硝基具有更大的促进作用[21]。

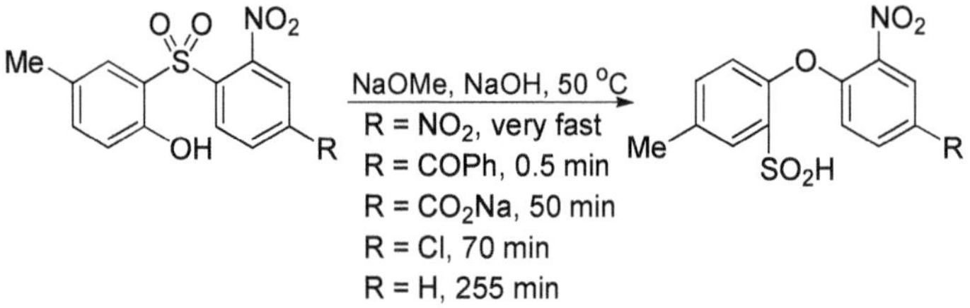

$$(11)$$

在大多数 Smiles 重排反应中,也有许多取代基不能起到促进作用,例如:苯环中的邻羟基[22]、对磺酰基、邻羧基[20]和间硝基[23]等。如式 12 所示[18,24]:化合物 a 和 b 的 Smiles 重排反应速度很慢。其主要原因是在强碱性条件下,迁移环上的取代基团也发生了离子化。生成的负离子减弱了迁移环的亲电性,从而使反应变慢。而化合物 c 和 d 则不能发生 Smiles 重排反应,因为间位取代对中间体负离子没有稳定作用。

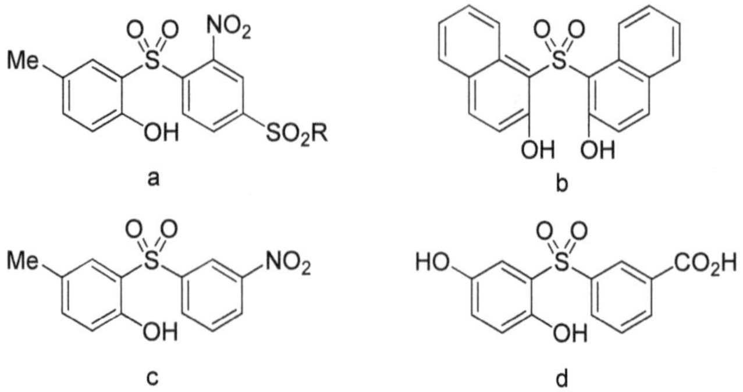

$$(12)$$

3.2 离去基团 X 与亲核基团 YH 的性质

离去基团的性质对 Smiles 重排反应有很大的影响。虽然在多数反应中视其条件而定，一般来说生成的负离子越稳定其反应越容易进行。离去基团对反应速度影响的顺序是：$SO_2 > SO > S > O^{[7]}$，这与 β-消除反应的活性相同。如式 13 所示：如果邻硝基化合物中的 X 是砜基，Smiles 重排反应即可顺利进行。如果 X 是亚砜或者硫醚，Smiles 重排反应则不能发生[25]。

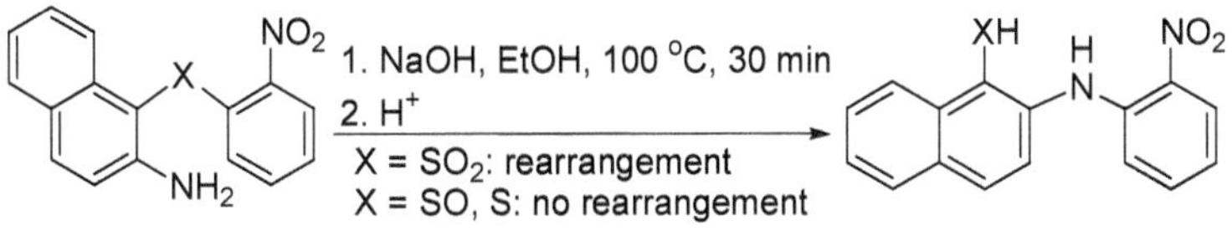

亲核基团 YH 的亲核性对 Smiles 重排反应也有很大影响。如式 14 所示：只有当 YH 是乙酰胺或是 2-硝基苯酰胺时，Smiles 重排反应才可以进行。在相同反应条件下，甲基氨基和氨基的酸性太弱而不能形成足够浓度的负离子，因而不能作为亲核基团参与反应[11]。

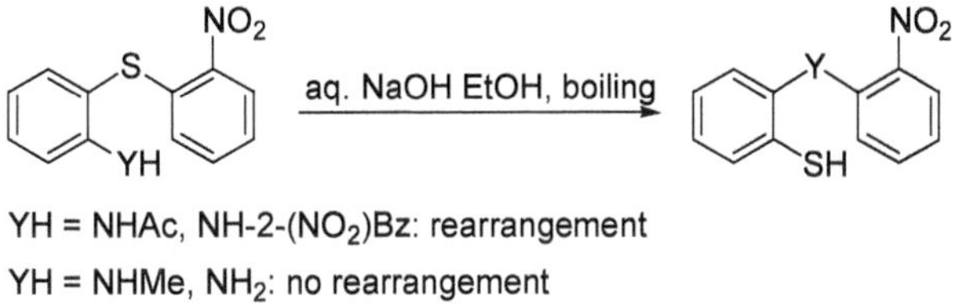

Smiles 认为：在 Smiles 重排反应中，离去基团 X 的离去倾向和亲核基团 YH 的亲核能力是相互关联的。如果 X 是一个好的离去基团或者 Y 是一个强的亲核基团，重排反应就很容易进行。反之，Smiles 重排就比较困难。表 1 列举了部分常用的 X 和 YH 基团，其中活性基团是邻位硝基、间位硝基或邻位卤素基团[5,6,11]。

表 1 进攻基团和相应的离去基团

YH (进攻基团)	X (离去基团)
NHCOR	SO_2, SO, S, O
NH_2	SO_2
NHR, NH_2(aryl), CONHAr	SO_2, O
$CONH_2$	SO_2, SO, O
CH_2NH_2, SO_2NH_2, SO_2NHR, NHAr	O
SH	O
OH(alkyl)	SO_2, SO

续表

YH (进攻基团)	X (离去基团)
OH(aryl)	SO_2, -COO-, -SO_2O-
SO_2H	O
NHOH	SO_2, SO, S, O
$CH_3(CH_2R)$	SO_2, P^+
CH_2Ar, $CHAr_2$	SO_2
COOH(alkyl), COOH	I^+
=$CHCO_2CH_3$	P^+

在反应式 15 和式 16 中[26]，底物分子中只有离去基团不一样。在相同的反应条件下，离去基团为 -SO_2- 的底物的反应速度明显快于离去基团为 -S- 的底物。在反应式 17 和式 18 中，离去基团为 -O- 的底物的反应速度更慢。如式 19 和式 20[26]所示：即使底物分子中含有很好的离去基团和亲核基团也不一定能够顺利地发生反应。这可能是因为它们是 β-取代丙酸衍生物，在碱性条件下容易发生消除反应。

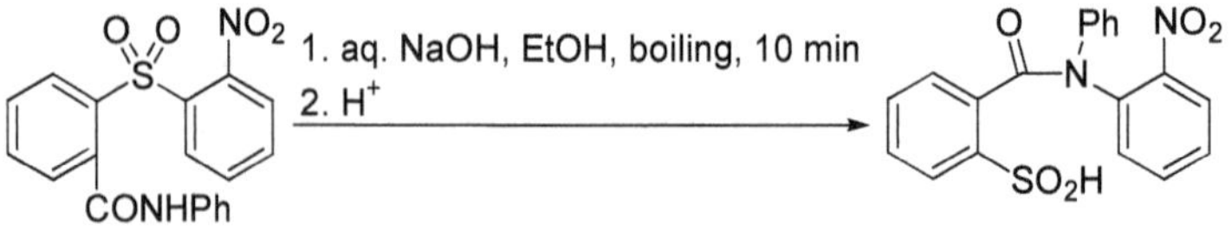

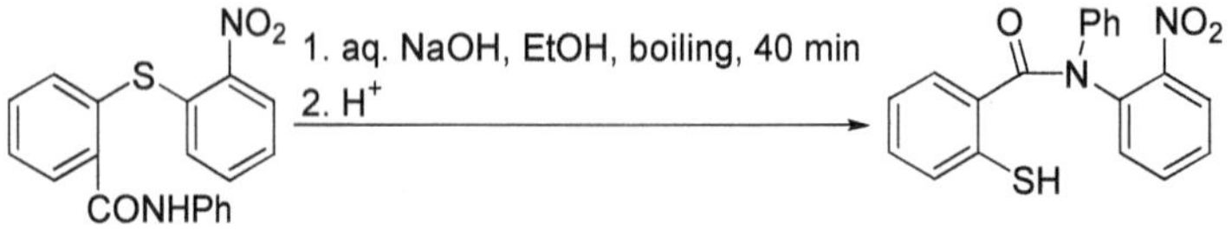

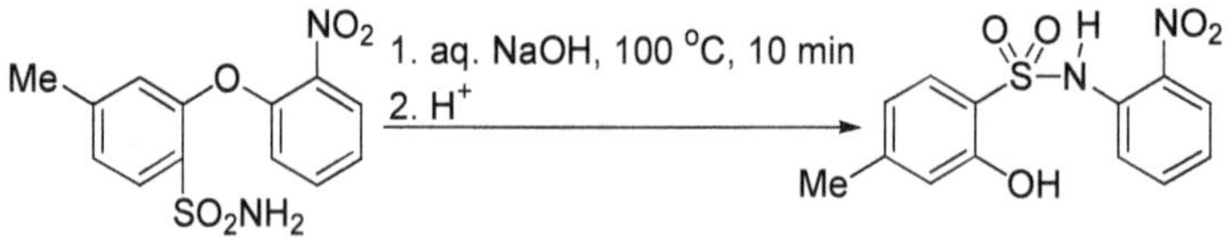

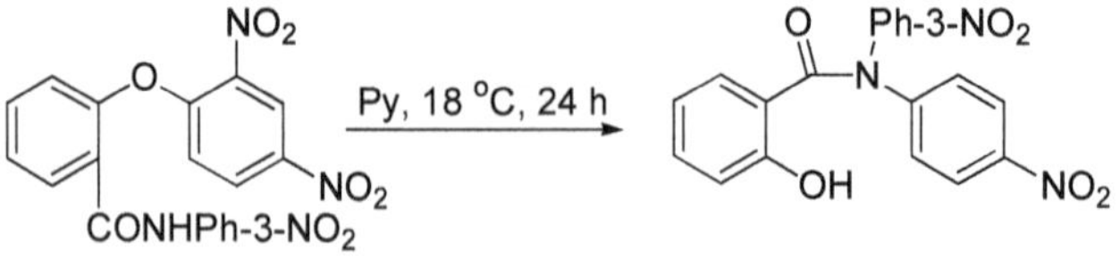

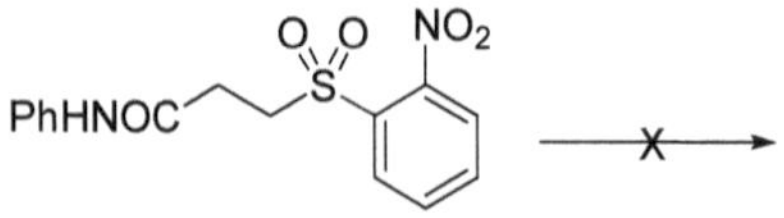

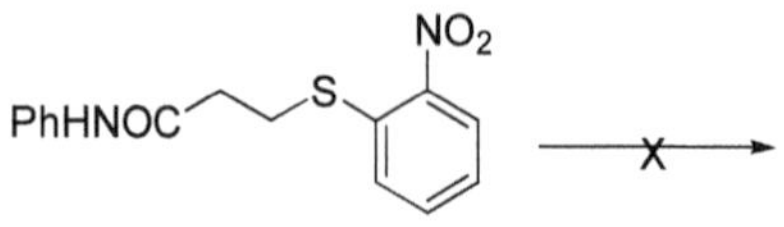

3.3 亲核基团 YH 的酸性作用

当 YH 是氨基或取代氨基时，Smiles 重排的能力决定于氮原子上的取代基，它们影响着氨基的酸性。Smiles 重排反应的第一步是将 YH 去质子化生成 Y^-，Y^- 被用作真正的进攻试剂。另外，基团的亲核性与它的碱性相关，碱性强则亲核性也强。当 YH 上的取代基增强了它的酸性时，同时也减弱了阴离子 Y^- 的亲核性。如式 21 所示[11]：在 NaOH 的作用下，分子中的苄基胺和苄基酰胺均可以快速发生重排。当使用磺酰胺时，胺的酸性增加使得负离子的生成更加容易。但是，这些负离子因为是很弱的亲核基团而不能引起发生重排。在式 22 中[26]，离去基团是离去能力较弱的 -S- 基团。在 NaOH 的作用下，分子中的氨基和甲氨基因酸性太弱而不能形成足够浓度的负离子参与亲核反应。乙酰胺具有适当的酸性和亲核性，在 NaOH 存在下煮沸 15 min 即可完成重排。当氨基被硝基苯或苯磺酰基取代时，由于酸性太强导致氮原子的亲核性下降。因此，Smiles 重排反应不能进行到底。同样的情况也发生在式 23 和式 24 中[27,28]。在式 25[26] 中，苯甲酸的酸根具有很弱的亲核性，因此也不能发生 Smiles 重排。显然，反应中所用碱的强弱对反应速度也有影响。Smiles 重排反应更容易在较强的碱催化下反应，碱的强弱对反应的促进作用依次为：$NaOCH(CH_3)_2$ > $NaOC_2H_5$ > $NaOCH_3$ > $NaOH$[29]。

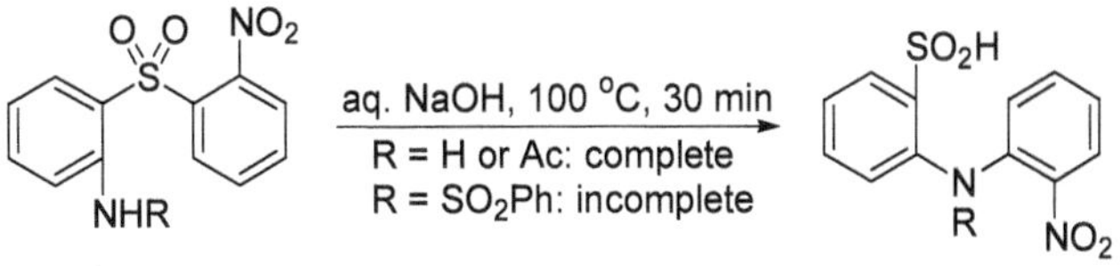

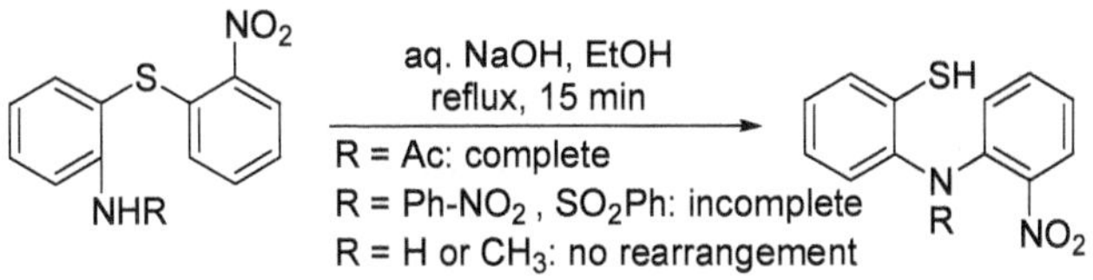

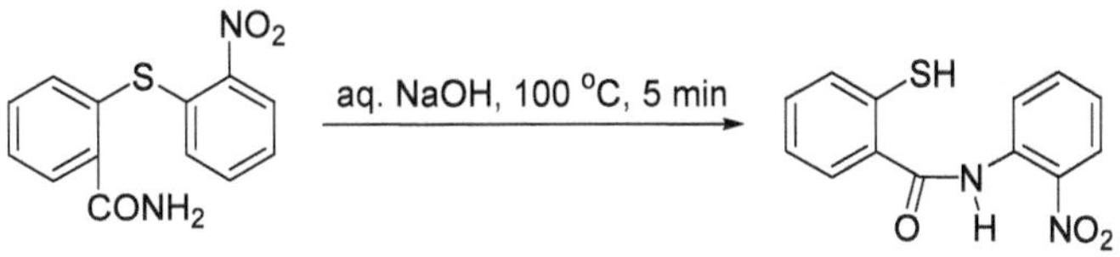

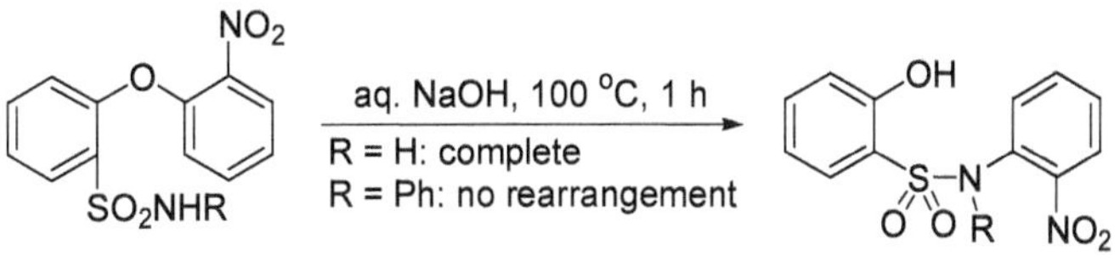

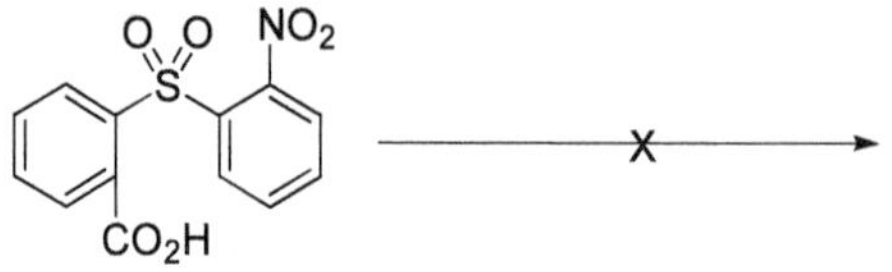

[结构式: 2-(2-硝基苯磺酰基)苯甲酸] → X (25)

3.4 连接 X 和 Y 的芳香核上取代基的电子效应

连接 X 和 Y 的芳香核上的取代基对反应的影响更加复杂。如式 26 所示：环上所有位置上的取代基都会对 YH 或 Y⁻ 的性质产生影响，也会对过渡态的性质产生影响。例如：4-位上有硝基取代基会增加反应的速度，吸电子的硝基通过诱导效应增强了亲核基团 YH 的酸性 (式 27)[11]。但是，更重要的是硝基通过共振效应稳定了产物硫羟基阴离子。

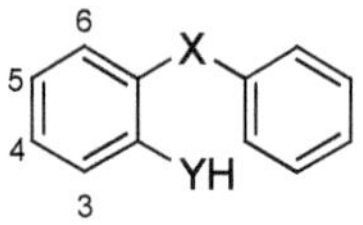

[结构式 26: 芳环上标注 3,4,5,6 位，带 X 和 YH 取代基] (26)

[结构式 27: 反应 aq. NaOH, EtOH, reflux, 15 min] (27)

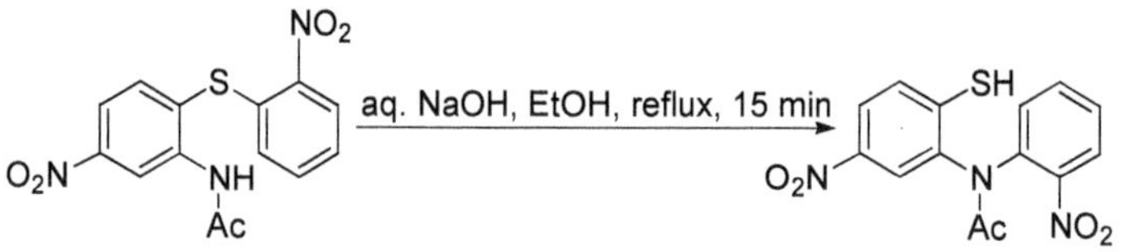

一般而言，4-位或 6-位上的吸电子取代基不仅可以增强 YH 基团的酸性，还可以通过共轭效应稳定 X 在反应过程中出现的电荷。但是，环上的吸电子取代基会减弱 Y⁻ 离子的亲核性而不利于重排。显然，环上的给电子取代基团具有相反的影响。Roberts 等人研究了取代基对反应的影响，他们发现：二苯基醚在 50 °C 的吡啶中重排成二苯基胺时，取代基在 4-位上的影响较在 5-位时大 (式 27)[23,30~33]。当取代基是 NH₂ 或 OMe 等给电子基团时，增强了 2-位上 NH₂ 的亲核性。但是，这些取代基使生成的 ArO⁻ 离子不稳定，所以反应比没有任何取代基时还要慢。卤素取代基有助于稳定负离子但降低了亲核性，因此也导致反应速度减慢。羧基或酯基取代基对反应没有影响。

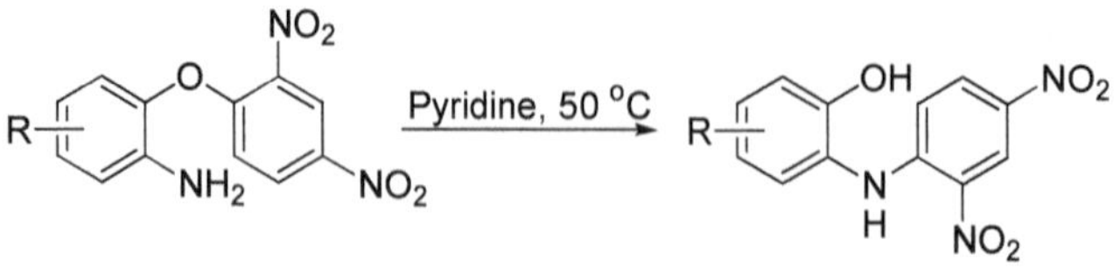

[结构式 28: 反应 Pyridine, 50 °C] (28)

R	NH_2	OMe	Me	H	I	Br	Cl	CO_2Ar	CO_2H
4-R t/min	50	13	7	5	15	30	60	N/A	N/A
5-R t min	no	no	90	5	7				

3.5 立体效应

芳香环上的取代基，特别是 6-位上的取代基可以提供位阻效应而使反应加快。早在 1937 年，Smiles 就注意到：在邻羟基砜的重排中，6-位有甲基的化合物比没有的反应更快[34]。Bunnett 指出：这种速率的增加是因为位阻效应引起的，6-位取代的立体效应比电子效应更占主导作用[5]。如式 29 和式 30 所示[12]：6-位取代的化合物 12 min 即可完成反应，而没有取代的化合物需要 150 min 才能完成反应。

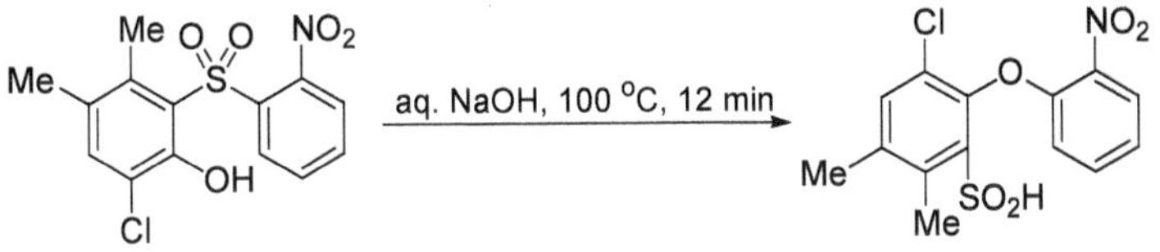

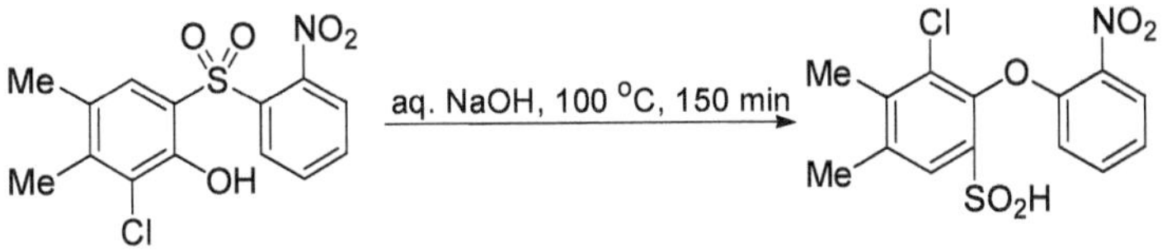

在式 31 所示的化合物的立体构型中，如果取代基 R 是氢原子，构型 B 和构型 D 是比较稳定的构型。在构型 E 中，迁移环垂直于另外一个苯环平面。这样使得亲核基团更接近而非远离迁移环，这正是重排所需要的。为了进行重排，分子需要转化成构型 E。因此，必须被克服立体自由能垒。在有 6-位取代基的情况下，构型 D 不再是最佳构型。起始物的基态自由能被整体提升，重排的能垒则被降低，故而提高了反应的速率[5]。

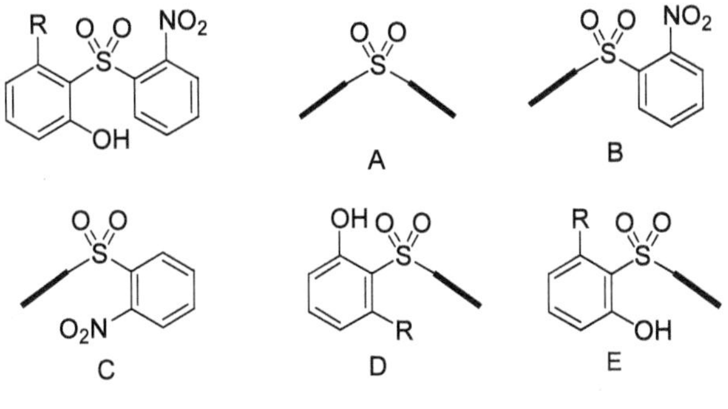

3.6 逆向 Smiles 反应

逆向 Smiles 反应也是 Smiles 反应研究中的一个重要部分。Coats 和 Gibson 发现[35]：由邻羟基砜经 Smiles 重排得到的亚磺酸产物还可以再经重排回到起始物。通常，这种逆向重排在微酸性 (pH 2~6) 条件下进行。在这种条件下，亚磺酸形成负离子而羟基还没有被离子化。但实验结果显示：在酸性条件下也发生了正向重排反应。因此，整个反应实际上是一个平衡过程。如式 32 所示：在反应体系的离子强度为 15 时，羟基砜化合物 I 经正向 Smiles 重排得到亚磺酸醚化合物 II (重排达到平衡所需要的时间列于第 3 列)。在反应体系的离子强度为 150 时，也可以发生 Smiles 逆向反应 (重排达到平衡所需要的时间列于第 4 列)。尽管逆向反应的速度较慢，但取代基对其反应速度的影响与正向反应完全一致。

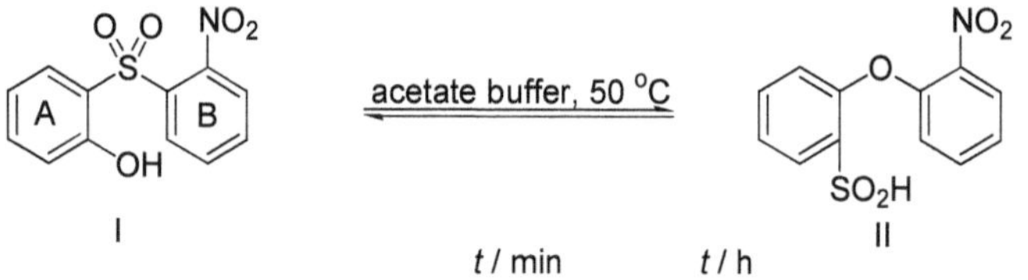

$$\text{(32)}$$

A	B	t/min (I→II)	t/h (II→I)
5-Me	2-NO$_2$	315	400
3,5-dimethyl	2-NO$_2$	93	250
5,6-benzo	2-NO$_2$	5	5
5-Me	2,4-dinitro	rapid hydrolysis	2

4 Smiles 重排的反应类型综述

4.1 N-O Smiles 重排

N-O Smiles 重排是 Smiles 重排反应的主要组成部分。其中的"N"可以是 NHR、NHAr、NH$_2$、CONHAr、CONH$_2$、SO$_2$NH$_2$ 或 SO$_2$NHAr。

在氢氧化钠的 DMSO 水溶液中将 N-甲基-2-(4-硝基苯氧基)乙基胺在 60 ℃ 加热 2 h，即可得到 88% 的苯胺衍生物 (式 33)[36]。该重排反应是通过生成螺环 Meisenheimer 中间体进行的。动力学研究证明：螺环 Meisenheimer 中间体的去质子化过程是反应速率的决定步骤。

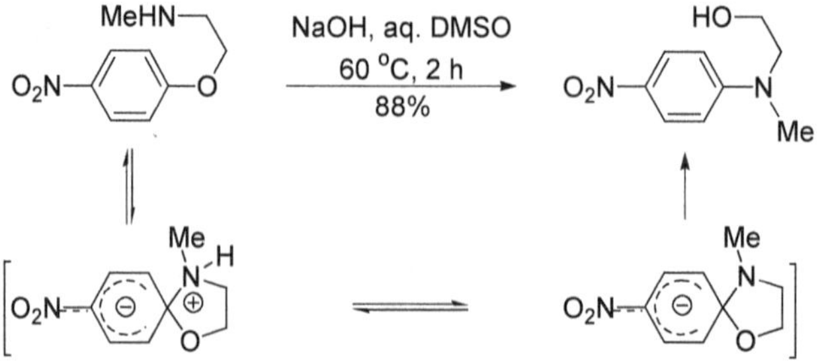

$$\text{(33)}$$

酰胺是 Smiles 重排常用的取代基，经过 N-O Smiles 重排后得到苯胺衍生物。如式 34 所示[37]：在 NaOH 的 DMF 溶液中，酰胺在室温下反应 2 h 即可得到较高产率的重排产物。苯环上的氯原子和硝基作为活性基团对该反应速度影响很大。

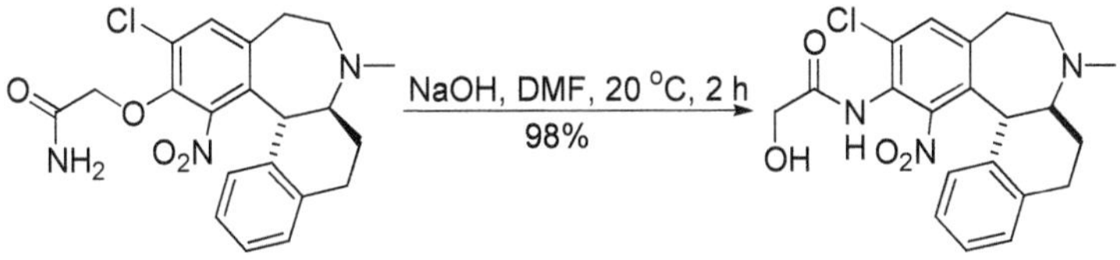

$$\text{(34)}$$

Bayles 等人研究了反应条件对酰胺重排反应的影响[38,39]。如式 35 所示：在 NaH 的作用下，酰胺的重排反应可以在无水二噁烷、DMF 或 HMPA 中完成。当 4-位有活性基团 (R = 4-NO$_2$, 4-PhCO) 时，反应可以在较低的温度下快速进行。反之，反应需要长时间加热才能完成 (R = H, 4-Me)。

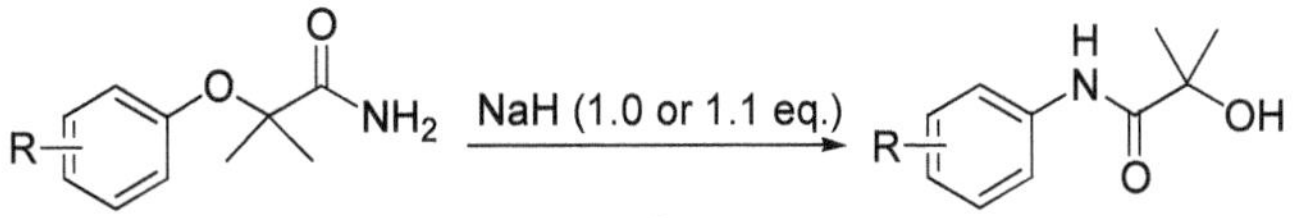

$$\text{(35)}$$

R = 4-NO$_2$, dioxane, 100 °C, 6 h, 75%
R = 4-PhCO, dioxane, 100 °C, 16 h, 50%
R = 4-PhCO, DMF, 25 °C, 2 h, 65%
R = H, DMF, 100 °C, 16 h, 80%
R = H, HMPA, 100 °C, 1 h, 85%
R = 4-Me, DMF, 100 °C, 16 h, 45%
R = 4-Me, HMPA, 10 °C, 1 h, 60%

芳香基取代的酰胺具有较低的反应活性，重排反应需要在高温下长时间加热才能完成。如式 36 所示[40]：N-吡啶取代酰胺化合物和 KOH、相转换剂 TDA-1 [tris(3,6-dioxaheptylamine)] 在甲苯中回流首先发生 Smiles 重排。然后，生成的酰胺经水解得到氮负离子，并与溴代烷基发生亲核取代反应得到目标产物。

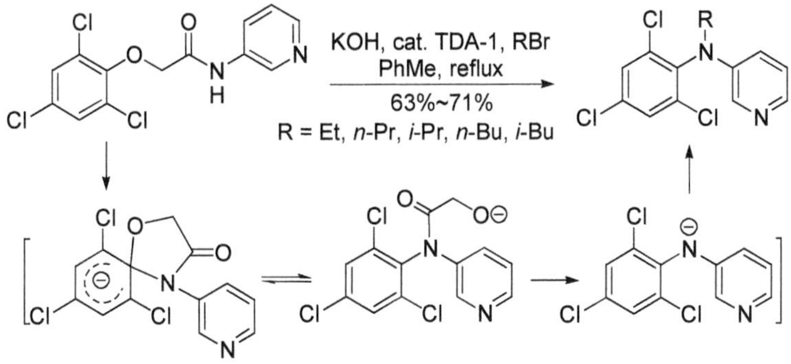

$$\text{(36)}$$

在氨基钠的苯溶液中，将含有卤代芳香醚结构的伯胺与 3-氯-*N*,*N*-二甲基丙胺共热可以得到相应的仲胺 (式 37)。将该仲胺在碳酸钾的 DMF 溶液中回流，即可发生 Smiles 重排生成相应的酚氧负离子。然后，酚氧负离子取代氯原子生成杂环化合物。该反应表面上看上去似乎是一个简单的由氨基取代氯原子的反应，但后期研究证明其环化反应是通过 Smiles 重排进行的[19,41]。

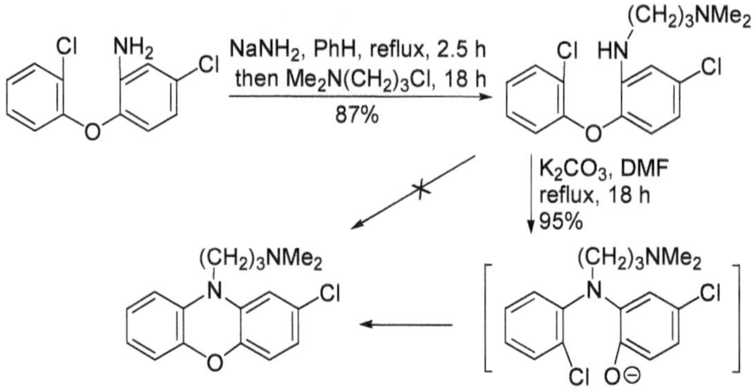

$$(37)$$

Bai 等人在合成吡啶并[2,3]吡咯并[1,2]吡嗪衍生物的研究中成功地应用了吡啶环上的 N-O Smiles 重排[42~44]。如式 38 所示：反应物的醛基首先与苄基胺反应生成亚胺，然后经过吡咯的加成消除反应得到含有 7-元环的中间体。最后，经 N-O Smiles 重排得到吡嗪产物。乙腈是该反应的最佳溶剂，TFA 被用作重排反应的催化剂，反应产率高达 90%。

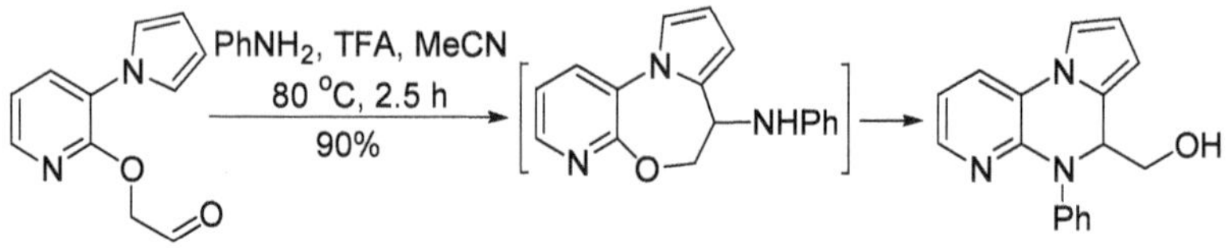

$$(38)$$

在 $BH_3·SMe_2$ 的 THF 中，将酰胺底物在 70 ℃ 加热 1 h 即可完成 N-O Smiles 重排 (式 39)[45]。底物中的邻硝基和对三氟甲基都是很好的活性基团，对加速反应起到重要作用。

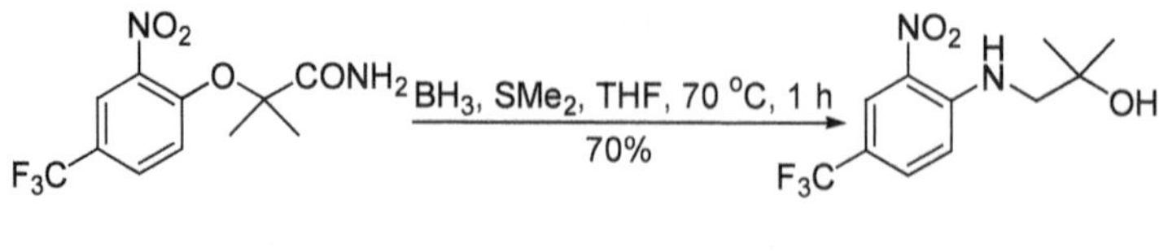

$$(39)$$

芳环上取代的碘原子也对 N-O Smiles 重排有促进作用。如式 40 所示：在甲醇钠的 DMF 溶液中，三碘取代的苯甲酰胺很快发生重排得到较高产率的产物。该碘代产物是 X 射线造影试剂，由于它制备简单已在工业上大量生产[46]。

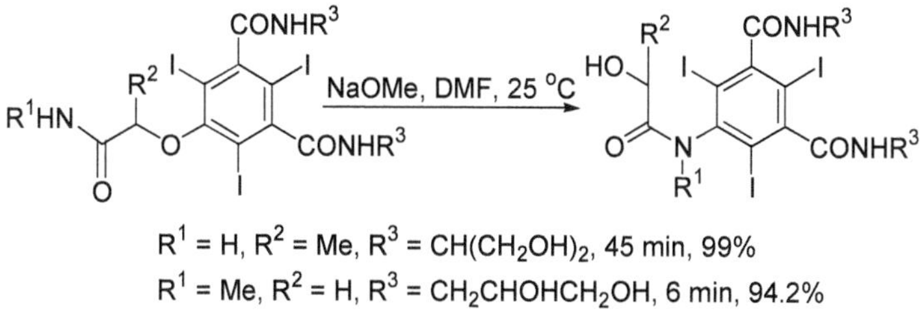

R^1 = H, R^2 = Me, R^3 = CH(CH$_2$OH)$_2$, 45 min, 99%
R^1 = Me, R^2 = H, R^3 = CH$_2$CHOHCH$_2$OH, 6 min, 94.2% (40)

苯环与金属配位后也对苯环上的 N-O Smiles 重排有促进作用。Davis 报道：在 BuLi 的作用下，苯基三羰基铬配合物生成的醚可以在 –78 ℃ 发生重排反应 (式 41)。在该反应中，进攻基团部分的立体构型在反应前后保持不变[47]。

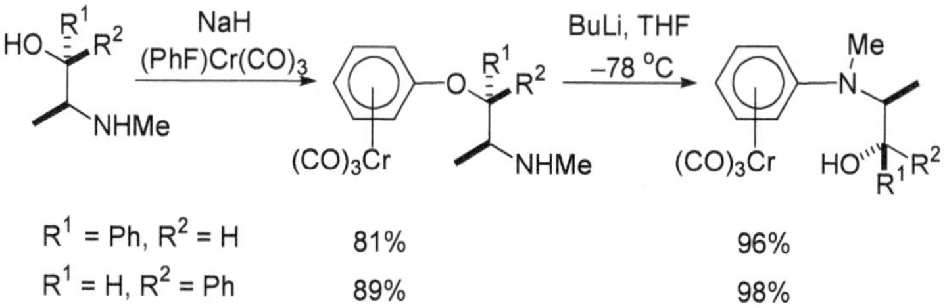

R^1 = Ph, R^2 = H   81%   96%
R^1 = H, R^2 = Ph   89%   98%

芳香环上活性基团的取代有利于重排反应的进行。但是，无活性基团取代的芳香环也可以发生重排反应。如式 42 所示[48]：在 NaH 的作用下，氨基乙醚经重排反应可以得到氨基酚类产物。

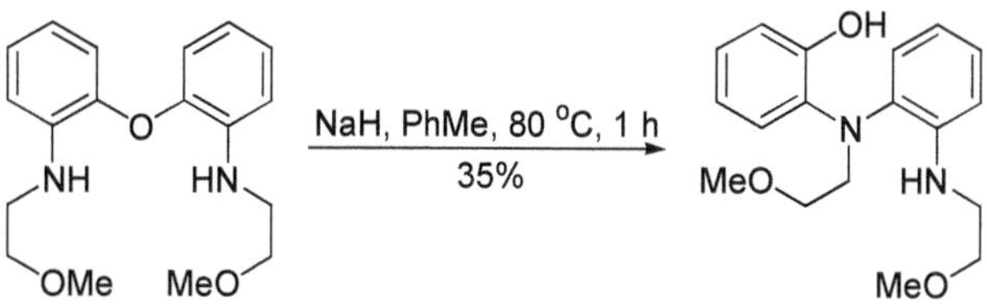

用氧原子取代氮原子的 Smile 重排反应很难进行。Gehriger 曾经报道通过间接反应可以得到重排产物[49]。如式 43 所示：苯胺在碱性条件下首先生成螺环中间体 Meisenheimer，然后经过酸性处理生成产物醚。该反应是前文中提到的逆向 Smiles 重排的例子之一，生成的产物在偏碱性条件下可以经过 Meisenheimer 中间体再次重排回到起始物。

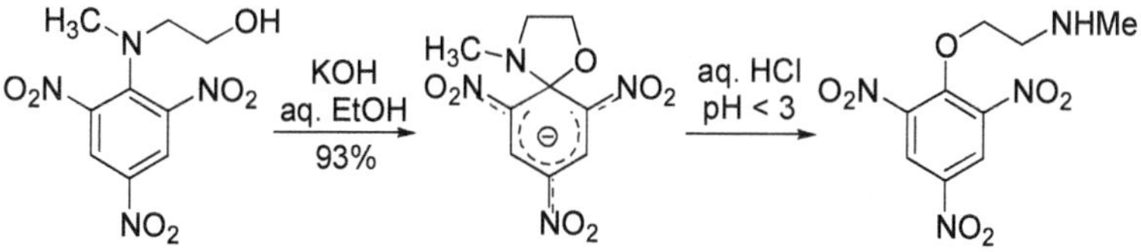

4.2 N-S Smiles 重排

N-S Smiles 重排是研究较多的一种取代反应,通常在碱的催化下完成。其中,"N" 可以是 NHR、NHAr、NH_2、CONHAr、$CONH_2$、SO_2NH_2 或者 SO_2NHAr。"S" 可以是 SO_2、SO 或 S。如式 15~式 18 和式 21~式 24 所示:离去基团和亲核基团的不同组合对反应速度有着重要的影响。

Takahashi 报道了第一个含有杂环的 Smiles 重排反应[50],此后有很多邻氨基吡啶衍生物的重排反应被逐渐报道[14,16,50~57]。在所研究的底物中,X 通常是硫醚,亲核基团 YH 是氨基和乙酰基。但是,含有乙酰基的底物比含有氨基的底物反应速度较快。如式 44 所示:在 KOH 的甲醇溶液中,硫醚经重排反应生成硫负离子。然后,硫负离子被碘甲烷捕捉生成 64% 的甲基硫醚[58]。在这种含有吡啶和苯基的底物反应中,吡啶基和苯基都可以发生迁移。但是,苯基迁移的例子较多,只有少部分是吡啶迁移[52]。

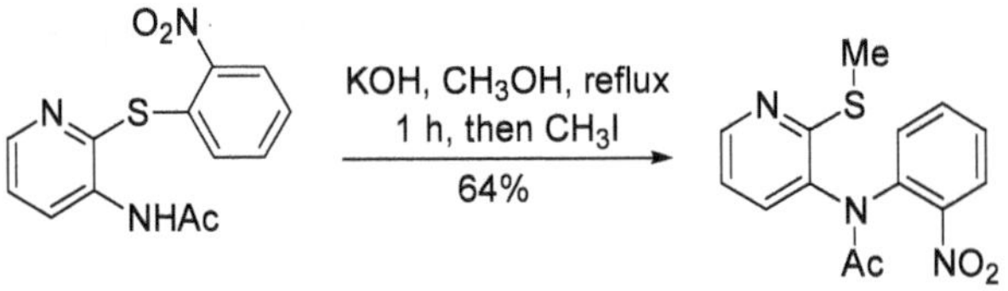

只有含吡啶的底物能够在酸催化下进行 Smiles 重排。虽然它们在碱性条件下也能够发生正常的重排,但酸性重排反应一般可以给出更高的产率。无论是含单吡啶还是含双吡啶的底物,一般吡啶环属于迁移核。Rodig 报道:将含有双吡啶的硫醚底物在 KOH 的乙醇溶液中回流 45 min 可以得到 60% 的产物,而在 5% HCl 溶液中回流 1 h 可以得到 92% 的产物(式 45)[16]。如式 46 所示:在浓盐酸的作用下,重排反应可以在室温下 7 min 内生成 96% 的产物。

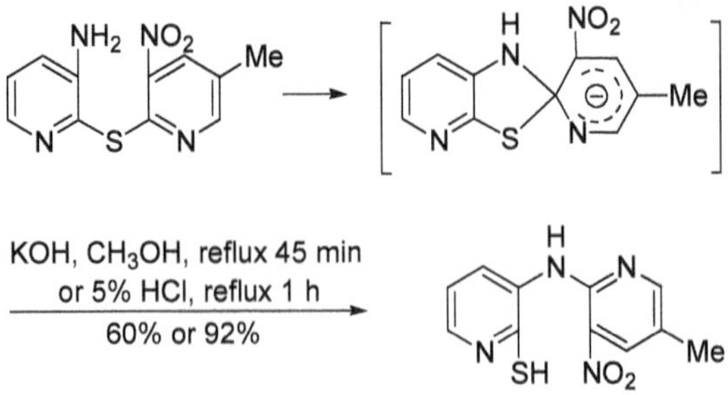

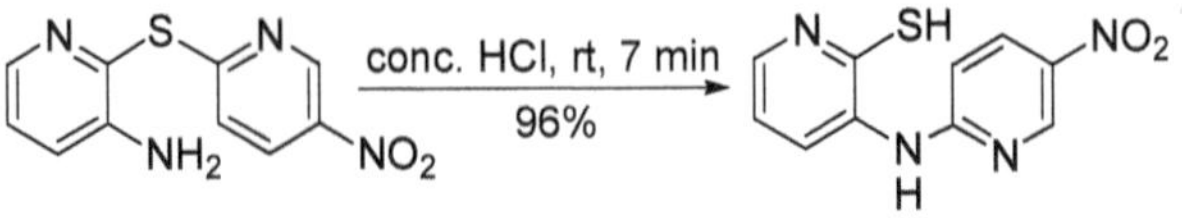

Maki 等人系统地研究了 5-溴-6-氯异胞嘧啶与 2-氨基乙硫醇类化合物反应生成叶酸类衍生物的过程[51,55]。如式 47 所示：在含有磷酸缓冲试剂的乙醇中，两个底物首先反应生成硫醚。然后，经 N-S Smiles 重排得到的硫负离子再取代溴原子生成最终产物。

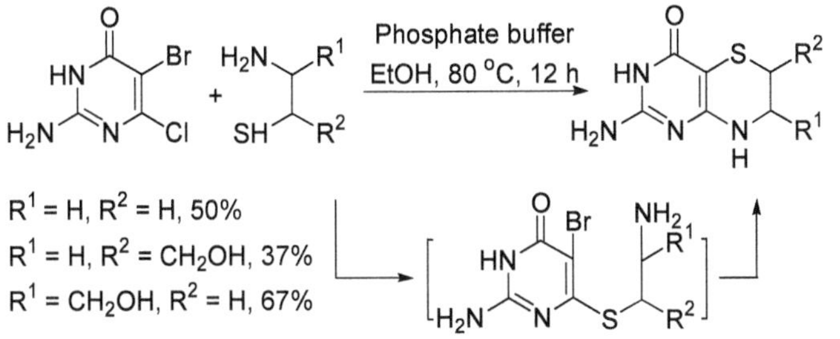

$$R^1 = H, R^2 = H, 50\%$$
$$R^1 = H, R^2 = CH_2OH, 37\%$$
$$R^1 = CH_2OH, R^2 = H, 67\%$$

(47)

Song 等人报道：将硫脲在含有 DCC 的乙腈回流 1 h，底物依次经过重排、成环和消除 H_2S 的反应得到 83% 的产物 (式 48)[59]。

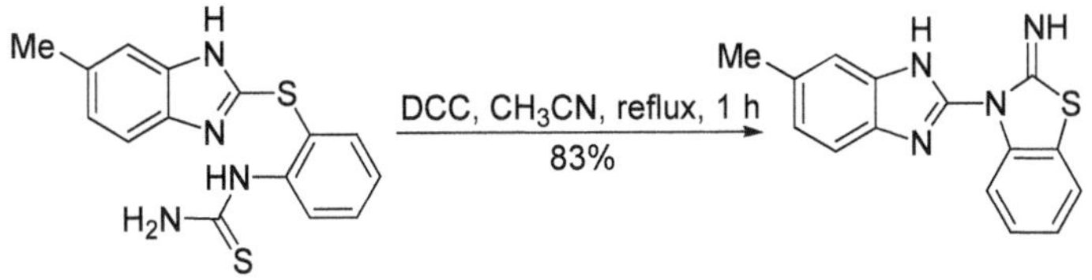

(48)

Sato 等人对非芳香环的 N-S Smiles 重排进行了研究。如式 49 所示[60]：在 $AgBF_4$ 催化下，首先硫醚与碘化钾反应生成锍盐。然后，在 DBU 的催化下，经过螺环中间体发生重排反应。该反应的关键步骤是生成锍盐中间体，因为锍盐在重排反应中是一个较好的离去基团。

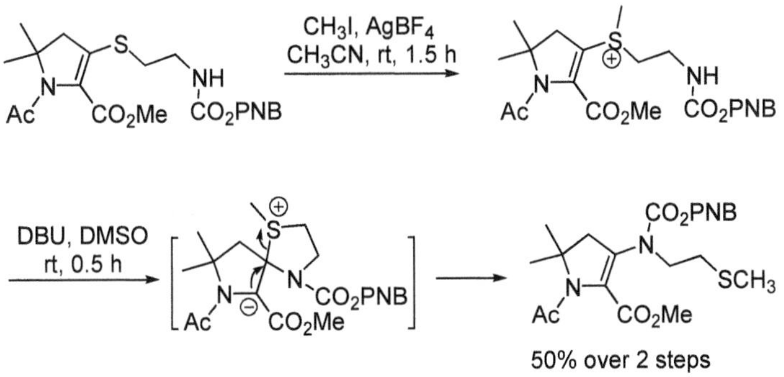

(49)

Gasco 等人对含呋咱环底物的重排进行了研究[61]。如式 50 和式 51 所示：含有砜基和酰胺的底物经重排生成酰胺基亚磺酸后，再经酸性水解脱去一分子 SO_2 生成乙酰胺。

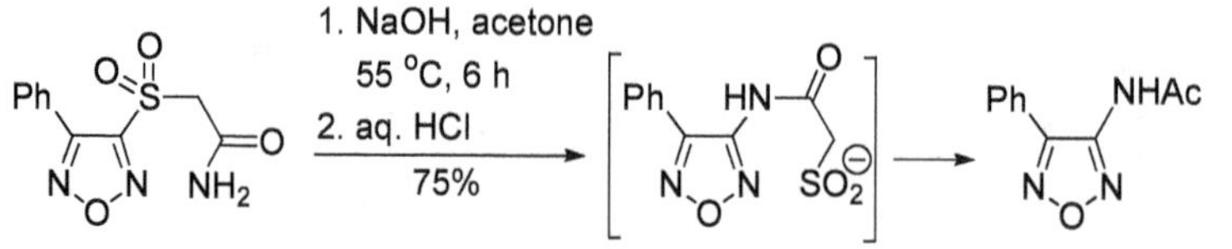

252 碳-杂原子键参与的反应 II

(反应式 50)

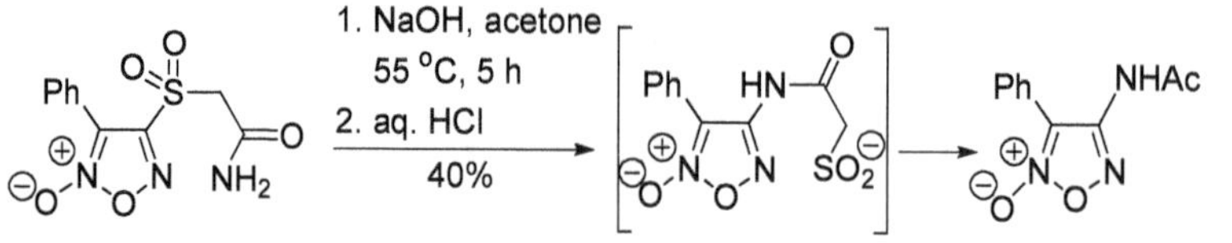

(反应式 51)

4.3 O-S Smiles 重排

在 O-S Smiles 重排中，"S" 主要是指 SO_2、SO 或 S 等，其反应活性依次下降。该反应是早期的 Smiles 重排反应的主要类型之一，因此研究的相对比较深入[17,34,62~64]，苯环上的取代基对反应的影响也有过广泛的报道[65~69]。在式 4~式 6 和式 11 所示的举例中，由酚羟基取代砜基或硫醚生成醚的反应均属于该类型。

如式 52 所示[12]：在氢氧化钠的二恶烷溶液中，2-羟基-(4-氯/溴)-5-甲基-2'-硝基二苯基砜经重排成 (3-氯/溴)-4-甲基-2'-硝基-2-亚磺酸二苯醚。然后，再经过 $HgCl_2$ 和浓盐酸的作用脱去亚磺酸基得到产物。

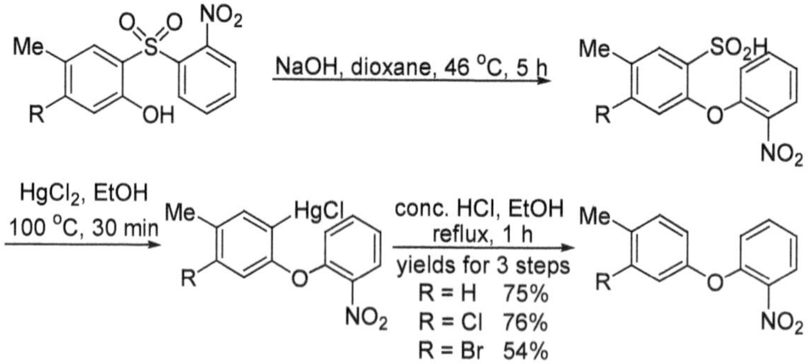

(反应式 52)

文献中有许多关于硝基活化的 O-S Smiles 重排反应的报道。如式 53 所示：在碱性试剂的作用下，磺酰胺中的氨基首先发生去质子化反应。然后，形成的酰亚胺负离子进攻苯环发生重排。最后，磺酰基以 SO_2 的形式消去生成二硝基苯酚和腈类化合物[68]。

O-S Smiles 重排反应在呋咱环或类呋咱环的上的取代反应中应用较多[61,70~73]。Gasco 对呋咱体系上的 O-S Smiles 重排有比较详细的研究。如式 54 所示[61]：将羟基硫醚在 NaOH 的乙醇溶液中回流即可发生重排生成相应的羟基呋咱和环硫乙烷。如式 55 所示：使用羟基砜底物在室温下即可发生重排。

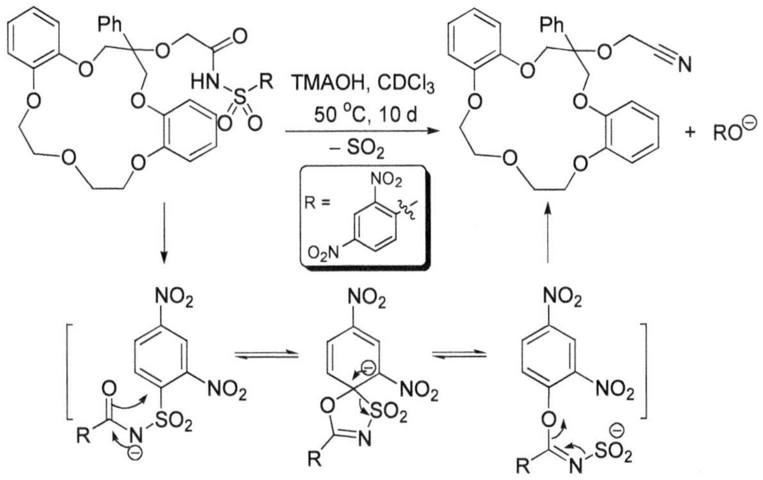

Hirai 等人曾把 O-S Smiles 重排应用于烯烃的合成。如式 56 所示[70]：炔丙基硫醚化合物与醛加成生成的氧负离子即可引发重排。重排后得到硫负离子首先被转化成为环硫乙烷，然后去硫化后生成相应的烯烃。当砜基代替硫醚时，这种方式重排可以得到 Julia 成烯反应的产物。

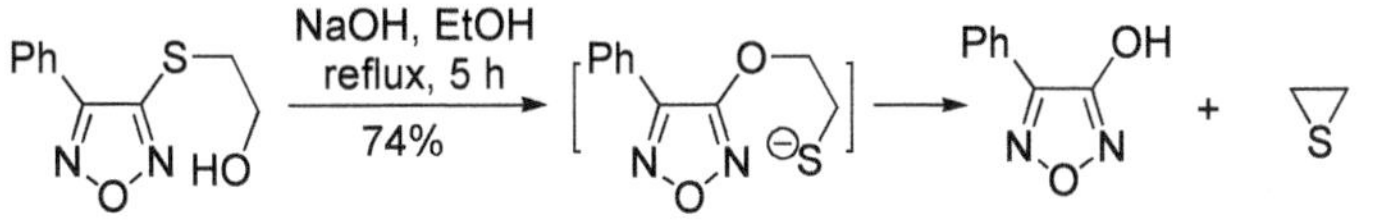

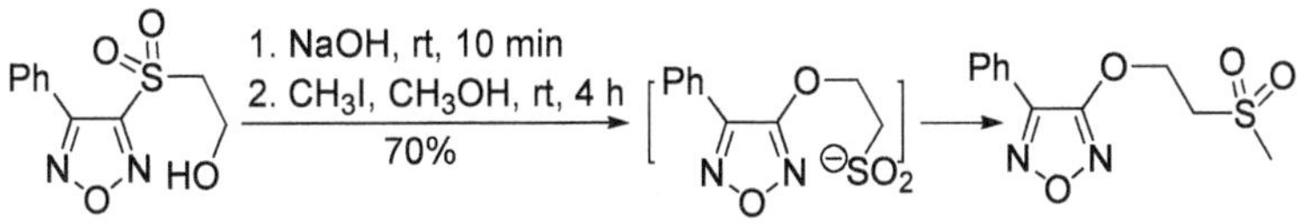

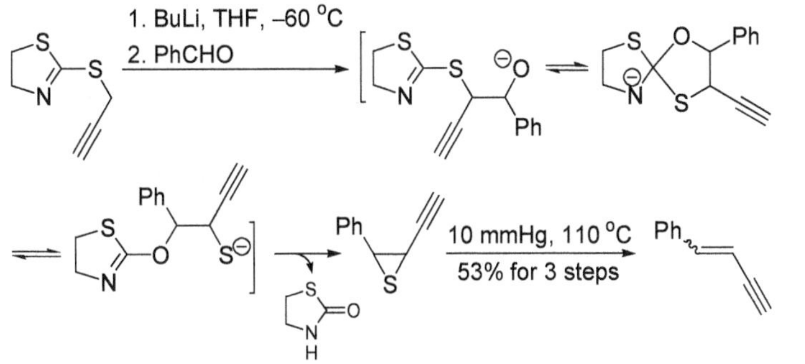

Johnson 等人报道过非环体系的 O-S Smiles 重排，将二硫氨基酸酯在 NaH 的作用下转化生成 78% 的环硫乙烷（式 6）。如式 57 所示：Tominaga 等人也报道了类似的重排反应[10,73]。在 CsF 的存在下，三甲基硅甲基硫醚与苯甲醛

加成首先生成氧负离子中间体。然后，经过螺环过渡态发生重排得到环硫乙烷衍生物。

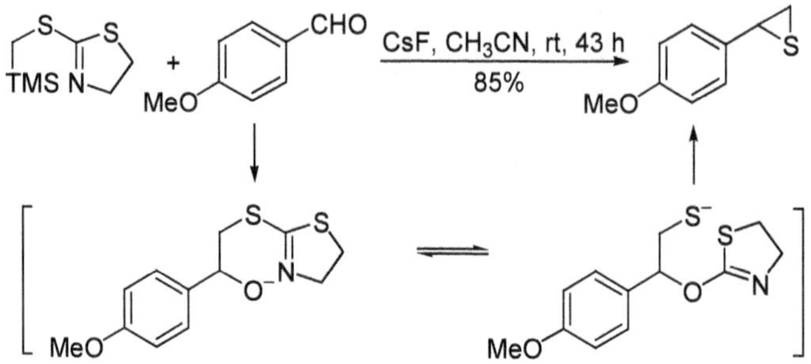

(57)

4.4 Truce-Smiles 重排

1958 年，Truce 等人报道了一个有关砜的 Smiles 重排的特殊形式[74]。如式 58 所示：当邻甲基苯基砜与正丁基锂在乙醚中反应时，得到了较高产率的重排产物苯亚磺酸。这类反应是一种 C-C 键的形成方法，也被称为 Truce-Smiles 重排[8,75~79]。

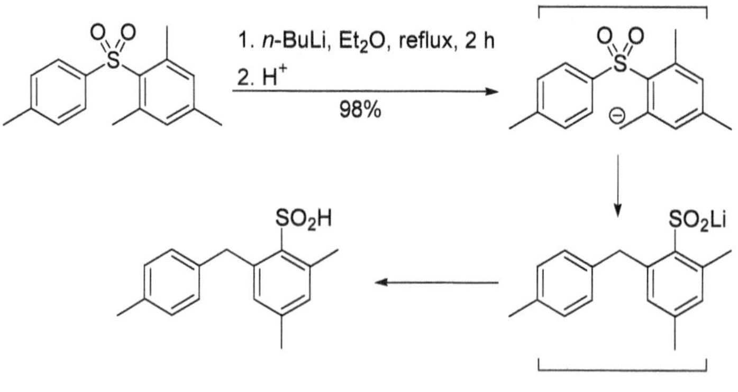

(58)

在该反应中，反应物的 CH_3 被用作 YH 亲核基团，而且无需在迁移芳香环上存在有活性取代基。有时，迁移芳香环上甚至不能有活性基团的存在。在 Truce-Smiles 反应中，正丁基锂是最常用的碱，叔丁醇钾的二甲基亚砜溶液也能起到同样的作用。在正丁基锂的存在下，相似的反应也可以发生在甲基连接的萘基核上 (式 59)[80]。

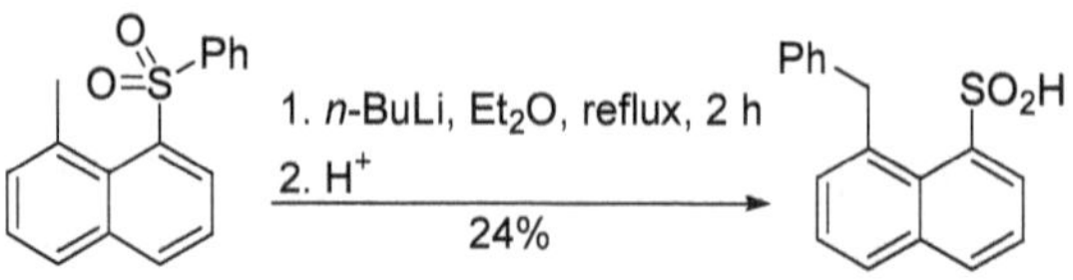

(59)

但是，该反应不能够在叔丁醇钾的存在下进行。在这种条件下，碳负离子首先在萘核上发生 1,2-亲核加成，然后再发生 β-消除得到最终产物 (式 60)[81]。

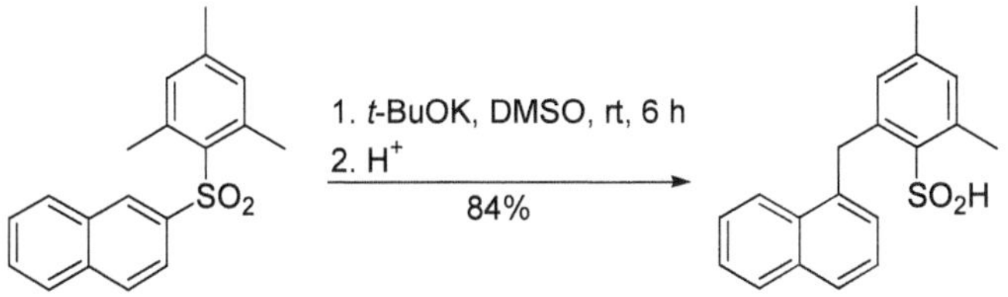

$$\text{(60)}$$

在早期的 Truce-Smiles 反应中，只有双芳香基的砜才可以发生重排。后来，Truce 又发现其它的杂原子芳香环也可以发生重排 (式 61)[77]。

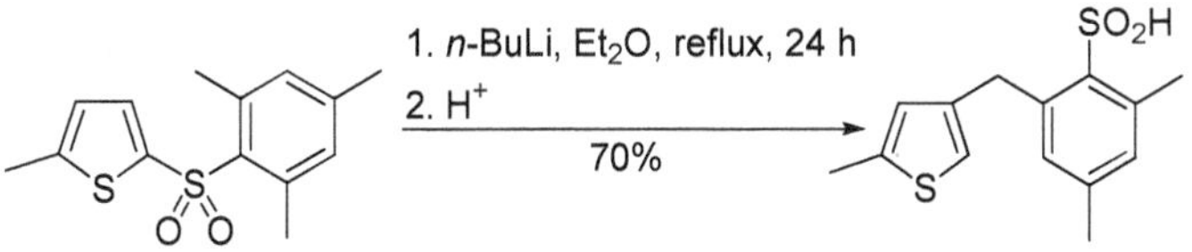

$$\text{(61)}$$

Truce-Smiles 反应中的迁移基团也可以是烷基。如式 62 所示：叔丁基从硫原子上迁移到碳原子上。这种新型的重排是通过电子转移形成的自由基负离子进行的[78]。

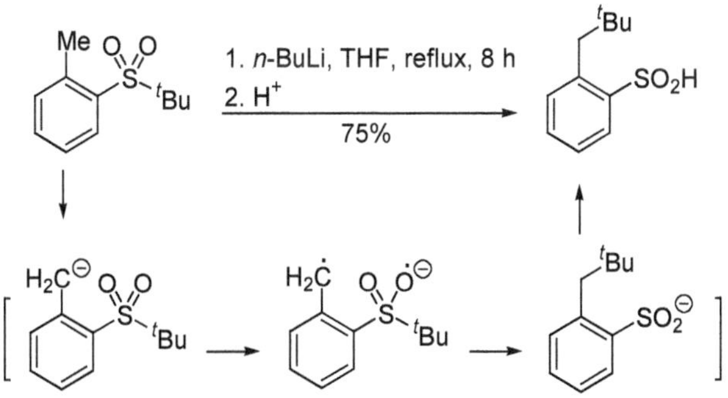

$$\text{(62)}$$

Truce-Smiles 重排不仅发生在砜类底物，带有羰基、酯基或酰胺等拉电子基团的化合物同样可以发生重排[82~84]。Erickson 等人发现了一种特殊的重排反应，将 2-(2′-吡啶)苯乙酸酯重排生成 3-吡啶-2-苯并呋喃。在该反应中，酯基首先在 KH 作用下形成烯醇盐。然后，碳负离子进攻吡啶发生重排得到酚氧基负离子。最后，酚氧基负离子再进攻酯基得到呋喃环产物 (式 63)[84]。

在式 64 所示的反应中，羰基首先在碱的作用下脱去一分子乙酸生成碳负离子。然后，经酸处理得到 41% 的质子化产物甲基砜和 46% 的 Truce-Smiles 重排产物[85]。

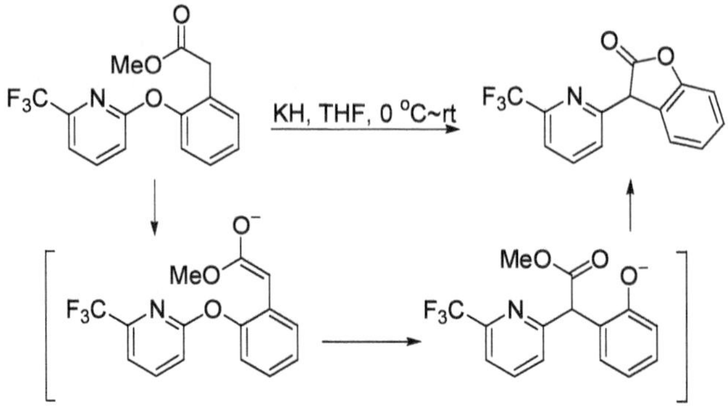

在 LDA 的存在下，Ito 等人用空气处理 1,5-亚甲基[10]轮烯羧酸苯胺得到了分子内的芳基化产物。在该反应中，LDA 首先攫取叔碳原子上的质子得到碳负离子。然后，碳负离子进攻没有活性基团的苯环得到重排产物。他们认为：与氮原子配位的锂离子对重排有促进作用，但也不能完全排除自由基机理 (式 65)[83]。

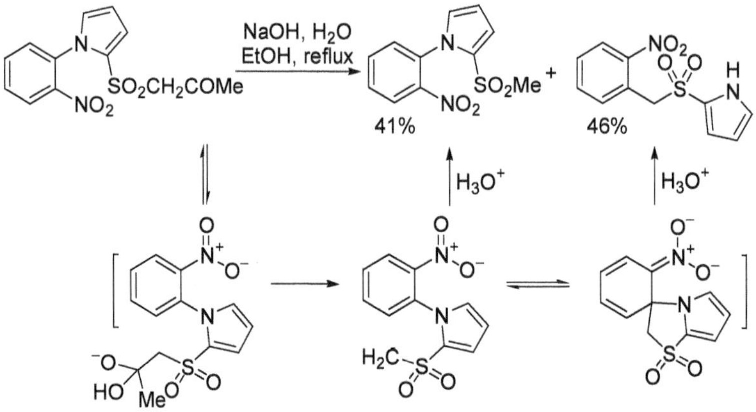

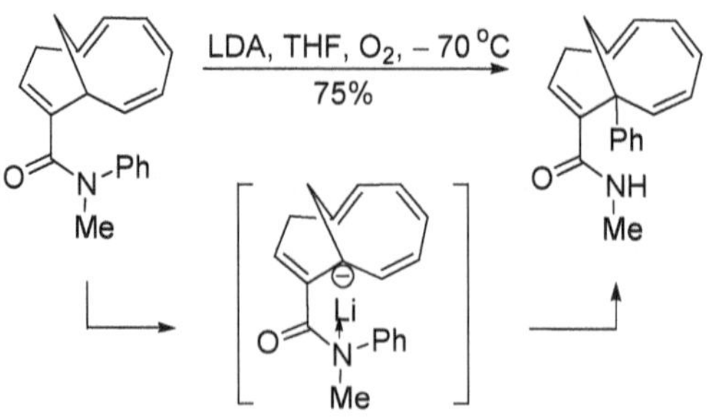

4.5 O-O、N-N 和 S-S Smiles 重排

Smiles 重排也可以在同类原子之间进行，但报道的相对较少[69,86~89]。在该类反应中，因亲核基团和离去基团的反应性质比较接近而常常得到重排的混合物。

Guillaumet 等人报道了有关 O-O Smiles 重排的反应[87,88,90]。如式 66 所示：在碱性条件下，得到 1:1 的重排产物 a 和非重排产物 b。又如式 67 所示[87]：在不同的碱 (NaH 或 t-BuOK) 和溶剂 (DME 和 t-BuOH) 中，溴代、碘代和硝基取代的吡啶底物可以得到不同比例的重排产物 a 和非重排产物 b。

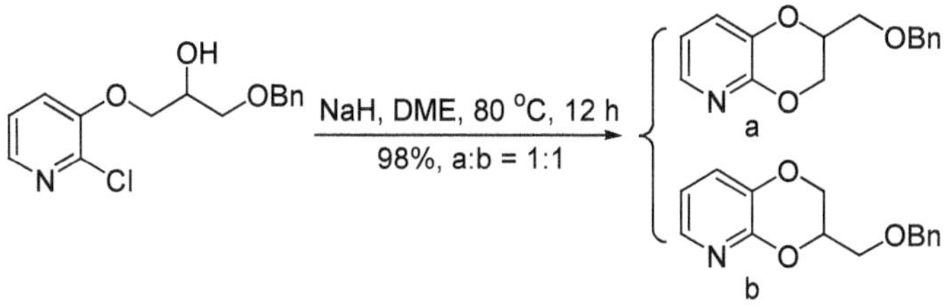

$$\text{(66)}$$

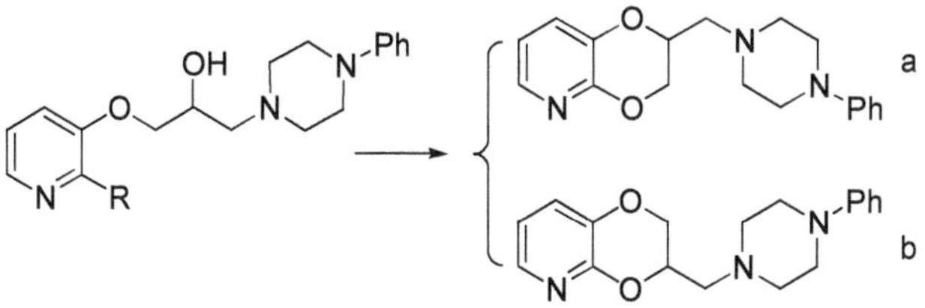

$$\text{(67)}$$

R = Br, NaH, DME, 80 °C, 48 h: a, –; b, 67%
R = Br, t-BuOK, t-BuOH, 80 °C, 48 h: a, 13%; b, 56%
R = I, NaH, DME, 80 °C, 48 h: a, 8%; b, 65%
R = I, t-BuOK, t-BuOH, 80 °C, 48 h: a, 14%; b, 61%
R = NO$_2$, NaH, DME, 80 °C, 12 h: a, 59%; b, 30%
R = NO$_2$, t-BuOK, t-BuOH, 80 °C, 12 h: a, 52%; b, 44%

选择反应性差异较大的含氮官能团，也可以实现选择性 N-N Smiles 重排反应[91]。如式 68 所示[86]：使用含有仲胺和酰胺的双吡啶底物可以生成 92% 的单一产物。

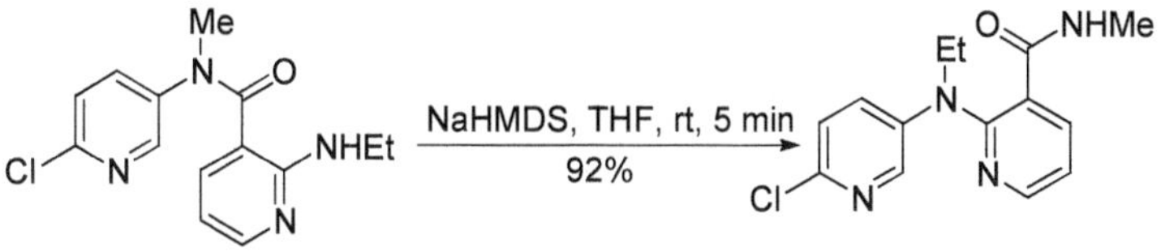

$$\text{(68)}$$

又如式 69 所示[86]：使用 2-氯取代的双吡啶底物时，生成的产物严重地受到碱催化剂的影响。若直接发生仲胺对氯原子的取代反应可以得到并环产物 a，若发生 N-N 重排后由氯原子被酰胺取代则得到产物 b。

在式 70 所示的反应中，酰胺的 NH 在强碱条件下首先发生去质子化反应生成酰胺负离子。此时，生成的酰胺负离子既可以经过加成消除反应得到 75% 的吡咯类化合物 a，也可以经过 Smiles 重排生成吡咯负离子中间体。若后者中的硝基被取代则得到产物 a,若氟原子被取代则得到吡咯产物 b[91]。

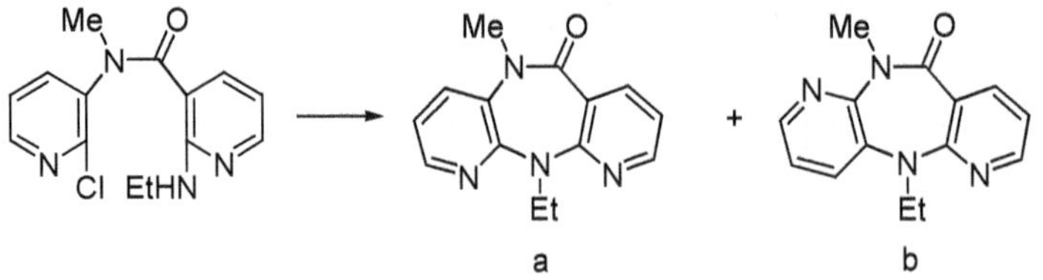

$$
\text{(69)}
$$

LHMDS, THF, rt, 30 min: a, 20%; b, 39%
LHMDS, THF, –10 °C, 2 h: a, 17%; b, –
NaHMDS, THF, rt, 30 min: a, 41%; b, 48%
NaH, PhMe, 155 °C, 35 min: a, 51%; b, 32%
KO-t-Bu, THF, rt, 5 min: a, 54%; b, 22%

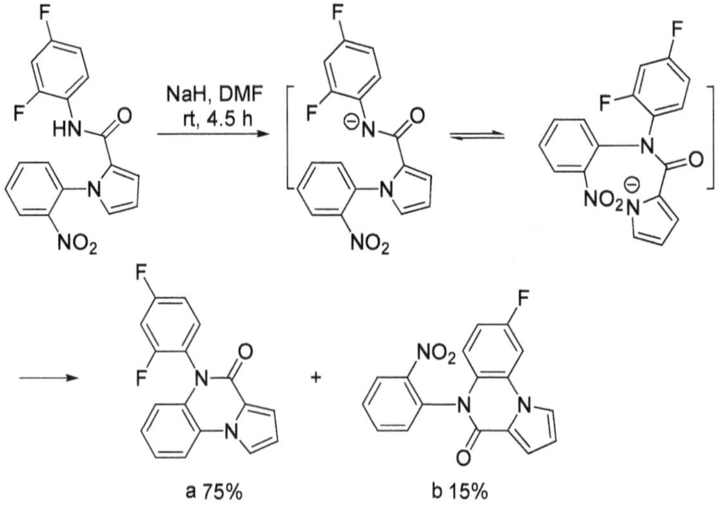

$$
\text{(70)}
$$

a 75%   b 15%

Pluta 等人报道了将 S-S Smiles 重排应用于喹啉类化合物的合成方法[89,92]。如式 71 所示:二噻烷在甲硫醇钠的作用下首先生成硫化钠中间体,然后在 70 °C 发生 Smiles 重排,最后经甲基化反应得到 90% 的产物。

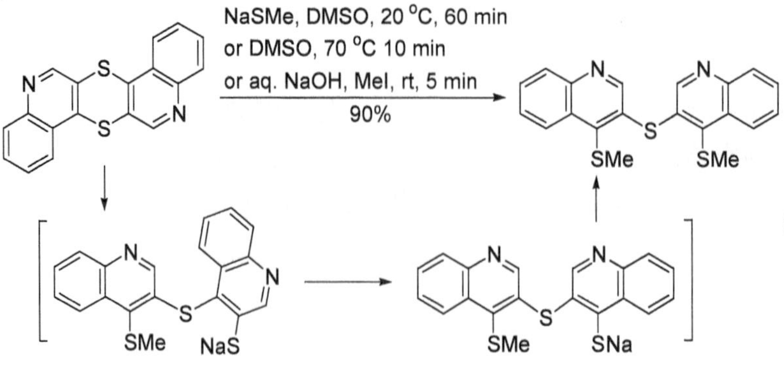

$$
\text{(71)}
$$

4.6 Smiles 式自由基重排

Smiles 重排也可以通过自由基的方式进行[93~96]。该类反应与离子化的 Smiles 重排机理相似,在反应开始时首先生成自由基。如式 72 所示:Tada 等人曾经报道了芳基磺酸酯和芳基磺酰胺的 Smiles 式自由基重排。在三丁基氢化锡作用下,溴化物生成的甲基自由基首先进攻呋喃环。发生 Smiles 重排后再消除 SO_2,最终得到 74% 的产物。但是,该类反应也伴随着生成其它的副产物[96]。

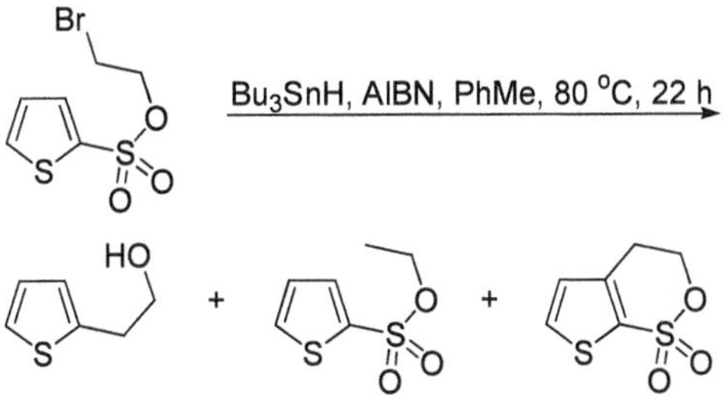

如式 73 所示:原位生成的自由基也可以进攻苯环取代氮原子引发 Smiles 重排。但是,苯环上的取代基对反应的影响较小,整体重排产率较低[97]。

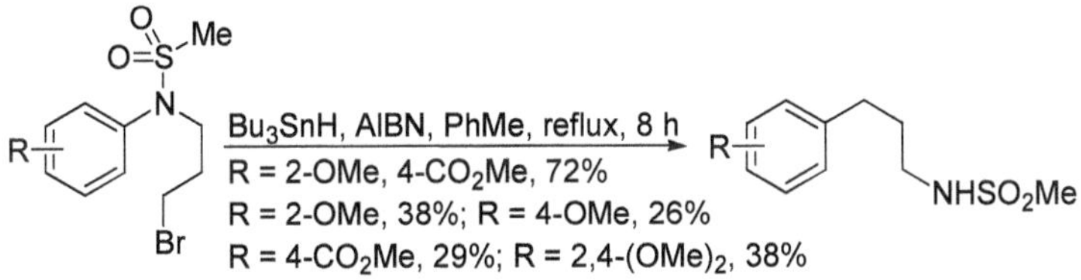

在大多数情况下,Smile 重排是经过五元环或者六元环中间体进行的。但是,Bacque 等人报道了一种经过四元环中间体进行的自由基重排。如式 74 所示[98]:在过氧化月桂酸的作用下,底物首先生成碳自由基。然后,经过四元环中间体重排生成 73% 的产物。

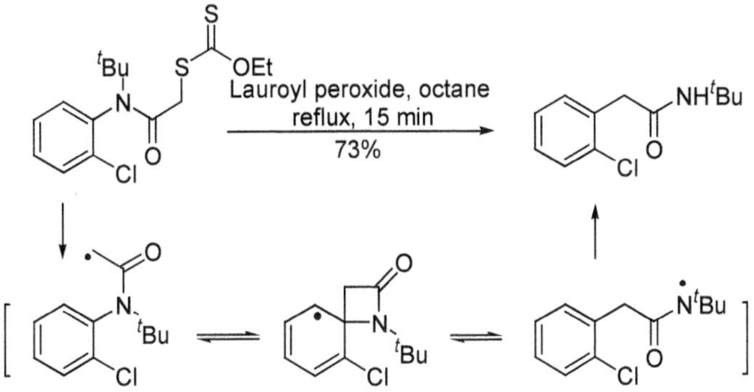

4.7 与其它反应同时发生的 Smiles 重排

Smiles 重排是一个分子内反应，在重排条件下合适的底物均可发生反应。因此，许多时候 Smiles 重排可以与其它反应同时进行。

4.7.1 Ugi-Smiles 重排

Ugi 反应是一种多分子参与的缩合反应，反应底物包括醛、胺、异腈和羧酸。当其中的羧酸被酸性较强的苯酚类化合物取代时，则会在发生 Ugi 反应的同时发生 Smiles 重排 (式 75)[99]。如表 2 所示：Grimaud 等人对此类反应进行了广泛的研究[100~104]。将不同的醛 (脂肪醛或芳香醛) 与胺 (丙烯基胺或苄胺)、异腈 (苄基异腈、环己基异腈、正丁基异腈) 和与硝基取代的苯酚、羟基吡啶、羟基喹啉和羟基嘧啶在甲醇溶剂中共热数小时，均可以较高的产率得到重排产物。

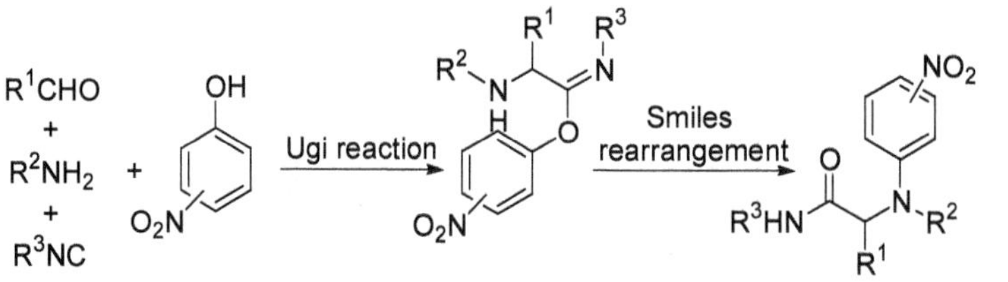

$$R^1CHO + R^2NH_2 + R^3NC + \text{硝基苯酚} \xrightarrow{\text{Ugi reaction}} \text{中间体} \xrightarrow{\text{Smiles rearrangement}} \text{产物} \quad (75)$$

表 2 苯酚类化合物 Ugi-Smiles 重排

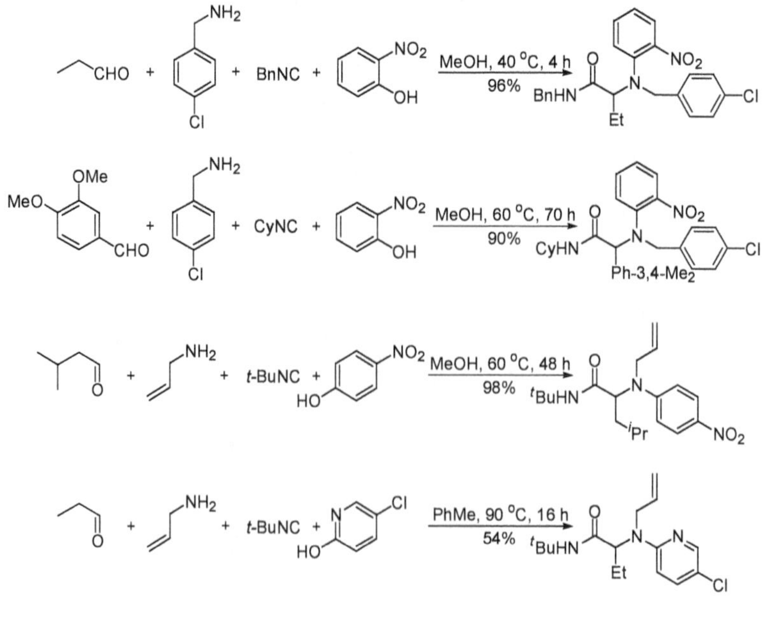

| 醛 | 胺 | 异腈 | 酚 | 条件和产率 | 产物 |

(表格图示略)

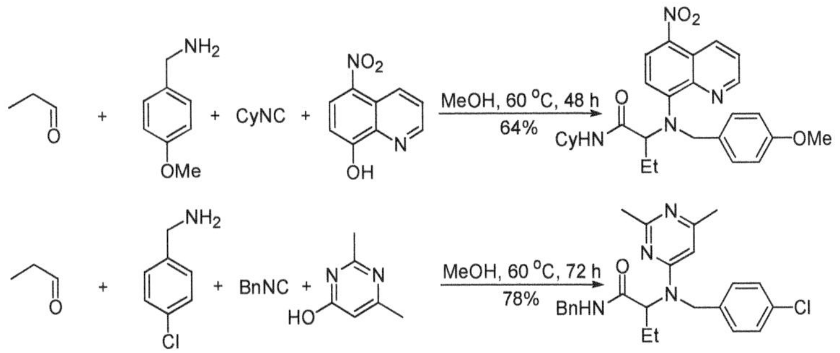

Grimaud 等人的研究还发现：硫酚也可以进行类似的重排反应[103,105,106] (式 76 和表 3)。但是，硫酚的酸性较弱，需要苯环 (芳香环) 上带有较强的拉电子基团 (例如：三氟甲基) 来增加其酸性。虽然它们发生的反应需要在较高温度下 (甲苯 90 ℃) 进行，但反应的产率一般比酚类底物低。

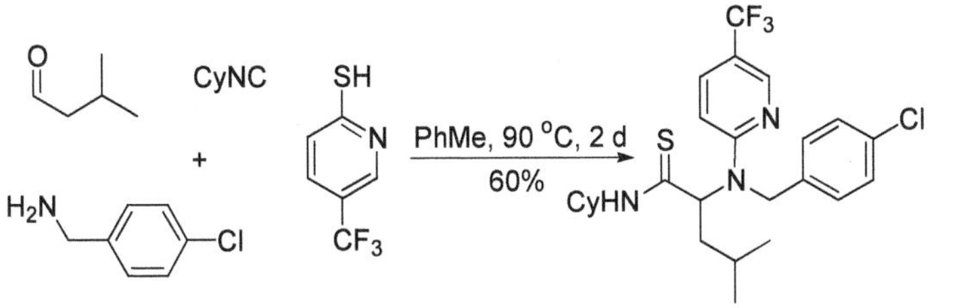

(式 76)

表 3 硫酚类化合物 Ugi-Smiles 重排

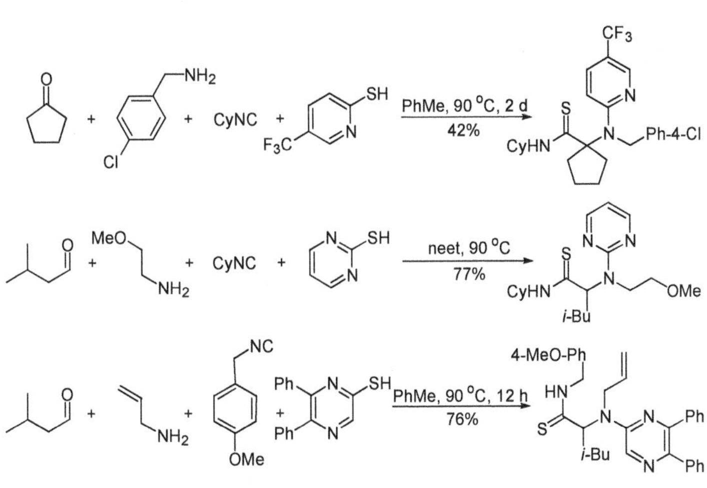

| 醛 | 胺 | 异腈 | 酚 | 条件和产率 | 产物 |

醛	胺	异腈	酚	条件和产率	产物

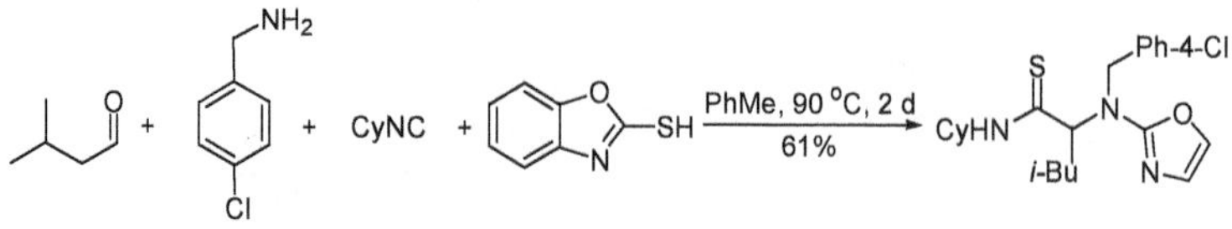
NH2
+
+ CyNC +
SH
PhMe, 90 °C, 2 d
61%
Cl
CyHN
S
N
Ph-4-Cl
i-Bu
O
N

4.7.2 Passerini-Smiles 重排

与 Ugi-Smiles 反应类似，Passerini-Smiles 重排[101,102,107]也是一个三分子参与的缩合-重排反应。如式 77 所示：该反应的底物包括醛、异腈和苯酚。如表 4 所示：Grimaud 等人对这类反应进行了比较详细的研究。在 45 °C 的甲醇溶液中，多种醛和异腈可以与苯酚、羟基吡啶、羟基喹啉或者羟基嘧啶反应得到重排产物。

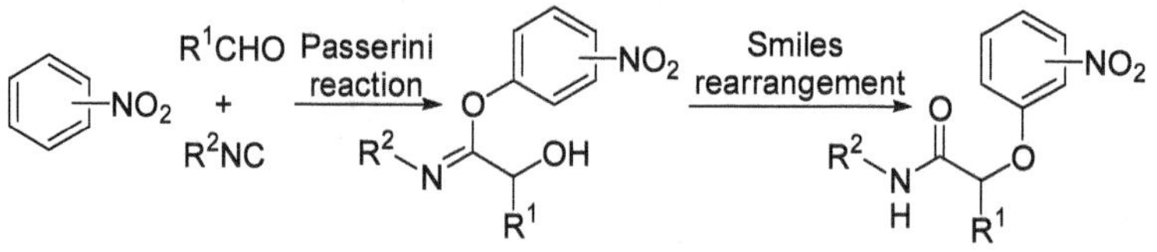
R1CHO
+
R2NC
Passerini reaction
NO2
OH
R1
R2
N
O
Smiles rearrangement
H

(77)

表 4 苯酚类化合物的 Passerini-Smiles 重排

醛	异腈	酚	条件和产率	产物

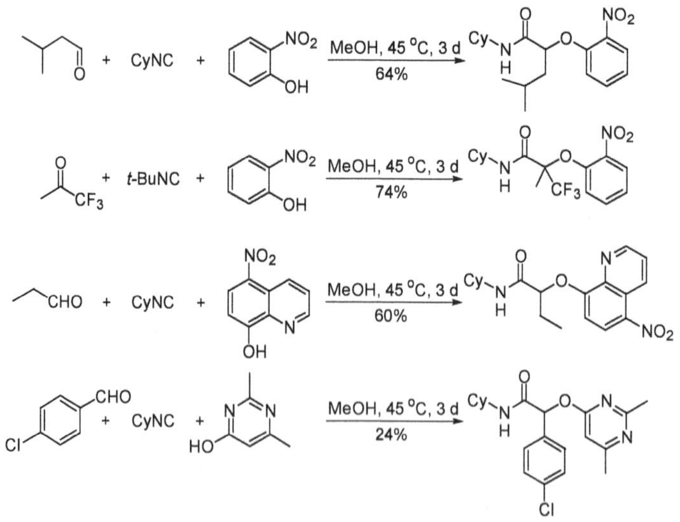
CyNC
t-BuNC
CF3
CHO
Cl
NO2
OH
HO
N
MeOH, 45 °C, 3 d
64%
74%
60%
24%
Cy
H

同样，硫酚也可以发生 Passerini-Smiles 重排反应[105]。如式 78 所示：将丙醛、环己基异腈和嘧啶-2-硫醇在 45 °C 的甲醇溶液中反应 3 天，即可得到

31% 的预期产物。该反应在 85 ℃ 的甲苯/水混合溶液中反应 2 天,可将反应产率提高至 56%。

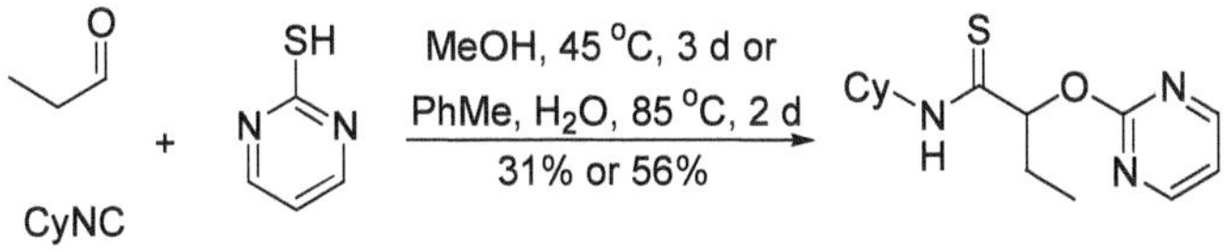

$$\text{(78)}$$

4.7.3 Julia-Smiles 重排

Julia 烯烃合成首先是苯基砜与醛或酮作用生成酯,然后在还原剂 (例如:钠汞齐或二碘化钐等) 作用下发生还原消除生成烯烃的反应。当苯基砜换成杂环芳基砜时,其反应需要经过 Smiles 重排才能得到产物。Julia 报道[108]:在 LDA 作用下,苯并噻唑基砜首先生成碳负离子。然后,再与醛发生加成生成氧负离子中间体。该中间体是一个很好的 Smiles 重排底物,将依次发生 Smiles 重排和消除反应。如式 79 所示:最后生成羟基苯并噻唑锂盐和烯烃产物。由于消除反应不再涉及到能够发生平衡反应的中间体,烯烃的立体构型主要由砜负离子与醛的加成反应的立体选择性所决定。但是,此类反应一般都会生成立体异构体的混合物。

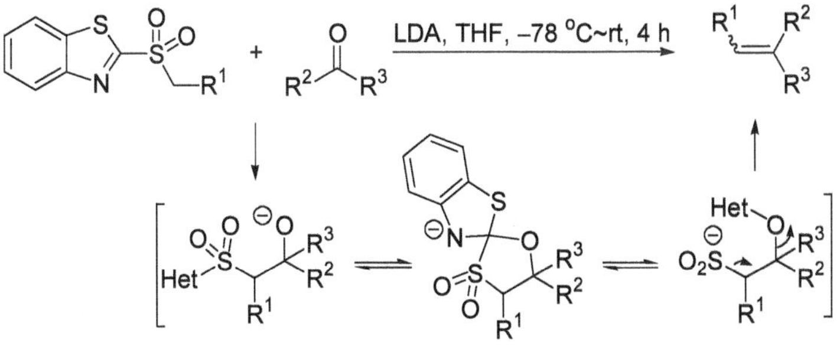

$$\text{(79)}$$

R^1 = H, R^2 = n-C_9H_{19}, R^3 = H, 20%; R^1 = H, R^2 = p-MeOC_6H_4, R^3 = H, 64%
R^1 = Me$_2$C=CH, R^2, R^3 = -(CH$_2$)$_5$-, 56%; R^1 = Ph, R^2, R^3 = -(CH$_2$)$_5$-, 61%

为了能够得到较好的立体选择性,Najera 等人研究了多种杂环砜在不同碱作用下的 Julia-Smiles 重排[109]。如式 80 所示:3,5-二(三氟甲基)苯磺基是一个很好的活性基团,在碱性条件下诱导生成较高产率的 E-构型烯烃。而苯并噻唑和四氮唑取代的底物不仅反应选择性较差,而且反应产率也偏低。

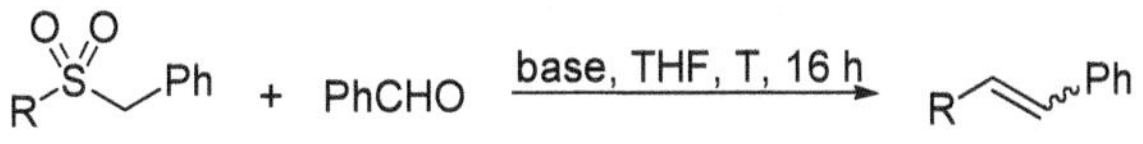

$$\text{(80)}$$

R =

3,5-(F₃C)₂C₆H₃: P2-Et (2.2 eq.), –78 °C, 67%, Z/E = 3/97
P4-t-Bu (1.2 eq.), –78 °C, 65%, 2/98

苯并噻唑-2-基: P4-t-Bu (1.2 eq.), –78 °C, 35%, Z/E = 5/95
KOH (9 eq.), 25 °C, 53%, Z/E = 40/60

1-苯基四唑-5-基: KOH (9 eq.), 25 °C, 45%, Z/E = 25/75
P4-t-Bu (1.2 eq.), –78 °C, 55%, Z/E = 15/85

1-t-Bu-四唑-5-基: KOH (9 eq.), 25 °C, 50%, Z/E = 34/66
P4-t-Bu (1.2 eq.), –78 °C, 30%, Z/E = 5/95

5 Smiles 重排的反应条件综述

5.1 碱催化的 Smiles 重排

大多数 Smiles 重排都是在碱性条件下进行的，目的是把 YH 转化成亲核性更强的 Y⁻ 负离子。所用碱的选择取决于 YH 的酸性，常用的碱包括：NaH、K_2CO_3、NaOMe、NaOH、KOH 或 DBU 等。所用溶剂的选择取决于起始物的溶解性，常用溶剂包括：水、乙醇、丙酮、乙醇/水或丙酮/水、N,N-二甲基甲酰胺或二甲亚砜。这类反应一般在 50~100 °C 之间进行，或者在相应溶剂中长时间回流完成。

如式 81 所示[110]：首先，2-氯-N-丙基乙酰胺与 2-溴吡啶-3-硫醇反应生成硫醚。然后，发生 Smiles 重排生成吡啶氨基硫醇。最后，硫醇取代吡啶 2-位上的溴原子生成环状产物。在相同溶剂中，不同的碱对该反应的产率具有明显的影响。其中，DBU 对反应具有明显的促进作用，在微波条件下可以得到 92% 的产物。在 DBU 作用下，不同溶剂对该反应的产率也有影响，乙腈是最佳反应溶剂。

$$\text{(81)}$$

Li_2CO_3, CH_3CN, reflux, 4 h, 16%; Na_2CO_3, CH_3CN, reflux, 4 h, 51%;
K_2CO_3, CH_3CN, reflux, 4 h, 54%; Cs_2CO_3, CH_3CN, reflux, 4 h, 70%;
DBU, CH_3CN, reflux, 4 h, 77%; Cs_2CO_3, CH_3CN, 80 °C, MW, 10 min, 83%;
DBU, CH_3CN, 80 °C, MW, 10 min, 92%; DBU, CH_3CN, reflux, 4 h, 77%;
DBU, DMF, 100 °C, 4 h, 65%; DBU, PhMe, reflux, 4 h, 12%;
DBU, THF, reflux, 4 h, 36%; DBU, CH_2Cl_2, reflux, 4 h, 8%;
DBU, CH_3CN, MW, 80 °C, 10 min, 92%

活性较弱或酸性较弱的底物需要使用较强的碱性试剂。如式 82 所示[19]：将邻溴-邻氨基苯基醚在氨基钠的苯溶液中回流 1.5 h 即可得到重排产物。

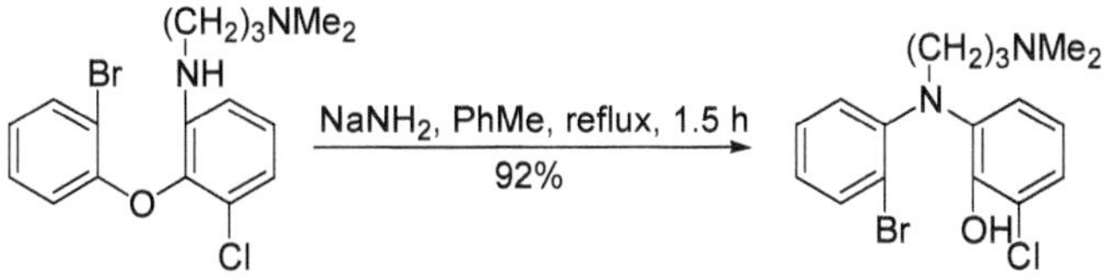

$$\text{邻溴-邻氨基苯基醚} \xrightarrow[92\%]{\text{NaNH}_2, \text{PhMe, reflux, 1.5 h}} \text{重排产物} \tag{82}$$

5.2 酸催化的 Smiles 重排

只有含吡啶的底物才能够在酸催化下发生 Smiles 重排。如式 83 所示：不同浓度的盐酸对 Smiles 重排反应具有显著的影响。在 5% 的 HCl 水溶液中，底物在 100 ℃ 反应 1 h 得到 70% 的重排产物。但是，在浓盐酸下溶液中，该反应在室温下反应 7 min 即可得到 95% 的重排产物[16]。

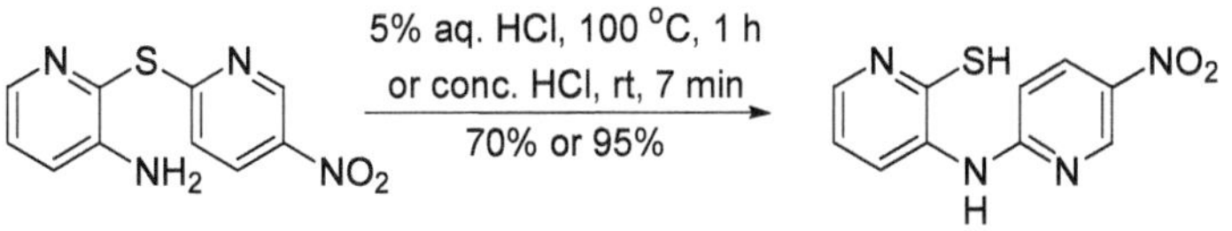

$$\xrightarrow[70\% \text{ or } 95\%]{5\% \text{ aq. HCl, } 100\ ^\circ\text{C, 1 h} \atop \text{or conc. HCl, rt, 7 min}} \tag{83}$$

如式 84 所示：酸催化的 Smiles 重排可能经过两种质子化途径进行。(a) 如果迁移环上的氮原子被质子化，2-位碳原子则带有更多的正电性而更便于亲核试剂进攻。(b) 如果进攻环上的氮原子被质子化，离去的硫负离子则被正电荷所稳定。

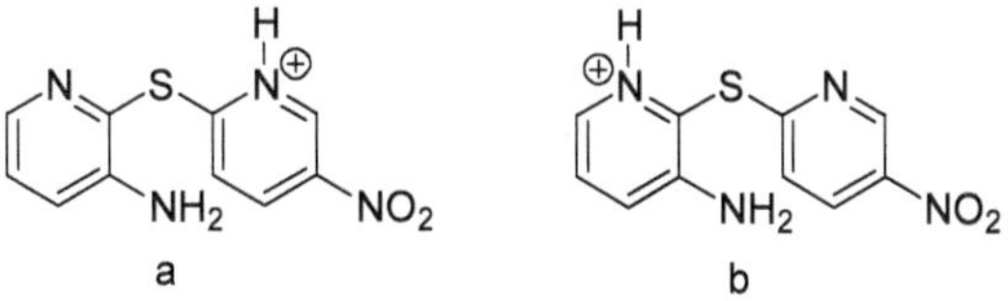

$$\text{a} \qquad \text{b} \tag{84}$$

5.3 还原条件下的 Smiles 重排

Smiles 重排也可用在还原条件下进行。常用的还原体系包括：氢氧化钠/1,4-二噁烷水溶液或氢化铝锂/四氢呋喃溶液[111]。SnCl₂[112]、Raney-Ni 或 H₂ 均可被用作还原试剂[113,114]，产物的产率随着还原试剂和温度的变化而变化。

Grundon 等人发现：在还原条件下，Smiles 重排后还可以继续反应得到不同的产物。如式 85 所示[111]：在 Zn/NaOH 体系中，二(2-硝基苯基)砜中的硝基首先被还原成氨基。然后，经过 Smiles 重排得到亚磺酸。最后，第二个氨基取代亚磺酸基生成吩嗪产物。砜与硫醚均可在该条件下发生重排，芳香环上的取代基对反应的影响不大。由于在该条件下重排反应进行得不完全，因此反应产率一般低于 25% 并伴随有其它副产物的生成。

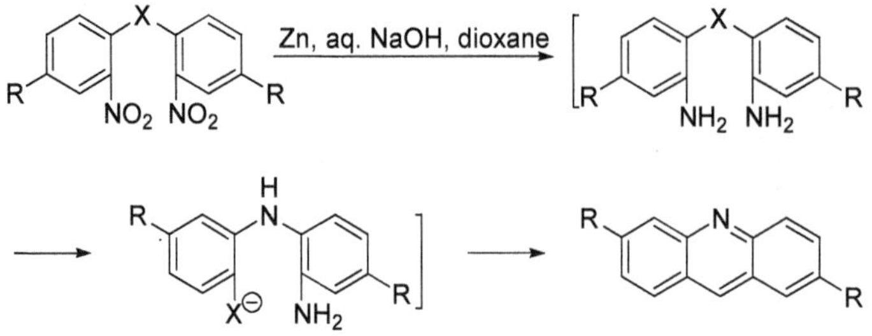

$$
\text{(85)}
$$

X = SO$_2$, R = H, 20 $^\circ$C, 2 h, 18%; X = SO$_2$, R = H, 100 $^\circ$C, 0.5 h, 14%
X = SO$_2$, R = Cl, 20 $^\circ$C, 2 h, 25%; X = SO$_2$, R = Me, 20 $^\circ$C, 2 h, 10%
X = S, R = H, 100 $^\circ$C, 3 h, <1%; X = S, R = Cl, 20 $^\circ$C, 7 h, 6%

Guillaumet 等人报道：在还原条件下，双吡啶胺中的硝基经还原生成氨基后随即发生 Smiles 重排反应 (式 86)[90]。该反应可以在 SnCl$_2$/EtOH 体系中进行，加热可以增加反应速度。该反应也可以在 Fe/HCl 体系中进行，生成的 H$_2$ 是真正的还原剂。

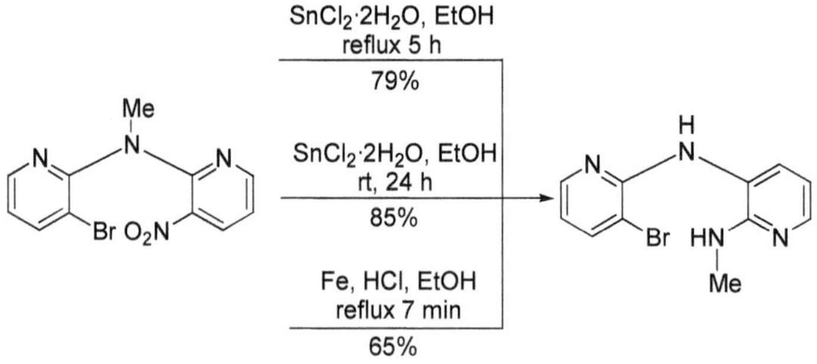

$$
\text{(86)}
$$

5.4 光催化的 Smiles 重排

有些 Smiles 重排可以在光催化条件下进行[115,116]。如式 87 所示：Wubbels 等人报道了一例光催化的 Smiles 重排反应[116]。在碱性和 0 $^\circ$C 条件下，2-(4-硝基苯酚基)乙基胺经光照生成 73% 的重排产物。该反应可能是经过自由基中间体进行的，反应中还生成了 24% 的非重排副产物。

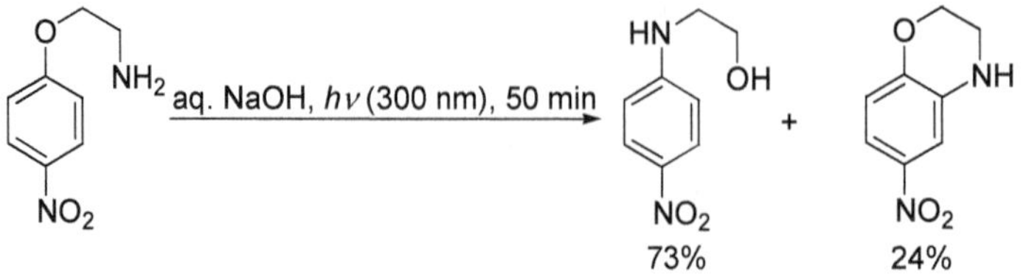

$$
\text{(87)}
$$

5.5 微波促进的 Smiles 重排

微波辐射可以提高底物的活性,并促进重排反应的进行。如前面式 81 所示:在回流下需要用 4 h 完成的反应,在微波条件下 10 min 内可以完成。在微波辅助下,一般加热条件下很难反应的低活性底物也可以被转化成为需要的产物。如式 88 所示:2-氯乙酰氯首先与苄胺反应生成 2-氯乙酰胺。然后,与 2,3-二氯苯基硫醇反应生成中间体硫醚。该硫醚只有苯环上的氯原子为活性基团,离去基团 -S- 较弱。但是,在微波作用下,18 min 即可完成重排和关环反应得到 85% 的产物[117]。

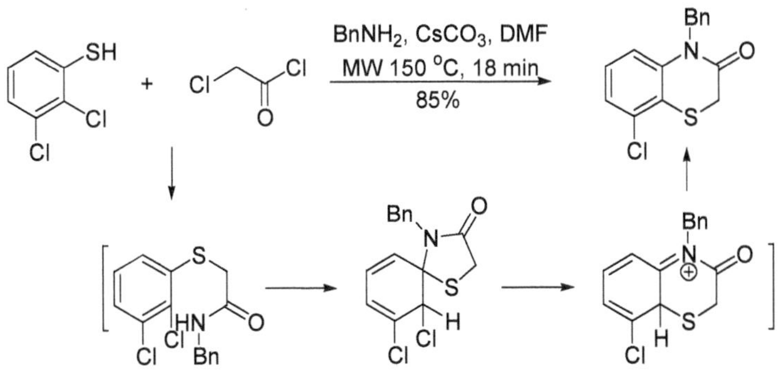

如式 89 所示:将反应底物连接在固相树脂上经过缩合生成的醚不能在加热条件下发生重排。但是,在微波辐射下 1 h 内即可完成重排。然后,再关环和水解反应得到杂环产物[87,118]。

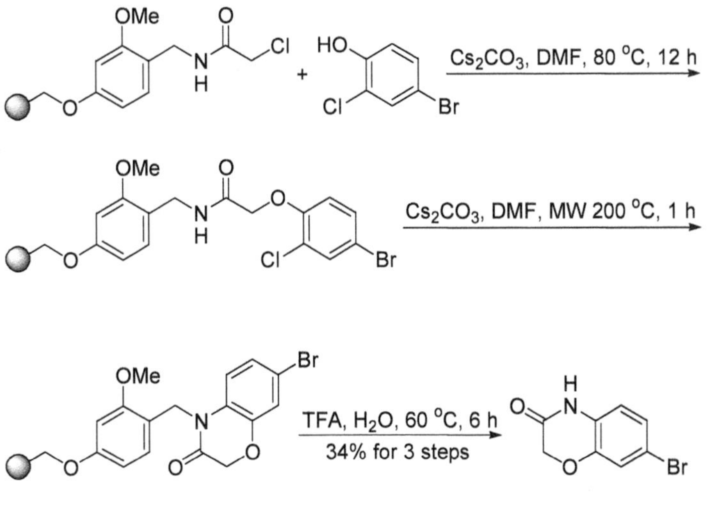

6 Smiles 重排的应用

Smiles 重排反应主要应用于杂环化合物的合成,例如:硫脲、噻二唑、硫代脒、苯胺和嘧啶等。该反应也常常用于噻嗪、双吡啶并噻嗪、吡啶并或苯并**硫嗪**、芳基胺基硫酰胺和取代哌啶、芳基胞嘧啶和异胞嘧啶等杂环化合物的合成。Smiles 重排反应在抗生素及其类似物的合成中有突出的表现,但在天然产物的全合成中应用较少。

6.1 天然产物 Glycyrol 的合成[119]

甘草是一种传统的中草药。Glycyrol 是一种从甘草中提取出来的有效成分,它对上呼吸道感染具有杀菌功效。1969 年,Shibata 和 Saitoh 曾对其化学性质进行过详细的研究。但直到 1989 年,Saitoh 等人才确认其分子中包含有苯并呋喃环和香豆素结构单元。如式 90 所示:Kim 等人报道了一种关于 Glycyrol 全合成的路线。他们使用 Na_2CO_3 催化 4-羟基香豆素与新鲜制备的 1-苄基-3(二乙酰基碘)苯发生缩合,生成醋酸盐的碘正离子。该产物不用提纯,在 DMF 中加热即可发生 Smiles 重排反应生成苯氧基香豆素,三步反应的总产率为 87%。然后,经 $Pd(OAc)_2$ 催化的分子内烯基碘的芳基化反应得到呋喃环。最后,在 $AlCl_3$ 作用下脱去保护基 Bn 基和 MOM 基得到 Glycyrol。

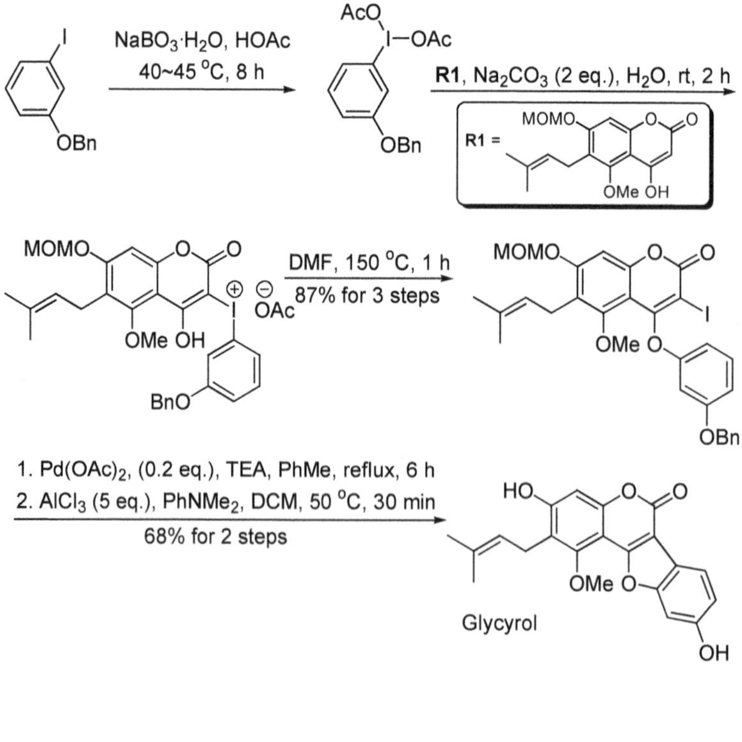

6.2 苯并菲啶 Narallonitidine 的合成[120]

苯并菲啶是喹啉生物碱的重要一部分，它的许多衍生物都有抗癌或抗菌等药物性质。Robinson 等人在 20 世纪 60 年代第一次报道了该化合物的全合成，之后又有多篇文章报道了此类生物碱的合成。如式 91 所示：Geen 等人报道了一组苯并菲啶的合成。他们用萘酚与 α-溴代丙酰胺反应首先生成相应的醚，然后在 NaH 的作用下发生 N-O Smiles 重排得到 93% 的萘基酰胺。生成的产物经水解得到萘胺后再经 Pd-催化的 Suzuki 偶联反应，最终得到 Narallonitidine。

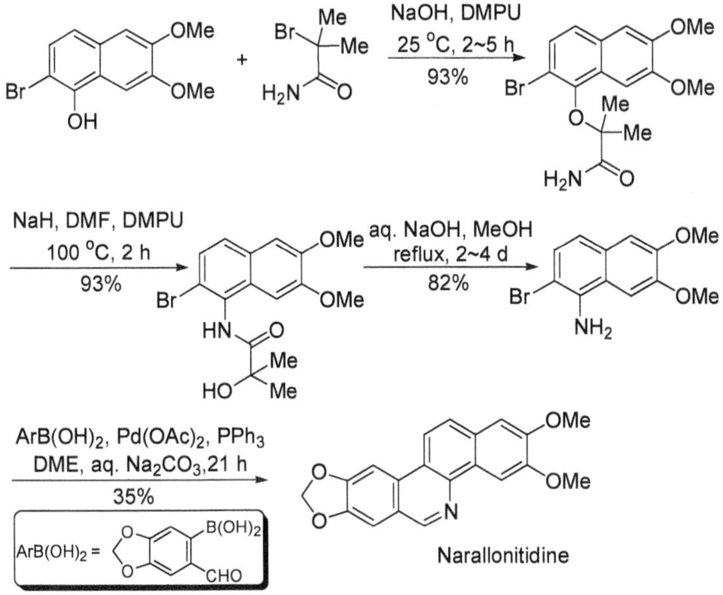

6.3 多巴胺受体抑制剂的合成[37]

多巴胺是神经传输的重要物质，多巴胺的传输与多种疾病的病理相关，例如：帕金森症和精神分裂症等。多巴胺受体属于 G-蛋白受体中的一种，目前已经发现有 D1-D5 五种亚受体。亚受体 D1-D5 抑制剂的发现对治疗神精类疾病有重要的作用。研究发现：D1 抑制剂苯并杂氮化合物 a 和 b 对多种疾病有疗效（式92）。它们已经进入到治疗精神分裂症、可卡因瘾症和肥胖症的临床研究阶段，但在口服药剂中疗效很低。因此，需要继续开发新的抑制剂。Wu 等人报道了一组 a 和 b 类似物的合成路线，其中应用 Smiles 重排得到了最终产物。如式 93 所示：首先，他们使用化合物 b 的酚羟基与 α-溴代丙酰胺反应生成相应的醚。然后，将生成物在 50 °C 的 NaOH 的 DMF 溶液中反应 2 h 得到重排产物。最后，再经过数步反应得到预期的类似物。

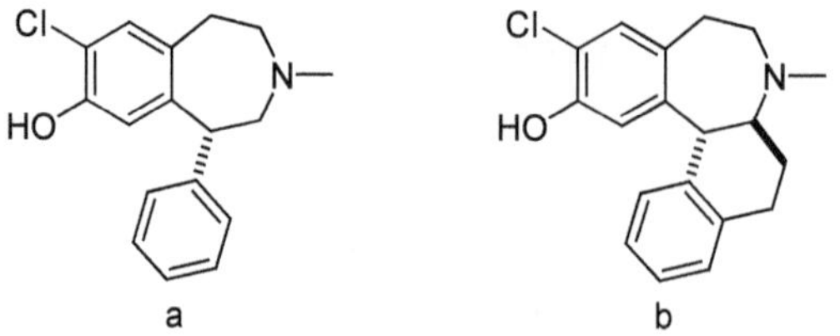

(92)

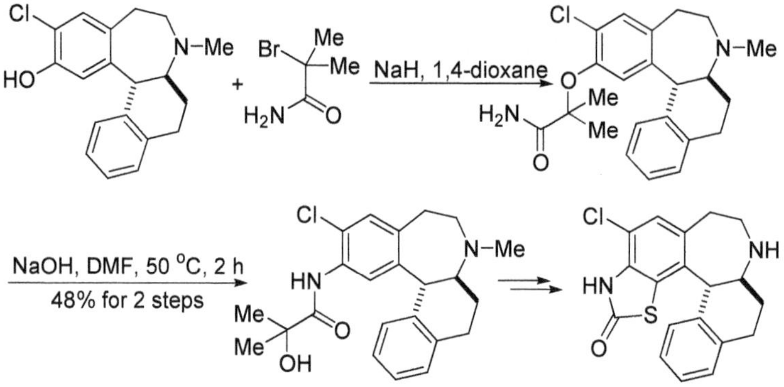

(93)

6.4 吩噻嗪类化合物的合成[121]

含有氮原子和硫原子的杂环类化合物吩噻嗪及其类似物具有重要的药物价值。有些化合物已经被用作抗组胺药、止痛药、止吐药和利尿剂等，有些被报道具有抗癌效果。在众多的合成方法中，Smiles 重排对这类化合的合成提供了一条捷径。如式 94 所示：Kumar 等人报道了一组氟代吩噻嗪类化合物的合成反方法。首先，他们将 2-氨基硫酚和氯化三硝基苯在乙酸钠的作用下得到硫醚。然后，再将氨基在甲酸中转变成甲酰胺。最后，在 KOH 促进下发生 Smile 重排和成环反应得到吩噻嗪，三步反应的总产率为 75.4%。

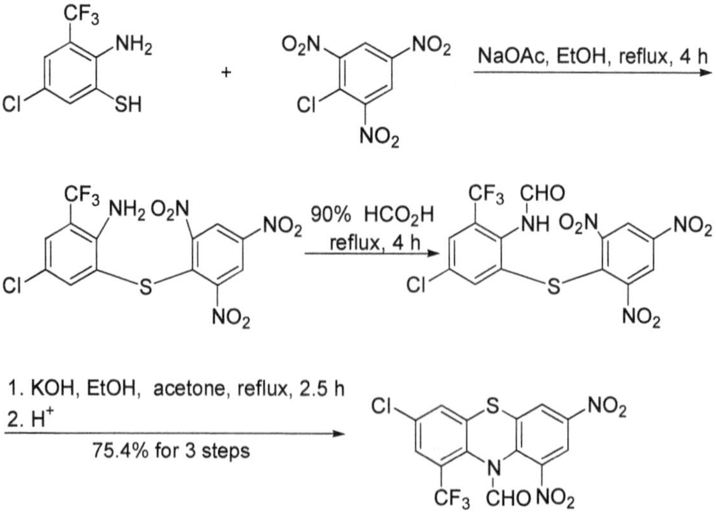

(94)

7 Smiles 重排反应实例

例 一

N-(2-溴-6,7-二甲氧基萘基-1-胺)-2-羟基-2 甲基丙基酰胺的合成[120]
(碱性条件下的 N-O Smiles 重排)

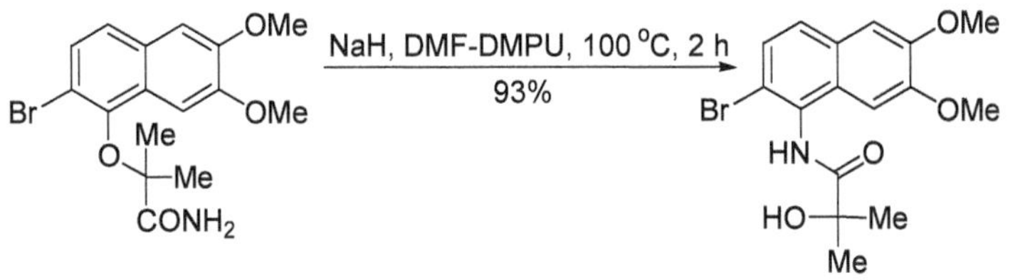

将 NaH (9.0 mg, 0.367 mmol) 加入到 2-(2-溴 6,7-二甲氧基-1-萘氧基)-2-甲基丙酸胺 (122.0 mg, 0.334 mmol) 的 DMF (2.0 mL) 和 DMPU (0.5 mL) 溶液中。在氩气保护下，生成的反应混合物在 100 °C 搅拌 2 h。然后，将其倒入水中 (40 mL) 用乙酸乙酯 (40 mL) 萃取。有机相经水洗后用硫酸镁干燥，蒸去溶剂后得到灰白色固体产物 (113 mg, 93%)。

例 二

2,4-二甲基-6-(4-甲基苄基)苯亚磺酸的合成[74]
(Truce-Smiles 重排)

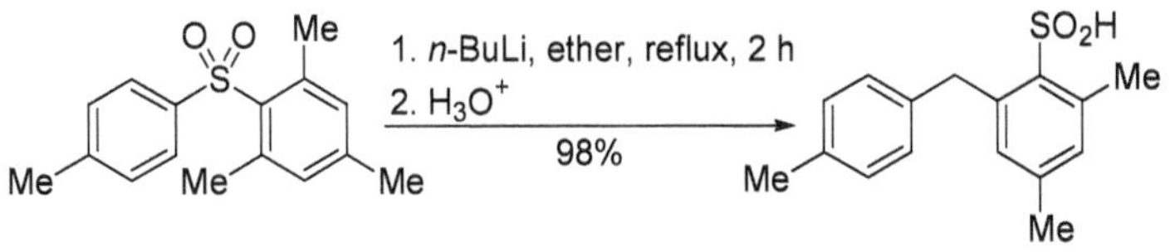

将正丁基锂的乙醚溶液 (8.1 mmol, 1.03 mol/L) 迅速加入到回流的均三甲基苯基-对甲基苯基砜 (2.0 g, 7.7 mmol) 的无水乙醚 (100 mL) 溶液中。继续回流 2 h 后，加入水 (100 mL) 淬灭反应。用盐酸酸化混合液，分出有机层。水相用乙醚萃取，合并的有机相蒸去溶剂后得到无色固体粗产物 (1.96 g, 98%)。将粗产品溶于 NaHCO₃ 水溶液 (100 mL) 中后，加入活性炭去色。用盐酸酸化后用乙醚萃取，合并有机相并蒸去溶剂。将得到的残留物溶于 40 °C 丙酮，然后加水

直到有沉淀析出。过滤后得到无色产物。

例 三

3-(5-硝基吡啶-2-胺)吡啶-2-硫醇的合成[56]
(酸性条件下的 N-S Smiles 重排)

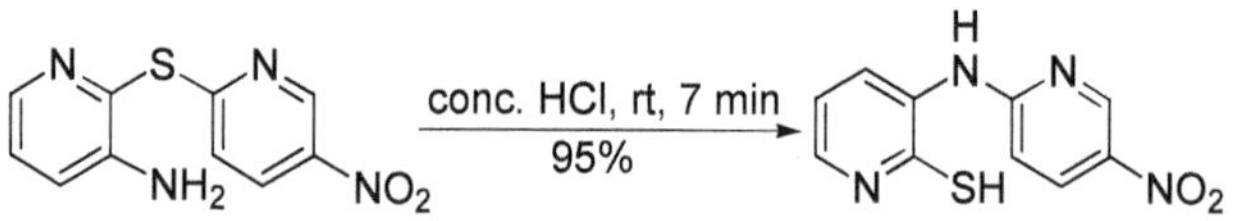

$$\text{(97)}$$

将 3-氨基-3'-硝基-2,2'-二吡啶硫醚 (39 mg, 0.157 mol) 溶解于浓盐酸 (3 mL) 中。静置 7 min 后,倒入冰水中析出红色固体。经过滤得到粗产物,然后再用丙酮和苯的混合溶剂重结晶得到产品 (37 mg, 95%)。

例 四

1-乙酰-2-(甲氧羰基)-5,5-二甲基-4,5-二氢-1H-吡咯-3-基-
[2-(甲硫基)乙基]氨基四硝基苯酐的合成[60]
(碱性条件下的 N-S Smiles 重排)

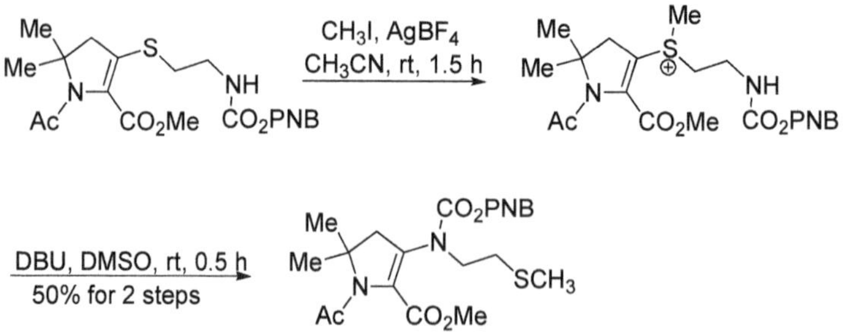

$$\text{(98)}$$

将碘甲烷 (43 mg, 0.3 mmol) 和 AgBF$_4$ (50 mg, 0.25 mmol) 依次加入到硫醚 (90 mg, 0.2 mmol) 的硝基甲烷 (3 mL) 溶液中。生成的混合物在室温搅拌 1.5 h 后过滤。滤液经浓缩后用苯洗涤,得到浆状锍盐。将其溶解于 DMSO (10 mL) 溶剂中后,加入 DBU (30 mg, 0.2 mmol)。生成的混合物在室温下搅拌 0.5 h 后,加入乙酸乙酯进行稀释。有机相经 KH$_2$PO$_4$ 水溶液 (1.0 mol/L) 洗涤后,用无水硫酸钠干燥。蒸去溶剂得到的残留物用制备色谱板分离 (苯-乙酸乙酯,1:1) 得到无色液体产物 (50 mg, 50%)。

例　五

4-(2-甲砜-乙氧基)-3-苯基-1,2,5-噁二唑二氧化物的合成[61]
(碱性条件下的 O-S Smiles 重排)

向砜 (540 mg, 2.0 mmol) 的丙酮溶液 (10 mL) 中逐滴加入 50% 的 NaOH 水溶液 (400 mg, 5.0 mmol)。马上有白色固体亚磺酸钠沉降出来，10 min 后重排反应结束。过滤出的固体经丙酮洗涤和干燥后溶解于甲醇 (10 mL) 中，然后加入碘甲烷 (0.38 mL, 6 mmol)。生成的混合物再搅拌 4 h 后，蒸去溶剂。将得到的残留物溶解于水中并用乙酸乙酯萃取。蒸去有机溶剂后的残留物用柱色谱分离 (石油醚-乙酸乙酯, 1:1) 得到产物 (230 mg, 40%)。

8　参考文献

[1] Henrique, R. *Ber.* **1894**, *27*, 2993.
[2] Hinsberg, O. *J. Prakt. Chem.* **1914**, *90*, 345.
[3] Hinsberg, O. *J. Prakt. Chem.* **1915**, *91*, 307.
[4] Warren, L. A.; Smiles, S. *J. Chem. Soc.* **1930**, *956*, 1327.
[5] Bunnett, J. F.; Zahler, R. E. *Chem. Rev.* **1951**, *49*, 273.
[6] Truce, W. E.; Kreider, E. W.; Brand, W. W. *Org. React.* **1970**, *18*, 99.
[7] Plesniak, K.; Zarecki, A.; Wicha, J. *Top. Curr. Chem.* **2007**, *275*, 163.
[8] Snape, T. *J. Chem. Soc. Rev.* **2008**, *37*, 2452.
[9] Johnson, C. R.; Nakanishi, A.; Nakanishi, N.; Tanaka, K. *Tetrahedron Lett.* **1975**, *16*, 2865.
[10] Tominaga, Y.; Ueda, H.; Ogata, K.; Kohra, S.; Hojo, M.; Ohkuma, M.; Tomita, K.; Hosomi, A. *Tetrahedron Lett.* **1992**, *33*, 85.
[11] Evans, W. J.; Smiles, S. *J. Chem. Soc.* **1935**, 181.
[12] Okamoto, T.; Bunnett, J. F. *J. Am. Chem. Soc.* **1956**, *78*, 5357.
[13] Font, D.; Heras, M.; Villalgordo, J. M. *Tetrahedron* **2008**, *64*, 5226.
[14] Altland, W. *J. Org. Chem.* **1976**, *41*, 3395.
[15] Warren, L. A.; Smiles, S. *J. Chem. Soc.* **1931**, 914.
[16] Rodig, O. R.; Collier, R. E.; Schlatzer, R. K. *J. Org. Chem.* **1964**, *29*, 2652.
[17] Grundon, M. F.; Johnston, B. T. *J. Chem. Soc., B* **1966**, 255.
[18] Warren, L. A.; Smiles, S. *J. Chem. Soc.* **1932**, 1040.
[19] Bonvicino, G. E.; Yogodzinski, L. H.; Hardy Jr., R. A. *J. Org. Chem.* **1962**, *27*, 4272.

[20] Galbraith, F.; Smiles, S. *J. Chem. Soc.* **1935**, 1234.

[21] Levi, A. A.; Smiles, S. *J. Chem. Soc.* **1932**, 1488.

[22] Warren, L. A.; Smiles, S. *J. Chem. Soc.* **1931**, 2207.

[23] Roberts, K. C.; De Worms, C. G. M. *J. Chem. Soc.* **1934**, 727.

[24] Warren, L. A. S.; Smiles, S. *J. Chem. Soc.* **1931**, 2207.

[25] Warren, L. A.; Smiles, S. *J. Chem. Soc.* **1932**, 2774.

[26] Evans, W. J.; Smiles, S. *J. Chem. Soc.* **1936**, 329.

[27] Tozer, B. T.; Smiles, S. *J. Chem. Soc.* **1938**, 1897.

[28] Tozer, B. T.; Smiles, S. *J. Chem. Soc.* **1938**, 2052.

[29] Kent, B. A.; Smiles, S. *J. Chem. Soc.* **1934**, 422.

[30] Roberts, K. C.; De Worms, C. G. M.; Clark, H. B. *J. Chem. Soc.* **1935**, 196.

[31] Roberts, K. C. *J. Chem. Soc.* **1932**, 2358.

[32] Roberts, K. C.; De Worms, C. G. M. *J. Chem. Soc.* **1935**, 1309.

[33] Roberts, K. C.; Rhys, J. A. *J. Chem. Soc.* **1937**, 39.

[34] McClement, C. S.; Smiles, S. *J. Chem. Soc.* **1937**, 1016.

[35] Coats, R. R.; Gibson, D. T. *J. Chem. Soc.* **1940**, 442.

[36] Knipe, A. C.; Sridhar, N. *Synthesis* **1976**, 606.

[37] Wu, W. L.; Burnett, D. A.; Spring, R.; Greenlee, W. J.; Smith, M.; Favreau, L.; Fawzi, A.; Zhang, H. T.; Lachowicz, J. E. *J. Med. Chem.* **2005**, *48*, 680.

[38] Bayles, R.; Johnson, M. C.; Maisey, R. F.; Turner, R. W. *Synthesis* **1977**, 31.

[39] Bayles, R.; Johnson, M. C.; Maisey, R. F.; Turner, R. W. *Synthesis* **1977**, 33.

[40] Greiner, A. *Tetrahedron Lett.* **1989**, *30*, 931.

[41] Schmidt, D. M.; Bonvicino, G. E. *J. Org. Chem.* **1984**, *49*, 1664.

[42] Xiang, J.; Zheng, L.; Chen, F.; Dang, Q.; Bai, X. *Org. Lett.* **2007**, *9*, 765.

[43] Xiang, J.; Xie, H.; Wen, D.; Dang, Q.; Bai, X. *J. Org. Chem.* **2007**, *73*, 3281.

[44] Xiang, J.; Zheng, L.; Xie, H.; Hu, X.; Dang, Q.; Bai, X. *Tetrahedron* **2008**, *64*, 9101.

[45] Buchstaller, H. P.; Anlauf, U. *Synthesis* **2005**, 639.

[46] Anelli, P. L.; Brocchetta, M.; Calabi, L.; Secchi, C.; Uggeri, F.; Verona, S. *Tetrahedron* **1997**, *53*, 11919.

[47] Davies, S. G.; Hume, W. E. *Tetrahedron Lett.* **1995**, *36*, 2673.

[48] Cragg-Hine, I.; Davidson, M. G.; Kocian, O.; Kottke, T.; Mair, F. S.; Snaith, R.; Stoddart, J. F. *Chem. Commun.* **1993**, 1355.

[49] Bernasconi, C. F.; DeRoss, R. H.; Gehriger, C. L. *J. Org. Chem.* **1973**, *38*, 2838.

[50] Takahashi, T.; Yoshi, E. *Chem. Pharm. Bull. (Jpn)* **1954**, *2*, 383.

[51] Takahashi, T.; Maki, Y. *Chem. Pharm. Bull. (Jpn)* **1958**, *6*, 369.

[52] Maki, Y.; Sato, M.; Yamane, K. *Yakugaku Zasshi* **1965**, *85*, 429.

[53] Maki, Y. *Yakugaku Zasshi* **1958**, *77*, 862.

[54] Maki, Y.; Yamane, K.; Sato, M. *Yakugaku Zasshi* **1966**, *86*, 50.

[55] Sako, M.; Totani, R.; Hirota, K.; Maki, Y. *Chem. Pharm. Bull.* **1994**, *42*, 806.

[56] Rodig, O. R.; Collier, R. E.; Schlatze, R. K. *J. Med. Chem.* **1966**, *9*, 116.

[57] Phillips, A. P.; Mehta, N. B.; Strelitz, J. Z. *J. Org. Chem.* **1963**, *28*, 1488.

[58] Maki, Y. *Yakugaku Zasshi* **1957**, *77*, 485.

[59] Song, E. C.; Kim, J.; Choi, J. H.; Jin, B. W. *Heterocycles* **1999**, *51*, 161.

[60] Higashi, K.; Takemura, M.; Sato, M.; Furakawa, M. *J. Org. Chem.* **1985**, *50*, 1996.

[61] Boschi, D.; Sorba, G.; Bertinaria, M.; Fruttero, R.; Calvino, R.; Gasco, A. *J. Chem. Soc., Perkin Trans. 1* **2001**, 1751.

[62] Grundon, M. F.; Matier, W. L. *J. Chem. Soc., B* **1966**, 266.

[63] Grundon, M. F.; Johnston, B. T.; Matier, W. L. *Chem. Commun.* **1965**, 67.

[64]   Grundon, M. F.; Johnston, B. T.; Matier, W. L. *J. Chem. Soc., B* **1966**, 260.
[65]   Bernasconi, S. F.; Fairchild, D. F. *J. Am. Chem. Soc.* **1988**, *110*, 598.
[66]   Menger, M. F.; Galloway, A. L.; Musaev, D. G. *Chem. Commun.* **2003**, 2370.
[67]   Eichinger, P. C. H.; Bowie, J. H.; Hayes, R. N. *J. Am. Chem. Soc.* **1989**, *111*, 4224.
[68]   Huber, V. J.; Bartsch, R. A. *Tetrahedron* **1998**, *54*, 9281.
[69]   Heinisch, G.; Huber, E.; Matuszczak, B.; Mereiter, K. *Heterocycles* **1999**, *51*, 1035.
[70]   Hirai, K.; Kishida, Y.; Matsuda, H. *Chem. Pharm. Bull. (Jpn)* **1972**, *20*, 2067.
[71]   Meyers, A. I.; Ford, M. E. *Tetrahedron Lett.* **1975**, *16*, 2861.
[72]   Meyers, A. I.; Ford, M. E. *J. Org. Chem.* **1976**, *41*, 1735.
[73]   Kohra, S.; Ueda, H.; Tominaga, Y. *Heterocycles* **1993**, *36*, 1497.
[74]   Truce, W. E.; Ray Jr., W. J.; Norman, O. L.; Eickemeyer, D. B. *J. Am. Chem. Soc.* **1958**, *80*, 3625.
[75]   Truce, W. E.; Ray Jr., W. J. *J. Am. Chem. Soc.* **1959**, *81*, 481.
[76]   Truce, W. E.; Hampton, D. C. *J. Org. Chem.* **1963**, *28*, 2276.
[77]   Truce, W. E.; VanGemert, B.; Brand, W. W. *J. Org. Chem.* **1978**, *43*, 101.
[78]   Snyder, D. M.; Truce, W. E. *J. Am. Chem. Soc.* **1979**, *101*, 5432.
[79]   Madaj, E. J.; Snyder, D. M.; Truce, W. E. *J. Am. Chem. Soc.* **1986**, *108*, 3466.
[80]   Truce, W. E.; Hampton, D. C. *J. Org. Chem.* **1963**, *28*, 2267.
[81]   Truce, W. E.; Robbins, C. R.; Kreider, E. M. *J. Am. Chem. Soc.* **1966**, *88*, 4027.
[82]   Bayne, D. W.; Nicol, A. J.; Tennant, G. *J. Chem. Soc., Chem. Commun* **1975**, 782.
[83]   Fukazawa, Y.; Kato, N.; Ito, S. *Tetrahedron Lett.* **1982**, *23*, 437.
[84]   Erickson, W. R.; McKennon, M. J. *Tetrahedron Lett.* **2000**, *41*, 4541.
[85]   Kimbaris, A.; Cobb, J.; Tsakonas, G.; Varvounis, G. *Tetrahedron* **2004**, *60*, 8807.
[86]   Proudfoot, J. R.; Patel, U. R.; Campbell, S. J. *J. Org. Chem.* **1993**, *58*, 6996.
[87]   Soukri, M.; Lazar, S.; Akssira, M.; Guillaumet, G. *Org. Lett.* **2000**, *2*, 1557.
[88]   Lazar, S.; Soukri, M.; Leger, J. M.; Jarry, C.; Akssira, M.; Chirita, R.; Grig-Alexa, I. C.; Finaru, A.; Guillaumet, G. *Tetrahedron* **2004**, *60*, 6461.
[89]   Pluta, K. *J. Heterocycl. Chem.* **1995**, *32*, 1245.
[90]   Patriciu, O. I.; Finaru, A. L.; Massip, S.; Leger, J. M.; Jarry, C.; Guillaumet, G. *Org. Lett.* **2009**, *11*, 5502.
[91]   Rotas, G.; Kimbaris, A.; Varvounis, G. *Tetrahedron* **2004**, *60*, 10825.
[92]   Pluta, K. *Phosphorus, Sulfur and Solicon* **2005**, *180*, 2457.
[93]   Motherwell, W. B.; Pennell, A. M. K. *J. Chem. Soc., Chem. Commun.* **1991**, *1991*, 877.
[94]   Ryokawa, A.; Togo, H. *Tetrahedron* **2001**, *28*, 5915.
[95]   Caddick, S.; Shering, C. L.; Wadman, S. N. *Tetrahedron* **2000**, *56*, 465.
[96]   Tada, M.; Shijima, H.; Nakamura, M. *Org. Biomol. Chem.* **2003**, *1*, 2499.
[97]   Lee, E.; Whang, H. S.; Chung, C. K. *Tetrahedron Lett.* **1995**, *36*, 913.
[98]   Bacque, E.; El Qacemi, M.; Zard, S. Z. *Org. Lett* **2005**, *7*, 3817.
[99]   El Kaim, L.; Grimaud, L. *Tetrahedron* **2009**, *65*, 2153.
[100] El Kaim, L.; Grimaud, L.; Oble, J. *Angew. Chem., Int. Ed.* **2005**, *44*, 7961.
[101] El Kaim, L.; Grimaud, L.; Oble, J. *J. Org. Chem.* **2007**, *72*, 5835.
[102] El Kaim, L.; Gizolme, M.; Grimaud, L.; Oble, J. *J. Org. Chem.* **2007**, *72*, 4169.
[103] El Kaim, L.; Gizolme, M.; Grimaud, L.; Oble, J. *Org. Lett.* **2006**, *8*, 4019.
[104] Coffinier, D.; El Kaim, L.; Grimaud, L. *Org. Lett.* **2009**, *11*, 995.
[105] Barthelon, A.; El Kaim, L.; Gizolme, M.; Grimaud, L. *Eur. J. Org. Chem.* **2008**, 5974.
[106] Barthelon, A.; Legoff, X. F.; El Kaim, L.; Grimaud, L. *Synlett* **2010**, 153.
[107] El Kaim, L.; Grimaud, L. *Mol. Divers.* **2010**, *14*, 855.
[108] Baudin, J. B.; Hareau, G.; Julia, S. A.; Ruel, O. *Tetrahedron Lett.* **1991**, *32*, 1175.

[109] Alonso, D. A.; Fuensanta, M.; Najera, C.; Varea, M. *J. Org. Chem.* **2005**, *70*, 6404.
[110] Ma, C.; Zhang, Q.; Ding, K.; Xin, L.; Zhang, D. *Tetrahedron Lett.* **2007**, *48*, 7476.
[111] Grundon, M. F.; Wasfi, A. S.; Johnston, B. T. *J. Chem. Soc.* **1963**, 1436.
[112] Matsumura, K. *J. Am. Chem. Soc.* **1930**, *52*, 3199.
[113] Michel, K.; Matter, M. *Helv. Chim. Acta* **1961**, *44*, 2204.
[114] Szmant, H. H.; Lapinski, R. L. *J. Am. Chem. Soc.* **1955**, *78*, 458.
[115] Wubbels, G. G.; Halverson, A. M.; Oxman, J. D. *J. Am. Chem. Soc.* **1980**, *102*, 4848.
[116] Wubbels, G. G.; Ota, N.; Crosier, M. L. *Org. Lett.* **2005**, *7*, 4741.
[117] Zuo, H.; Li, Z. B.; Ren, F. K.; Falck, J. R.; Meng, L.; Ahn, C.; Shin, D. S. *Tetrahedron* **2008**, *64*, 9669.
[118] Lee, J. M.; Yu, E. A.; Park, J. Y.; Ryu, I. A.; Shin, D. S.; Gong, Y. D. *Bull. Korean Chem. Soc.* **2009**, *30*, 1325.
[119] Jin, Y. L.; Kim, S.; Kim, Y. S.; Kim, S. A.; Kim, H. S. *Tetrahedron Lett.* **2008**, *49*, 6835.
[120] Geen, G. R.; Mann, I. S.; Mullane, M. V. *Tetrahedron* **1998**, *54*, 9875.
[121] Rathore, B. S.; Gupta, V.; Gupta, R. R.; Kumar, M. *Heteroatom Chemistry* **2007**, *18*, 81.

玉尾-熊田-弗莱明立体选择性羟基化反应
(Tamao-Kumada-Fleming Stereoselective Hydroxylation)

龚军芳[*]　宋毛平

1 历史背景简述 ·· 277
2 羟基化反应的定义和机理 ··· 281
　2.1 定义 ·· 281
　2.2 机理 ·· 282
3 羟基化反应的条件综述 ·· 284
　3.1 氧化反应的条件综述 ··· 284
　3.2 Tamao-Kumada 羟基化反应 ··· 285
　3.3 Fleming 羟基化反应 ·· 287
　3.4 空间位阻对羟基化反应的影响 ·· 301
4 羟基化反应中使用的硅基 ··· 305
　4.1 卤代硅基 ·· 305
　4.2 烷氧基硅基 ··· 308
　4.3 环状的烷氧基硅基 ··· 310
　4.4 苯基硅基 ·· 322
　4.5 苄基硅基 ·· 323
　4.6 杂芳基硅基 ··· 323
　4.7 烯丙基硅基 ··· 324
　4.8 氨(胺)基和胺甲基硅基 ··· 325
　4.9 双硅基 ··· 326
　4.10 其它硅基 ·· 327
5 羟基化反应在天然产物合成中的应用 ··· 328
6 羟基化反应实例 ·· 332
7 参考文献 ··· 335

1　历史背景简述

玉尾-熊田-弗莱明 (Tamao-Kumada-Fleming) 立体选择性羟基化反应[1]是有

机合成中广泛使用的将官能团化的有机硅烷在氧化剂作用下转化为醇的方法，以日本化学家 Kohei Tamao 和 Makoto Kumada 以及英国化学家 Ian Fleming 的名字命名。

1978 年，Kumada 和 Tamao 发现：在间氯过氧苯甲酸 (m-CPBA) 的作用下，六配位的有机五氟硅酸盐中的烷基或芳基 C-Si 键可以发生氧化断裂生成醇 (式 1)[2]。而在此之前很长的时间里，人们普遍认为 C-Si 键、尤其是芳基 C-Si 键对氧化剂是相当稳定的。进一步的研究发现：中性的四配位有机氟硅烷包括三氟硅烷 ($RSiF_3$)、二氟硅烷 (R_2SiF_2) 和一氟硅烷 (R_3SiF) 均能被 m-CPBA 氧化成醇 (ROH)[3]。在此基础上，他们将研究范围扩展到有机烷氧基硅烷的氧化。

$$K_2[n\text{-}C_8H_{17}SiF_5] \xrightarrow[82\%]{m\text{-CPBA, DMF, rt, 6 h}} n\text{-}C_8H_{17}OH \qquad (1)$$

1983 年，Tamao 和 Kumada 又报道：在温和的条件下，有机烷氧基硅烷中的 C-Si 键能够被廉价易得的 H_2O_2 氧化断裂生成相应的醇。他们以正辛基甲基二(乙氧基)硅烷氧化生成正辛醇的反应为例，详细考察了各种氧化条件对反应的影响 (表 1)[4]。

表 1　正辛基甲基二(乙氧基)硅烷氧化生成正辛醇

$$n\text{-}C_8H_{17}\text{-SiMe(OEt)}_2 \xrightarrow{[O]} n\text{-}C_8H_{17}\text{-OH}$$

氧化条件	氧化剂 (用量 /eq.)	添加剂 (用量 /eq.)	溶剂	温度 /°C	时间 /h	产率 /%
1	30% H_2O_2 (12)	—	DMF	60	7	2
2	30% H_2O_2 (12)	KF (4)	DMF	60	7	72
3	30% H_2O_2 (12)	KHF_2 (2)	DMF	60	7	82
4	90% H_2O_2 (6)	KHF_2 (2)	DMF	60	4	88
5	30% H_2O_2 (12)	KHF_2 (2)	MeOH-THF	60	7	83
6	30% H_2O_2 (12)	$KHCO_3$ (1)	MeOH-THF	回流	3	96
7	30% H_2O_2 (12)	$NaHCO_3$ (1)	MeOH-THF	回流	3	95
8	30% H_2O_2 (12)	K_2CO_3 (1)	MeOH-THF	回流	3	72
9	30% H_2O_2/Ac_2O (12)	KHF_2 (2)	DMF	室温	4	87
10	m-CPBA (2.5)	KHF_2 (2)	DMF	室温	2	91
11	70% t-BuOOH (6)	KHF_2 (2)	DMF	60	4	54

该研究表明：在 DMF 溶液中，仅使用 H_2O_2 作为氧化剂几乎不能发生反应 (条件 1)。但是，使用 KF 或 KHF_2 作为添加剂能够极大地促进氧化反应的

进行 (条件 2~4)。在 KF 或 KHF$_2$ 存在下，使用 MeOH-THF 混合溶剂 (体积比 1:1) 时的氧化效率也很高 (条件 5)。在回流的 MeOH-THF 溶液中，使用弱碱 (例如：KHCO$_3$ 或 NaHCO$_3$) 取代氟盐可以进一步提高反应的收率 (条件 6, 7)。其它有效的氧化剂还包括 30% H$_2$O$_2$/Ac$_2$O (真正的氧化剂可能是原位生成的过氧乙酸) 的混合物 (摩尔比为 1:1) 和 *m*-CPBA (条件 9, 10)。使用这两种氧化体系时，反应甚至可在室温下进行。但是，过氧化叔丁醇/KHF$_2$/DMF 体系的氧化效果比较差 (条件 11)。

该氧化反应的一个显著特点是发生氧化断裂的碳原子仍然保持原来的构型，这一特点通过外型- 或内型-2-降冰片基甲基二(乙氧基)硅烷的氧化产物得到证实。在表 1 条件 3 下进行氧化反应时，外型的硅烷得到外型-2-降冰片基醇，而内型的硅烷则得到内型的醇 (式 2 和式 3)。需要特别指出的是，R-SiMe$_3$ 不能发生类似的氧化反应。

$$\text{exo-SiMe(OEt)}_2 \xrightarrow[65\%]{\text{H}_2\text{O}_2,\ \text{KHF}_2,\ \text{DMF},\ 60\ ^\circ\text{C},\ 7\ \text{h}} \text{exo-OH} \quad (2)$$

$$\text{endo-SiMe(OEt)}_2 \xrightarrow[60\%]{\text{H}_2\text{O}_2,\ \text{KHF}_2,\ \text{DMF},\ 60\ ^\circ\text{C},\ 7\ \text{h}} \text{endo-OH} \quad (3)$$

1983-1984 年间，Tamao 和 Kumada 连续发表多篇论文证明，多种官能团化的有机硅烷均能被 H$_2$O$_2$ 氧化生成相应的醇 (式 4)[5]。在这些反应中，SiX$_3$ 部分转化为 OH，可以看作是羟基的前体或替代物 (surrogate)。由于反应的副产物是水溶性的低级醇和无机硅酸衍生物，产物醇的分离和提纯比较容易进行。该反应可兼容多种官能团，例如：卤原子、酯基、酮基、羟基和双键等，不会发生烯烃的环氧化、胺以及噻吩等的氧化反应。

$$\text{R-SiX}_3 \xrightarrow{\text{H}_2\text{O}_2} \text{R-OH} \quad (4)$$

$$\text{SiX}_3 = \text{SiMe}_2\text{H},\ \text{SiMe}_2\text{F},\ \text{SiMe}_2\text{Cl},\ \text{SiMeCl}_2,$$
$$\text{SiCl}_3,\ \text{SiMe}_2(\text{NEt}_2),\ \text{SiMe}_2(\text{OR}'),\ etc.$$

与此同时，Fleming[6]等人发现：苯基二甲硅基 (PhMe$_2$Si) 同样可以用作羟基的替代物，但反应需要分两步进行 (式 5)。首先，在氟硼酸-乙醚配合物作用下，硅原子上的苯基被氟原子取代。然后，氟硅烷被 *m*-CPBA 氧化生成相应的醇。与 Tamao-Kumada 氧化反应类似，发生氧化断裂的碳原子保持原来的构型 (式 6 和式 7)。

$$\text{Ph}\underset{\text{SiMe}_2\text{Ph}}{\overset{R^1\ R^2}{\diagdown\diagup}} \xrightarrow[\substack{R^1 = R^2 = H\ (78\%) \\ R^1 = \text{Me},\ R^2 = H\ (88\%)}]{\text{HBF}_4\cdot\text{OEt}_2,\ \text{CH}_2\text{Cl}_2,\ \text{rt},\ 2\ h} \text{Ph}\underset{\text{SiMe}_2\text{F}}{\overset{R^1\ R^2}{\diagdown\diagup}} \quad (5)$$

$$\xrightarrow[\substack{R^1 = R^2 = H\ (74\%) \\ R^1 = \text{Me},\ R^2 = H\ (70\%)}]{m\text{-CPBA},\ \text{Et}_3\text{N},\ \text{Et}_2\text{O},\ \text{rt},\ 2\ h} \text{Ph}\underset{\text{OH}}{\overset{R^1\ R^2}{\diagdown\diagup}}$$

$$\underset{\text{Ph}\ \ \text{Me}}{\text{PhMe}_2\text{Si}\diagdown\text{CO}_2\text{Me}} \xrightarrow[74\%]{\substack{1.\ \text{HBF}_4\cdot\text{OEt}_2,\ \text{CH}_2\text{Cl}_2,\ \text{rt},\ 2\ h \\ 2.\ m\text{-CPBA},\ \text{Et}_3\text{N},\ \text{Et}_2\text{O},\ \text{rt},\ 2\ h}} \underset{\text{Ph}\ \ \text{Me}}{\text{OH}\diagdown\text{CO}_2\text{Me}} \quad (6)$$

$$\underset{\text{Ph}\ \ \text{Me}}{\text{PhMe}_2\text{Si}\diagdown\text{CO}_2\text{Me}} \xrightarrow[63\%]{\substack{1.\ \text{HBF}_4\cdot\text{OEt}_2,\ \text{CH}_2\text{Cl}_2,\ \text{rt},\ 2\ h \\ 2.\ m\text{-CPBA},\ \text{Et}_3\text{N},\ \text{Et}_2\text{O},\ \text{rt},\ 2\ h}} \underset{\text{Ph}\ \ \text{Me}}{\text{OH}\diagdown\text{CO}_2\text{Me}} \quad (7)$$

Makoto Kumada (1920-2007) 于 1943 年从日本京都大学毕业后，在东芝电业有限公司工作。1950 年，他到新成立的大阪城市大学任助教，开始了他的学术生涯。1962 年，他转到京都大学任教授直到 1983 年退休成为该校的名誉教授 (Professor Emeritus)。Kumada 是有机多硅烷化学研究之父，他对该领域的研究源于全烷基化多硅烷家族中最小的一个——六甲基二硅烷的发现。20 世纪 50 年代，日本东芝电业有限公司和信越化学工业株式会社开始使用 "Rochow 直接法" 工业生产甲基氯硅烷 (主要得到二甲基二氯硅烷)。而 Kumada 对该方法产生的高沸点废弃物产生了兴趣，进行了大量的实验。他首先对这些高沸点残留物进行分馏，并将分馏物分别与甲基格氏试剂反应后再进行分馏。通过这种方式，Kumada 幸运地分离得到了六甲基二硅烷，并首次得到了几百克的纯品。由于当时天气非常寒冷，六甲基二硅烷 (bp. 113 °C，mp. 13 °C) 分馏出来后马上成为结晶固体。Kumada 幽默地说：感谢实验室没有取暖设施。1967 年，Kumada 获得了 F. S. Kipping 有机硅化学奖，成为首位获得美国化学会国家奖的日本科学家[7]。1972 年，Kumada 和他的学生 Kohei Tamao 还发现了过渡金属催化的 Kumada-Corriu 偶联反应[8]。

Kohei Tamao (1942-) 于 1961 年从日本京都大学毕业后，在 Kumada 教授指导下分别于 1967 年和 1971 年获得硕士和博士学位。他一直在京都大学工作，1970 年任助教、1987 年任副教授、1993 年任教授、2005 年从该校退休。同样由于在有机硅化学研究方面的杰出工作，Tamao 于 2002 年获得美国化学会 F. S. Kipping 有机硅化学奖。

Ian Fleming 于 1935 年出生在英国的斯塔福德郡 (Staffordshire),1959 年在剑桥大学彭布罗克学院 (Pembroke College) 获得学士学位,1962 年获剑桥大学博士学位。他在哈佛大学 Woodward 教授的实验室进行一年博士后研究之后返回剑桥大学,开始独立的研究工作。他在 1998 年成为有机化学教授,2002 年退休,现为剑桥大学名誉教授 (Emeritus Professor)。他于 1972 年开始从事有机硅化学研究,多年来致力于有机硅化合物在有机合成中的应用研究[9]。

2 羟基化反应的定义和机理

2.1 定义

在一定的条件下,将有机硅烷化合物中的硅基转化为羟基的反应被称为 Tamao-Kumada-Fleming 立体选择性羟基化反应。在该反应中,C-Si 键发生氧化断裂生成 C-OH 键,而且发生价键断裂的碳原子保持原来的构型 (式 8)。如果硅基上带有至少一个"活化基团" (也称为离去基团) 的话,有机硅烷可以直接在氧化剂作用下转化成为相应的醇。这种类型的反应经常被称为 Tamao-Kumada 氧化反应。"活化基团"主要是一些电负性基团,例如:氟原子、氯原子、烷氧基、氨基和羟基等,氢原子也可以作为"活化基团"。而在经典的 Fleming 羟基化反应中,被转化为羟基的硅基必须是 $PhMe_2Si$。反应首先需要将 $PhMe_2Si$ 上的苯基通过苯环的亲电取代反应转化为"活化基团",例如:氟原子、溴原子或乙酰氧基 (OAc),之后才能进行氧化反应。研究发现:在合适的条件下,硅基上的苄基、三苯甲基、二苯甲基、芳基包括一些杂芳基、烯丙基等多种基团都能被转化成为"活化基团",然后再经过氧化反应生成醇。

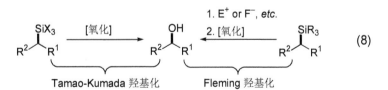

$SiX_3 = SiMe_2H, SiMe_{3-n}F_n, SiMe_{3-n}Cl_n, SiMe_2(NEt_2),$
$SiMe_{3-n}(OR')_n, SiMe_2OH, etc.$
$SiR_3 = SiMe_{3-n}Ph_n, SiMe_2CH_2Ph, SiMe_2Ar, Si_2Me_5, SiMe_2(allyl), etc.$
$n = 1\sim3; E^+ = H^+, Hg^{2+}, Br^+, etc.; F^- = n\text{-}Bu_4N^+F^-, CsF, etc.$

在 Tamao-Kumada-Fleming 反应中,$Me_{3-n}(OEt)_nSi$ ($n = 1\sim3$)、$PhMe_2Si$ 等多种形式的硅基被视为"隐蔽的" (masked) 羟基。但是,它们具有与羟基或任何

羟基保护基完全不同的性质。例如：在有机合成通常使用的反应条件下，硅基的化学性质相对惰性；硅原子上无孤对电子，不会参与金属配位或共轭等；硅原子具有电正性而不是电负性；硅原子体积较大，能够在反应中提供需要的立体效应。此外，通过金属催化的硅氢化反应、环加成反应、格氏试剂或硅负离子等多种方法可以方便地在有机分子中引入特定的硅基。由于以上的特点以及反应过程中发生氧化断裂的碳原子能够保持原来的构型，近年来，Tamao-Kumada-Fleming 立体选择性羟基化反应在有机合成、尤其是在多步有机合成中得到了广泛的应用。需要注意的是：虽然 Tamao-Kumada 羟基化只需一步反应即可生成醇，但硅基中至少需要含有一个硅-杂原子键或者 Si-H 键。而 Fleming 羟基化需要两步反应得到醇 (这两步反应也可以通过"一锅煮"完成)，但硅基中含有 3 个较稳定的 Si-C 键。因此，如果在羟基化反应前需要携带着硅基进行多步反应的话，选择 Fleming 羟基化反应和 Fleming 羟基化反应的前体化合物更有利。

2.2 机理

2.2.1 Tamao-Kumada 羟基化反应

在 Tamao-Kumada 羟基化反应中，底物是含有多种多样官能团的有机硅烷，反应受到氧化剂、溶剂、氟源、碱或其它添加剂等条件的影响。因此，很难给出一种明确的反应机理或共同的中间体。Tamao 在他们研究工作的基础上，提出了 H_2O_2 氧化的官能团化的有机硅烷生成醇的反应机理。如式 9 所示[1a,1e]：首先，氟负离子进攻有机二氟硅烷（起始原料或在反应中形成）生成一个五配位的、三角双锥构型的负离子物种，这是一个快速而且可逆的步骤。由于氟原子的电负性较大，五配位物种的生成提高了硅原子的亲电性，从而促进了氧化剂 H_2O_2 的亲核进攻得到六配位的物种。氟原子与 H_2O_2 之间的氢键作用也有利于六配位物种的生成，H_2O_2 进攻是整个反应的速度控制步骤。Tamao 认为：H_2O_2 从三角平面上与氟原子相反的一侧进攻硅原子中心在能量上是有利的。接下来，H_2O_2 的 O-O 键发生断裂，R 基团迁移到 O 原子上生成 RO。与此同时，脱去一分子水生成带有一个烷氧基的五配位负离子中间体继续接受 H_2O_2 的进攻，将另外一个 R 基团也转变成为 RO 基。在此迁移过程中，迁移基团 R 上的拉电子取代基能够提高反应速率并给出六配位物种过渡态的电荷分布。最后，经水解得到相应的醇。一方面，该机理能够较好地解释氟负离子对反应的促进作用；事实上，在很多情况下（不包括一些碱性条件下的反应）必须使用过量的氟负离子 (KF 或 KHF_2) 才能引发氧化反应。另一方面，该机理能够较好地解释碳原子在反应中的构型保持现象；这主要是因为与 H_2O_2 中的氧原子处于顺式的 R 基团优先发生迁移，相当于氧化剂的氧原子从离去基团的相同一侧进攻碳原子中心。

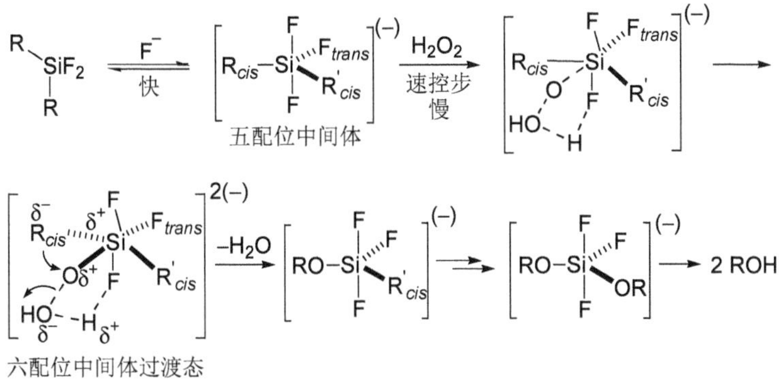

$$\text{(9)}$$

需要指出的是，Mader 和 Norrby[10]根据量子化学计算的结果认为：在碱性条件下，氧化反应很有可能是 HOO⁻ 首先进攻有机氟硅烷生成五配位的负离子中间体。然后，在烷基从硅原子迁移至氧原子的同时脱去氢氧根负离子得到烷氧基有机硅化合物 (式 10)。

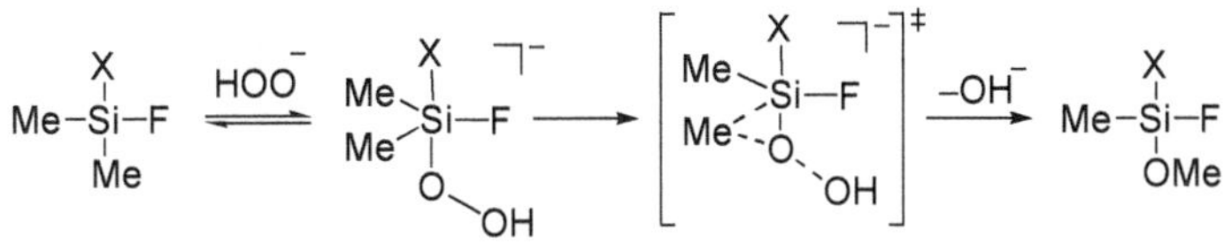

$$\text{(10)}$$

2.2.2 Fleming 羟基化反应

在经典的 Fleming 羟基化反应中，作为底物的苯基二甲基有机硅烷不能直接发生氧化反应生成相应的醇。因此，Fleming 羟基化反应实际上包括两步反应：质子脱硅化反应和氧化反应。在第一步反应中，苯基二甲基硅上的苯基首先转化为氟原子、溴原子或乙酰氧基等 "活化基团"。这一步可以通过苯环的亲电取代来实现，称之为苯环的质子脱硅化反应 (protodesilylation)[1e]。如式 11 所示：首先，亲电试剂 H⁺、Hg²⁺ 或 Br⁺ 进攻苯环上与硅相连的碳原子。然后，X⁻ 对硅的进攻使得苯基与硅之间的 C-Si 键发生断裂，生成带有 "活化基团" 的有机硅烷以及苯环亲电取代的产物。苯基 C-Si 键很容易被 H⁺ 等亲电试剂断裂，这一实验现象是由 Eaborn[11]于 20 世纪 50 年代末发现的。

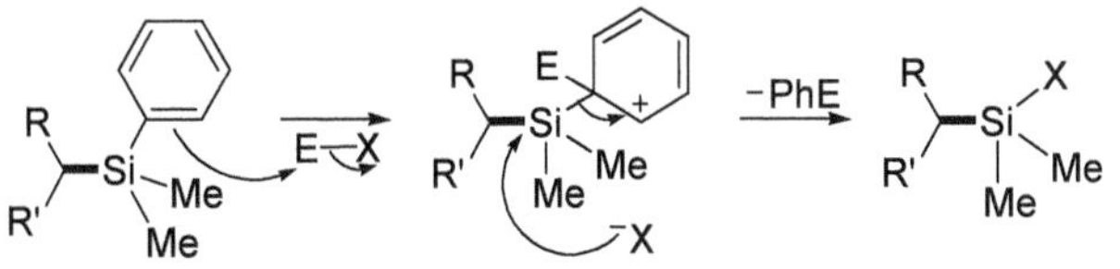

$$\text{(11)}$$

EX = HBF$_4$, Hg(OAc)$_2$, Br$_2$, etc.
X = F, OAc, Br, etc.
PhE = PhH, PhHg(OAc), PhBr, etc.

1958 年，Buncel[12]试图用氯硅烷与过氧苯甲酸反应制备硅的过氧化物，结果发现苯基从硅原子上迁移到了氧原子上 (式 12)。受此启发，Fleming 羟基化反应的第二步氧化反应是在过氧酸的作用下进行的。首先，过氧酸 (在碱存在下可能是过氧酸的负离子) 对带有"活化基团"的硅中心进行亲核进攻，"活化基团"离去生成四配位的硅过氧化物。然后，在"活化基团"的协助下，发生一个类似于 Baeyer-Villiger 氧化反应的重排。依次发生过氧化物的 O-O 键断开、烷基重排到 O-原子上和羧酸根负离子离去后，形成带有一个烷氧基的四配位硅化合物。此过程重复进行，直到硅原子上所有的烷基都被氧化。最后，经水解得到相应的醇 (式 13)。

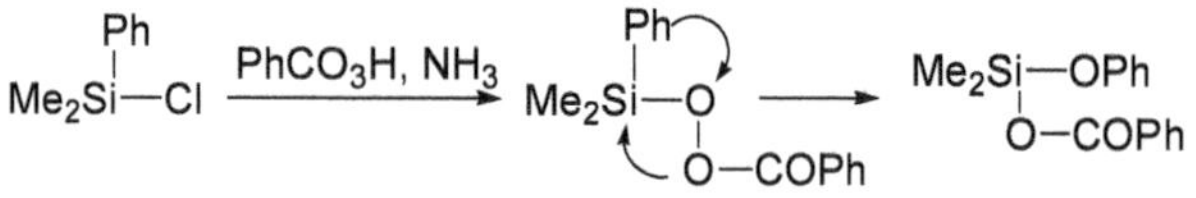

$$Me_2Si-Cl \xrightarrow{PhCO_3H, NH_3} \begin{array}{c} Ph \\ Me_2Si-O \\ O-COPh \end{array} \longrightarrow \begin{array}{c} Me_2Si-OPh \\ O-COPh \end{array} \quad (12)$$

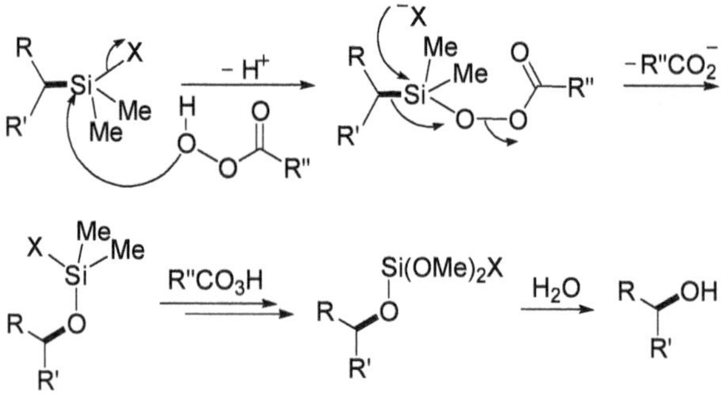

(13)

3 羟基化反应的条件综述

3.1 氧化反应的条件综述

在该氧化反应中，常用的氧化剂是双氧水 (30% H_2O_2，有时也会用到 90% H_2O_2)、间氯过氧苯甲酸 (*m*-CPBA) 和过氧乙酸 (CH_3CO_3H) 等。在有些情况下 (例如：大位阻有机硅烷的氧化反应)，需要使用过氧叔丁醇 (*t*-BuOOH) 作为氧化剂。氧化剂的用量与硅烷中 Si-C 键的个数有关，但通常都是大大过量 (尤其是双氧水)。因此，在反应结束后必须首先分解体系中过量的氧化剂 (常用 $Na_2S_2O_3$)，然后再进行后处理操作。Tamao-Kumada 氧化反应中使用的溶剂主要是 DMF 和 MeOH-THF 混合溶剂 (体积比 1:1)。而在 Fleming 氧化反应中，最常使用的溶剂是乙醚和 DMF (偶尔会用到 DMA)。当使用过氧乙酸的乙酸溶液作为氧化剂时，一般不需要外加溶剂。反应通常在室温下进行，有时需要在低温下 (0 °C) 慢慢加入氧化剂。当需要加热时，温度一般选用 40~70 °C 之间的某个温度或者使用 MeOH-THF 的回流温度。

3.2 Tamao-Kumada 羟基化反应

Tamao-Kumada 羟基化反应中经常使用的几种氧化条件如表 2 所示。除了有机五氟硅酸盐和三氟有机硅烷可以被 m-CPBA 直接氧化生成醇外 ([OxA])[2,3]，其它硅烷的氧化反应必须使用过量的 (通常 2~10 倍) 氟盐或碱、或者二者同时作为添加剂。在这些氧化条件中，H_2O_2/KHF_2 属于中性氧化试剂 ([OxC]~[OxE])、H_2O_2/Ac_2O 和 CH_3CO_3H 属于酸性氧化试剂 ([OxF] 和 [OxG])、不添加氟盐的 H_2O_2/$KHCO_3$ ($NaHCO_3$) 属于弱碱性氧化试剂 ([OxH])。通常，H_2O_2/KF/$KHCO_3$/MeOH-THF 体系被认为是羟基化反应的标准条件 ([OxI])[1d]。有时，也会使用 KOH 作为添加剂的强碱性体系进行氧化 ([OxK])。

表 2 Tamao-Kumada 羟基化反应的氧化条件

氧化条件	氧化剂	添加剂	溶剂	参考文献
[OxA]	m-CPBA		DMF	[2,3]
[OxB]	m-CPBA	KF 或 KHF_2	DMF	[3b,4,13]
[OxC]	30% H_2O_2	KF 或 KHF_2	DMF	[4,5a]
[OxD]	90% H_2O_2	KF 或 KHF_2	DMF	[4,5a]
[OxE]	30% H_2O_2	KF 或 KHF_2	MeOH-THF	[4]
[OxF]	30% H_2O_2/Ac_2O	KF 或 KHF_2	DMF	[4]
[OxG]	CH_3CO_3H	KF 或 KHF_2	DMF	[5a]
[OxH]	30% H_2O_2	$KHCO_3$ ($NaHCO_3$ 或 K_2CO_3)	MeOH-THF	[4,14]
[OxI]	30% H_2O_2	KF (KHF_2 或 TBAF) / $KHCO_3$ ($NaHCO_3$)	MeOH-THF	[14~17]
[OxJ]	30% H_2O_2	KF / $KHCO_3$	DMF	[18]
[OxK]	30% H_2O_2	KOH	MeOH-THF	[14,19]

m-CPBA 是 Tamao-Kumada 羟基化反应的有效氧化剂。如式 14 所示[13]：它可以将烯丙基硅烷氧化成为烯丙基醇，而且反应过程中不会发生烯烃的环氧化反应。有趣的是：在 KHF_2 存在下，烯基硅烷与 m-CPBA 在 DMF 中反应生成 Si-C 键氧化断裂的产物酮 (由烯醇式转化而来)。但是，在 CH_2Cl_2 中不添加 KHF_2 时则发生了烯烃的环氧化反应。然后，再用 H_2O_2 氧化可以得到 α-羟基酮 (式 15)[17]。这些使用结果说明：选择合适的反应条件可以有效控制

m-CPBA 氧化反应的位置。

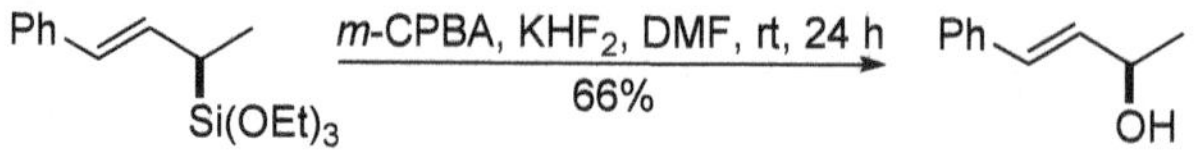

$$\text{Ph}\diagdown\text{Si(OEt)}_3 \xrightarrow[66\%]{m\text{-CPBA, KHF}_2\text{, DMF, rt, 24 h}} \text{Ph}\diagdown\text{OH} \qquad (14)$$

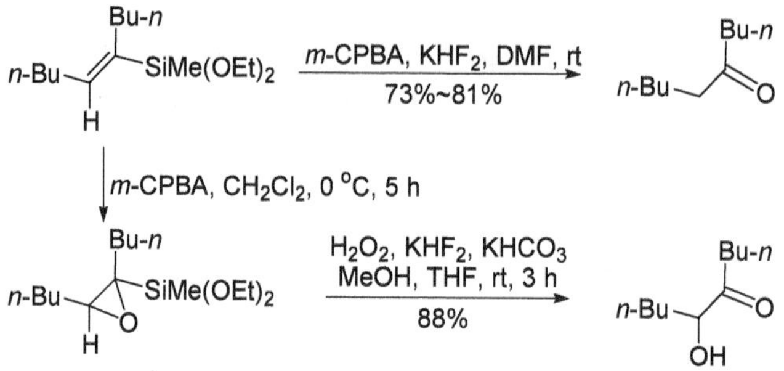

(15)

Tamao 对 H_2O_2 和过氧乙酸在有机烷氧基硅烷羟基化反应中的氧化能力进行了比较[5a]。实验结果发现：在烯丙基烷氧基硅烷的氧化反应中，30% 的 H_2O_2 的氧化能力最强 (式 16)。在高烯丙基烷氧基硅烷的氧化反应中，使用 90% 的 H_2O_2 可以给出较高的产率 (式 17)。如式 18 所示：在带有拉电子基团的苄基烷氧基硅烷的反应中，使用 30% 的 H_2O_2 仅分离到痕量的醇，而使用 90% 的 H_2O_2 则可以给出 48% 的产率。但是，使用过氧乙酸作为氧化剂不仅可以在 14~18 h 完成反应，而且反应产率可以达到 75%。

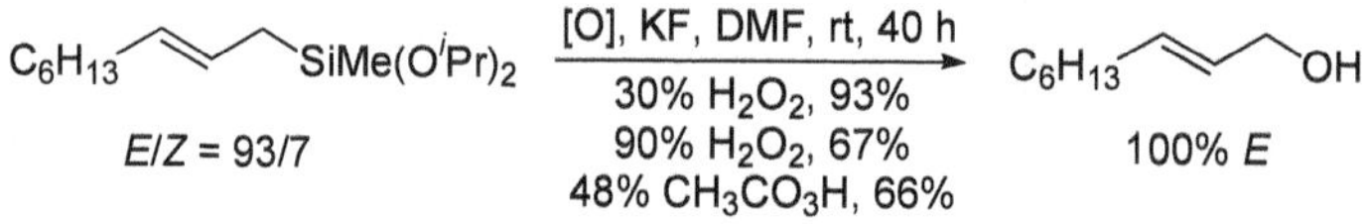

(16)

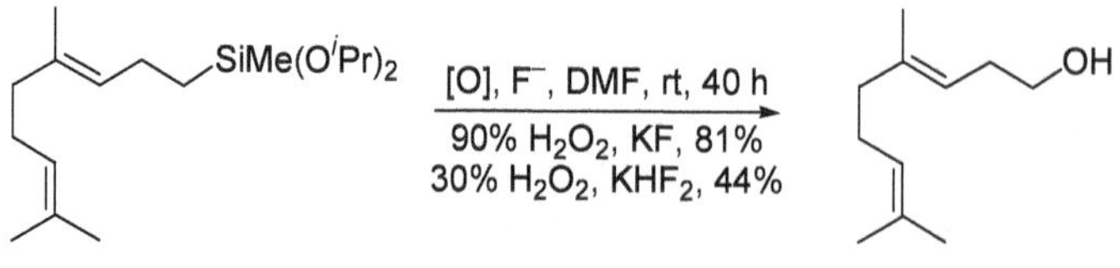

(17)

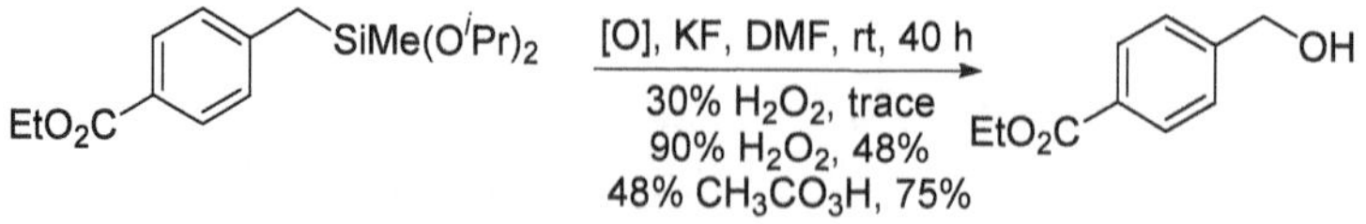

(18)

与 m-CPBA 或过氧乙酸相比较，H_2O_2 由于价格低廉、性质温和、能兼容更多的官能团而成为 Tamao-Kumada 羟基化反应的首选和应用最为广泛的氧化剂。在多种不同的 H_2O_2 氧化体系中 (表 2)，不加氟盐的弱碱性体系 H_2O_2/

KHCO$_3$/MeOH-THF 是最经常使用的氧化条件。即使反应温度升高至 70 °C, 多种官能团都表现出相当好的稳定性, 例如: 叔胺 (式 19)[20]、尤其是用作羟基保护基的叔丁基二甲基硅醚 (TBDMS) (式 20)[21]。在该体系中加入氟源 (Tamao 的标准条件) 通常会降低氧化反应的温度, 例如: 类似的二甲基异丙氧基有机硅烷的氧化可在室温下进行, 叔丁基二甲基硅醚保护基未发生变化 (式 21)[22]。若将羟基化反应的温度升至 50~60 °C, 在发生氧化反应的同时也会脱去硅醚保护基 (式 22)[23]。

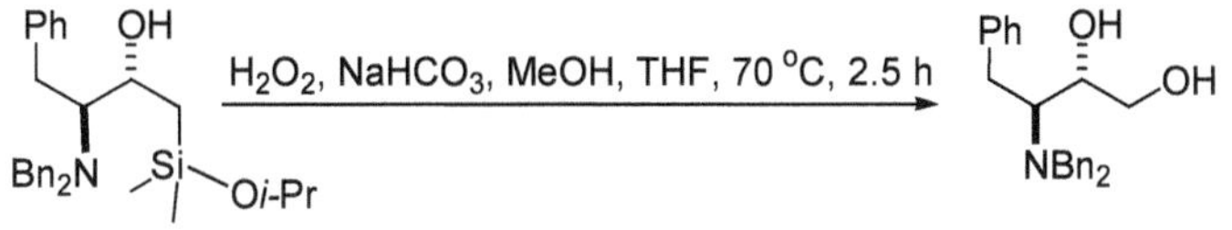

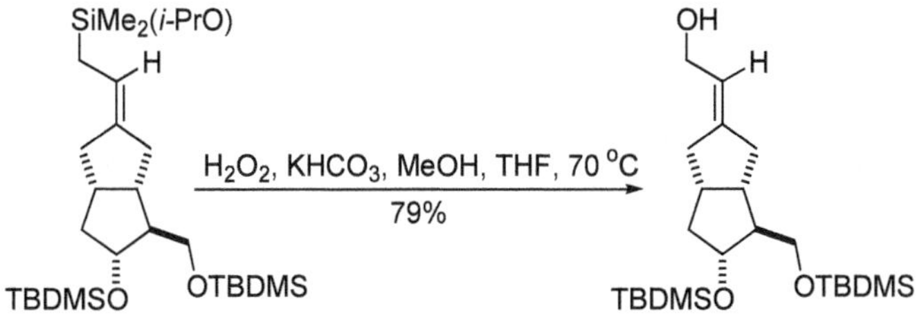

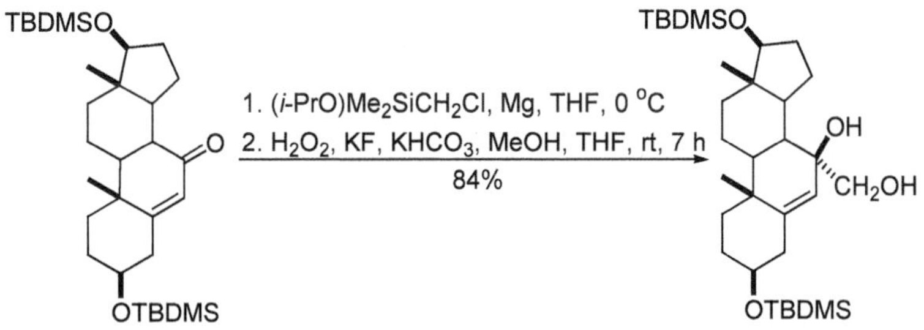

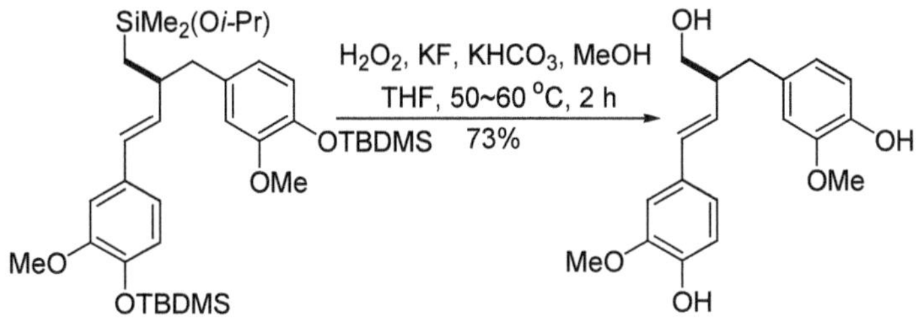

3.3 Fleming 羟基化反应

3.3.1 两步法

在经典的 Fleming 羟基化反应中, PhMe$_2$Si 被用作 OH 的前体。反应的第一步是脱去硅原子上的苯基和引入活化基团 X (式 23)。通过苯环的亲电取代反应可以脱去苯基 (过程参见反应的机理), Fleming[6]在最初的研究中使用干燥的氯化氢、氟硼酸-乙醚配合物以及三氟化硼-乙酸配合物提供 H^+ 作为亲电试剂 (苯环的质子脱硅化反应)。使用这些试剂促进的质子脱硅化反应只能在二氯甲烷或氯仿等非质子溶剂中进行,以保证亲电的质子能够进攻苯环。其中,使用氟硼酸和三氟化硼为试剂的反应速度较快。这些反应不仅能够通过 ^1H NMR 技术来确认氟代有机硅烷的生成,而且比相应的氯化物容易提纯,因而成为经常使用的试剂。三氟乙酸[5b,24]和氯化碘 (ICl)[24]也可以分别提供 H^+ 和 I^+ 使苯环脱去。

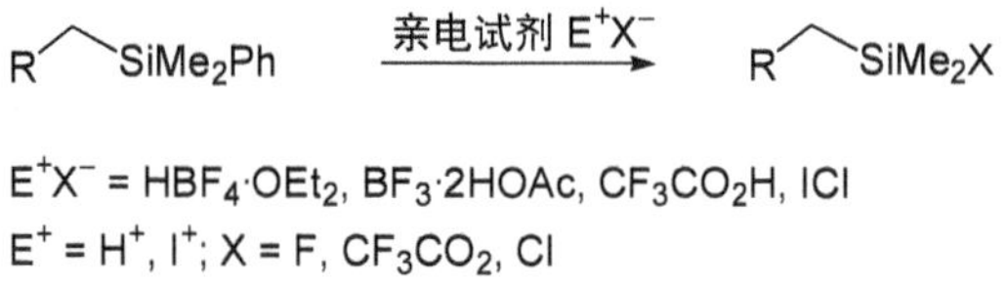

$$R\text{—}SiMe_2Ph \xrightarrow{\text{亲电试剂 } E^+X^-} R\text{—}SiMe_2X \quad (23)$$

E^+X^- = $HBF_4 \cdot OEt_2$, $BF_3 \cdot 2HOAc$, CF_3CO_2H, ICl
E^+ = H^+, I^+; X = F, CF_3CO_2, Cl

除了使用苯环的亲电取代反应外,亲核试剂在强碱性条件下对硅原子的亲核进攻也能使苯环离去。Harada[25]和 Fleming[26]发现:在 NaH (KH) 的作用下,处于苯基二甲基硅基 γ-位的醇羟基会脱去质子形成烷氧基负离子。该负离子对硅原子进行亲核进攻,通过六配位的双环硅酸盐双负离子中间体 (γ-位只有一个羟基时通过五配位的硅酸盐负离子中间体) 脱去苯基生成环状的烷氧基硅烷 (式 24)。如式 25 所示[24]:使用叔丁醇钾的叔丁氧基负离子作为亲核试剂提供了另外一种选择。首先,叔丁氧基负离子进攻环状烷氧基硅烷的硅原子,使得 Si-O 键断裂产生新的烷氧基负离子。接着,该负离子进攻苯基二甲基硅基的硅原子形成五配位的硅酸盐负离子中间体。最后,从 DMSO 上夺取一个质子脱去苯基,同时生成两个硅基均带有"活化基团"的有机硅烷。需要注意的是,这两个例子均是通过分子内的亲核取代反应除去苯基的。Ito 发现:当使用 t-BuOK/DMSO 为试剂经分子间的亲核进攻去断裂 $PhMe_2Si(n\text{-}Bu)$ 中的苯基 C-Si 键时,其反应速度非常慢[24]。

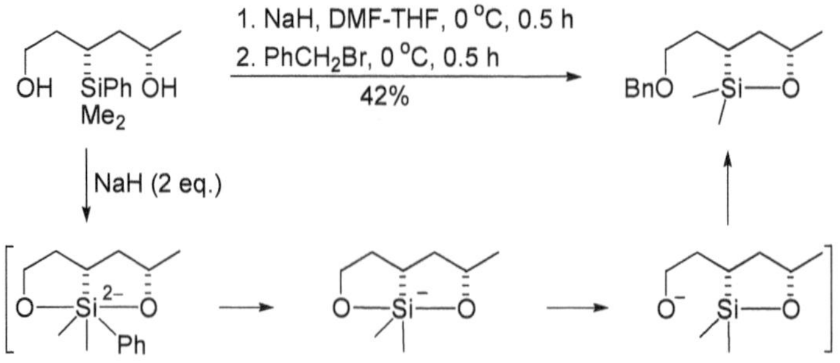

$$\text{PhMe}_2\text{Si}\text{-CH}_2\text{-[THF ring with Me}_2\text{Si]} \xrightleftharpoons{t\text{-BuO}^-} \text{[intermediate]} \xrightleftharpoons{} \text{[six-membered Si-O ring]} \xrightarrow{\text{DMSO}} \text{[product]} + \text{Ph-H} \tag{25}$$

脱去苯基在硅上引入"活化基团"以后，就可以进行第二步氧化反应（式 26)。通常，第一步反应中得到的氯代有机硅烷会首先与醇反应得到烷氧基硅烷后再进行氧化反应[24]。Fleming 最初经常使用的氧化条件是 m-CPBA/Et$_3$N/Et$_2$O（式 5~式 7）或 m-CPBA/KF/DMF（式 27 和式 28）。同时他也指出：在有些情况下使用相对廉价的过氧乙酸的乙酸溶液作为氧化剂较好，尤其是在反应规模较大时（式 29）[27]。在经典的 Fleming 羟基化反应中，一般要使用 1.1~2 倍量的氟硼酸-乙醚配合物或三氟化硼-乙酸配合物。m-CPBA 的用量是每个 Si-C 键的 1~1.1 倍即可，因此需要加入 3 倍以上的 m-CPBA。当使用过氧乙酸时，用量要进一步提高。在该氧化中，加入 Et$_3$N 等弱碱能够促进氧化剂对硅原子中心的亲核进攻。实际上，第二步的氧化完全可以使用 Tamao-Kumada 氧化中以 H$_2$O$_2$ 为主组成的各种氧化体系。这一观点不仅得到了 Fleming 的赞同、而且也是他推荐使用的氧化方法[27]。如式 30 和式 31 所示：Fleming 反应中第一步得到的产物可以方便地在 H$_2$O$_2$ 氧化下生成相应的醇。事实上，有很多反应在操作时使用的是 Fleming 反应条件和 Tamao-Kumada 反应条件的组合（式 32 和式 33）[24,28]。

$$\text{R-CH}_2\text{SiMe}_2\text{X} \xrightarrow[X = F, CF_3CO_2, OR]{[O]} \text{R-CH}_2\text{OH} \tag{26}$$

$$\text{PhMe}_2\text{Si-CH(Ph)-CH(Me)-CO}_2\text{NEt}_2 \xrightarrow[\text{88\%}]{\substack{1.\ \text{HBF}_4\cdot\text{OEt}_2, \text{CH}_2\text{Cl}_2, \text{rt}, 5\ h \\ 2.\ m\text{-CPBA, KF, DMF, rt, 4 h}}} \text{HO-CH(Ph)-CH(Me)-CO}_2\text{NEt}_2 \tag{27}$$

$$\text{PhMe}_2\text{Si-CH(Ph)-CH(Me)-CH}_2\text{CN} \xrightarrow[\text{64\%}]{\substack{1.\ \text{BF}_3\cdot 2\text{HOAc}, \text{CH}_2\text{Cl}_2, \text{rt}, 3.5\ h \\ 2.\ m\text{-CPBA, KF, DMF, rt, 4 h}}} \text{HO-CH(Ph)-CH(Me)-CH}_2\text{CN} \tag{28}$$

$$\text{PhMe}_2\text{Si-CH(Ph)-CH(Me)-CO}_2\text{H} \xrightarrow[\text{89\%}]{\substack{1.\ \text{HBF}_4\cdot\text{OEt}_2, \text{CH}_2\text{Cl}_2, \text{rt}, 3\ h \\ 2.\ \text{CH}_3\text{CO}_3\text{H in HOAc, Et}_3\text{N}, \\ 0\ °C, 3.2\ h}} \text{HO-CH(Ph)-CH(Me)-CO}_2\text{H} \tag{29}$$

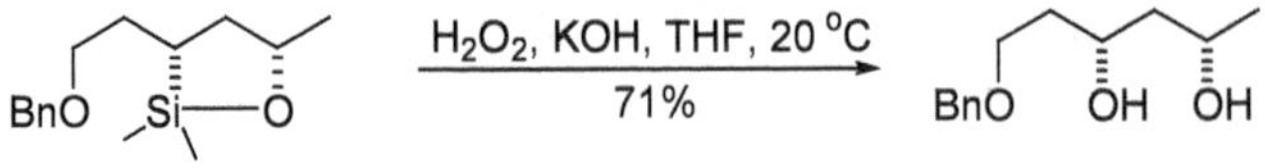

3.3.2 "两步一锅煮"方法

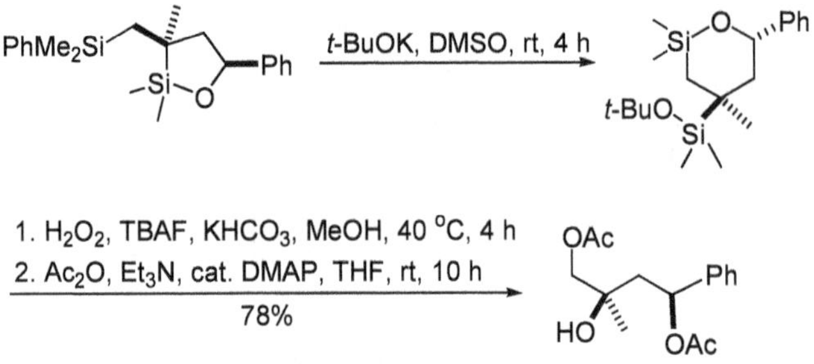

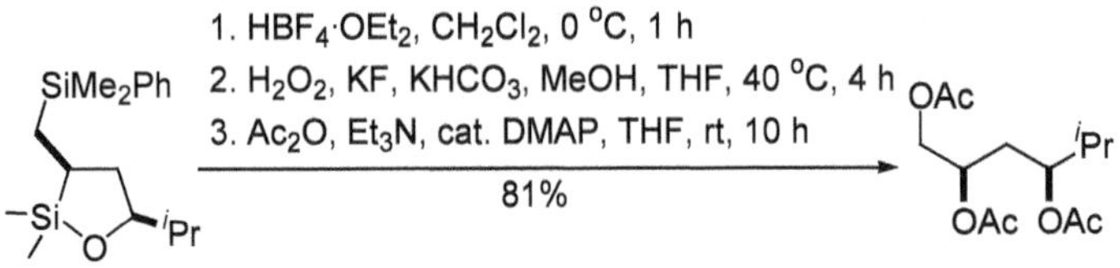

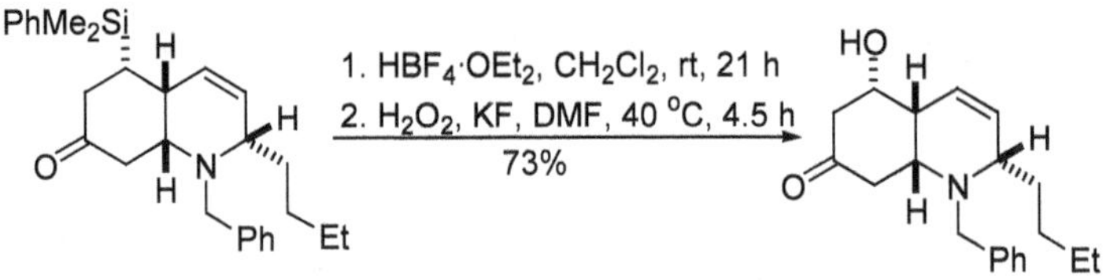

1987 年，Fleming 将两步反应发展成为一种"两步反应一锅煮"的方法 (式 34 和式 35)[27,29]。该方法使用 Br$_2$ 或 Hg^{2+}[Hg(OAc)$_2$] 代替 H$^+$ 作为亲电试剂，通过与 H$^+$ 进攻苯环类似的过程 (见反应的机理) 使苯环脱去。这两个方法分别被称之为溴化脱硅化反应 (bromodesilylation) 和汞化脱硅化反应 (mercuridesilylation)。由于这两个反应均可在乙酸中顺利进行，因此可以同时加入过氧乙酸/乙酸溶液并依次发生脱硅化反应和氧化反应。

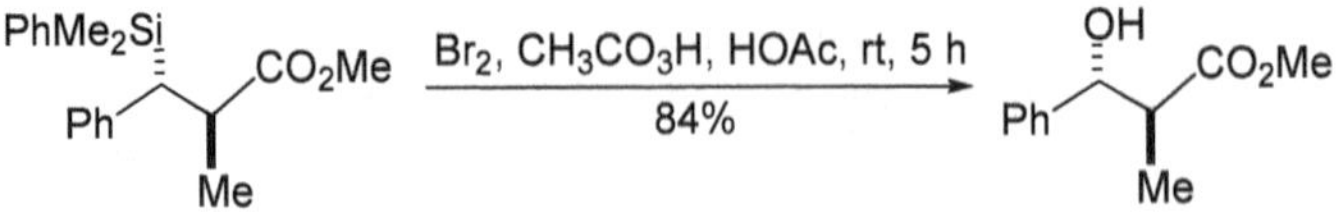

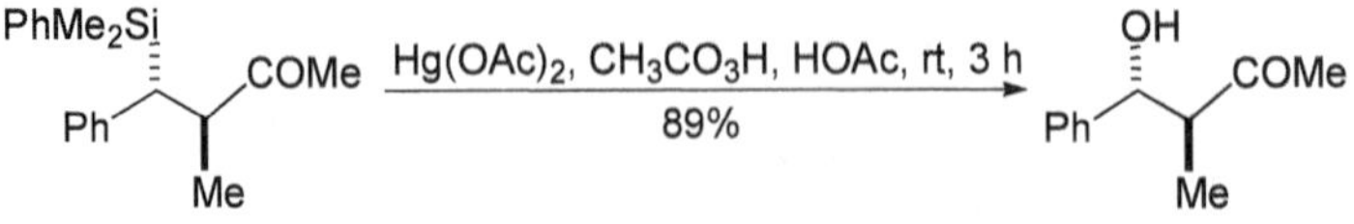

在"一锅煮"方法中，使用比计量稍微多一些的 Hg(OAc)$_2$ 即可。若加入 Pd(OAc)$_2$，则可以使用催化量的 Hg(OAc)$_2$。例如：在式 34 和式 35 所示的反应中，使用 0.2 倍量的 Pd(OAc)$_2$ 和 0.1 倍量的 Hg(OAc)$_2$ 分别代替 Br$_2$ 和化学计量的 Hg(OAc)$_2$ 后得到醇的产率分别为 78% 和 81%。该催化循环过程如式 36 所示：首先，Hg(OAc)$_2$ 亲电进攻苯环发生脱硅化反应生成 PhHgOAc。然后，在 Pd(OAc)$_2$ 作用下再转化成为 Hg(OAc)$_2$。在过氧乙酸的存在下，新形成的 PhPdOAc 被氧化再生出 Pd(OAc)$_2$。需要注意的是：Pd(OAc)$_2$ 同时可以催化过氧乙酸的放热分解反应，消耗一部分过氧乙酸。因此，氧化速度足够快的有机硅烷底物才能使用该方法。此外，Pd(OAc)$_2$ 比较昂贵的价格也限制了该方法的使用。当溴作为亲电试剂时，溴化脱硅化反应过程中产生的溴负离子可以被过氧乙酸氧化生成溴。因此，理论上只需要 0.5 倍量的溴，但实际用量往往多于 0.5 倍。基于同样的考虑，可以使用 KBr 或 NaBr 在过氧乙酸作用下原位产生单质 Br$_2$ 作为亲电试剂。由于商品过氧乙酸中含有少量的硫酸，加入 NaOAc 等作为缓冲剂可以增加对酸敏感的有机硅烷底物的兼容性 (式 37)。但是，在使用 Hg(OAc)$_2$ 的反应体系中不能加入缓冲剂，因为过氧乙酸中少量的硫酸被用来催化 Hg^{2+} 对苯环的亲电进攻[27,29]。

$$RMe_2SiPh \longrightarrow RMe_2SiOAc \longrightarrow ROH$$

$$Hg(OAc)_2 \rightleftharpoons PhHgOAc$$

$$PhPdOAc \rightleftharpoons Pd(OAc)_2 \tag{36}$$

$$CH_3CO_3H + HOAc \longrightarrow H_2O + PhOAc$$

$$\text{PhMe}_2\text{Si} \overset{\text{Me}}{\underset{\text{OBz}}{\diagdown}} \text{Me} \xrightarrow[\text{81\%}]{\text{KBr, CH}_3\text{CO}_3\text{H, NaOAc} \atop \text{HOAc, rt, 18 h, 35 °C, 1 h}} \text{Me} \overset{\text{OH}}{\underset{\text{OBz}}{\diagdown}} \text{Me} \tag{37}$$

在"一锅煮"方法中，亲电的 Br$_2$ 或 Hg^{2+} 也有可能进攻有机硅烷中不与硅原子相连的芳环 (尤其是高度活化的芳环) 引起一些副反应。此外，Hg(OAc)$_2$ 体系也不适合用于 β-硅基醇衍生物的羟基化反应。例如：在式 37 所示的反应中若使用 Hg(OAc)$_2$ 仅可得到 10% 的产物，可能的原因是体系中少量的硫酸导致发生了 β-消除反应。另一方面，溴作为亲电试剂的方法不适用于含有甲基酮的一些有机硅烷。例如：在式 35 所示的反应中若使用 KBr/CH$_3$CO$_3$H 体系时产物醇的产率仅为 36%，这可能是由于原料或产物发生了酮的 α-溴代反应。

在硅基周围的空间位阻较大时，使用 Hg(OAc)$_2$ 作为亲电试剂进行汞化脱硅反应的速度很慢。Ley[30]最早发现：简单地使用三氟乙酸汞 [Hg(CF$_3$CO$_2$)$_2$] 代替 Hg(OAc)$_2$ 即可使其得到改善 (式 38)。在实际操作中，首先需要将三氟乙酸汞和有机硅烷在室温下的乙酸和三氟乙酸 (TFA) 溶液中反应一段时间，然后再在较低温度下加入过氧乙酸氧化。后来发现：三氟乙酸汞在 HOAc-TFA-CHCl$_3$ 混合溶剂中进行汞化脱硅似乎更好一些 (式 39 和式 40)[31]。此外，在一例含两个 PhMe$_2$Si 的有机硅烷进行双羟基化反应的研究过程中，只有使用 Hg(CF$_3$SO$_3$)$_2$/CH$_3$CO$_3$H/HOAc 体系才能完成该转化 (式 41)[32]。

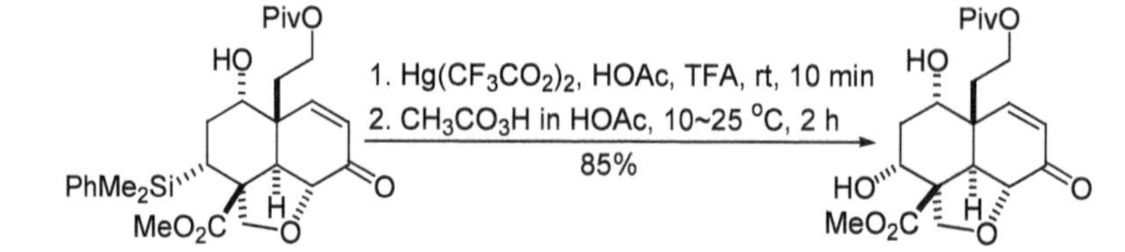

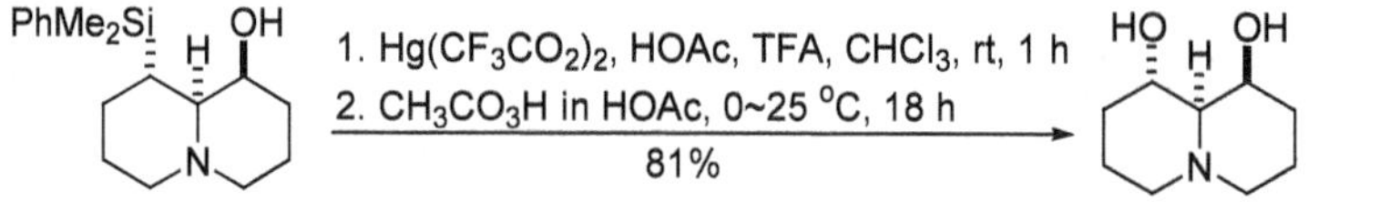

i. Hg(CF$_3$SO$_3$)$_2$, HOAc, rt, 1 h; ii. CH$_3$CO$_3$H in HOAc, rt, 120 h.

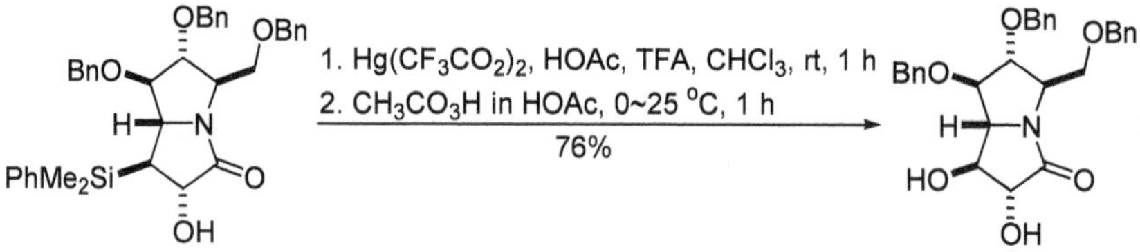

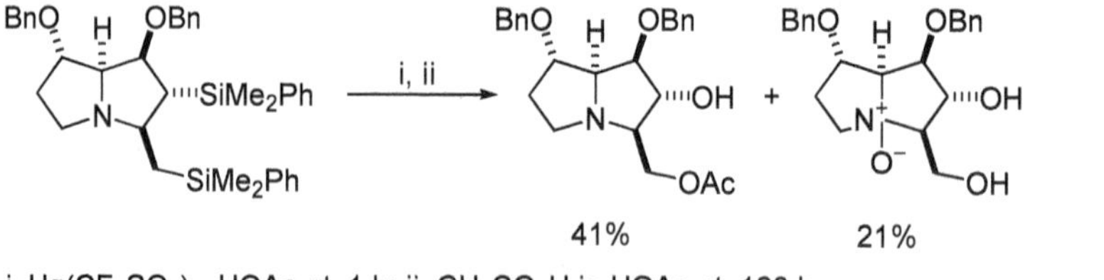

3.3.3 一些官能团对 Fleming 羟基化反应的影响

3.3.3.1 双键的影响

Fleming 羟基化反应的第一步需要使用 H$^+$、Hg^{2+} 或 Br$_2$ 等亲电试剂，它们很有可能与底物分子中的碳-碳双键或三键进行亲电加成。这些副反应的发生与否主要取决于底物分子的结构，通常很难预测。在有些实验中确实能够分离到炔键 (式 42)[26a]或者单取代端烯烃的双键 (式 43)[27,33]保留的产物醇，但产率不是很高。但是，二取代烯烃的双键 (式 44)[27]、尤其是烯丙基硅烷中的双键 (式

45)[34]具有较高的反应活性,亲电试剂总是优先进攻这些双键而不是苯环,因此导致期望的羟基化反应不能顺利进行。

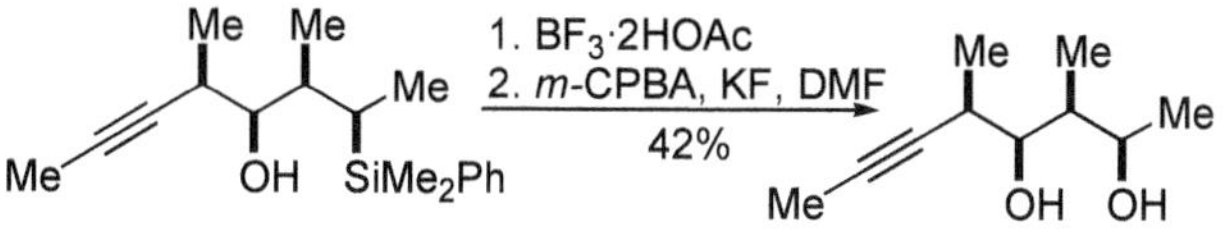

$$(42)$$

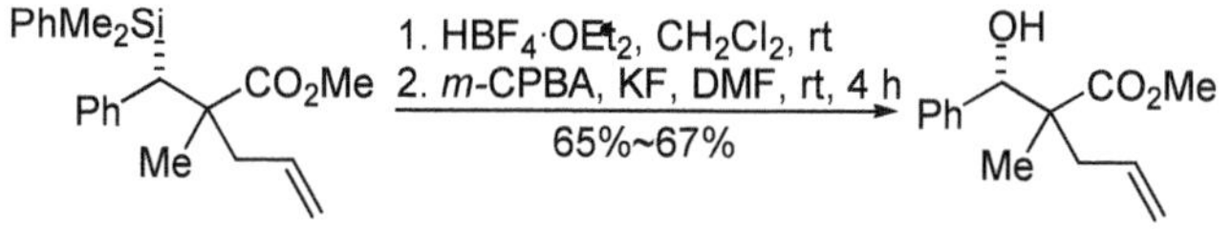

$$(43)$$

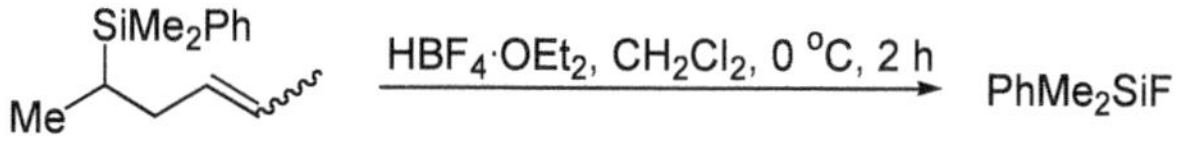

$$(44)$$

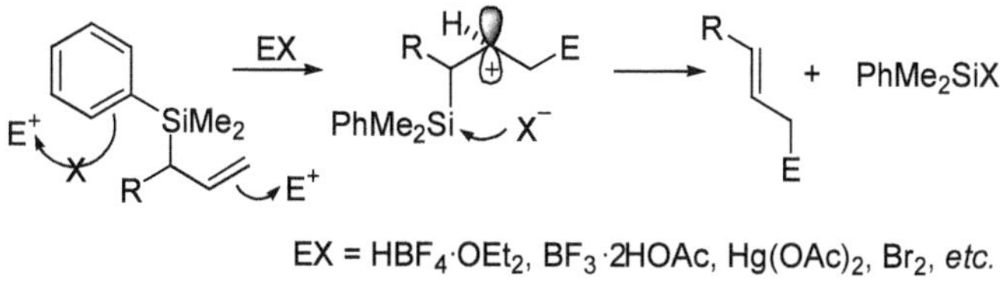

$$(45)$$

EX = HBF$_4$·OEt$_2$, BF$_3$·2HOAc, Hg(OAc)$_2$, Br$_2$, etc.

在这种情况下,通过改变亲电试剂并不能够有效地改善反应的选择性。但是,如果能够降低双键的亲电反应活性,亲电试剂就会优先进攻苯环,使得羟基化反应按照期望的方向进行。实验证明:与双键共轭的羰基可以通过拉电子作用有效降低双键的反应活性。因此,可以顺利地得到预期的烯丙基醇产物(式 46)[35]。

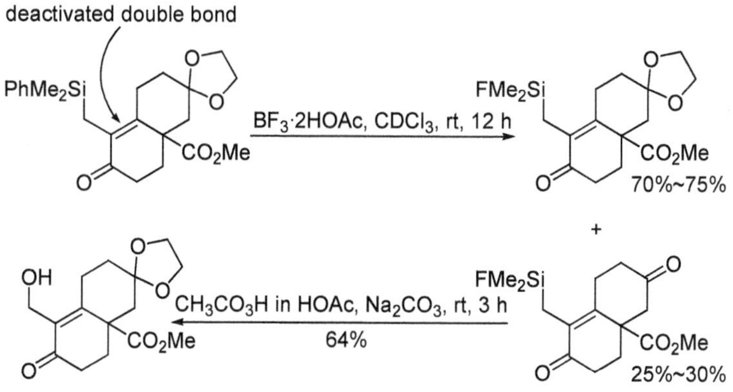

$$(46)$$

Taber 则巧妙地发展了另外一种方法，在"活性"双键的存在下实现了从 PhMe$_2$Si- 到 -OH 的转化。如式 47 所示[36]：首先，利用 Birch 还原法将 PhMe$_2$Si- 上的苯环还原成 1,4-环己二烯衍生物。接着，在 TBAF 作用下使 1,4-环己二烯被氟取代。最后，使用碱性的 H$_2$O$_2$ 将有机氟硅烷氧化成醇。

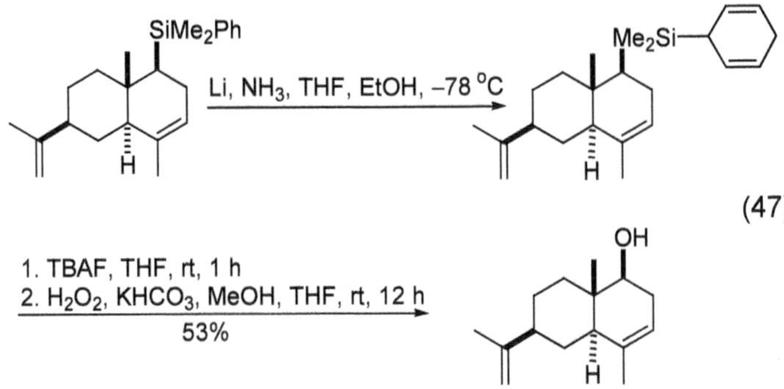

(47)

在苯基二甲基烯丙基硅烷中，由于烯丙基的质子脱硅化反应速度总是比苯基的快，硅原子上的烯丙基部分首先被质子进攻离去。因此，羟基化反应不可能得到相应的烯丙基醇（式 45）。但是，该问题可以使用亲电取代反应活性更高的基团代替硅原子上的苯基来解决。基于这样的考虑，Fleming[37,38]设计了一种烯丙基型硅基作为羟基的前体。如式 48 所示：该硅基可以通过 (2-甲基-2-丁烯基)-二苯基硅酮试剂的亲核加成或取代反应引入到底物分子中。在接下来的羟基化反应中，虽然硅原子上有两个烯丙基型取代基，但 2-甲基-2-丁烯基优先被 H$^+$ 等亲电试剂进攻。因此，保证了反应向期望的方向进行，可以成功地合成多种烯丙基醇（式 49）。

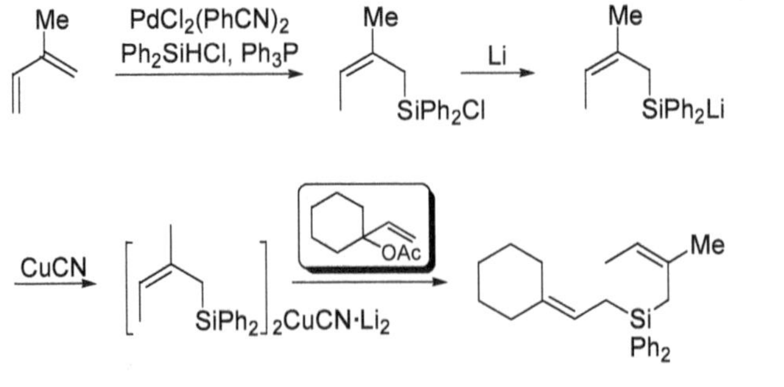

(48)

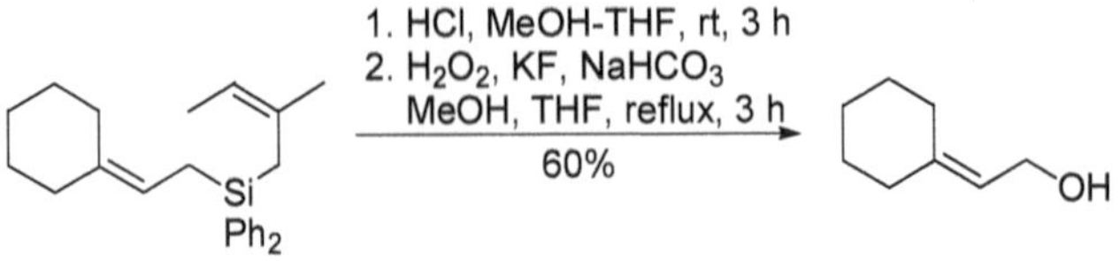

(49)

有趣的是：使用 KBr 代替浓盐酸时可以一步反应生成目标产物醇（式 50）[37a]。如式 51 所示[38]：Fleming 还利用该方法合成了前列腺素的关键中间体。由于呋喃及其衍生物的亲电取代反应活性通常要比苯环高很多，用呋喃环取代硅原子上的苯基生成的烯丙基硅烷也能顺利地转化成为烯丙基醇（式 52）[39]。

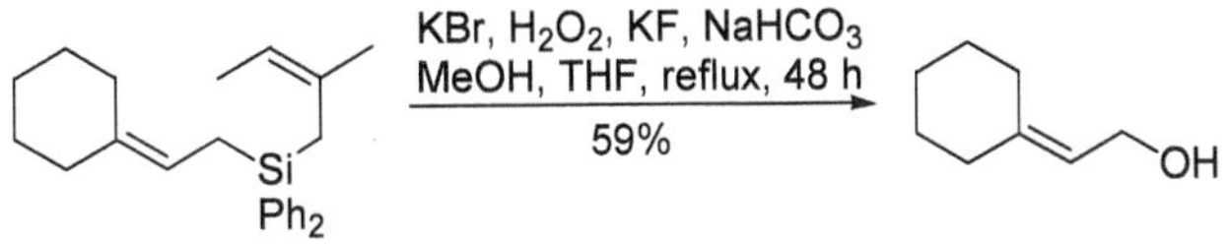

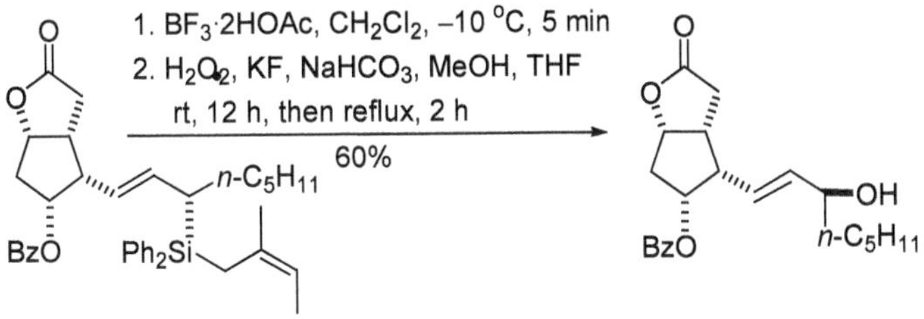

Tamao-Kumada 羟基化反应直接使用官能团化的有机硅烷作为底物，不需要在亲电试剂的作用下引入卤原子等活化基团。因此，该反应非常适合合成烯丙基醇或含有多取代双键的醇（式 14、式 16、式 17、式 53[34]）。而实际上，在式 47 和式 49~式 52 所示的反应中，羟基化反应的第二步使用的就是 Tamao-Kumada 羟基化的反应条件。但需要注意的是：Tamao-Kumada 反应中的有机硅烷需要至少含有一个硅-杂原子键。相对于含 4 个 Si-C 键的有机硅烷而言，它们的化学稳定性通常要差一些。因此，如果在羟基化反应前需要携带着硅基进行多步反应时，人们还是更愿意选择含 3 个 Si-C 键的硅基作为羟基的前体。

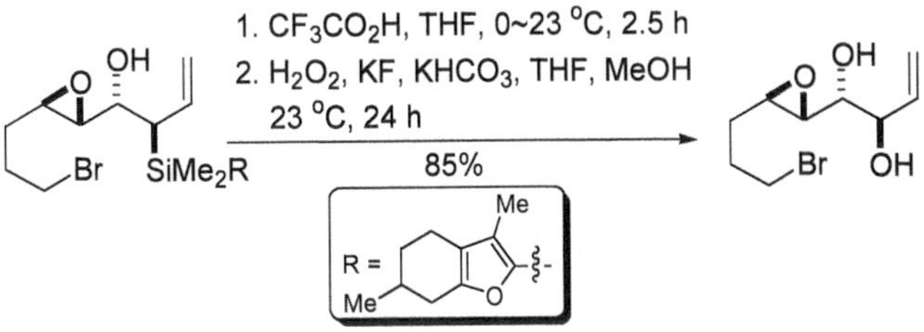

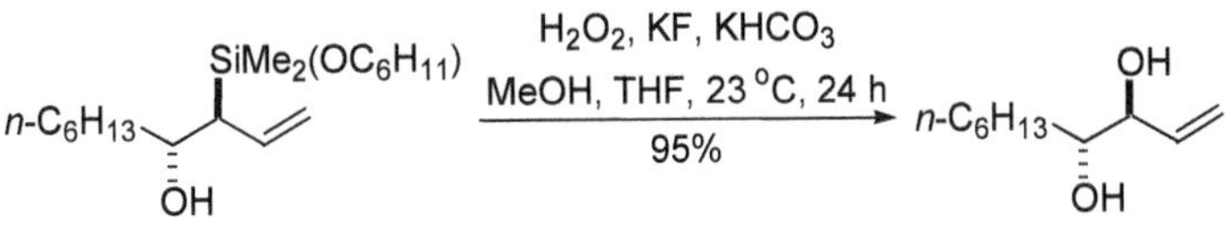

3.3.3.2 酮羰基的影响

在 Fleming 羟基化反应中，通常不会发生酮的 Baeyer-Villiger 氧化。但是，

在用氟硼酸处理 β-硅基甲基酮时，得到的主要产物不是预期的有机氟硅烷而是一种烯烃（式 54）[6,27]。这可能是由于羰基氧被质子化后增强了羰基碳原子的亲电性，因此进攻硅上的苯环并引起与苯基相连的 C-Si 键发生断裂、苯基迁移到羰基碳上生成叔醇中间体。然后，经脱水、甲基迁移和硅基离去生成产物。通过使用 $Hg(OAc)_2$ 作为亲电试剂的"两步一锅煮"方法，可以得到高产率的目标醇（式 35）[27,29]。另外，类似的 β-硅基苯基酮以及环状的 β-硅基酮不会发生该类型的副反应。

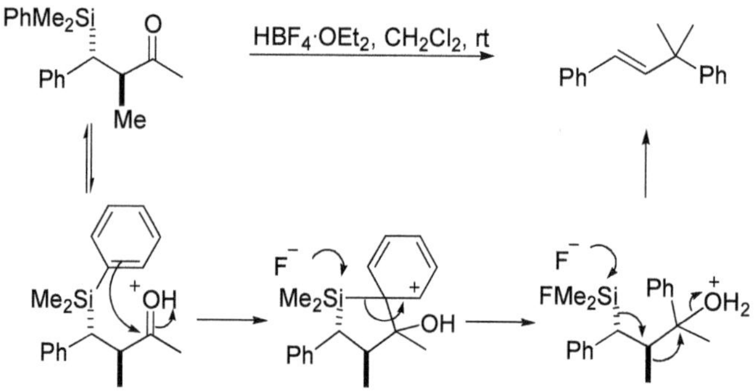

Fuchs[40] 使用氟硼酸或三氟化硼对一种 α-硅基酮进行质子脱硅化反应时，有机氟硅烷的最高产率仅有 29%，即便如此，在接下来的氧化中也未能得到羟基化的产物，而是得到硅基脱去的产物。如式 55 所示：这种硅基脱去现象被认为是由于 α-羰基的拉电子作用所造成的。

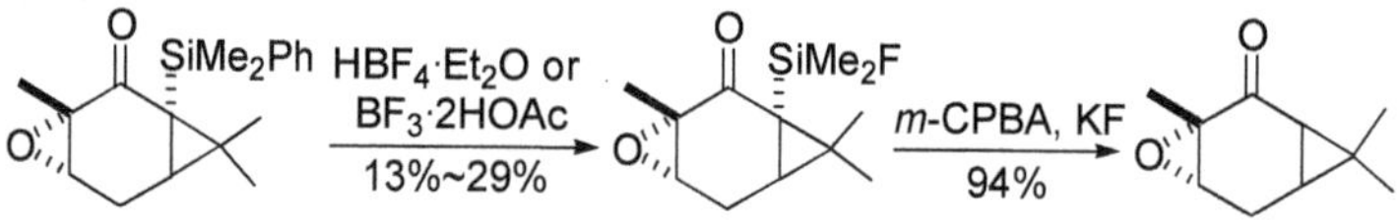

3.3.3.3 羟基的影响

在用三氟化硼或氟硼酸对 β-羟基或 β-乙酰氧基硅烷（由于羟基极性较大，有时候为了提纯方便需要将羟基进行酰化修饰）进行质子脱硅化反应时，未能得到有机氟硅烷，而是发生了酸催化下的 Peterson 消除反应生成烯烃（式 56~式 58）。对于此类有机硅烷，比较好的方法是使用"两步一锅煮"方法中的 $KBr/CH_3CO_3H/NaOAc$ 体系[27,41,42]。

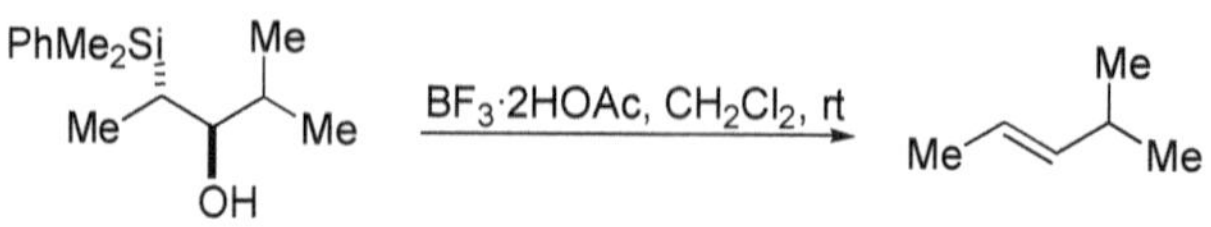

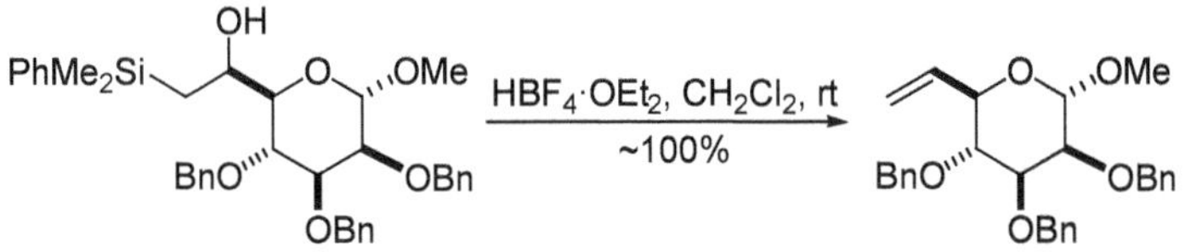

$$\text{(57)}$$

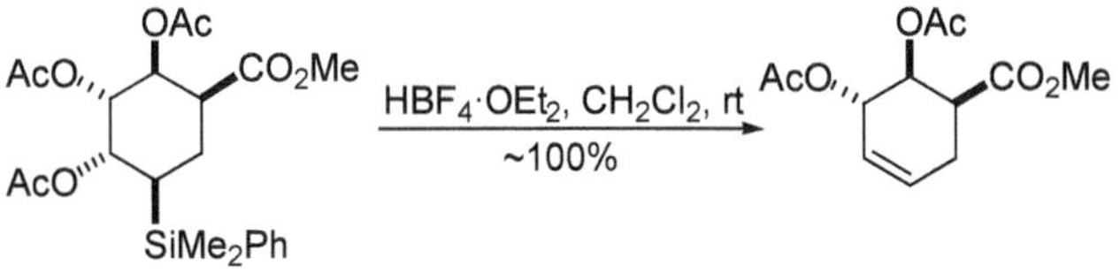

$$\text{(58)}$$

如前所述 (式 37),由于 NaOAc 缓冲剂的存在,该体系适用于对酸敏感的有机硅烷的羟基化反应。采用此方法,式 56~式 58 中的 PhMe$_2$Si 均能顺利地转变成为相应的羟基。无论位于硅基 β-位的羟基酰化与否,均可得到较高产率的醇 (式 59 和 式 60)[42]。

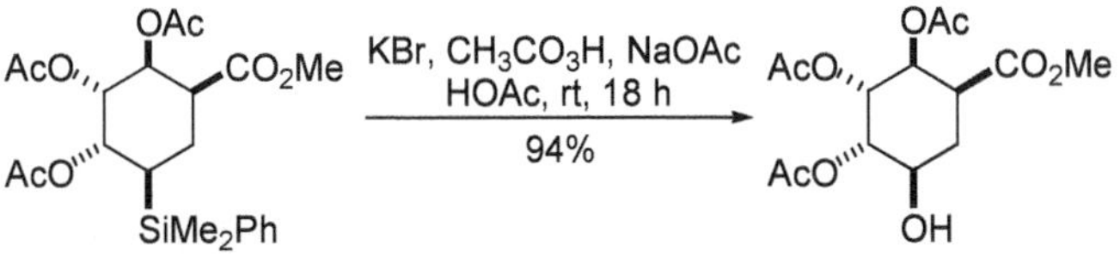

$$\text{(59)}$$

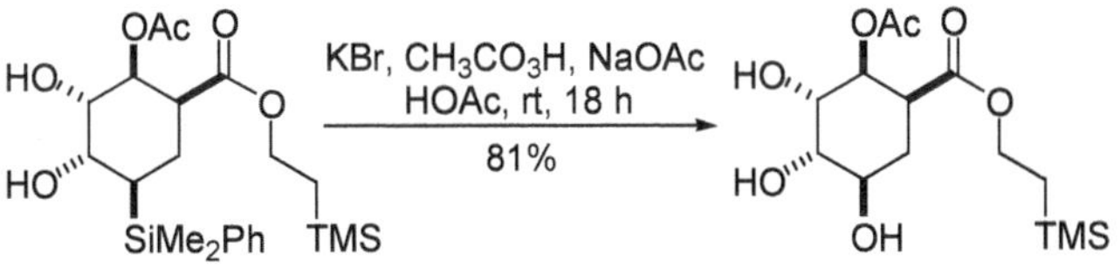

$$\text{(60)}$$

另外,使用 Hg(OAc)$_2$ 作为亲电试剂的"两步一锅煮"方法时,目标醇的产率往往不会太高,因为体系中存在的少量硫酸会引起 β-消除反应 (式 37[27]和式 61[43])。但近来的实验结果表明:利用 Hg(OAc)$_2$/CH$_3$CO$_3$H/HOAc 体系也可以得到高产率的羟基化反应产物 (式 62)[44]、甚至是带有两个 β-羟基的有机硅烷 (式 63)[45]。

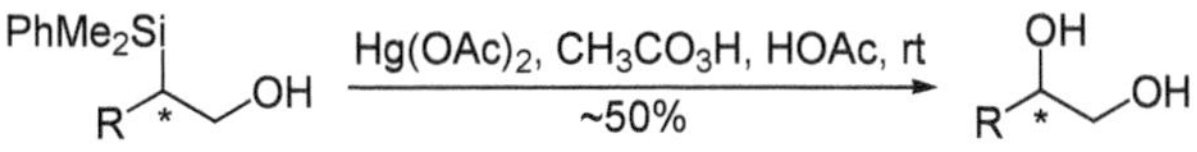

$$\text{(61)}$$

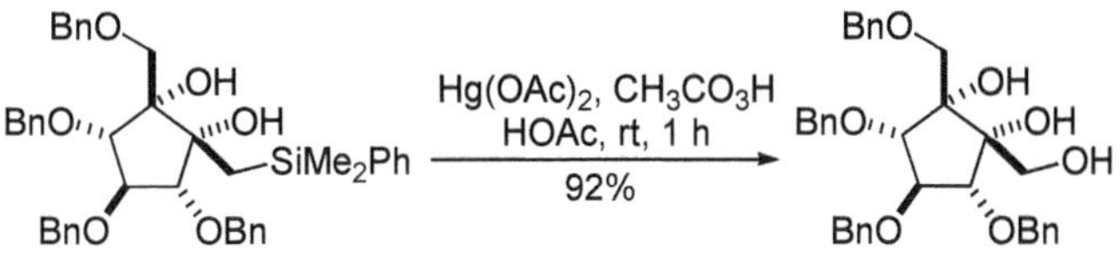

$$\text{(62)}$$

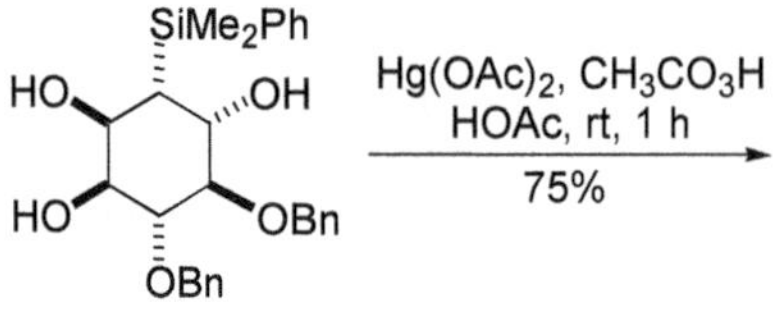

3.3.3.4 环丙基的影响

环丙基和碳-碳双键有着类似的反应活性。因此，在利用三氟化硼或氟硼酸对环丙基硅烷（式 64）[35b]或者环丙基甲基硅烷[46]进行质子脱硅化反应时，质子会优先进攻环丙基而不是苯环，形成一系列环丙基开环的副产物。

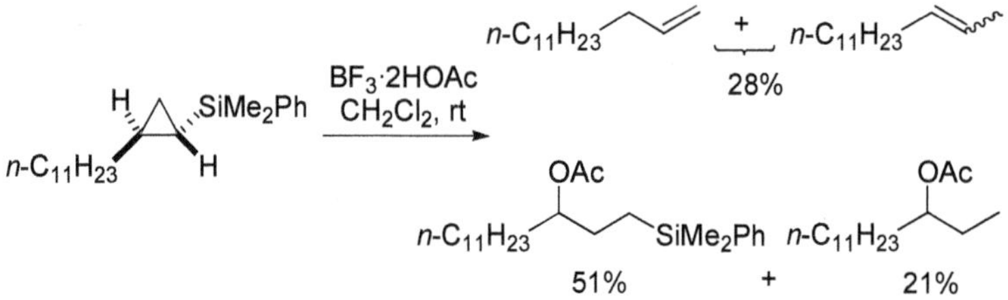

在式 55 所示的环丙基硅烷的反应中，虽然环丙基在质子脱硅化反应时没有开环，但是二甲基环丙基较大的空间位阻妨碍了质子对苯环的进攻，导致生成的有机氟硅烷产率最高仅有 29%。如果将该底物分子中的羰基以及环氧化官能团还原后进行质子脱硅化反应，则只得到环丙基开环的产物（式 65）[40]。

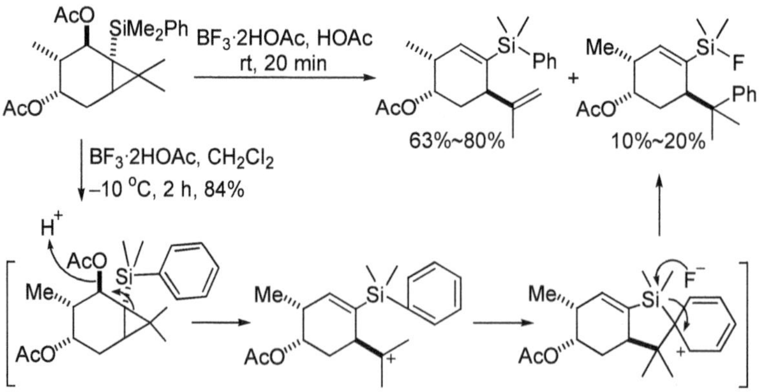

也有实验结果表明：在使用氟硼酸进行的质子脱硅化步骤中还是有可能分离到环丙基保留的羟基化反应产物。如式 66 所示[47]：其中的环丙基叔胺基团也没有被过氧乙酸氧化，这可能是由于两个吡啶氮原子的拉电子作用引起的。

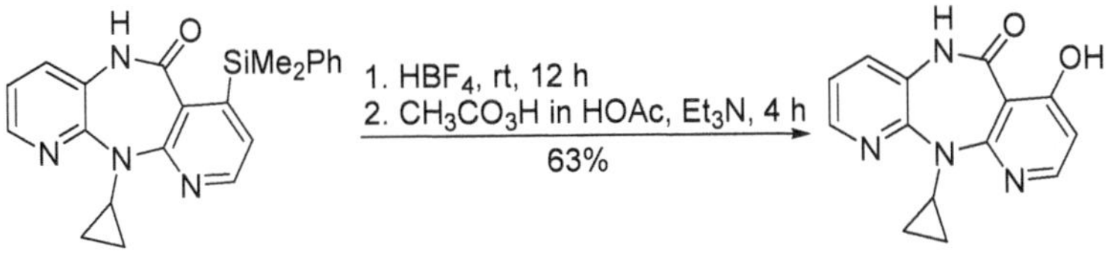

[图: 式 (66) 反应]

3.3.3.5 其它基团的影响

在质子脱硅化反应中，质子会进攻有机硅烷中的吡啶氮原子 (式 67)[47]、环状硅醚 (式 68)[24a]或醚 (式 69)[48]的氧原子而导致发生一些副反应。

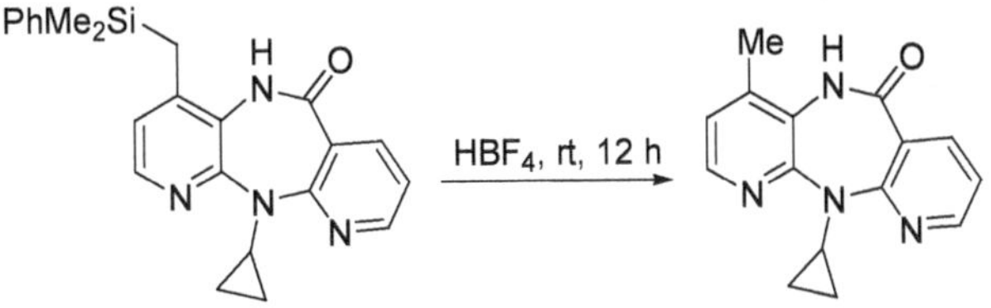

[图: 式 (67)、(68)、(69) 反应]

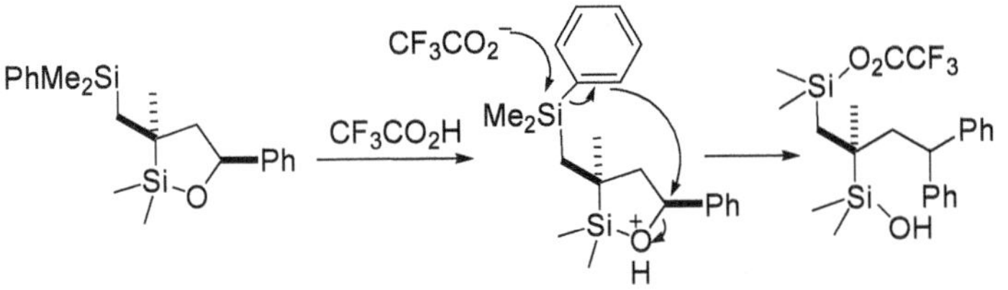

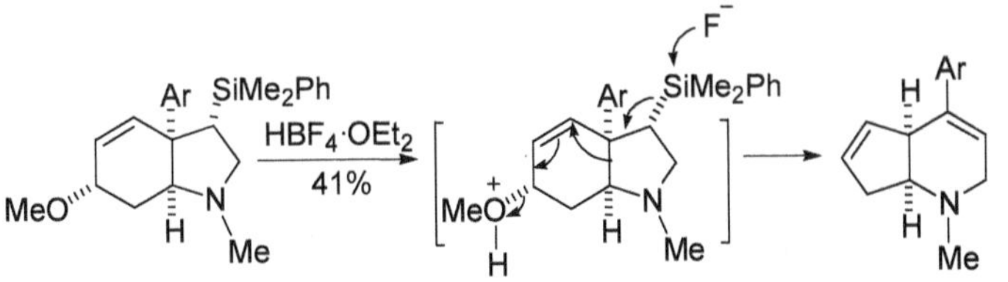

总的说来，使用两步法或者"两步一锅煮"方法的 Fleming 羟基化反应具有较好的官能团兼容性，酮、酯、羧酸、酰胺 (包括伯酰胺和叔酰胺)、内酯、内酰胺、醚、环醚、缩醛、腈和醇等均不受到影响 (式 70~式 72)[49~51]。

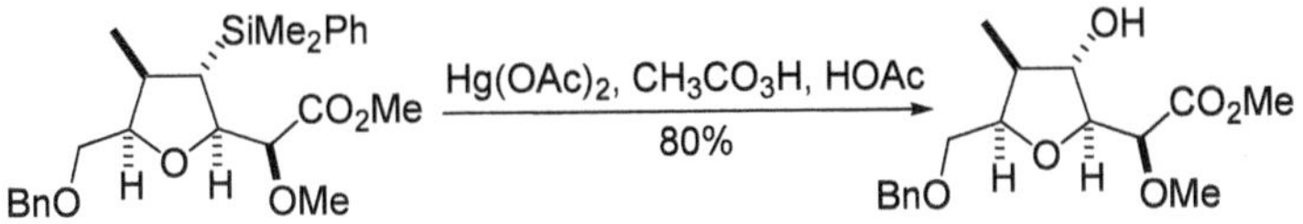

[图: 式 (70)、(71) 反应]

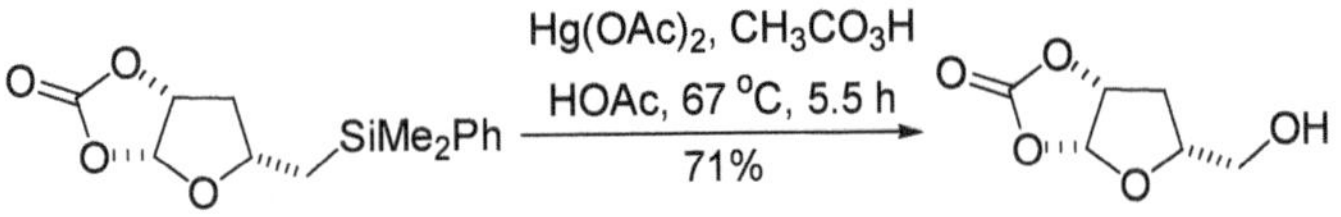

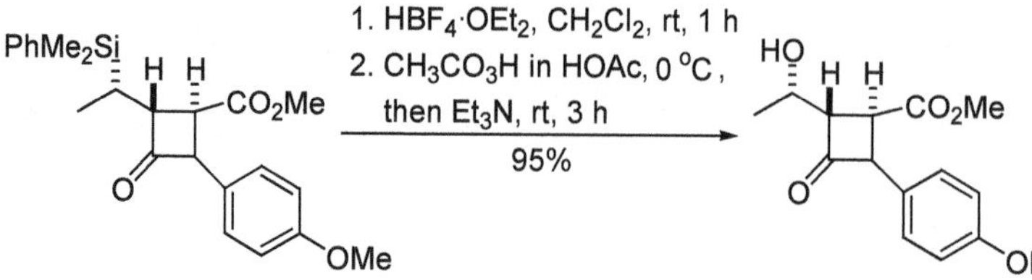

(72) 反应式

即使在一些官能团存在下会发生副反应，但它们大多是由脱硅化的亲电试剂、尤其是其中的 H^+ 所引起，而由氧化剂引起的副反应比较少。事实上，有机硅烷中的氨基最有可能在氧化过程中被过氧酸氧化。如式 73 所示：Fleming[27] 使用两步法进行羟基化反应时仅得到 25% 的醇，而且其中的叔胺基团还被 m-CPBA 氧化生成 N-氧化物。使用"两步一锅煮"的方法时，如果长时间与过氧乙酸作用也会导致叔胺被部分氧化（式 41）[32]。庆幸的是，可以通过催化加氢等还原方法将叔胺 N-氧化物中的氧除去再生成目标产物。

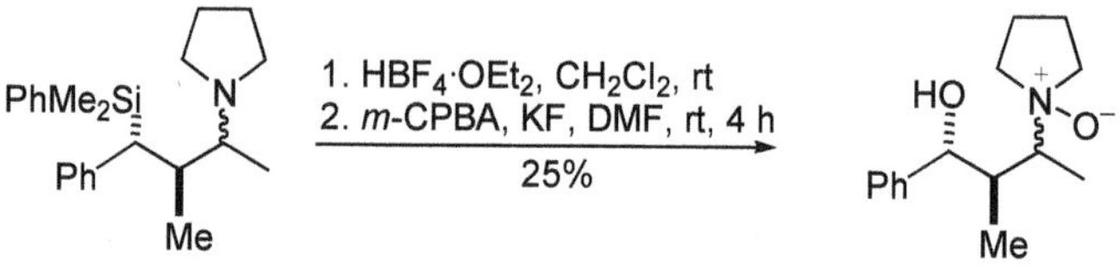

(73) 反应式

Hoppe 对位于 γ-丁内酯 β-位的硅基进行转化时，使用两步法、m-CPBA 作为氧化剂得到一种内酯开环的产物（式 74）；但是，在"两步一锅煮"的反应体系中加入甲基磺酸将胺变为铵盐，可以顺利得到叔胺、甚至是伯胺基团都未发生变化的羟基化产物（式 75 和式 76）[52]。此外，尽可能利用两步法、而且在氧化反应中使用 H_2O_2 氧化体系，则叔胺氧化的可能性也会大大降低，例如：式 33 中的反应实例[28]。通过该方式，与式 41 中所示结构相近的有机硅烷也能顺利地进行双羟基化反应，生成叔胺基团未被氧化的预期醇（式 77）[53]。类似的，硫化物也有可能在氧化步骤中被过氧酸氧化成亚砜或者进一步的氧化产物[27]。

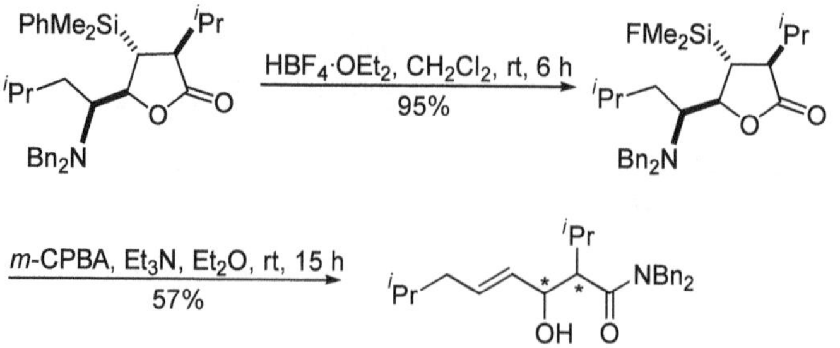

(74) 反应式

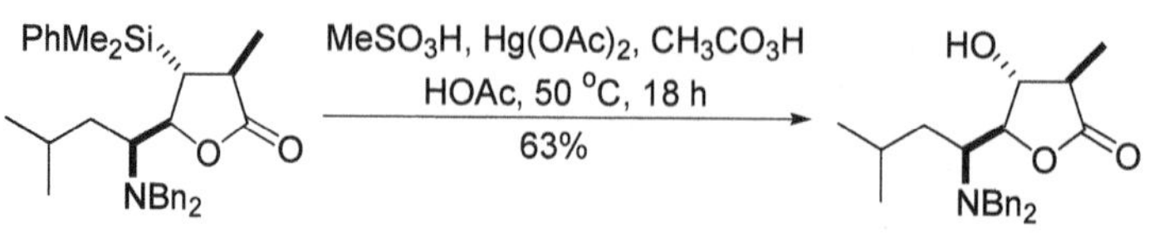

(75) 反应式

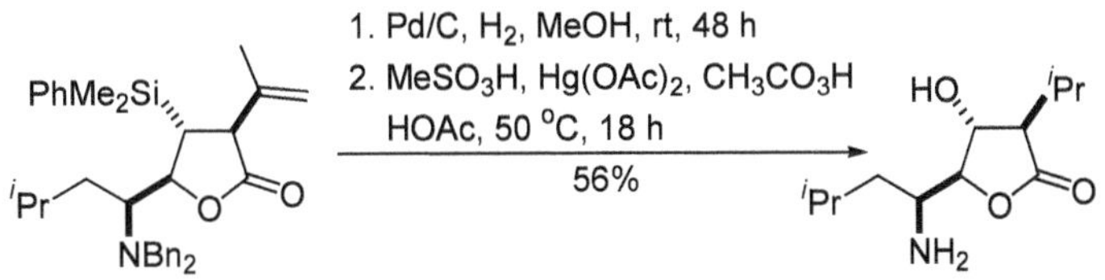

3.4 空间位阻对羟基化反应的影响

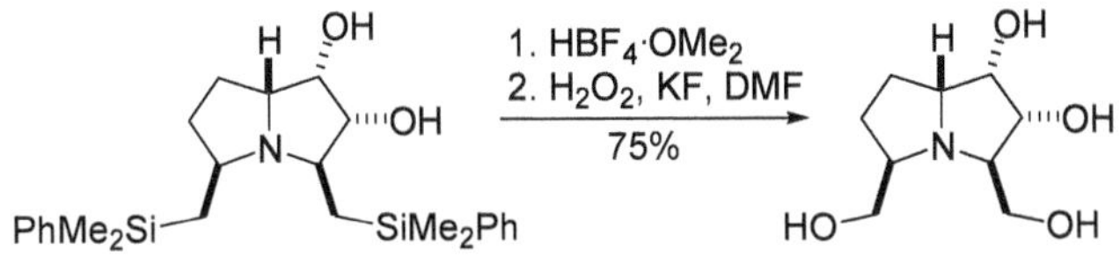

在许多有机反应中,硅基的大小往往会影响反应的化学、区域或立体选择性[54~60]。例如:在 Lewis 酸催化下,烯丙基硅烷与乙酰基环己烯的反应产物取决于硅基的大小 (式 78)。使用三甲基硅基时,主要得到硅烷对 α,β-不饱和酮进行共轭加成的产物 (Hosomi-Sakurai 反应)。但是,随着硅基位阻的增大,[3+2] 环加成产物的比例逐渐增加。当硅基为 Ph_2MeSi、Ph_3Si、$(t\text{-}Bu)Ph_2Si$、$(i\text{-}Pr)_2PhSi$、$(Ph_3C)Me_2Si$ 和 $(i\text{-}Pr)_3Si$ 时,相应稠环化合物的分离产率分别为 38%、51%、69%、68%、80% 和 94%[56~58]。大位阻的硅基往往也能显著提高反应的立体选择性,例如:在逆 [1,4]-Brook 重排反应中,$(t\text{-}Bu)Ph_2Si$ 具有比 Ph_2MeSi 更高的立体选择性 (式 79)[59]。

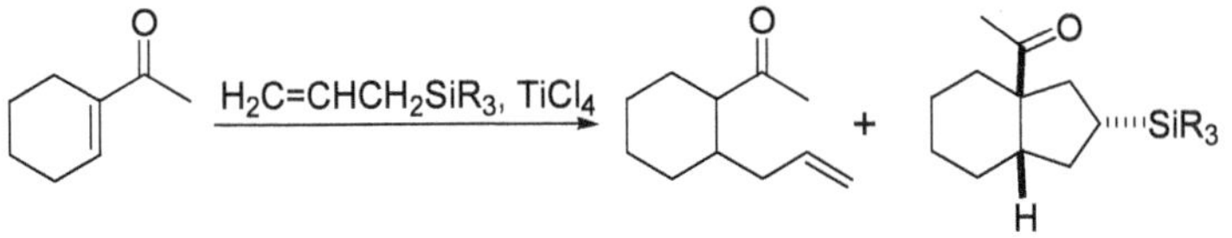

鉴于大位阻的硅基在一些反应中表现优异,人们希望能将这些硅基的反应应用到有机合成中。但是,Tamao 和 Fleming 在早期的研究中就已经发现:硅原子周围的空间位阻对羟基化反应有较大的影响,位阻大不仅会使反应困难、甚至使反应不能进行。底物分子中的位阻主要来自两个方面:(a) 在反应中被转化为羟基的那个硅基的位阻;(b) 与该硅基相连的基团的位阻。如表 3 所示:Tamao 和 Kumada[4] 在生成正辛醇的反应中,考察了多种烷氧基硅基在三种典型条件下的氧化。从中可以看出:硅基上带有大的烷氧基会导致氧化反应难以进行。在最常用的 Tamao-Kumada 羟基化反应条件下 (碱性的氧化条件 3),带有两个异丙

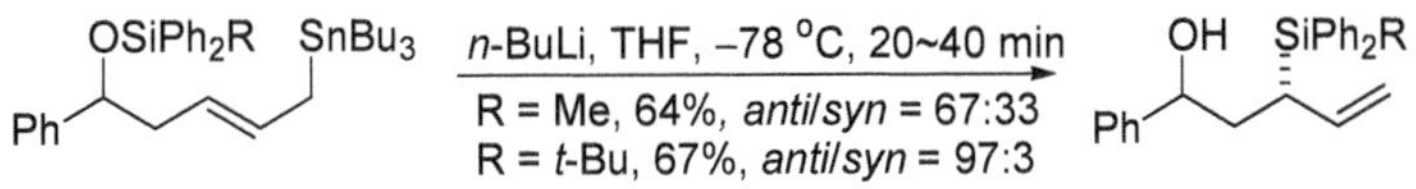

氧基的硅基就不能发生反应。当硅基上带有位阻更大的叔丁氧基时，只需一个就会产生同样的结果。除了叔丁氧基，带有叔丁基的官能团化的硅基 [例如：$(t\text{-Bu})_2(\text{OR})\text{Si}$] 也很难发生反应[54]。

表 3　不同烷氧基硅基的 Tamao-Kumada 羟基化

$$n\text{-C}_8\text{H}_{17}\text{-SiMe}_{3-n}(\text{OR})_n \xrightarrow{[\text{O}]} n\text{-C}_8\text{H}_{17}\text{-OH}$$

R = Me, Et, i-Pr, t-Bu；n = 1~3

硅基	中性的氧化条件 1	酸性的氧化条件 2	碱性的氧化条件 3
SiMe$_2$(OMe)	+	+	+
SiMe(OMe)$_2$	+	+	+
Si(OMe)$_3$	生成聚硅氧烷	+	+
SiMe$_2$(OEt)	+	+	+
SiMe(OEt)$_2$	+	+	+
Si(OEt)$_3$	生成聚硅氧烷	+	+
SiMe$_2$(Oi-Pr)	+	+	+
SiMe(Oi-Pr)$_2$	+	+	不反应
SiMe$_2$(Ot-Bu)	长时间加热能反应	+	不反应
SiMe(Ot-Bu)$_2$	非常困难	非常困难	不反应

注："+"代表羟基化反应能顺利进行。
氧化条件 1: 30% H_2O_2，KHF$_2$，DMF，60 °C；
氧化条件 2: 30% H_2O_2，Ac$_2$O，KHF$_2$，DMF，rt；
氧化条件 3: 30% H_2O_2，KHCO$_3$，MeOH-THF，回流。

Fleming 羟基化反应中也有类似的趋势。Palomo 发现：虽然 $(t\text{-Bu})\text{Ph}_2\text{Si}$ 在氟硼酸配合物作用下能够生成相应的氟硅烷，但在接下来的过氧乙酸氧化中只回收到原料[51a]。即使使用 Hg(OAc)$_2$ 作为亲电试剂的"两步一锅煮"方法，也不能将 $(t\text{-Bu})\text{Ph}_2\text{Si}$ 有效地转化成为羟基（式 80）[59]。当使用含有 PhMe$_2$Si 和 $(t\text{-Bu})\text{Ph}_2\text{Si}$ 的有机硅烷的羟基化反应中，使用 Br$_2$ 作为亲电试剂的"两步一锅煮"方法可以选择性地将位阻较小的 PhMe$_2$Si 基转化成羟基（式 81）[55]。

在表 3 的碱性条件下，带有一个叔丁氧基或两个异丙氧基的硅基就不能转化为羟基，在该体系中添加氟盐也未能得到预期的产物醇[60]。但在有些情况下，添加氟盐确实能够促进羟基化反应顺利进行 (式 82a,b)[61]。在大位阻硅基的转化方面，Knölker 进行了一系列的研究工作，最终成功地将 (t-Bu)Ph$_2$Si 和 (i-Pr)$_2$PhSi 转化为羟基 (式 83 和式 84)。由于位阻太大，质子脱硅化反应需要长时间的加热才能完成，而且 (i-Pr)$_2$PhSi 生成醇的产率较低 (不分离有机氟硅烷中间体，醇的最高产率可达到 60%)[57c]。

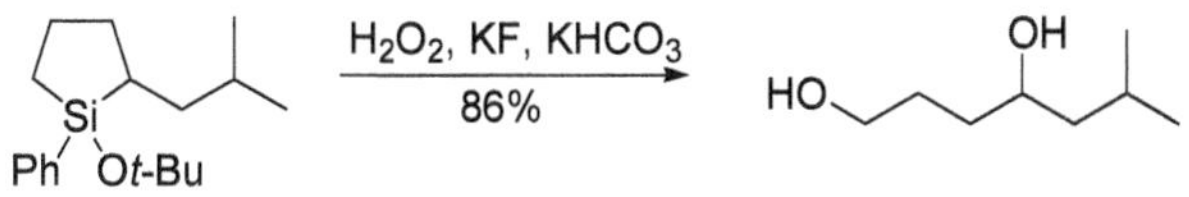

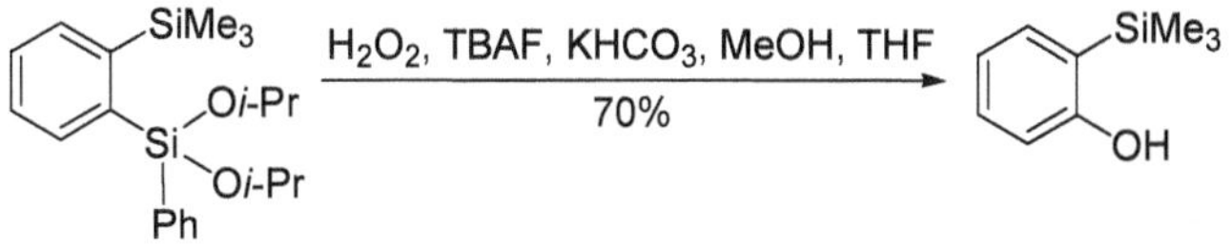

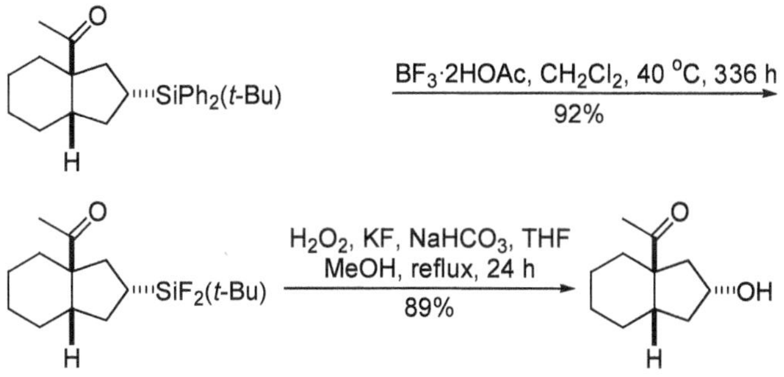

(Ph$_3$C)Me$_2$Si 可以在相对温和的条件下发生转化 (式 85)[58]。Woerpel 等发展了另外一种适用于大位阻硅基羟基化的方法：在强碱性条件下使用过氧叔丁醇作为氧化剂。在该条件下，大位阻的二叔丁基烷氧基有机硅烷 (式 86)[62]、二(均三甲苯基)烷氧基有机硅烷 (式 87)[63]以及叔丁氧基有机硅烷 (式 88a)[62b]均可

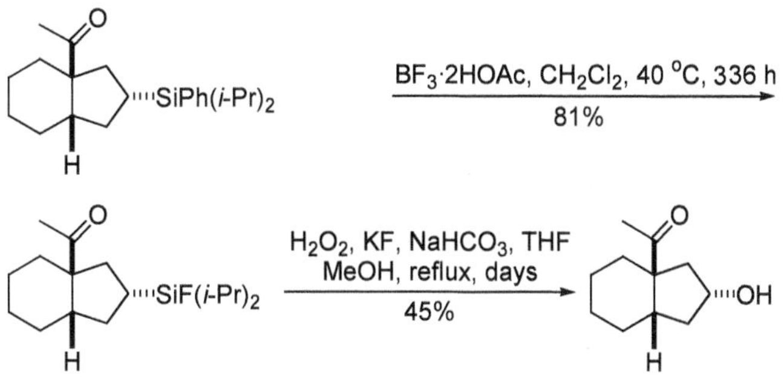

被转化成为相应的醇。此外，PhMe$_2$Si 和 Ph$_2$MeSi (式 88b) 可以一步转化成为相应的醇[62b]。

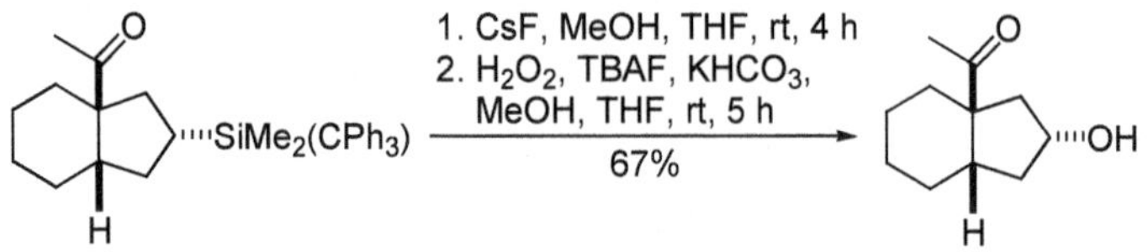

$$\text{(85)}$$

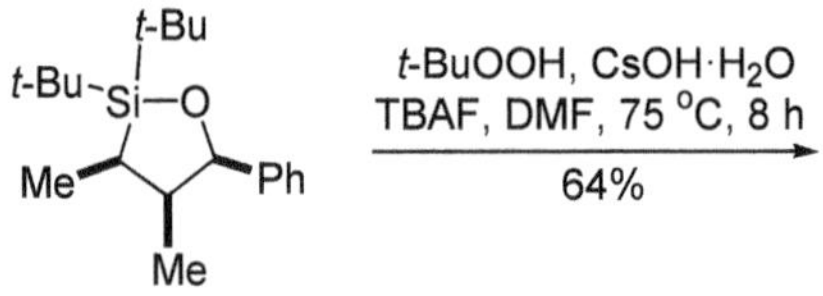

$$\text{(86)}$$

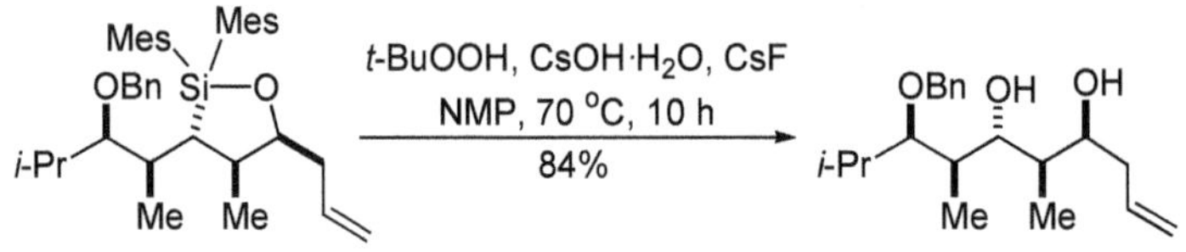

$$\text{(87)}$$

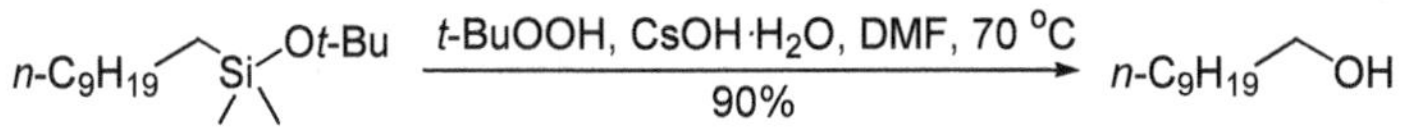

$$\text{(88a)}$$

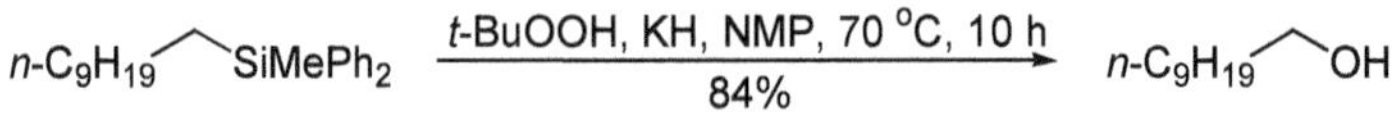

$$\text{(88b)}$$

除了硅基位阻大不利于羟基化反应以外，与硅基相连的大位阻基团也会导致反应难以进行。如式 89 所示[6]：虽然硅基部分是 PhMe$_2$Si，但与硅基相连的烷基链的 α-位上有一个大位阻的叔碳原子，因此需要在相对苛刻的条件下进行反应。将式 5 与式 89 的反应条件比较可以发现：在相同的质子脱硅化反应条件下，伯碳和仲碳取代的有机氟硅烷使用 3.5 倍的氧化剂即可在室温下被转化成为伯醇和仲醇。但是，叔碳取代的有机氟硅烷需要在 12 倍氧化剂的作用下加热至 60 °C 才能得到相应的叔醇。

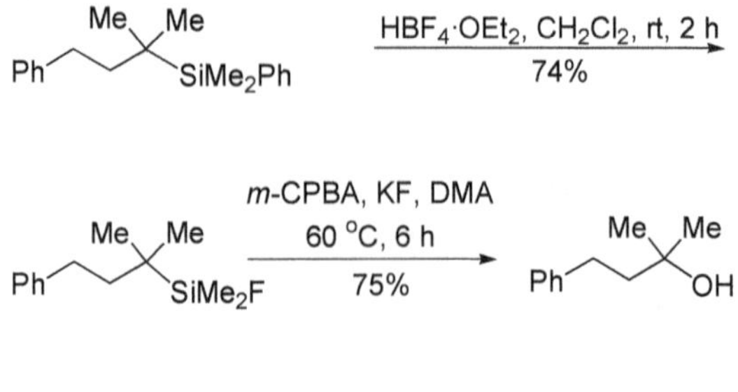

$$\text{(89)}$$

有时候，位阻太大甚至会直接影响质子脱硅化反应的效率。如式 55 所示：有机氟硅烷的产率最高仅有 29%。使用 (*t*-Bu)Ph$_2$Si 也有类似的结果（式 90）[57c]。与式 83 的反应相比较，位阻较小的环丁基甲基硅烷完成质子脱硅化反应仅需 2.5 h (前者是 14 天)，而且氧化反应可以在室温下进行。

$$\text{环丁基-CH}_2\text{SiPh}_2{}^t\text{Bu, CO}_2\text{Me} \xrightarrow[\substack{2.\ H_2O_2,\ KF,\ NaHCO_3,\ MeOH,\ THF \\ 25\ ^\circ C,\ 43\ h \\ 66\%}]{1.\ BF_3 \cdot 2HOAc,\ CH_2Cl_2,\ 40\ ^\circ C,\ 2.5\ h} \text{环丁基-CH}_2\text{OH, CO}_2\text{Me} \quad (90)$$

4 羟基化反应中使用的硅基

4.1 卤代硅基

通过过渡金属 (钯、铂或者铑) 催化的烯烃或炔烃与三氯硅烷 (HSiCl$_3$) 的硅氢化反应，可以在有机分子中方便地引入三氯硅基 (SiCl$_3$)[64]。乙烯基三氯硅烷或乙炔基三氯硅烷参与的 [4+2] 环加成反应也是引入 SiCl$_3$ 的一个途径[3c]。有多种方式可以将 SiCl$_3$ 转化为羟基：(a) 与 5 倍量的 KF 作用生成五氟硅酸盐后进行氧化反应；(b) 与化学计量的 CuF$_2$ 反应生成三氟硅烷后进行氧化反应；(c) 与醇反应形成烷氧基硅烷后进行氧化反应；(d) 直接进行氧化反应。

Tamao 和 Kumada[2,3,65]使用 *m*-CPBA 为氧化剂，将多种氟硅烷包括五氟硅酸盐、三氟硅烷、二氟硅烷、一氟硅烷氧化成相应的醇。他们发现这些硅基的反应活性顺序大致为：RSiF$_3$ > RSiF$_5{}^{2-}$ ≈ R$_2$SiF$_2$ > R$_3$SiF。如式 91 所示：有一定位阻的 (2-甲基-2-苯基丙基)三氟硅烷生成较高产率的醇，而相应的五氟硅酸盐仅给出痕量的醇。二氟硅烷的氧化需要加入催化量的 KF (式 92)，而一氟硅烷则需要加入 2 倍量的 KF (式 93)。三氟硅烷底物中，烯基三氟硅烷的反应活性最高，氧化反应甚至可以在 –50 °C 进行 (式 94)[3c]。

$$\text{Ph-C(CH}_3)_2\text{-CH}_2\text{SiF}_3 \xrightarrow[67\%]{m\text{-CPBA, DMF, rt, 3 h}} \text{Ph-C(CH}_3)_2\text{-CH}_2\text{OH} \quad (91)$$

$$(\text{C}_8\text{H}_{17})_2\text{SiF}_2 \xrightarrow[95\%]{m\text{-CPBA, KF (cat.), DMF, rt, 5 h}} 2\ \text{C}_8\text{H}_{17}\text{OH} \quad (92)$$

$$\text{C}_8\text{H}_{17}\text{-SiMe}_2\text{F} \xrightarrow[76\%]{m\text{-CPBA, KF, DMF, rt, 5 h}} \text{C}_8\text{H}_{17}\text{-OH} \quad (93)$$

$$\text{C}_6\text{H}_{13}\text{CH=CH-SiF}_3 \xrightarrow[82\%]{m\text{-CPBA, DMF, }-50\ ^\circ\text{C, 1 h}} \text{C}_7\text{H}_{15}\text{CHO} \quad (94)$$

Tamao 等最初尝试在过量 KF 的存在下，用 m-CPBA 将二氯硅烷和一氯硅烷氧化成醇。但是仅得到较低产率的醇，氯硅烷的氯在反应过程中会被氧化放出氯气[3b]。他们很快就发现：SiCl_3 可以被温和的 H_2O_2 体系直接氧化成醇[5b]。如式 95 所示[66]：在 Tamao-Kumada 羟基化反应的标准条件下，(环丙基甲基)三氯硅烷中的环丙基没有发生开环反应。

$$\underset{\text{Ph Ph}}{\triangle}\text{-CH}_2\text{SiCl}_3 \xrightarrow[76\%]{\text{H}_2\text{O}_2, \text{KF}, \text{KHCO}_3, \text{MeOH-THF, rt, 12 h}} \underset{\text{Ph Ph}}{\triangle}\text{-CH}_2\text{OH} \quad (95)$$

将 SiCl_3 转化为羟基的意义还在于：在手性配体的存在下，钯催化的烯烃和三氯硅烷的不对称硅氢化反应首先生成手性的有机三氯硅烷，然后经直接氧化(有时在氧化前先转化为有机烷氧基硅烷)，即可方便地得到构型保持的手性醇[67~72]。使用 Hayashi 的轴手性联萘单膦配体 (R)- 或 (S)-MeO-MOP 与钯的配合物作为催化剂，将简单的端基烯烃 (式 96)[68]或环状烯烃 (式 97)[68b,69]转化成为产物醇的对映选择性可达到 90% ee 以上。

$$\text{CH}_2\text{=CH-C}_4\text{H}_9 + \text{HSiCl}_3 \xrightarrow[81\%]{[\text{PdCl}(\eta^3\text{-C}_3\text{H}_5)]_2\ (0.1\ \text{mol\%}),\ (S)\text{-L*}\ (0.2\ \text{mol\%}),\ 40\ ^\circ\text{C, 24 h}} \text{C}_4\text{H}_9\text{-CH(SiCl}_3\text{)-CH}_3$$

$$\xrightarrow[]{\text{EtOH, Et}_3\text{N}} (\text{EtO})_3\text{Si-CH(C}_4\text{H}_9\text{)-CH}_3 \xrightarrow[86\%,\ 94\%\ ee]{\text{H}_2\text{O}_2,\ \text{KF},\ \text{KHCO}_3,\ \text{MeOH, THF}} \text{HO-CH(C}_4\text{H}_9\text{)-CH}_3 \quad (96)$$

L* = MeO-MOP (2-二苯膦基-2'-甲氧基-1,1'-联萘)

$$\text{norbornene} + \text{HSiCl}_3 \xrightarrow[99\%]{[\text{PdCl}(\eta^3\text{-C}_3\text{H}_5)]_2\ (0.01\ \text{mol\%}),\ (R)\text{-MeO-MOP}\ (0.02\ \text{mol\%}),\ 0\ ^\circ\text{C, 24 h}} \text{norbornyl-SiCl}_3$$

$$\xrightarrow[74\%,\ 93\%\ ee]{\text{H}_2\text{O}_2,\ \text{KF},\ \text{KHCO}_3,\ \text{MeOH-THF, rt, 15 h}} \text{norbornyl-OH} \quad (97)$$

若苯乙烯被用作底物时，则需要使用没有甲氧基取代的手性 MOP 配体才能获得高度的立体选择性 (式 98)[70]。其它具有较好的不对称诱导效果的单膦配体还包括亚磷酰胺配体[71]和平面手性的二茂铁单膦配体[72]等 (式 99)。

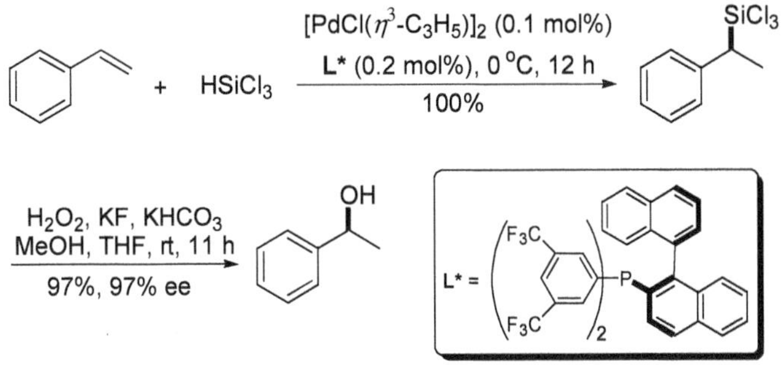

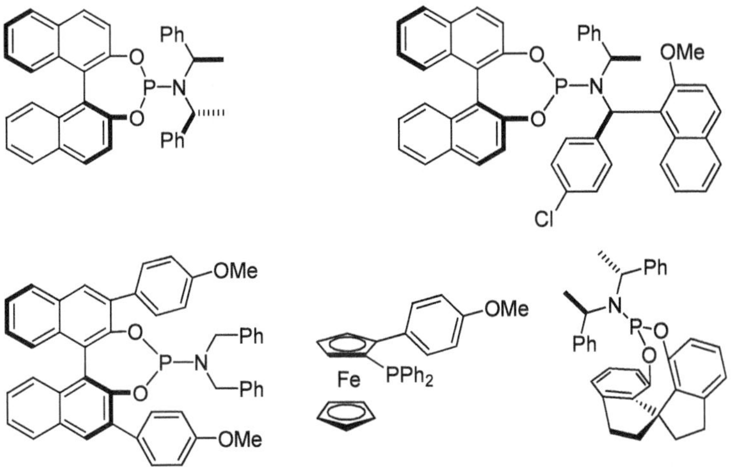

Hayashi 等巧妙地将铂催化炔的硅氢化、钯催化的不对称硅氢化和 Tamao-Kumada 双羟基化反应结合起来，由芳基取代的乙炔成功地得到单一手性中心的 1-芳基-1,2-乙二醇 (式 100)[73]。该硅氢化反应在室温即可进行，催化剂用量较小且无须使用溶剂。但是，其中的两次硅氢化反应必须分步进行。更遗憾的是：在类似的条件下，烷基取代的乙炔不能被转化成为相应的二醇。

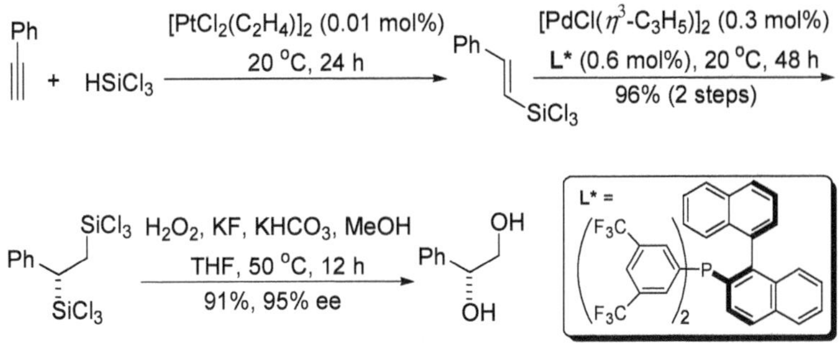

除 SiCl$_3$ 外，其它多种卤代硅基（例如：SiMe$_2$F、SiMe$_2$Br 和 SiMe$_2$Cl 等）均能够被 H$_2$O$_2$ 体系转化成为羟基。实际上，这些硅基（尤其是 SiMe$_2$F）也是 Fleming 羟基化反应中质子脱硅化反应后的产物。

4.2 烷氧基硅基

烷氧基硅基包括环状的烷氧基硅基是 Tamao-Kumada 羟基化反应中使用最普遍的羟基前体物。除了酸性的 H$_2$O$_2$ 体系（[OxF]）较少使用外，表 2 中所有的 H$_2$O$_2$ 氧化体系都能用于烷氧基硅基的转化。其中，30% 的 H$_2$O$_2$/KF/KHCO$_3$/THF-MeOH 体系应用最多。

过渡金属催化的烯烃或炔烃与烷氧基硅烷的硅氢化反应是引入甲氧基硅基或乙氧基硅基的常用方法。通过三氯硅烷或甲基二氯硅烷的硅氢化反应生成氯硅烷、然后在 Et$_3$N 的存在下与醇反应也可以得到烷氧基硅烷（参见式 96）。此外，将硅上的胺基（NEt$_2$ 或 N(i-Pr)$_2$ 等）进行酸性水解[74]或与醇反应[75~78]也可以转化成为烷氧基。Trost 等首先利用钌催化的乙烯基三(乙氧基)硅烷对烯基发生 C-H 键的插入反应将 Si(OEt)$_3$ 引入到有机分子中，然后再使用碱性的 H$_2$O$_2$ 将 Si(OEt)$_3$ 氧化成为羟基（式 101）[79]。

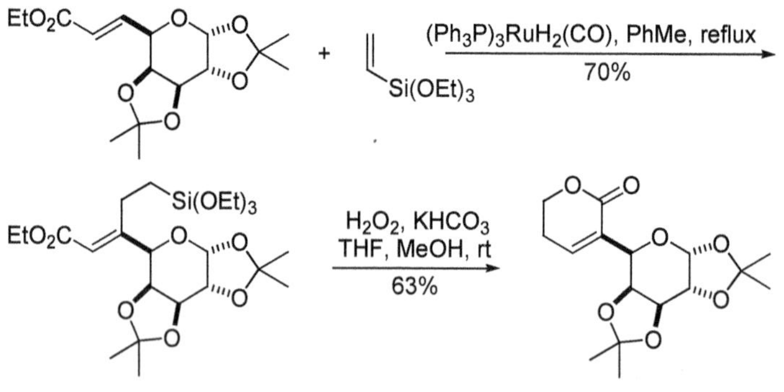

烯基烷氧基硅烷的氧化反应比较容易进行，不需要使用较大过量的 H$_2$O$_2$。它们在中性或碱性氧化条件下反应得到醛（由烯醇式互变异构而来），而在酸性条件下得到酸（式 102 和式 103）[5c]。如式 104 所示[75]：首先，烯基烷氧基硅烷的双键发生环氧化反应；然后，在 CuCN 催化下使用格氏试剂将环氧环打开；最后，再经过羟基化反应生成 1,2-二醇。事实上，环氧化反应以后生成的硅基环氧化物也能够发生羟基化反应（式 105）[76]。

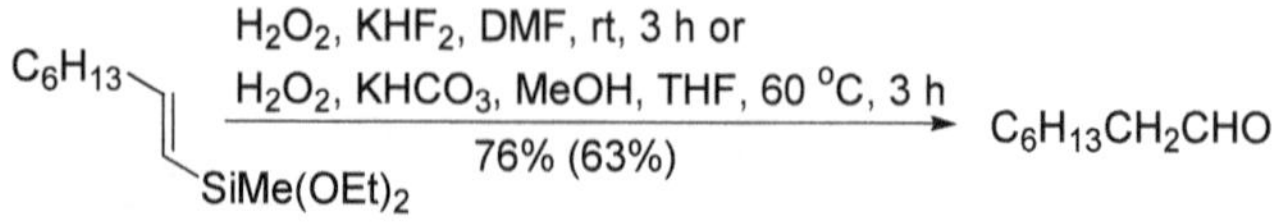

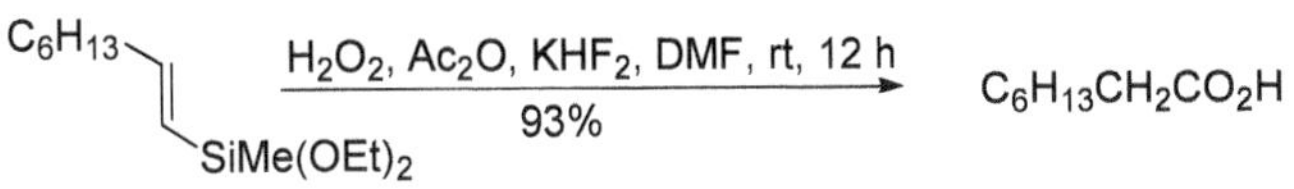

将烯烃与烷氧基硅烷的不对称硅氢化反应和羟基化反应一起使用也是合成手性醇的一种途径。例如：在手性铑配合物的催化下，苯乙烯与甲基二(乙氧基)硅烷首先发生硅氢化反应。然后，将生成的手性产物氧化后可以得到高度立体选择性的醇 (95% ee)。但遗憾的是：除了期望的手性产物外，硅氢化反应还生成相当比例的非手性产物（式 106）[80]。

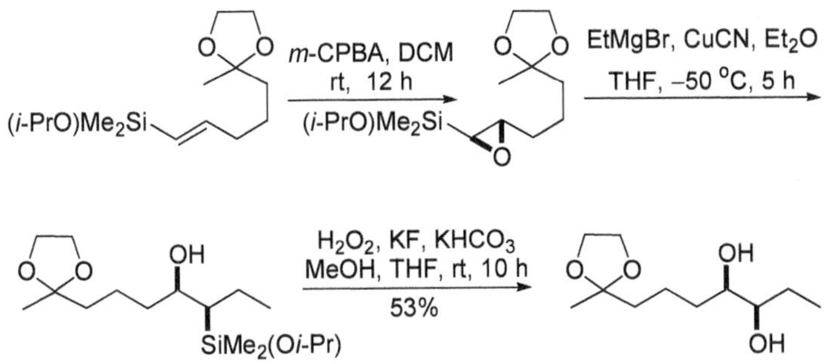

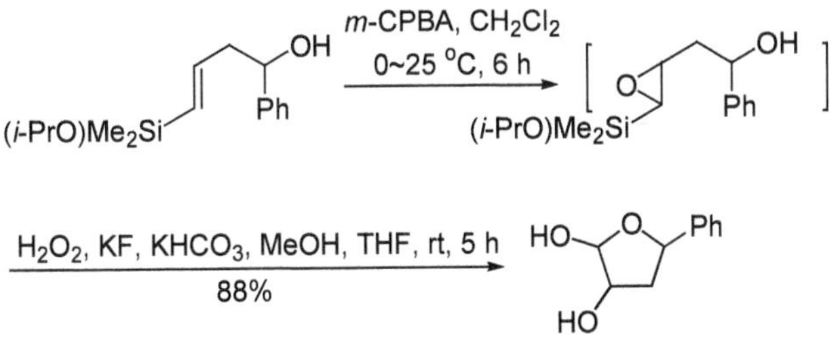

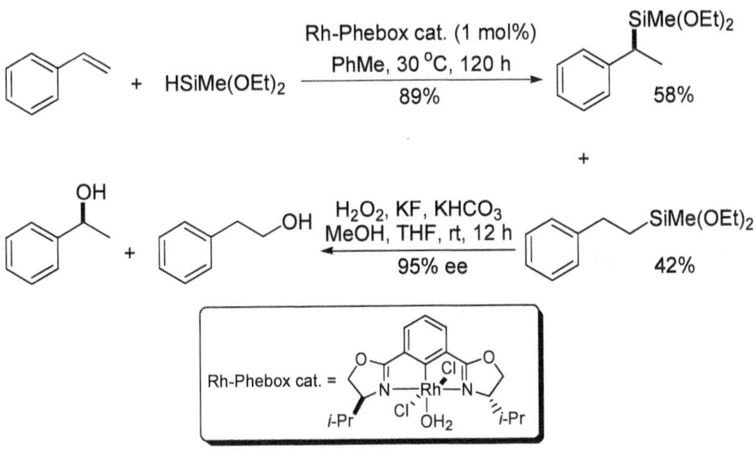

由于异丙氧基和叔丁氧基硅基具有较大的位阻，因此在反应中表现出比甲氧基硅基或乙氧基硅基更高的稳定性。所以，它们在有机合成中的应用也更为广泛。

使用格氏试剂 (i-PrO)Me$_2$SiCH$_2$MgX (也称为 Tamao 试剂)，可以方便地将 (i-PrO)Me$_2$SiCH$_2$- 基团引入到有机分子中。然后，经过羟基化反应将 (i-PrO)Me$_2$Si- 转变成为羟基。因此，(i-PrO)Me$_2$SiCH$_2$MgX 可以看作是 "CH$_2$OH" 的等价物。(i-PrO)Me$_2$SiCH$_2$MgCl 与醛(式 107)[5d,41,81]、酮(式 108)[5d,81,82]进行亲核加成反应后，经过简单后处理的粗产品可以直接用于下一步的氧化反应。如果醛（见式 19）或酮（见式 21）中含有手性中心，Tamao 试剂的位阻更有利于得到立体选择性产物[20,22]。如式 109 所示：在一价铜的催化下，Tamao 试剂可以与 4-环戊烯-1,3-二醇的单酯发生烯丙基的取代反应。在不同的条件下，该反应可以选择性地得到 1,4- 或者 1,2-异构体的产物[83]。此外，(i-PrO)Me$_2$SiCH$_2$MgCl 还能参与金属催化的一些偶联反应[5a,21,84]或者与 α,β-不饱和酯的共轭加成[85]等反应。

$$n\text{-}C_7H_{15}CHO \xrightarrow[\text{82\%}]{\substack{1.\ (i\text{-PrO})Me_2SiCH_2MgCl,\ THF,\ 0\ ^\circ C,\ 1\ h \\ 2.\ H_2O_2,\ NaHCO_3,\ MeOH,\ THF,\ reflux,\ 15\ h}} \underset{n\text{-}C_7H_{15}}{\overset{OH}{\diagdown}}\!\!\!\!\!\!\!\!\overset{}{\diagup}\!\!\overset{OH}{} \quad (107)$$

$$\text{cyclohexanone} \xrightarrow[\text{77\%}]{\substack{1.\ (i\text{-PrO})Me_2SiCH_2MgCl,\ THF,\ 0\ ^\circ C,\ 1\ h \\ 2.\ H_2O_2,\ KHCO_3,\ KF,\ MeOH,\ THF,\ rt,\ 2\ h}} \text{1-(hydroxymethyl)cyclohexan-1-ol} \quad (108)$$

$$\text{AcO-cyclopentene-OH} \xrightarrow[\text{81\%}]{\substack{(i\text{-PrO})Me_2SiCH_2MgCl \\ CuI,\ THF,\ 0\ ^\circ C,\ 3\ h}} (i\text{-PrO})Me_2Si\text{-cyclopentene-OH}$$

$$\xrightarrow[\text{87\%}]{\text{MOMCl}} \xrightarrow[\text{92\%}]{H_2O_2,\ KHCO_3,\ KF} \text{HO-cyclopentene-OMOM} \quad (109)$$

4.3 环状的烷氧基硅基

4.3.1 分子内的硅氢化反应

通过烯丙基醇或高烯丙基醇的分子内硅氢化反应与 Tamao-Kumada 羟基化反应联用，可以立体选择性地在底物分子中引入羟基。转化的第一步是烯基醇与商品化的四甲基二硅氮烷 [(Me$_2$SiH)$_2$NH] 作用形成 O-Si 键，然后进行分子内的硅氢化反应生成环状的烷氧基硅烷，最后经过羟基化反应得到二醇（式 110）[14,86]。通常情况下，转化过程中的中间产物一般无须提纯。烯丙基醇和高烯丙基醇在硅氢化反应中分别以 endo- 和 exo-方式关环形成五元环状烷氧基硅烷，进而生成 1,3-二醇。在双键的两端引入一个或两个取代基后，可以调控硅氢化反应的区域选择性得到 1,2- 或 1,4-二醇。硅氢化反应的立体选择性与烯基醇的结构、双键的取代情况等多种因素有关。如式 111 所示[14]：在高烯丙基醇的反应中，端基烯烃主要得到顺式 1,3-二醇，而三取代的烯烃则主要生成反式二醇。

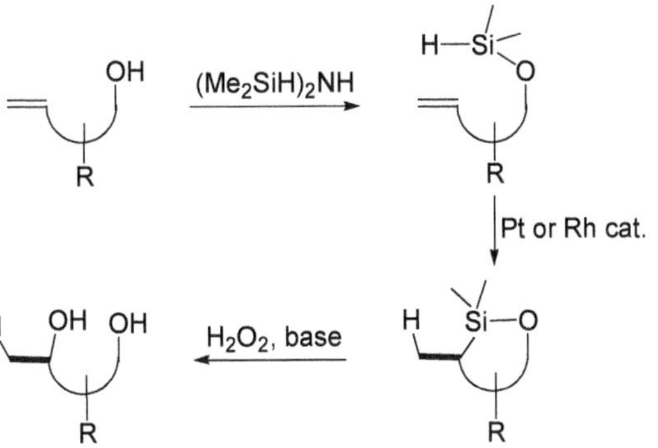

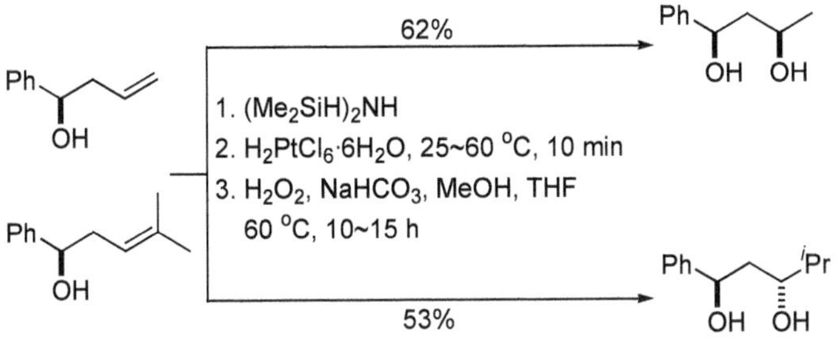

α-羟基-烯醇醚也能进行类似的转化 (式 112)[19,87]。Holmes 利用该方法合成了一种天然产物的关键中间体，产物的立体选择性取决于硅氢化反应使用的金属催化剂和相应的反应条件 (式 113)[88]。

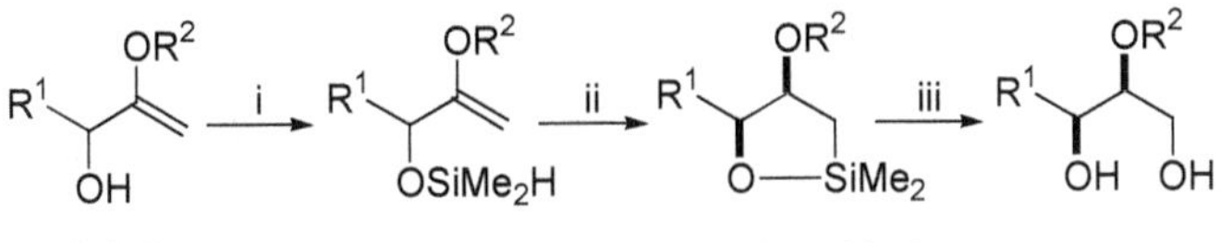

反应条件: i. (Me$_2$SiH)$_2$NH; ii. Pt or Rh cat.; iii. oxidant.

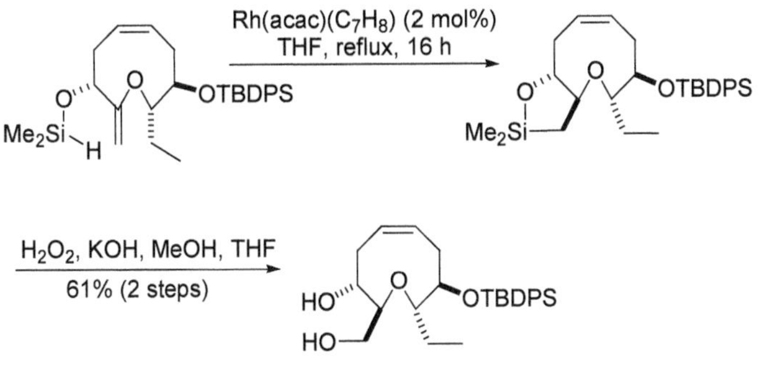

在将醇羟基转变成为硅氧基的步骤中，还可以使用 HMe$_2$SiCl 在 Et$_3$N 存在下的反应来完成[87]，或者其它的二烷基氯硅烷（包括硅杂环的氯硅烷）[88a,89]。其中，使用后者可以提高硅氢化反应的立体选择性[89b]。将烯丙基醇转化为二醇时，在硅氢化反应中使用手性铑催化剂可以得到手性的 1,3-二醇[89a,90]。

类似地，高炔丙基醇依次经过与 (Me$_2$SiH)$_2$NH 作用、炔的分子内硅氢化反应和羟基化反应，可以在底物分子中引入 β-羟基酮结构（式 114）[91]。该方法已经被用于合成蛋白质磷酸酶抑制剂——互变霉素的 C1-C21 的结构单元[92]。

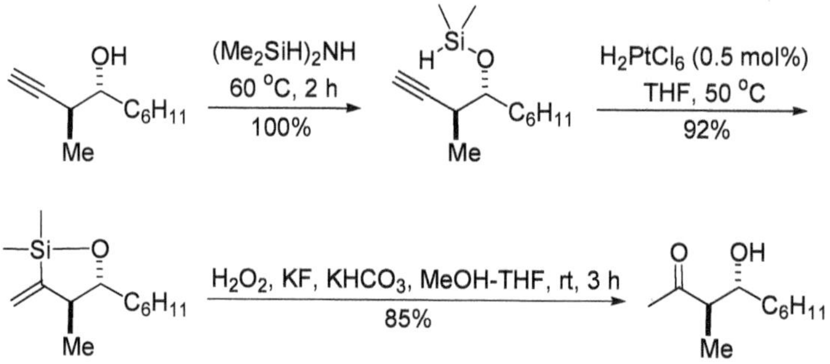

$$(114)$$

环状的烷氧基硅基除了可以直接进行羟基化反应生成游离的二醇外，Tamao 和 Ito 发现：如果首先将环烷氧基硅烷与酰氯反应，可以在开环的同时完成在硅原子上引入合适的活化基团和生成酯基。然后，再进行羟基化反应即可得到两个不同形式的羟基（式 115）[93]。

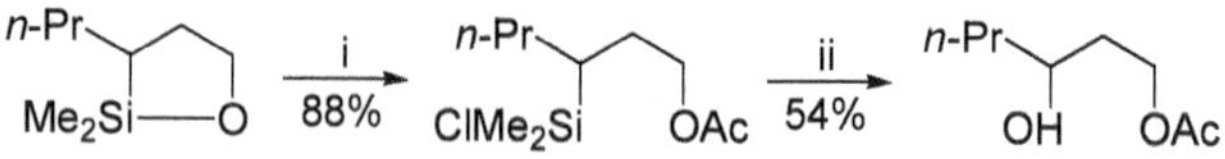

$$(115)$$

反应条件：i. CH$_3$COCl, ZnCl$_2$, rt, 1~3 h.
ii. KF, KHCO$_3$, MeOH, THF, then H$_2$O$_2$, rt, 6~10 h.

后来发现：在 KF 存在下，该反应可以使用过量的乙酸酐来代替酰氯（式 116）[94]。使用类似的过程，可以得到其中一个羟基被甲氧基甲基 (MOM) 保护的二醇[93]。

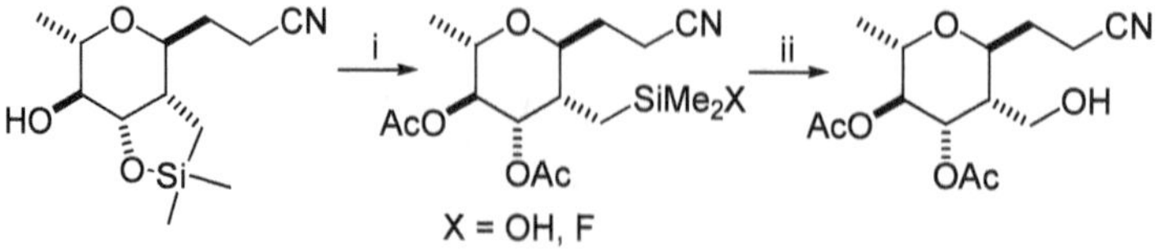

$$(116)$$

反应条件：i. Ac$_2$O, KF, Py, rt, 16 h; ii. m-CPBA, KF, DMF, rt, 16 h.

而通过环烷氧基硅烷的还原开环、羟基保护和羟基化反应步骤，可以得到其中一个羟基被叔丁基二甲硅基 (TBDMS)、四氢吡喃基 (THP) 或者三苯甲基 (Tr)

保护的二醇 (式 117)。有时，可以将环烷氧基硅基转化成为更稳定的 PhMe$_2$Si 基后再进行羟基化 (式 118)[93]。

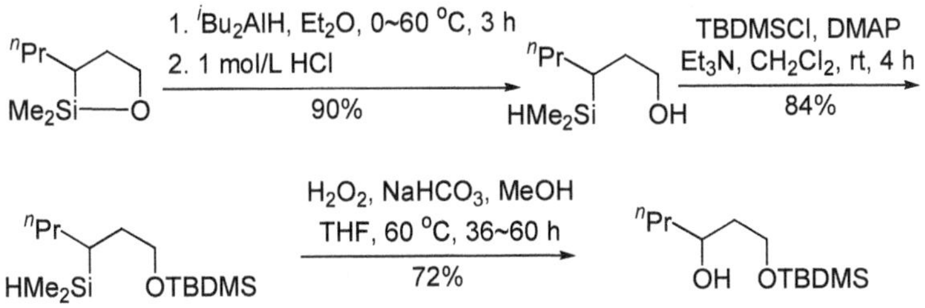

(117)

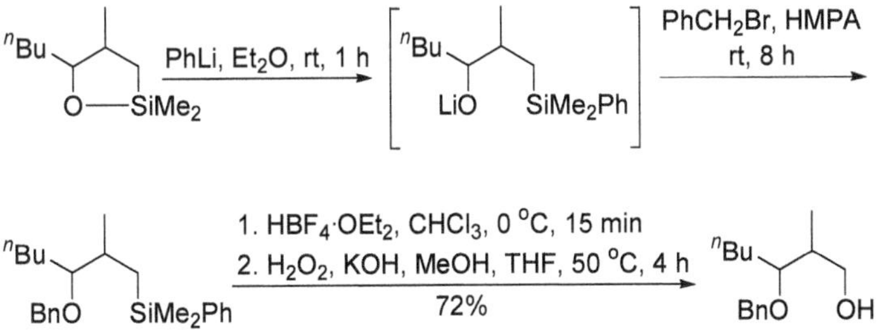

(118)

4.3.2 分子内的自由基环化反应

Nishiyama[94a]和 Stork[95]最早报道：通过烯丙基醇与 (溴甲基)二甲基氯硅烷反应可以形成烯丙基溴甲基硅醚。然后，在三丁基锡自由基作用下产生 α-硅甲基自由基进行分子内的环化反应生成环状的烷氧基硅烷。最后，经羟基化反应在分子中引入一个羟甲基得到二醇 (式 119)。用于自由基环化反应的条件主要有两种[96]：(a) 在回流的苯溶液中 (硅醚的浓度通常控制在 0.025~0.05 mol/L 范围内)，使用计量的三丁基锡氢化合物和催化量的偶氮二异丁腈 (AIBN) 产生锡自由基；(b) 在回流的叔丁醇中，使用催化量的三丁基氯化锡和 AIBN 在过量的氰基取代硼氢化钠 (NaCNBH$_3$) 作用下产生锡自由基。由于条件 (b) 中只有少量的锡物种存在，使得环化反应的产物比较容易分离和提纯。

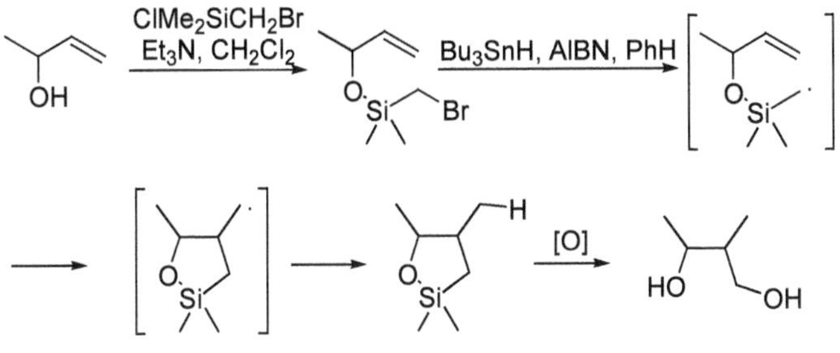

(119)

同分子内的硅氢化反应类似，在烯丙基醇转化成为二醇过程中产生的中间产物通常无须提纯即可直接用于下一步反应。在分子内自由基环化反应中，产物的区域选择性和立体选择性主要受到烯丙基醇（硅醚）结构的影响。通常情况下，环化反应以 5-exo-trig 方式关环生成五元环状烷氧基硅烷，然后经氧化得到 1,3-二醇。但是，使用开链的端烯丙基硅醚则会产生一定比例的 6-endo-trig 关环产物。在有些情况下，6-endo-trig 关环产物甚至可以成为主要产物（式 120）[94a]。

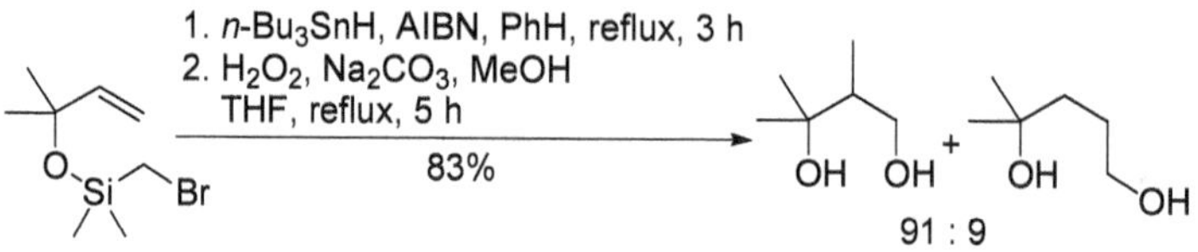

(120a)

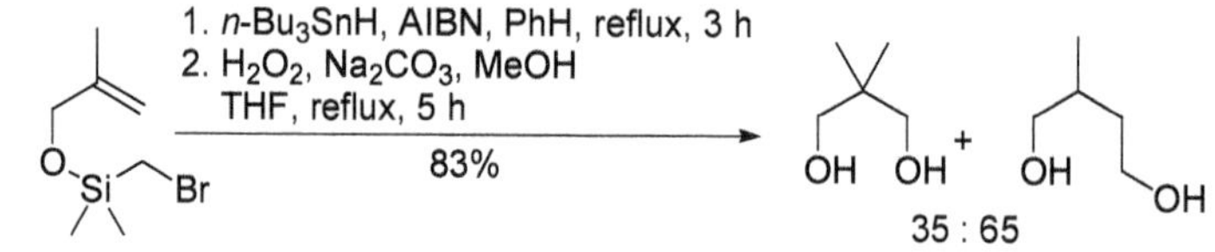

(120b)

在环状的烯丙基硅醚（环内双键）的反应中，环的刚性、空间效应和电子效应都会对反应的区域选择性产生影响。如式 121 和式 122 所示：前者反应受到烯丙基部分构象的刚性和空间效应的影响只得到 6-endo-trig 关环产物，而后者在羰基的拉电子作用（硅氧基邻位被活化了）下则以 5-exo-trig 方式关环[97]。有时，环状烯丙基硅醚（环外双键）的空间效应可以改变自由基反应的区域选择性。如式 123a 和式 123b 所示：E-构型双键生成比例为 1:1 的两种方式关环的产物，Z-构型双键由于受到甲基的位阻效应而只生成 5-exo-trig 产物。如果在环上双键的邻位引入一个与硅氧基顺式的甲基，则可以妨碍 5-exo-trig 进攻而只得到 6-endo-trig 产物（式 123c）[98]。在开链烯丙基硅醚的反应中，5-exo-trig 关环主要生成反式的环状烷氧基硅烷[94a]。而环状烯丙基硅醚无论哪种方式关环，基本上只生成顺式的环状烷氧基硅烷（式 121~式 123）。在生成顺式环化产物的同时，氢原子从相反的方向加到双键的另外一个碳原子上（式 121）。

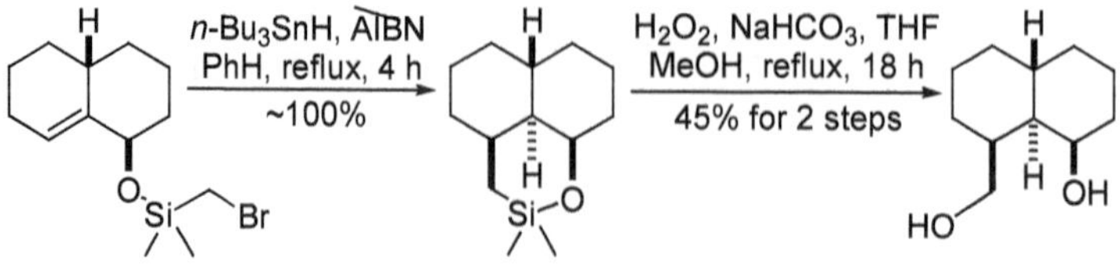

(121)

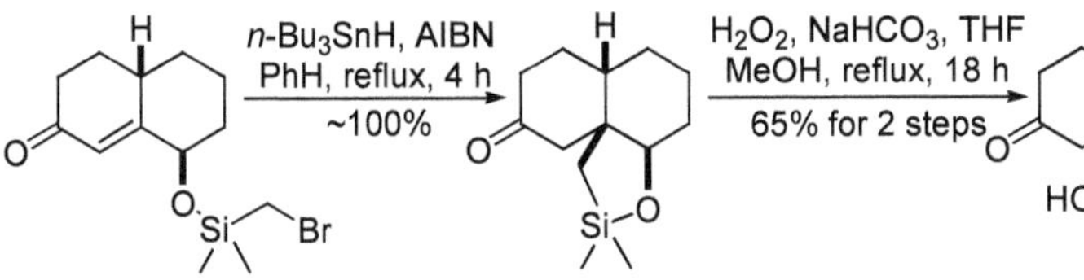

在复杂化合物包括天然产物的合成以及多种化合物的合成或转化中,由烯丙基醇经过三步反应(硅醚的形成、分子内自由基环化和氧化)生成二醇的方法已经得到了成功的应用。如式 124 所示:它们已经用于甾体化合物[99]、糖类化合物[100,101]、类糖化合物[102,103]和核苷[18,104]等化合物的合成。Kessabi 和 Houk 在利用该方法合成大环内酯类化合物 Avermectin (一种杀虫、螨及动物寄生虫的高效广谱杀虫剂) 的过程中发现:经 5-exo-trig 关环后产生的自由基发生了重排反应,这种重排现象通常很少见[105]。

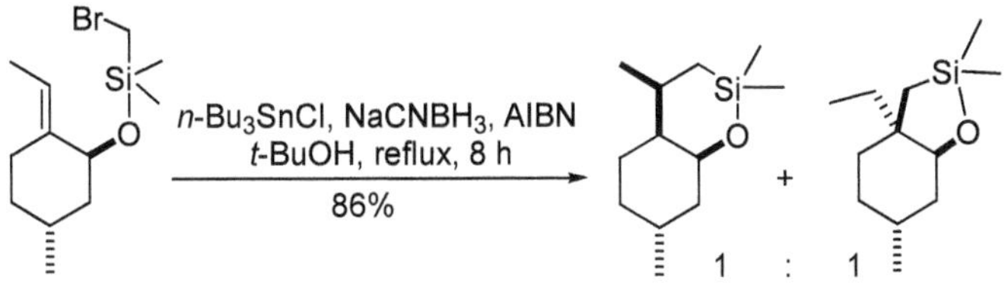

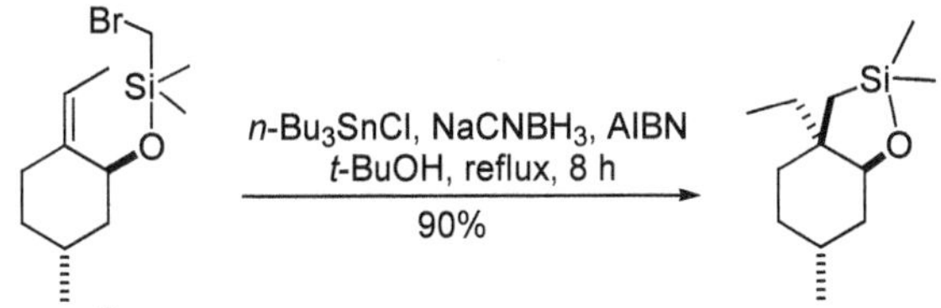

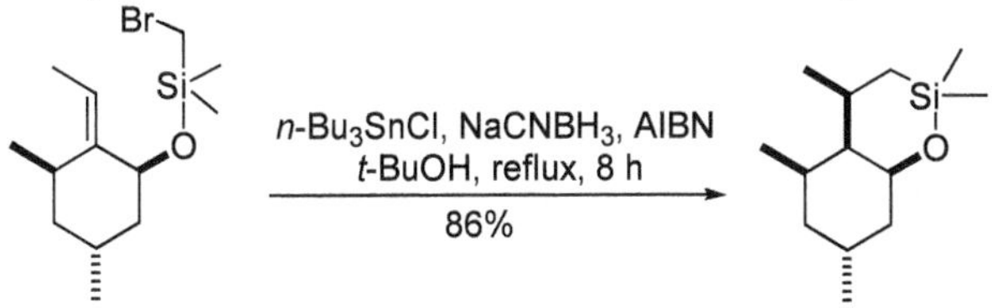

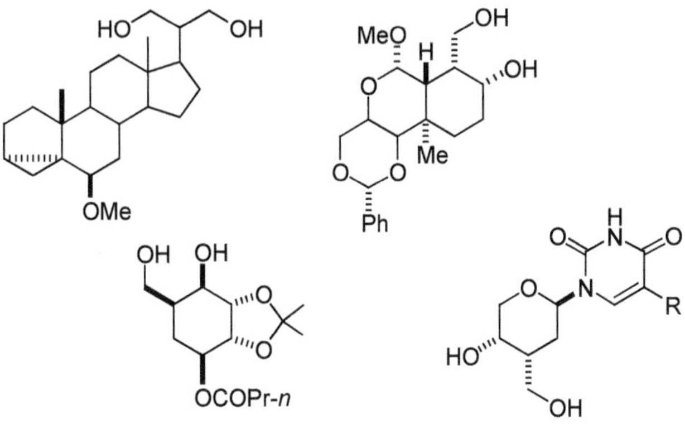

与开链烯丙基硅醚相比较,高烯丙基硅醚的分子内自由基环化反应具有更高的区域选择性和立体选择性[106,107]。端烯仅生成 7-endo-trig 环化产物(式 125a),取代烯烃则选择性地得到 6-exo-trig 环化产物(式 125b)。而且,6-exo-trig 方式关环只形成顺式的环状烷氧基硅烷产物[106]。

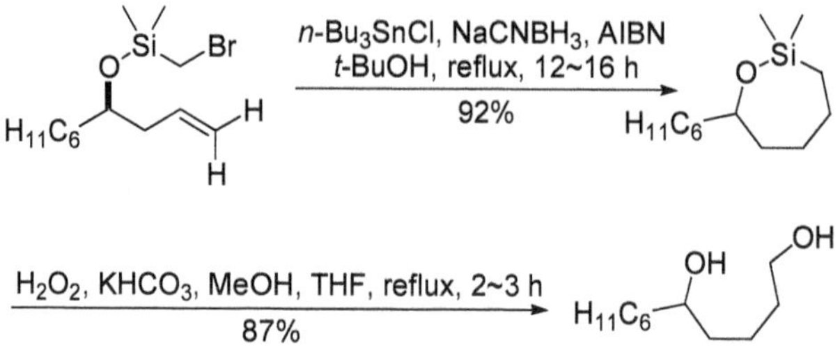

(125a)

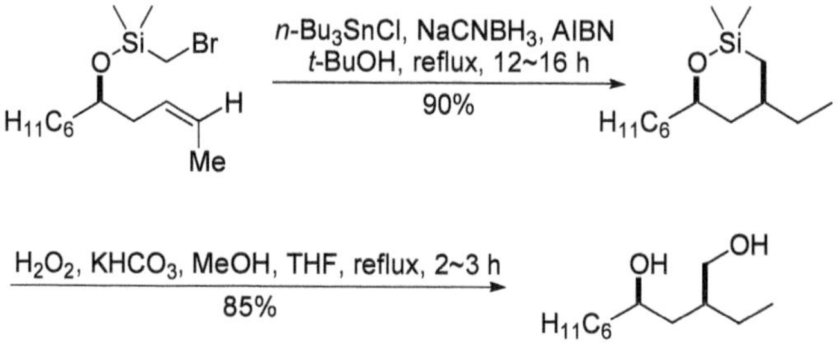

(125b)

α-硅烯基自由基也能够进行类似的分子内自由基环化[108,109]。如式 126 所示[108]:首先,烯丙基醇与 (1-溴乙烯基)二甲基氯硅烷反应生成硅醚。然后,再依次经过自由基环化和羟基化反应,在分子中引入一个乙酰基。

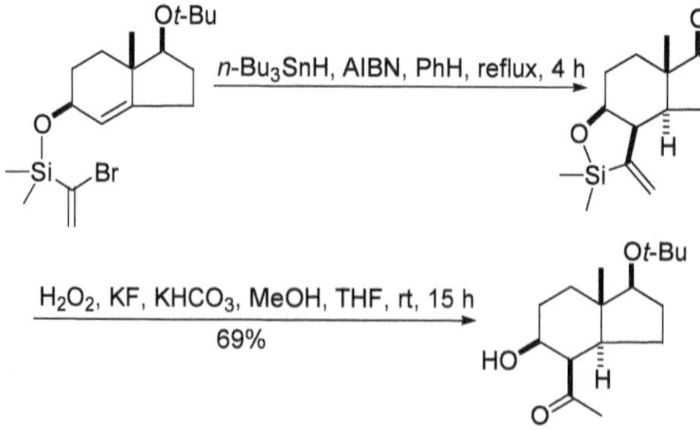

(126)

烯丙基醇与 (二氯甲基)二甲基氯硅烷反应同样生成相应的烯丙基硅醚。该硅醚经自由基环化反应生成的环状烷氧基硅烷可以直接发生氧化,最后在分子中引入甲酰基。有趣的是:环状烷氧基硅烷上的氯原子能够被用于引发第二次自由基环化反应,然后再通过羟基化反应生成顺式八氢茚的结构(式 127)[110]。

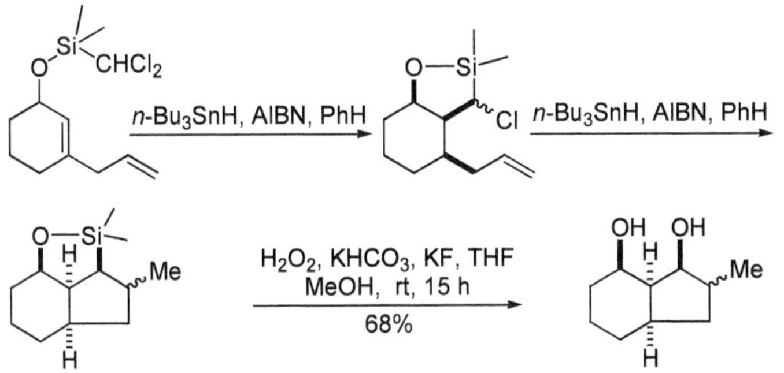

(127)

烯基硅醚的自由基环化反应有 5-*exo-trig*、6-*endo-trig*、6-*exo-trig* 和 7-*endo-trig* 等关环方式。但是，炔丙基醇与 (溴甲基)二甲基氯硅烷生成的炔丙基硅醚采取一种称为 5-*exo-dig* 的关环方式生成环状的烷氧基硅烷 (式 128)[111~116]。Malacria[111~115] 等对这类反应进行了大量的研究工作。首先，他们在炔丙基的 1-位或/和 3-位引入作为烯基自由基受体的双键。然后，使它们发生分子内或分子间的自由基反应。最后，经羟基化反应合成了多种复杂的二环 (式 129)[113] 和三环 (式 130)[114] 化合物。这些自由基串联反应具有高度的化学、区域和立体选择性，当炔丙基的 3-位同时存在双键时尤其如此 (式 130)，因为分子内的自由基环化反应优先发生在炔基上。Malacria 等在研究炔丙基硅醚的环化反

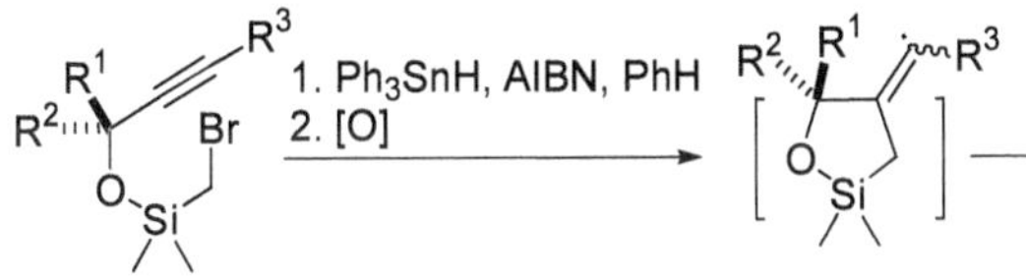

(128)

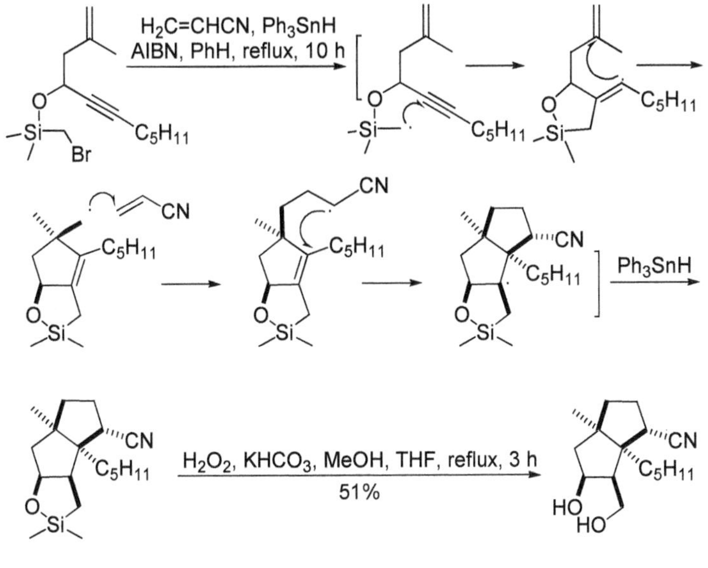

(129)

应过程中还发现：在 5-*exo-dig* 关环后会进行 1,5-氢迁移并进而引起少见的 5-*endo-trig* 关环方式[117,118]。

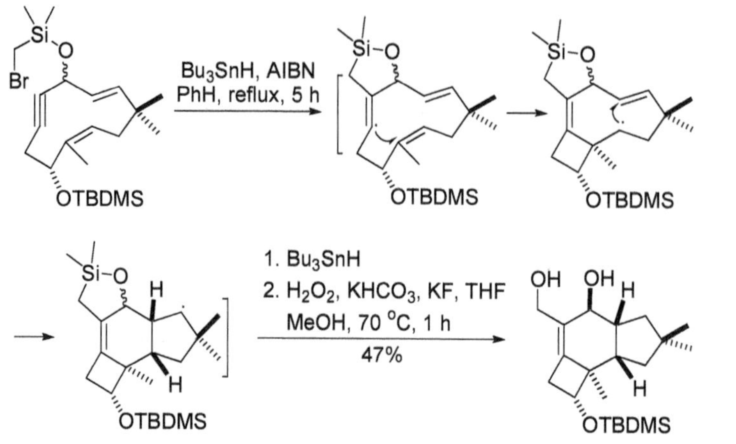

(130)

在碱试剂的存在下，分子结构中的羟基很容易与乙烯基或烯丙基二甲基氯硅烷反应生成烯基硅醚。因此，通过自由基环化反应形成环状的烷氧基硅烷还有另外一种方式，即自由基进攻硅原子上的烯基 (包括乙烯基和烯丙基)。如式 131 所示[119]：生成的中间产物经羟基化反应后得到预期的二醇。若首先使用分子中的羟基与氨基炔基硅烷反应生成炔基硅醚，然后经环化和羟基化反应可以在底物分子中引入酰基 (式 132)[120]。

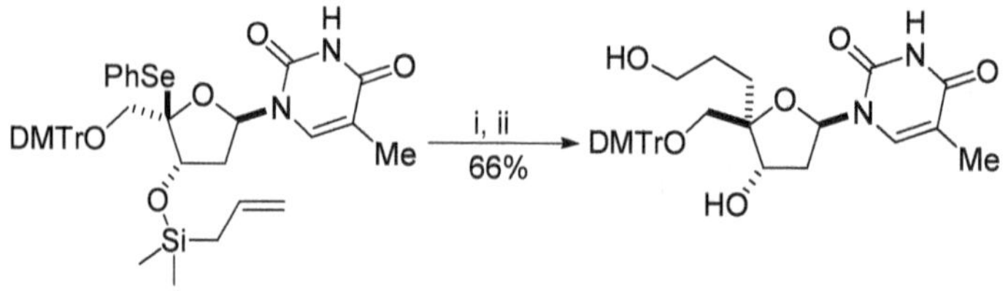

(131)

反应条件：i. Bu₃SnH, AIBN, PhH, reflux, 8 h; ii. H₂O₂, KF, KHCO₃, MeOH, THF, rt, 12 h. DMTr = di(*p*-methoxyphenyl)phenylmethyl.

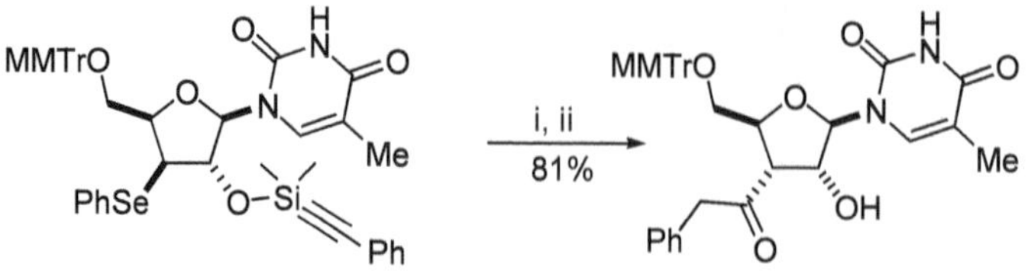

(132)

反应条件：i. Bu₃SnH, AIBN, PhH, reflux, 2 h; ii. H₂O₂, KF, KHCO₃, MeOH, THF, rt, 2~4 h. MMTr = *p*-methoxyphenyldiphenylmethyl.

根据需要，自由基环化反应中生成的环状烷氧基硅烷可以在 TBAF 的作用下脱去硅基 (式 133)[121]或者与甲基锂作用保留硅基 (式 134)[112,115,122]。

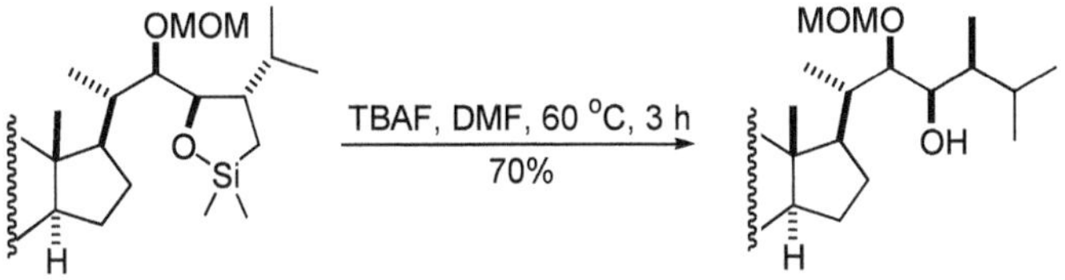

4.3.3 分子内的环加成反应

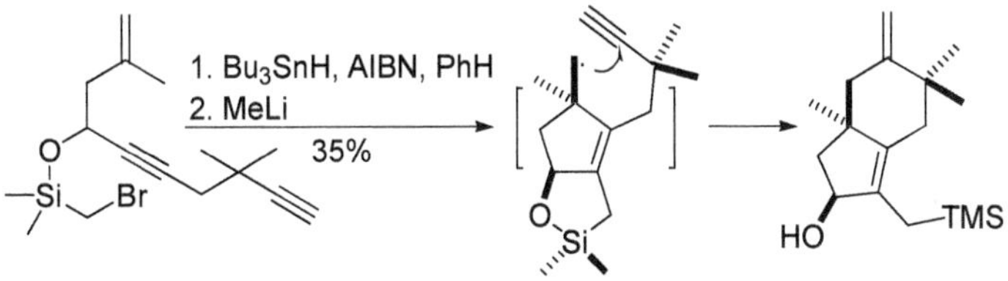

如果用烯基或者烯丙基硅醚键与环加成反应的另一个部分连接起来，则可以顺利地发生分子内的 [4+2] (式 135)[123~126]、[2+2] (式 136)[127]或者 [3+2] (式 137)[128]环加成反应生成稠环的烷氧基硅烷。然后，再经过 Tamao-Kumada 羟基化反应即可得到多羟基化合物。甚至不饱和的环戊烯硅氧烷也可以用作分子内 [4+2] 环加成反应的亲双烯体，高度立体选择性地生成六氢茚 (式 138) 或八氢萘的衍生物[129]。

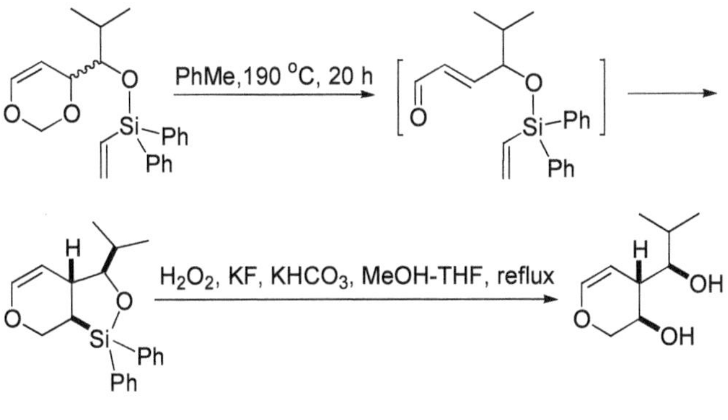

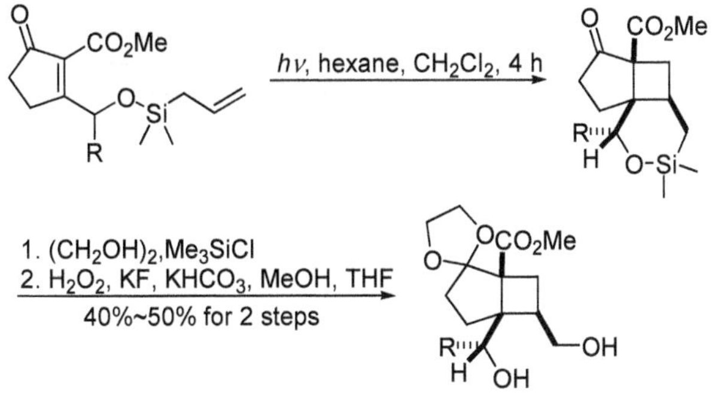

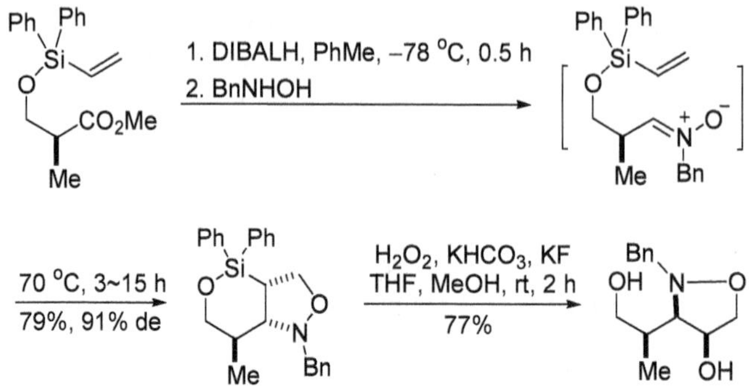

(137)

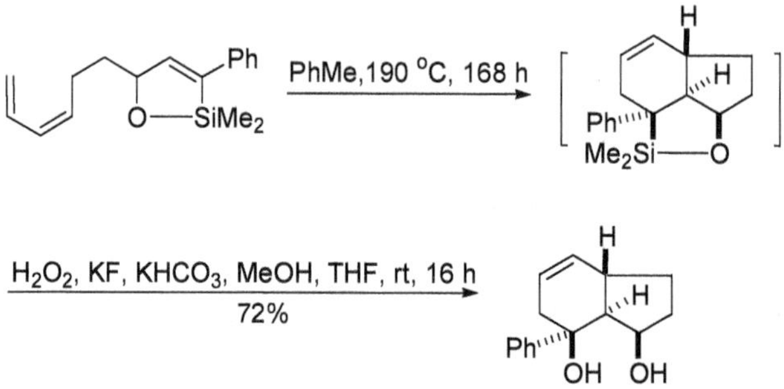

(138)

4.3.4 其它方法

在 Grubbs 催化剂作用下，通过硅醚键相连的烯丙基和炔基 (式 139)[130]或烯基 (式 140)[131]能够顺利地发生分子内复分解反应 (metathesis) 生成环状烷氧基硅烷产物。与硅醚键相连的醛基可以与烯丙基硅基进行醛的分子内烯丙基化反应得到环状烷氧基硅烷，然后经羟基化反应立体选择性地生成 1,2,4-三醇[132]。

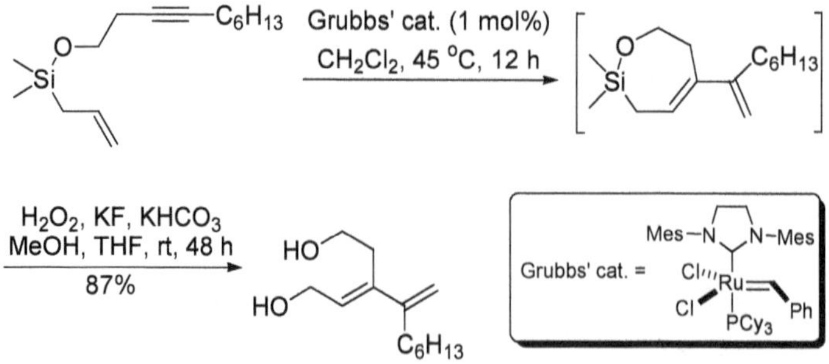

(139)

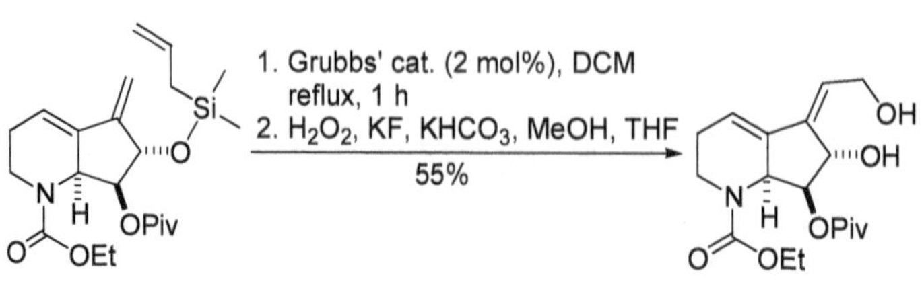

(140)

Leighton 等人发展了一种利用铑催化的烯烃分子内硅-甲酰化反应 (silylformylation) 来制备环状烷氧基硅烷。如式 141 所示[133]：该反应实际上是在双键的两端分别加上硅基和甲酰基。在此之前，烯烃的分子间硅-甲酰化反应未能成功。在此基础上，Leighton 又使用两个烯丙基代替硅上的烷基，希望在铑催化的硅-甲酰化反应后能接着进行分子内醛的烯丙基化反应。如式 142 所示[134]：该反应是可行的，反应的粗产品再经过 Tamao-Kumada 羟基化反应主要得到顺式的三醇。通过类似的分子内硅-甲酰化反应、醛的烯丙基化反应和羟基化反应，炔烃也可以高度立体选择性地生成多种有用的结构[134b,135]。

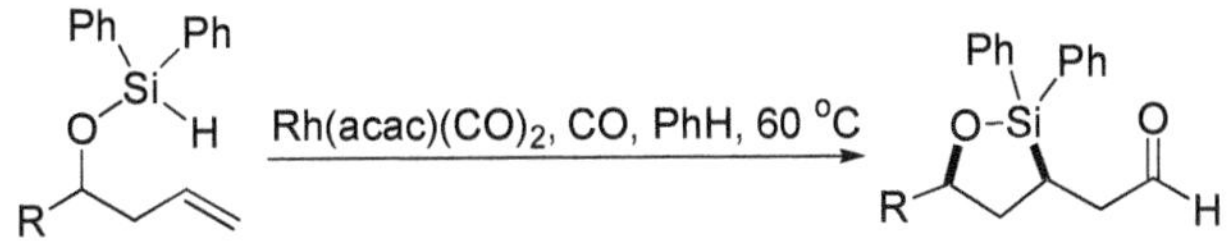

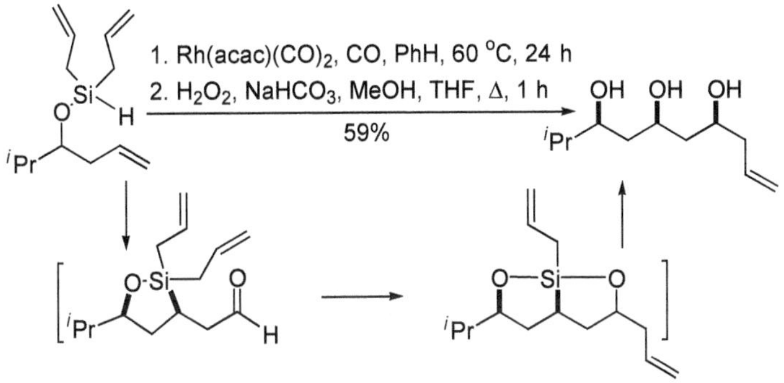

环状烷氧基硅烷的生成也可以不需要首先形成硅醚键。Woerpel[63,136]等利用硅基锂试剂与 α,β-不饱和酯发生共轭加成，首先生成 β-硅基酯。然后，再依次进行还原关环、Lewis 酸催化的亲核取代等反应得到环状烷氧基硅烷（式 143）[136]。在镍的催化下，硅杂四元环的苯并体系与醛反应可以生成扩环的烷氧基硅烷（式 144）[137]。

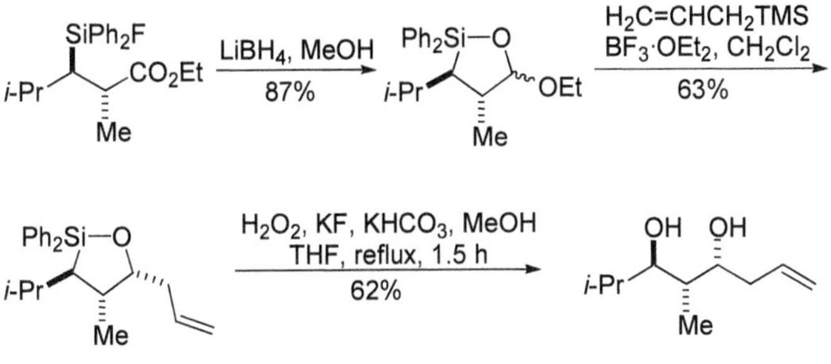

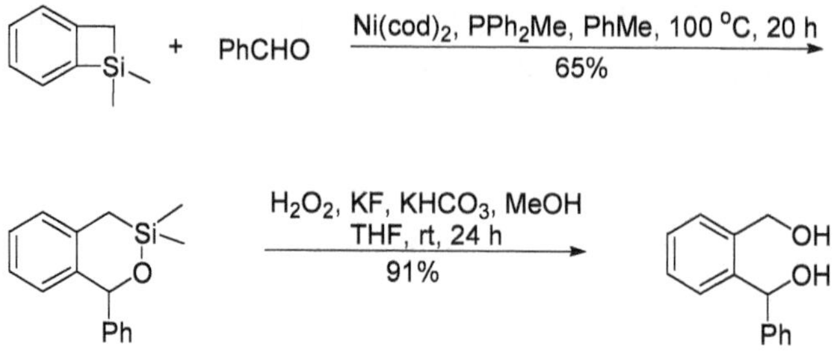

4.4 苯基硅基

后来的研究发现：除了 Fleming 最初使用的 PhMe$_2$Si 可以用作羟基的前体以外，(对甲苯基)二甲硅基在"两步一锅煮"的 KBr/CH$_3$CO$_3$H/NaOAc/HOAc 体系中也很容易转化成为羟基[138]。但是，它不能像 PhMe$_2$Si 那样通过相应的硅酮试剂方便地引入。类似地，(对甲氧基苯基)二甲硅基[139]和 (邻甲氧基苯基)二甲硅基[140]可以通过两步法被转化成为羟基 (式 145)。

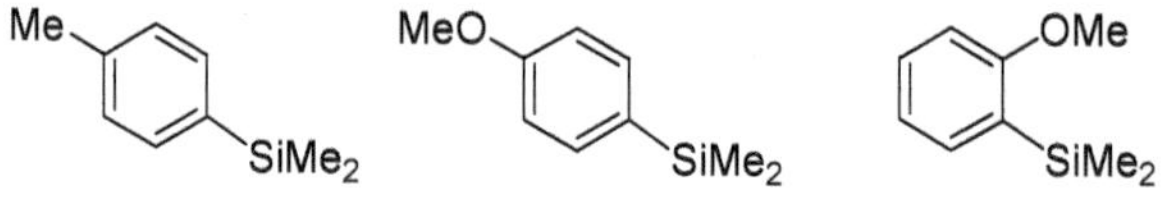

事实上，Ph$_2$MeSi[57b,c]、(t-Bu)Ph$_2$Si[57c]和 Ph$_3$Si (式 146)[57b]也都可以通过两步法转化成为羟基。如前所述：由于 (t-Bu)Ph$_2$Si 具有较大的位阻，因此需要使用比较苛刻的反应条件。Ph$_3$Si 的质子脱硅化反应可以在 TBAF 作用下进行。而对于 Ph$_2$MeSi 的转化，使用"两步一锅煮"方法中的 Hg(OAc)$_2$/CH$_3$CO$_3$H/HOAc 体系同样可行[59,141]。经两步法反应[24a]或者在 Woerpel 的强碱性过氧叔丁醇体系作用下，五元硅杂环中的 Ph$_2$Si 可以转化成相应的 1,4-二醇 (式 147)[142]。四元硅杂环中的 Ph$_2$Si 则可以在温和条件下被 H$_2$O$_2$ 体系氧化，一步反应生成 1,3-二醇。如式 148 所示[24a]：使用不同的硅基可以方便地实现高度的化学选择性。

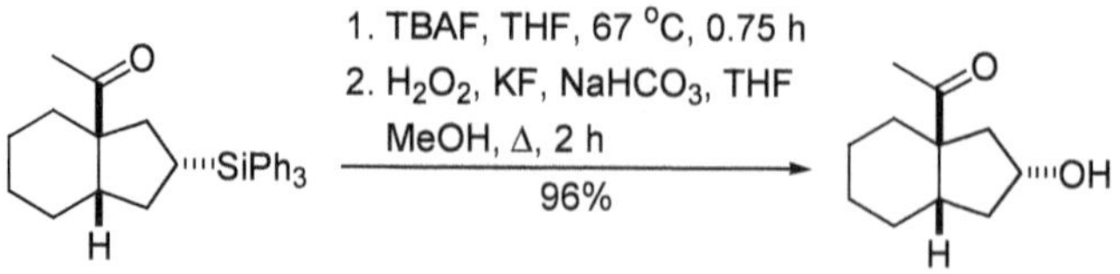

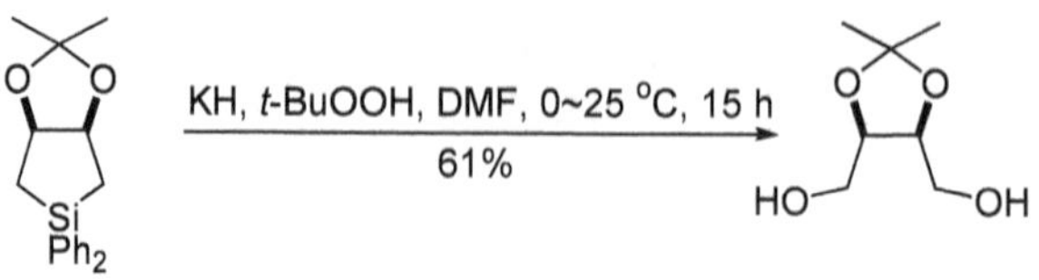

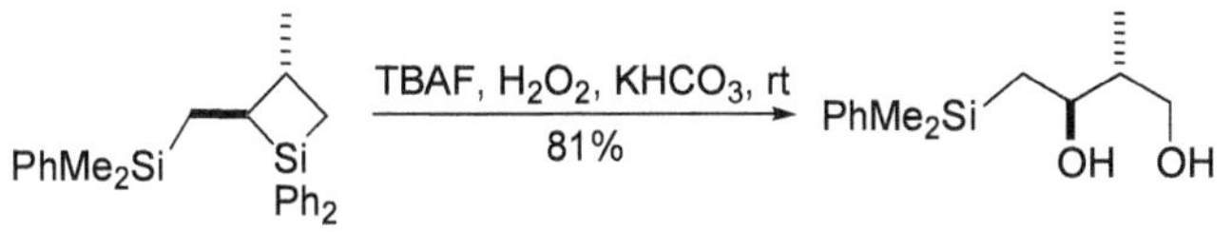

$$\text{PhMe}_2\text{Si} \overset{\text{Si}}{\underset{\text{Ph}_2}{\diagup}} \xrightarrow[\text{81\%}]{\text{TBAF, H}_2\text{O}_2,\text{ KHCO}_3,\text{ rt}} \text{PhMe}_2\text{Si}\diagdown\overset{\text{OH}}{\diagup}\diagdown\overset{}{\underset{\text{OH}}{\diagup}} \qquad (148)$$

4.5 苄基硅基

与 PhMe$_2$Si 相比较，苄基型硅基的质子脱硅化反应很容易进行。通常使用 TBAF 即可将其硅原子上的苄基脱掉并引入活化基团。(PhCH$_2$)Me$_2$Si[143,144]、(PhMeCH)Me$_2$Si[143]、(Ph$_2$CH)Me$_2$Si[145,146] 和 (Ph$_3$C)Me$_2$Si[58,147] 等多种苄基型硅基能够很方便地被 H$_2$O$_2$ 体系在温和的条件下转化为羟基。如式 149 所示[145]：首先将底物加入到 TBAF 的 THF 溶液中在室温下反应 15~30 min，然后再依次加入 MeOH、KHCO$_3$ 和 H$_2$O$_2$ 在室温进行氧化反应。在该条件下，分子中的 PhMe$_2$Si 不会被转化成为羟基。

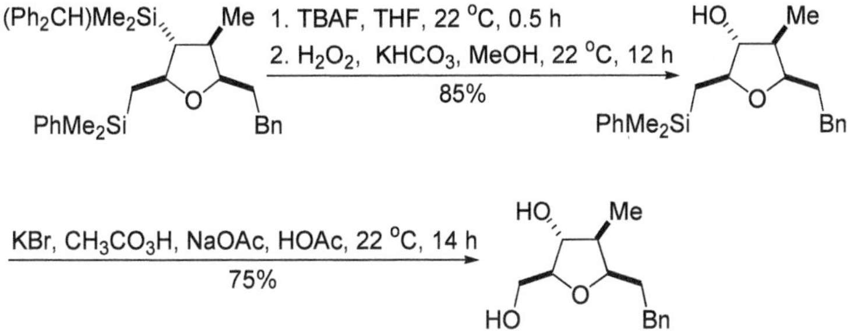

(149)

对有些分子而言，无论是使用"两步一锅煮"方法中的 KBr/CH$_3$CO$_3$H 还是 Hg(OAc)$_2$ 体系，PhMe$_2$Si 转化成为醇的产率都很低 (14%~25%)。但是，使用苄基型硅基则能以较高产率得到相同的醇 (式 150)[146]。

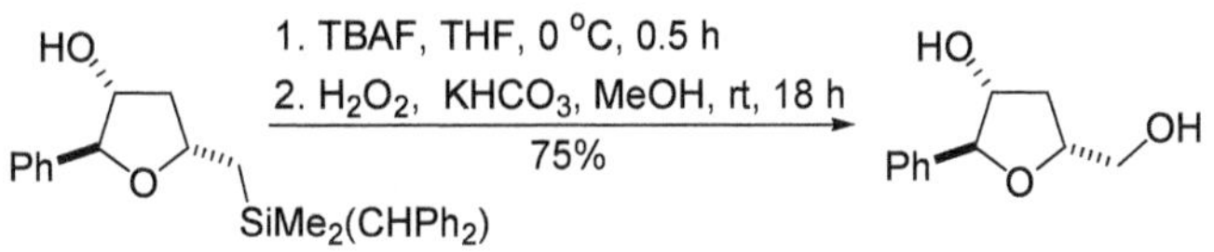

(150)

4.6 杂芳基硅基

通常，五元芳香杂环 (例如：呋喃和噻吩) 的亲电取代反应活性比苯环高。甚至在烯丙基存在的情况下，与硅基相连的有些呋喃基团也会优先被质子进攻。因此，硅基上的呋喃[39]或噻吩[148]在 CF$_3$CO$_2$H 或 Br$_2$ 作用下很容易离去。此外，如式 151 所示：呋喃[149]或噻吩[148,150]硅基都很容易与 TBAF 反应生成相应的氟硅烷或硅醇 (Si-OH)。Kocieński[151]等发现：通过光照氧化和水解可以将硅基上的呋喃基团转变成为羟基得到硅醇，然后再经氧化即可用于烯丙基醇的合成。

Yoshida 发现：与呋喃或噻吩硅基不同，2-吡啶硅基可以被 H_2O_2 体系直接氧化生成相应的醇（式 152）。但是，在相同的条件下，3-吡啶硅基不能被转化成为羟基[152]。在此基础上，Yoshida 将 [(2-吡啶)二甲硅基]甲基锂开发成为一种在分子中引入 CH_2OH 官能团的新型试剂。如式 153 所示[153]：首先硅基甲基锂与各种亲电试剂（例如：卤代烃、醛和酮等）反应，然后再通过 H_2O_2 氧化将 2-吡啶硅基转化成为羟基。

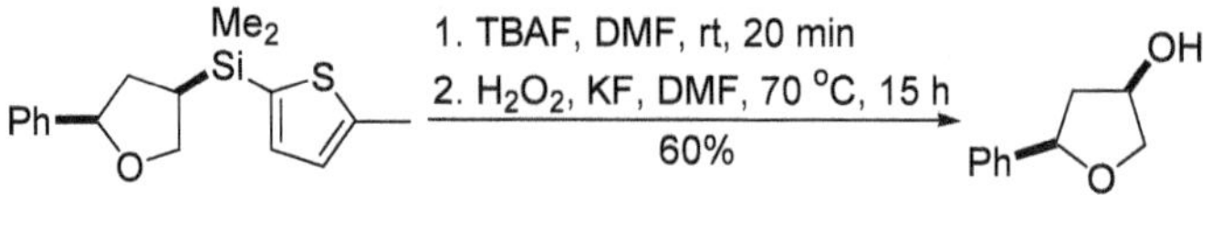

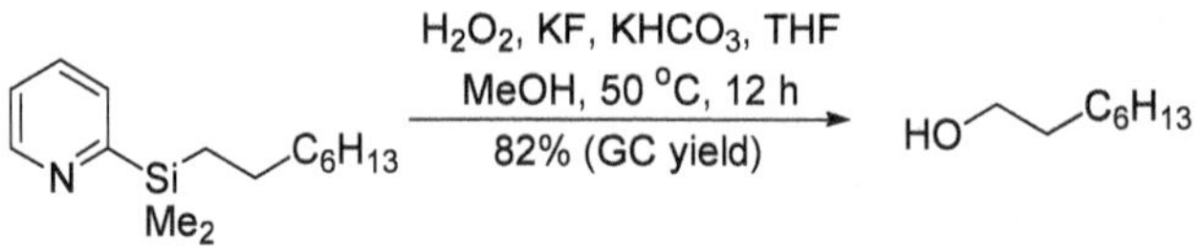

4.7 烯丙基硅基

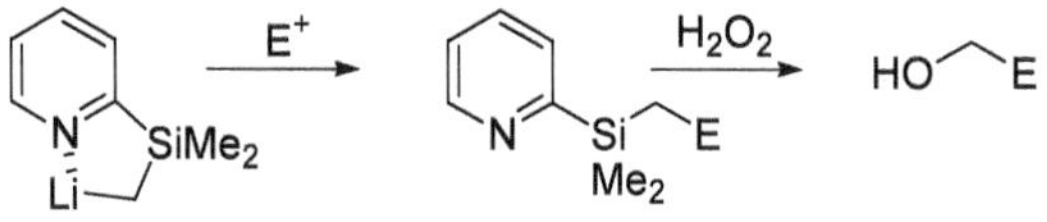

硅原子上的烯丙基比苯基更容易被亲电试剂进攻离去。因此，在 Fleming 羟基化反应中，烯丙基苯基二甲硅烷不能生成烯丙基醇。但是，利用烯丙基的这个性质可以将其用作羟基化反应中羟基的前体[5b,37,38]。和大多数含有三个 Si-C 键的硅基一样，该硅基的转化也需要两步。(烯丙基二甲硅基)甲基格氏试剂也经常被使用，用于在分子中引入 CH_2OH 官能团[154,155]。如式 154 所示[154]：在 CuI 的催化下，首先使用硅基甲基格氏试剂与 α,β 不饱和酮进行共轭加成。然后，再经过亲电反应生成氟硅烷。最后经氧化反应得到相应的伯醇。

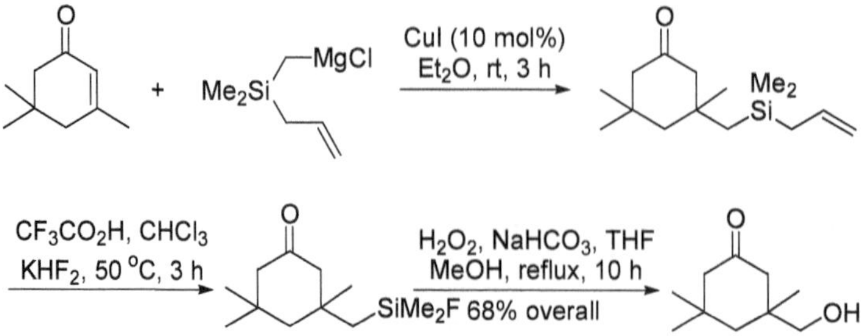

与 PhMe$_2$Si 相比较, 亲电试剂对烯丙基的进攻要远离硅中心 (式 155)。因此, 烯丙基硅基作为羟基前体在大位阻叔醇的合成中显示出了明显的优势。如式 55 和式 65 所示: 可能由于二甲基环丙基具有较大的空间位阻, 使用 PhMe$_2$Si 时导致中间产物氟硅烷的产率很低或者环丙基开环。因此, 在羟基化反应中未能得到期望的叔醇。但是, 使用烯丙基硅基则能顺利地得到相应的叔醇 (式 156)[40,156]。除了亲电试剂外, 烯丙基硅基的质子脱硅化反应也可以在 TBAF 作用下进行[40]。

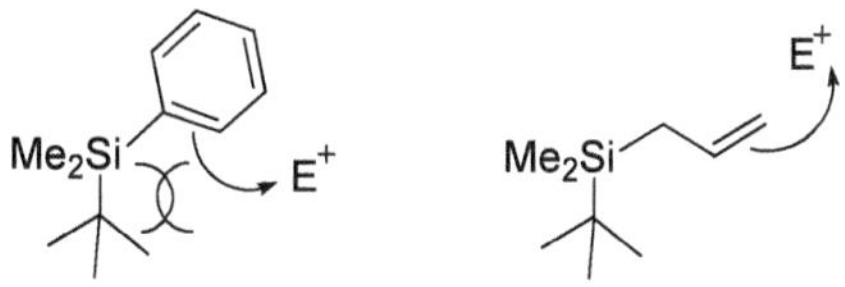

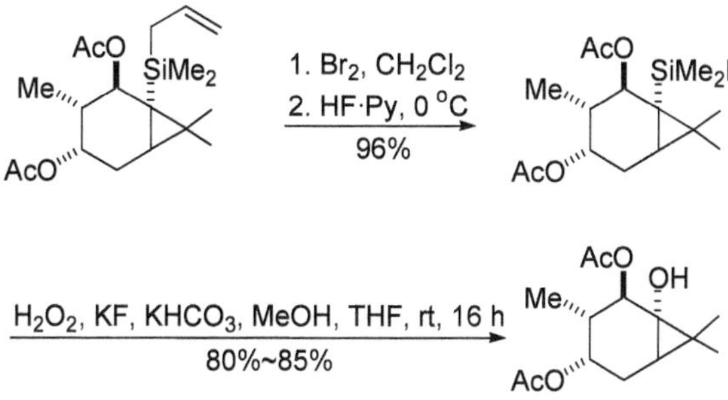

4.8 氨(胺)基和胺甲基硅基

氨基硅基中的 Si-N 键比较容易发生水解断裂, 因此在多步骤合成中很少被用作羟基的前体。可以使用两种方法将它们转化成为羟基: (a) 经水解或与醇反应转化成为比较稳定的烷氧基硅基后再发生氧化反应[61b,74~78]; (b) 直接进行氧化反应[34,78,157,158]。由于硅原子上的氨基就是活化基团, 氨基硅基很容易在 Tamao-Kumada 的标准反应体系 (H$_2$O$_2$/KF/KHCO$_3$) 中被氧化成为醇。如式 157 所示[78]: 在与 1,3-环己二烯单环氧化物的反应中, 氨(胺)基硅基的负离子以及由它转化而来的氨基硅铜试剂表现出高度的立体选择性和区域选择性。在一些对碱敏感的底物分子的反应中, 使用中性的 m-CPBA/KF/DMF 体系进行氧化更合适[159]。

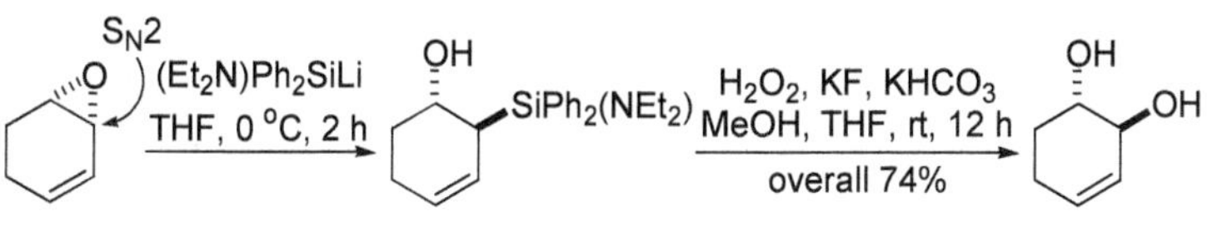

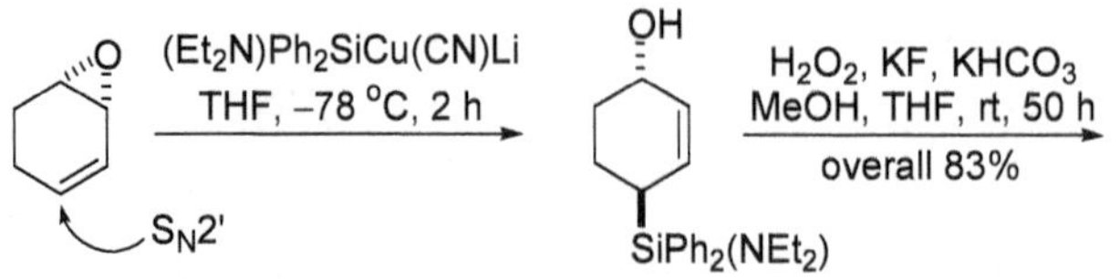

$$(157b)$$

使用与硅原子以 CH_2 相连的手性脯氨醇衍生物,可以实现苄基、烯丙基和炔丙基位置烷基化反应的立体选择性控制 (式 158)[160]。与 2-吡啶硅基类似,这种胺甲基硅基也能够被 H_2O_2 体系直接氧化。

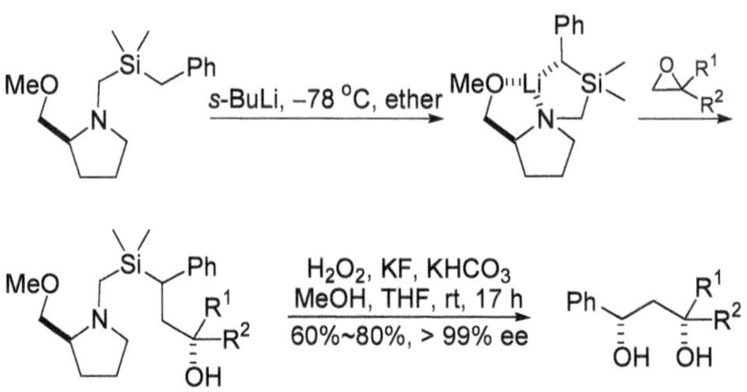

$$(158)$$

4.9 双硅基

在 $AlCl_3$[161]或 TBAF[162]的作用下,$Me_3Si-SiMe_2$ 基中的 Si-Si 键能够发生断裂生成硅醇或氟硅烷。然后,再经 H_2O_2 氧化即可生成相应的醇。在 $Me_3Si-SiMe_2$ 基转化成为羟基的过程中,位阻对反应的影响不太明显。因此,该硅基适合用于叔醇产物的合成[161]。有趣的是:使用不同的反应条件,可以使分子中的 $PhMe_2Si$ 基和 $Me_3Si-SiMe_2$ 基发生高度化学选择性反应 (式 159)[162]。

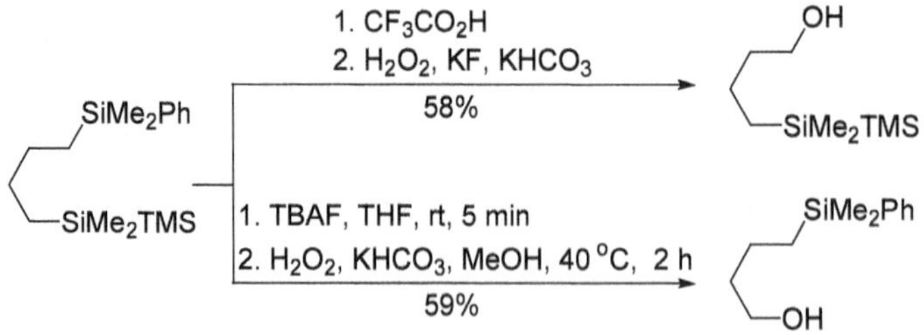

$$(159)$$

Tamao[5b]在最初的研究中通过两步反应将 $SiMe_2OSiMe_2R'$ 转化成为羟基:首先是在 CF_3CO_2H 和 KHF_2 存在下使 Si-O 键发生断裂生成氟硅烷,然后使用 H_2O_2 完成氧化反应。但实际上,Si-O-Si 基可以在一步反应中被转化成为醇。如式 160 所示[163]:在使用 H_2O_2 进行直接氧化反应时,加料的顺序非常关键。需要将硅烷、H_2O_2 和 $KHCO_3$ 在 MeOH-THF 中反应一段时间后再加入 KF 反应，这样才能顺利生成预期的二醇。在过氧乙酸的作用下，分子中的 SiMe$_2$OSiMe$_3$ 基也能在一步反应中被转化成为醇 (式 161)[164]。

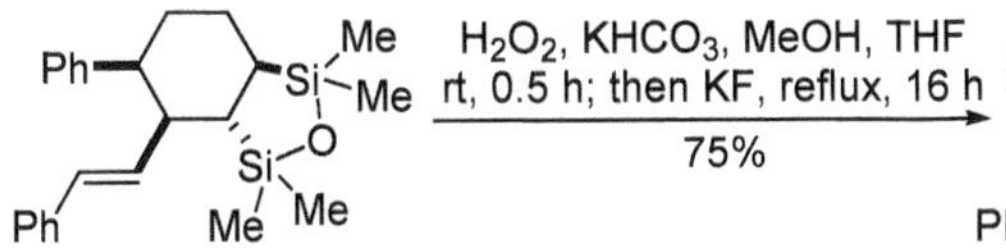

$$\text{(化学反应式)} \quad (160)$$

$$\text{(化学反应式)} \quad (161)$$

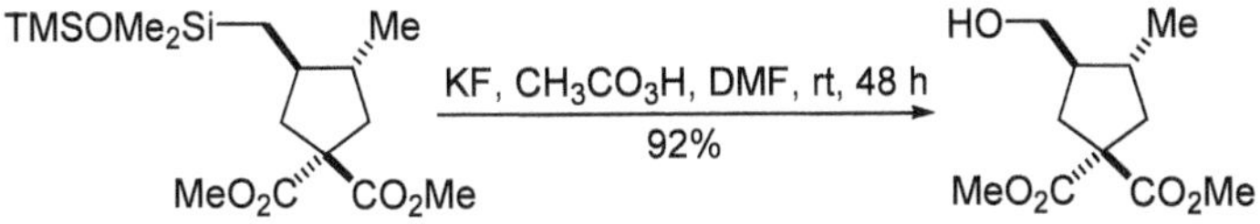

4.10 其它硅基

硅醇 (Si-OH) 可以直接被 H$_2$O$_2$[165] 或 m-CPBA[166] 氧化成为相应的醇。如式 162 所示[166]：环丙基硅醇氧化时甚至不会引起环丙基开环，顺利生成了环丙基醇。事实上，硅醇也是多种硅基转化过程中未分离或分离得到的中间产物[57b,147,148,161]。

$$\text{(化学反应式)} \quad (162)$$

与烷氧基硅基等多种带有电负性基团的硅基类似，SiMe$_2$H 基也能直接被 H$_2$O$_2$ 体系氧化[5b,93,139]。但是，将 SiPhH$_2$ 基转化成为羟基时需要两步反应才能完成：首先将其与 CF$_3$CO$_2$H[167a] 或氟硼酸-乙醚配合物[167b] 作用，然后再用 H$_2$O$_2$ 进行氧化反应。

在式 148 所示的反应中，二苯基硅杂四元环可以被直接氧化生成二元醇产物。如式 163[168] 所示：Dudley 使用硅杂四元环的氧化来合成一元醇和酚。式 164 所示的底物是一个带有硅杂六元环的核苷衍生物，将其在 H$_2$O$_2$/KF/KHCO$_3$ 氧化体系中加热，可以将硅杂六元环转化成醇、同时两个硅醚保护基也被除去[169]。

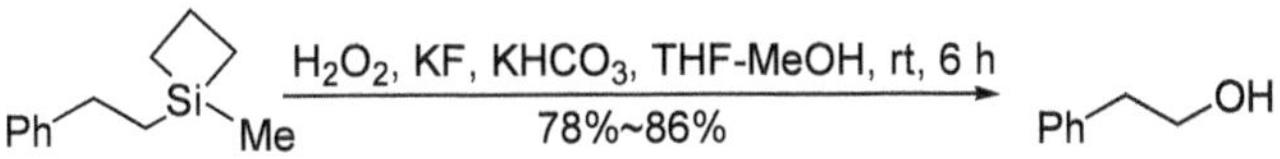

$$\text{(化学反应式)} \quad (163)$$

$$\text{(化学反应式)} \quad (164)$$

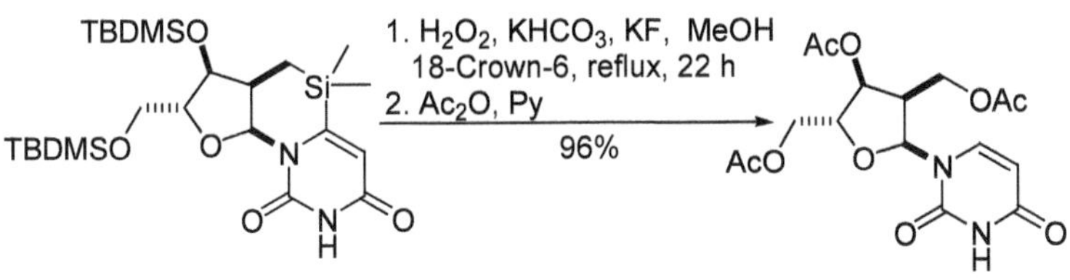

5　羟基化反应在天然产物合成中的应用

Tamao-Kumada-Fleming 羟基化反应在有机合成中的主要用途是在某个合适的步骤引入硅基，然后立即或者经过多个步骤后转化成为需要的羟基。实际上，硅基在合成中除了用作羟基的前体以外，往往还为多步合成中其它反应提供需要的立体效应，从而控制反应的区域选择性和立体选择性。Tamao-Kumada 反应中使用的硅基上已经带有卤原子、烷氧基或氨基等活化基团，具有一定的反应性能。而 Fleming 反应中的苯基二甲基硅基则相对要稳定得多。因此，在多步合成中如果需要带着硅基进行多步反应时，通常会选用 Fleming 反应及其前体化合物。

β-Isocomeme、Isocomeme (式 165)[170]和 Cameroonanol (式 166)[171]是从植物根茎中提取分离得到的一类倍半萜类化合物，它们都包含有三环[6.3.0.0^{4,8}]十一烷的基本骨架。如式 165 和式 166 所示：Knölker 利用 (烯丙基)叔丁基二苯基硅烷与 α,β-不饱和酮的 [3+2] 环加成反应，在原来双环的基础上又新增了一个五元环得到该类化合物的三环骨架。然后，再通过改进的 Tamao-Kumada-Fleming 羟基化反应将叔丁基二苯基硅基转化为羟基。可以看出：由于硅基的位阻较大，质子脱硅化反应和氧化反应都需要长时间在较高温度下进行。在接下来的步骤中，依次经过羟基保护、Wittig 反应、羟基脱保护及氧化成酮、酮的 α-甲基化、脱去羰基生成外消旋的 β-Isocomeme。最后，在酸催化下 β-Isocomeme 异构成 Isocomeme。在 Cameroonanol 的合成中，羟基化反应后，依次经过羟基氧化成羰基、两个羰基的选择性 α-烷基化引入 9-甲基、脱去 10-位的羰基和 7-位羰基还原等反应。最后，得到外消旋的 Cameroonanol 和它的 7-位的差向异构体 (比例为 3.7:1)。

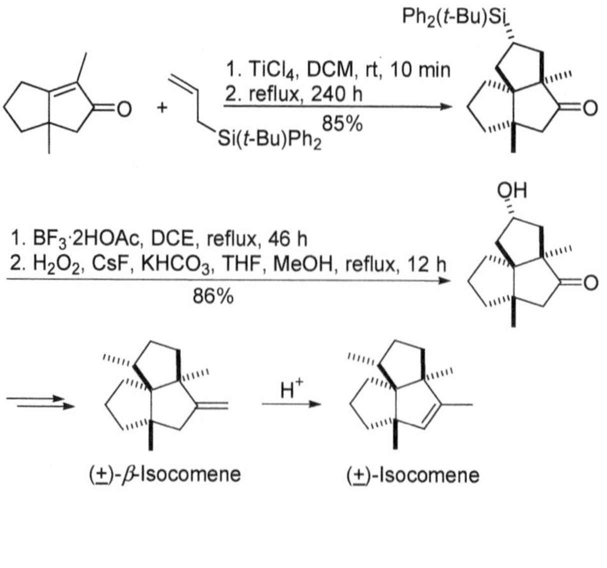

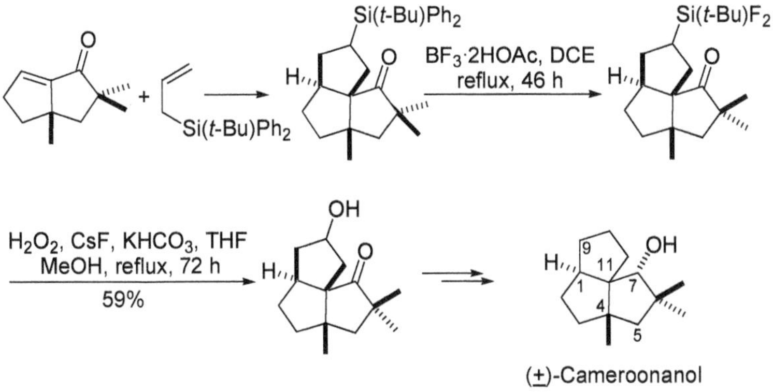

(166)

一些天然存在的多羟基吡咯里西啶 (pyrrolizidine) 生物碱是有效的糖苷酶抑制剂,具有潜在的抗癌和抗病毒等作用。在该类化合物的全合成中,PhMe$_2$Si 基经常被用作其结构中一个或两个 OH 基的前体。例如：在化合物 (+)-Hyacinthacine A$_1$[172]、(+)-Hyacinthacine B$_1$[53]、(+)-Casuarine[31a,c,d]、(−)-Uniflorine A[173] 和 (+)-Alexine[32] 的合成中,其结构中一个或两个 OH 基是由 PhMe$_2$Si 基转化而来的 (式 167,方框中的 OH)。其中,(+)-Hyacinthacine B$_1$ 和 (+)-Alexine 的合成都是引入 PhMe$_2$Si 基后经过多步反应,最后经过文献中报道较少的 Tamao-Kumada-Fleming 双羟基化反应[32,53,73,138a,163,174]得到目标产物。如式 168 所示[53]：在 (+)-Hyacinthacine B$_1$ 的全合成中,首先通过格氏试剂 PhMe$_2$SiCH$_2$MgCl (也是羟基化反应中常用的 CH$_2$OH 试剂) 与 N,O-缩醛底物反应引入第一个 PhMe$_2$SiCH$_2$- 官能团。然后,依次进行烯烃的硼氢化、氧化、酯化、环化、三氟乙酸除去手性辅基、黄原酸酯的热解生成烯烃、烯烃的双羟基化反应等反应得到吡咯里西啶酮。在这些转化过程中,PhMe$_2$Si 基表现出相当的稳定性,甚至在三氟乙酸参与的反应中没有发生质子脱硅化反应。接着,吡咯里西啶酮经羟基的保护和羰基的还原氰基化反应后引入另一个 PhMe$_2$SiCH$_2$-官能团。最后,

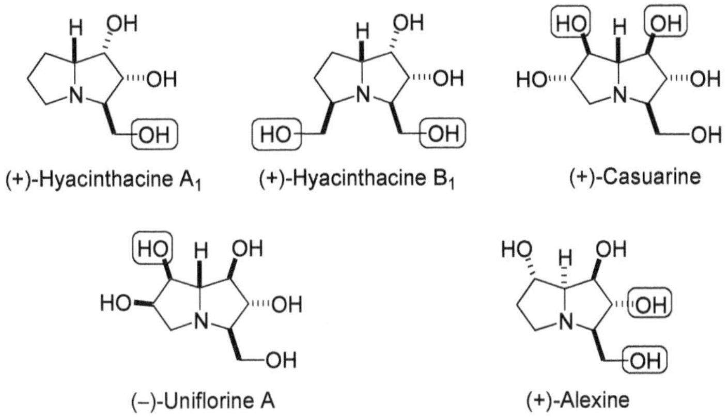

(167)

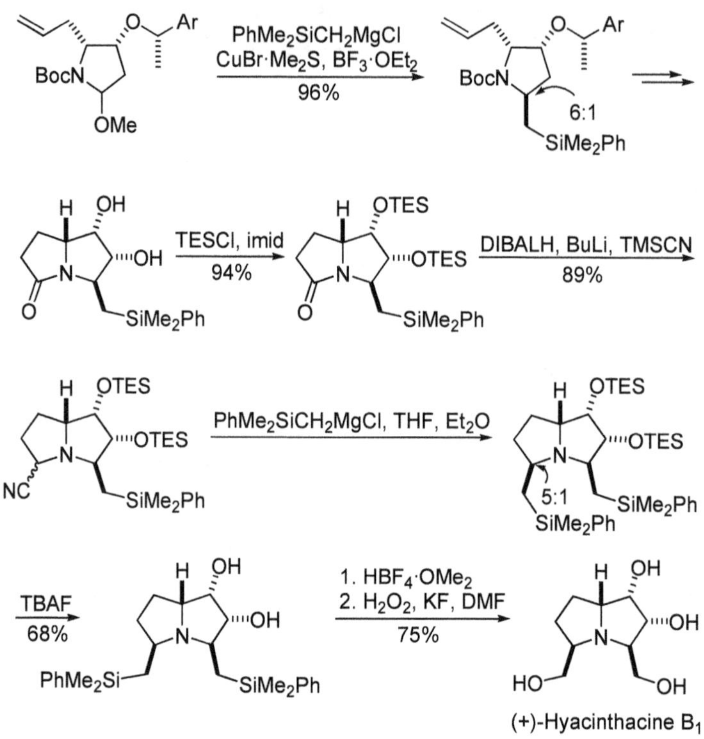

经羟基脱保护和 Tamao-Kumada-Fleming 双羟基化反应完成 (+)-Hyacinthacine B_1 的全合成。

天然存在的多羟基吡咯里西啶生物碱 (+)-1-Epiaustraline 是 (+)-Alexine 的差向异构体, 具有糖苷酶抑制活性。Denmark 在该化合物的全合成中, 通过硝基烯烃与手性乙烯基醚的分子间 [4+2] 环加成反应和分子内 [3+2] 环加成反应, 高度立体选择性地制备了具有三环骨架结构的环状烷氧基硅烷。在接下来的三步转化反应中, 环状的烷氧基硅烷表现出相当的稳定性。然后, 经碱性条件下的 Tamao-Kumada 羟基化反应顺利地得到预期的二醇。他们发现: 如果在该反应体系中加入 KF 会同时导致底物中的 TBDMSO 发生脱保护基反应[23,169]。最后, 再经过两步转化生成目标产物 (+)-1-Epiaustraline (式 169)[175]。

从真菌 *Talaromyces stipitatus* 代谢产物中分离得到的 (−)-Talaromycin A[176a]、从雷公藤植物 *Tripterygium wilfordii var. regelii* 分离得到的二萜类化合物 Triptoquinone B、Triptoquinone C 和 triptocallol[176b]以及从褐藻 *Dictyota* 分离得到的二萜类化合物 14-deoxyisoamijiol[176c]等多种天然产物的分子中均含有顺式 1,3-二醇及其相关结构 (式 170, 方框中的结构)。由环状的烯丙基醇经过

烯丙基溴甲基硅醚的形成、分子内自由基环化和 Tamao-Kumada 羟基化反应等系列反应，提供了一条方便地引入这些结构的路线。

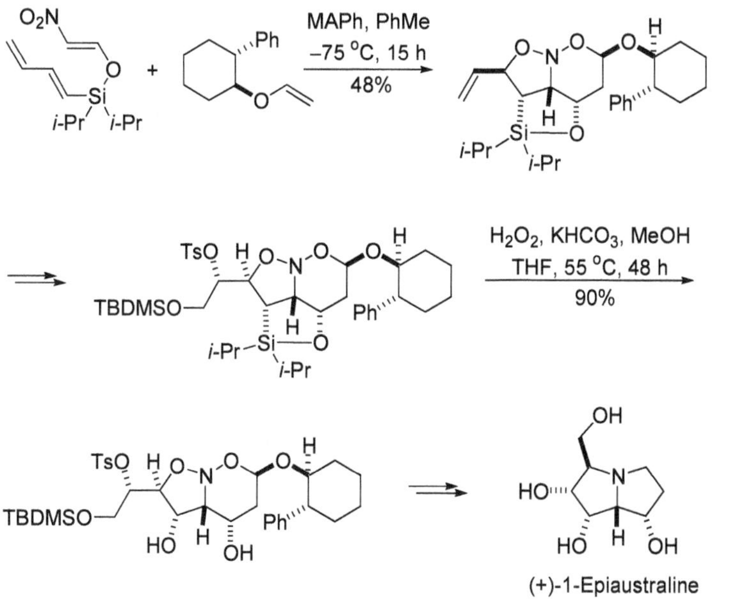

$$(169)$$

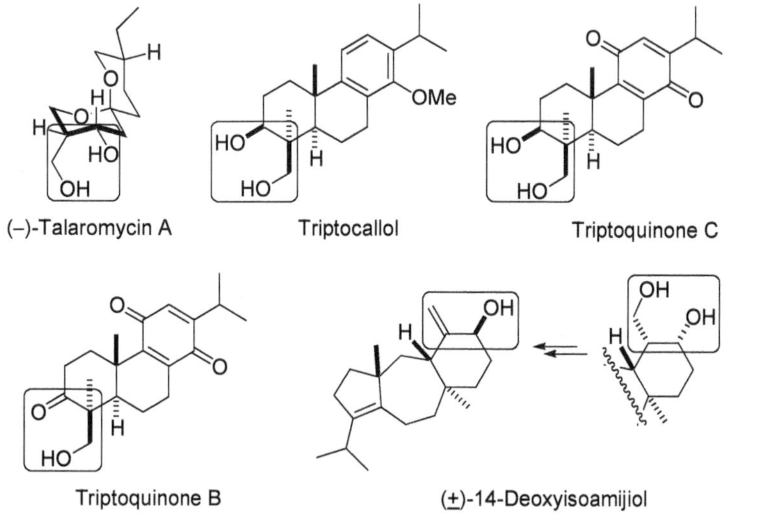

麻枫树三酮 Jatrophatrione 是从麻枫树 *Jatropha microrhiza* 分离得到的一种结构独特的二萜类化合物，具有抗癌作用。在 Paquette 报道的全合成路线中，环状高烯丙基醇的分子内硅氢化反应和 Tamao-Kumada 羟基化反应被用作其中的关键步骤 (式 171)[177]。

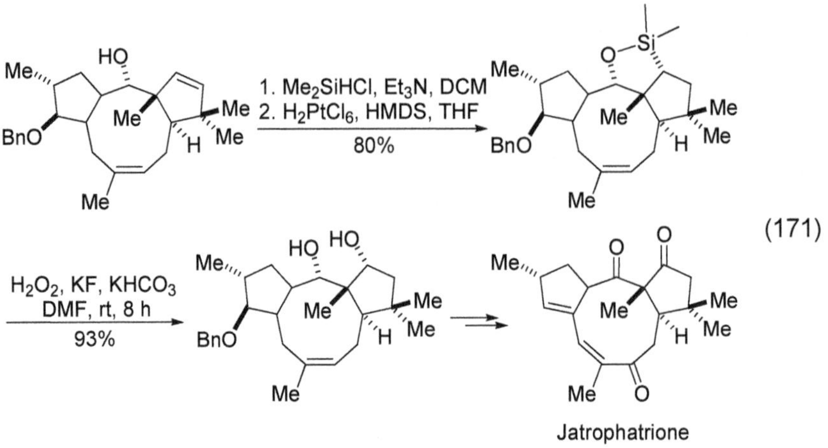

（171）

6 羟基化反应实例

例 一

1-羟甲基-环己醇的合成[81]
（从烷氧基硅基转化成为羟基）

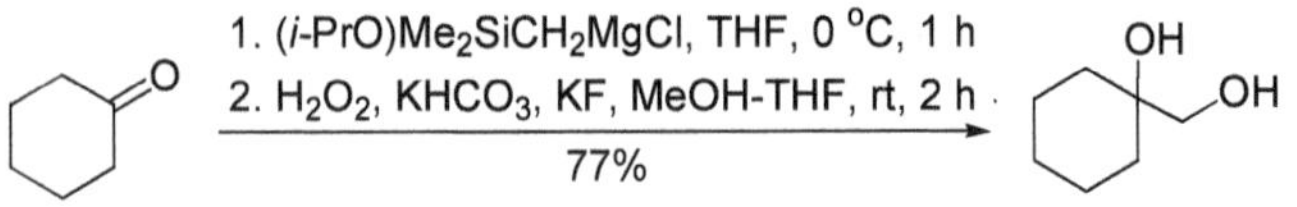

(108)

在室温和氮气保护下，向放置干燥镁屑 (2.43 g, 100 mmol) 的三口瓶中加入几毫升 (i-PrO)Me$_2$SiCH$_2$Cl (16.67 g, 100 mmol) 的无水 THF 溶液 (120 mL) 和 1,2-二溴乙烷 (50 μL)。搅拌引发反应开始后，滴加剩余的硅基氯甲烷溶液。大约 45 min 内加完后升温回流 0.5 h。

然后，将体系降温至 0 °C，并在搅拌下滴加新蒸馏的环己酮 (7.36 g, 75 mmol) 的无水 THF 溶液 (30 mL)。继续在 0 °C 搅拌 0.5 h 后，滴加 10% 的氯化铵水溶液 (100 mL) 淬灭反应。分出有机相，水相用乙醚 (40 mL) 萃取。合并的有机相用饱和食盐水洗涤和无水 MgSO$_4$ 干燥后，除去溶剂得到硅甲基环己醇的粗产品 (旋蒸温度应低于室温，防止生成的 β-羟基硅烷发生消除反应)。

将粗产品溶于 THF (75 mL) 和 MeOH (75 mL) 中，然后在室温下加入 KHCO$_3$ (7.5 g, 75 mmol) 和 KF (8.7 g, 150 mmol)。接着向生成的混合物中滴加 30% 的 H$_2$O$_2$ (28.0 mL, 247.5 mmol) 溶液，并将温度控制在 40~50 °C 之间。在

室温下继续搅拌反应 2 h 后，缓慢滴加 50% 的 $Na_2S_2O_3 \cdot 5H_2O$ 水溶液 (30 mL) (温度控制在 30 ℃ 左右).用淀粉-KI 试纸检验 H_2O_2 分解完全后,加入乙醚 (100 mL) 使沉淀完全。滤出的固体用乙醚洗涤，滤液在 50 ℃ 旋蒸除去大部分的 THF 和 MeOH 后，加入 200 mL 乙醚。分离的有机相用饱和食盐水洗涤和无水 $MgSO_4$ 干燥后，除去溶剂。残留物用正己烷-乙酸乙酯 (10:1, 75 mL) 重结晶得到 1-羟甲基-环己醇的白色晶体 (7.54 g, 77%)，熔点 76.0~76.2 ℃。

例 二

($2S^*,4aR^*,5S^*,8aR^*$)-1-苄基-2-正丙基-$\Delta^{3,4}$-5-羟基-7-氧代-八氢喹啉的合成[28b]

($PhMe_2Si$- 官能团经两步法转化成为羟基)

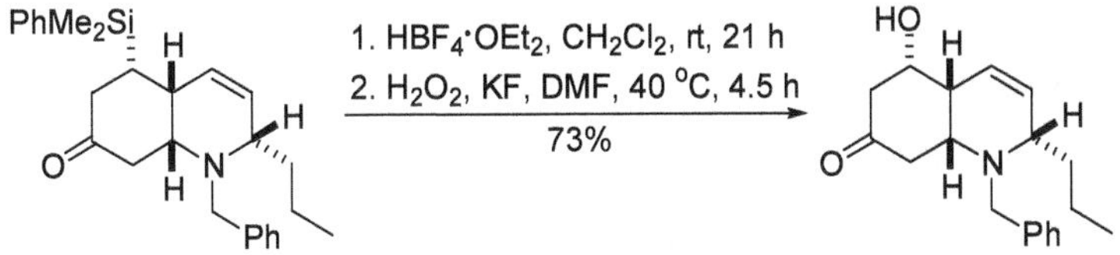

$$\text{(33)}$$

将 85% 的氟硼酸乙醚配合物 (0.55 mL) 加入到硅烷 (206 mg, 0.49 mmol) 的 CH_2Cl_2 (5 mL) 溶液中。室温搅拌反应 21 h 后，向反应液中加入 10% 的盐酸 (15 mL)。生成的混合物振摇 2 min 后，用 15% 的 KOH 水溶液中和。接着用 CH_2Cl_2 萃取，合并的有机相经无水 Na_2SO_4 干燥后过滤。蒸去溶剂得到黄色油状物 (161.6 mg)。

将油状物溶解在 DMF (40 mL) 中，加入 KF (274 mg, 10 倍量)。在室温搅拌 15 min 后，再加入 30% 的 H_2O_2 (0.18 mL, 约 3.5 倍)。生成的混合物加热至 45 ℃ 反应 4.5 h 后冷却至室温，加入饱和的 $NaHCO_3$ 水溶液和 CH_2Cl_2。合并分出的有机相和水相萃取液，经无水 Na_2SO_4 干燥后蒸去溶剂。残留物经快速硅胶柱 (乙酸乙酯-正己烷, 1:4~3:7, 梯度洗脱) 纯化得到油状产物 (108 mg, 73%)。

例 三

($3S^*,4R^*$)-3-甲基-4-苯基-4-羟基-2-丁酮的合成[29]

($PhMe_2Si$- 官能团经"一锅煮"方法转化成为羟基)

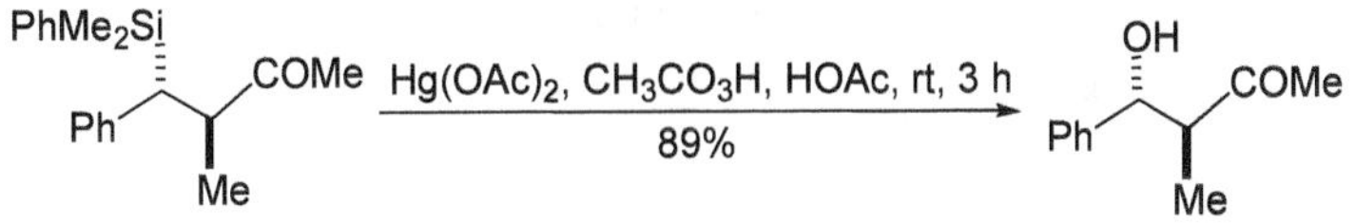

$$\text{(35)}$$

在室温和搅拌下，将 Hg(OAc)$_2$ (130 mg, 0.41 mmol) 加入到 β-硅基酮 (79 mg, 0.27 mmol) 和 15% 过氧乙酸的乙酸溶液中 (含 1% 硫酸, 3 mL, 7.2 mmol)。反应 3 h 后加入乙醚 (60 mL)，生成的混合物依次用 Na$_2$S$_2$O$_3$ 水溶液、水、NaHCO$_3$ 水溶液和盐水洗涤，经无水 MgSO$_4$ 干燥后，蒸去溶剂。残留物用硅胶薄层色谱 (乙酸乙酯-正己烷, 1:1) 纯化得到 β-羟基酮 (43 mg, 89%)。

例 四

外消旋 2,3-丁二醇的单苯甲酸酯的合成[29]

(PhMe$_2$Si- 官能团经"一锅煮"方法转化成为羟基)

$$\text{PhMe}_2\text{Si} \overset{\text{OBz}}{\underset{\text{Me}}{\text{Me}}} \xrightarrow[\text{81\%}]{\text{KBr, CH}_3\text{CO}_3\text{H, NaOAc} \atop \text{HOAc, rt, 18 h; 35 °C, 1 h}} \text{HO} \overset{\text{OBz}}{\underset{\text{Me}}{\text{Me}}} \quad (172)$$

在室温和搅拌下，将 KBr (140 mg, 1.18 mmol) 和无水 NaOAc (250 mg, 3.05 mmol) 加入到硅烷 (306 mg, 0.98 mmol) 的乙酸 (2.5 mL) 溶液中。然后，在冰浴冷却下，滴加 15% 过氧乙酸的乙酸溶液 (含 1% 硫酸, 2.5 mL, 6 mmol)。随着 Br$_2$ 的生成，反应放热并且有气体产生。再加入 NaOAc (750 mg, 9.15 mmol) 和过氧乙酸的乙酸溶液 (7.5 mL, 18 mmol)，并在室温下搅拌 18 h 后加热至 35 °C 反应 1 h。将反应液冷却至室温，依次加入乙醚 (100 mL) 和 Na$_2$S$_2$O$_3$ 粉末 (10 g)。生成的混合物剧烈搅拌 0.5 h 后，用硅藻土过滤。将蒸去溶剂后生成的残留物溶解在乙醚 (20 mL) 中，并用 NaHCO$_3$ 水溶液和盐水洗涤。经无水 Na$_2$SO$_4$ 干燥后除去溶剂，粗产品用硅胶薄层色谱 (乙酸乙酯-正己烷) 纯化得到 2,3-丁二醇的单酯 (154 mg, 81%)。

例 五

($1R^*,2S^*,3R^*$)-2-甲基-1-苯基-1,3-丁二醇的合成[62b]

(大位阻硅基官能团在强碱性体系作用下转化成为羟基)

$$\xrightarrow[\text{64\%}]{\text{t-BuOOH, CsOH·H}_2\text{O} \atop \text{TBAF, DMF, 75 °C, 8 h}} \quad (86)$$

在冰浴冷却下，向过氧叔丁醇 (90%, 207 mg, 2.3 mmol) 的 DMF (1.3 mL) 溶液中加入 CsOH·H$_2$O (331 mg, 1.97 mmol)。升温至 25 °C 后，通过注射器滴加环状的烷氧基硅烷 (50 mg, 0.164 mmol) 的 DMF (0.8 mL) 溶液。滴加完毕 10 min 后，加入 n-Bu$_4$NF (214 mg, 0.82 mmol，水合物用苯冻干除水)。将反应液加热至 75 °C 反应 8 h 后降温至 25 °C，再加入 Na$_2$S$_2$O$_3$。除去溶剂后，向残留物的含油固体中加入水 (5 mL) 和乙醚 (10 mL)。分出有机相，水相用乙醚萃取 (2 × 10 mL)。合并的有机层用水 (10 × 1 mL) 和盐水 (5 mL) 洗涤后，经无水 MgSO$_4$ 干燥。蒸去溶剂，残留的黄色油状物 (57 mg) 经快速硅胶柱色谱 (乙酸乙酯-正己烷，25:75 ~ 35:65) 纯化得到无色油状产品 (19 mg, 64%)。

7 参考文献

[1] (a) Tamao, K.; Hayashi, T.; Ito, Y. In *Frontiers of Organosilicon Chemistry*; Bassindale, A. R.; Gaspar, P. P. Eds.; The Royal Society of Chemistry: Cambridge, **1991**, 197-207. (b) Colvin, E. W. "*Oxidation of Carbon-Silicon Bonds*", in *Comprehensive Organic Synthesis*; Trost, B.M.; Fleming, I. Eds.; Pergamon Press: Oxford, **1991**, Vol. 7, chapter 4.3, 641-651. (c) Fleming, I. *Silyl-to-Hydroxy Conversion in Organic Synthesis. Chemtracts, Org. Chem.* **1996**, *9*, 1-64. (d) Tamao, K. *Advances in Silicon Chemistry*; JAI Press: Greenwich, CT, **1996**; Vol. 3, 1-62. (e) Jones, G. R.; Landais, Y. *Tetrahedron* **1996**, *52*, 7599. (f) Name reactions for functional group transformations. Li, J. J. Ed.; Wiley-Interscience, John Wiley & Sons, Inc., Publication. **2007**, chapter 3.6, 237-247.

[2] Tamao, K.; Kakui, T.; Kumada, M. *J. Am. Chem. Soc.* **1978**, *100*, 2268.

[3] (a) Kumada, M.; Tamao, K.; Yoshida, J. *J. Organomet. Chem.* **1982**, *239*, 115. (b) Tamao, K.; Kakui, T.; Akita, M.; Iwahara, T.; Kanatani, R.; Yoshida, J.; Kumada, M. *Tetrahedron* **1983**, *39*, 983. (c) Tamao, K.; Akita, M.; Kumada, M. *J. Organomet. Chem.* **1983**, *254*, 13.

[4] Tamao, K.; Ishida, N.; Tanaka, T.; Kumada, M. *Organometallics* **1983**, *2*, 1694.

[5] (a) Tamao, K.; Ishida, N.; Kumada, M. *J. Org. Chem.* **1983**, *48*, 2120. (b) Tamao, K.; Ishida, N. *J. Organomet. Chem.* **1984**, *269*, C37. (c) Tamao, K.; Kumada, M.; Maeda, K. *Tetrahedron Lett.* **1984**, *25*, 321. (d) Tamao, K.; Ishida, N. *Tetrahedron Lett.* **1984**, *25*, 4245.

[6] Fleming, I.; Henning, R.; Plaut, H. *J. Chem. Soc., Chem. Commun.* **1984**, 29.

[7] Tamao, K. *Angew. Chem., Int. Ed.* **2007**, *46*, 7538.

[8] (a) Tamao, K.; Sumitani, K.; Kumada, M. *J. Am. Chem. Soc.* **1972**, *94*, 4374. (b) Kumada, M. *J. Organomet. Chem.* **2002**, *653*, 62.

[9] Fleming, I.; Barbero, A.; Walter, D. *Chem. Rev.* **1997**, *97*, 2063.

[10] (a) Mader, M. M.; Norrby, P.-O. *J. Am. Chem. Soc.* **2001**, *123*, 1970. (b) Mader, M. M.; Norrby, P.-O. *Chem. Eur. J.* **2002**, *8*, 5043.

[11] Eaborn, C. *J. Organomet. Chem.* **1975**, *100*, 43.

[12] Buncel, E.; Davies, A.G. *J. Chem. Soc.* **1958**, 1550.

[13] Hayashi, T.; Yamamoto, A.; Iwata, T.; Ito, Y. *J. Chem. Soc., Chem. Commun.* **1987**, 398.

[14] Tamao, K.; Nakajima, T.; Sumiya, R.; Arai, H.; Higuchi, N.; Ito, Y. *J. Am. Chem. Soc.* **1986**, *108*, 6090.

[15] Tamao, K.; Nakajo, E.; Ito, Y. *J. Org. Chem.* **1987**, *52*, 957.

[16] Tamao, K.; Nakajo, E.; Ito, Y. *J. Org. Chem.* **1987**, *52*, 4412.

[17] Tamao, K.; Maeda, K. *Tetrahedron Lett.* **1986**, *27*, 65.

[18] Doboszewski, B.; Blaton, N.; Rozenski, J.; De Bruyn, A.; Herdewijn, P. *Tetrahedron* **1995**, *51*, 5381.
[19] Tamao, K.; Nakagawa, Y.; Arai, H.; Higuchi, N.; Ito, Y. *J. Am. Chem. Soc.* **1988**, *110*, 3712.
[20] Ikunaka, M.; Matsumoto, J.; Nishimoto, Y. *Tetrahedron: Asymmetry* **2002**, *13*, 1201.
[21] Gais, H.-J.; Bulow, G. *Tetrahedron Lett.* **1992**, *33*, 465.
[22] Gu, Q.; Zheng, Y.-H.; Li, Y.-C. *Synthesis* **2006**, *6*, 975.
[23] Takashima, Y.; Kobayashi, Y. *J. Org. Chem.* **2009**, *74*, 5920.
[24] (a) Murakami, M.; Suginome, M.; Fujimoto, K.; Nakamura, H.; Andersson, P.G.; Ito, Y. *J. Am. Chem. Soc.* **1993**, *115*, 6487. (b) Murakami, M.; Oike, H.; Sugawara, M.; Suginome, M.; Ito, Y. *Tetrahedron* **1993**, *49*, 3933. (c) Suginome, M.; Yamamoto, Y.; Fujii, K.; Ito, Y. *J. Am. Chem. Soc.* **1995**, *117*, 9608.
[25] Harada, T.; Imanaka, S.; Ohyama, Y.; Matsuda, Y.; Oku, A. *Tetrahedron Lett.* **1992**, *33*, 5807.
[26] (a) Fleming, I. *Pure Appl. Chem.* **1990**, *62*, 1879. (b) Archibald, S.C.; Fleming, I. *Tetrahedron Lett.* **1993**, *34*, 2387.
[27] Fleming, I.; Henning, R.; Parker, D. C.; Plaut, H.E.; Sanderson, P. E. J. *J. Chem. Soc., Perkin Trans. 1.* **1995**, 317.
[28] (a) Overman, L. E.; Wild, H. *Tetrahedron Lett.* **1989**, *30*, 647. (b) Polniaszek, R. P.; Dillard, L.W. *J. Org. Chem.* **1992**, *57*, 4103.
[29] Fleming, I.; Sanderson, P. E. J. *Tetrahedron Lett.* **1987**, *28*, 4229.
[30] (a) Kolb, H. C.; Ley, S. V. *Tetrahedron Lett.* **1991**, *32*, 6187. (b) Kolb, H. C.; Ley, S. V.; Slawin, A. M. Z.; Williams, D. J. *J. Chem. Soc., Perkin Trans. 1.* **1992**, 2735.
[31] (a) Denmark, S. E.; Hurd, A. R. *J. Org. Chem.* **2000**, *65*, 2875. (b) Vanecko, J. A.; West, F. G. *Org. Lett.* **2002**, *4*, 2813. (c) Cardona, F.; Parmeggiani, C.; Faggi, E.; Bonaccini, C.; Gratteri, P.; Sim, L.; Gloster, T. M.; Roberts, S.; Davies, G. J.; Rose, D. R.; Goti, A. *Chem. Eur. J.* **2009**, *15*, 1627. (d) Brandi, A.; Cardona, F.; Cicchi, S.; Cordero, F. M.; Goti, A. *Chem. Eur. J.* **2009**, *15*, 7808.
[32] Dressel, M.; Restorp, P.; Somfai, P. *Chem. Eur. J.* **2008**, *14*, 3072.
[33] Hart, D. J.; Krishnamurthy, R. *J. Org. Chem.* **1992**, *57*, 4457.
[34] Roush, W. R.; Grover, P. T. *Tetrahedron* **1992**, *48*, 1981.
[35] (a) Kim, S.; Emeric, G.; Fuchs, P.L. *J. Org. Chem.* **1992**, *57*, 7362. (b) Abd. Rahman, N.; Fleming, I. *Synth. Commun.* **1993**, *23*, 1583.
[36] (a) Taber, D. F.; Yet, L.; Bhamidipati, R. S. *Tetrahedron Lett.* **1995**, *36*, 351. (b) Taber, D. F.; Bhamidipati, R. S.; Yet, L. *J. Org. Chem.* **1995**, *60*, 5537.
[37] (a) Fleming, I.; Winter, S. B. D. *Tetrahedron Lett.* **1993**, *34*, 7287. (b) Fleming, I.; Lee, D. *Tetrahedron Lett.* **1996**, *37*, 6929.
[38] Fleming, I.; Winter, S. B. D. *Tetrahedron Lett.* **1995**, *36*, 1733.
[39] (a) Hunt, J. A.; Roush, W. R. *Tetrahedron Lett.* **1995**, *36*, 501. (b) Hunt, J. A.; Roush, W. R. *J. Org. Chem.* **1997**, *62*, 1112.
[40] Magar, S. S.; Desai, R. C.; Fuchs, P. L. *J. Org. Chem.* **1992**, *57*, 5360.
[41] Boons, G. J. P. H.; van der Marel, G. A.; van Boom, J. H. *Tetrahedron Lett.* **1989**, *30*, 229.
[42] Koreeda, M.; Teng, K.; Murata, T. *Tetrahedron Lett.* **1990**, *31*, 5997.
[43] Landais, Y.; Planchenault, D. *Tetrahedron Lett.* **1994**, *35*, 4565.
[44] Chiara, J. L.; García, Á.; Sesmilo, E.; Vacas, T. *Org. Lett.* **2006**, *8*, 3935.
[45] Heo, J.-N.; Holson, E. B.; Roush, W. R. *Org. Lett.* **2003**, *5*, 1697.
[46] Fleming, I.; Sanderson, P. E. J.; Terrett, N. K. *Synthesis* **1992**, 69.
[47] Patel, U. R.; Proudfoot, J. R. *J. Org. Chem.* **1992**, *57*, 4023.
[48] Pearson, W. H.; Postich, M. J. *J. Org. Chem.* **1994**, *59*, 5662.
[49] (a) Panek, J. S.; Yang, M. *J. Am. Chem. Soc.* **1991**, *113*, 9868. (b) van Delft, F. L.; van der Marel, G. A.; van Boom, J. H. *Tetrahedron Lett.* **1994**, *35*, 1091.
[50] Osumi, K.; Sugimura, H. *Tetrahedron Lett.* **1995**, *36*, 5789.

[51] (a) Palomo, C.; Aizpurua, J.M.; Urchegui, R.; Hurburn, M. *J. Org. Chem.* **1992**, *57*, 1571. (b) Palomo, C.; Aizpurua, J. M.; Iturburu, M.; Urchegui, R. *J. Org. Chem.* **1994**, *59*, 240.
[52] Rehders, F.; Hoppe, D. *Synthesis* **1992**, 865.
[53] Reddy, P. V.; Koos, P.; Veyron, A.; Greene, A. E.; Delair, P. *Synlett* **2009**, *7*, 1141.
[54] Clive, D. L. J.; Cantin, M. *J. Chem. Soc., Chem. Commun.* **1995**, 319.
[55] Barbero, A.; Cuadrado, P.; Fleming, I.; Gonzalez, A.M.; Pulido, F. J.; Sanchez, A. *J. Chem. Soc., Perkin Trans. 1* **1995**, 1525.
[56] Danheiser, R. L.; Dixon, B. R.; Gleason, R. W. *J. Org. Chem.* **1992**, *57*, 6094.
[57] (a) Knölker, H.-J.; Jones, P. G.; Pannek, J.-B. *Synlett* **1990**, 429. (b) Knölker, H.-J.; Wanzl, G. *Synlett* **1995**, 378. (c) Knölker, H.-J.; Jones, P. G.; Wanzl, G. *Synlett* **1998**, 613. (d) Knölker, H.-J.; Foitzik, N.; Gabler, C.; Graf, R. *Synthesis* **1999**, 145.
[58] Groaning, M. D.; Brengel, G. P.; Meyers, A. I. *J. Org. Chem.* **1998**, *63*, 5517.
[59] Winter, E.; Brückner, R. *Synlett* **1994**, 1049.
[60] Andrey, O.; Landais, Y.; Planchenault, D.; Weber, V. *Tetrahedron* **1995**, *51*, 12083.
[61] (a) Matsumoto, K.; Miura, K.; Oshima, K.; Utimoto, K. *Tetrahedron Lett.* **1991**, *32*, 6383. (b) Tamao, K.; Yao, H.; Tsutsumi, Y.; Abe, H.; Hayashi, T.; Ito, Y. *Tetrahedron Lett.* **1990**, *31*, 2925.
[62] (a) Bodnar, P. M.; Palmer, W. S.; Shaw, J. T.; Smitrovich, J. H.; Sonnenberg, J. D.; Presley, A. L.; Woerpel, K. A. *J. Am. Chem. Soc.* **1995**, *117*, 10575. (b) Smitrovich, J. H.; Woerpel, K. *J. Org. Chem.* **1996**, *61*, 6044.
[63] Powell, S. A.; Tenenbaum, J. M.; Woerpel, K. A. *J. Am. Chem. Soc.* **2002**, *124*, 12648.
[64] Hiyama, T.; Kusumoto, T. *"Hydrosilylation of alkenes and alkynes"* in *Comprehensive Organic Synthesis*; Trost, B. M.; Fleming, I. Eds.; Pergamon Press: Oxford, **1991**, Vol. 8, chapter 3.12.
[65] Hayashi, T.; Tamao, K.; Katsuro, Y.; Nakae, I.; Kumada, M. *Tetrahedron Lett.* **1980**, *21*, 1871.
[66] Nishihara, Y.; Itazaki, M.; Osakada, K. *Tetrahedron Lett.* **2002**, *43*, 2059.
[67] Hayashi, T.; Kabeta, K. *Tetrahedron Lett.* **1985**, *26*, 3023.
[68] (a) Uozumi, Y.; Hayashi, T. *J. Am. Chem. Soc.* **1991**, *113*, 9887. (b) Hayashi, T.; Uozumi, Y. *Pure Appl. Chem.* **1992**, *64*, 1911.
[69] (a) Uozumi, Y.; Lee, S.-Y.; Hayashi, T. *Tetrahedron Lett.* **1992**, *33*, 7185. (b) Uozumi, Y.; Hayashi, T. *Tetrahedron Lett.* **1993**, *34*, 2335. (c) Berkessel, A.; Schröder, M.; Sklorz, C. A.; Tabanella, S.; Vogl, N.; Lex, J.; Neudörfl, J. M. *J. Org. Chem.* **2004**, *69*, 3050.
[70] (a) Kitayama, K; Uozumi, Y.; Hayashi, T. *J. Chem. Soc., Chem. Commun.* **1995**, 1533. (b) Hayashi, T.; Hirate, S.; Kitayama, K.; Tsuji, H.; Torii, A.; Uozumi, Y. *J. Org. Chem.* **2001**, *66*, 1441.
[71] Hydrosilylations with chiral phosphoramidite ligands, see: (a) Jensen, J. F.; Svendsen, B. Y.; la Cour, T. V.; Pedersen, H. L.; Johannsen, M. *J. Am. Chem. Soc.* **2002**, *124*, 4558. (b) Guo, X. X.; Xie, J. H.; Hou, G. H.; Shi, W. J.; Wang, L. X.; Zhou, Q. L. *Tetrahedron: Asymmetry* **2004**, *15*, 2231. (c) Li, X. S.; Song, J.; Xu, D. C.; Kong, L. C. *Synthesis* **2008**, 925. (d) Zhang, F.; Fan, Q.-H. *Org. Biomol. Chem.* **2009**, *7*, 4470.
[72] Pedersen, H. L.; Johannsen, M. *J. Org. Chem.* **2002**, *67*, 7982.
[73] Shimada, T.; Mukaide, K.; Shinohara, A.; Han, J. W.; Hayashi, T. *J. Am. Chem. Soc.* **2002**, *124*, 1584.
[74] (a) Tamao, K.; Iwahara, T.; Kanatani, R.; Kumada, M. *Tetrahedron Lett.* **1984**, *25*, 1909. (b) Tamao, K.; Kanatani, R.; Kumada, M. *Tetrahedron Lett.* **1984**, *25*, 1913.
[75] Tamao, K.; Nakajo, E.; Ito, Y. *J. Org. Chem.* **1987**, *52*, 4412.
[76] Tamao, K.; Nakajo, E.; Ito, Y. *Tetrahedron* **1988**, *44*, 3997.
[77] Tamao, K.; Kawachi, A.; Ito, Y. *J. Am. Chem. Soc.* **1992**, *114*, 3989.
[78] Tamao, K.; Kawachi, A.; Tanaka, Y.; Ohtani, H.; Ito, Y. *Tetrahedron* **1996**, *52*, 5765.
[79] Trost, B. M.; Imi, K.; Davies, I. W. *J. Am. Chem. Soc.* **1995**, *117*, 5371.
[80] Tsuchiya, Y.; Uchimura, H.; Kobayashi, K.; Nishiyama, H. *Synlett* **2004**, *12*, 2099.

[81] Tamao, K.;Ishida, N.; Ito, Y.; Kumada, K. *Org. Synth.* **1990**, *69*, 96; Coll. **1993**, *8*, 315.
[82] Konosu, T.; Tajima, Y.; Miyaoka, T.; Oida, S. *Tetrahedron Lett.* **1991**, *32*, 7545.
[83] (a) Matsuumi, M.; Ito, M.; Kobayashi, Y. *Synlett* **2002**, *9*, 1508. (b) Igarashi, J.; Ishiwata, H.; Kobayashi, Y. *Tetrahedron Lett.* **2004**, *45*, 8065.
[84] (a) Gais, H.-J.; Bulow, G. *Tetrahedron Lett.* **1992**, *33*, 461. (b) Tius, M. A.; Fauq, A. *J. Am. Chem. Soc.* **1986**, *108*, 6389.
[85] He, W.; Pinard, E.; Paquette, L. A. *Helv. Chim. Acta* **1995**, *78*, 391.
[86] Tamao, K.; Tanaka, T.; Nakajima, T.; Sumiya, R.; Arai, H.; Ito, Y. *Tetrahedron Lett.* **1986**, *27*, 3377.
[87] Tamao, K.; Nakagawa, Y.; Ito, Y. *Org. Synth.* **1996**, *73*, 94; Coll. **1998**, *9*, 539.
[88] (a) Curtis, N. R.; Holmes, A. B. *Tetrahedron Lett.* **1992**, *33*, 675. (b) Curtis, N. R.; Holmes, A. B.; Looney, M. G. *Tetrahedron Lett.* **1992**, *33*, 671.
[89] (a) Bergens, S. H.; Noheda, P.; Whelan, J.; Bosnich, B. *J. Am. Chem. Soc.* **1992**, *114*, 2121. (b) Young, D. G. J.; Hale, M. R.; Hoveyda, A. H. *Tetrahedron Lett.* **1996**, *37*, 827.
[90] (a) Tamao, K.; Tohma, T.; Inui, N.; Nakayama, O.; Ito, Y. *Tetrahedron Lett.* **1990**, *31*, 7333. (b) Barnhart, R. W.; Wang, X.; Noheda, P.; Bergens, S. H.; Whelan, J.; Bosnich, B. *Tetrahedron* **1994**, *50*, 4335.
[91] (a) Tamao, K.; Maeda, K.; Tanaka, T.; Ito, Y. *Tetrahedron Lett.* **1988**, *29*, 6955. (b) Marshall, J. A.; Yanik, M. M. *Org. Lett.* **2000**, *2*, 2173.
[92] Marshall, J. A.; Yanik, M. M. *J. Org. Chem.* **2001**, *66*, 1371.
[93] Tamao, K.; Yamauchi, T.; Ito, Y. *Chem. Lett.* **1987**, 171.
[94] (a) Nishiyama, H.; Kitajima, T.; Matsumoto, M.; Itoh, K. *J. Org. Chem.* **1984**, 49, 2298. (b) López, J. C.; Gómez, A. M.; Fraser-Reid, B. *J. Chem. Soc., Chem. Commun.* **1993**, 762.
[95] Stork, G.; Kahn, M. *J. Am. Chem. Soc.* **1985**, *107*, 500.
[96] (a) Stork, G.; Sher, P. M. *J. Am. Chem. Soc.* **1986**, *108*, 303. (b) Srikrishna, A. *J. Chem. Soc., Chem. Commun.* **1987**, 587.
[97] Lejeune, J.; Lallemand, J. Y. *Tetrahedron Lett.* **1992**, *33*, 2977.
[98] Koreeda, M.; Visger, D.C. *Tetrahedron Lett.* **1992**, *33*, 6603.
[99] Kurek-Tyrlik, A.; Wicha, J.; Zarecki, A.; Snatzke, G. *J. Org. Chem.* **1990**, 55, 3484.
[100] Bonnert, R. V.; Davies, M. J.; Howarth, J.; Jenkins, P. R.; Lawrence, N. J. *J. Chem. Soc., Perkin Trans. 1.* **1992**, 27.
[101] (a) Gomez, A. M.; Lopez, J. C.; Fraser-Reid, B. *J. Org. Chem.* **1994**, *59*, 4048. (b) Gomez, A. M.; Lopez, J. C.; Fraser-Reid, B. *J. Org. Chem.* **1995**, *60*, 3859.
[102] Pingli, L.; Vandewalle, M. *Synlett* **1994**, 228.
[103] Montchamps, J.-L.; Peng, J.; Frost, J. W. *J. Org. Chem.* **1994**, *59*, 6999.
[104] Augustyns, K.; Rozenski, J.; Van Aerschot, A.; Busson, R.; Claes, P.; Herdewijn, P. *Tetrahedron* **1994**, *50*, 1189.
[105] Kessabi, F. M.; Winkler, T.; Luft, J. A. R.; Houk, K. N. *Org. Lett.* **2008**, *10*, 2255.
[106] Koreeda, M.; Hamann, L. G. *J. Am. Chem. Soc.* **1990**, *112*, 8175.
[107] Nagano, H.; Hara, S. *Tetrahedron Lett.* **2004**, *45*, 4329.
[108] Tamao, K.; Maeda, K.; Yamaguchi, T.; Ito, Y. *J. Am. Chem. Soc.* **1989**, *111*, 4984.
[109] (a) Friestad, G. K.; Massari, S. E. *J. Org. Chem.* **2004**, *69*, 863. (b) Friestad, G. K.; Jiang, T.; Mathies, A. K. *Tetrahedron* **2007**, *63*, 3964.
[110] Tamao, K.; Nagata, K.; Ito, Y.; Maeda, K.; Shiro, M. *Synlett* **1994**, 257.
[111] (a) Journet, M.; Magnol, E.; Agnel, G.; Malacria, M. *Tetrahedron Lett.* **1990**, *31*, 4445. (b) Agnel, G.; Malacria, M.; *Tetrahedron Lett.* **1990**, *31*, 3555.
[112] Journet, M.; Magnol, E.; Smadja, W.; Malacria, M. *Synlett* **1991**, 58.
[113] (a) Journet, M.; Smadja, W.; Malacria, M. *Synlett* **1990**, 320. (b) Journet, M.; Malacria, M. *J. Org.*

Chem. **1992**, *57*, 3085. (c) Aïssa, C.; Dhimane, A.-L.; Malacria, M. *Synlett* **2000**, 1585.
[114] (a) Elliott, M. R.; Dhimane, A.-L.; Malacria, M. *J. Am. Chem. Soc.* **1997**, *119*, 3427. (b) Dhimane, A.-L.; Aïssa, C.; Malacria, M. *Angew. Chem., Int. Ed.* **2002**, *41*, 3284.
[115] Mainetti, E.; Fensterbank, L.; Malacria, M. *Synlett* **2002**, 923.
[116] Wipf, P.; Graham, T. H. *J. Org. Chem.* **2003**, *68*, 8798.
[117] Bogen, S.; Malacria, M. *J. Am. Chem. Soc.* **1996**, *118*, 3992.
[118] Bogen, S.; Gulea, M.; Fensterbank, L.; Malacria, M. *J. Org. Chem.* **1999**, *64*, 4920.
[119] (a) Kanazaki, M.; Ueno, Y.; Shuto, S.; Matsuda, A. *J. Am. Chem. Soc.* **2000**, *122*, 2422. (b) Shuto, S.; Yahiro, Y.; Ichikawa, S.; Matsuda, A. *J. Org. Chem.* **2000**, *65*, 5547.
[120] (a) Xi, Z.; Agback, P.; Plavec, J.; Sandstrom, A.; Chattopadhyaya, J. *Tetrahedron* **1992**, *48*, 349. (b) Xi, Z.; Rong, J.; Chattopadhyaya, J. *Tetrahedron* **1994**, *50*, 5255.
[121] (a) Stork, G.; Mah, R. *Tetrahedron Lett.* **1989**, *30*, 3609. (b) Koreeda, M.; Wu, J. *Synlett* **1995**, 850.
[122] (a) Agnel, G.; Malacria, M. *Synthesis* **1989**, 687. (b) Journet, M.; Lacôte, E. Malacria, M. *J. Chem. Soc., Chem. Commun.* **1994**, 461.
[123] Sieburth, S. M.; Fensterbank, L. *J. Org. Chem.* **1992**, *57*, 5279.
[124] Tamao, K.; Kobayashi, K.; Ito, Y. *J. Am. Chem. Soc.* **1989**, *111*, 6478.
[125] Stork, G.; Chan, T. Y.; Breault, G. A. *J. Am. Chem. Soc.* **1992**, *114*, 7578.
[126] Page, P. C. B.; Vahedi, H.; Batchelor, K. J.; Hindley, S. J.; Edgar, M.; Beswick, P. *Synlett* **2003**, 1022.
[127] Crimmins, M. T.; Guise, L. E. *Tetrahedron Lett.* **1994**, *35*, 1657.
[128] Ishikawa, T.; Kudo, T.; Shigemori, K.; Saito, S. *J. Am. Chem. Soc.* **2000**, *122*, 7633.
[129] Halvorsen, G. T.; Roush, W. R. *Org. Lett.* **2008**, *10*, 5313.
[130] Yao, Q. *Org. Lett.* **2001**, *3*, 2069.
[131] Li, F.; Miller, M. J. *J. Org. Chem.* **2006**, *71*, 5221.
[132] (a) Beignet, J.; Cox, L. R. *Org. Lett.* **2003**, *5*, 4231. (b) Beignet, J.; Jervis, P. J.; Cox, L. R. *J. Org. Chem.* **2008**, *73*, 5462.
[133] Leighton, J. L.; Chapman, E. *J. Am. Chem. Soc.* **1997**, *119*, 12416.
[134] (a) Zacuto, M. J.; Leighton, J. L. *J. Am. Chem. Soc.* **2000**, *122*, 8587. (b) Zacuto, M. J.; O'Malley, S. J.; Leighton, J. L. *J. Am. Chem. Soc.* **2002**, *124*, 7890.
[135] Spletstoser, J. T.; Zacuto, M. J.; Leighton, J. L. *Org. Lett.* **2008**, *10*, 5593.
[136] Tenenbaum, J. M.; Woerpel, K. A. *Org. Lett.* **2003**, *5*, 4325.
[137] Hirano, K.; Yorimitsu, H.; Oshima, K. *Org. Lett.* **2006**, *8*, 483.
[138] (a) Fleming, I.; Ghosh, S. K. *J. Chem. Soc., Chem. Commun.* **1992**, 1775. (b) Fleming, I.; Ghosh, S. K. *J. Chem. Soc., Chem. Commun.* **1994**, 2285.
[139] Clive, D. L. J.; Cheng, H.; Gangopadhyay, P.; Huang, X.; Prabhudas, B. *Tetrahedron* **2004**, *60*, 4205.
[140] Lee, T. W.; Corey, E. J. *Org. Lett.* **2001**, *3*, 3337.
[141] Corey, E. J.; Chen, Z. *Tetrahedron Lett.* **1994**, *35*, 8731.
[142] Landais, Y.; Mahieux, C. *Tetrahedron Lett.* **2005**, *46*, 675.
[143] Miura, K.; Hondo, T.; Nakagawa, T.; Takahashi, T.; Hosomi, A. *Org. Lett.* **2000**, *2*, 385.
[144] Ihara, H.; Suginome, M. *J. Am. Chem. Soc.* **2009**, *131*, 7502.
[145] Peng, Z.-H.; Woerpel, K. A. *Org. Lett.* **2000**, *2*, 1379.
[146] Angle, S. R.; El-Said, N. A. *J. Am. Chem. Soc.* **2002**, *124*, 3608.
[147] Brengel, G. P.; Meyers, A. I. *J. Org. Chem.* **1996**, *61*, 3230.
[148] Fauvel, A.; Deleuze, H.; Landais, Y. *Eur. J. Org. Chem.* **2005**, 3900.
[149] Stork, G. *Pure Appl. Chem.* **1989**, *61*, 439.
[150] Landais, Y.; Planchenault, D.;Weber, V. *Tetrahedron Lett.* **1995**, *36*, 2987.
[151] Norley, M. C.; Kocieński, P. J.; Failer, A. *Synlett* **1994**, 77.
[152] (a) Yoshida, J.; Itami, K.; Mitsudo, K.; Suga, S. *Tetrahedron Lett.* **1999**, *40*, 3403. (b) Itami, K.;

Mitsudo, K.; Yoshida, J. *J. Org. Chem.* **1999**, *64*, 8709.

[153] (a) Itami, K.; Mitsudo, K.; Yoshida, J. *Tetrahedron Lett.* **1999**, *40*, 5537. (b) Itami, K.; Kamei, T.; Mitsudo, K.; Nokami, T.; Yoshida, J. *J. Org. Chem.* **2001**, *66*, 3970.

[154] Tamao, K.; Ishida, N. *Tetrahedron Lett.* **1984**, *25*, 4249.

[155] Sun, P.; Sun, C.; Weinreb, S. M. *J. Org. Chem.* **2002**, *67*, 4337.

[156] Magar, S. S.; Fuchs, P. L. *Tetrahedron Lett.* **1991**, *32*, 7513.

[157] Tamao, K.; Nakagawa, Y.; Ito, Y. *J. Org. Chem.* **1990**, *55*, 3438.

[158] (a) Tamao, K.; Nakajo, E.; Ito, Y. *J. Org. Chem.* **1987**, *52*, 957. (b) Barrett, A. G. M.; Malecha, J.W. *J. Chem. Soc., Perkin Trans. 1* **1994**, 1901.

[159] Usuda, H.; Kanai, M.; Shibasaki, M. *Tetrahedron Lett.* **2002**, *43*, 3621.

[160] (a) Chan, T. H; Pelion, P. *J. Am. Chem. Soc.* **1989**, *111*, 8737. (b) Lamothe, S.; Chan, T. H. *Tetrahedron Lett.* **1991**, *32*, 1847. (c) Chan, T. H.; Nwe, K. T. *J. Org. Chem.* **1992**, *57*, 6107. (d) Hartley, R. C.; Lamothe, S.; Chan, T. H. *Tetrahedron Lett.* **1993**, *34*, 1449.

[161] Krohn, K.; Khanbabaee, K. *Angew. Chem., Int. Ed. Engl.* **1994**, *33*, 99.

[162] Suginome, M.; Matsunaga, S.-i.; Ito, Y. *Synlett* **1995**, 941.

[163] Chen, R.-M.; Weng, W.-W.; Luh, T.-Y. *J. Org. Chem.* **1995**, *60*, 3272.

[164] Pei, T.; Widenhoefer, R. A. *Org. Lett.* **2000**, *2*, 1469.

[165] (a) Matsumoto, K.; Aoki, Y.; Oshima, K.; Utimoto, K.; Abd. Rahman, N. *Tetrahedron* **1993**, *49*, 8487. (b) Matsumoto, K.; Takeyama, Y.; Oshima, K.;Utimoto, K. *Tetrahedron Lett.* **1991**, *32*, 4545.

[166] Yamamura, Y.; Toriyama, F.; Kondo, T.; Mori, A. *Tetrahedron: Asymmetry* **2002**, *13*, 13.

[167] (a) Fu, P.-F.; Brard, L.; Li, Y.; Marks, T. J. *J. Am. Chem. Soc.* **1995**, *117*, 7157. (b) Molander, G. A.; Nichols, P. J. *J. Am. Chem. Soc.* **1995**, *117*, 4415.

[168] Sunderhaus, J. D.; Lam, H.; Dudley, G. B. *Org. Lett.* **2003**, *5*, 4571.

[169] Ogamino, J.; Mizunuma, H.; Kumamoto, H.; Takeda, S.; Haraguchi, K.; Nakamura, K. T.; Sugiyama, H.; Tanaka, H. *J. Org. Chem.* **2005**, *70*, 1684.

[170] Schmidt, A. W.; Olpp, T.; Baum, E.; Stiffel, T.; Knölker, H.-J. *Synlett* **2007**, 2371.

[171] (a) Schmidt, A. W.; Olpp, T.; Schmid, S.; Goutal, S.; Jäger, A.; Knölker, H.-J. *Synlett* **2007**, 1549. (b) Schmidt, A. W.; Olpp, T.; Schmid, S.; Jäger, A.; Knölker, H.-J. *Tetrahedron* **2009**, *65*, 5484.

[172] Reddy, P. V.; Veyron, A.; Koos, P.; Bayle, A.; Greene, A. E.; Delair, P. *Org. Biomol. Chem.* **2008**, *6*, 1170.

[173] Parmeggiani, C.; Martella, D.; Cardona, F.; Goti, A. *J. Nat. Prod.* **2009**, *72*, 2058.

[174] (a) Berry, M. B.; Griffiths, R. J.; Sanganee, M. J.; Steel, P. G.; Whelligan, D. K. *Tetrahedron Lett.* **2003**, *44*, 9135. (b) Restorp, P.; Fischer, A.; Somfai, P. *J. Am. Chem. Soc.* **2006**, *128*, 12646. (c) Restorp, P.; Dressel, M.; Somfai, P. *Synthesis* **2007**, 1576.

[175] Denmark, S. E.; Cottell, J. J. *J. Org. Chem.* **2001**, *66*, 4276.

[176] (a) Crimmins, M. T.; O'Mahony R. *J. Org. Chem.* **1989**, *54*, 1157. (b) Majetich, G.; Song, J.-S.; Ringold, C.; Nemeth, G. A.; Newton, M. G. *J. Org. Chem.* **1991**, *56*, 3973. (c) Yamamura, I.; Fujiwara, Y.; Yamato, T.; Irie, O.; Shishido, K. *Tetrahedron Lett.* **1997**, *38*, 4121.

[177] Yang, J.; Long, Y. O.; Paquette, L. A. *J. Am. Chem. Soc.* **2003**, *125*, 1567.

二氧化碳在有机合成中的转化反应
(Transformation of CO₂ in Organic Synthesis)

华瑞茂

1　CO_2 资源化利用概要 ··· 341
2　CO_2 与烯烃的反应 ·· 343
　2.1　CO_2 与单烯的反应 ··· 343
　2.2　CO_2 与 1,2-联二烯的反应 ··· 346
　2.3　CO_2 与 1,3-二烯的反应 ·· 348
3　CO_2 与炔烃的反应 ·· 351
　3.1　α-吡喃酮衍生物的合成 ··· 351
　3.2　丙烯酸衍生物的合成 ··· 353
　3.3　氨基甲酸烯酯的合成 ··· 355
　3.4　环状碳酸酯的合成 ··· 357
4　CO_2 与氧杂或氮杂环丙烷的反应 ··· 358
　4.1　环状碳酸酯的合成 ··· 358
　4.2　噁唑啉酮的合成 ·· 362
5　CO_2 作为羧基化试剂 ··· 364
　5.1　碳-氢键的羧基化反应 ·· 365
　5.2　与碳-金属键的反应 ·· 372
　5.3　与碳-杂原子键的反应 ·· 376
6　CO_2 作为 CO 源的反应 ··· 379
7　CO_2 转化反应实例 ·· 381
8　参考文献 ··· 383

1　CO_2 资源化利用概要

在室温下，二氧化碳是一种无色、无毒和无味的气体。其化学分子式为 CO_2、结构式为 O=C=O、分子量等于 44。在不同条件下，CO_2 可以气、液、固三种形态存在，密度分别为 1.977 g/L (在 1 atm 和 0 °C 下的气体)、0.770 g/mL (在 56 atm 和 20 °C 下的液体)、1.562 g/mL (在 1 atm 和 −78.5 °C 下的固体)。CO_2 是一个化学结构和化学性质非常稳定的分子，它既不可燃也不助燃。

在自然界中，CO_2 储量丰富且分布非常广泛，主要存在于生物体、生物圈环境和地壳中。在地壳中，CO_2 不仅可以碳酸盐和酸式碳酸盐的形式存在于各种岩石矿中，而且也可以 CO_2 气田、与天然气混合、矿泉水溶解气等聚集的形式存在。通过气井、矿泉或火山等的喷发，有大量的 CO_2 被排放进入到大气层中。此外，CO_2 还是碳及含碳化合物的最终氧化产物。随着工业生产的高速发展和对能源需求的剧增，大量消耗的含碳物质 (例如：煤、石油和天然气等) 也产生了大量的 CO_2 气体。虽然自然界可通过植物的光合作用将部分 CO_2 转化成为碳水化合物进入生物圈或者通过岩石的风化作用消耗部分的 CO_2，但大气中 CO_2 含量还是不断地增加。因此，无论从 C_1 资源化利用还是减轻 CO_2 对环境的污染来考虑，开展对 CO_2 的资源化利用以及将其转化成为有用的有机化合物的研究具有重要的战略意义。为此，虽然 CO_2 分子具有极高的热力学稳定性和较低的化学反应性，但人们在 CO_2 的利用和转化研究方面一直保持着极大的兴趣，并成为很多化学家长期不懈的努力方向和研究目标。

在 CO_2 资源化利用研究和应用方面，目前取得的最显著进展是将超临界 CO_2 作为有机反应[1]和萃取介质广泛地应用于各类有机合成反应以及工业规模的无机物和有机物的萃取。超临界 CO_2 不仅安全、无毒和来源丰富，而且具有较低的超临界温度 (T_c = 31.0 °C) 和适中的超临界压力 (P_c = 7.4 MPa)。由于 CO_2 具有可以大规模生产、使用和后处理的优点，使其成为替代有机溶剂较为理想的廉价绿色介质。

在将 CO_2 转化成为有用的官能团研究和应用方面也取得了很多重要的进展。CO_2 作为 C_1 资源，将其直接转化成为有机化合物是化学家最感兴趣的研究课题，已经成为合成化学、催化化学和绿色化学领域的重要研究内容之一。虽然 CO_2 可作为其它 C_1 分子以及羧基化和羰基化反应的原料，但由于其有极高的热稳定性和极低的化学反应性，使其合成大宗化学和化工品方面的应用受到限制。到目前为止，仅有四种(类)化学品的工业规模合成方法是利用 CO_2 作为 C_1 资源。这些反应包括氨气与 CO_2 反应生产尿素 (式 1)[3]、苯酚的钠或钾盐与 CO_2 反应生产水杨酸 (参阅本章 5.1)、1,2-二醇或环氧化物与 CO_2 反应生产环状碳酸酯 (参阅本章 4.1) 以及环氧化物与 CO_2 反应生产聚碳酸酯 (式 2)[4]。前两个工业化反应已经有一个多世纪的历史，是 CO_2 工业化利用规模最大和历史最长的反应。此外，人们还将尿素合成的反应拓展到将有机胺与 CO_2 的反应用于制备对称和不对称的脲[5]、或应用有机胺、醇与 CO_2 发生三组分反应合成氨基甲酸酯 (式 4)[6]。

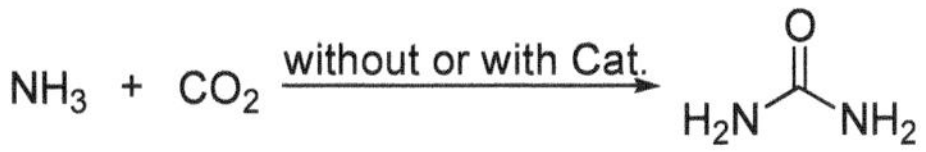

$$NH_3 + CO_2 \xrightarrow{\text{without or with Cat.}} H_2N-CO-NH_2 \quad (1)$$

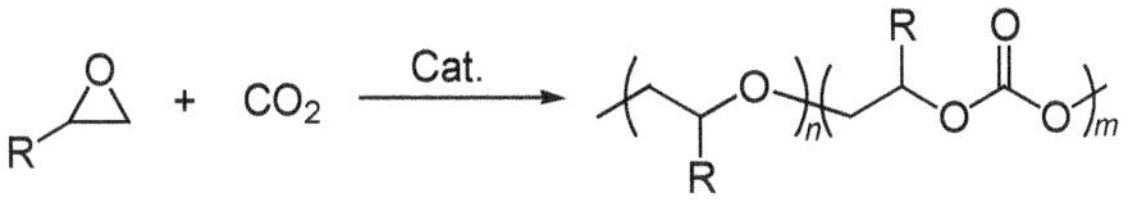

$$\underset{R}{\triangle\!\!\!\!\!O} + CO_2 \xrightarrow{\text{Cat.}} \left[\!\!-O-CH(R)-CH_2-\!\!\right]_n \left[\!\!-O-CO-O-\!\!\right]_m \quad (2)$$

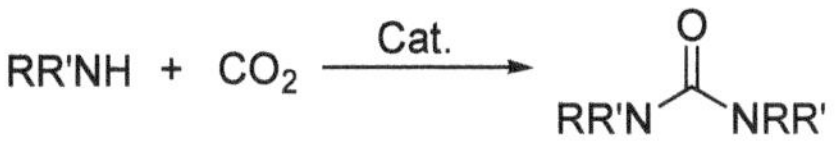

$$RR'NH + CO_2 \xrightarrow{\text{Cat.}} RR'N-CO-NRR' \quad (3)$$

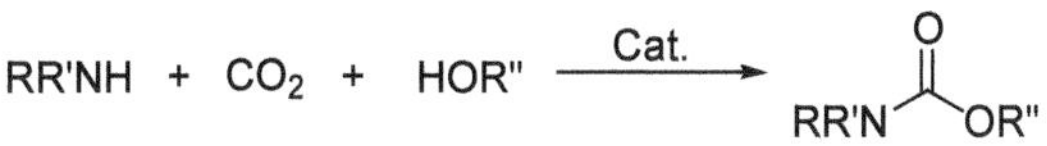

$$RR'NH + CO_2 + HOR'' \xrightarrow{\text{Cat.}} RR'N-CO-OR'' \quad (4)$$

CO_2 的氢化还原反应是 CO_2 资源化利用的另一类非常重要的转化途径。在不同的催化剂体系和不同的还原反应条件下，可以得到不同的化合物[7]，包括：甲醇[8]、乙醇[9]、CO[10]、甲酸[11]、甲烷[12]、饱和烷烃和烯烃[13]等重要的化学和化工基础原料。但是，目前已经报道的催化剂体系都存在着化学反应选择性不理想的问题，一般生成多种产物的混合物。因此，适合于工业化规模的反应催化剂体系还有待于进一步的研究和开发。此外，在使用饱和烷烃的氧化脱氢制备烯烃的反应中，CO_2 作为氧化剂也取得了重要的进展[14]。在配位化学研究中，CO_2 配合物的合成及其转化反应也已经成为重要的研究内容之一[15]。

本章主要介绍近 20 多年来 CO_2 在有机合成反应中的转化反应，重点总结 CO_2 作为羧基化、羰基化和酯基化试剂的研究进展。通过综述这些 CO_2 参与的反应，具体展现 CO_2 作为 C_1 原料可转化的多样性及其在精细化学品合成中的重要应用价值。

2 CO_2 与烯烃的反应

2.1 CO_2 与单烯的反应

在不同反应条件下，单烯烃与 CO_2 反应可以生成不饱和或饱和的羧酸衍生物。乙烯与 CO_2 的反应是最简单的烯烃羧基化反应，也是合成重要化学和化工原料丙烯酸的原子经济性反应 (式 5)。

$$=\ +\ CO_2\ \xrightarrow{\text{transition-metal-mediated}}\ \underset{O}{\overset{}{\diagup\!\!\!\diagdown}}\!\!\!\text{OH} \qquad (5)$$

由于丙烯酸的重要性以及乙烯和 CO_2 都是廉价的化工原料，很多研究小组对该反应及其可能形成的中间体的结构进行了深入的研究。从 20 世纪 80 年代开始，Hoberg 等人就详细地研究了 $Ni(cod)_2$/DBU (DBU = 1,8-diazabicyclo[5.4.0]undecene) 催化的不同结构的烯烃或炔烃与 CO_2 反应生成饱和或不饱和羧酸的反应体系 (式 6)[16]，并成功地分离和鉴定了镍杂五元内酯中间体的结构[17]。他们发现：该镍配合物在 60 ℃ 经酸化可以得到饱和羧酸衍生物，而在 85 ℃ 则发生 β-H 消除反应生成不饱和羧酸衍生物。非常遗憾的是：虽然理论计算认为生成不饱和羧酸衍生物的反应可以在过渡金属催化剂存在下实现催化循环[18]，但到目前为止还未能实现催化过程，而是使用化学计量的镍配合物。

$$R\diagup\!\!\!\diagdown\ +\ CO_2\ \xrightarrow{Ni(cod)_2/DBU}\ (DBU)_2Ni\text{-五元内酯}$$

式 (6)：加 H^+, 60 ℃ 得 $RCH_2CH_2CO_2H$ (saturated acid)；加 H^+, 85 ℃ 得 $R\diagup\!\!\!\diagdown CO_2H$ (unsaturated acid)

前几年，Rovis 等人报道了镍催化的苯乙烯及其衍生物与 CO_2 的还原羧基化 (氢羧基化) 反应，在催化条件下得到了高产率的 α-芳基丙酸衍生物[19]。如式 7 所示：在过量的 Et_2Zn 的存在下，$Ni(cod)_2$ 与 DBU 或吡啶配体组成的催化体系能够有效地催化缺电子 4-乙烯基苯甲酸甲酯与常压 CO_2 反应。但是，使用联吡啶或 PPh_3 配体时则没有羧基化反应发生。没有拉电子取代的苯乙烯具有较低的反应性，需要加入 Cs_2CO_3 作为添加剂。如使用 $Ni(acac)_2$/Cs_2CO_3 催化体系时，含有拉电子或推电子基团的苯乙烯衍生物均能顺利地进行羧基化反应 (式 8)。

$$R\text{-}C_6H_4\text{-}CH=CH_2\ +\ CO_2\ (1\ \text{atm})\ \xrightarrow[\text{Et}_2\text{Zn (1.5 eq.), THF, 23 ℃}]{Ni(cod)_2\ (10\ \text{mol}\%),\ \text{base}\ (20\ \text{mol}\%)}\ R\text{-}C_6H_4\text{-}CH(CH_3)CO_2H \qquad (7)$$

R = CO_2Me, 5%
R = CO_2Me, bpy, NR
R = CO_2Me, PPh_3, NR
R = CO_2Me, DBU, 88%
R = CO_2Me, py, 90%
R = H, DBU, NR
R = H, Cs_2CO_3, 56%

$$\begin{array}{c}\text{R}\diagdown\!\!\diagup\!\!\diagup\text{CH=CH}_2 + \text{CO}_2 \xrightarrow[\substack{\text{R}=p\text{-CO}_2\text{Me, 84\%}\\\text{R}=\text{H, 56\%}\\\text{R}=m\text{-MeO, 92\%}}]{\text{Ni(acac)}_2\text{ (10 mol\%), Cs}_2\text{CO}_3\text{ (20 mol\%), Et}_2\text{Zn (2.5 eq.), THF, 23 °C}} \text{R}\diagdown\!\!\diagup\!\!\diagup\text{CH(CH}_3\text{)CO}_2\text{H}\end{array} \quad (8)$$

在钯催化剂的存在下，亚甲基环丙烷与 CO_2 可以在高压下发生 [3+2] 环加成反应生成 γ-丁内酯。该反应是将 CO_2 转化成为酯基官能团的重要反应之一，但缺点是钯也能够同时催化亚甲基环丙烷自身的低聚反应[20]。为了有效地抑制烯键的低聚副反应，Greco 等人以 $Pd(PPh_3)_4$ 为催化剂，使用 2-(乙酰氧甲基)-3-(三甲基硅基)丙烯原位形成的 η^3-Pd-TMM (trimethylenemethane) 中间体与 CO_2 发生 [3+2] 环加成反应。该反应可以在常压下进行，以较高的产率生成 γ-丁内酯衍生物 (式 9)[21]。

$$\text{Me}_3\text{Si-CH}_2\text{-C(=CH}_2\text{)-CH}_2\text{OAc} + \text{CO}_2 \text{ (1 atm)} \xrightarrow[\text{69\% (NMR yield)}]{\text{Pd(PPh}_3)_4\text{ (8.0 mol\%), THF, 60 °C, 1.5 h}} \text{α-methylene-γ-butyrolactone} \quad (9)$$

烯烃在电化学条件下也可以与 CO_2 发生反应，该类反应是近几十年来重要的研究内容之一。1973 年，Gambino 等人报道了乙烯与 CO_2 经电化学反应生成草酸和丁二酸混合物的结果[22]。在以 DMF/Bu_4NBr 为电解质的反应体系中，苯乙烯与 CO_2 的羧基化反应可以得到 85% 的苯基丁二酸[23]。

后来，Senboku 等人报道了在电化学条件下三氟甲磺酸乙烯酯与常压 CO_2 的反应。基于碳-碳双键上取代基性质的差异，该反应可以选择性地生成 β-酮酸衍生物或 α,β-不饱和羧酸衍生物[24]。如式 10 和式 11 所示：当烯键的取代基为烷基和氢时，反应生成中等产率的 β-酮酸衍生物；当烯键中的一个取代基为苯基时，反应生成 α,β-不饱和羧酸衍生物。他们认为：这种选择性来自于三氟甲磺酸乙烯酯中的 O-S 键或 O-C 键的选择性断裂反应 (式 12)。

$$\begin{array}{c}n\text{-Bu-C(OTf)=CH}_2 \\ + \\ \text{cyclohexenyl-OTf}\end{array} + \text{CO}_2\text{ (1 atm)} \xrightarrow[\substack{\text{Bu}_4\text{NBF}_4\text{ (0.1 mol/L) in DMF}\\10\text{ mA/cm}^2, 3\text{ F/mol, 5 °C}\\\text{Pt} \mid \text{Mg}}]{} \begin{array}{c}n\text{-Bu-CO-CH}_2\text{-CO}_2\text{H, 46\%}\\\\\text{cyclohexanone-2-CO}_2\text{H, 33\%}\end{array} \quad (10)$$

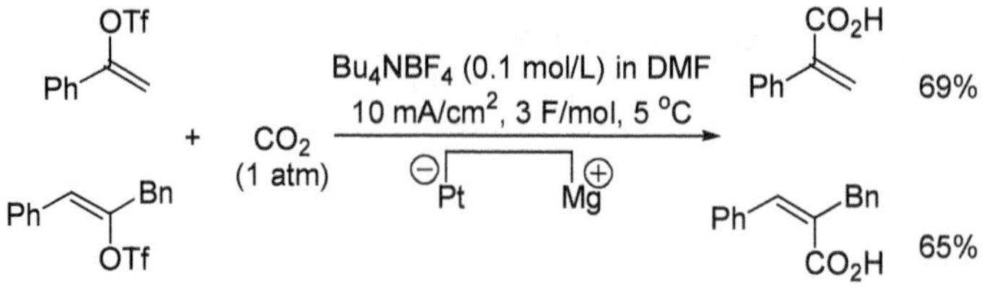

$$\text{(11)}$$

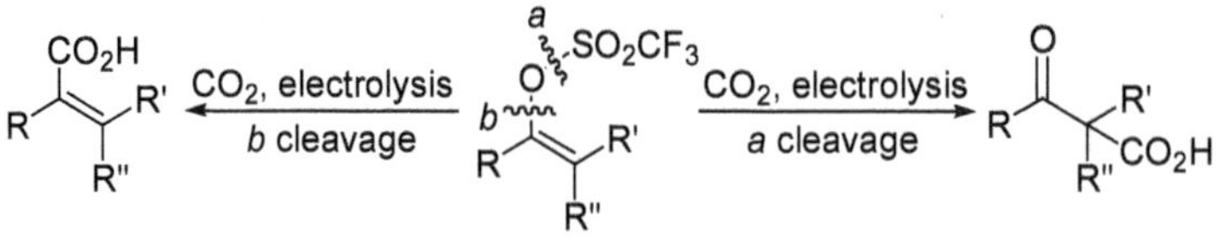

$$\text{(12)}$$

为了提高电化学条件下羧基化反应的效率，在电解质中加入过渡金属催化剂是一种有效的方法。Duñach 等人报道：稳定的 Ni(II) 配合物经原位还原可以生成具有催化活性的 Ni(0) 配合物。用这种方式催化烯烃与 CO_2 的羧基化反应，可以得到较高产率的单羧基化和双羧基化产物[25]。

在电化学条件下，1,4-二溴-2-溴甲基-2-丁烯[26]或溴乙烯衍生物[27]与 CO_2 发生羧基化反应分别得到 3-亚甲基-4-戊烯酸或 α,β-不饱和羧酸衍生物。如式 13 所示：后一个反应可以应用于制备消炎止痛药物布洛芬 (ibuprofen) 的前体。

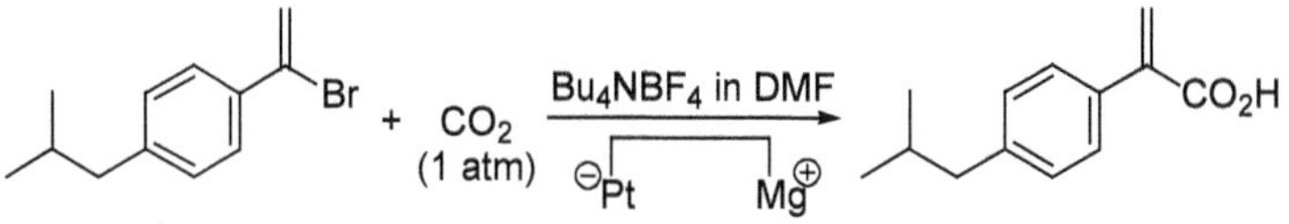

$$\text{(13)}$$

2.2 CO_2 与 1,2-联二烯的反应

过渡金属催化的 1,2-联丙二烯及其衍生物与 CO_2 的反应选择性通常较低，多数反应生成环酯、链酯、共聚物或者二烯自身的低聚物等[28]。特别是在 1,2-联丙二烯与 CO_2 的反应中，更容易生成不同分子量的二烯低聚物。这主要是因为 1,2-联丙二烯与 CO_2 是等电子分子，但它们的 HOMO 和 LUMO 轨道的能量差别较大[29]。因此，筛选和优化合适的反应条件是实现 1,2-联二烯与 CO_2 反应的关键因素。

Aresta 等人研究了不同条件下 Rh(I) 配合物催化的 1,2-联丙二烯与 CO_2 的反应。他们发现：即使在高压 (6.0 MPa) 下，[RhCl(P^{i}Pr$_3$)(C$_2$H$_4$)] 也不能催化 1,2-联丙二烯与 CO_2 的偶联反应。但是，在少量氢气的存在下，室温反应就可检测到 1,2-联丙二烯与 CO_2 的 [2+2] 环加成反应产物亚甲基环丁内酯 (式 14)[30]。他们没有解释氢气如何促进联烯与 CO_2 反应的机理，而且在高于室温下重复相同反应时也得不到同样的环加成产物。

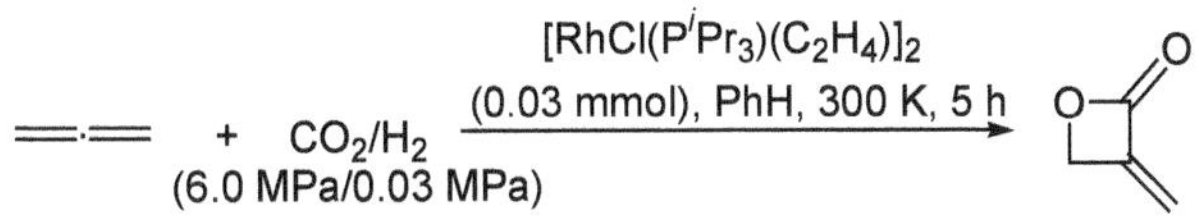

$$\ce{=·=} + \text{CO}_2/\text{H}_2 \xrightarrow[\text{(6.0 MPa/0.03 MPa)}]{\substack{[\text{RhCl}(\text{P}^i\text{Pr}_3)(\text{C}_2\text{H}_4)]_2 \\ (0.03\ \text{mmol}),\ \text{PhH},\ 300\ \text{K},\ 5\ \text{h}}} \quad \text{(β-lactone)} \quad (14)$$

Mori 等人报道：在 Ni(cod)$_2$/DBU 的存在下，末端联二烯与 CO$_2$ 和芳香醛发生三组分偶联反应生成亚甲基取代的 γ-丁内酯 (式 15)[31]。

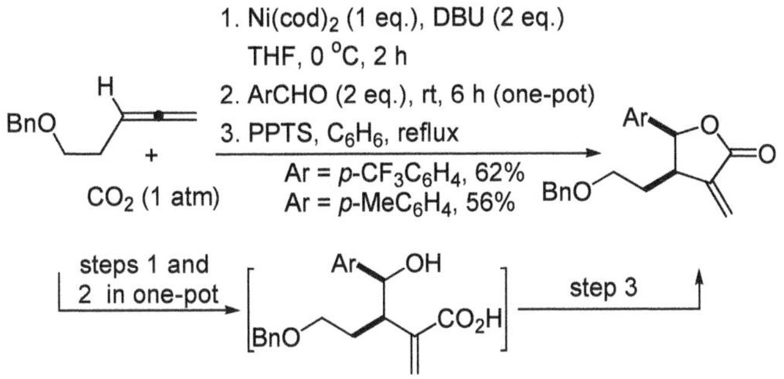

$$\text{(Eq. 15)}\quad Ar = p\text{-CF}_3\text{C}_6\text{H}_4, 62\%;\ Ar = p\text{-MeC}_6\text{H}_4, 56\%$$

该反应的重要中间体被认为是 1,2-联二烯与 CO$_2$ 和 Ni(0) 反应生成的氧、镍-杂五元环化合物，这类化合物的合成和结构已有报道 (式 16)[32]。这类中间体极易与亲电试剂 (例如：芳基甲醛) 发生反应，生成 α,β-不饱和羧酸衍生物。在无其它亲电试剂存在时，产物可以与甲基化试剂反应生成 α,β-不饱和羧酸酯衍生物[33]。以 PhMe$_2$SiH 为质子源时，也可以生成 α,β-不饱和羧酸衍生物[34]。

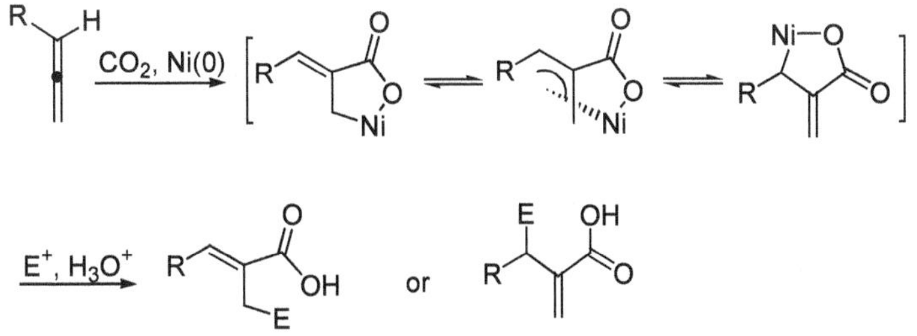

$$\text{(Eq. 16)}$$

Iwasawa 等人研究了双氮配体与 Ni(cod)$_2$ 组合体系催化的炔烃、联烯与 CO$_2$ 的反应[35]。选择适当的配体，末端 1,2-联二烯的羧基化反应可以高产率和高度区域选择性地生成 α,β-不饱和羧酸衍生物 (式 17)。

他们还报道：二价钯的氢化物也能有效地催化 1,2-联二烯与 CO$_2$ 的反应，并且建立了合成 β,γ-不饱和羧酸衍生物的原子经济性合成方法[36]。如式 18 所示：在 Et$_3$Al 的存在下，钯催化剂可以在室温下的 DMF 溶剂中催化 1,2-联二烯与常压 CO$_2$ 发生氢羧基化反应，高产率地生成相应的 β,γ-不饱和羧酸衍生物。在该反应中，实际包括有联烯与催化剂进行的选择性氢钯化反应以及随后与 CO$_2$ 的亲核反应和质子化反应三个步骤。在甲基化试剂 Me$_3$SiCHN$_2$ 的存在下，1,3-

取代的 1,2-联二烯也能进行类似的反应生成相应的 β,γ-不饱和羧酸酯类化合物。

$$\begin{array}{c}\text{R-CH=C=CH}_2 + \text{CO}_2 \xrightarrow[\text{R = Ph, 89\% (93:7)}]{\text{Ni(cod)}_2 \text{ (1.0 eq.), L (1.0 eq.)}} \text{R-C(CH}_3\text{)=CH-COOH} + \text{R-CH(CH}_2\text{COOH)=CH}_2\end{array} \quad (17)$$

R = Ph, 89% (93:7)
R = PhCH$_2$CH$_2$, 83% (100:0)
CO$_2$ (1 atm)

L = (双咪唑啉配体, Bu^n, Bu^n 取代)

$$\text{RR'C=C=CH}_2 + \text{CO}_2 \xrightarrow[\text{DMF, rt or 50 °C, 8~48 h}]{\text{Cat. (1 mol\%), Et}_3\text{Al (1.5 eq.)}} \text{R'R C(CO}_2\text{H)-CH=CH}_2 \quad (18)$$

R = Me, R' = Me, 95% (rt, 48 h)
R = Me, R' = -(CH$_2$)$_3$OBz, 100% (50 °C, 12 h)

Cat. = (Ph$_2$P)$_2$Pd-H, SiMe 桥联的氧杂二膦钯配合物

Ma 等人研究了碱性条件下酰胺基 CONHR 取代的 1,2-联二烯与常压 CO$_2$ 的反应,建立了一种合成 1,3-噁嗪-2,4-二酮 (1,3-oxazine-2,4-dione) 的简单方法 (式 19)[37]。碱试剂和溶剂的性质对该反应的效率有着显著的影响:K$_2$CO$_3$ 优于 Na$_2$CO$_3$、Li$_2$CO$_3$、KOH、KHCO$_3$、Et$_3$N 和 ^{i}Pr$_2$NH。但是,Cs$_2$CO$_3$ 与 K$_2$CO$_3$ 具有近似的效果,DMSO 优于 DMF 和 DMA。该反应的机理可能包括碱性条件下形成 CON$^-$R 阴离子及其与 CO$_2$ 的亲核反应和质子化反应。值得注意的是:在相同的反应条件下,CONHR 取代的炔烃或烯烃不能发生类似的成环反应。

$$\text{RR'C=C=CR''(CONHR''')} + \text{CO}_2 \xrightarrow[\text{DMSO, 70 °C, 3 h}]{\text{K}_2\text{CO}_3 \text{ (1.0 eq.)}} \text{1,3-噁嗪-2,4-二酮} \quad (19)$$

R = Me, R' = Me, R'' = H, R''' = Bn, 75%
R = Me, R' = H, R'' = Et, R''' = Bn, 76%
R = Me, R' = Me, R'' = Me, R''' = Bn, 92%

2.3 CO$_2$ 与 1,3-二烯的反应

CO$_2$ 与共轭 1,3-二烯反应主要生成链状不饱和羧酸和环状内酯类化合物。在已报道的文献中,主要使用镍和钯配合物作为催化剂。但是,它们催化的大多数反应具有比较低的化学选择性[38]。

Hoberg 等人在早期深入地研究了镍配合物催化的 1,3-丁二烯与 CO$_2$ 的反应[39]。由于 1,3-丁二烯在镍催化剂存在下容易发生低聚反应,一般得到多种羧

酸衍生物的混合物。如式 20 所示：在不同的反应温度下，Ni(cod)$_2$/Py (吡啶) 体系催化的 1,3-丁二烯与 CO$_2$ 的反应可以生成 C$_9$-羧酸和 C$_{18}$-二酸衍生物。在该反应中，反应的中间体是 1,3-丁二烯二聚体与镍生成的配合物。在低温时，该配合物发生羧基化反应生成 C$_9$-羧酸衍生物。若反应温度升高到 60 $^{\circ}$C，C$_9$-羧酸镍中间体则发生二聚反应生成 C$_{18}$-二聚体，将其水解和甲酯化后即可得到二酸衍生物。当使用五氟取代的吡啶作为配体时，1,3-丁二烯发生三聚羧基化反应生成四种不饱和羧酸衍生物 (式 21)。

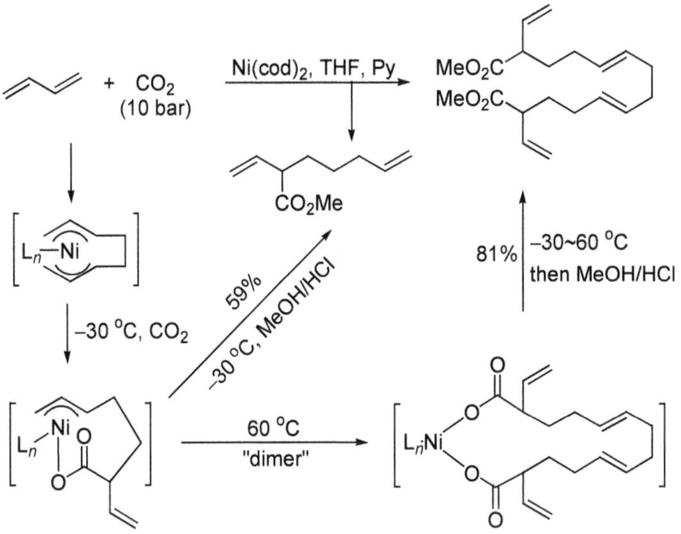

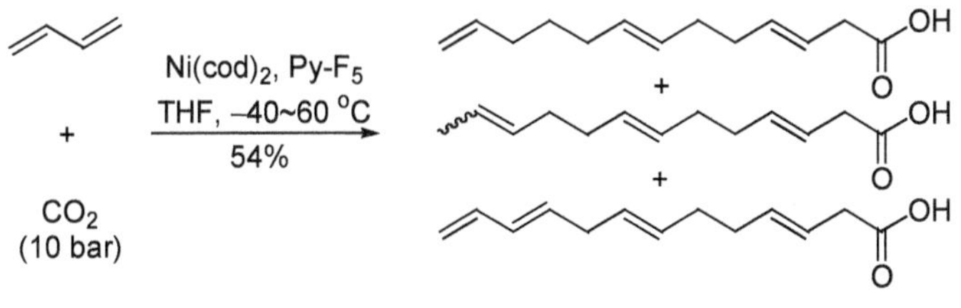

取代的 1,3-丁二烯衍生物与 CO$_2$ 的反应具有较高的化学选择性。如式 22 所示：在 Ni(cod)$_2$/DBU 体系催化下，4-苯基-1,3-丁二烯与常压 CO$_2$ 反应生成 77% 的两种羧酸异构体的混合物。但是，在 Me$_2$Zn 的存在下，生成了中等产率的 (Z)-2-芳基-3-烯-己二酸二甲酯 (式 23)[40]。

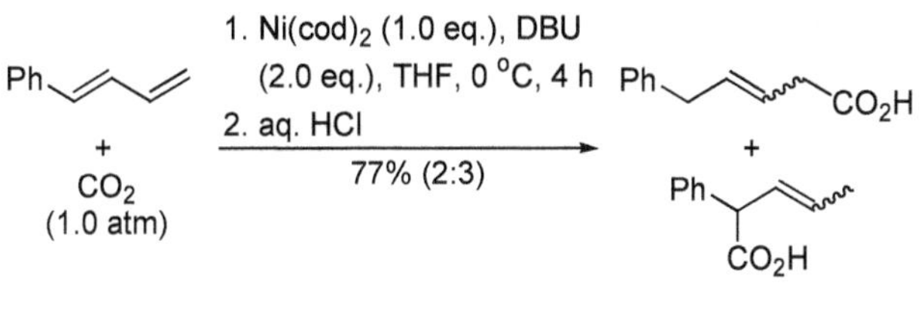

$$\text{Ar}\diagdown\diagdown + \text{CO}_2 \xrightarrow[\begin{array}{c}\text{2. Me}_2\text{Zn (5.0 eq.), 0 °C, 2 h, CH}_2\text{N}_2\\ \text{Ar = Ph, 68\%}\\ \text{Ar = }p\text{-CF}_3\text{C}_6\text{H}_4\text{, 75\%}\\ \text{Ar = }p\text{-MeOC}_6\text{H}_4\text{, 36\%}\end{array}]{\begin{array}{c}\text{1. Ni(cod)}_2\text{ (1.0 eq.), DBU (2.0 eq.)}\\ \text{THF, 0 °C, 4 h}\end{array}} \text{Ar}\diagdown\diagup^{\text{CO}_2\text{Me}}_{\text{CO}_2\text{Me}} \quad (23)$$

在同样的反应条件下，环己二烯可以发生双羧基化反应生成 50% 的反式 1,4-二甲羧基环己烯 (式 24)。但是，当使用 Ph_2Zn 或 $ArZnX$ 代替 Me_2Zn 时，其中的 Ph 或 Ar 也能够与烯键发生反应生成单羧基产物。若使用 $Ni(cod)_2/PPh_3$ 或 $Ni(acac)_2/PPh_3$ 催化体系，双-1,3-二烯化合物与 CO_2 和 Me_2Zn 或 Ph_2Zn 均可顺利反应生成环化羧基化产物 (式 25)[41]。在手性配体的存在下，这类底物还可以高度立体选择性地生成手性环羧基化产物 (式 26)[42]。

$$\bigcirc + \text{CO}_2 \xrightarrow[50\%]{\begin{array}{c}\text{1. Ni(cod)}_2\text{ (1.0 eq.), DBU (2.0 eq.), THF, 0 °C, 7 h}\\ \text{2. Me}_2\text{Zn (5.0 eq.), 0 °C, 2 h}\end{array}} \quad (24)$$

$$\text{(25)}$$

反应条件: i. $Ni(acac)_2$ (10~15 mol%), PPh_3 (20~30 mol%), THF, 0 °C; ii. CO_2 (1 atm); iii. R_2Zn.

$$\text{(26)}$$

L = (S)-MeO-MOP

钯配合物也可以催化 1,3-丁二烯与 CO_2 的反应，但化学反应选择性不易调控。Braunstein 等人报道：使用 $[Pd(MeCN)_4]BF_4/L$ 催化体系进行反应，得到了由 1,3-丁二烯二聚羧基化反应生成的五元环内酯和六元环内酯以及链状羧酸衍生物的混合物[43]。

3 CO_2 与炔烃的反应

3.1 α-吡喃酮衍生物的合成

α-吡喃酮及其衍生物是重要的氧杂六元环化合物,不仅是有机合成的中间体,而且吡喃酮单元也存在于一些具有生物活性的天然产物中。所以,有关它们的合成方法的研究是有机合成化学和杂环化学的重要内容之一[44]。基于逆合成分析,α-吡喃酮 (α-pynanone) 的骨架结构可以通过二分子炔烃和一分子 CO_2 的 [2+2+2] 环化加成反应来构建,这是一种最简单和最原子经济的合成方法 (式 27)。

$$\text{(27)}$$

1977 年,Inoue 等人报道:使用 $Ni(cod)_2$/双膦配体催化的 1-己炔与 CO_2 的 [2+2+2] 环化加成反应可以得到 4,6-二丁基-2-吡喃酮 (式 28)[45]。研究结果显示:吡喃酮骨架结构形成的关键中间体是已知结构的镍杂环戊二烯衍生物[46]。在配体 dppb 的存在下,内部炔烃 (例如:3-己炔) 也能够得到中等产率的四乙基取代 α-吡喃酮 (57%)。但是,当使用 PPh_3 代替 dppb 时,产物的产率只有 9%[47]。

$$\begin{array}{c}
\text{Ni(cod)}_2 \text{ (0.4 mmol), Ph}_2\text{P(CH}_2\text{)}_n\text{PPh}_2 \\
\text{(0.8 or 1.6 mmol), PhH, 120 °C, 20 h} \\
n = 1, 0.8 \text{ mmol, } 1.7\% \\
n = 2, 0.8 \text{ mmol, } 3.7\% \\
n = 3, 0.8 \text{ mmol, } 4.8\% \\
n = 4, 0.8 \text{ mmol, } 6.6\% \\
n = 4, 1.6 \text{ mmol, } 9.3\%
\end{array} \quad \text{(28)}$$

^{n}Bu + CO_2 50 kg/cm^2

虽然此类反应的选择性和产率均不理想,但它们首次表明 α-吡喃酮衍生物可以通过 CO_2 与炔烃的原子经济性绿色反应来合成。此后,多个研究小组对该反应进行了底物筛选和条件优化等工作。他们发现:非共轭二炔 (相当于二个单炔结构) 能够与 CO_2 发生高度选择性的 [4+2] 环化加成反应。

Tsuda 等人首次报道的二炔与 CO_2 的 [4+2] 环化加成反应,但使用的是化学计量的 $Ni(cod)_2$/膦配体反应体系[48]。在该反应体系中,单膦配体 PCy_3 和双膦配体 dppb 显示出相同的效果。进一步的系统研究发现:$Ni(cod)_2$/三烷基膦配体组合也能够催化末端被烷基取代的二炔与 CO_2 的环化加成反应。通过选择适合的膦配体和反应条件,不同结构的二炔均可以得到比较理想的选择性和产率,从而建立了一种有效的合成 3,6-二烷基-4,5-环烷基-α-吡喃酮的新方法 (式 29)[49]。但值得注意的是：在相同的反应条件下，4-辛炔等单炔与 CO_2 不能发生类似的成环反应。此外，该研究小组还研究了 $Ni(cod)_2$/三烷基膦催化的末端被硅烷取代的二炔与 CO_2 之间的环加成反应。由于产物中含有 C-Si 键，因此可以进一步发生反应生成官能团化的吡喃酮并双环衍生物[50]。

$$\begin{array}{c}\text{Ni(cod)}_2\ (10\ \text{mol\%}),\ \text{PR}_3 \\ (20\ \text{mol\%}),\ \text{solvent},\ 20\ \text{h}\end{array} \tag{29}$$

Z = -CH$_2$-, PCy$_3$, THF, rt, 88%
Z = -CH$_2$CH$_2$-, PCy$_3$, THF, rt, 85%
Z = -CH$_2$CH$_2$CH$_2$-, PCy$_3$, THF, rt, 19%
Z = O, P(n-C$_8$H$_{17}$)$_3$, THF, 80 °C, 49%
Z = n-PrN, P(n-C$_8$H$_{17}$)$_3$, C$_6$H$_6$, 80 °C, 78%

为了建立更温和的催化反应体系 (例如：低压 CO_2 反应体系)，Louie 等人研究了 $Ni(cod)_2$/IPr (IPr = 1,3-bis-(2,6-diisopropylphenyl)-imidazol-2-ylidene) 催化的对称二炔与常压 CO_2 在 60 °C 下的成环反应 (式 30)[51]。当炔烃末端的取代基是空间位阻较小的 Me、Et 或 i-Pr 等基团时，可以高产率地得到目标产物。但是，当取代基是空间位阻较大的 t-Bu 或 SiMe$_3$ 等基团时，则完全不能发生环加成反应。因此，他们进一步研究了由大、小位阻取代基共存的不对称二炔与 CO_2 的环化加成反应。实验结果发现：使用氮杂卡宾配体可以影响这些底物反应的区域选择性。如式 31 所示[52]：当 R = i-Pr 时，使用大位阻配体 IPr 比小位阻配体 IMes [1,3-bis-(2,4,6-trimethylphenyl)imidazol-2-ylidene] 得到较高的区域选择性。但是，当 R = Me$_3$Si 时，配体结构对反应的区域选择性基本没有影响。该反应可以生成单一的大位阻基团在吡喃酮衍生物 3-位上取代的产物，其结构已经单晶 X 射线衍射分析确定。

当连接二炔之间的碳链大于 6 个碳数时，二炔的反应性质与单炔类似，很难与 CO_2 发生 [4+2] 环化加成反应。Tsuda 等人从 1992 年就开始研究在不同条件下这类二炔与 CO_2 的环化加成反应，并且建立了高产率合成聚吡喃酮衍生物的催化反应体系 (式 32)[53]。

$$\begin{array}{c}\text{Ni(cod)}_2\ (5\ \text{mol\%}),\ \text{IPr} \\ (10\ \text{mol\%}),\ \text{PhMe},\ 60\ °\text{C},\ 2\ \text{h} \\ \hline R = \text{Me, Et, }^i\text{Pr};\ 75\%\sim97\%\end{array} \tag{30}$$

$$\text{MeO}_2\text{C} \underset{\text{MeO}_2\text{C}}{\overset{}{\bigvee}} \underset{R}{\overset{Me}{\equiv}} + \text{CO}_2 \quad \xrightarrow[\text{(20 mol\%), PhMe, 60 °C, 30 min}]{\text{Ni(cod)}_2 \text{ (10 mol\%), IPr or IMes}}$$

R = ^{i}Pr, IPr, **A**:**B**, 80:20, 64%
R = IMes, **A**:**B**, 56:44, 57%
R = ^{t}Bu, IPr, **A**:**B**, 100:0, 64%
R = TMS, IPr, **A**:**B**, 100:0, 83%
R = TMS, IMes, **A**:**B**, 100:0, 67% (31)

$$n \underset{}{\overset{}{\bigvee}}(\text{CH}_2)_m \underset{R}{\overset{\equiv R}{\equiv}} + n\text{CO}_2 \quad \xrightarrow{\text{Ni(cod)}_2, \text{ligand}} \quad \left[\overset{R}{\underset{O}{\bigvee}} \overset{R}{\underset{}{\bigvee}} (\text{CH}_2)_m \right]_n \quad (32)$$

3.2 丙烯酸衍生物的合成

炔烃的氢羧基化反应是制备丙烯酸衍生物的原子经济性反应。因此，研究发现有效催化炔烃与 CO_2 氢羧基化的反应体系是一个有趣的研究课题。

在炔烃氢羧基化反应的早期研究中，一般使用化学计量的 Ni(0) 配合物反应体系。如式 33 所示[54]：反应的关键中间体是镍、炔烃与 CO_2 环化偶合生成的镍杂五元环内酯。

$$R\text{---}\!\!\equiv\!\!\text{---}R + \text{CO}_2 \xrightarrow{\text{Ni(0)}} \underset{}{\overset{R \quad R}{\underset{\text{Ni}\diagup_O}{\bigvee}}} \xrightarrow{\text{H}_3\text{O}^+} \underset{R}{\overset{R}{\diagup\!\!\diagdown}}\text{CO}_2\text{H} \quad (33)$$

Saito 等人研究了 $Ni(cod)_2$/DBU 体系催化的炔键与 CO_2 的氢羧基化反应，在温和条件下 (1.0 atm CO_2, 0 °C) 实现了炔烃、烯炔和 1,3-二炔的高度区域和化学选择性氢羧基化反应[55]。如式 34~式 36 所示：单炔的氢羧基化反应生成反马氏加成产物 (只有当 R = n-C_6H_{13} 时，反马氏/马氏 = 16:1)；烯炔的羧基化反应只发生在炔键上；1,3-二炔只发生单羧基化反应；不对称的 1,3-二炔的反应能够高度选择性地发生在末端炔键或空间位阻小的炔键上。几乎所有类型的底物的羧基化反应都具有立体选择性，生成的烯键都是反式构型。

$$R\text{---}\!\!\equiv + \text{CO}_2 \xrightarrow[\text{(2.0 eq.), THF, 0 °C, 3 h}]{\text{Ni(cod)}_2 \text{ (1.0 eq.), DBU}} R\diagup\!\!\diagdown\text{CO}_2\text{H} \quad (34)$$
(1.0 atm)

R = Ph, 85%; R = p-MeOC_6H_4, 86%
R = t-Bu, 72%; R = p-CF$_3C_6H_4$, 91%
R = TMS, 58%; R = n-C_6H_{13}, 74%

$$R\underset{}{\overset{R'}{=\!=\!=}} + CO_2 \;(1.0\text{ atm}) \xrightarrow[\substack{R,R' = -(CH_2)_4-,\;86\% \\ R = H,\;R' = n\text{-}C_6H_{13},\;68\%}]{\text{Ni(cod)}_2\;(1.0\text{ eq.}),\;DBU\;(2.0\text{ eq.}),\;THF,\;0\,^\circ C,\;3\text{ h}} R\underset{R'}{\overset{}{=\!=\!=}}CO_2H \quad (35)$$

$$R\text{—}\!\!\equiv\!\!\text{—}R' + CO_2\;(1.0\text{ atm}) \xrightarrow[\substack{R = n\text{-}C_6H_{13},\;R' = H,\;86\% \\ R = Ph_3Si,\;R' = n\text{-}C_6H_{13},\;71\%}]{\text{Ni(cod)}_2\;(1.0\text{ eq.}),\;DBU\;(2.0\text{ eq.}),\;THF,\;0\,^\circ C,\;3\text{ h}} \underset{HO_2C}{\overset{R}{=\!=\!=}}\!\!\!\overset{}{=\!=\!=}R' \quad (36)$$

Mori 等人在上述类似的反应体系中加入有机锌试剂后，可以在末端炔烃的末端碳原子上发生羧基化反应的同时在另一个碳原子上发生碳-碳键的形成反应，高度选择性地生成 β,β-二取代丙烯酸衍生物 (式 37)[56]。通过将该反应体系用于内部炔烃底物，他们建立了一种有效合成 α,β,β-三取代丙烯酸酯衍生物的新方法[57]。

$$R\text{—}\!\!\equiv\!\!\text{—} + CO_2\;(1.0\text{ atm}) \xrightarrow[\substack{R = p\text{-}MeOC_6H_4,\;R' = Me\;(\text{from }Me_2Zn):\;78\% \\ R = BnCH_2CH_2,\;R' = Ph\;(\text{from }PhZnCl):\;69\%}]{\substack{1.\;\text{Ni(cod)}_2\;(1.0\text{ eq}),\;DBU\;(2.0\text{ eq.}),\;THF,\;0\,^\circ C \\ 2.\;R'_2Zn\;\text{or}\;R'ZnX\;(2.5\text{ eq.})}} \underset{R'}{\overset{R}{=\!=\!=}}CO_2H \quad (37)$$

Tsuji 等人报道：以氢硅烷为氢源，氮杂卡宾 (NHC) 配位的铜配合物可以催化内部炔烃与 CO_2 在常压下发生羧基化反应。如式 38 所示[58]：[IMesCuF] 和 [Cl$_2$IPrCuF] 具有很高的催化活性。在苯乙炔的羧基化反应中，使用 [IPrCuF] 配体只生成中等产率的 3-苯基丙烯酸。

$$Ph\text{—}\!\!\equiv\!\!\text{—}Ph + CO_2\;(\text{balloon}) \xrightarrow[\substack{2.\;aq.\;HCl;\;3.\;MeI,\;t\text{-}BuOK \\ 86\%\;(GC)}]{\substack{1.\;[\text{IMesCuF}]\;(1.0\text{ mol}\%),\;HSi(OEt)_3 \\ (2.0\text{ eq.}),\;1,4\text{-dioxane},\;100\,^\circ C,\;4\text{ h}}} \underset{Ph}{\overset{Ph}{=\!=\!=}}CO_2Me \quad (38)$$

IPr: R = ^{i}Pr, R' = R'' = H
IMes: R = R' = Me, R'' = H
Cl$_2$IPr: R = ^{i}Pr, R' = H, R'' = Cl

Ti(IV) 试剂非常容易与不饱和双键或三键形成钛杂环丙烷化合物，它们是极强的亲核试剂。如式 39 所示[59]：在 Bu$_2$Ti(O^{i}Pr)$_2$ 的存在下，二苯乙炔与 CO_2 可以在低温和常压下反应生成 (E)-2,3-二苯丙酸。

$$Ph\text{—}\!\!\equiv\!\!\text{—}Ph + CO_2 \xrightarrow{Bu_2Ti(O^iPr)_2,\;THF,\;-78\sim25\,^\circ C} \underset{Ph}{\overset{Ph}{=\!=\!=}}CO_2H \quad (39)$$

Duñach 等人深入地研究了镍配合物存在下炔烃的电化学羧基化反应。虽然该类反应在大多数情况下的效率和区域选择性不尽理想,但为 CO_2 的应用和炔烃的直接羧基化反应提供了另一种反应途径。他们使用比较稳定的二价镍配合物 $Ni(bipy)_3(BF_4)_2$ 为催化剂前体,首先在电化学条件下将其原位还原成为活性催化物种。然后用于催化末端炔烃内部碳与 CO_2 发生羧基化反应,生成 65%~90% 的 α-取代丙烯酸衍生物[60]。在相同的催化剂体系中,内部炔烃的羧基化反应可以生成单羧基化或双羧基化的产物[61]。此外,1,6-二炔也可以发生电化学羧基化反应[62]。

选择合适的电解质,炔烃与 CO_2 之间的电化学氢羧基化反应可以用于合成二羧酸化合物及其衍生物。如式 40 所示[63]:使用 n-Bu$_4$NBr-DMF 为电解质时,苯乙炔和二苯乙炔与 CO_2 的反应能够高产率地生成马来酸酐和丁二酸衍生物,主要产物为马来酸酐。若在该反应体系中加入水,则主要生成丁二酸产物。

$$\text{Ph-}\equiv\text{-R} + CO_2 \xrightarrow[\text{3.0 MPa}]{\substack{1.\ n\text{-Bu}_4\text{NBr in DMF, rt} \\ \text{Ni}\quad\quad\quad\text{Al} \\ 2.\ H_3O^+}} \underset{R = H, 93\%;\ R = Ph, 91\%}{\text{马来酸酐}} + \text{丁二酸衍生物} \qquad (40)$$

95 : 5

3.3 氨基甲酸烯酯的合成

氨基甲酸烯酯是合成农药、医药和聚合物等的重要中间体[64],它们在有机合成、特别是在含氮杂环合成中得到了广泛的应用。在传统的合成方法中,氨基甲酸烯酯衍生物可用通过 α- 或 β-卤代烷基氨基甲酸酯的脱卤化氢反应[65]或者氨与氯甲酸烯酯反应等来制备[66]。在 20 世纪 80 年代,人们就发展了从末端炔烃、CO_2 和胺三组分偶合加成反应合成氨基甲酸烯酯的绿色合成方法(式 41)。

$$\text{R-}\equiv + CO_2 + RR'NH \xrightarrow{\text{Cat.}} \underset{anti\text{-Markovnikov}}{R'RN\text{-C(O)-O-CH=CHR}} + \underset{\text{Markovnikov}}{R'RN\text{-C(O)-O-C(R)=CH}_2} \qquad (41)$$

1986 年,Dixneuf 等人首次报道了 $Ru_3(CO)_{12}$ 催化的 1-己炔、苯乙炔与 CO_2 和 Et_2NH 的三组分反应,以较低的产率得到氨基甲酸烯酯的异构体混合物(式 42)[67]。但是,由于该反应以 CO_2 为原料,为原子经济性合成氨基甲酸烯酯提供了一种新的思维方法。

$$\begin{array}{c} \text{R}\!\!=\!\!\!= \\ + \\ \text{Et}_2\text{NH} \\ + \\ \text{CO}_2 \\ \text{(50 atm)} \end{array} \xrightarrow[\text{PhMe, 140 °C, 20 h}]{\text{Ru}_3(\text{CO})_{12}\ (2\ \text{mol}\%)} \text{Et}_2\text{N-C(O)-O-CH=CH-R} + \text{Et}_2\text{N-C(O)-O-C(R)=CH}_2 \quad (42)$$

R = n-Bu, 18% (Z) + 15% (E) + 3% (Markovnikov isomer)
R = Ph, 6% (Z) + 11% (E)

他们进一步研究了炔烃的结构、催化剂和反应条件对生成氨基甲酸烯酯反应的效率和化学选择性的影响。如式 43 所示[68]：在 THF 中，$RuCl_3 \cdot 3H_2O$ 可以催化苯乙炔与 CO_2 和 Et_2NH 的反应，以较高的产率得到反马氏氨基甲酸烯酯衍生物。其中，Z-型异构体的立体选择性可以达到 84%。但是，该催化体系似乎只能使用于 Et_2NH。当使用 Me_2NH、六氢吡啶或吗啉取代 Et_2NH 时，相应的氨基甲酸烯酯的产率均小于 20%。

$$\begin{array}{c} \text{Ph}\!\!=\!\!\!= \\ + \\ \text{Et}_2\text{NH} \\ + \\ \text{CO}_2 \\ \text{(50 bar)} \end{array} \xrightarrow[\substack{\text{THF, 140 °C, 20 h} \\ 63\%,\ Z:E = 84:16}]{\text{RuCl}_3 \cdot 3\text{H}_2\text{O}\ (2\ \text{mol}\%)} \text{Et}_2\text{N-C(O)-O-CH=CH-Ph} \quad (43)$$

乙炔参与的反应更具有实用性和应用性。因此，他们在 90 °C 的 MeCN 溶剂中研究了 $RuCl_3 \cdot 3H_2O$ 催化的过量乙炔 (3.2 eq.) 与 CO_2 (15 atm) 和 Et_2NH (1.0 eq.) 的反应，得到了 10% 的 N,N-二乙氨基甲酸乙烯酯。但在相同的条件下，吡咯烷生成的产物的产率可以提高到 46%[69]。该研究小组[70]和其他小组[71]还系统地考察了含不同配体的钌配合物在氨基甲酸烯酯形成反应中的催化活性，从苯乙炔生成氨基甲酸烯酯衍生物的产率可以达到 67%。

Dixneuf 等人认为：钌配合物催化的氨基甲酸烯酯反应的关键中间体是亚乙烯基钌配合物 (Ru=C=CHR)[68]。但是，Leitner[72]和 Masuda[73]等人证实：CO_2 与伯胺或仲胺反应可以生成氨基甲酸 ($RR'NCO_2H$)。因此，氨基甲酸烯酯形成的另一个途径也可能是氨基甲酸的 O–H 键与炔烃的加成反应。Hua 等人曾经报道：使用前期过渡金属配合物 $ReBr(CO)_5$ 可以有效地催化羧酸 O–H 键与末端炔烃的加成反应，并将其用于制备烯基酯衍生物[74]。因此，他们认为 Re(I) 配合物也有可能催化炔烃与氨基甲酸 O–H 键的加成反应生成氨基甲酸烯酯。通过研究 $ReBr(CO)_5$ 在炔烃、CO_2 和仲胺反应中的催化活性，他们建立了在超临界 CO_2 和非极性有机溶剂介质中使用 $ReBr(CO)_5$ 催化合成氨基甲酸烯酯的高效反应体系 (式 44)[75]。在该催化反应中的炔烃底物具有普适性广的优点，苯乙炔、脂肪炔以及含拉电子或推电子基团的芳香炔烃都能进行反应。该反应具有高度的立体选择性和区域选择性，只生成反马氏加成产物且 Z-型异构体高达 95%。

$$\begin{array}{c}\text{Ph}\!\!\!-\!\!\!\!\equiv\\ +\\ \text{Et}_2\text{NH}\\ +\\ \text{scCO}_2\end{array}\xrightarrow[\text{solvent, 110 °C, 24 h}]{\text{ReBr(CO)}_5\ (2.0\ \text{mol\%})}\ \ \begin{array}{c}\text{Z-isomer}\end{array}\ +\ \begin{array}{c}\text{E-isomer}\end{array}\quad(44)$$

R = Ph, 82% (in n-heptane, Z:E = 89:11)
R = p-MeC$_6$H$_4$, 83% (in n-heptane, Z:E = 85:15)
R = p-EtC$_6$H$_4$, 90% (in n-heptane, Z:E = 86:14)
R = n-C$_6$H$_{13}$, 62% (in n-heptane, Z:E = 52:48)
R = NC(CH$_2$)$_3$, 84% (in toluene, Z:E = 62:38)
R = Cl(CH$_2$)$_3$, 69% (in n-heptane, Z:E = 58:42)
R = t-C$_4$H$_9$, 57% (in n-heptane, Z:E = 95:5)
R = Me$_2$C(OH), 95% (in toluene, Z:E = 85:15)

3.4 环状碳酸酯的合成

以 CO_2 为 C_1 原料制备环状碳酸酯的最有效方法是环氧化物与 CO_2 的反应 (参阅本章 4.1)。但丙炔醇与 CO_2 的反应是制备亚烷基取代环状碳酸酯的原子经济性合成反应，亚烷基环状碳酸酯是有机合成的重要中间体[76]。丙炔醇与 CO_2 的反应一般认为包括两个步骤：(a) -OH 与 CO_2 的亲核反应；(b) 分子内的 O-H 键与炔键的反马氏环化加成反应 (式 45)。已经报道的具有高度选择性的过渡金属催化剂和非金属催化剂包括：钌[77]、钴[78]、铜[79]和钯[80]的配合物以及膦化合物[81]等。

$$\text{(45)}$$

虽然丙炔醇及其衍生物与 CO_2 反应生成环状碳酸酯是最常见的反应，但选择不同的催化剂体系可以调控该反应的化学选择性。如式 46 所示[82]：在 Et$_3$N 的存在下，Ru$_3$(CO)$_{12}$ 可以催化丙炔醇与 CO_2 反应主要生成 2-氧-丙基-2'-丙炔碳酸酯。

$$\text{(46)}$$

丙炔醇与 CO_2 的反应也可以通过改变反应物的组分来调控反应的化学选择性。如式 47 所示[83]：使用四氮配位的 Cu(I) 配合物可以有效地催化末端丙炔醇与 CO_2 的反应，高产率地生成环状碳酸酯。但是，在该反应中添加仲胺后，则主要生成氨基甲酸酯衍生物。研究认为：后者可能包含了原位生成的胺基甲酸与丙炔醇的脱水酯化反应和炔键的水解反应。

$$\text{Me}\underset{\text{Ph}}{\overset{\text{OH}}{|}}\text{C}{\equiv}\text{CH} + \text{CO}_2 \text{ (38 atm)} \xrightarrow[92\%]{\text{Cat. (1 mol\%), bpy (10 mol\%), 100 °C, 24 h}} \text{环状碳酸酯}$$

$$\downarrow \text{Et}_2\text{NH, Cat. (1 mol\%), bpy (10 mol\%), 100 °C, 24 h, 92\%}$$

$$\text{Et}_2\text{NCO}_2\text{-C(Ph)(Me)-COCH}_3 \qquad (47)$$

Cat. = [Fe-Cu-Fe 配合物] BF$_6$

Dixneuf 等人报道了钌配合物催化的末端丙炔醇与 CO$_2$ 和仲胺的反应,主要生成胺基甲酸 β-氧烷基酯[84]。最近,Jiang 等人报道了 AgOAc/DBU 催化的内部丙炔醇的反应,高产率地生成胺基甲酸 β-氧烷基酯 (式 48)[85]。

$$\text{R}{-}\text{C}{\equiv}\text{C}{-}\text{C}(\text{R}')(\text{R}''){-}\text{OH} + \text{CO}_2 + \text{R}'''_2\text{NH} \xrightarrow[70\%\sim93\%]{\text{AgOAc, DBU, dioxane, 90 °C, 15 h}} \text{R}'''_2\text{N-CO-O-C}(\text{R}')(\text{R}'')\text{-CO-CH}_2\text{R} \qquad (48)$$

4　CO$_2$ 与氧杂或氮杂环丙烷的反应

碳酸乙烯酯 [ethylene carbonate,又称 1,3-二氧杂环戊酮 (1,3-dioxolan-2-one),统称为环状碳酸酯 (cyclic carbonate)][86]和噁唑啉酮 (1,3-oxazolidin-2-one)[87],是重要的杂环化合物,它们在有机合成、药物合成和精细化工品合成中应用甚广。关于它们的合成方法研究是有机合成和有机催化研究的重要内容。近年来,基于氧杂或氮杂环丙烷与 CO$_2$ 的反应来合成碳酸乙烯酯或噁唑啉酮的研究非常活跃,已经报道了多种不同类型的催化体系 (式 49)。

$$\underset{\text{R}}{\overset{\text{E}}{\triangle}} + \text{CO}_2 \xrightarrow[\text{E} = \text{O, N}]{\text{Cat.}} \underset{\text{R}}{\overset{\text{O}}{\text{环}}}\text{E} \qquad (49)$$

4.1　环状碳酸酯的合成

环状碳酸酯除了作为重要的合成中间体外,还是性能优良的非质子高极性溶剂，已经被广泛地应用于电池介电质和金属萃取等领域。此外，脂肪族环状碳酸酯的开环聚合反应是合成生物和医用聚碳酸酯的重要单体。合成环状碳酸酯的方法有许多，但环氧乙烷衍生物与 CO_2 的反应是一个最具原子经济性的反应。

前期的研究证明：在建立以环氧乙烷衍生物与 CO_2 的反应来高效合成环状碳酸酯的方法中必须解决两个重要问题：(a) 发现具有高效催化活性的催化剂或催化体系；(b) 发现有效控制反应的化学选择性的方法。因为环氧乙烷衍生物不仅能够发生自身开环聚合反应，还能与 CO_2 发生共聚反应生成聚碳酸酯[88]。所以，该研究是一个具有挑战性的工作，已有多种多样的催化剂体系被报道具有高度的催化活性和化学选择性[89]。

已报道的催化剂体系大致可以归类为非金属催化剂和金属催化剂。前者包括季铵盐、季鏻盐、离子液体和有机小分子等，后者包括过渡金属配合物和碱金属盐等。在本章节中，仅代表性地介绍几种在温和反应条件下进行的催化体系。

Caló 等人以熔融的卤化季铵盐为溶剂和催化剂，研究了在不同季铵盐存在下环氧化物与常压 CO_2 的反应。结果表明：环状碳酸酯的产率主要受到卤化季铵盐中卤素阴离子的亲核性和阳离子结构的影响[90]。如式 50 所示：在 TBAB 和 TBAI (1) 的混合物中，反应物在 120 °C 下反应 1 h 即可生成 90% 的环状碳酸酯。若仅使用 TBAI (1) 为催化剂，在 60 °C 下反应 4 h 也可以得到类似的结果。但是，具有不同阳离子结构的催化剂 **2** 和 **3** 的催化活性差别很大。该反应体系还有另外一个优点：产物通过蒸馏分离后可以回收催化剂循环使用。

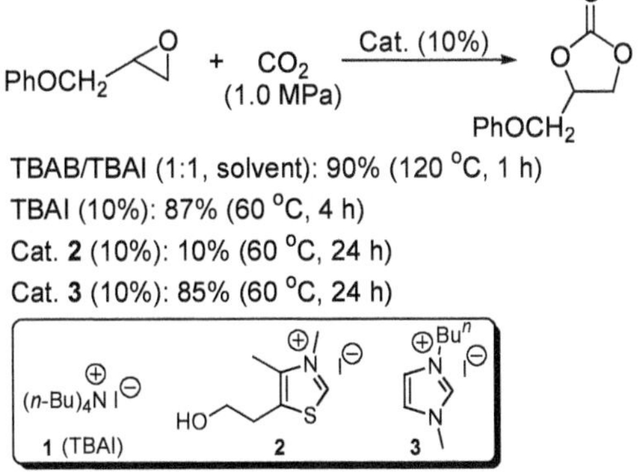

$$PhOCH_2-\text{环氧} + CO_2 \xrightarrow[\text{(1.0 MPa)}]{\text{Cat. (10%)}} \text{环状碳酸酯} \quad (50)$$

TBAB/TBAI (1:1, solvent): 90% (120 °C, 1 h)
TBAI (10%): 87% (60 °C, 4 h)
Cat. **2** (10%): 10% (60 °C, 24 h)
Cat. **3** (10%): 85% (60 °C, 24 h)

$(n\text{-}Bu)_4N^+ \quad I^-$
1 (TBAI)

2

3

季鏻盐也可以有效地催化环氧化物与 CO_2 的反应，高度选择性地生成环状碳酸酯。如式 51 所示[91]：He 等人合成了含有多氟取代的烷基季鏻盐 (Rf_3RPI)，并考察了它们在环氧丙烷与超临界 CO_2 反应中的催化活性和选择性。使用 Rf_3RPI 作为催化剂的最大优点是可以简单地回收再利用。

$$\text{Me}\overset{O}{\triangle} + \text{CO}_2 \;(14\text{ MPa}) \xrightarrow{\text{Cat. (10\%), 100 °C, 24 h}} \underset{\text{Me}}{\text{环状碳酸酯}} \qquad (51)$$

(C$_6$H$_{13}$C$_2$H$_4$)$_3$MePI, 93%, 99% selectivity
(C$_8$H$_{17}$C$_2$H$_4$)$_3$MePI, 92%, 97% selectivity
(C$_6$H$_{13}$C$_2$H$_4$)$_3$MePI, 83%, 97% selectivity
(C$_6$F$_{13}$C$_2$H$_4$)$_4$PI, 89%, 99% selectivity
Bu$_4$PI, 90%, 99% selectivity

离子液体作为一种特殊的有机溶剂和催化剂在有机合成中已经得到了广泛的应用[92]。Deng 等人的研究发现：离子液体也是催化环氧化物与 CO_2 反应的有效催化剂[93]。如式 52 所示：在 BMImBF$_4$ (BMIm = 1-n-butyl-3-methyl-imidazolium) 的存在下，环氧丙烷与 CO_2 反应能够定量地生成环状碳酸酯。回收的离子液体可以多次使用，而且催化活性和选择性基本保持不变。

$$\text{Me}\overset{O}{\triangle} + \text{CO}_2 \;(2.5\text{ MPa}) \xrightarrow[\text{100\%, 100\% selectivity}]{\text{BMImBF}_4\text{ (2.5 mol\%), 110 °C, 6 h}} \underset{\text{Me}}{\text{环状碳酸酯}} \qquad (52)$$

与其它的催化体系相比，利用有机小分子作为催化剂的合成反应更值得关注[94]。因为有机小分子不仅易得和廉价，而且反应后容易分离除去。Ikushima 等人报道：在 DMF 溶剂中，环氧化物能与 CO_2 在无任何催化剂存在下反应生成高产率的环状碳酸酯[95]。进一步的研究发现：DMF 同时起到溶剂和催化剂的作用，但不会引起环氧化物的聚合和环氧化合物与 CO_2 的共聚反应 (式 53)[96]。

$$\text{Me}\overset{O}{\triangle} + \text{CO}_2 \;(5.0\text{ MPa}) \xrightarrow{\text{DMF (20 mol\%), solvent-free}} \underset{\text{Me}}{\text{环状碳酸酯}} \qquad (53)$$

R = Ph, 62% (130 °C, 15 h)
R = n-Bu, 87% (160 °C, 30 h)
R = ClCH$_2$, 96% (110 °C, 15 h)
R = PhOCH$_2$, 99% (110 °C, 15 h)

在环氧化物与 CO_2 反应合成环状碳酸酯的反应中，许多过渡金属配合物也表现出极高的催化活性和选择性。Shi 等人报道：在有机碱 (0.2 mol%) 的存在下，Zn、Cu 或 Co 的席夫碱配合物 (0.1 mol%) 能够有效地催化环氧化物与 CO_2 的反应，高产率地生成环状碳酸酯。当使用三乙胺时，催化剂显示出最高的催化活性 (TON = 913)[97]。

Re(CO)$_5$Br 是一个对水和氧气比较稳定的前期过渡金属配合物,具有过渡金属 Lewis 酸的特点,已经被广泛地应用于多种有机合成反应[98]。Hua 等人研究了不同温度、压力和溶剂对低价铼配合物的催化活性和选择性的影响,建立了在超临界 CO$_2$ 介质中使用 Re(CO)$_5$Br 有效催化环氧化物与 CO$_2$ 的反应体系(式 54)[99]。在该反应体系中的 CO$_2$ 既是反应物也是反应溶剂,无需添加其它的有机溶剂。在优化的反应条件下,既无环氧化合物的聚合反应也无环氧化合物与 CO$_2$ 的共聚反应发生。

$$\text{R}\triangle\text{O} + \text{CO}_2 \text{ (5.0 MPa)} \xrightarrow[\substack{\text{R = Ph, 85\% (TON = 850)} \\ \text{R = ClCH}_2\text{, 96\% (TON = 960)} \\ \text{R = PhOCH}_2\text{, 96\% (TON = 960)}}]{\text{ReBr(CO)}_5 \text{ (0.1 mol\%)}, 110\ °\text{C}, 24\ \text{h, solvent-free}} \underset{\text{R}}{\bigcirc}\!\!\!\!\!\!\!\!\overset{\text{O}}{\underset{\text{O}}{\bigcirc}} \quad (54)$$

简单的金属无机盐也是催化环状碳酸酯形成的常用催化剂。基于阴离子和阳离子的性质差异,它们的催化活性差别很大。Shibata 等人对 InBr$_3$/PPh$_3$ 和 InCl$_3$/PPh$_3$ 进行研究时发现:在环氧化物与 CO$_2$ 的反应中,前者是一个有效的催化体系,而后者却没有任何催化活性[100]。Sato 等人通过比较不同碱金属卤化物的催化活性发现:LiBr 和 LiI 具有很高的催化活性,而 LiCl、NaCl、KCl、NaBr 和 KBr 没有任何的催化活性(式 55)[101]。但是,NaBr/PPh$_3$/PhOH 组成的催化剂在 120 °C 下使用也表现出很高的催化活性[102]。

$$\text{Me}\triangle\text{O} + \text{CO}_2 \text{ (14 MPa)} \xrightarrow[\substack{\text{LiBr, 97\%; LiI, 94\%; NaI,} \\ \text{63\%; KI, 11\%; LiCl, NaCl,} \\ \text{KCl, NaBr and KBr, 0\%}}]{\text{MX (1 mol\%), 100\ °C, 2 h}} \underset{\text{Me}}{\bigcirc}\!\!\!\!\!\!\!\!\overset{\text{O}}{\underset{\text{O}}{\bigcirc}} \quad (55)$$

在手性催化剂的存在下,经环氧化物与 CO$_2$ 的反应制备手性环状碳酸酯是一项有意义的研究。在有机合成中,手性环状碳酸酯可以被转化成为多种其它官能团的手性化合物。Lu 等人首次报道了手性席夫碱-Co(III)/卤代季铵盐催化的环氧丙烷与 CO$_2$ 的反应,经动力学拆分得到光学活性的环状碳酸酯(式 56)[103]。当使用 n-Bu$_4$NCl (0.2 mol%) 时,反应 2.5 h 即可得到 46.7% 的产物和 57.2% ee。该反应在 0 °C 下反应 15 h 的转化率为 40%,但立体选择性可以提高至 70.2% ee。此后也有许多研究报道,但主要是以提高反应的产率和立体选择性为目的[104]。

此外,环氧丁烷也可以与 CO$_2$ 反应生成六元环状碳酸酯或与 CO$_2$ 的共聚产物。如式 57 所示[105]:Baba 等人研究了 Bu$_3$SnI 与不同 N- 或 P-添加剂组成的催化体系,发现反应的选择性可以通过选择不同的添加剂和反应时间来调

$$\text{Me}\overset{O}{\triangle} + CO_2\ (0.6\ eq) \xrightarrow[n\text{-Bu}_4NY\ (Y = Cl,\ Br,\ I)]{\text{Cat. (0.1 mol\%), rt}} \text{H major} + \text{major} + \text{minor} + \text{minor} \quad (56)$$

Cat. = (1R,2R)(t-Bu)₂SalenCoX

控。使用 BuSnI/Bu₃P 催化体系反应 4 h 后可以得到 25% 的六元环状碳酸酯和 19% 的共聚产物。但是，当反应时间延长至 24 h 时只能得到共聚物。当使用 Bu₃PO 代替 Bu₃P 时，可以得到 74% 的环状碳酸酯以及少量的共聚物。

$$\square O + CO_2\ (50\ atm) \xrightarrow[\text{additive (2.0 mol\% or 20 mol\%)}]{\text{Bu}_3\text{SnI (2.0 mol\%), 100 °C}} \mathbf{A} + \mathbf{B} \quad (57)$$

PBu₃ (2.0 mol%), 4 h: **A** (25%), **B** (19%)
PBu₃ (2.0 mol%), 24 h: **A** (0%), **B** (99%)
Bu₃P(O) (20 mol%), 15 h: **A** (74%), **B** (6%)

将 CO_2 转化成为大宗化学产品的另一个重要反应是使用甲醇和 CO_2 的脱水反应制备碳酸二甲酯 (DMC) (式 58)[106]。DMC 是有机合成中的甲基化、甲氧基化和 CO_2Me 化的绿色试剂之一，因此建立 DMC 绿色合成方法非常重要[107]。在该类反应将来的研究中，提高 DMC 生成的反应效率是关键的突破点。

$$CH_3OH + CO_2 \overset{\text{Cat.}}{\rightleftharpoons} H_3CO-\underset{DMC}{CO}-OCH_3 + H_2O \quad (58)$$

4.2 噁唑啉酮的合成

噁唑啉酮是具有抗菌和杀菌作用的重要 1,3-氮、氧杂五元环化合物[108]，在药物合成化学中有着广泛的应用[109]。例如：利奈唑酮 (Linezolid) 是第一个用于治疗革兰阳性细菌感染的噁唑啉酮类抗菌特效药物[110]。

使用 1,2-氨醇衍生物与光气反应是制备噁唑啉酮类化合物的最传统和最简单的方法[111]。近 30 年来，有两种使用 CO_2 为碳源的合成方法研究也得到了广泛的关注：(a) 1,2-氨醇衍生物与 CO_2 的脱水反应 (式 59)[112]；(b) 氮杂环丙

烷与 CO_2 的扩环反应 (式 60)。由于后者是一个原子经济性的反应,因此得到了比较深入的研究。

$$\text{HOCH}_2\text{CH}_2\text{NH}_2 + CO_2 \longrightarrow \text{oxazolidinone} + H_2O \quad (59)$$

$$\text{aziridine} + CO_2 \longrightarrow \text{oxazolidinone} \quad (60)$$

Endo 等人报道：使用廉价易得的 LiBr 即可催化芳基取代的 N-磺酰化的氮杂环丙烷与常压 CO_2 的反应,生成 N-磺酰化的噁唑啉酮衍生物 (式 61)[113]。该反应具有极高的区域选择性,CO_2 只插入到位阻小的 C-N 键上,符合亲核试剂 (催化剂的溴负离子) 与三元环的开环反应规律。当 N-磺酰化的氮杂环丙烷含有推电子基团时,该反应的效率更高。但是,Nguyen 等人报道：使用 (Salen)chromium(III)/DMAP 催化的反应的区域选择性与 LiBr 催化剂相反,CO_2 是插入到位阻大的 C-N 键上 (式 62)[114]。

$$\text{N-Ts aziridine} + CO_2 \xrightarrow[\text{R = Ph, 70\%; R = p-ClC}_6\text{H}_4\text{, 42\%; R = p-MeC}_6\text{H}_4\text{, 76\%; R = p-MeOC}_6\text{H}_4\text{, 79\%}]{\text{LiBr (20 mol\%), NMP, 100 °C, 24 h}} \text{oxazolidinone-Ts} \quad (61)$$

(1.0 atm)

$$\text{aziridine (NR')} + CO_2 \xrightarrow[\text{(2.0 mol\%), CH}_2\text{Cl}_2\text{, 100 °C}]{\text{Cat. (1.0 mol\%), DMAP}} \text{major + minor} \quad (62)$$

(400 psi)

Cat. = (Salen)chromium(III)

R = Ph, R' = cHex (16 h): 97% + 2%
R = n-Hex, R' = ^{i}Pr (20 h): 92% + 7%
R = R' = Ph (28 h): 89% + 0%

He 等人研究了 PEG$_{6000}$(NBu$_3$Br)$_2$ 在无溶剂条件下催化的氮杂环丙烷与高压 CO_2 的反应。当 R = H 和 t-Bu 时,该反应只生成中等产率的噁唑啉酮衍生物。虽然底物上的取代基差别很大,但通过改变反应时间均可高产率地生成相应的噁唑啉酮衍生物。该反应主要生成 CO_2 插入到位阻大的 C-N 键上的产物,而且催化剂可以简单回收再利用 (式 63)[115]。

$$\underset{Ph}{\overset{R}{\triangle}}N + CO_2 \text{ (8.0 MPa)} \xrightarrow[\substack{\text{solvent-free, 100 °C, 0.25~24 h} \\ \text{yield: > 83\%} \\ \text{regioselectivity: 86:14~99:1}}]{\text{PEG}_{6000}(\text{NBu}_3\text{Br})_2,\ (0.25\ \text{mol\%})} \underset{Ph\ \text{major}}{\overset{O}{\underset{}{\bigcirc}}}\!\!N\text{-}R + \underset{\text{minor Ph}}{\overset{O}{\underset{}{\bigcirc}}}\!\!N\text{-}R \quad (63)$$

R = Me, Et, *n*-Pr, *n*-Bu, Bn, *i*Pr, *i*Bu, *i*-amyl, cyclopropyl, cyclohexyl

电化学条件下也可以实现氮杂环丙烷与 CO_2 的反应,高产率地生成噁唑啉酮衍生物[116]。

此外,炔丙胺与 CO_2 的环化加成反应是合成 5-亚烷基噁唑啉酮衍生物的原子经济性合成方法 (式 64)[117]。5-亚烷基噁唑啉酮衍生物还可以从铜催化的醛、胺、末端炔烃和 CO_2 四组分的环化缩合反应制得[118]。在超临界 CO_2 中,AgOAc 催化的丙炔醇、伯胺与 CO_2 的环化缩合反应能够高产率地生成 4-亚烷基噁唑啉酮衍生物[119]。

$$\equiv\!\!\!-\!\!\text{NH}_2 + CO_2\ \text{(40 atm)} \xrightarrow[85\%]{\text{Pd(OAc)}_2\ (5.0\ \text{mol\%})\atop \text{PhMe, 20 °C, 24 h}} \underset{}{\text{HN}\!\!\overset{O}{\underset{}{\bigcirc}}\!\!=\!\!\text{CH}_2} \quad (64)$$

在 DBU 存在下,2-乙酰胺氯与 CO_2 的环化缩合反应也可以用于噁唑啉酮类化合物的合成[120]。手性噁唑啉酮类化合物是重要的有机合成原料和手性助剂[212],通常可用手性 1,2-氨醇衍生物与 CO_2 的脱水反应来制备[122]。近年来,手性烯丙胺衍生物与 CO_2 的反应也被用于制备手性噁唑啉酮类化合物[123]。但是,使用不对称催化氮杂环丙烷与 CO_2 反应直接合成手性噁唑啉酮类化合物的研究还有待于发展。

5 CO_2 作为羧基化试剂

羧酸和羧酸酯都是重要的有机化合物,以 CO_2 为 C_1 原料制备羧酸和羧酸酯是 CO_2 在有机合成中的最重要应用之一。在不同的反应条件下,C-H 键、C-M 键和 C-X (X: 杂原子) 键等都可以与 CO_2 直接发生羧基化反应 (式 65)。

$$CO_2 \underset{\substack{R\text{-}X \\ (X = \text{halogen, B, ...})}}{\overset{\substack{R\text{-}H \\ R\text{-}M \\ (M = \text{Li, MgX, Zn, ...})}}{\longrightarrow}} R\text{-}CO_2H \quad (65)$$

5.1 碳-氢键的羧基化反应

C-H 键的羧基化反应不仅是合成羧酸的最简单方法，而且是原子经济性的绿色反应 (式 66)。C-H 键的羧基化反应可以根据使用的试剂主要分为两类：(1) 催化的 C-H 键与 CO_2 的直接羧基化反应；(2) 借助强亲核试剂首先活化 C-H 键形成亲核的碳负离子，然后使其与 CO_2 发生羧基化反应。与 $C_{(sp)}$-H 键参与的反应相比较，建立 $C_{(sp^2)}$-H 键和 $C_{(sp^3)}$-H 键与 CO_2 的直接羧基化反应体系是更富有挑战性的研究工作。

$$sp, sp^2, sp^3\text{-C-H} + CO_2 \xrightarrow[\text{R-M (Li, Na)}]{\text{Cat.}} sp, sp^2, sp^3\text{-C-CO}_2\text{H} \quad (66)$$

5.1.1 $C_{(sp)}$-H 键的羧基化反应

末端炔烃的 C-H 键极易被转化成为 C-M 键，其与 CO_2 反应是从末端炔烃合成丙炔酸衍生物的有效传统方法 (式 67)[124]。但是，使用过渡金属催化活化末端炔烃 C-H 键及其与 CO_2 的羧基化反应是化学家更感兴趣的课题。Crimmin 等人研究了在 $CuCl_2$ 助剂存在下 $PdCl_2$ 催化的末端炔烃与 CO_2 和甲醇的反应，建立了利用 CO_2 为 C_1 碳源直接合成丙炔酸甲酯衍生物的催化反应体系。如式 68 所示[125]：用该方法得到的羧基化产物是合成天然产物 Pentalenene 和 Pentalenic acid 的重要中间体。

$$R-\!\!\!\equiv\!\!\!-\text{H} \longrightarrow R-\!\!\!\equiv\!\!\!-\text{M} \xrightarrow{CO_2, H^+} R-\!\!\!\equiv\!\!\!-CO_2H \quad (67)$$
(M = Li, Na, Cu, MgX, *etc.*)

$$\text{(68)}$$
(含 Me, CO_2Me, CO_2 (1.0 atm); $PdCl_2$ (1.0 mol%), $CuCl_2$ (2.0 eq.), NaOAc (2.0 eq.), MeOH, rt, 3 h; 72%)

从末端炔烃制备炔铜[126]和使用 CO_2 插入到碳-铜键之间[127]都是已知的转化反应。Inoue 等人的研究发现：在 DMF 溶剂中，Cu(I) 或 Ag(I) 催化剂就可以催化末端炔烃与 CO_2 和溴代烷烃反应直接生成丙炔酸烷基酯 (式 69)[128]。最近，Gooβen 等人研究了含不同配体的 Cu(I) 配合物的催化活性。他们发现：1,10-菲啰啉和膦配位的硝酸亚铜盐配合物也能够有效地催化该类反应。如式 70 所示[129]：烷基炔烃和芳基炔烃可以分别在常压和低压 CO_2 气氛中被高产率地转化成为相应的羧酸衍生物。

$$n\text{-}C_6H_{13}\text{—}\!\!\!\equiv\!\!\!\text{—H} + n\text{-}C_6H_{13}\text{—Br} + CO_2\ (1.0\ bar) \xrightarrow[78\%]{\text{CuI (4.0 mol\%), } K_2CO_3\ (6.0\ eq.),\ DMF,\ 100\ ^\circ C,\ 4\ h} n\text{-}C_6H_{13}\text{—}\!\!\!\equiv\!\!\!\text{—C(O)}n\text{-}C_6H_{13} \quad (69)$$

$$Ph\text{—}\!\!\!\equiv\!\!\!\text{—H} + CO_2\ (5.0\ bar) \xrightarrow[98\%]{\text{Cat. (1.0 mol\%), } Cs_2CO_3\ (1.2\ eq.),\ DMF,\ 35\ ^\circ C,\ 16\ h} Ph\text{—}\!\!\!\equiv\!\!\!\text{—CO}_2H \quad (70)$$

Cat. = [4,7-diphenyl-1,10-phenanthroline-Cu(PPh$_3$)$_2$]$^+$ NO$_3^-$

Zhang 等人详细地研究了 CuCl/L 催化的该类反应，实现了 CuCl 催化的 $C_{(sp)}$-H 键与常压 CO_2 的直接羧基化反应 (式 71)[130]。在所选择的配体中，除了简单结构的 TMEDA 是理想的配体外，聚氮杂卡宾 (poly-N-heterocyclic carbene) 配位也是有效的配体之一。

$$R\text{—}\!\!\!\equiv\!\!\!\text{—H} + CO_2\ (1\ atm) \xrightarrow{\text{CuCl (2.0 mol\%), TMEDA (1.5 mol\%)},\ K_2CO_3\ \text{or}\ Cs_2CO_3,\ (1.2\ eq.),\ DMF,\ rt} R\text{—}\!\!\!\equiv\!\!\!\text{—CO}_2H \quad (71)$$

R = Ph, 90% (K$_2$CO$_3$, 16 h)
R = p-MeOC$_6$H$_4$, 89% (K$_2$CO$_3$, 18 h)
R = p-FC$_6$H$_4$, 88% (K$_2$CO$_3$, 16 h)
R = 3-thienyl, 89% (K$_2$CO$_3$, 24 h)
R = n-C$_4$H$_9$, 85% (Cs$_2$CO$_3$, 24 h)
R = HO(CH$_2$)$_4$-, 80% (Cs$_2$CO$_3$, 24 h)
R = NC(CH$_2$)$_3$-, 82% (Cs$_2$CO$_3$, 24 h)
R = MeOOC(CH$_2$)$_3$-, 82% (Cs$_2$CO$_3$, 24 h)

Anastas 等人报道了 AgI 催化的苯乙炔、CO_2 和 3-溴-1-苯基-1-丙炔的三组分偶联环化反应，并将其用于构建萘环衍生物 (式 72)[131]。反应机理研究认为：首先，反应物经三组分偶联反应原位形成了 1,6-二炔中间体；然后，二炔经分子内环化反应生成萘环衍生物。但是，使用 [IPrCuCl] 作为催化剂时，类似的反应只生成 1,6-烯炔衍生物 (式 73)[132]。

5.1.2 $C_{(sp2)}$-H 键的羧基化反应

酚的钠盐经邻位的 $C_{(sp2)}$-H 键的羧基化反应可以生成水杨酸 (salicyclic acid)。该反应是工业规模利用 CO_2 为 C_1 原料的反应之一，也被称之为 Kolbe-Schmitt 反应或者酚酸合成反应，已经具有 100 多年的历史 (式 74)[133]。

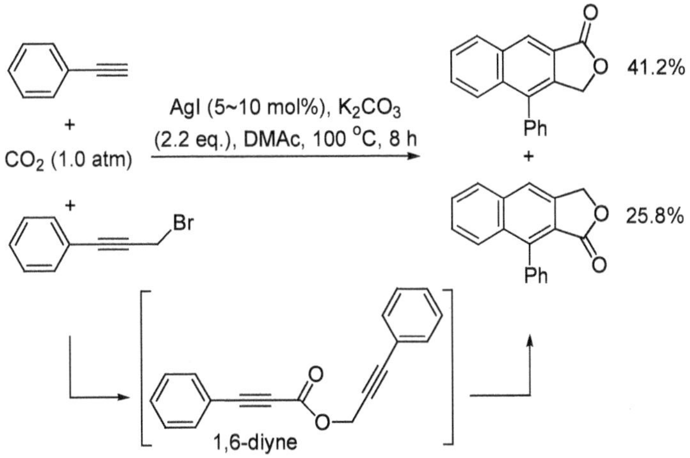

Transformation of CO₂ in Organic Synthesis

(72)

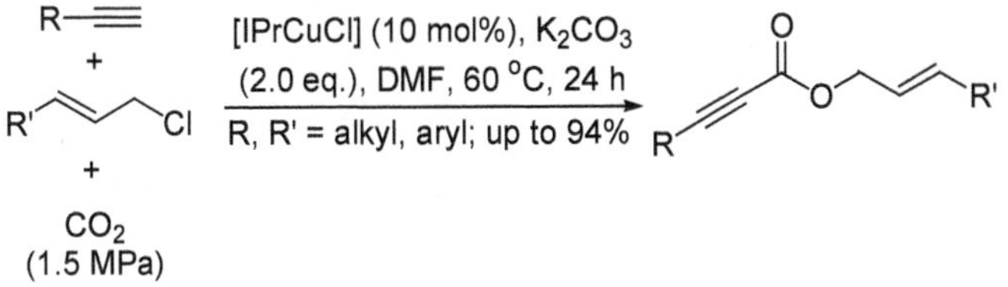

(73)

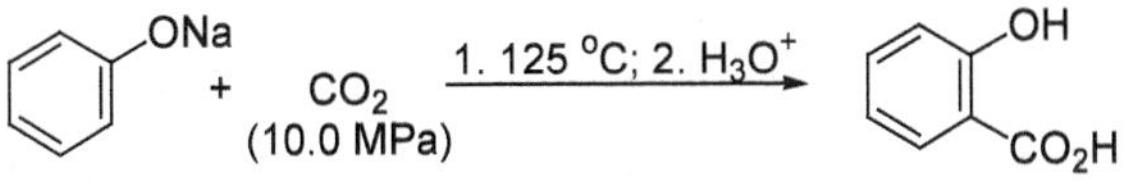

(74)

在该反应过程中，酚盐的邻位碳 (类似于烯醇盐) 首先与 CO_2 发生亲核反应生成非芳香性的环己二烯酮的羧酸盐中间体。然后，酮式中间体经互变异构生成稳定的酚中间体 (不仅异构为芳香环，而且分子内存在氢键进一步稳定最终产物)。最后，经酸化处理后得到水杨酸 (式 75)。值得注意的是：若将该反应的温度从 125 ℃ 提高到 180 ℃，则主要生成对羟基苯甲酸。

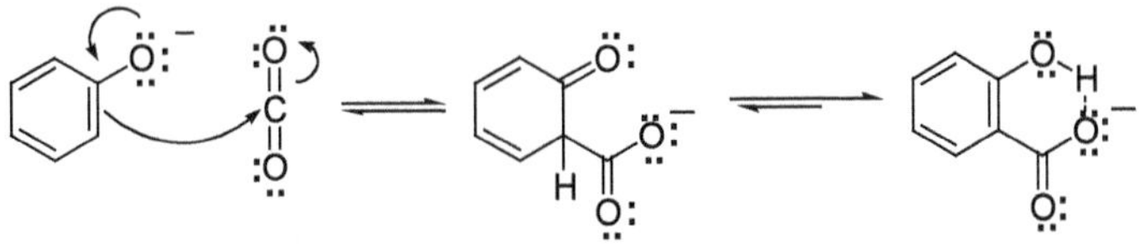

(75)

虽然 Kolbe-Schmitt 反应已经是工业合成水杨酸的重要反应，但存在需要在高温和高压下进行的缺点。因此，研究在温和条件下完成该类反应是非常有意义的工作。Kosugi 等人研究了酚钾或酚钠与 CO_2 在温和条件下 (30 ℃, 0.1~7.2 MPa) 的反应，得到了不同压力下羧基化产物分布的有趣结果[134]。他们还研究了酚的不同金属盐在不同反应温度和压力下的羧基化反应，发现反应温度和金属离子的大小极大地影响羧基化反应的效率和区域选择性。具有较大离子半径的金属盐对生成水杨酸的选择性不利,但能够提高对羟基苯甲酸的产率[135]。他们进一步研究了在 K_2CO_3 存在下苯酚铵与 CO_2 的羧基化反应,高度选择性地得到了对羟基苯甲酸衍生物 (式 76)[136]。

$$R_4NO-C_6H_4-H \xrightarrow[\text{R = Me, Et, Bu; 30\%~100\%}]{\substack{CO_2 \text{ (0.5~5.0 MPa)}, K_2CO_3, 125\ ^\circ C \\ 97\%~100\% \text{ selectivity}}} R_4NO-C_6H_4-CO_2^- \quad (76)$$

氮杂卡宾配位 (N-heterocyclic carbene, NHC) 的过渡金属配合物[137]也能催化 $C_{(sp2)}$-H 键与 CO_2 的直接羧基化反应。例如:在温和反应条件下,[IPrAu(OH)] 配合物 (IPr = 1,3-bis(diisopropyl)phenylimidazol-2-ylidene) 即可催化芳香杂环 C-H 键以及多卤代苯环 C-H 键与 CO_2 的直接羧基化反应,表现出极高的催化活性和区域选择性。如式 77 所示:噁唑 (E = O) 与 CO_2 反应可以高产率地生成 2-羧基化合物,噻唑 (E = S) 则生成中等产率的 2-羧基化合物 (同时还生成 27% 的 5-羧基化合物)。在相同的反应条件下,1,3-二氟或 1,3-二氯取代苯也能发生直接的羧基化反应,高产率和高选择性地生成 2,6-二卤苯甲酸[138]。其它的多杂原子芳环、苯并杂环或多卤取代苯环的 C-H 键也都能够发生羧基化反应。在假设的反应机理中,催化剂 [IPrAu(OH)] 与 C-H 键发生脱水反应生成含有 C-Au 键的中间体 [IPrAu-Aryl] 是关键步骤。含有其它氮杂卡宾配体的催化剂也有一定的催化活性,例如:IMes [1,3-bis(2,4,6-trimethyl phenyl)imidazol-2-ylidene] 和 It-Bu (1,3-di-*tert*- butylimidazol-2-ylidene) 等。

$$\text{(77)} \quad [(IPr)AuOH]\ (3.0\ \text{mol\%}),\ KOH\ (1.05\ eq.),\ THF,\ 20\ ^\circ C,\ 12\ h;\ E = O,\ 89\%;\ E = S,\ 61\%;\ X = F,\ 93\%;\ X = Cl,\ 96\%$$

Hou 等人研究了氮杂卡宾 (NHC) 配位的铜配合物催化的苯并噁唑 C-H 键与 CO_2 的羧基化反应。他们发现:多种 NHC 配体与 Cu(I) 生成的组合体系能够有效地催化噁唑 2-位上的活泼 C-H 键的直接羧基化反应。如式 78 所示[139]:[Cu(IPr)Cl] 具有最佳的催化活性。但是,该催化剂体系在苯并咪唑和 5-苯基噁二唑的羧基化反应中表现的并不理想。他们假设该反应可能包含有三个步骤:首先形成 [Cu(IPr)(O^{t}Bu)],然后与活泼 C-H 键反应形成 Cu-C 键,最后经 CO_2 在 Cu-C 键上发生插入反应。其中,形成 Cu-C 键的中间体已经被合成并进行了结构鉴定。

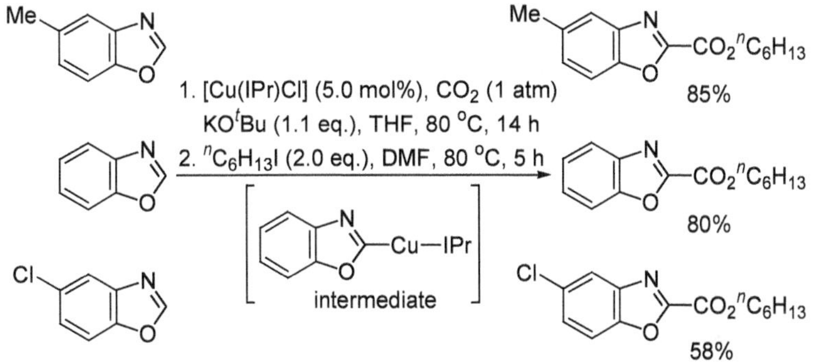

$$\text{(78)}$$

Cazin 等人也研究了类似结构的铜配合物在 N-H 键和芳烃 C-H 键与 CO_2 的羧基化反应中的催化活性。他们的研究结果同样表明：在碱性试剂的存在下，用 IPr 配位的配合物 [Cu(IPr)(OH)] 具有最高的催化活性[140]。使用多氟取代苯作为底物时，羧基化反应具有极高的区域选择性。如式 79 所示：1,2,4-三氟苯的羧基化反应可以高度选择性地发生在两个氟取代基中间的 C-H 键上。当使用 2.2 倍量的 CsOH 时，1,2,4,5-四氟苯能发生双羧基化反应，高产率地生成对苯二甲酸衍生物。

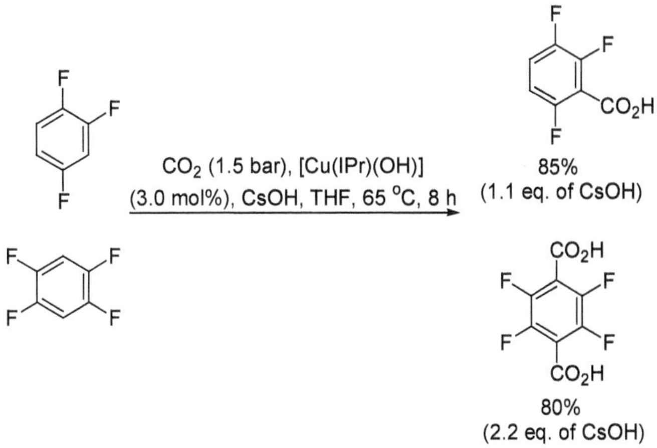

$$\text{(79)}$$

使用路易斯酸促进的芳烃 C-H 键与 CO_2 的直接羧基化反应，可以生成苯甲酸衍生物。该反应是一个已知的反应，但已有反应体系的效率和选择性并不理想[141]。Olah 等人报道：在 Al_2Cl_6/Al 体系中使用高压能够使 CO_2 与苯、富电子芳烃和缺电子芳烃的 C-H 键发生羧基化反应，较高产率地生成苯甲酸及其衍生物 (式 80)[142]。

$$\text{C}_6\text{H}_5\text{R} + \text{CO}_2 \;(57\text{ atm}) \xrightarrow[\substack{R = H,\ 70\,^\circ\text{C},\ 88\% \\ R = Me,\ 60\,^\circ\text{C},\ 69\%\ (o/m/p = 7/3/90) \\ R = F,\ 40\,^\circ\text{C},\ 47\%\ (o/m/p = 1/1/98)}]{\text{AlCl}_3/\text{Al}\ (2.5\text{ g}/0.6\text{ g}),\ 18\text{ h}} \text{R-C}_6\text{H}_4\text{-CO}_2\text{H} \quad (80)$$

Hattori 等人研究了 $R_3\text{SiCl}/\text{AlBr}_3$ (R = aryl, alkyl) 体系作用下芳烃 C-H 与 CO_2 的羧基化反应，发现芳烃和富电子芳烃能够高产率地生成芳香甲酸[143]。值得注意的是：卤代芳烃的羧基化反应只发生在 C-H 键上，而 C-X 键保持不变 (式 81)。如式 82 所示[144]：他们又进一步研究了吲哚和吡咯衍生物在等物质的量的 $R_{3-n}\text{AlX}_n$ (R = Me, Et; X = Cl, Br, I) 存在下与 CO_2 的羧基化反应。研究结果表明：羧基化反应能高度选择性地发生在富电子杂环的 C-H 键上，但作为溶剂使用的苯和甲苯分子中的 C-H 键不发生羧基化反应。在 N-甲基吲哚的羧基化反应中，AlCl_3 和 AlBr_3 具有相同的催化效果，分别得到 36% 和 32% 的 N-甲基-3-吲哚甲酸产物。但是，使用 AlI_3 催化的反应只有 5% 的产率。此外，不同性质的溶剂对该类反应的效率影响也非常大。例如：在 Me_2AlCl 催化的 N-甲基吲哚羧基化反应中，使用苯/正己烷和二氯甲烷/正己烷的混合溶剂分别得到 62% 和 59% 的产率。该反应在甲苯/正己烷混合溶剂中可以得到 85% 的最高产率，但在 THF/正己烷混合溶剂不发生羧基化反应。

$$\text{X-C}_6\text{H}_4\text{-H} + \text{CO}_2\ (3.0\text{ MPa}) \xrightarrow[\substack{X = Cl,\ 120\,^\circ\text{C},\ 45\% \\ X = F,\ 80\,^\circ\text{C},\ 53\%}]{^i\text{Pr}_3\text{SiCl}/\text{AlBr}_3\ (5:1),\ 48\text{ h}} \text{X-C}_6\text{H}_4\text{-CO}_2\text{H} \quad (81)$$

$$\text{indole/pyrrole} \xrightarrow[\text{indoles \& pyrroles, } 0\sim85\%]{R_{3-n}\text{AlX}_n\ (1.0\text{ eq.}),\ \text{solvent, rt, 3 h}} \text{2- and/or 3-CO}_2\text{H product} \quad (82)$$

芳烃邻位取代基团辅助的过渡金属催化的 C-H 键活化是一类重要的合成方法[145]。Iwasawa 等人首次报道了铑催化的 2-芳基吡啶和 N-芳基吡唑中芳基 C-H 键与 CO_2 的直接羧基化反应[146]。如式 83 和式 84 所示：在甲基化试剂的存在下，$[\text{Rh}(\text{coe})_2\text{Cl}]_2/\text{PCy}_3$ 在 N,N-二甲基乙酰胺 (DMA) 溶剂中可以催化 2-苯基吡啶或 2-(2-呋喃)吡啶的羧基化反应，以较高的产率生成 2-(2-苯甲酸甲酯)吡啶和 2-(2-呋喃-3-甲酸甲酯)吡啶。在 N-(对-甲基苯)吡唑和 N-(间甲基苯)吡唑的反应中，前者生成单羧基化和双羧基化产物的混合物，后者由于空间位阻的原因主要生成单羧基化产物。在假设的反应机理中，甲基铝试剂不仅是羧酸的甲基化试剂，同时也参与了生成活性铑催化物种的过程。

[Reaction scheme (83): 2-phenylpyridine + CO_2 (1.0 atm), [Rh(coe)$_2$Cl]$_2$ (5.0 mol%), PCy$_3$ (12 mol%), AlMe$_2$(OMe) (2.0 eq.), DMA, 70 °C, 8 h → ortho-carboxylated product (MeO$_2$C), 73%; 2-(2-furyl)pyridine → carboxylated furan product, 69%]

[Reaction scheme (84): 1-(3-methylphenyl)pyrazole with [Rh(coe)$_2$Cl]$_2$ (5.0 mol%), CO_2 (1.0 atm), PCy$_3$ (12 mol%), AlMe$_2$(OMe), DMA, 70 °C, 8 h → carboxylated product, 67%; 1-(4-methylphenyl)pyrazole → mono-carboxylated 44% + di-carboxylated 35%]

5.1.3 C$_{(sp3)}$-H 键的羧基化反应

在适当的反应条件下，活泼与非活泼的 C$_{(sp3)}$-H 键均能够与 CO_2 发生羧基化反应。例如：在无机或有机碱的存在下，羰基化合物 α-位的 C-H 键首先形成亲核的烯醇盐，然后再与 CO_2 反应生成 β-羰基羧酸类化合物[147]。光催化的烯醇盐与 CO_2 的反应还可以模拟自然界植物的光合作用，是非常有意义的研究工作。Inoue 等人将具有光吸收能力的卟啉环引入到烯醇盐体系中，并研究了可见光照射下卟啉铝的烯醇化合物与 CO_2 的反应。他们发现：在含有 1-甲基咪唑的 C_6D_6 溶剂中，卟啉配位的苯丙酮铝盐经 CO_2 鼓泡 1 min 后在 NMR 管中用可见光 (氙灯, 500 W, > 420 nm) 照射 11.5 h 可形成 75% 的羧酸盐配合物。然后，该配合物经酸解得到相应的 2-苯甲酰基丙酸 (式 85)[148]。该工作是首例利用有光吸收能力的卟啉铝烯醇盐与 CO_2 的反应，实现了酮与 CO_2 经光合反应直接合成 β-羰基羧酸。进一步的研究发现：在 ZnEt$_2$ 的存在下，卟啉铝还可以在室温下催化常压 CO_2 和甲基丙烯酸酯的反应生成丙二酸衍生物[149]。

[Reaction scheme (85): 卟啉环-Al-O-C(Ph)=C(Me) (苯丙酮的烯醇盐) + CH$_3$-N-imidazole, CO_2, $h\nu$ (> 420 nm), 75% → Al-coordinated carboxylate intermediate, MeOH, HCl → HO$_2$C-CH(Me)-C(O)-Ph]

Chiba 等人报道：在 K_2CO_3 和 N-乙酰苯胺存在下，活泼亚甲基可以在温和条件下与 CO_2 发生羧基化反应 (式 86)[150]。他们假设该反应包含有三个步骤：首先，K_2CO_3 与 N-乙酰苯胺反应生成具有强亲核性的氮负离子；然后，氮负离子与 CO_2 反应生成氨基甲酸根；最后，甲酸根与活泼 C—H 键发生羧基化反应 (图 1)。

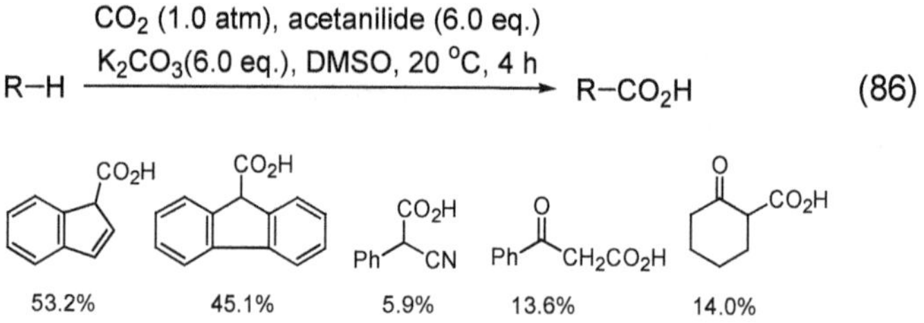

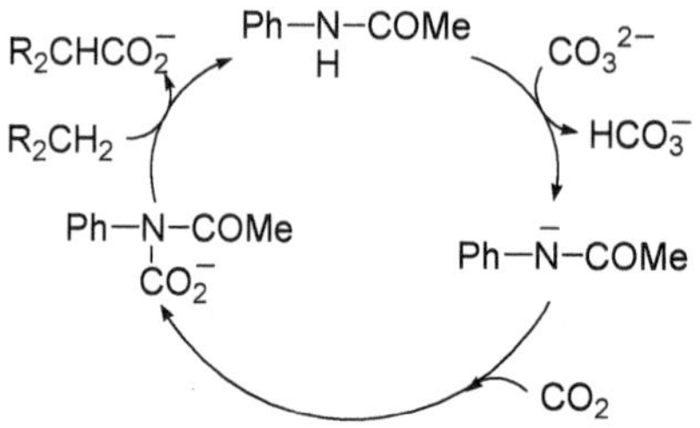

$$R-H \xrightarrow[K_2CO_3 (6.0 \text{ eq.}), \text{DMSO}, 20\ ^\circ C, 4\ h]{CO_2\ (1.0\ \text{atm}),\ \text{acetanilide}\ (6.0\ \text{eq.})} R-CO_2H \qquad (86)$$

图 1 $C_{(sp3)}$-H 键的羧基化反应

在 $C_{(sp3)}$-H 键的羧基化反应研究中，甲烷的直接羧基化反应是催化化学的热点基础研究内容 (式 87)。乙酸是重要的大宗化学和化工原料，目前的乙酸工业合成方法是使用铑配合物催化的甲醇羰基化反应。但是，由甲烷与 CO_2 反应合成乙酸的途径不仅是一个可以同时消耗两种温室气体的反应，而且也是一个原子经济性的绿色反应。所以，尽管甲烷和 CO_2 都具有很低的化学反应性，但已经有报道显示很多多相或均相催化剂体系对该类反应有催化活性。这些研究为开发和建立工业化规模的乙酸合成技术奠定了基础[151]。

$$CH_4(g) + CO_2(g) \xrightarrow{\text{Cat.}} CH_3CO_2H \qquad (87)$$

5.2 与碳-金属键的反应

在有机合成反应中，Grignard 试剂 (RMgX, X = I, Br, Cl)、末端炔烃 $C_{(sp3)}$-H 键形成的 $C_{(sp3)}$-M (M = Li, Na, etc.) 以及活泼 $C_{(sp3)}$-H 键和 $C_{(sp2)}$-X 键与 RLi (R = Me, n-Bu, Ph 等) 反应形成的碳负离子与 CO_2 的反应是制备羧酸衍生物的常用方法。如式 88 所示：该反应在有机合成中已经得到了广泛的应用。

$$\text{sp, sp}^2, \text{sp}^3\text{-C-M} + CO_2 \xrightarrow{H_3O^+} \text{sp, sp}^2, \text{sp}^3\text{-C-CO}_2\text{H} \qquad (88)$$

最近，活泼 C-H 键与锂试剂 (例如：n-BuLi 和 i-Pr$_2$NLi 等) 进行脱质子化原位生成碳负离子后再与 CO_2 发生的羧基化反应在合成多官能团化分子中得到了有效的应用。同时，基于其它碳-金属键与 CO_2 的反应也成为合成羧酸衍生物的重要方法。Shi 等人报道：n-BuLi 诱导的亚乙烯基 (vinylidene) 取代的环丙烷与 CO_2 发生羧基化反应，可以合成多种用传统方法难以得到的羧酸衍生物 (式 89)[152]。在该羧基化反应中，环丙烷 C-H 键与 n-BuLi 反应原位形成的环丙基锂是活性中间体。由于其中四个取代基 (芳基、烷基) 的性质不同，还可以进一步发生异构化生成不同结构的有机锂中间体。

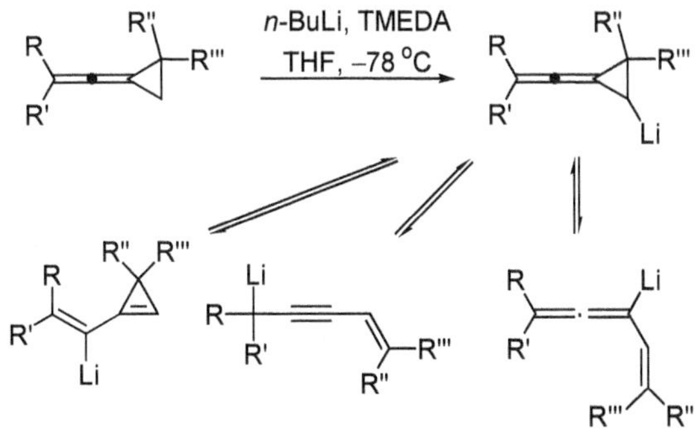

(89)

利用邻位基团效应在原位形成的 C-Li 键可以与 CO_2 发生高度区域选择性的羧基化反应。如式 90 所示：在 PMDETA (N,N,N',N',N''-pentamethyl-diethylenetriamine, 五甲基二亚乙基三胺) 的存在下，α- 和 β-三氟甲氧基萘与 s-BuLi 反应后再与 CO_2 反应，能够高产率地合成 β-萘酸衍生物[153]。

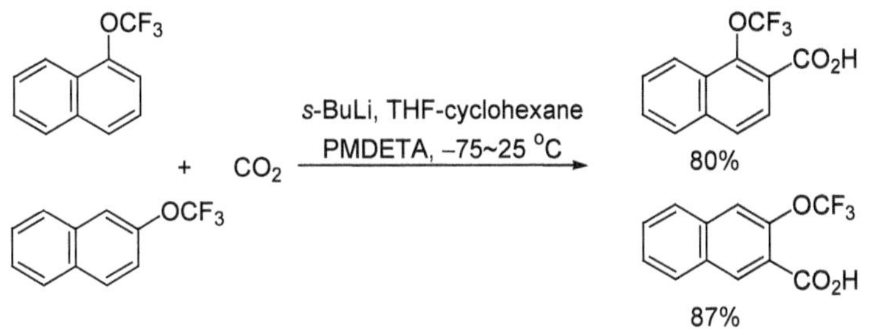

(90)

在 TMEDA 的存在下，1,2-硫酚与 n-BuLi ($ca.$ 5.0 eq.) 的反应可以选择性地发生在 -SH 基及其邻位的 C-H 键上。如式 91 所示[154]：锂中间体依次与 CO_2 和异丙基溴反应最终得到 21% 的二羧酸衍生物。

在口服型代谢谷氨酸受体促进剂的合成中，羧基化反应被用作关键步骤[155]。

如式 92 所示：在 ^{i}Pr$_2$NLi 的作用下，苄基 C—H 键首先发生脱质子化反应。然后，锂中间体与 CO_2 发生羧基化反应生成产物。如式 93 所示[156]：在类似的反应条件下，双羧基化反应也能顺利进行。

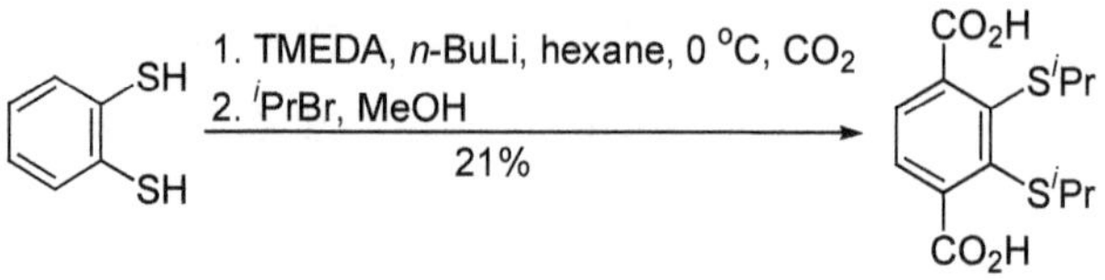

$$\text{(91)}$$

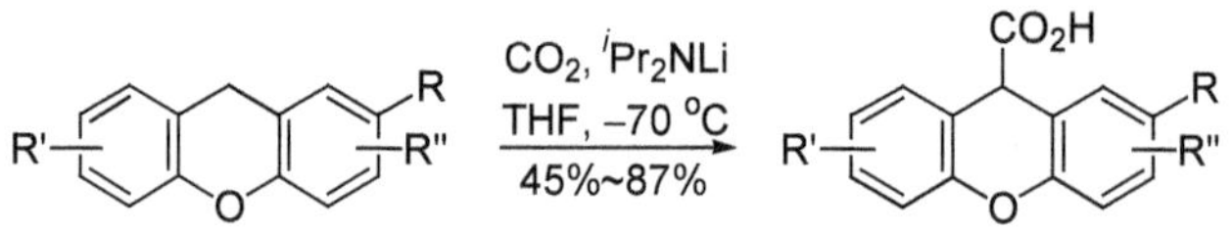

$$\text{(92)}$$

R = Br, F; R', R'' = H, or F

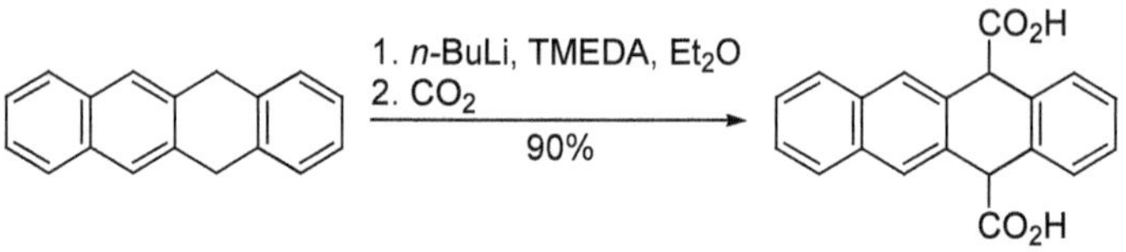

$$\text{(93)}$$

如式 94 所示[157]：末端 1,2-联烯的 $C_{(sp^2)}$—H 键在低温首先与 BuLi 反应，然后再与 CO_2 发生羧基化反应可以用于制备 2,3-二烯丁酸衍生物。

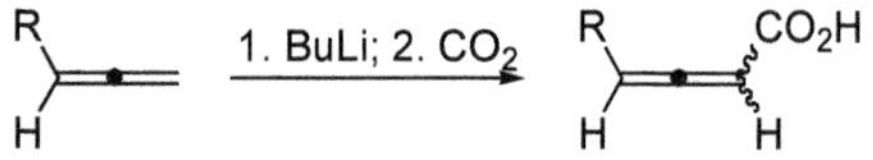

$$\text{(94)}$$

Ebert 等人报道：原位制备的活性金属铜 (Cu*) 易与缺电子卤代芳烃的 Ar—X 键反应生成 Ar—Cu 金属化合物。在室温下，该芳基铜化合物能与常压 CO_2 顺利地发生羧基化反应，高产率地生成相应的芳基甲酸衍生物 (式 95)[158]。在该反应体系中，Ar—Cu 的形成浓度 (经滴定定量，羧酸形成的产率基于芳基铜的量) 取决于芳环取代基的性质和位置，Ar—Cu 与 CO_2 的反应效率也受到取代基的影响。在使用溴代碘苯作为底物时，反应可以高度选择性地发生在 Ar—I 键上。但是，含有强吸电子基团的溴苯 (例如：邻氰基溴苯和对氰基溴苯) 的 Ar—Br 键也能顺利地形成 Ar—Cu 并与 CO_2 发生羧基化反应。

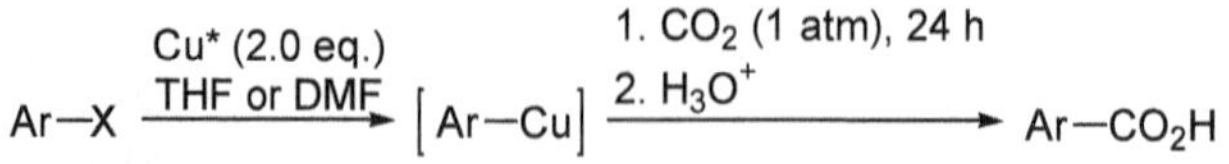

$$\text{(95)}$$

Ar = o-FC$_6$H$_4$, X = I, 99%; Ar = m-FC$_6$H$_4$, X = I, 50%
Ar = p-FC$_6$H$_4$, X = I, 69%; Ar = m-BrC$_6$H$_4$, X = I, 99%
Ar = o-MeO$_2$CC$_6$H$_4$, X = I, 95%; Ar = m-MeO$_2$CC$_6$H$_4$, X = I, 73%
Ar = o-NCC$_6$H$_4$, X = Br, 87%; p-NCC$_6$H$_4$, X = Br, 60%

Terao 等人研究了 (IMes)AgCl (IMes = 1,3-dimesitylimidazol-2-ylidene) 催化的羧基化反应。如式 96 所示[159]：首先，炔烃与 Grignard 试剂的反应生成 $C_{(sp2)}$-Mg 键，然后原位与 CO_2 反应生成丙烯酸衍生物。该反应不仅产率高，而且具有极高的立体和区域选择性。

$$Ph{-}{\equiv}{-} + {}^tBu\text{-}MgCl \xrightarrow[(100\%),\ -10\ ^\circ C,\ 30\ min]{(IMes)AgCl\ (5.0\ mol\%),\ (CHClCH_2)_2} \left[\begin{array}{c} ClMg \\ Ph \end{array} {=\!\!=} {}^tBu \right] \xrightarrow[88\%,\ E/Z = 98/2]{CO_2,\ then\ H_3O^+} \begin{array}{c} HO_2C \\ Ph \end{array} {=\!\!=} {}^tBu \quad (96)$$

Okuda 等人研究了 CaI_2 与 $K(C_3H_5)$ 的反应，定量合成了 $Ca(\eta^3\text{-allyl})_2$。在室温下，将该化合物暴露在 CO_2 气氛中即可立即生成 3-丁烯酸钙的沉淀物 (式 97)[160]。虽然无机钙化合物 [例如：$Ca(OH)_2$ 和 CaO] 是常用的 CO_2 吸收剂，但基于有机钙化物与 CO_2 的反应以实现将 CO_2 转化为羧酸衍生物的反应体系还很少。

$$\langle\!\!\!\langle -Ca-\rangle\!\!\!\rangle + CO_2\ (1\ bar) \xrightarrow{THF\text{-}d_8,\ rt} \left(\diagup\!\!\!\diagdown\!\!\!{-}C(=O)O\right)_2 Ca \quad (97)$$

近年来，过渡金属配合物催化的 C-M 键与 CO_2 的羧基化反应也取得了很大的进展。Nicholas 等人报道：在 $Pd(PPh_3)_4$ 的催化下，CO_2 可以插入到烯丙基锡的 Sn-C 键中，高选择性地生成 Sn-O 键和 C-C 键 (式 98)[161]。由于该反应也形成了双键异构化的产物，所以 $L_nPd(\eta^3\text{-allyl})$ 和 $L_nPd(\eta^1\text{-allyl})$ 被认为是可能的中间体。最近的研究表明：在室温下，CO_2 极易插入到 $L_nPd\text{-}CH_2CH{=}CH_2$ (η^1-allyl) 配合物的 Pd-C 键中，形成含有 Pd-O 键的 $L_nPd\text{-}OCOCH_2CH{=}CH_2$ 配合物。如式 99 所示[162]：该反应为 Sn-allyl 键的羧基化反应机理提供了直接的实验证据。

$$R_3Sn\diagup\!\!\!\diagdown + CO_2\ (33\ atm) \xrightarrow[THF,\ 70\ ^\circ C,\ 24\ h]{Pd(PPh_3)_4\ (8.0\ mol\%)} R_3Sn\text{-}O\text{-}C(=O)\text{-}CH_2CH{=}CH_2 + R_3Sn\text{-}O\text{-}C(=O)\text{-}CH{=}CHCH_3 \quad (98)$$

R = n-Bu　9 : 1
R = Ph　　7 : 3

(99)

Yorimitsu 等人研究了在 Ni(acac)$_2$/L 催化剂体系中碘锌烷基试剂与 LiCl 的复合物 (R-ZnI·LiCl, R = alkyl) 在室温下与常压 CO$_2$ 的反应 (式 100)[163]。研究发现：PCy$_3$ 是最有效的配体，其参与的羧酸化反应的最高产率能够达到 70%。但是，使用 P(t-Bu)$_3$、P(n-Bu)$_3$ 和 DBU 等作为配体时只得到较低的产率。在相同的反应条件下，不含 LiCl 的 R-ZnI 基本不能够发生催化羧基化反应。LiBr 复合物能够得到与 LiCl 相同的结果，但 LiI 复合物的反应只生成 41% 的羧酸。这些结果说明：LiCl 的存在是 C-Zn 键顺利实现羧基化反应的关键因素。

$$RZn \cdot LiCl + \underset{(1\ atm)}{CO_2} \xrightarrow[\substack{R = n\text{-}C_6H_{13},\ 70\%\ (THF) \\ R = PhCH_2CH_2,\ 74\%\ (DME) \\ R = cyclohexyl,\ 69\%\ (DME)}]{\substack{Ni(acac)_2\ (5.0\ mol\%) \\ PCy_3\ (10\ mol\%),\ solvent,\ rt,\ 3\ h}} RCO_2H \qquad (100)$$

Dong 等人[164]几乎在同时也报道：在温和反应条件下 (0 °C 和常压 CO$_2$)，使用不同的镍 [例如：Ni(η^2-CO$_2$)(PCy$_3$)$_2$、Ni(PCy$_3$)$_2$(N$_2$) 或 Ni(cod)/PCy$_3$] 和钯 [例如：Pd(PCy$_3$)$_2$、Pd(OAc)$_2$/PCy$_3$ 或 Pd(OAc)$_2$/P(t-Bu$_2$Me)] 配合物也能有效地催化有机锌试剂 (例如：PhZnBr、PhZnPh、n-C$_5$H$_{11}$ZnBr、Ph(CH$_2$)$_2$ZnBr·LiCl 和 EtOOC(CH$_2$)$_4$ZnBr·LiCl 等) 与 CO$_2$ 的羧基化反应。

有趣的是，一年后另一个研究小组报道：在无过渡金属催化剂的存在下，LiCl 在 DMF 溶液不仅能有效地促进烷基锌试剂与常压 CO$_2$ 的反应，也能有效地促进芳基和烯基锌试剂的反应 (式 101)[165]。

$$RZnX + \underset{(1\ atm)}{CO_2} \xrightarrow[53\%\sim 98\%]{\substack{LiCl\ (2.8\ eq.),\ DMF \\ 50\ ^\circ C,\ 24\sim 48\ h}} RCO_2H \qquad (101)$$

R = aryl, alkyl, alkenyl; X = I, Br

5.3 与碳-杂原子键的反应

由卤代芳烃生成的芳基 Grignard 试剂与 CO$_2$ 的反应是合成芳基甲酸的传统方法。但是，Yamamoto 等人的研究发现：CO$_2$ 也可以选择性地插入到 Ni-Ph 键中形成 Ni-O 键和 C-C 键，经酸化后得到 55% 的苯甲酸 (式 102)[166]。使用等当量的 Ni(cod)$_2$、联吡啶和溴苯在 CO$_2$ 气氛下加热反应，然后再经酸化也能生成 54% 的苯甲酸 (式 103)。虽然这些反应中都是使用化学计量的金属配合物，但它们为研究过渡金属催化活化 C-X 键及其与 CO$_2$ 的反应途径提供了明确的反应步骤。

$$\text{[Ni(bpy)(Ph)(Br)]} \xrightarrow[55\%]{CO_2,\ DMF,\ heating,\ 15\ h} PhCO_2H \qquad (102)$$

$$Ni(cod)_2 + PhBr \xrightarrow[54\%]{CO_2,\ bpy,\ DMF,\ 60\ ^\circ C,\ 10\ h} PhCO_2H \qquad (103)$$

最近,Martín 等人研究了 Pd(OAc)$_2$/膦催化剂体系催化的溴代芳烃与 CO_2 的羧基化反应。他们发现:在 Et$_2$Zn 辅助剂的存在下,可以实现钯催化的 C-Br 键的直接羧基化反应 (式 104)[167]。与前述 Ni-C 键与 CO_2 形成羧酸的反应过程非常类似,该催化反应的机理也可能包括三个反应步骤。

$$Ar\text{-}Br + CO_2\ (10\ atm) \xrightarrow[\substack{Ar = p\text{-}n\text{-}BuC_6H_4,\ 64\% \\ Ar = m\text{-}MeOC_6H_4,\ 62\% \\ Ar = p\text{-}CF_3C_6H_4,\ 43\% \\ Ar = p\text{-}ClC_6H_4,\ 68\% \\ Ar = o\text{-}MeC_6H_4,\ 72\% \\ Ar = 2\text{-thienyl},\ 67\%}]{Pd(OAc)_2\ (5.0\ mol\%),\ L\ (10\ mol\%)\\ Et_2Zn\ (2.0\ eq.),\ DMA,\ hexane,\ 40\ ^\circ C} Ar\text{-}CO_2H \qquad (104)$$

L = 2′,6′-diisopropyl-4′-isopropyl-2-(di-tert-butylphosphino)biphenyl

过渡金属催化的有机硼试剂 C-B 键的官能团化反应是有机合成的重要反应之一。通过 C-B 键的活化及其与 CO_2 的羧基化反应,已经成为将 CO_2 转化成羧酸的有效反应。Iwasawa 等人报道:在 [Rh(OH)(cod)]$_2$/phosphine 的催化下,芳基硼酸酯和烯基硼酸酯的 C-B 键可以与常压的 CO_2 发生羧基化反应,高选择性和高产率地生成芳基甲酸和丙烯酸衍生物 (式 105 和式 106)[168]。在该羧基化反应中,膦配体和碱试剂的结构和性质对羧基化反应的效率有着极大的影响。与单膦配体相比较,双膦配体是更有效的配体,特别是 (p-MeO)dppp 和 dppp。与 NaOR、KOH 和 K$_2$CO$_3$ 等相比较,CsF 是一个更高效的碱试剂。在没有任何碱试剂的存在下,苯基硼酸酯 (Ar = Ph) 与 CO_2 的反应只能生成 12% 的苯甲酸。

$$Ar\text{-}B(neopentylglycolate) \xrightarrow[\substack{Ar = Ph,\ 75\%;\ Ar = p\text{-}t\text{-}BuC_6H_4,\ 89\% \\ Ar = p\text{-}CF_3C_6H_4,\ 76\%;\ Ar = p\text{-}C_6H_4F,\ 85\%}]{CO_2\ (1\ atm),\ [Rh(OH)(cod)]_2\ (3.0\ mol\%) \\ dppp\ (7.0\ mol\%),\ CsF\ (3.0\ eq.),\ dioxane,\ 60\ ^\circ C} Ar\text{-}CO_2H \qquad (105)$$

$$R\text{-}CH=CH\text{-}B(neopentylglycolate) \xrightarrow[\substack{R = Ph,\ 69\%\ (dppp) \\ R = n\text{-hexyl},\ 81\%\ (p\text{-}MeO\text{-}dppp) \\ R = p\text{-}MeOC_6H_4,\ 94\%\ (p\text{-}MeO\text{-}dppp)}]{CO_2\ (1\ atm),\ [Rh(OH)(cod)]_2\ (5.0\ mol\%) \\ L\ (10.0\ mol\%),\ CsF\ (3.0\ eq.),\ dioxane,\ 60\ ^\circ C} R\text{-}CH=CH\text{-}CO_2H \qquad (106)$$

他们的进一步研究还发现：Cu(I)/dppp 也能催化该类反应 (例如：能生成 50% 的苯甲酸)。经优化反应条件后，他们建立了一种在 DMF 中使用 CuI/bisoxazoline 催化芳基和乙烯基硼的羧基化反应 (式 107)[169]。值得注意的是：在相似的反应条件下，Cu(II) 盐没有任何催化活性。使用其它含氮配体和膦配体，其催化效果均不如使用双噁唑啉配体好。Hou 等人几乎同时报道：在 KO^tBu 的存在下，Cu(I)/NHC (氮杂卡宾配体) 可以有效地催化芳基硼烷与常压 CO_2 的羧基化反应[170]。与铑催化的反应体系相比较，铜催化剂具有廉价、稳定和官能团兼容性好的优点。

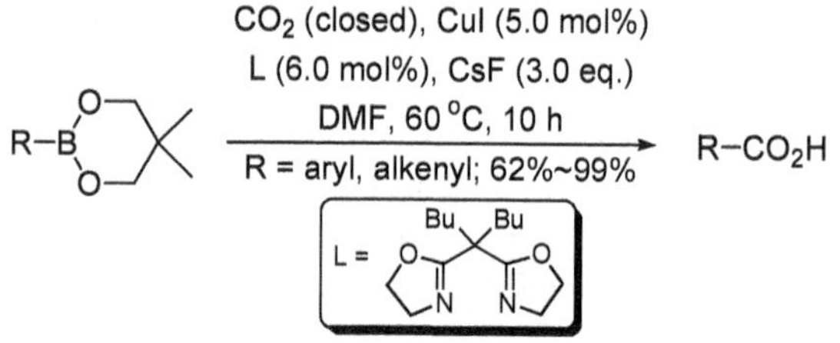

CO2 (closed), CuI (5.0 mol%)
L (6.0 mol%), CsF (3.0 eq.)
DMF, 60 °C, 10 h
R = aryl, alkenyl; 62%~99%
R–B
R–CO2H
L =
Bu
Bu
O
N

(107)

Ohmiya 等人报道：通过末端烯烃与 9-BBN-H (9-borabicyclo[3.3.1]nonane) 二聚体的 B-H 键反应，可以得到经反马氏加成生成的 sp^3-C-B 键。然后，在原位经 CuOAc/1,10-phenanthroline 催化可以实现 sp^3-C-B 键与常压 CO_2 的羧基化反应。如式 108 所示[171]：该催化反应具有烯烃底物的普适性广和官能团的兼容性强等优点。

tBu
+
(0.5 eq.)
PhMe, 60 °C, 1 h
CO2 (1 atm), CuOAc (10 mol%)
1,10-phen (10 mol%), KOtBu
(1.0 eq.), 100 °C, 12 h
79%
in situ
HO2C

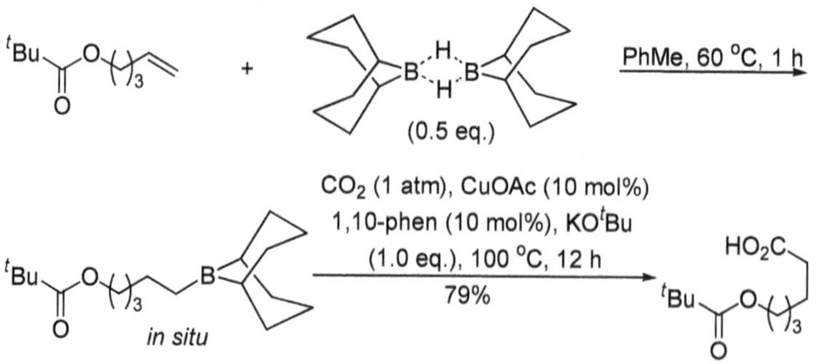

(108)

此外，卤代化合物与 CO_2 的电化学羧基化反应是合成羧酸的另一种有效方法。CO_2 在电化学条件下的反应机理可能包括三个步骤：首先，卤代化合物在阴极上被还原为相应的阴离子。然后，阴离子与 CO_2 发生亲核加成反应形成羧酸根阴离子。最后，羧酸根阴离子经质子化形成羧酸 (式 109)。研究结果表明：阴极材料的选择对羧基化反应的影响非常显著，选用金属镁通常能够得到较高的反应效率[172]。在过渡金属催化剂的存在下，卤代芳烃的电化学羧基化反应可以较高的化学选择性生成芳基甲酸[173]。

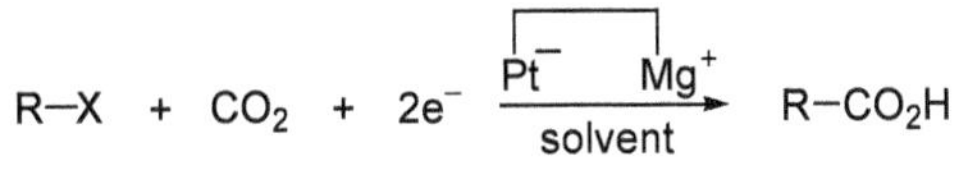

$$R-X + CO_2 + 2e^- \xrightarrow[\text{solvent}]{Pt \quad Mg^+} R-CO_2H \qquad (109)$$

(R = alkyl, aryl; X = F, Cl, Br)

6 CO_2 作为 CO 源的反应

CO 的羰基化反应是合成醛、酮和羧酸等羰基化合物的最基本反应之一。由于 CO 具有较大的毒性，通常需要采用特殊的反应装置来解决安全和环境污染问题。因此，使用廉价、丰富和无毒的 CO_2 代替 CO 就具有重要的意义。虽然这类研究总体还处于基础探索性阶段，但也取得了一些具有创新性的研究进展。

烯烃与合成气 (CO/H_2) 的氢甲酰化反应是工业合成醛和醇化合物的重要反应，以 CO_2 代替 CO 实现这一反应是催化合成化学家的梦想。由于 CO_2 具有较低的反应活性，要实现 CO_2 参与的氢甲酰化反应必须首先解决如何抑制烯烃的氢化反应。虽然钌的配合物是重要的烯烃加氢反应催化剂，但 Tominaga 等人的研究结果表明：在合适的反应条件下，钌配合物可以选择催化烯烃与 CO_2/H_2 的氢甲酰化反应[174]。他们发现：反应条件（例如：盐添加剂、反应温度和溶剂等）对钌配合物的催化活性和反应选择性有着显著的影响。如式 110 所示：在优化的反应条件下，环己烯的转化率可以达到 98%。但是，该反应的主要产物是醇，醛的产率只有 14%。他们认为：该反应可能包括三个步骤：首先，在 [PPN]Cl [PNN = $N(PPh_3)_2$] 存在下钌配合物将 CO_2 转化成为 CO；然后，烯烃与 CO/H_2 进行氢甲酰化反应生成醛；最后，醛经进一步氢化反应生成醇。反应溶液的质谱分析表明：在该反应过程中有四核、三核和单核等多种钌配合物生成。

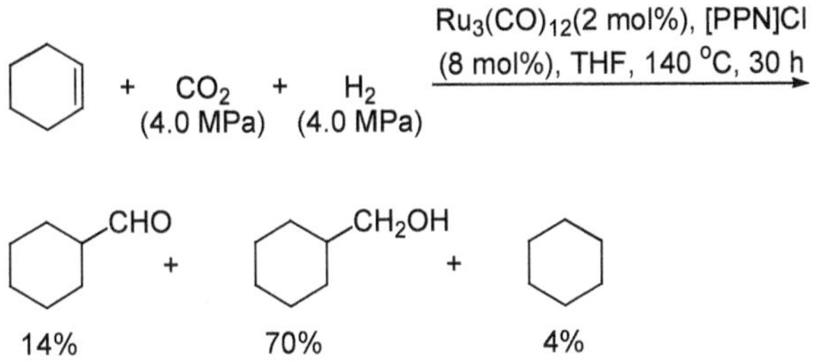

$$\text{环己烯} + \underset{(4.0\text{ MPa})}{CO_2} + \underset{(4.0\text{ MPa})}{H_2} \xrightarrow{\substack{Ru_3(CO)_{12}(2\text{ mol\%}), [PPN]Cl \\ (8\text{ mol\%}), THF, 140\ ^\circ C, 30\text{ h}}}$$

$$\text{CyCHO} + \text{CyCH}_2\text{OH} + \text{Cy} \qquad (110)$$

$$\quad 14\% \qquad\quad 70\% \qquad\quad 4\%$$

与传统的氢甲酰化反应相比较，该催化反应体系生成醛的选择性并不理想。

但是，该体系有效地利用了廉价无毒的 CO_2 作为 C_1 资源，揭示了以 CO_2 代替 CO 进行烯烃氢甲酰化反应的可能性。该反应为进一步研究和建立以 CO_2 为原料的绿色羰基化反应奠定了基础，是具有里程碑式的研究进展。后来，其它研究小组也详细地研究了碱金属盐的阴离子和阳离子对该类反应形成醛、醇或饱和烷烃产物的选择性的影响[175]。

不饱和化合物或卤代化合物与 CO/ROH 的酯基化反应是非常重要的官能团化反应。因此，研究用 CO_2 代替 CO 的酯基化反应是具有挑战性的基础研究工作。Yin 等人研究了光照下 $Co(acac)_2$ 催化的环己烯与 CO_2/MeOH 的甲酸甲酯化反应。如式 111 所示[176]：在光照下，该反应可以在室温下进行。虽然生成产物的产率较低，但作为 CO_2 在酯合成中的潜在应用是一个非常有意义的结果。后来，他们还进一步研究了光照下 Cu(II) 盐催化的 R-Br (R = 烷基) 与 CO_2 的酯基化反应。如式 112 所示[177]：在反应中加入 Na_3PO_4 能够显著地促进反应的效率和产物的选择性，溴代环己烷转化为环己基甲酸甲酯的最高产率可以达到 34%。

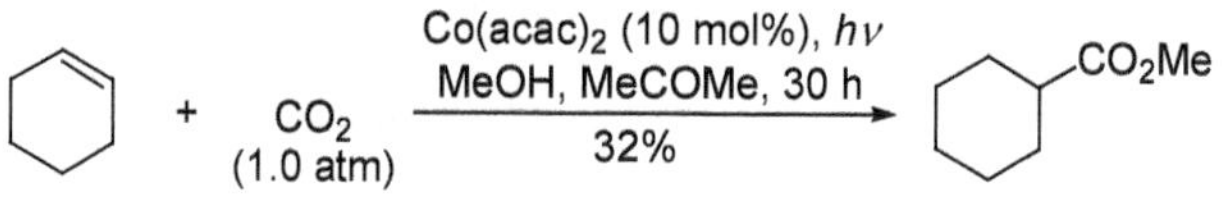

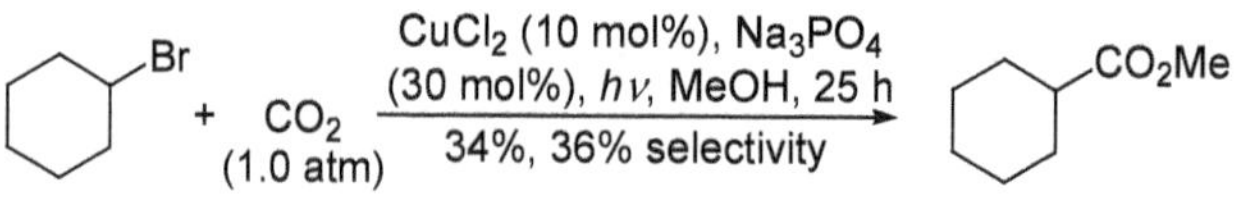

Sato 等人研究了在 $Ti(O^iPr)_4$ 和 Grignard 试剂存在下炔烃、亚胺和 CO_2 的三组分反应，建立了一种合成 α,β-不饱和五元内酰胺的简单方法（式 113）[178]。在此类反应中，CO_2 的作用是提供 "CO" 单元。反应具有极高的区域选择性，不对称炔烃的反应只生成一种产物。当分子中同时含有炔烃和亚胺时，可用发生分子内反应顺利得到双环内酰胺类化合物（式 114）。

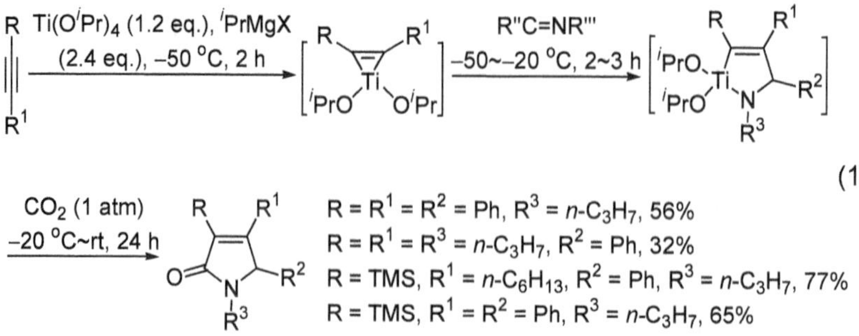

$$\text{TMS}-\underset{\substack{\|\\ {}^{i}\text{Pr}^{\diagup N}}}{\equiv}\quad\xrightarrow[\text{2. CO}_2\text{ (1 atm)}]{\text{1. Ti(O}^{i}\text{Pr)}_4,\ ^{i}\text{PrMgX}}\quad\underset{\substack{\|\\ {}^{i}\text{Pr}}}{\overset{\text{TMS}}{\underset{O}{\bigcirc}}}\qquad(114)$$

7 CO$_2$ 转化反应实例

例 一

α-吡喃酮衍生物的合成[51]
(CO$_2$ 与炔烃的反应)

$$\begin{array}{c}\text{MeO}_2\text{C}\\ \text{MeO}_2\text{C}\end{array}\!\!\!\!\!\!\!\begin{array}{c}\underset{\equiv}{\diagup}\text{-Me}\\ \underset{\equiv}{\diagdown}\text{-Me}\end{array}\xrightarrow[96\%]{\text{CO}_2\text{ (1 atm), Ni(cod)}_2\text{ (5 mol\%)}\atop\text{IPr (10 mol\%), PhMe, 60 °C, 2 h}}\begin{array}{c}\text{MeO}_2\text{C}\\ \text{MeO}_2\text{C}\end{array}\!\!\!\!\!\begin{array}{c}\text{Me}\\ \diagup\!\!\!\!\diagdown\!\!\!\text{O}\\ \diagdown\!\!\!\!\diagup\!\!\!\text{O}\\ \text{Me}\end{array}\qquad(115)$$

在 CO$_2$ 气体置换后的两口瓶中，一个口与 CO$_2$ 气球相接，另一个口用橡皮塞封紧。然后，用注射针将 2,2-二-(2-丁炔)丙二酸二甲酯 (200 mg, 0.85 mmol)、Ni(cod)$_2$ (12 mg, 0.04 mmol) 和 IPr 配体 (31 mg, 0.08 mmol) 的甲苯溶液 (3.3 mL) 注入到反应瓶中。生成的混合物在 60 °C 下搅拌反应 2 h 后，将反应液冷却至室温。浓缩后的残留物用硅胶柱分离得到产物，再用二氯甲烷/己烷重结晶得到白色固体 (228 mg, 96%)。

例 二

胺基甲酸烯酯的合成[75]
(CO$_2$ 与炔烃的反应)

$$\begin{array}{c}\text{Ph}-\!\!\!\equiv\\ +\\ \text{Et}_2\text{NH}\end{array}\xrightarrow[82\%,\ Z:E=89:11]{\text{scCO}_2,\ \text{ReBr(CO)}_5\text{ (2.0 mol\%)}\atop n\text{-heptane, 110 °C, 24 h}}\text{Ph}\diagdown\!\!\!\!\diagup\!\!\text{O}\!\!\diagup\!\!\!\overset{\text{O}}{\underset{\|}{\text{C}}}\!\!\diagdown\!\!\text{NEt}_2\qquad(116)$$

在高压反应釜中加入 Re(CO)$_5$Br (16 mg, 0.04 mmol)、苯乙炔 (204 mg, 2 mmol)、Et$_2$NH (219 mg, 3 mmol) 和正庚烷溶剂 (1 mL)，密封后在室温下充入 5.0

MPa 的 CO_2 气体。然后，在 110 ℃ 下搅拌加热反应 24 h，冷却至室温后释放出 CO_2 气体。反应液用 CH_2Cl_2 稀释，用色谱分析得到异构体的比例。蒸出溶剂和低沸点有机物后，残留物经口对口减压蒸馏得到无色液体产物 (359 mg, 82%)。

例 三

环状碳酸酯的合成[99]
(${CO_2}$ 与氧杂环丙烷的反应)

$$ClCH_2{-}\text{epoxide} + CO_2 \ (5.5\ \text{MPa}) \xrightarrow[96\%]{\text{ReBr(CO)}_5\ (0.1\ \text{mol\%})\ 110\ ^\circ\text{C, 24 h}} \underset{ClCH_2}{\text{cyclic carbonate}} \tag{117}$$

在高压反应釜中加入 $Re(CO)_5Br$ (4 mg, 0.01 mmol) 和 3-氯-1,2-环氧丙烷 (920 mg, 10 mmol)，密封后在室温下充入 5.5 MPa 的 CO_2 气体。然后，在 110 ℃ 下搅拌加热反应 24 h，冷却至室温后释放出 CO_2 气体。反应液用 CH_2Cl_2 稀释后转移出反应釜，蒸出溶剂和低沸点有机物后，残留物经口对口减压蒸馏得到无色液体产物 (1.29 g, 95%)。

例 四

碳-氢键的羧基化反应[140]
(CO_2 作为羧基化试剂)

$$\text{1,2,4,5-tetrafluorobenzene} + CO_2\ (1.5\ \text{bar}) \xrightarrow[80\%]{[\text{Cu(IPr)(OH)}]\ (3.0\ \text{mol\%}),\ \text{CsOH}\ (2.2\ \text{eq.}),\ \text{THF},\ 65\ ^\circ\text{C, 8 h}} \text{tetrafluoroterephthalic acid} \tag{118}$$

在 CO_2 气氛 (1.5 bar) 的反应管中加入 Cu(IPr)(OH) (14 mg, 0.03 mmol)、CsOH (159 mg, 2.2 mmol)、十四烷 (0.1 mL, 0.19 mmol) 和 THF (1.7 mL)。生成的混合物在 40 ℃ 下激烈搅拌 15 min 后，将 1,2,4,5-四氟苯 (150 mg, 1.0 mmol) 的 THF (0.3 mL) 溶液用注射针注入反应管中。然后，在 65 ℃ 下再搅拌 8 h 并用稀盐酸淬灭反应。最后，经正常分离得到目标产物 (190 mg, 80%)。

例　五

碳-杂原子键的羧基化反应[168]
(CO_2 作为羧基化试剂)

$$\text{4-F-C}_6\text{H}_4\text{-B(OCH}_2\text{C(CH}_3)_2\text{CH}_2\text{O)} + CO_2 \text{ (1 atm)} \xrightarrow[85\%]{[Rh(OH)(cod)]_2 \text{ (3 mol\%), dppp} \atop \text{(7 mol\%), CsF (3 eq.), dioxane, 60 }^\circ\text{C}} \text{4-F-C}_6\text{H}_4\text{-CO}_2\text{H}$$

(119)

在 CO_2 气氛 (1.0 atm) 的反应管中加入 $[Rh(OH)(cod)]_2$ (2.3 mg, 0.005 mmol)、dppp (4.6 mg, 0.011 mmol)、CsF (76 mg, 0.5 mmol)、芳基硼酸酯 (0.16 mmol) 和 1,4-二氧六环 (1.7 mL)。在 60 ℃ 下反应十几个小时后，用稀盐酸淬灭反应。混合物用 CH_2Cl_2 萃取，合并的有机溶液用 $MgSO_4$ 干燥。减压蒸出溶剂和低沸点有机物后，残留物用硅胶柱分离 [首先用己烷-二氯甲烷 (7:1~0:1)，接着用二氯甲烷-乙酸乙酯 (9:1)] 得到产物 (120 mg, 85%)。

8　参考文献

[1] (a) Kendall, J. L.; canelas, D. A.; Young, J. L.; DeSimone, J. M. *Chem. Rev.* **1999**, *99*, 543. (b) Leitner, W. *Acc. Chem. Res.* **2002**, *35*, 746. (c) Bhanage, B. M.; Fujita, S.-i.; Arai, M. *J. Organomet. Chem.* **2003**, *687*, 211. (d) Beckman, E. J. *J. Supercrit. Fluids* **2004**, *28*, 121. (e) Campestrini, S.; Tonellato, U. *Curr. Org. Chem.* **2005**, *9*, 31. (f) Pitter, S.; Dinjus, E.; Ionescu, C.; Maniut, C.; Makarczyk, P.; Patcas, F. *Top Organomet. Chem.* **2008**, *23*, 109. (g) Munshi, P.; Bhaduri, S. *Curr. Sci.* **2009**, *97*, 63.

[2] (a) Erkey, C. *J. Supercrit. Fluids* **2000**, *17*, 259. (b) Raventós, M.; Duarte, S.; Alarcón, R. *Food Sci. Tech. Int.* **2002**, *8*, 269. (c) Bimakr, M.; Rahman, R. A.; Taip, F. S.; Chuan, L. T.; Ganjloo, A.; Md Salleh, L.; Selamat, J.; Hamid, A. *World Appl. Sci. J.* **2008**, *5*, 410. (d) Sahena, F.; Zaidul, I. S. M.; Jinap, S.; Karim, A. A.; Abbas, K. A.; Norulaini, N. A. N.; Omar, A. K. M. *J. Food Eng.* **2009**, *95*, 240. (e) Bimakr, M.; Rahman, R. A.; Taip, F. S.; Chuan, L. T.; Ganjloo, A.; Selamat, J.; Hamid, A. *Eur. J. Sci. Res.* **2009**, *33*, 679.

[3] Krase, N. W.; Gaddy, V. L. *Ind. Eng. Chem.* **1922**, *14*, 611.

[4] (a) Sakai, T.; Kihara, N.; Endo, T. *Macromolecules* **1995**, *28*, 4701. (b) Mang, S.; Cooper, A. I.; Colclough, M. E.; Chauhan, N.; Holmes, A. B. *Macromolecules* **2000**, *33*, 303. (c) Chisholm, M.; Navarro-Llobet, D.; Zhou, Z. *Macromolecules* **2002**, *35*, 6494. (d) Chen, S; Hua, Z.; Fang, Z.; Qi, G. *Polymer* **2004**, *45*, 6519. (e) Liu, Y.; Huang, K.; Peng, D.; Wu, H. *Polymer* **2006**, *47*, 1. (f) Kröger, M.; Folli, C.; Walter, O.; Döring, M. *J. Organomet. Chem.* **2006**, *691*, 3397. (g) Darensbourg, D. J.; Mackiewicz, R. M. *J. Am. Chem. Soc.* **2005**, *127*, 14026.

[5] (a) Fournier, J.; Bruneau, C.; Dixneuf, P. H.; Lécolier, S. *J. Org. Chem.* **1991**, *56*, 4456. (b) Nomura, R.; Hasegawa, Y.; Ishimoto, M.; Toyosaki, T.; Matsuda, H. *J. Org. Chem.* **1992**, *57*, 7339. (c) Chaturvedi, D.;

Mishra, N.; Mishra, V. *Monatsh. Chem.* **2008**, *139*, 267. (d) Peterson, S. L.; Stucka, S. M.; Dinsmore, C. J. *Org. Lett.* **2010**, *12*, 1340. (e) Wu, C.; Chene, H.; Liu, R.; Wang, Q.; Hao, Y.; Yu, Y.; Zhao, F. *Green Chem.* **2010**, *12*, 1811.

[6] Dell'Amico, D. B.; Calderazzo, F.; Labella, L.; Marchetti, F.; Pampaloni, G. *Chem. Rev.* **2003**, *103*, 3857.

[7] (a) Jessop, P. G.; Ikariya, T.; Noyori, R. *Chem. Rev.* **1995**, *95*, 259. (b) Omae, I. *Catal. Today* **2006**, *115*, 33.

[8] (a) Sahibzada, M.; Chadwick, D.; Metcalfe, I. S. *Catal. Today* **1996**, *29*, 367. (b) Eliasson, B.; Kogelschatz, U.; Xue, B.; Zhou, L.-M. *Ind. Eng. Chem. Res.* **1998**, *37*, 3350.

[9] (a) Kusama, H.; Okabe, K.; Sayama, K.; Arakawa, H. *Catal. Today* **1996**, *28*, 261. (b) Kusama, H.; Okabe, K.; Sayama, K.; Arakawa, H. *Energy* **1997**, *22*, 343. (c) Izumi, Y.; Kurakata, H.; Aika, K. *J. Catal.* **1998**, *175*, 236. (d) Inui, T.; Yamamoto, T.; Inoue, M.; Hara, H.; Takeguchi, T.; Kim, J.-B. *Appl. Catal. A.* **1999**, *186*, 395.

[10] (a) Maher, J. M.; Cooper, N. J. *J. Am. Chem. Soc.* **1980**, *102*, 7604. (b) Tominaga, K.; Sasaki, Y.; Hagihara, K.; Watanabe, T.; Saito, M. *Chem. Lett.* **1994**, 1391.

[11] (a) Burr, Jr., J. G.; Brown, W. G.; Heller, H. E. *J. Am. Chem. Soc.* **1950**, *72*, 2560. (b) Finholt, A. E.; Jacobson, E. C. *J. Am. Chem. Soc.* **1952**, *74*, 3943. (c) Fujimoto, K.; Shikada, T. *Appl. Catal.* **1987**, *31*, 13. (d) Jessop, P. G.; Ikariya, T.; Noyori, R. *Nature* **1994**, *368*, 231. (e) Ohnishi, Y.; Nakao, Y.; Sato, H.; Sakaki, S. *Organometallics* **2006**, *25*, 3352. (f) Ogo, S.; Kabe, R.; Hayashi, H.; Harada, R.; Fukuzumi, S. *Dalton Trans.* **2006**, 4657. (g) Ng, S. M.; Yin, C.; Yeung, C. H.; Chan, T. C.; Lau, C. P. *Eur. J. Inorg. Chem.* **2004**, 1788.

[12] (a) Takagawa, M.; Okamoto, A.; Fujimura, H.; Izawa, Y.; Arakawa, H. *Stud. Surf. Sci. Catal.* **1998**, *114*, 525. (b) Liu, Y.; Huang, B.; Dai, Y.; Zhang, X.; Qin, X.; Jiang, M.; Whangbo, M.-H. *Catal. Commun.* **2009**, *11*, 210.

[13] (a) Russell, W. W.; Miller, G. H. *J. Am. Chem. Soc.* **1950**, *72*, 2446. (b) Inui, T.; Kitagawa, K.; Takeguchi, T.; Hagiwara, T.; Makino, Y. *Appl. Catal. A* **1993**, *94*, 31. (c) Tan, Y.; Fujiwara, M.; Ando, H.; Xu, Q.; Souma, Y. *Ind. Eng. Chem. Res.* **1999**, *38*, 3225.

[14] (a) Fox, D. B.; Lee, E. H.; Rei, M.-H. *Ind. Eng. Chem. Prod. Res. Develop.* **1972**, *11*, 444. (b) Wang, S.; Murata, K.; Hayakawa, T.; Hamakawa, S.; Suzuki, K. *Appl. Catal. A.* **2000**, *196*, 1. (c) Dury, F.; Gaigneaux, E. M.; Ruiz, P. *Appl. Catal. A.* **2003**, *242*, 187. (d) Takehira, K.; Ohishi, Y.; Shishido, T.; Kawabata, T.; Takaki, K.; Zhang, Q.; Wang, Y. *J. Catal.* **2004**, *224*, 404. (e) Wang, S.; Zhu, Z. H. *Energy Fuels* **2004**, *18*, 1126. (f) Deng, S.; Li, S.; Li, H.; Zhang, Y. *Ind. Eng. Chem. Res.* **2009**, *48*, 7561.

[15] (a) Palmer, D. A.; van Eldik, R. *Chem. Rev.* **1983**, *83*, 651. (b) Kolomnikov, I. S.; Lysyak, T. V. *Russ. Chem. Rev.* **1990**, *59*, 589. (c) Gibson, D. H. *Chem. Rev.* **1996**, *96*, 2063.

[16] (a) Burkhart, G.; Hoberg, H. *Angew. Chem., Int. Ed. Engl.* **1982**, *21*, 76. (b) Hoberg, H.; Schaefer, D. *J. Organomet. Chem.* **1982**, *236*, C28. (c) Hoberg, H.; Schaefer, D. *J. Organomet. Chem.* **1983**, *251*, C51. (d) Hoberg, H.; Peres, Y.; Milchereit, A. *J. Organomet. Chem.* **1986**, *307*, C38. (e) Hoberg, H.; Ballesteros, A.; Sigan, A. *J. Organomet. Chem.* **1991**, *403*, C19. (f) Hoberg, H.; Ballesteros, A.; Sigan, A.; Jegat, C.; Barhausen, D.; Milchereit, A. *J. Organomet. Chem.* **1991**, *407*, C23. (g) Hoberg, H.; Ballesteros, A. *J. Organomet. Chem.* **1991**, *411*, C11.

[17] Hoberg, H.; Peres, Y.; Kruger, C.; Tsay, Y. H. *Angew. Chem., Int. Ed. Engl.* **1987**, *26*, 771.

[18] Graham, D. C.; Mitchael, C.; Bruce, M. I.; Metha, G. F.; Bowie, J. H.; Buntine, M. A. *Organometallics* **2007**, *26*, 6784.

[19] Williams, C. M.; Johnson, J. B.; Rovis, T. *J. Am. Chem. Soc.* **2008**, *130*, 14936.

[20] (a) Inoue, Y.; Hibi, T.; Satake, M.; Hashimoto, H. *J. Chem. Soc., Chem. Commun.* **1979**, 982. (b) Binger, P.; Weintz, H. J. *Chem. Ber.* **1984**, *117*, 654.

[21] Greco, G. E.; Gleason, B. L.; Lowery, T. A.; Kier, M. J.; Hollander, L. B.; Gibbs, S. A.; Worthy, A. D. *Org. Lett.* **2007**, *9*, 3817.
[22] Gambino, S.; Silvestri, G. *Tetrahedron Lett.* **1973**, *32*, 3025.
[23] (a) Filardo, G.; Gambino, S.; Silvestri, G.; Gennaro, A.; Vianello, E. *J. Electroanal. Chem.* **1984**, *177*, 303. (b) Gambino, S.; Gennaro, A.; Filardo, G.; Silvestri, G.; Vianello, E. *J. Electrochem. Soc.* **1987**, *134*, 2172.
[24] (a) Kamekawa, H.; Senboku, H.; Tokuda, M. *Tetrahedron Lett.* **1998**, *39*, 1591. (b) Senboku, H.; Fujimura, Y.; Kamekawa, H.; Tokuda, M. *Electrochim. Acta* **2000**, *45*, 2995.
[25] Dérien, S.; Clinet, J.-C.; Duñach, E.; Périchon, J. *Tetrahedron* **1992**, *48*, 5235.
[26] Tokuda, M.; Yoshikawa, A.; Suginome, H.; Senboku, H. *Synthesis* **1997**, 1143.
[27] (a) Kamekawa, H.; Senboku, H.; Tokuda, M. *Electrochim. Acta* **1997**, *42*, 2117. (b) Kamekawa, H.; Kudoh, H.; Senboku, H.; Tokuda, M. *Chem. Lett.* **1997**, 917.
[28] Döhring, A.; Jolly, P. W. *Tetrahedron Lett.* **1980**, *21*, 3021. (b) Sasaki, Y. *J. Mol. Catal.* **1989**, *54*, L9. (c) Tsuda, T.; Yamamoto, T.; Saegusa, T. *J. Organomet. Chem.* **1992**, *429*, C46.
[29] Rabalais, J. W.; McDonald, J. M.; Scherr, V.; McGlynn, S. P. *Chem. Rev.* **1971**, *71*, 73.
[30] Aresta, M.; Dibenedetto, A.; Papai, I.; Schubert, G. *Inorg. Chim. Acta* **2002**, *334*, 294.
[31] Takimoto, M.; Kawamura, M.; Mori, M. *Org. Lett.* **2003**, *5*, 2599.
[32] (a) Hoberg, H.; Oster, B. W. *J. Organomet. Chem.* **1984**, *266*, 321. (b) Dérien, S.; Clinet, J.-C.; Dunach, E.; Périchon, J. *Synlett* **1990**, 361.
[33] Murakami, T.; Ishida, N.; Miura, T. *Chem. Lett.* **2007**, *36*, 476.
[34] Takimoto, M.; Kawamura, M.; Mori, M. *Synthesis* **2004**, 791.
[35] Aoki, M.; Kaneko, M.; Izumi, S.; Ukai, K.; Iwasawa, N. *Chem. Commun.* **2004**, 2568.
[36] Takaya, J.; Iwasawa, N. *J. Am. Chem. Soc.* **2008**, *130*, 15254.
[37] Chen, G.; Fu, C.; Ma, S. *Org. Lett.* **2009**, *11*, 2900.
[38] (a) Sasaki, Y.; Inoue, Y.; Hashimoto, H. *J. Chem. Soc., Chem. Commun.* **1976**, 605. (b) Inoue, Y.; Sasaki, Y.; Hashimoto, H. *Bull. Chem. Soc. Jpn.* **1978**, *51*, 2375. (c) Musco, A.; Perego, C.; Tartiary, V. *Inorg. Chim. Acta* **1978**, *28*, 147. (d) Musco, A. *J. Chem. Soc., Perkin Trans. 1*, **1980**, 693. (e) Behr, A.; Juszak, K.-D.; Keim, W. *Synthesis* **1983**, *7*, 574. (f) Behr, A.; Juszak, K.-D. *J. Organomet. Chem.* **1983**, *255*, 263.
[39] (a) Hoberg, H.; Schaefer, D.; Oster, B. W. *J. Organomet. Chem.* **1984**, *266*, 313. (b) Hoberg, H.; Peres, Y.; Milchereit, A.; Gross, S. *J. Organomet. Chem.* **1988**, *345*, C17. (c) Hoberg, H.; Bärhausen, D. *J. Organomet. Chem.* **1989**, *379*, C7.
[40] Takimoto, M.; Mori, M. *J. Am. Chem. Soc.* **2001**, *123*, 2895.
[41] Takimoto, M.; Mori, M. *J. Am. Chem. Soc.* **2002**, *124*, 10008.
[42] Takimoto, M.; Nakamura, Y.; Kimura, K.; Mori, M. *J. Am. Chem. Soc.* **2004**, *126*, 5956.
[43] Braunstein, P.; Matt, D.; Nobel, D. *J. Am. Chem. Soc.* **1988**, *110*, 3207.
[44] Goel, A.; Ram, V. J. *Tetrahedron* **2009**, *65*, 7865.
[45] Inoue, Y.; Itoh, Y.; Hashimoto, H. *Chem. Lett.* **1977**, 855.
[46] (a) Eisch, J. J.; damasevitz, G. A. *J. Organomet. Chem.* **1975**, *96*, C19. (b) Eisch, J. J.; Galle, J. E. *J. Organomet. Chem.* **1975**, *96*, C23.
[47] Inoue, T.; Itoh, Y.; Kazama, H.; Hashimoto, H. *Bull. Chem. Soc. Jpn.* **1980**, *53*, 3329.
[48] Tsuda, T.; Sumiya, R.; Saegusa, T. *Synth. Commun.* **1987**, *17*, 147.
[49] Tsuda, T.; Morikawa, S.; Sumiya, R.; Saegusa, T. *J. Org. Chem.* **1988**, *53*, 3140.
[50] Tsuda, T.; Morikawa, S.; Hasegawa, N.; Saegusa, T. *J. Org. Chem.* **1990**, *55*, 2978.
[51] Louie, J.; Gibby, J. E.; Farnworth, M. V.; Tekavec, T. N. *J. Am. Chem. Soc.* **2002**, *124*, 15188.
[52] Tekavec, T. N.; Arif, A. M.; Louie, J. *Tetrahedron* **2004**, *60*, 7431.
[53] (a) Tsuda, T.; Maruta, K-i.; Kitaike, Y. *J. Am. Chem. Soc.* **1992**, *114*, 1498. (b) Tsuda, T.; Maruta, K.

Macromolecules **1992**, *25*, 6102. (c) Tsuda, T.; Ooi, O.; Maruta, K. *Macromolecules* **1993**, *26*, 4840. (d) Tsuda, T.; Kitaike, Y.; Ooi, O. *Macromolecules* **1993**, *26*, 4956. (e) Tsuda, T.; Yasukawa, H.; Komori, K. *Macromolecules* **1996**, *28*, 1356.

[54] (a) Hoberg, H.; Schaefer, D.; Burkhart, G. *J. Organomet. Chem.* **1982**, *228*, C21. (b) Hoberg, H.; Schaefer, D.; Burkhart, G.; Krüger, C.; Romão, M. J. *J. Organomet. Chem.* **1984**, *266*, 203.

[55] Saito, S.; Nakagawa, S.; Koizumi, T.; Hirayama, K.; Yamamoto, Y. *J. Org. Chem.* **1999**, *64*, 3975.

[56] Takimoto, M.; Shimizu, K.; Mori M. *Org. Lett.* **2001**, *3*, 3345.

[57] Shimizu, K.; Takimoto, M.; Sato, Y.; Mori, M. *Org. Lett.* **2005**, *7*, 195.

[58] Fujihara, T.; Xu, T.; Semba, K.; Terao, J.; Tsuji, Y. *Angew. Chem., Int. Ed.* **2011**, *50*, 523.

[59] Eisch, J. J.; Gitua, J. N. *Organometallics* **2003**, *22*, 24.

[60] Duñach, E.; Périchon, J. *J. Organomet. Chem.* **1988**, *352*, 239.

[61] (a) Duñach, E.; Dérien, S.; Périchon, J. *J. Organomet. Chem.* **1989**, *364*, C33. (b) Dérien, S.; Duñach, E.; Périchon, J. *J. Am. Chem. Soc.* **1991**, *113*, 8447.

[62] Dérien, S.; Duñach, E.; Périchon, J. *J. Organomet. Chem.* **1990**, *385*, C43.

[63] Yuan, G.-Q.; Jiang, H.-F.; Lin, C. *Tetrahedron* **2008**, *64*, 5866.

[64] (a) Meunier, G.; Hémery, P.; Boileau, S.; Senet, J.-P.; Chéradame, H. *Polym.* **1982**, *23*, 849. (b) Boivin, S.; Chettouf, A.; Hemery, P.; Boileau, S. *Polym. Bull.* **1983**, *9*, 114.

[65] (a) Franco-Filipasic, B. R.; Patarcity, R. *Chem. Ind.* **1969**, *8*, 166. (b) Overberger, C. G.; Ringsdorf, H.; Overberger, C. G.; Ringsdorf, H.; Weinshenker, N. *J. Org. Chem.* **1962**, *27*, 4331. (c) Shimizu, M.; Tanaka, E.; Yoshioka, H. *J. Chem. Soc., Chem. Commun.* **1987**, 136.

[66] (a) Olofson, R. A,; Bauman, B. A,; Vancowicz, D. J. *J. Org. Chem.* **1978**, *43*. 752. (b) Olofson, R. A,; Schnur, R. C.; Bunes, L.; Pepe, J. P. *Tetrahedron Lett.* **1977**, 1567. (c) Lee, L. H. *J. Org. Chem.* **1965**, *30*, 3943.

[67] Sasaki, Y.; Dixneuf, P. H. *J. Chem. Soc., Chem. Commun.* **1986**, 790.

[68] Mahé, R.; Dixneuf, P. H.; Lécolier, S. *Tetrahedron Lett.* **1986**, *27*, 6333.

[69] Sasaki, Y.; Dixneuf, P. H. *J. Org. Chem.* **1987**, *52*, 314.

[70] Mahé, R.; Sasaki, Y.; Bruneau, C.; Dixneuf, P. H. *J. Org. Chem.* **1989**, *54*, 1518.

[71] Mitsudo, T.-a.; Hori, Y.; Yamakawa, Y.; Watanabe, Y. *Tetrahedron Lett.* **1987**, *28*, 4417.

[72] (a) Furstner, A.; Ackermann, L.; Beck, K.; Hori, H.; Koch, D.; Langemann, K.; Liebl, M.; Six, C.; Leitner, W. *J. Am. Chem. Soc.* **2001**, *123*, 9000. (b) Wittmann, K.; Wisniewski, W.; Mynott, R.; Leitner, W.; Kranemann, C. L.; Rische, T.; Eilbracht, P.; Kluwer, S.; Ernsting, J. M.; Elsevier, C. J. *Chem. Eur. J.* **2001**, *7*, 4584.

[73] Masuda, K.; Ito, Y.; Horiguchi, M.; Fujita, H. *Tetrahedron* **2005**, *61*, 213.

[74] Hua, R.; Tian, X. *J. Org. Chem.* **2004**, *69*, 5782.

[75] Jiang, J.-L.; Hua, R. *Tetrahedron Lett.* **2006**, *47*, 953.

[76] (a) Ohe, K.; Matsuda, H.; Ishihara, T.; Ogoshi, S.; Chatani, N.; Murai, S. *J. Org. Chem.* **1993**, *58*, 1173. (b) Ohe, K.; Matsuda, H.; Ishihara, T.; Ogoshi, S.; Chatani, N.; Murai, S. *J. Am. Chem. Soc.* **1994**, *116*, 4125. (c) Toullec, P.; Martin, A. C.; Gio-Batta, M.; Bruneau, C.; Dixneuf, P. H. *Tetrahedron Lett.* **2000**, *41*, 5527.

[77] Fournier, J.; Bruneau, C.; Dixneuf, P. H. *Tetrahedron Lett.* **1989**, *30*, 3981.

[78] Inoue, Y.; Ishikawa, J.; Taniguchi, M.; Hashimoto, H. *Bull. Chem. Soc. Jpn.* **1987**, *60*, 1204.

[79] (a) Gu, Y.; Shi, F.; Deng, Y. *J. Org. Chem.* **2004**, *69*, 391. (b) Jiang, H.-F.; Wang, A.-Z.; Liu, H.-L.; Qi, C.-R. *Eur. J. Org. Chem.* **2008**, 2309.

[80] (a) Iritani, K.; Yanagihara, N.; Utimoto, K. *J. Org. Chem.* **1986**, *51*, 5499. (b) Uemura, K.; Kawaguchi, T.; Takayama, H. Nakamura, A. Inoue, Y. *J. Mol. Catal. A: Chem.* **1999**, *139*, 1. (c) Jiang, Z.-X.; Qing, F.-L. *J. Fluorine Chem.* **2003**, *123*, 57.

[81] (a) Fournier, J.; Bruneau, C.; Dixneuf, P. H. *Tetrahedron Lett.* **1989**, *30*, 3981. (b) Joumier, J. M.;

Fournier, J.; Bruneau, C.; Dixneuf, P. H. *J. Chem. Soc., Perkin Trans. 1* **1991**, 3271. (c) Joumier, J. M.; Bruneau, C.; Dixneuf, P. H. *Synlett* **1992**, 453. (d) Kayaki, Y.; Yamamoto, M.; Ikariya, T. *J. Org. Chem.* **2007**, *72*, 647

[82] Sasaki, Y. *Tetrahedron Lett.* **1986**, *27*, 1573.
[83] (a) Kim, H.-S.; Kim, J.-W.; Kwon, S.-C.; Shim, S.-C.; Kim, T.-J. *J. Organomet. Chem.* **1997**, *545-546*, 337. (b) Kwon, S.-C.; Cho, C-S.; Shim, S.-C.; Kim, T.-J. *Bull. Korean Chem. Soc.* **1999**, *20*, 103.
[84] Bruneau, C.; Dixneuf, P. H. *Tetrahedron Lett.* **1987**, *28*, 2005.
[85] Qi, C.; Huang, L.; Jiang, H. *Synthesis* **2010**, 1433.
[86] (a) Shaikh, A. A. G.; Sivaram, S. *Chem. Rev.* **1996**, *96*, 951. (b) Rokicki, G. *Prog. Polym. Sci.* **2000**, *25*, 259.
[87] Dyen, M. E.; Swern, D. *Chem. Rev.* **1967**, *67*, 197.
[88] (a) Coates, G. W.; Moore, D. R. *Angew. Chem., Int. Ed.* **2004**, *43*, 6618. (b) Darensbourg, D. J. *Chem. Rev.* **2007**, *107*, 2388.
[89] Darensbourg, D. J.; Holtcamp, M. W. *Coord. Chem. Rev.* **1996**, *153*, 155.
[90] Caló, V.; Nacci, A.; Monopoli, A.; Fanizzi, A. *Org. Lett.* **2002**, *4*, 2561.
[91] He, L.-N.; Yasuda, H.; Sakakura, T. *Green Chem.* **2003**, *5*, 92.
[92] (a) Welton, T. *Chem. Rev.* **1999**, *99*, 2071. (b) Dupont, J.; de Souza, R. F.; Suarez, P. A. Z. *Chem. Rev.* **2002**, *102*, 3667.
[93] Peng, J.; Deng, Y. *New J. Chem.* **2001**, *25*, 639.
[94] Dalko, P. I.; Moisan, L. *Angew. Chem., Int. Ed.* **2004**, *43*, 5138.
[95] Kawanami, H.; Ikushima, Y. *Chem. Commun.* **2000**, 2089.
[96] Jiang, J.-L.; Hua, R. *Synth. Commun.* **2006**, *36*, 3141.
[97] Shen, Y.-M.; Duan, W.-L.; Shi, M. *J. Org. Chem.* **2003**, *68*, 1559.
[98] Hua, R. Jiang, J.-L. *Curr. Org. Synth.* **2007**, *4*, 151.
[99] Jiang, J.-L.; Gao, F.; Hua, R.; Qiu, X. *J. Org. Chem.* **2005**, *70*, 381.
[100] Shibata, I.; Mitani, I.; Imakuni, A.; Baba, A. *Tetrahedron Lett.* **2011**, *52*, 721.
[101] Sato, T.; Fukai, T.; Sahashi, R.; Sone, M.; Matsuno, M. *Ind. Eng. Chem. Res.* **2002**, *41*, 5353.
[102] Huang, J.-W.; Shi, M. *J. Org. Chem.* **2003**, *68*, 6705.
[103] Lu, X.-B.; Liang, B.; Zhang, Y.-J.; Tian, Y.-Z.; Wang, Y.-M.; Bai, C.-X.; wang, H.; Zhang, R. *J. Am. Chem. Soc.* **2004**, *126*, 3732.
[104] (a) Berkessel, A.; Brandenburg, M. *Org. Lett.* **2006**, *8*, 4401. (b) Kim, G.-J.; Kawthekar, R. B.; Chen, S.-W. *Tetrahedron Lett.* **2007**, *48*, 297.
[105] Baba, A.; kashiwagi, H.; Matsuda, H. *Organometallics* **1987**, *6*, 137.
[106] (a) Fang, S.; Fujimoto, K. *Appl. Catal. A*, **1996**, *142*, L1. (b) Sakakura, T.; Saito, Y.; Okano, M.; Choi, J. C.; Sako, T. *J. Org. Chem.* **1998**, *63*, 7095. (c) Sakakura, T.; Choi, J. C.; Saito, Y.; Sako, T. *Polyhedron* **2000**, *19*, 573. (d) Ballivet-Tkatchenko, D.; Douteau, O.; Stutzmann, S. *Organometallics* **2000**, *19*, 4563. (e) Fujita, S.; Bhanage, B. M.; Ikushima, Y.; Arai, M. *Green Chem.* **2001**, *3*, 87. (f) Cai, Q.; Jin, C.; Lu, B.; Tangbo, H.; Shan, Y. *Catal. Lett.* **2005**, *103*, 225.
[107] Delledonne, D.; Rivetti, F.; Romano, U. *Appl. Catal. A* **2001**, *221*, 241.
[108] (a) Clark-Lewis, J. W. *Chem. Rev.* **1958**, *58*, 63. (b) Park, M.-S.; Lee, J.-W. *Arch. Pharm. Res.* 1993, *16*, 158.
[109] (a) Slee, A. M.; Wuonola, M. A.; McRipley, R. J.; Zajac, I.; Zawada, M. J.; Bartholomew, P. T.; Gregory, W. A.; Forbes, M. *Antimicrob. Agents Chemother.* **1987**, *31*, 1791. (b) Makhtar, T. M.; Wright, G. D. *Chem. Rev.* **2005**, *105*, 529.
[110] (a) Moellering, R. C., Jr. *Ann Intern. Med.* **2003**, *138*, 135. (b) Barbachyn, M. R.; Ford, C. W. *Angew. Chem., Int. Ed.* **2003**, *42*, 2010.
[111] Ben-Ishai, D. *J. Am. Chem. Soc.* **1956**, *78*, 4962.

[112] (a) Nomura, R.; Yamamoto, M.; Matsuda, H. *Ind. Eng. Chem. Res.* **1987**, *26*, 1056. (b) Kodaka, M.; Tomihiro, T.; Lee, A. L.; Okuno, H. *J. Chem. Soc., Chem. Commun.* **1989**, 1479. (c) Kubota, Y.; Kodaka, M.; Tomohiro, T.; Okuno, H. *J. Chem. Soc., Perkin Trans. 1* **1993**, 5. (d) Tominaga, K.; Sasaki, Y. *Synlett* **2002**, 307. (e) Bhanage, B. M.; Fujita, S.-i.; Ikushima, Y.; Arai, M. *Green Chem.* **2003**, *5*, 340. (f) Dinsmore, C. J.; Mercer, S. P. *Org. Lett.* **2004**, *6*, 2885.

[113] Sudo, A.; Morioka, Y.; Sanda, F.; Endo, T. *Tetrahedron Lett.* **2004**, *45*, 1363.

[114] Miller, A. W.; Nguyen, S. *Org. Lett.* **2004**, *6*, 2301.

[115] Du, Y.; Wu, Y.; Liu, A.-H.; He, L.-N. *J. Org. Chem.* **2008**, *73*, 4709.

[116] Tascedda, P.; Duñach, E. *Chem. Commun.* **2000**, 449.

[117] Shi, M.; Shen, Y-M. *J. Org. Chem.* **2002**, *67*, 16.

[118] Yoo, W.-J.; Li, C.-J. *Adv. Synth. Catal.* **2008**, *350*, 1503.

[119] Jiang, H.-F.; Zhao, J.-W. *Tetrahedron Lett.* **2009**, *50*, 60.

[120] Galliani, G.; Rindone, B.; Saliu, F. *Tetrahedron Lett.* **2009**, *50*, 5123.

[121] (a) Saito, T.; Yamada, T.; Miyazaki, S.; Otani, T. *Tetrahedron Lett.* **2004**, *45*, 9585. (b) Timmons, C.; Chen, D.; Cannon, J. F.; Headley, A. D.; Li, G. *Org. Lett.* **2004**, *6*, 2075. (c) Friestad, G. K.; Draghici, C.; Soukri, M.; Qin, J. *J. Org. Chem.* **2005**, *70*, 6330. (d) Hein, J. E.; Zimmerman, J.; Sibi, M. P.; Hultin, P. G. *Org. Lett.* **2005**, *7*, 2755.

[122] Ager, D. J.; Prakash, I.; Schaad, D. R. *Chem. Rev.* **1996**, *96*, 835.

[123] Fernández, I.; Muñoz, L. *Tetrahedron: Asymmetry* **2006**, *17*, 2548.

[124] (a) Kauer, J. C.; Brown, M. *Org. Synth.* **1962**, *42*, 97. (b) Barker, S. A.; Foster, A. B.; Lamb, D. C.; Jackman, L. M. *Tetrahedron* **1962**, *18*, 177. (c) Normant, H.; Cuvigny, T.; Normant, J.; Angelo, B. *Bull. Soc. Chim. Fr.* **1965**, 3446. (d) Tsujiyama, H.; Ono, N.; Yoshino, T.; Okamoto, S.; Sato, F. *Tetrahedron Lett.* **1990**, *31*, 4481.

[125] (a) Tsuji, J.; Takahashi, M.; Takahashi, T. *Tetrahedron Lett.* **1980**, *21*, 849. (b) Crimmins, M. T.; DeLoach, J. A. *J. Am. Chem. Soc.* **1986**, *108*, 800.

[126] (a) Sidduri, A. R.; Rozema, M. J.; Knochel, P. *J. Org. Chem.* **1993**, *58*, 2694. (b) Balcioglu, N.; Uraz, I.; Bozkurt, C.; Sevin, F. *Polyhedron* **1997**, *16*, 327.

[127] Tetsuo, T.; Kazuo, U.; Takeo, S. *Chem. Commun.* **1974**, 380.

[128] Fukue, Y.; Qi, S.; Inoue, Y. *J. Chem. Soc., Chem. Commun.* **1994**, 2091.

[129] Gooβen, L. J.; Rodríguez, N.; Manjolinho, F.; Lange, P. P. *Adv. Synth. Catal.* **2010**, *352*, 2913.

[130] Yu, D.; Zhang, Y. *PNAS* **2010**, *107*, 20184.

[131] Eghbali, N.; Eddy, J.; Anastas, P. T. *J. Org. Chem.* **2008**, *73*, 6932.

[132] Zhang, W.-Z.; Li, W.-J.; Zhang, X.; Zhou, H.; Lu, X.-B. *Org. Lett.* **2010**, *12*, 4748.

[133] (a) Kolbe, H. *Ann. Chem.* **1860**, *113*, 125. (b) Schmitt, R. *J. Prakt. Chem.* **1885**, *31*, 397. (c) Lindsey, A. S.; Jeskey, H. *Chem. Rev.* **1957**, *57*, 583.

[134] Kosugi, Y.; Rahim, M. A.; Takahashi, K.; Imaoka, Y.; Kitayama, M. *Appl. Organomet. Chem.* **2000**, *14*, 841.

[135] Rahim, M. A.; Matsui, Y.; Kosugi, Y. *Bull. Chem. Soc. Jpn.* **2002**, *75*, 619.

[136] Rahim, M. A.; Matsui, Y.; Matsuyama, T.; Kosugi, Y. *Bull. Chem. Soc. Jpn.* **2003**, *76*, 2191.

[137] (a) Crudden, C. M.; Allen, D. P. *Coord. Chem. Rev.* **2004**, *248*, 2247. (b) Garrison, J. C.; Youngs, W. J. *Chem. Rev.* **2005**, *105*, 3978. (c) Kühl, O. *Chem. Soc. Rev.* **2007**, *36*, 592.

[138] Boogaerts, I. I. F.; Nolan, S. P. *J. Am. Chem. Soc.* **2010**, *132*, 8858.

[139] Zhang, L.; Cheng, J.; Ohishi, T.; Hou, Z. *Angew. Chem., Int. Ed.* **2010**, *49*, 8670.

[140] Boogaerts, I. I. F.; Fortman, G. C.; Furst, M. R. L.; Cazin, C. S. J.; Nolan, S. P. *Angew. Chem., Int. Ed.* **2010**, *49*, 8674.

[141] (a) Norris, J. F.; Wood, J. E., III *J. Am. Chem. Soc.* **1940**, *62*, 1428. (b) Suzuki, Y.; Hattori, T.; Okuzawa, T.; Miyano, S. *Chem. Lett.* **2002**, 102.

[142] Olah, G. A.; Torok, B.; Joschek, J. P.; Bucsi, I.; Esteves, P. M.; Rasul, G.; Prakash, G. K. S. *J. Am. Chem. Soc.* **2002**, *124*, 11379.
[143] Nemoto, K.; Yoshida, H.; Egusa, N.; Morohashi, N.; Hattori, T. *J. Org. Chem.* **2010**, *75*, 7855.
[144] Nemoto, K.; Onozawa, S.; Egusa, N.; Morohashi, N.; Hattori, T. *Tetrahedron Lett.* **2009**, *50*, 4512.
[145] (a) Dick, A. R.; Sanford, M. S. *Tetrahedron* **2006**, *62*, 2439. (b) Yu, J.-Q.; Giri, R.; Chen, X. *Org. Biomol. Chem.* **2006**, *4*, 4041. (c) Lewis, J. C.; Bergman, R. G.; Ellman, J. A. *Acc. Chem. Res.* **2008**, *41*, 1013. (d) Campos, K. R. *Chem. Soc. Rev.* **2007**, *36*, 1069.
[146] Mizuno, H.; Takaya, J.; Iwasawa, N. *J. Am. Chem. Soc.* **2011**, *133*, 1251.
[147] (a) Stiles, M. *J. Am. Chem. Soc.* **1959**, *81*, 2598. (b) Finkbeiner, H. L.; Stiles, M. *J. Am. Chem. Soc.* **1963**, *85*, 616. (c) Corey, E. J.; Chen, R. H. K. *J. Org. Chem.* **1973**, *38*, 4086. (d) Ito, T.; Takami, Y. *Chem. Lett.* **1974**, 1035. (e) Tirpak, R. E.; Olsen, R. S.; Rathke, M. W. *J. Org. Chem.* **1985**, *50*, 4877.
[148] Hirai, Y.; Aida, T.; Inoue, S. *J. Am. Chem. Soc.* **1989**, *111*, 3062.
[149] Komatsu, M.; Aida, T.; Inoue, S. *J. Am. Chem. Soc.* **1991**, *113*, 8492.
[150] Chiba, K.; Tagaya, H.; karasu, M.; Ishizuka, M.; Sugo, T. *Bull. Chem. Soc. Jpn.* **1994**, *67*, 452.
[151] (a) Nizova, G. V.; Süss-Fink, G.; Stanislas, S.; Shul'pin, G. B. *Chem. Commun.* **1998**, 1885. (b) Wilcox, E. M.; Roberts, G. W.; Spivey, J. J. *Catal. Today* **2003**, *88*, 83. (c) Zerella, M.; Mukhopadhyay, S.; Bell, A. T. *Org. Lett.* **2003**, *5*, 3193. (d) Huang, W.; Zhang, C.; Yin, L.; Xie, K. *J. Nat. Gas Chem.* **2004**, *13*, 113.
[152] Lu, B.-L.; Lu, J.-M.; Shi, M. *Tetrahedron* **2009**, *65*, 9328.
[153] Ruzziconi, R.; Spizzichino, S.; Giurg, M.; Castagnetti, E.; Schlosser, M. *Synthesis* **2010**, 1531.
[154] Hahn, F. E.; Eiting, T.; Seidel, W. W.; Pape, T. *Eur. J. Inorg. Chem.* **2010**, 2393.
[155] Vieira, E.; Huwyler, J.; Jolidon, S.; Knoflach, F.; Mutel, V.; Wichmann, J. *Bioorg. Med. Chem. Lett.* **2009**, *19*, 1666.
[156] Liang, Z.; Zhao, W.; Wang, S.; Tang, Q.; Lam, S.-C.; Miao, Q. *Org. Lett.* **2008**, *10*, 2007.
[157] (a) Schwab, J. M.; Lin, D. C. T. *J. Am. Chem. Soc.* **1985**, *107*, 6046. (b) Ma, S.; Wu, S. *J. Org. Chem.* **1999**, *64*, 9314.
[158] Ebert, G. W.; Juda, W. L.; Kosakowski, R. H.; Ma, B.; Dong, L.; Cummings, K. E.; Phelps, M. V. B.; Mostafa, A. E.; Luo, J. *J. Org. Chem.* **2005**, *70*, 4314.
[159] Fujii, Y.; Terao, J.; Kambe, N. *Chem. Commun.* **2009**, 1115.
[160] Jochmann, P.; Dols, T. S.; Spaniol, T. P.; Perrin, L.; Maron, L.; Okuda, J. *Angew. Chem., Int. Ed.* **2009**, *48*, 5715.
[161] Shi, M.; Nicholas, K. M. *J. Am. Chem. Soc.* **1997**, *119*, 5057.
[162] Johansson, R.; Wendt, O. F. *Dalton Trans.* **2007**, 488.
[163] Ochiai, H.; Jang, M.; Hirano, K.; Yorimitsu, H.; Oshima, K. *Org. Lett.* **2008**, *10*, 2681.
[164] Yeung, C. S.; Dong, V. M. *J. Am. Chem. Soc.* **2008**, *130*, 7826.
[165] Kobayashi, K.; Kondo, Y. *Org. Lett.* **2009**, *11*, 2035.
[166] Osakada, K.; Sato, R.; Yamamoto, T. *Organometallics* **1994**, *13*, 4645.
[167] Correa, A.; Martín, R. *J. Am. Chem. Soc.* **2009**, *131*, 15974.
[168] Ukai, K.; Aoki, M.; Takaya, J.; Iwasawa, N. *J. Am. Chem. Soc.* **2006**, *128*, 8706.
[169] Takaya, J.; Tadami, S.; Ukai, K.; Iwasawa, N. *Org. Lett.* **2008**, *10*, 2697.
[170] Ohishi, T.; Nishiura, M.; Hou, Z. *Angew. Chem., Int. Ed.* **2008**, *47*, 5792.
[171] Ohmiya, H.; Tanabe, M.; Sawamura, M. *Org. Lett.* **2011**, *13*, ASAP.
[172] (a) Tokuda, M.; Yoshikawa, A.; Suginome, H.; Senboku, H. *Synthesis* **1997**, 1143. (b) Raju, R. R.; Mohan, S. K.; Reddy, S. J. *Tetrahedron Lett.* **2003**, *44*, 4133. (c) Hiejima, Y.; Hayashi, M.; Uda, A.; Oya, S.; Kondo, H.; Senboku, H.; Takahashi, K. *Phys. Chem. Chem. Phys.* **2010**, *12*, 1953.
[173] (a) Fauvarque, J. F.; Chevot, C.; Jutand, A.; Francois, M.; Perichon, J. *J. Organomet. Chem.* **1984**, *264*, 273. (b) Torii, S.; Tanaka, H.; Hamatani, T.; Morisaki, K.; Jutand, A.; Pfluger, F.; Fauvarque, J.-F.

Chem. Lett. **1986**, 169. (c) Amatore, C.; Jutand, A. *J. Am. Chem. Soc.* **1991**, *113*, 2819.

[174] (a) Tominaga, K.; Sasaki, Y. *Catal. Commun.* **2000**, *1*, 1. (b) Tominaga, K.; Sasaki, Y. *J. Mol. Catal. A: Chem.* **2004**, *220*, 159. (c) Tominaga, K. *Catal. Today* **2006**, *115*, 70.

[175] Jääskeläinen, S.; Haukka, M. *Appl. Catal. A: Gen.* **2003**, *247*, 95.

[176] Gao, D. B.; Yin, J. M.; Ma, Y. A. *Chin. Chem. Lett.* **1999**, *10*, 553.

[177] Wen, T.; Jia, Y. P.; Gao, D. B.; Yin, J. M.; Zhou, G. Y.; Liu, J.; Wang, X. S. *Chin. Chem. Lett.* **2005**, *16*, 1455.

[178] Gao, Y.; Shirai, M.; Sato, F. *Tetrahedron Lett.* **1997**, *38*, 6849.

索 引

第一卷　氧化反应

拜耳-维利格氧化反应 ··· 1
　(Baeyer-Villiger Oxidation)

克里氧化反应 ·· 51
　(Corey Oxidation)

戴斯-马丁氧化反应 ·· 85
　(Dess-Martin Oxidation)

杰卡布森不对称环氧化反应 ·································· 125
　(Jacobsen Asymmetric Epoxidation)

莱氏氧化反应 ·· 167
　(Ley's Oxidation)

鲁布拉氧化反应 ·· 209
　(Rubottom Oxidation)

夏普莱斯不对称双羟基化反应 ······························ 245
　(Sharpless Asymmetric Dihydroxylation)

夏普莱斯不对称环氧化反应 ·································· 291
　(Sharpless Asymmetric Epoxidation)

斯文氧化反应 ·· 333
　(Swern Oxidation)

瓦克氧化反应 ·· 373
　(Wacker Oxidation)

第二卷　碳-氮键的生成反应

贝克曼重排 ·· 1
　(Beckmann Rearrangement)

费歇尔吲哚合成 ·· 45
　(Fischer Indole Synthesis)

曼尼希反应 ·· 95
　(Mannich Reaction)

帕尔-克诺尔吡咯合成 ··· 135
　(Paal-Knorr Pyrrole Synthesis)

皮克特-斯宾格勒反应 ··· 173
　(Pictet-Spengler Reaction)

里特反应 ·· 209
　(Ritter Reaction)

施密特反应 ·· 247
　(Schmidt Reaction)

史特莱克反应 ·· 291
　(Strecker Reaction)

乌吉反应 ·· 327
　(Ugi Reaction)

范勒森反应 ·· 373
　(Van Leusen Reaction)

第三卷　碳-杂原子键参与的反应

布朗硼氢化反应 ·· 1
　(Brown Hydroboration)

克莱森重排 ·· 49
　(Claisen Rearrangement)

定向邻位金属化反应 ··· 105
　(Directed ortho Metalation, DoM)

细见-樱井反应 ·· 145
　(Hosomi-Sakurai Reaction)

光延反应 ·· 187
　(Mitsunobu Reaction)

向山羟醛缩合反应 ·· 245
　(Mukaiyama Aldol Reaction)

帕尔-克诺尔呋喃合成 ··· 293
　(Paal-Knorr Furan Synthesis)

皮特森成烯反应 ·· 323
　(Peterson Olefination Reaction)

维尔斯迈尔-哈克-阿诺德反应 ······························ 363
　(Vilsmeier-Haack-Arnold Reaction)

维蒂希反应 ·· 413
　(Wittig Reaction)

第四卷　碳-碳键的生成反应

巴比耶反应 ·· 1
　(Barbier Reaction)

迪尔斯-阿尔德反应 ·· 43
(Diels-Alder Reaction)

格利雅反应 ·· 91
(Grignard Reaction)

麦克默瑞反应 ·· 133
(McMurry Reaction)

迈克尔反应 ··· 181
(Michael Reaction)

森田-贝利斯-希尔曼反应 ······························ 225
(Morita-Baylis-Hillman Reaction)

纳扎罗夫反应 ·· 281
(Nazarov Reaction)

瑞佛马茨基反应 ··· 331
(Reformatsky Reaction)

西门斯-史密斯反应 ····································· 373
(Simmons-Smith Reaction)

斯泰特反应 ··· 421
(Stetter Reaction)

第五卷 金属催化反应

柏奇渥-哈特维希交叉偶联反应 ························· 1
(Buchwald-Hartwig Cross Coupling Reaction)

傅瑞德尔-克拉夫兹反应 ································ 43
(Friedel-Crafts Reaction)

赫克反应 ·· 97
(Heck Reaction)

烯烃复分解反应 ··· 141
(Olefin Metathesis)

葆森-侃德反应 ·· 205
(Pauson-Khand Reaction)

薗頭健吉反应 ·· 257
(Sonogashira Reaction)

斯蒂尔反应 ··· 305
(Stille Reaction)

铃木偶联反应 ·· 341
(Suzuki Coupling Reaction)

过希美-特罗斯特烯丙基化反应 ····················· 385
(Tsuji-Trost Allylation)

乌尔曼反应 ··· 429
(Ullmann Reaction)

第六卷 金属催化反应 II

陈-林偶联反应 ··· 1
(Chan-Lam Coupling Reaction)

铜催化的炔烃偶联反应 ································· 48
(Copper-Catalyzed Coupling Reactions of Alkynes)

桧山偶联反应 ··· 85
(Hiyama Coupling Reaction)

熊田偶联反应 ·· 127
(Kumada Coupling Reaction)

过渡金属催化的 C-H 键胺化反应 ················ 162
(Transition Metal-Catalyzed C-H Amination)

金属催化环加成反应合成七元碳环化合物 ········ 195
(Metal-Catalyzed Cycloadditions for Synthesis of Seven-Membered Carbocycles)

金属催化的芳环直接芳基化反应 ··················· 249
(Metal-Catalyzed Direct Arylation of Arenes)

金属催化的氧化偶联反应 ···························· 324
(Metal-Catalyzed Oxidative Coupling Reaction)

根岸交叉偶联反应 ····································· 374
(Negishi Cross-Coupling Reaction)

第七卷 碳-碳键的生成反应 II

阿尔德-烯反应 ··· 1
(Alder-ene Reaction)

不对称氢氰化反应 ·· 46
(Asymmetric Hydrocyanation)

亨利反应 ·· 93
(Henry Reaction)

氢化甲酰化反应 ··· 156
(Hydroformylation)

朱利亚成烯反应 ··· 188
(Julia Olefination)

卡冈-摩兰德反应 ······································· 213
(Kagan-Molander Reaction)

经由铑卡宾的 C-H 插入反应 ······················· 252
(Catalytic C-H Bond Insertion of Rhodium Carbene)

野崎-桧山-岸反应 ······································ 295
(Nozaki-Hiyama-Kishi Coupling Reaction)

赛弗思-吉尔伯特增碳反应 ··························· 342
(Seyferth-Gilbert Homologation)

第八卷 碳-杂原子键参与的反应 II

费里尔重排反应 ······1
(Ferrier Rearrangement)

亲电氟化反应：N-F 试剂在 C-F 键形成中的应用 ······51
(Formation of C-F Bonds by N-F Reagents)

霍夫曼重排反应 ······104
(Hofmann Rearrangement)

宫浦硼化反应 ······129
(Miyaura Borylation)

腈氧化物环加成反应 ······159
(Nitrile Oxides Cycloaddition Reaction)

拉姆贝格-巴克卢德反应 ······199
(Ramberg-Bäcklund Reaction)

斯迈尔重排反应 ······236
(Smiles Rearrangement)

玉尾-熊田-弗莱明立体选择性羟基化反应 ······277
(Tamao-Kumada-Fleming Stereoselective Hydroxylation)

二氧化碳在有机合成中的转化反应 ······341
(Transformation of CO_2 in Organic Synthesis)

第九卷 碳-氮键的生成反应 II

比吉内利反应 ······1
(Biginelli Reaction)

叠氮化合物和炔烃的环加成反应 ······42
(Cycloaddition of Azide and Alkyne)

汉栖二氢吡啶合成反应 ······86
(Hantzsch Dihydropyridine Synthesis)

欧弗曼重排反应 ······137
(Overman Rearrangement)

施陶丁格环加成反应 ······174
(Staudinger Cycloaddition)

哌嗪类化合物的合成 ······230
(Synthesis of Piperazine Derivatives)

喹啉和异喹啉的合成 ······280
(Synthesis of Quinolines and Isoquinolines)

福尔布吕根糖苷化反应 ······325
(Vorbrüggen Glycosylation Reaction)

温克尔氮杂环丙烷合成 ······364
(Wenker Aziridine Synthesis)

第十卷 还原反应

烯烃的不对称催化氢化反应 ······1
(Asymmetric Catalytic Hydrogenation of Olefins)

科里-巴克希-柴田还原反应 ······49
(Corey-Bakshi-Shibata Reduction)

硅氢化反应 ······78
(Hydrosilylation Reaction)

林德拉和罗森蒙德选择性催化氢化 ······122
(Lindlar and Rosenmund Selective Hydrogenations)

钯催化的氢解反应 ······166
(Palladium Catalyzed Hydrogenolysis)

铝氢化试剂的还原反应 ······210
(Reduction by Aluminohydrides)

硼氢化试剂的还原反应 ······246
(Reduction by Borohydrides)

还原性金属及其盐的还原反应 ······289
(Reduction by Reductive Metals and Their Salts)

还原胺化反应 ······327
(Reductive Amination)